全国高职高专教育土建类专业教学指导委员会规划推荐教材

建筑给水排水与燃气工程
（含施工技术）

（建筑设备类专业适用）

杜　渐　　　　　主　编

陆　萍　　　　　副主编

浦　堃　边喜龙　主　审

中国建筑工业出版社

图书在版编目（CIP）数据

建筑给水排水与燃气工程 ：含施工技术 ：建筑设备类专业适用 / 杜渐主编 ；陆萍副主编. — 北京 ：中国建筑工业出版社，2021.10
全国高职高专教育土建类专业教学指导委员会规划推荐教材
ISBN 978-7-112-26569-5

Ⅰ. ①建… Ⅱ. ①杜… ②陆… Ⅲ. ①建筑工程—给水工程—高等职业教育—教材②建筑工程—排水工程—高等职业教育—教材③天然气工程—高等职业教育—教材 Ⅳ. ①TU82②TE64

中国版本图书馆 CIP 数据核字（2021）第 188832 号

本书包含了水、建筑给水排水工程中的材料与防腐、管道、管道的连接与敷设、建筑给水系统、建筑消防给水系统、建筑排水工程、建筑雨水排水系统、建筑热水供应系统、居住区给水排水、室内燃气系统的基本理论和施工规范。本书是根据我国最新设计标准与施工规范编写，结合了德国师傅学校与职业学校的培训教材，采纳了部分欧洲标准与在我国使用的新材料、新工艺、新技术。许多内容在我国出版物中首次详细介绍。

本书是高等职业院校、高等工程专科学校的建筑设备专业、给水排水专业、燃气专业、建筑装饰专业的专业教材，或用于建筑施工专业的参考用书；可以用于应用型本科院校同类专业的教材；还可用于设计、施工、制造、销售与售后服务的企业对员工进行培训。

本书课件及扩展阅读资源包请扫封底一书一码查看，更多讨论可加 QQ 群：640309824。

为了更好地支持相应课程的教学，我们向采用本书作为教材的教师提供课件，有需要者可与出版社联系。

建工书院：http://edu.cabplink.com
邮箱：jckj@cabp.com.cn　电话：(010)58337285

责任编辑：张　健
文字编辑：胡欣蕊
责任校对：李欣慰

全国高职高专教育土建类专业教学指导委员会规划推荐教材
建筑给水排水与燃气工程
（含施工技术）
（建筑设备类专业适用）
杜　渐　　　　主　编
陆　萍　　　　副主编
浦　堃　边喜龙　主　审
*
中国建筑工业出版社出版、发行（北京海淀三里河路 9 号）
各地新华书店、建筑书店经销
北京红光制版公司制版
北京建筑工业印刷厂印刷
*
开本：787 毫米×1092 毫米　1/16　印张：26　字数：644 千字
2022 年 8 月第一版　2022 年 8 月第一次印刷
定价：**66.00** 元（赠教师课件）
ISBN 978-7-112-26569-5
（38106）

前　言

一、编写这本教材的目的

1. 随着技术与工艺的迅猛发展，在建筑给水排水工程中出现了越来越多的新材料、新附件、新设备、新工艺，在我国改革开放的进程中，国外一些厂家的新工艺、新材料和国际的部分新标准也在我国得到了大量的应用，由于人民生活水平的提高，小康人群与富裕人群越来越多，人们的生活品位也随之提升，对厨卫设备及其安装的要求也越来越高。

2. 目前，许多院校正在进行理实一体化教学改革，迫切需要含有融合基本专业理论、设计标准和施工技术规范的教材，而且多年前编写的施工技术教材也已经不适合了。

3. 我国的一些生产厂家为国外企业 OEM（Original Equipment Manufacture，原始设备制造商）代加工，俗称“贴牌”生产。德国 DVGW 认证、北欧 VA 认证、SINTEF 认证、STF 认证和 SITAC 认证已经得到我国的认可。目前德国 DVGW 认证以及北欧 VA 认证、SINTEF 认证、STF 认证和 SITAC 认证的工厂审查，已经可以由中国审查员进行。所以，这些企业迫切需要一些对此熟悉的学生加入其中，同时也需要这样的教材对在职人员进行培训。

4. 近年来国家标准修订更新的速度在加快，教材的内容也应随之适应。

在这种环境下，在住房和城乡建设部高职高专建筑设备专业指导委员会的支持下，我们特编写此书。

二、编写说明

1. 我们尽可能按照当前最新国家标准进行编写，不再单独注明出处。此书的编写始于 2016 年，一些国家新标准的修订完成于 2019 年、2020 年，虽然我们也随之进行了修改，但由于编者信息面不足，收集的标准资料有限，可能仍会有遗漏。

2. 为了适应许多院校理实一体化的教学改革，有关管道的参数、种类、连接、防腐、保温及热补偿等技术成独立的章节，我们把各部分施工技术融合在相关章节中。

3. 虽然学生都熟悉水的物理化学性质，但是与工程之间的关系了解不多。例如水的诡异密度导致管道与设备易在寒冷的冬天冻坏、热水系统需要膨胀水箱、水压试验应在 5℃以上进行等，水的 pH 值对管材、附件、设备的影响，水常用作热媒，是由其比热容决定的（在通常工况下，水是地球上最大比热容的液体）。所以我们将水的物理化学性质安排在第一章，将其与工程设计和施工紧密联系起来。

4. 我国地域辽阔，东西南北中发展不平衡，但各地学校的学生都应该接触到同样的新知识、新产品、新工艺，尽量使教材能与国际先进的理念及我国经济发达地区的施工现实接轨，同时在教材中也照顾到一些地区的设计与施工现状。在教材中，我们列举了较多的厨卫设备与附件的不同品种，并进行了特点的比较，便于今后的选择与施工。

5. 在此书编写中，我们引用了国外的一些标准，介绍了一些国外生产厂家的新产品、新技术、新工艺，虽然一些还没有进入新国家标准中，但可为学生开阔眼界。在教学中，任何一所院校的教师都不会讲授所用教材中的全部内容，部分可以作为阅读内容。在编写中，我们参考了德国师傅学校与职业学校的部分教材，编译了其中部分内容，参考了国际网站与国内网站（如必应、360、百度等）上的一些资料，其中的绝大部分图片都注明了来源，在此一并感谢。

6. 为了使教材与实践结合得更紧密些，该教材的编写采用了校企合作模式，参编者既有教学多年的教师，也有来自生产企业和设计院的工程师，参编者有：

雅克菲（上海）热能设备有限公司胡广宇负责编写了第3章管道，南京高等职业技术学校的刘珺负责编写了第5章建筑给水系统与第6章建筑消防给水系统，南京高等职业技术学校的谢兵负责编写了第8章建筑雨水排水系统，内蒙古建筑职业技术学院的王文淇负责编写了第9章建筑热水供应系统，南京鼎辰建筑设计院有限责任公司的王怀北负责编写了第10章居住区给水排水，雅克菲（上海）热能设备有限公司的吴海婴负责编写了第11章室内燃气系统，吉博力（上海）贸易有限公司的李小莉参与了第4、7、9章部分内容的编写，吉博力（上海）贸易有限公司的陆萍担任副主编，负责了排水施工技术的编写，南京高等职业技术学校的杜渐担任主编，负责其他章节的编写和所有章节的编译。屠宇芃、杨海峰、齐骏、范华良等也参加了前期大量的教材资料的准备工作。

7. 在编译过程中，目前有些材料与附件的名词国内没有对应的名称，或者没有统一的名称，暂按用途翻译（例如U-形三通、V-形三通等），有些名称国外与国内称呼不同，我们两者都注明（例如德国与欧洲的墙前安装，国内称为同层安装，但前者还包含了不允许开墙槽的含义），一些管道连接的方式，我们按照其工作原理编译，与国内的称呼不同，我们两者也都注明（例如卡压、卡套连接，其工作原理是依靠机械压紧，使管件与管端变形或压紧密封材料。所以我们将卡压式连接与推移式卡套连接分别译作径向压紧连接与轴向压紧连接）。

8. 建筑燃气系统本来就属于建筑设备专业的范畴，在建筑设计与施工时需要与给水排水工程统筹考虑。由于燃气的危险性，我国有关部门后来将其移出、单独设立了燃气专业，成为建筑设备专业的分支专业。但是为了达到碳中和的目标，作为干净能源的燃气被越来越多地用于家庭生活热水的热源（燃气热水器或燃气壁挂炉），家用燃气灶具的功率也不断增大，由于事先缺乏与设计师的沟通，在布置或安装时，往往使厨房及卫生间缺少空间，而燃气管道与给水排水系统存在必要的联系。所以我们在最后一章专门设置了建筑燃气系统，便于设计与施工的协调统一。

9. 由于各个院校的学生来源与基础不同，培养目标不同，对设计计算的要求存在差异，在实际工程中，高职和专科院校的毕业生，难得涉及设计计算，我们把所有设计计算内容编入扩展阅读资源包中。各个院校的教师可以根据自己专业的要求和学生的实际情况进行教学。

10. 书中有少数内容与我国标准冲突，例如PVC管在欧洲不允许作为主排水管，没有专门添加剂的PVC管不能用作户外雨落管、檐沟等，PB（*PN*10）管和PP（*PN*10/*PN*16）管不适合做热水管等。我们也将其原因进行了说明。

11. 本教材适用于建筑设备工程、给水排水工程、燃气工程、建筑装饰工程的专业教材，也可以用于建筑施工专业的选修用书，还可用于设计、施工、制造、销售与售后服务的企业对员工进行培训。

12. 由于篇幅限制，部分内容编入扩展阅读资源包。本书还配有一些小视频和 ppt，供教学使用。

在本书的编写中，我们得到吉博力（上海）贸易有限公司、威能（中国）供热制冷环境技术有限公司、雅克菲（上海）热能设备有限公司的大力协助，得到德国汉斯·赛德尔基金会聘请的、来自慕尼黑和上巴伐利亚手工业行会师傅学校建筑设备专业的专家冈特·汉克先生的热情帮助，在此表示衷心的感谢！

由于编者的水平与能力有限，书中存在的谬误，也请读者一一提出批评和指正。

目 录

1 水 …… 1
1.1 水的重要性质 …… 1
1.2 水源的种类与划分 …… 2
1.3 给水水质的要求与水的净化处理 …… 2
2 建筑给水排水工程中的材料与防腐 …… 3
2.1 金属材料 …… 3
2.2 塑料 …… 4
2.3 其他材料 …… 5
2.4 材料和设备的腐蚀与防护 …… 5
3 管道 …… 6
3.1 管道参数 …… 6
3.2 用于水-煤气的管道 …… 7
4 管道的连接与敷设 …… 20
4.1 给水管道的连接与敷设 …… 20
4.2 管道的螺纹连接 …… 20
4.3 可拆卸的管道连接 …… 28
4.4 机械的管道连接 …… 33
4.5 依靠材料的管道连接 …… 43
4.6 排水管的管道连接 …… 54
4.7 管道的敷设 …… 61
5 建筑给水系统 …… 92
5.1 给水系统的分类 …… 92
5.2 室内给水系统的组成 …… 93
5.3 给水方式 …… 96
5.4 给水附件 …… 102
5.5 生活饮用水的其他附属设备 …… 134
5.6 给水设计流量和管道水力计算 …… 143
5.7 给水系统的敷设安装 …… 143
5.8 给水管道的验收 …… 148
5.9 水质污染的防护 …… 152
6 建筑消防给水系统 …… 161
6.1 概述 …… 161
6.2 室内消火栓消防系统 …… 162

6.3 自动喷水灭火系统 …… 172
7 建筑排水工程 …… 193
7.1 建筑排水系统的分类和组成 …… 193
7.2 卫生设备 …… 200
7.3 湿式房间的布置 …… 232
7.4 室内排水系统的敷设安装 …… 245
7.5 建筑排水系统的计算 …… 284
8 建筑雨水排水系统 …… 285
8.1 屋面雨水排除方式、设计流态和组成 …… 285
8.2 屋面雨水排水系统的组成 …… 286
8.3 满管压力流雨水排水系统 …… 293
8.4 建筑屋面雨水排水系统的计算 …… 298
9 建筑热水供应系统 …… 299
9.1 热水供应系统的分类 …… 299
9.2 热水供应系统的加热设备和贮热设备 …… 302
9.3 热水供应系统的安装 …… 313
9.4 建筑热水供应系统的计算 …… 324
10 居住区给水排水 …… 325
10.1 居住区给水系统 …… 325
10.2 居住区排水系统 …… 330
10.3 居住区给水排水管网的安装技术 …… 332
10.4 污水排放 …… 347
11 室内燃气系统 …… 354
11.1 城镇燃气 …… 354
11.2 室内燃气系统 …… 358
11.3 燃气火焰与燃烧器的种类 …… 372
11.4 点火装置 …… 377
11.5 燃气设备 …… 381
11.6 燃气管道计算 …… 404
参考文献 …… 405

1 水

1.1 水的重要性质

1. 水的物理性质

(1) 水的比热容

任何物质在温度改变而物态没有变化时吸收或释放的热量称为显热。水的比热容是地球上所有常见液体中最大的，为 4.17kJ/(kg·K)[=1.16Wh/(kg·K)]，即 1kg 水温度升高 1K，需要吸收约 4.17kJ 的热量，而温度下降 1K，将放出约 4.17kJ 的热量。

(2) 水的物态（凝聚态）及其潜热

水的物态（固态、液态和气态）与压力和温度有关，在标准大气压（1013mbar）下，在 0℃～100℃时为液态（水），在 0℃时转变为固态（冰），在 100℃时转变为气态（蒸汽）。

物质在改变物态时都要吸收热量或释放热量，而此时的温度不发生改变，因此人们将单位质量的物质改变凝聚态所吸收或释放的热量又称为潜热。水的熔解热(凝固热)为 333kJ/kg（=92.5Wh/kg），水的汽化热(凝结热)则高得多，为 2258kJ/kg(=627Wh/kg)。

(3) 水的诡异特性——反常的密度

水和许多物质不同，并不是温度越低，密度越大。在 4℃时，水的密度最大，为 $1000kg/m^3$。在加热超过 4℃或冷却低于 4℃时，水的密度都会减小，即水都会膨胀，发生反常现象，故称为诡异特性，在工程设计与施工中经常要考虑这一性质。

2. 水的化学性质

(1) 水的 pH 值

水是由氢元素和氧元素组成的，纯净的水可以发生微弱的电离：

$$H_2O \doteq H^+ + OH^-$$

在常温下，水电离出少量的 H^+ 和 OH^- 离子，由于两者浓度相等，约为 1×10^{-7}mol/L，pH=7，人们把这时的水称为中性水。当 pH<7 时称为酸性，pH>7 时称为碱性。水为酸性或碱性时，都不利于人和动植物的生长，对建材也会产生腐蚀。

(2) 水的硬度

人们将含较多钙离子与镁离子的水称为硬水，含较少或不含钙离子与镁离子的水称为软水。过去硬度用德国度（°d）表示，现在用 mol/L 表示（表 1-1）。

1°d=0.178mmol/L，1mmol/L=5.6°d

水的硬度程度　　表 1-1

硬度		硬度程度	硬度		硬度程度
mmol/L	°d		mmol/L	°d	
0～1	0～5.6	很软	＞4	＞22.4	很硬
1～2	5.6～11.2	软	3～4	16.8～22.4	硬
2～3	11.2～16.8	中硬			

“硬水”的 pH 值一般大于 7。软水的 pH 值一般在 7 以下，有一定腐蚀性。所以，通过 pH 值可以判断某种水是否有结垢的倾向性或腐蚀性。

3. 水中的细菌特性

水中的最小生命体称为微生物，必须用显微镜才能看到。它们是原虫、病毒、细菌、杆菌、真菌等。它们以庞大的数量生活在生命体、植物、空气和水中。我们每吃一口食物，每吞一口牛奶，就吸收了成千上万的这些微生物。通过水质分析，人们可以确定每升水所含的菌落数和细菌洁净度。

1.2　水源的种类与划分

1. 根据水的来源划分的种类

建筑给水系统的水源来自于天然水源，天然水源分为地面水和地下水。

（1）地面水

地面水包括江河、湖泊、水库和海洋等。地面水的特点是水质和水温变化大，易受环境污染，细菌含量高，不易进行卫生防护，浊度较高，虽然地面水的水量随季节变化较大，总体较充沛。

（2）地下水

地下水存在于土层和岩层或岩层与岩层之间。地下水在地层渗透、过滤过程中，绝大部分悬浮物和胶体被去除，水质清澈，且水源不易受外界污染和气温影响，因而水质、水温较稳定，特别是水温有“冬暖夏凉”的特点，一般宜作为生活饮用水和工业冷却用水的水源。

2. 根据使用与保护的地面水源的划分

我国依据地面水水域使用目的和保护目标的不同，将其划分为五类：

Ⅰ类水源：主要是指源头水和国家自然保护区里的水体。

Ⅱ类水源：主要适用于集中式生活饮用水水源地一级保护区、珍贵鱼类保护区、鱼虾产卵场等。

Ⅲ类水源：主要适用于集中式生活饮用水水源地二级保护区、一般鱼类保护区及游泳区。

Ⅳ类水源：主要适用于一般工业用水区及人体非直接接触的娱乐用水区。

Ⅴ类水源：主要适用于农业用水区及一般景观要求水域。

同一水域兼有多类功能的，依最高功能划分类别。有季节性功能的，可分季划分类别。

1.3　给水水质的要求与水的净化处理

（本节内容见扩展阅读资源包）

2 建筑给水排水工程中的材料与防腐

在建筑给水排水工程中，会使用许多种材料。所选材料的要求是：

（1）能完美满足所希望的功能要求，达到长久的使用寿命，几乎不需要维修。

（2）材料和成品，便于进行卫生清洁。材料必须具有符合产品标准许可的要求，成品外形光滑，以便于容易保持干净。如当有一定的水质要求时，给水管可以使用铜管和不锈钢管，否则存在腐蚀问题。如果使用塑料管，就有耐温的问题。不是所有的塑料管都适用于热水和热的废水。实验室的洗涤盆和厨房的洗涤盆要求是不相同的。

2.1 金属材料

2.1.1 铁族材料（黑色金属）

1. 铸铁：含碳量2.8%～3.5%的铁。铸铁具有稳定、坚硬、耐腐蚀、良好的易铸性、抗振动等特性。但是可焊性差。

2. 钢：含碳量介于0.02%至2.06%之间的铁碳合金。根据合金元素及其含量划分为：非合金钢（碳素钢）；低合金钢；中合金钢。

2.1.2 非铁族材料（有色金属）

不是以生铁为基础生产的金属材料称为非铁族材料，又称为有色金属。

1. 铜

在饮用水和在空气中，铜是稳定的（形成的铜锈是保护层）。硫酸、硝酸、醋酸和氨会腐蚀铜。铜具有良好的软钎焊和硬钎焊特性，常被管道工用作饮用水管道和燃气管道，通过管件连接。在排水系统中，铜用作檐沟和雨水立管。

2. 铜合金

（1）炮铜：是铜、锡、锌和铅的合金。它具有软钎焊和一定条件下的硬钎焊特性。炮铜用来生产高品质的附件和燃气与给水系统的管件。

（2）黄铜：是铜、锌和铅的合金。它具有良好的可铸性、可锻性和可切削性。黄铜可以软焊，在一定条件下可以硬焊。相对于铸造铜合金，锻造黄铜具有更高的抗拉强度、更高的韧性，在材料中不会形成缩孔（空腔），有一个统一的组织结构。许多附件、管件、锁紧连接件都是由黄铜制成的。

（3）无铅特种黄铜：76%Cu，3%Si，0.03%P，其余是Zn。具有耐高应力，不宜发生应力裂纹腐蚀和脱锌，耐海水，允许用于饮用水。它适于做模锻、砂型铸造和金属铸造件。

（4）青铜：一种铜锡合金，有较好的可铸性，因为作为钟的铸造材料而出名。它也用于压力计中作为膜、软管和弹簧管。

3. 锌

（1）锌：耐气候，在大气中与 CO_2 接触形成碳酸锌保护层。锌常作为钢管和薄钢板的保护层。在一定条件下，锌可以成型、钎焊和熔焊。锌蒸汽是有毒的，在镀锌工件熔焊工作时，要遵循专门的安全规范才能进行。

（2）钛锌合金：含 0.1%～0.2%Ti 和 0.5%～1.2%Cu 的锌合金。由于添加了这些合金元素，改善了材料的可成型性（尤其在低温时）及可钎焊性。用钛锌合金可以生产檐沟和雨落管。

4. 铅

铅是一种可以非常易于加工的材料（有较好的可铸性和可轧性，可以冷成型，易弯曲、可以延展，柔软，良好的钎焊性和熔焊性）。由于与氧气形成的保护层，使铅很耐氧化。石灰灰浆和水泥灰浆会腐蚀铅。铅主要用于制软焊钎料。

5. 铝

因为铝具有良好的化学稳定性而表现突出，无毒，钎焊性差，但有良好的熔焊性。在安装工程中，在屋面排水工程中，铝用来制檐沟、雨落管，在排水系统中用来制作预安装支架和淋浴隔间的骨架，在给水系统中与其他塑料制作复合管。

2.2 塑料

塑料一般是天然有机物产品转化过来的或人工合成生产的。大多数塑料是碳氢化合物。

1. 塑料在建筑给水排水专业中受到积极评价的性质

（1）低密度：通常在 0.9～1.4kg/dm^3 之间，在氟化物的塑料时，可达 2.3kg/dm^3。因此质量小、轻便，有利于运输与安装。

（2）耐腐蚀。相对于酸和碱有相当高的稳定性；但是不耐乙醇和有机溶剂。

（3）电流的不良导体（不需要电位均衡），用于电绝缘材料。

（4）热的不良导体，可以绝缘热损失，例如用作热水管、热水箱、浴缸和淋浴缸的绝热，以及墙体的绝热。

（5）隔声好，用于管道和卫生设备的隔声材料。

（6）有韧性和弹性，特别是聚乙烯（PE）和聚丁烯（PB）。

（7）有光滑的、皮肤感舒适的表面，管子不易结垢，沿程压力损失低，减轻了维护工作，例如浴缸容易清洗。

（8）可以随意着色，颜色稳定性较高。

（9）较长久的使用寿命。

2. 塑料的负面特性

（1）高的热膨胀系数（约为钢铁的 5～7 倍，在敷设塑料管道时，要特别注意长度变化）。

（2）燃烧产物会加重环境负担，尤其是聚氯乙烯（PVC）。

（3）在高温时，塑料易毁坏。

根据物理特性，全人工合成的塑料分为热塑性塑料、弹性塑料和热固性塑料。

2.3 其他材料

2.3.1 纤维水泥

纤维水泥是指以水泥为基本材料和胶黏剂，以不可燃的矿物纤维和其他纤维为增强材料，经制浆、成型、养护等工序而制成。纤维水泥制成的构件有排水管、板材（可以作为隔墙）等。石棉纤维在加工时产生的粉尘易致癌，现在很少在工地使用。

2.3.2 玻璃

1. 管材：玻璃主要用于排水管：在特殊情况时，例如医院的一些排水管采用硼硅酸盐玻璃制的管材。这种管材具有以下特点：

（1）能承受几乎所有的水、酸、碱、有机物等；

（2）由于其密度大，隔声良好；

（3）具有非常高的（冲击）强度；

（4）具有很光滑的表面和很小的热胀性能。

2. 卫浴设施：如镜子，淋浴间的隔墙，放置肥皂盒的台板，刷牙的漱口杯等类似设施。有些由水晶玻璃制得，它至少含有10%的铅、钡、钙或锌的氧化物，具有很高的折射率，色散很大，密度较高，有厚重的质感。

2.3.3 陶瓷

在卫浴设备生产时，陶瓷原材料一般被分为：

1. 陶制粒料：实际上是由下列材料磨成粉末混合，制成洗脸盆、坐便器、小便器、坐洗盆等形状，涂覆不同颜色的釉层，在约1250℃烧制而成。

2. 釉料：是一种硬似玻璃、在陶瓷和金属上不会剥落的覆盖层。它可以提供许多种颜色、无孔、给予光泽、硬度、光滑、不透水。

搪瓷制品不仅安全无毒，易于洗涤洁净，硬度高、耐高温、耐磨。所以将其覆盖在铸铁的或钢的卫生设备表面上，例如浴盆、淋浴盆、洗菜盆、水槽等。作为纯防腐措施，电热水器常采用钢制的专门搪瓷的热水箱。

2.4 材料和设备的腐蚀与防护

（本节内容见扩展阅读资源包）

3 管　　道

3.1 管道参数

管道包括管材、管件、复合连接管件和附件。要求它们采购比较方便、安装连接能较快捷，在一定尺寸时要求能承受一定的应力。欧洲规定，在给水系统安装的管道与管道连接件在波动的运行条件中（表 3-1）要有 50 年的寿命，我国正规厂家也基本按这一标准生产。

饮用水管道运行条件（德国）　　　　**表 3-1**

管材运行类型	工作压力（bar）	工作温度（℃）	每年的运行时间（h/a）
冷水	0～10 波动	≤25[1]	8760
热水	0～10 波动	≤60[2] ≤85	8710 50

注：1. 疲劳强度的标准温度是 20℃。
　　2. 对于塑料管是 70℃。

3.1.1 管道的直径

1. 公称直径（Nominal Diameter）：是管道、管件和附件相互匹配的名义尺寸，以 *DN* 表示，单位 mm。字母 *DN* 后面的数字不代表测量值，也不能用于计算目的。

2. 管子外径（*OD*，Outside Diameter）：管材在生产时，由于壁厚会产生偏差，外径容易测量，所以一般只标示外径。为了便于不同材料的管道连接时进行比较，管径也可以表示为 *DN*/*OD* 或 *DN*/*ID*（*ID*，Internal Diameter，内径）。

（1）有缝钢管、铸铁管、混凝土管的管子用公称直径 *DN* 表示，有缝钢管的实际外径和内径与其公称直径都不相等（表 3-2）。铸铁管和混凝土管的公称直径与其实际内径相等。

（2）其他管子的直径，一般表示为外径×壁厚（$D_e \times e$ 或 $\Phi \times e$）。

例如，28×1.5，表示 $D_e(\Phi)=28mm$，$e=1.5mm \rightarrow D_i=D_e-2e=28mm-3mm=25mm$

有缝钢管相关直径　　　　**表 3-2**

公称直径 *DN*（mm）	15	20	25	32	40	50	65	80	100	125	150	200
英寸（inch）	1/2″	3/4″	1″	11/4″	11/2″	2″	21/2″	3″	4″	5″	6″	8″
俗称	4 分	6 分	1 吋	1.25 吋	1 吋半	2 吋	2 吋半	3 吋	4 吋	5 吋	6 吋	8 吋
外径（mm）	21.3	26.7	33.4	42.2	48.3	60.3	73.0	88.9	114.3	139.8	168.3	219.1

3.1.2 公称压力 (Nominal Pressure)

1. 公称压力：为了设计、制造和使用方便，公称压力是人为规定的一种管道系统部件耐压能力的名义压力，用 *PN* 表示。公称压力指管材在温度 20℃时输水的工作压力。若水温在 25℃～45℃之间，应按不同的温度下降系数，修正工作压力。

这种名义上的压力实际是压强，单位是 MPa。*PN* 后面的数字标示的是公称压力。

2. 工作压力：是指给水管道正常工作状态下作用在管内壁的最大持续运行压力，不包括水的波动压力。工作压力由管网水力计算而得出。

3. 设计压力：是指给水管道系统作用在管内壁上的最大瞬时压力。一般采用工作压力及残余水锤压力之和。设计压力＝1.5×工作压力。

在生产厂家出厂的管材上，一般标示了生产厂家名称、管材种类、管道参数（*DN* 或 $\Phi \times e/PN$）、参照的国家标准，塑料管上还打印有生产时间等。各个生产厂家标注的内容与顺序可以有差异（图 3-1、图 3-2）。

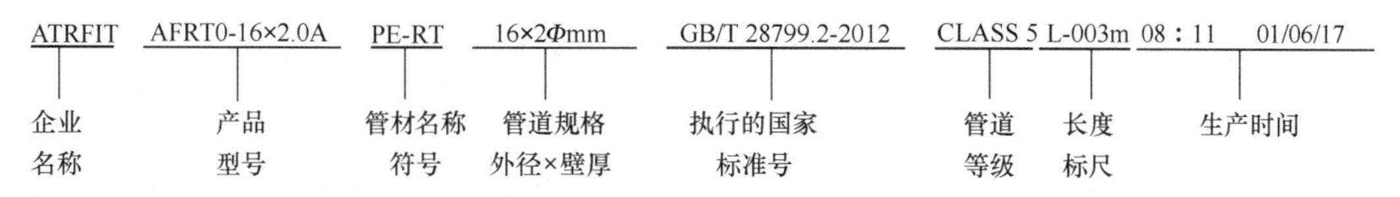

图 3-1 一种 PE-RT 管在产品上的标示（来自雅克菲公司）

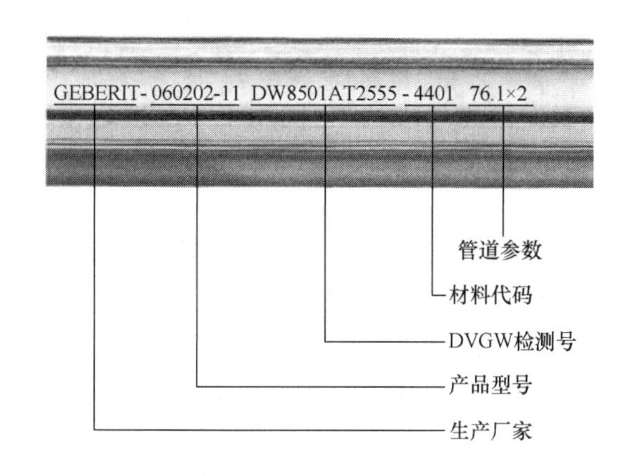

图 3-2 一种进口的不锈钢管在产品上的标示

3.2 用于水-煤气的管道

3.2.1 金属管道

1. 钢管：由于钢的种类（碳钢、不锈钢等）、强度（无缝钢管和有缝钢管公称压力不同）和连接方式（螺纹连接、焊接或挤压式连接等）不同，钢管有许多类型。尽管它们有相同的公称直径，但是它们的外径与壁厚却不相同，介质的流动特性表现也不相同（图 3-3）。

（1）螺纹钢管

螺纹钢管连接方式有焊接、卡箍连接和螺纹连接。为了防腐，对螺纹钢管镀锌。在埋地敷设时，如果不能使用 PE 管代替，需要采取塑料包裹和涂沥青。钢管一般供货 6m/根，管件由可锻铸铁制成。

管道类型	螺纹钢管 EN 10255序列M *DN*25	螺纹钢管 EN 10255 序列H *DN*25	精密钢管 EN 10305-1至3 *DN*25	钢管 EN 10220 30×2.6	不锈钢管 DVGW GW 541 28×1.2	铜管 DIN EN 1057 28×1.5
在体积流量 $\dot{V}$=2.0L/s 时*f*，*r*，*v* 的值适用（单位：mm）	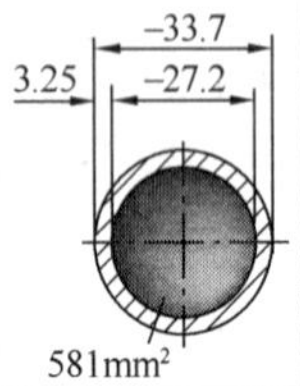 3.25 −33.7 −27.2 581mm²	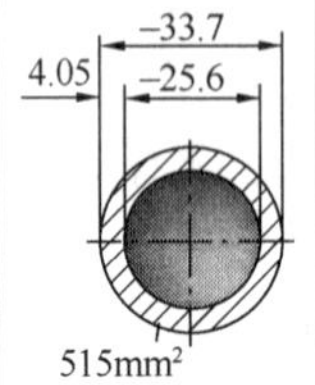 4.05 −33.7 −25.6 515mm²	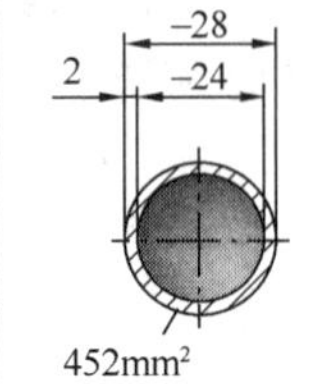 2 −28 −24 452mm²	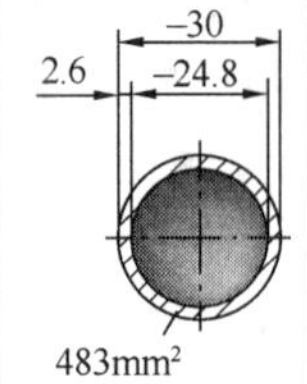 2.6 −30 −24.8 483mm²	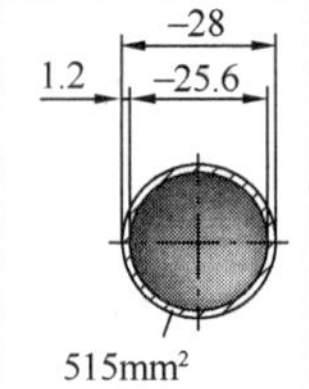 1.2 −28 −25.6 515mm²	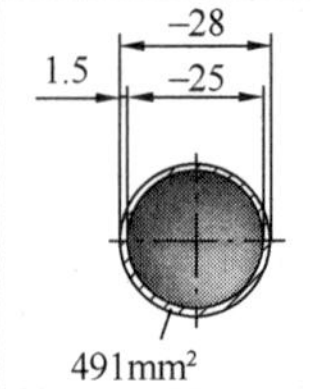 1.5 −28 −25 491mm²
流速 *v*(m/s)	3.4	3.9	4.7	4.2	3.9	4.1
管道摩阻比 *R*(mbar/m)	70.7	97.2	126.4	118	62.0	63.9

图 3-3　管道规格的影响（在相同公称直径时，水在不同金属管道的流动特性）

生活给水管道不再使用螺纹钢管，在燃气管道和消防喷淋设备时使用较多。热水管道不允许使用螺纹钢管，因为水温在 60℃以上时有气泡生成，氢会渗入镀锌层，使其剥落，而且这时锌与铁的电极电位发生反转，镀锌层不防腐。为了防止军团细菌，热水设备要求水温在约 60℃，在热杀菌时水温至少需要 70℃。

（2）锅炉钢管

锅炉钢管有无缝钢管和焊接钢管（表面滚光处理）。它们用于 *DN*25 以上的供暖管道、锅炉管道和燃气管道，多采用气焊和电焊。

（3）精密钢管

精密钢管有无缝的和焊接的，尺寸制作精确，管壁相对薄。通过冷拉后退火，它变得较软，容易弯曲。它们采用卡套或卡箍连接。它的镀锌层只对储存介质防腐，不具有连续防腐。它们用于液化气室内管道，但是不允许敷设在粉刷层下和地下。小管径的精密钢管容易弯曲，带塑料包裹层的软钢管被用于供暖系统，采用压紧式连接。

（4）不锈钢管

不锈钢管的制造材料有 X5CrNiMo17-12-2、X6CrNiMoTi17-12-2、X2CrMoTi18-2 等，后者不含镍，特别适于生活给水管道，不允许用于燃气管道。不锈钢管一般用于冷水、热水、供暖、燃气、压缩空气等，但不能用于含氯＞250mg/L 的水。不锈钢管不能进行热处理，否则其被动保护层会损坏。所以它不可以用砂轮切割、不能钎焊、不能在弯曲前预热。

较大口径的不锈钢管在熔焊时，为了不产生氧化物，必须在惰性气体中进行。在工地，现在一般不再采用熔焊，而是使用压紧式连接。当不锈钢管内壁连续温度不超过 60℃时允许进行伴热，管道消毒时短时间允许 70℃。不锈钢管一般以 6m/根供货。

不锈钢管的优点是：相对于几乎所有的给水系统，不锈钢管比铜管显著耐腐蚀；不锈钢管壁厚较薄，单位质量（kg/m）较小，不锈钢管表面光滑，阻力损失较小，因而可以选择较小的管径，由此水的容积较小、总的质量较小，导致热损失和加热时间少及固定件的受力较小，由于不锈钢管较小的质量和较小的比热，几乎不会吸收流过热水多少热量，合理设计回路，可以使阻力损失较小，能很快提供热水；由于采用挤压式连接，管径 *DN*25 以下的管子可以用弯曲工具精准地弯曲，不锈钢管加工简单和快速。

d_a>108mm 的管子必须采用保护气熔焊或用快速接头连接。

2. 铜管：适用于冷水、热水、消防、燃气、压缩空气和油管。

（1）裸铜管

1）R220（抗拉强度 R_m＝220MPa）软铜管：直径至 22×1mm，盘管长度有 25m 或 50m。

2）R250（抗拉强度 R_m＝250MPa）半软铜管：直径至 28×1.5mm，长度 5m/根、6m/根。

3）R290（抗拉强度 R_m＝290MPa）半软铜管：直径≥35×1.5mm，长度 5m/根、6m/根。

（2）外皮包裹的绝缘铜管：部分由工厂完成。

1）PVC 外皮作为隔绝材料，用于在粉刷层下的安装，或在有腐蚀的环境中起保护作用。管径 12×1～54×2mm。

2）PUR 硬塑料海绵隔绝，管径 12×1～54×2mm。

3）柔性 PE 海绵隔绝，防止结露和对外界的腐蚀保护；管径 12×1～22×1mm。

铜管的优点与不锈钢管类似，但是在 pH 值<7 的有腐蚀性的水中有问题。在这种情况下，必须使用内部镀锡的铜管（图 3-4）。均匀的锡层防止铜被溶解。这种铜管采用压紧式管件和钎焊管件连接，适于在各种品质的给水系统中。镀锡压紧式管件原则上不可以再使用了。

由于腐蚀危害，给水管道 *d*≤28×1.5mm 的铜管必须软焊，在弯管前不可以加热退火。在不得已时，管径>28×1.5mm 的铜管可以硬焊。适于硬焊的铜管管径可以至 108×2mm。但是所有的燃气和油管必须用硬焊。

3.2.2 复合管

复合管结合了金属管与塑料管的优点，具有较高的强度、相对小的长度伸缩性和良好的阻隔气体渗透性，具有较好的保温性能、内外壁不易腐蚀、因内壁光滑而对流体阻力很小，又因为可随意弯曲，较小的质量，良好的隔声性能，所以安装施工方便。

复合管适用于高温水、冷水和热水管，有些复合管也可用于燃气管和工业用管（请注意检查许可证）。

根据材质的不同，复合管分为以下四类：

（1）五层铝塑复合管（图 3-5）：其基本构成，由内而外依次为塑料（PE-X）、热熔胶、铝合金、热熔胶、塑料（PE 或 PE-X）；其承压管部分是由 0.2～1mm 厚的铝合金制成（根据直径和生产厂家的不同存在差异）。供货一般是长 50m 或 100m 的盘管（直径至

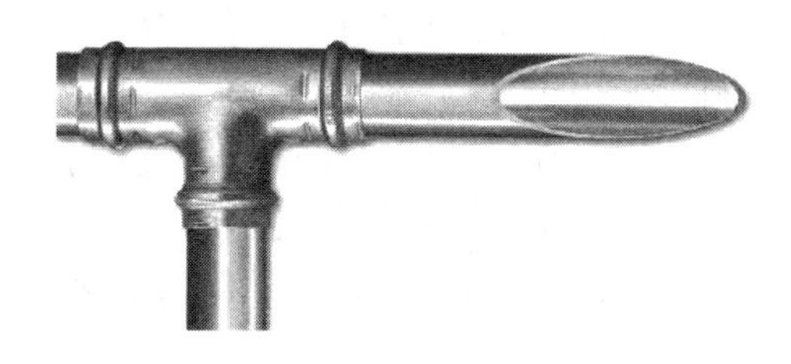

图 3-4 内镀锡铜管，采用镀锌压紧式管件

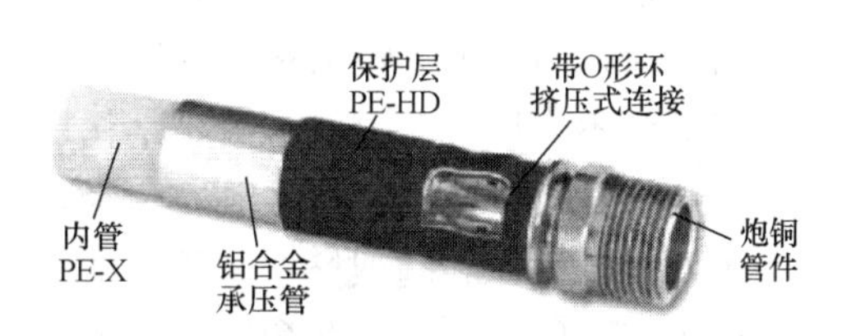

图 3-5 铝塑复合管

26×3mm)、3m/5m 的直管（直径至 75×4.7mm）或带保护管或预绝热的盘管（直径有 16×2.25mm 和 20×2.5mm）。铝塑复合管一般采用压紧式连接，也有个别厂家采用锁紧压紧式连接。

这类复合管也有内层塑料为 PE，外层塑料为 PP，或内、外层塑料都是 PP-R 的。

（2）三层铝塑复合管（或称为铝箔层压管或 PP-R 塑铝稳态管）：分为两种，由内而外依次为塑料（PPR）、热熔胶、铝合金，或铝合金、热熔胶、塑料（PPR）。前者的铝箔层厚度<0.1mm，后者的铝带厚度在 0.15～0.25mm，PPR 塑料层较厚。其优点是改善了 PPR 管的刚性和阻隔气体的渗透。供货一般是 3m/5m/6m 的直管。这种复合管一般采用熔焊连接，前者在连接前需要用专用工具剥皮，现在很少使用，后者与普通 PPR 管熔焊连接方法一样。

（3）铜塑复合管：在薄壁铜管（0.3mm～0.5mm 铜）外侧紧密地粘附 PE 外衬。这类管材耐腐蚀，硬度只有普通铜管的大约一半。规格有 14×2.16/16×2/20×2/25×3mm，适用于给水和高温水管，但是不适用于燃气管。它用管剪下料，在工作步骤中要清除毛刺和整圆。它很容易弯曲成小半径弧度，所以它只需要少量的通用压紧式连接件。

（4）钢塑复合管（图 3-6）

图 3-6　钢塑复合管

（a）涂塑钢管；（b）衬塑管件；（c）钢塑复合压力管构造

1）涂塑钢管：是以钢管为基体，通过喷、滚、浸、吸工艺在钢管（底管）内表面熔接一层塑料防腐层或在内外表面熔接塑料防腐层的钢塑复合钢管。涂塑钢管具有优良的耐腐蚀性和比较小的摩擦阻力。环氧树脂涂塑钢管适用于给水排水、海水、温水、油、气体等介质的输送。适应埋地和潮湿环境，并可以耐高温和极低的温度。

涂塑钢管可采用螺纹连接、卡箍连接、法兰连接等，切割应采用金属锯切割、压槽应采用专用滚槽机、套丝应采用电动套丝机加工管螺纹、涂塑钢管端口应采用锉刀去毛刺和加工圆角、涂敷高强度无机溶剂液体环氧树脂涂料应采用小毛刷或小牙刷。

涂塑钢管不宜埋设于钢筋混凝土结构层中，涂塑钢管在安装中禁止进行焊接，涂塑钢管管道安装宜从大口径逐渐接驳到小口径，管口应及时封堵、涂塑钢管在运输、装卸及工地施工中，严禁抛摔和剧烈撞击、管径不大于 $DN50$ 时可用弯管机冷弯，但其弯曲曲率半径不得小于 8 倍管径，弯曲角度不得大于 10°。

2）衬塑钢管：以镀锌无缝钢管、焊接钢管为基管，内壁去除焊筋后，衬入与镀锌管内等径的食品级聚乙烯（PE）管材，经过缩径、粘接等特殊工艺复合而成。聚乙烯衬层厚度要求符合《给水衬塑复合钢管》CJ/T 136—2016 标准，是传统镀锌管的升级型产品。承压 2.0MPa 基本能满足建筑给水的压力使用要求，采用螺纹连接、卡箍连接、卡套连接、挤压式连接和快速接头连接。缺点是不能完全解决管件连接处对水质的污染，钢塑复合管不得与阀门直接连接，应采用黄铜质内衬塑的内外螺纹专用过渡管接头。

3）钢塑复合压力管（PSP）：这种管材内、外层均为高密度聚乙烯（PE-HD），中间层为高碳钢带经过弯曲成型对接焊接而成的钢带层（Steel），所以简称为 PSP 管。

PSP 管具有一定的柔性，可以弯曲，从而使装卸、运输、安装的适应性及运行的可靠性较高。地下安装可有效承受由于沉降、滑移、车辆等造成的突发性冲击载荷。定尺（12m）单支钢塑复合管可以单向弯曲 25°，节省了小角度转向变头的用量。

PSP 管管壁光滑，流体阻力小，不结垢，在同等管径和压力下比金属管材水头损失低 30%，可获得更大的传输流量。PSP 管可采用双热熔连接、内胀式或扩口式压紧连接（从管道内部胀起来压紧管件密封环）、挤压式连接等。

3.2.3 用于给水和燃气管道的塑料管

1. 塑料管的通性

（1）塑料管的优点

1）抗腐蚀性能高；

2）单位长度的质量小；

3）光滑的管壁（所以管道的摩擦阻力损失小和管道中难得有沉积物）；

4）良好的隔声性能与低的导热性能；

5）由于在加热时纵向和横向较高的伸缩性能，难得结垢沉积；

6）良好的可再生性（管材的垃圾可以再使用），类似于金属管；

7）与金属管比较，生产时能相对无有害物排放。

（2）塑料管的缺点

1）加热时，塑料管的线胀系数很大，大约是铜管的 5～10 倍。这在敷设时是必须考虑和补偿的。同时，它有利的是管子不断地波动，阻止了热水管中钙盐的沉积。

2）在紫外线下，塑料管会变脆。所以，塑料管不可以直接蒙受太阳光的照射，没有防护措施不允许敷设在露天。防护措施包括：加护套管（例如 PE 波纹管），在储存和运输时，包裹黑色的薄膜，在管子的材料中加入稳定剂，例如炭黑。

3）塑料管的压力试验比较费事。

PVC 管中的氯对生态是不可靠的和危险的，在火灾时产生的烟气与消防水会形成盐酸。

各种塑料管的不同特性在于它来自的塑料材质和不一样的连接技术。各种塑料管具有不同的强度，对压力和温度的反应也不一样。在 60℃时，PP 管的强度比 PB 管下降得更强烈，PB（*PN*10）管和 PP（*PN*10/*PN*16）管在长期热水温度下强度降低、寿命将大大缩短，不适合做热水管。所以，选择热水管要选 PB（*PN*16）和比 PB（*PN*16）更高额定压力等级的 PP 管（*PN*25）管材。注意，PB（*PN*16）和 PB（*PN*10）管、*PN*25 和 *PN*16 的 PP 管的壁厚较大，所以外径也大，在选择管件时应注意匹配。注意，PB（*PN*16）和 PB（*PN*10）管、*PN*25 和 *PN*16 的 PP 管的壁厚较大，所以外径也大，它们

与 $PN10$ 的管件是不能通用的。我国的塑料冷、热水管，为了管件通用，外径相同，但因壁厚不同，内径相差较大。如 PPR 的 $de20$ 冷水管内径相当于 $DN15$，$de20$ 热水管内径相当于 $DN12$，小了 1 号。

2. 常用塑料管材

(1) PE（聚乙烯）管

1) PE-HD（高密度聚乙烯，我国习惯表示为 HDPE）管：主要用于给水管道中，它分为 PE 80 和 PE 100。80 或 100 除以 10，得到持久内抗压强度下限值。PE 管被染成黑色，耐紫外线辐射，它盘管可至 300m 长（图 3-7）。对于给水管（$PN10$/$PN16$/$PN20$）和燃气管（$PN4$/$PN10$），颜色标志其不同的质量。

① PE 80 给水管：黑色，带蓝色线条；

② PE 100 给水管：浅蓝色；

③ PE 80 燃气管：黄色，或者黑色带黄色线条；

④ PE 100 燃气管：橙色，或者黑色带橙色线条。

压力等级 $PN2.5$ 和 $PN6$ 的 PE 管只适用于特殊情况，例如用于地面上植物灌溉的敞口式水嘴。$PN80$ 的 PE-HD 管通常用于：给水的埋地管道，用于引入管，体育场的灌溉管道；燃气的埋地管道，根据 DVGW GW 305；地面的灌溉设备，用于果园种植业、葡萄种植业和园艺；工地给水的取水点。

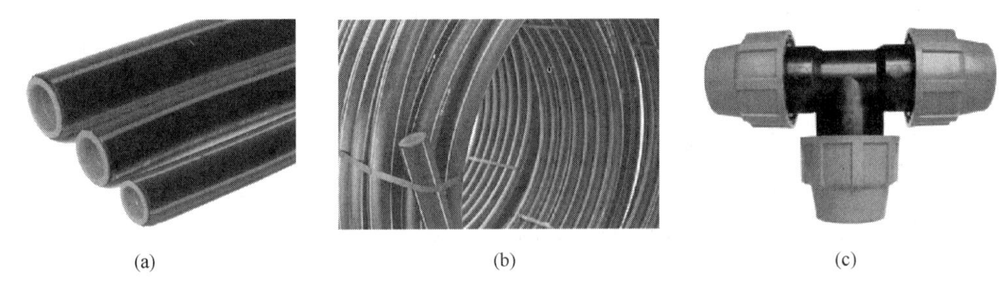

(a) (b) (c)

图 3-7 用于给水的 PE-HD 管与锁紧压紧连接的管件

(a) 直管；(b) 盘管；(c) 锁紧压紧连接的管件

PE 管一般采用 PP 或黄铜锁紧件压紧连接（卡套连接）、带承口的承插式熔焊管件（电焊管箍）熔焊、电阻丝焊镜（焊板）加热熔焊、凸缘加锁紧螺母压紧。

2) PE-X 管（交联聚乙烯管）：$PN10$ 管适用于连续 70℃、短时间 95℃的水质。它是透明的，有时被染成黑色或其他颜色。在给水管中，一般以 6m/根的直管、25m/卷或 50m/卷的盘管供应，部分的也有波纹保护套管。染成黑色或加波纹保护管，是为了储存时防紫外线。PE-X 管一般采用压紧式连接件、锁紧连接件或推移式卡套连接等。

(2) PP（聚丙烯）管

我国常用的 PP-R（三型聚丙烯、无规共聚聚丙烯）管是由丙烯添加 5%～10%的乙烯，引起聚丙烯物理性质的改变制成。PP-R 管有白色、绿色、黄色和灰色。与 PP 均聚物相比，无规共聚物改进了光学性能，提高了抗冲击性能，增加了挠性，降低了熔化温度，从而也降低了热熔接温度。PP-R 管一般采用熔焊器熔焊。

(3) PVC 管

1) PVC-U（硬聚氯乙烯）给水管：U 表示添加塑化剂。PVC-U 管一般染成深灰色，

管径有 $DN12 \sim DN80$。PVC-U 管耐冲击力较小，耐热和抗冻能力差，多用于生活冷水、脱盐的工业和医院的给水、含氯的游泳池水、埋地的燃气管道。近年发现，能使 PVC 变得更为柔软的化学添加剂酞，对人体内的肾、肝、睾丸影响甚大，会导致癌症、肾损坏，破坏人体功能再造系统，影响发育。

2）PVC-C（氯化聚氯乙烯）管：由聚氯乙烯树脂氯化改性制得。化学稳定性增加，从而提高了材料的耐热性，耐酸、碱、盐、氧化剂等的腐蚀。PVC-C 管的颜色随生产厂家有所不同，管径 $DN12$ 至 $DN80$。可以长期使用温度为 95℃，最高使用温度可达 110℃。适用于冷水和热水。

PVC 管供货长度有 6m/根 4m/极，采用粘接连接和法兰连接。

（4）PB（聚丁烯）管

PB 管是一种高品质管材，具有很高的耐温性、化学稳定性和可塑性，无味、无毒、无臭，温度适用范围是－30℃～100℃，耐寒、耐热、耐压、不结垢、寿命可达 50～100 年，且能长期耐老化。其用途类似于 PE-X 管，更柔韧，加热时线性膨胀和蠕变延伸更小。它比未染色的 PE-X 管更耐紫外线，在建筑物中阳光入射时，没有必要防护紫外线。PB 管一般染成灰色等颜色。PB 管的连接方式有：

1）电阻丝焊镜熔焊或电焊管箍熔焊连接；

2）借助于压紧件锁紧连接；

3）不可拆卸的即插式连接（不需要工具）；

4）压紧式连接。

3.2.4 灵活的柔性管道

灵活的柔性管道是加套的软管和不锈钢波纹管。它越来越多地被用于燃气、给水、烟气、供暖和通风领域。

1. 灵活的柔性软管的作用：

（1）补偿安装时的不精确，以避免连接的应力；

（2）补偿尤其是热运行时的热膨胀；

（3）使得与设备连接容易，例如生活热水的热水器、卫浴设备、附件等；

（4）在难于接近的位置安装时，例如在坐洗盆安装时，节省工时；

（5）管道可以在长度、位置和方向上变化，例如在砌筑偏差，或地形的沉降等位置；

（6）可以取代某些附件，例如弯制成表弯、存水弯等；

（7）阻止机器设备，例如水泵、洗碗机、洗衣机、风机、燃气或燃油燃烧器等通过管道传导与传输的振动和噪声。

2. 灵活的柔性管道种类：

（1）加/不加金属外套的软管（图 3-8）：通常以 EPDM（乙烯丙烯橡胶）为基础，它要求对给水是无毒的。这种软管的外表面大都包

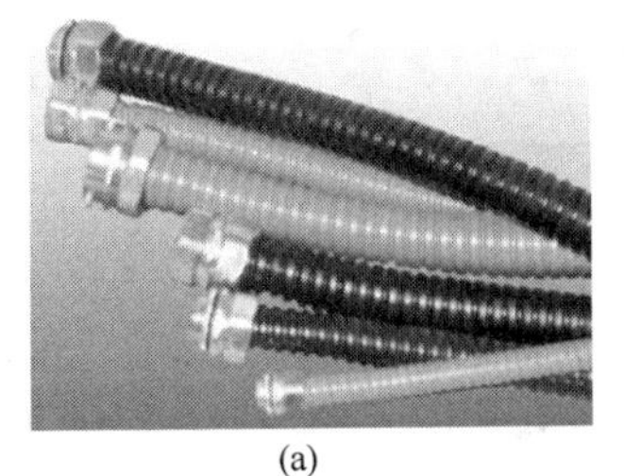

(a)

(b)

图 3-8 具有不同接头的不加/加金属外套的软管

（a）不加金属外套的软管；（b）加金属外套的软管

有不锈钢编织物，由相互交叉的若干股不锈钢金属丝或若干支不锈钢金属带按一定顺序编织而成，可以持久耐冷凝水，适用于卫浴区域。不加金属外套的软管一般用于临时性用水点或排水点。

加套金属软管使用在难以接近的位置，例如在坐洗盆下面和地柜中与洗脸盆的连接都比较容易。它也可以与立式附件连接，取代因位置偏差较大会强烈扭曲的管道，或短距离地与角阀连接。

（2）全金属波纹管：由不锈钢制成。它有精确长度的、带接头的现成产品（图 3-9a），也有无接头的盘管供应（图 3-9b），可以用割刀切割，用打波器（图 3-9c）就地相对简单地制作与安装接头（图 3-10）。

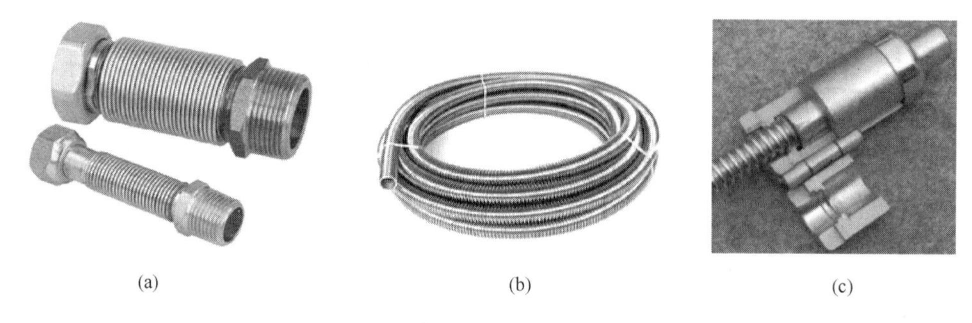

(a) (b) (c)

图 3-9　全金属波纹管与打波器

（a）带接头的成品波纹管；（b）无接头的波纹盘管；（c）打开打波器并放入波纹管

软管接头的种类很多，有锁紧螺母、外丝（图 3-10a），带有光滑接口＋快速接头、夹紧圈、卡套环，或压紧件、安全插头、法兰等（图 3-11）。

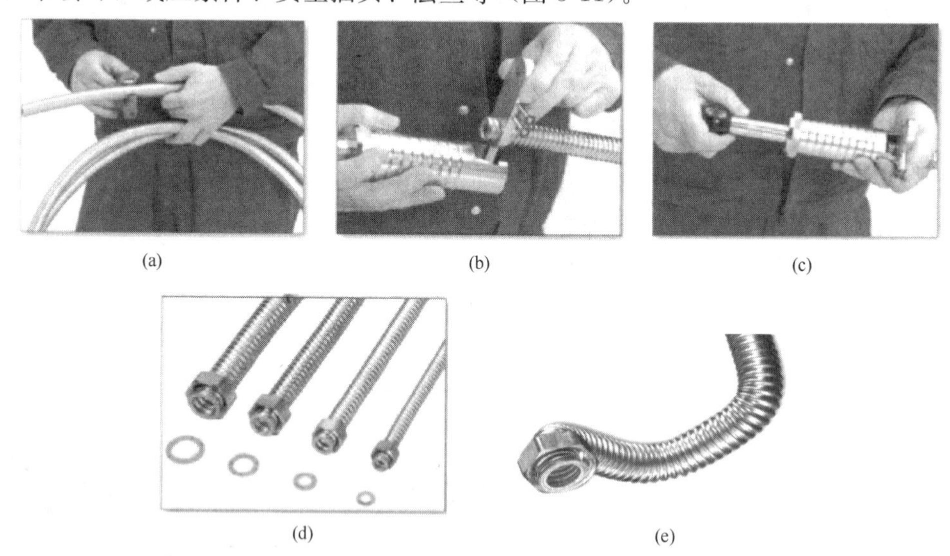

(a) (b) (c)

(d) (e)

图 3-10　手工加工任意长度的波纹短管并安装锁紧螺母

（a）波纹管下料；（b）将波纹管推入打波器；（c）用打波器锤镦波纹管端部制作翻边；

（d）安上锁紧螺母与垫片；（e）根据需要，弯制波纹管

（3）柔性 PE-X 管与盘管供应的 PB 管和金属复合管

管径 $DN12$、$DN15$、直至 $De=20mm$ 的 PE-X 管，PB 管和金属复合管耐温 70℃，短时

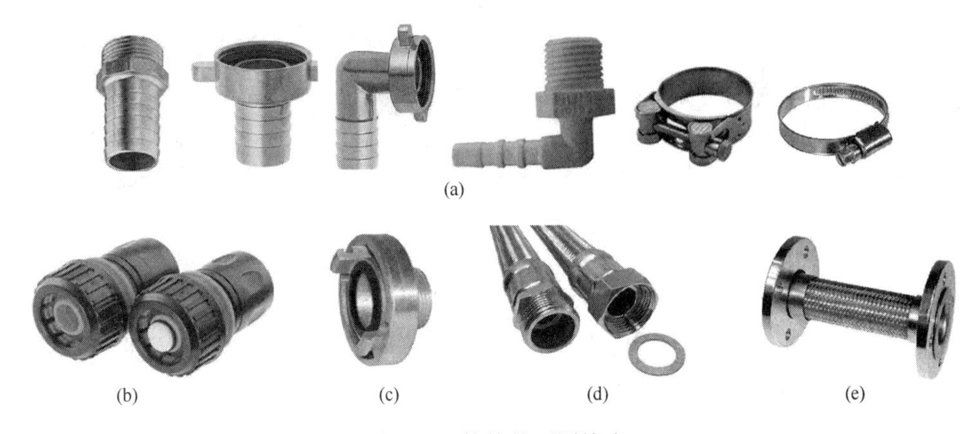

图 3-11 软管的不同接头

（a）带止退环的光滑接头与软管连接时的压紧圈；（b）锁紧压紧软管接头；（c）快速软管接头；（d）外丝与内丝软管接头；（e）法兰接头的软管成品

间可达 110℃，且具有丰富的连接件，在例如毛地坪、毛楼板中，或假墙后面，它们可以简单地敷设在波纹护套管中（又称管中管系统，图 3-12）；当事先安装的卫生设备有尺寸偏差时，可以快速地、简单地敷设和连接；将住宅的分水器与冷水表和热水表可靠地连接起来。

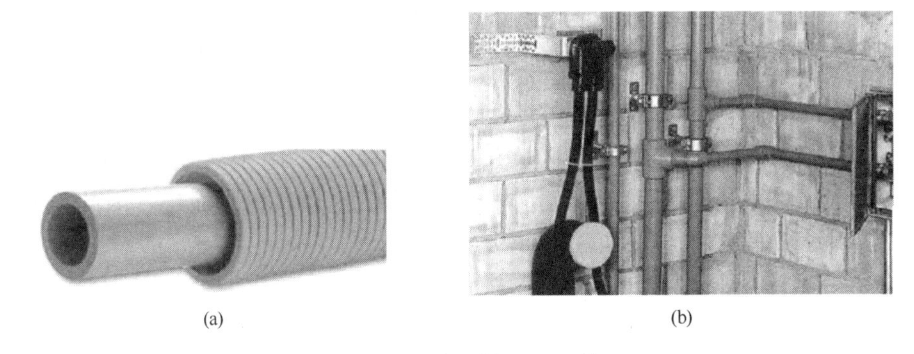

图 3-12 聚丁烯（PB）管

（a）在护套管中的聚丁烯（PB）管；（b）作为立管（熔焊连接），与附件连接、敷设在护套管中的 PB 管

3. 灵活的柔性管道的安装要求

在软管安装时，一定要遵守规定的弯曲半径，在连接件的后面要保持一段 $l=5d_a$ 的直管段。软管的生产厂家和经销商会提供精确的安装说明。错误的软管长度、有缺陷的支撑或固定，会引起损坏。在安装和运行时，绝对不允许软管扭曲或折弯，绝对不允许软管拉伸或成拱形（图 3-13）。

3.2.5 用于排水系统的管子

3.2.5.1 用于排水管道的金属管

金属管的优点是不可燃烧，在受热时膨胀小于塑料管。用于排水的金属管有：

1. 无承口铸铁管：采用灰口铸铁铸造，很耐用、不变形、对高温和低温不敏感、不可燃和可再生。由于它的质量大所以可以隔声。形成的很细小的片状石墨渗入铸铁中，会抑制声音。铸铁管一般供货 3m/根。德国的铸铁管有：

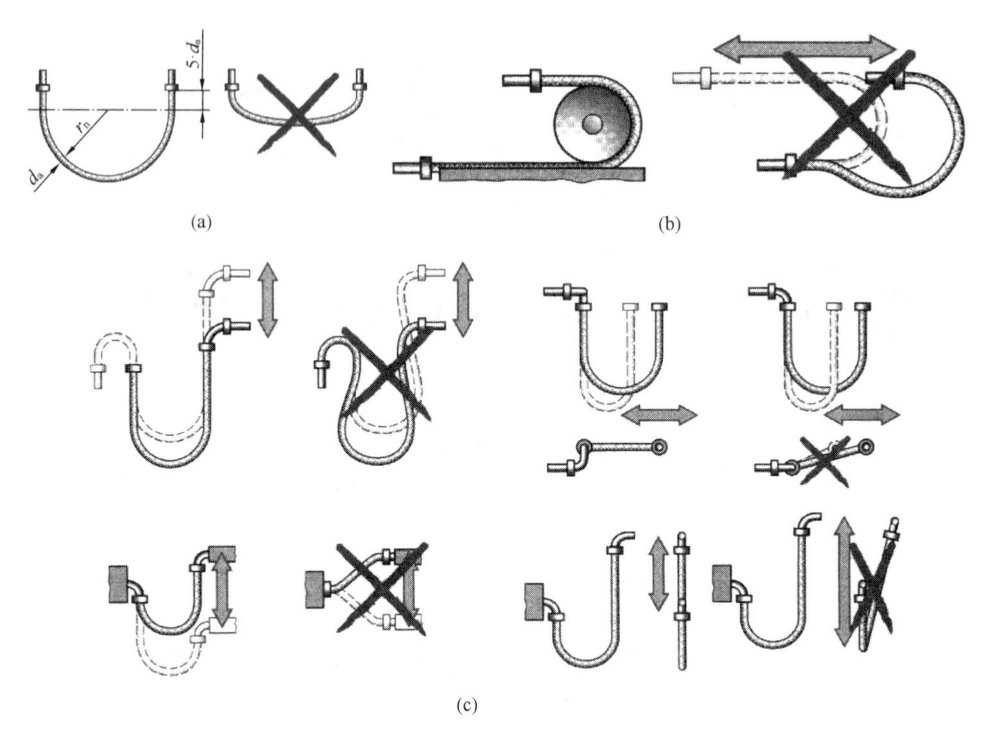

图 3-13　软管安装的正确与错误

（a）端部不允许折弯，不允许施加拉力；（b）水平连接要有支撑；

（c）悬挂连接部分只允许大半径弯曲，要有足够长的直管，不允许扭曲

（1）有保护涂层的无承口铸铁管（SML，图 3-14a）：用于普通建筑物排水，管径 DN50～DN300。外表是棕红色为底色，内部附加土黄色环氧树脂涂层，因此很光滑。它也可以用作室内通风管道系统。

（2）具有专门涂层的无承口铸铁管

1）厨房用无承口铸铁管（KML，图 3-14b）：适用于有腐蚀性的排水（如厨房的洗涤液、高位发热量锅炉排除的冷凝水等），管径 DN50～DN200。外表面镀锌，在其上面是灰色的丙烯酸树脂，内部如同 SML 的厚涂层。管件的内部和外部都涂有环氧树脂熔融层。管道切割的边缘要用两种成分的涂层（漆 ＋ 树脂）覆盖。

2）复合无承口铸铁管（VML，图 3-14c）：用于有上冻危险房间的敷设，管径 DN50～DN200。它是 SML 管用热固性树脂发泡作绝热，镀锌钢板作护套。它可以防止冷凝水的生成。也有与伴热管一起发泡。

3）埋地无承口铸铁管（TML，图 3-14d）：用于埋地敷设，管径 DN100～DN200。外表面镀锌，然后用暗棕色丙烯酸树脂涂层，内部用环氧树脂涂层。

4）桥梁用无承口铸铁管（BML，图 3-14e）：适用于露天耐气候的排水管，例如桥梁、停车甲板等。管径 DN100～DN600。外表面喷镀锌，并有一个环氧树脂覆盖层，内表面有环氧树脂涂层。

在工地下料铸铁直管段时，是将铸铁管固定在链式管台虎钳上，使用带四个切割轮的割刀，可以尺寸精确、成直角地切断（图 3-15）。切割用角磨机，使用时易发生事故危

险，需要检修，因为下料会使房间满是灰尘，所以特别不希望在墙体完工后施工。

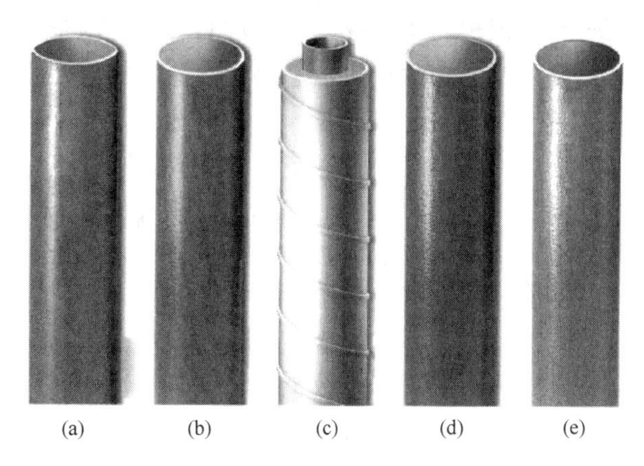

图 3-14　不同类型的德国无承口铸铁管
(a) SML 管；(b) KML 管；(c) VML 管；
(d) TML 管；(e) BML 管

图 3-15　用割刀在链式管台虎钳上下料铸铁管

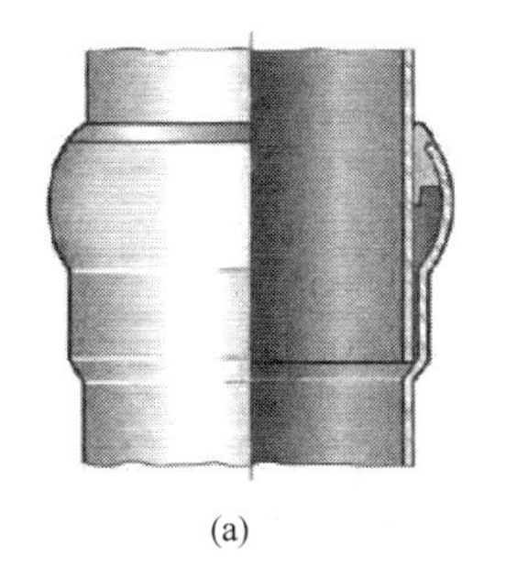

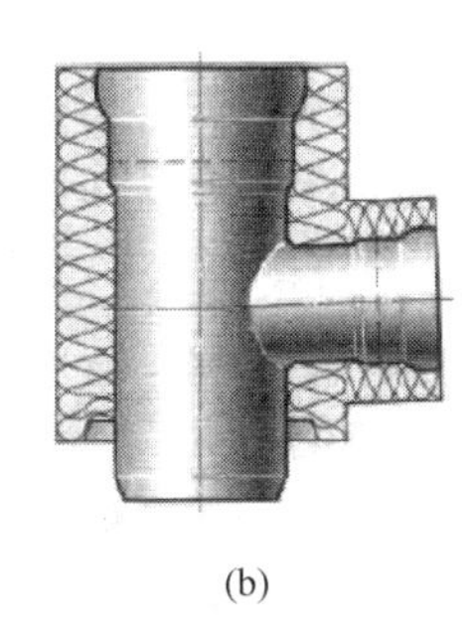

图 3-16　钢管带承口管件
(a) 带密封件；(b) 类似复合管

2. 用于排水的钢管和不锈钢管

钢管与带承口的管件连接，管径 *DN*50～*DN*200，长度从 25cm～3m（图 3-16a）。

（1）镀锌钢管，内部为树脂涂层。

（2）不锈钢管。

（3）具有聚氨酯（PU）硬泡沫绝缘层（图 3-16b）的类似复合管，用于有上冻危害、气汗水危害或隔声领域，也有带电伴热的。

3.2.5.2　用于排水管道的玻璃管与陶瓷管

1. 玻璃管

玻璃管主要作为支管或支干管(图 3-17)，用于有特别腐蚀性的污水系统。例如在化学工业、实验室、医院，在污水含脂量很高的肉类加工业及大型厨房。玻璃管可以及时看出沉积物或油脂附着物，预防堵塞。提供的管道带凸缘，长度在 10cm～200cm。

玻璃管的优点是：管壁很光滑、无孔，耐很高的温度，在加热时膨胀很小（是钢的 1/3)。它相对抗冲击，不用担心像普通玻璃那样容易破碎。

有利的是，在管道实际安装之前，可以调节高度，从侧面和轴向滑动管道支架，可以精确地调整管道的位置。在固定时，玻璃管不允许受到拉力和弯曲力。

玻璃管可以用蓄电池驱动的金刚石锯片切断，同时用水润滑、冷却和吸附粉尘。

图 3-17　玻璃管用作排水管的实例

2. 陶瓷管

陶瓷管只用于地下排水管。优点是表面的釉很耐污水，在回填管沟时形状很稳定。承口采用橡胶环或型材环，或类似的材料密封。由于陶瓷管很重，下料麻烦，现在已很少使用了。

3.2.5.3　用于排水管道的塑料管

塑料管和管件的内壁光滑，通常耐污水中存在的所有物质。除了为强化管材而添加矿物质外，它们相对都很轻。不添加防止 UV（紫外线）的稳定剂，材料就会变脆。

放置在露天的塑料管，尤其是密封环，不能经受太阳光的辐射。

所有的塑料管都会燃烧，有些难燃，一般都易燃。在防火规范中，材料只分为可燃和不可燃。难燃通常出现在广告中，但是这类管材在火灾中会释放含氯、溴等有毒的气体。

重要的是管子固定的间距，为防止受热时变软或弯曲下垂（例如管内流过热水）。PVC-U 管仅可以承受约 60℃的温度，下列前两种管子可以承受约 80℃，短时间可以承受 100℃：

1. PE-HD 管

它在－40℃时仍耐冲击，由于它相当大的厚壁，很耐固体碎粒，例如砂子、玻璃和金属等颗粒的磨损。通过炭黑染成黑色，耐紫外线（UV）。此外，它还耐许多化学试剂和溶剂，使得它也可以用于实验室或类似场所的管道。它不可以粘接。

PE-HD 管的线胀系数，国标为 1%～2%，瑞士吉博力公司的线胀系数可以达到 1%以下，该优点在满管压力流雨水系统中的长距离横管时表现尤其突出。

图 3-18　三通相互对焊串联在一起

PE 是热的不良导体，在短时间内热作用下几乎不至于热透，当短时间过冷时几乎不会产生冷凝水。结冰也不会损坏管子，在冰融化后它仍然呈现原有形状。

因为 PE-HD 是弹性塑料，例如混凝土浇固（振捣器）时、在伸缩缝时、在安装到桥梁上时等，可以承受刚性振动。5m/根的 PE 管有光滑的端部，在熟练者加工时几乎不会留下边角料，余料可以进行熔焊。PE-HD 管可以用加热元件进行对焊和用含电阻丝的所谓电焊管箍熔焊。熔焊连接密封，轴向力可靠，PE 管适于理想的埋地敷设，在压力试验时，可以不需要支墩。在无管子连接处，如同其他 PE 管，相邻的三通管件可以相互串联熔焊在一起（图 3-18）。

2. 其他高温塑料管（HT 管）：

耐高温塑料管原则上属于 PE-HD 管，也包括下列管材：

（1）PP（聚丙烯）管：一般染成绿色，也耐许多化学试剂和溶剂，所以不可以粘接。在温度＞－10℃时都具有冲击韧性。由于不含 PVC 和较大的壁厚，它的形状稳定性比 PVC 好。由于它特殊的密封环，使其对管子圆形的偏差度要求不高。

（2）ABS/ASA/PVC 共聚物管：耐普通家庭的废水，但是易受溶剂的侵蚀。作为可以溶解的材料，ABS/ASA/PVC 共聚物管可以粘接，例如带承口的管件粘接。若在直管上事后连接支管时，不需要截断直管，而是将鞍形件（图 3-19）直接粘接在需要开三通的位置上、钻孔即可。清洁剂和粘接剂都含有毒溶剂，在密闭的空间里使用时需注意良好的通风。

图 3-19 可以粘接的开三通鞍形件

3. 硬聚氯乙烯（PVC-U）排水管

PVC-U 管具有较高的硬度、刚度和许用应力；耐一些化学物质的腐蚀；价廉，易于粘接，安装方便简捷，密封性好；可回收。但不抗撞击，耐久性差，只耐 60℃的水温（洗衣机废水），接头粘合技术要求高，固化时间较长。

在我国，PVC-U 管非常普遍地用于室内与室外的排水系统各个领域。管径有 *DN*40～*DN*500，管长供应有 5m/根、6m/根等。接口形式分粘接接口和橡胶圈接口。

注意：PVC-U 管在欧洲是不允许用作建筑排水系统主管的，我国规范中虽然没有此项规定，但设计与施工人员应该尽量了解：

（1）PVC-U 管燃烧时产生的含氯有毒气体，吸入会使人中毒、窒息死亡。

（2）PVC-U 管燃烧时产生的含氯有毒气体，与消防喷洒的水形成盐酸，对建筑物的混凝土、钢筋、设备都有强烈的腐蚀作用。

（3）PVC-U 管不耐 UV 辐射，会加速变脆，使用寿命大大缩短，因而不能用作室外雨落管。若要作户外露天敷设，管材必须有防 UV 的添加剂（生产厂家应有证明材料，而且颜色是黑色或深色的）。

（4）PVC-U 管能部分被一些有机溶剂溶解，不能作为化学实验室排水管道支管。

（5）PVC-U 管管壁较薄，导热快，管外壁容易有冷凝水形成；因为管壁薄，噪声较大，不适合用于对隔声要求较高的建筑物。

（6）用于 PVC-U 管的粘接剂易挥发，对施工工人有一定毒性，必须在通风的条件下施工。而主管一般都布置在地下室和管道井中，这些空间正是通风不好的环境。粘接剂的寿命有限，一旦失效，连接部位极易漏水。

（7）耐老化性能差，管材本身寿命有限，难以做到与建筑同寿，管径规格有限。

所以，建议 PVC-U 管主要用于建筑物的排水支管。

例如住宅、宿舍、医院等隔声要求较高的建筑物，需要采用隔声的塑料管。含有约20%矿物质强化和厚壁的 PE 管和 PP 管不易产生空气声，具有良好的隔声作用。

双层塑料管也具有较好的隔声作用，其里层与外层颜色不同。它是由部分 PVC 回收料和 ABS/ASA/PVC 共聚物制成，外层壁厚较大。由于这种管材可以被汽油、苯、油漆稀释剂等溶解，所以不能用于含有溶剂负荷的排水管（例如化学实验室等）。

4 管道的连接与敷设

4.1 给水管道的连接与敷设

在给水系统中，传统的管材有铸铁管、钢管、铜管、PVC-U 管、PE-HD/LD 管等，不需要厂家提供专门对于其连接的说明。新型管材有不锈钢管、金属塑料复合管、PB 管、PE-X 管、PP 管等，需要厂家专门提供对于其连接在冷水和热水系统中长期密封性的说明。

1. 一般来说，用于一个完整系统的管材和管件必须具有以下特征：

（1）一个系统至少需要 2 种的管径。

（2）管件系列必须有与其他管材或构件、附件、装置或设备连接的过渡件。

（3）必须由系统的生产厂家提供加工所必需的专用工具和专门的辅材，诸如密封材料、密封件、粘接剂、清洁剂等。

（4）生产厂家还应提供类似的非标准件，如负荷悬挂件、护套管或制作固定点的隔绝材料和固定材料。

（5）生产厂家必须提供设计资料和安装说明，或者对安装人员在系统兼容的构件上进行培训和指导。

在安装前，管道工必须得知管材与管件是否有检验标志。同时，生产厂家必须有缺陷损害的担保。在需要两种体系连接的特殊情况前，施工人员必须确认是否得到许可。

2. 作为长期密封管道连接，必须要能安装在给水管道的任何位置，而不依赖于下列情况：

（1）连接特性，例如抗拉或不抗拉、可拆卸或不可拆卸、抗扭转或不抗扭转、金属密封或不密封。

（2）连接方式：例如熔焊、钎焊、粘接、压紧或锁紧等。

（3）安装场合：在墙前或墙里、在土壤中、在管道井中、可接近的或不可接近的等。

由于管道的质量、压力的波动或长度的变化，会在管道上产生应力。在管道连接装配前，必须考虑通过固定点的正确排列和完善、相匹配的固定装置、膨胀补偿器的安排、细心布置滑动支架的导向、在非抗拉连接的位置（如承插连接或填料函套筒）安装顶杆支座等措施来吸收或均衡这些应力。

在给水和燃气管道中，常用的管道连接方式有螺纹连接、可拆卸连接（如锁紧螺母、快速接头、法兰等）、力咬合的连接（通过压紧、夹紧等）、材料连接（通过粘接、钎焊、熔焊）。

4.2 管道的螺纹连接

管道和管道、管道和附件通过带螺纹的管件连接的方式为螺纹连接。管件的材质有可锻铸铁、钢（碳钢、不锈钢）、铜合金（如炮铜或黄铜）。

4.2.1　55°管螺纹的种类

1. 紧固螺纹《非螺纹密接连接的管螺纹》(ISO 228-1，《55°密封管螺纹　第1部分：圆柱内螺纹与圆锥外螺纹》GB/T 7306.1—2000)：外螺纹和内螺纹都是圆柱体形，缩写符号G，例如G3/4(不注英寸符号)。它们用于管道上的锁紧螺母或附件。其密封作用是通过压紧力产生的(图4-1)：

(1) 在光滑面之间由密封环或垫片形成：

1) 在给水系统中，密封环采用具有织物芯层的乙烯丙烯橡胶(EPDM)。

2) 在燃气系统中，密封环采用弹性合成物，如丁腈橡胶(NBR)，或石墨材料，如Ibenulit、Nyhalit等。

图4-1　管螺纹的锁紧螺母与密封圈

(a) 管螺纹的锁紧螺母；(b) 不同的给水密封环与垫片；(c) 燃气 Ibenulit 38.5×29×2 垫片；(d) 燃气 Nyhalit 垫片；(e) 单管燃气表密封垫片

(2) 金属圆锥形面

2. 55°管螺纹(GB/T 7306.1—2000)

牙型角为55°；外螺纹是圆锥形(图4-2a)，缩写符号R，如R3/4；内螺纹是圆柱形(图4-2b)，缩写符号Rp，如Rp3/4。用于管子与管件和附件的连接。

根据GB/T 7306.1—2000管螺纹连接时，旋入时在圆锥形外螺纹和圆柱形内螺纹之间产生金属压力，然后这种连接保持长久的密封。这种连接虽然可以反向旋松拆卸下来，但是它仍然属于不可拆卸连接方式。

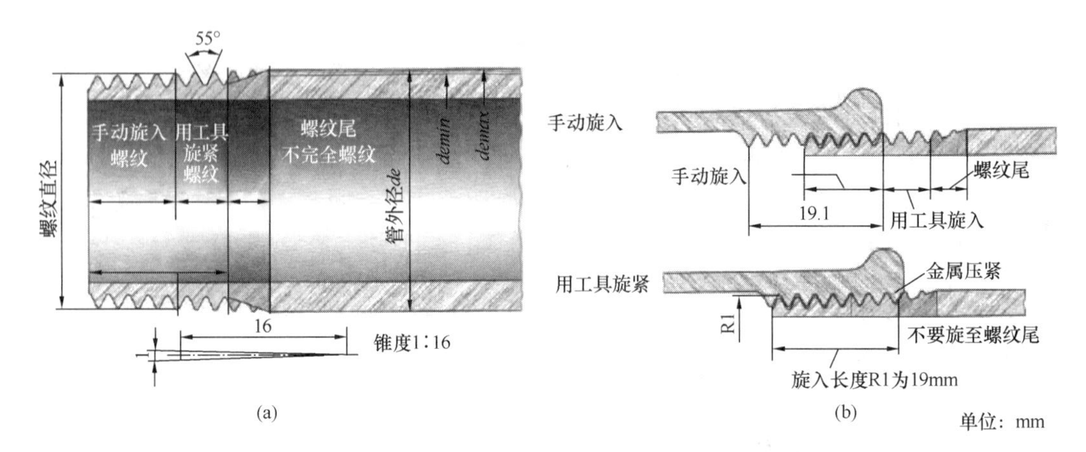

图 4-2 根据 GB/T 7306.1—2000 的管螺纹

（a）螺纹旋入长度和锥度；（b）根据 GB/T 7306.1—2000 的管螺纹连接

4.2.2 螺纹连接的注意事项与工具

4.2.2.1 密封材料

螺纹连接时，密封材料不用放很多在螺距中。它只是补偿粗糙的螺纹面和/或微小的尺寸偏差。必须根据生产厂家的说明来使用密封材料。它们有：

1. 密封膏与麻丝（图 4-3）

（1）密封膏的使用范围：密封膏既可以使用在饮用水系统的管道上（根据 DVGW，该物质与水接触后，对人体必须是无毒的），也允许使用在燃气管道上（因为它与麻丝配合使用密封性好）。现在该密封膏已有进口。

（2）麻丝的选择：麻丝宜采用南方浸过油的剑麻，因为其柔软、细，出厂时整理有序；北方产的麻丝纤维较粗、较硬，销售的产品较凌乱，使用不便，还容易割伤手。另外，不会硬化的密封膏与麻丝不可以用于 PVC 管螺纹。

图 4-3 不同产地的麻丝

（a）我国南方产的剑麻麻丝；（b）我国北方产的麻丝；（c）进口麻丝

（3）操作步骤：首先将密封膏抹在螺纹上（图 4-4a），将麻丝按管件旋转的方向拉紧缠绕在螺距里。图 4-4b 缠法有误，麻丝收尾在螺纹前端，旋上管件时易将麻丝头带入管道内，管道内残留的麻丝会引起附件、设备等的堵塞和腐蚀。正确地缠绕应从螺纹前端向螺纹尾部缠绕麻丝，然后用钢丝刷将麻丝刷紧服帖在螺纹上，即可旋上管件或附件。

在欧洲，密封膏与麻丝使用非常普遍。因为当旋紧管件或附件方位有偏差时，可以倒转 1/4 圈不会发生泄漏，而且价格低廉，密封膏粘在手上也容易清洗。

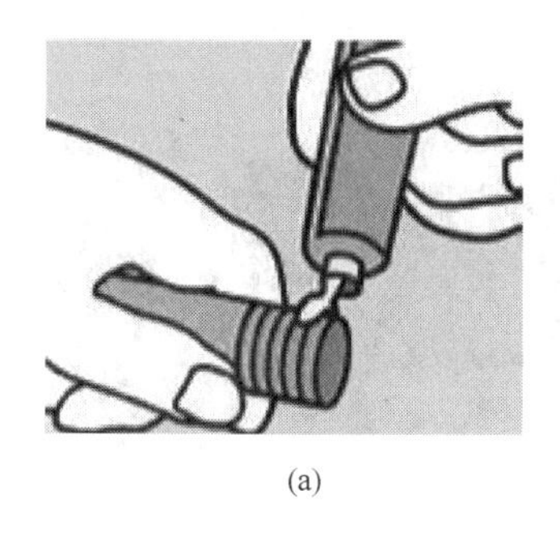
(a)

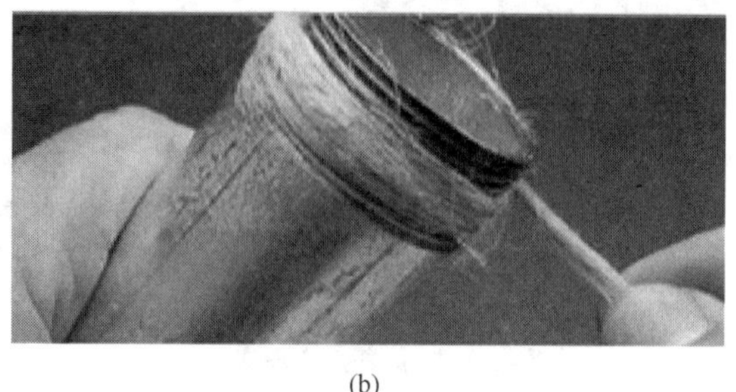
(b)

图 4-4　螺纹连接前上密封膏与缠麻丝
(a) 将密封膏抹在螺纹上；(b) 缠绕麻丝错误，应从螺纹端部缠向尾部

(4) 我国工地有时使用的密封剂是铅油（厚漆）。铅油是有毒的，使用铅油作为密封材料，在给水管道上会随水进入人体，污染水质，因此绝对不允许使用。铅油只能使用在燃气或供暖管道上。另外，铅油附着在手上也不易清洗，所以不受管道工的欢迎。

(5) 若麻丝缠绕太多，会产生下列问题：

1) 较多的麻丝在管件旋紧时被挤出螺纹范围，由此在螺纹连接的前端部分产生较大缝（图 4-5），在以水作为介质的管道中易引起缝隙腐蚀。

2) 多余的麻丝使内螺纹接头扩张超过弹性极限，使它不再具有回弹能力，金属压紧密封就不再起作用了。

3) 太多的麻丝易使内螺纹管件接头胀裂（图 4-6）。

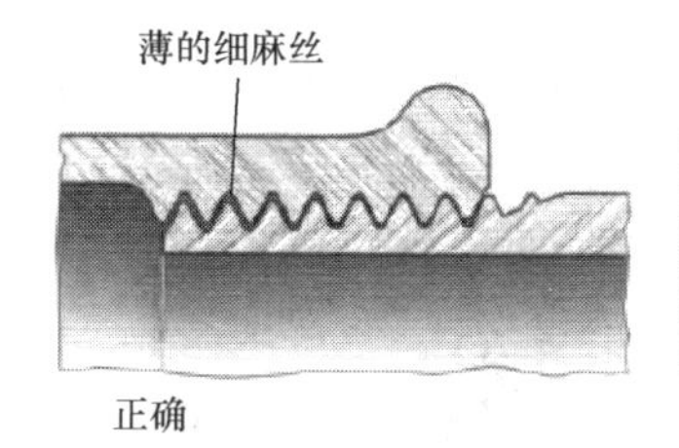

图 4-5　螺纹管在连接时，麻丝缠绕多少的后果比较

图 4-6　麻丝缠绕过多胀裂管件接头

4) 在密封膏变干后，螺纹连接处太多的麻丝反而会不密封。

5) 管螺纹旋紧后，多余的麻丝被挤出，清理也造成时间与金钱的浪费。

2. 聚四氟乙烯（PTFE）密封带

俗称生料带，按管件旋紧方向缠绕在螺纹上（图 4-7），同样由螺纹端部缠向尾部。在欧洲，生料带不常用在管道连接上，难得在附件安装时使用。因为管件或附件旋紧后，方向位置往往会产生偏差；若使用生料带往回倒转，即使倒一点点都会产生泄露；若通过管卡扳正管段，使管段扭曲、一直承受应力，时间长了易发生渗漏；若继续向前旋紧，可能无旋转的余量、导致内螺纹接头胀裂。燃气系统选用黄色生料带。

PVC-U 管的螺纹只能用生料带密封。

3. 聚酰胺（PA，尼龙）密封绳

这种密封材料形成的尼龙密封面不会发生固化。将尼龙绳放在螺纹上，从螺纹始端向螺纹末端缠绕，但是尽可能不要正好嵌在螺纹槽里（图 4-8）。

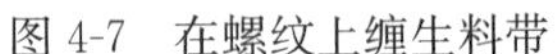

图 4-7　在螺纹上缠生料带　　　　图 4-8　尼龙密封绳

4. 液体密封材料

它不需要使用麻丝，拆卸后管件需要更换。主要用于连接工业加工的零件，例如附件。液体密封材料不应用于燃气管道系统中。

4.2.2.2　管螺纹加工与连接工具

1. 下料工具

钢管下料一般使用割刀（图 4-9a），但 *DN*15 的钢管下料时禁止使用割刀，必须使用弓锯。因为割刀在下料时，对钢管形成的挤压使钢管缩颈和产生毛刺，介质的流通横截面积明显缩小，*DN*15 的钢管横截面积甚至能减少 40%以上，使介质流动的阻力大大增加。我国缺乏清除毛刺的铰刀（图 4-9b），依靠进口。即使是锯割，也会产生毛刺，也需要用铰刀清除。

2. 螺纹连接紧固或松动的工具

管道工常用的连接工具有普通管钳（图 4-10a、b）、链条式管钳（图 4-10c）和水泵钳（图 4-10d）。

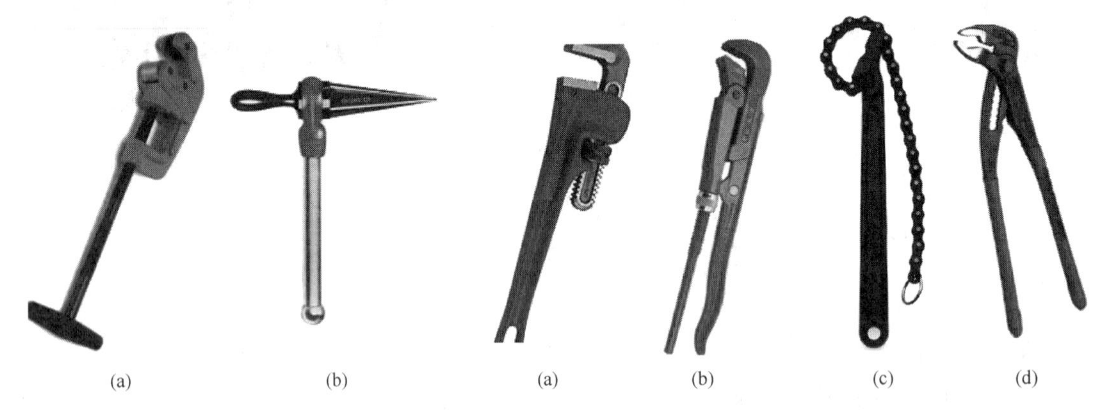

图 4-9　钢管的下料工具

（a）钢管割刀；（b）清除毛刺的铰刀

图 4-10　管道螺纹连接紧固和松紧的不同管钳

（a）英美式管钳；（b）瑞典式管钳；（c）链条钳；（d）水泵钳

管钳钳口一般都有啮合的齿，易夹伤管道，破坏镀锌层，造成管道腐蚀与影响美观，应使用合适规格的管钳与适度的力矩松紧螺纹。管钳的规格与最大夹持公称直径见表 4-1。不允许将大规格的管钳用于紧固小管径的螺纹，否则力矩过大，会胀裂管件。链条式管钳用于 *DN* 125 以上的管道螺纹连接。水泵钳的钳口无齿，可以用于要求美观、较小管径的附件与管件的松紧。

管钳规格 **表 4-1**

管钳规格（mm）	200	250	300	350	450	600	900	1200
Max *DN*（mm）	25	32	40	50	65	75	85	100

3. 手动套丝铰扳：固定铰扳与可调式铰扳

（1）固定铰扳（图 4-11）：通过调节装置，使棘轮头可以顺时针或逆时针方向受力旋转。这种铰扳常用的规格有 *DN*15、*DN*20、*DN*25 等。板牙头可取出维修与更换。套丝时应经常给板牙加冷却剂，否则易伤板牙或产生“龅牙”（板牙损伤后，套出的螺纹不整齐）。

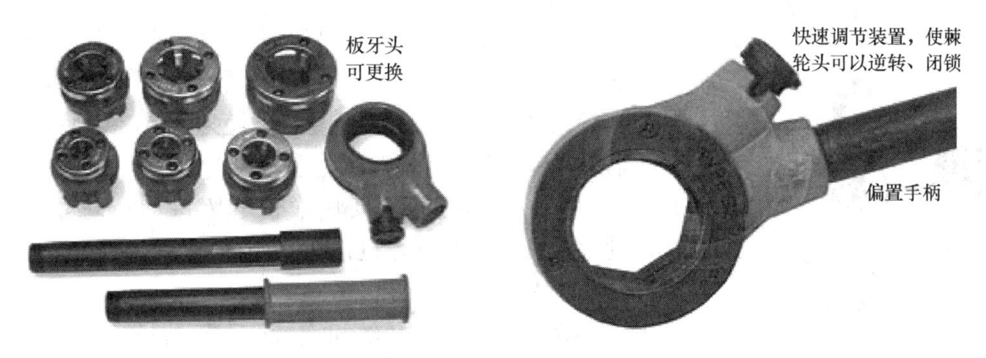

图 4-11 固定铰扳

（2）手动可调节式铰扳（图 4-12）：更换板牙可套 *DN*15～*DN*100 的管螺纹，特别是可以在现场套短接（外丝直接）、偏牙等。但由于其笨重，现在已经被手提电动式铰扳或电动套丝机取代。

4. 电动套丝设备

（1）手提电动式铰扳（图 4-13）

图 4-12 手动可调节式铰扳

图 4-13 手提电动式铰扳

手提电动式铰扳比手动铰扳套丝省力、省时，也比电动套丝机轻巧，携带方便，深得施工人员的喜爱。套丝时，管道固定不动，手提电动式铰扳的板牙为转子，同时在管道上沿导向支架自动进给。根据所套管螺纹的直径不同，可更换相应的板牙，常用于 *DN*15～*DN*32 的管螺纹切削。

（2）电动套丝机：

可以对 *DN*15～*DN*100 的钢管进行螺纹切削。一般是管道夹持在卡盘上随之转动，板牙固定。配有割刀（可以切割）、铰刀（倒角和清除毛刺）、脚踏式紧急开关（管子在转动时可能导致事故时用)、冷却剂供给系统（冷却板牙，可延长其工作寿命）等。管子在夹持好后，自由端会自然略向下倾斜，以防冷却剂与铁屑进入管道。板牙有自动打开的、手动打开的和可以调节的。自动打开的板牙能提供标准长度的螺纹，部分避免安装时的偏差。可以调节的板牙可以在板牙打开后径向调节其直径，但是准确的螺纹直径必须经过螺纹规校核。校核时，一般用优质品牌的管件手动旋上 3 圈即为合格。图 4-14 为一种可移动式套丝机。

图 4-14　带脚踏式紧急开关的移动套丝机

（3）套丝冷却剂

套丝冷却剂起着冷却和润滑的作用。根据 DVGW W 521 的规范规定，冷却剂必须是水溶性的、不会对人体健康产生令人担心的问题，颜色染成红色，盛装的容器必须有 DVGW 检验标志和注册号。

施工现场应禁止使用廉价的废机油作为套丝冷却剂，否则污染管道，进而污染水体。

5. 管道夹持器具

管道在切断、套丝和连接时，产生的力矩很大，需要用夹持工具固定。

（1）管子台虎钳（图 4-15a）：这是最常使用的管道夹持器具。根据使用不同的管径，它也有不同的规格（表 4-2）。

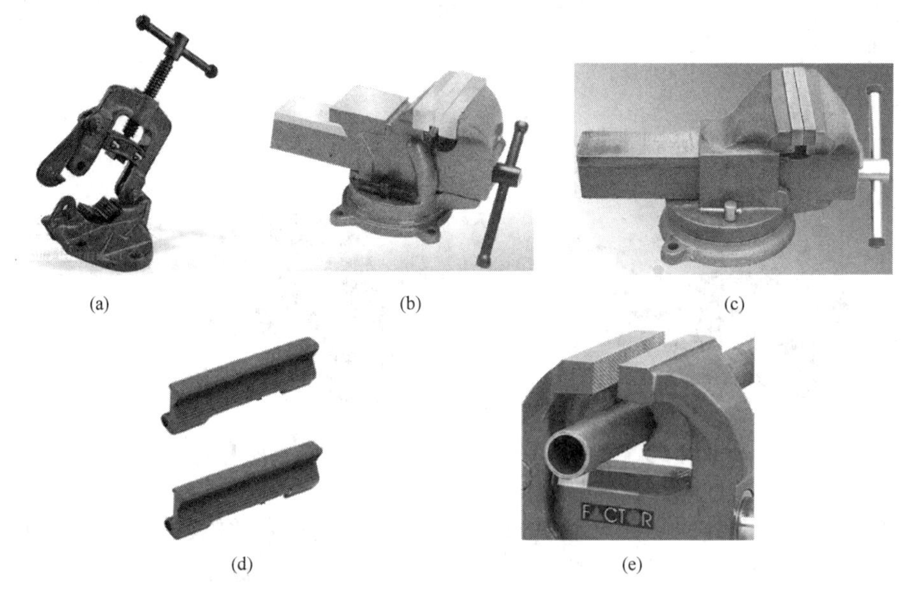

(a)　(b)　(c)

(d)　(e)

图 4-15　夹持工具

（a）管子台虎钳；（b）带砧台虎钳；（c）不带砧台虎钳；
（d）台虎钳辅助 V 形钳口；（e）附带 V 形钳口的台虎钳

（2）台虎钳：在工地上进行一些加工与维修的安装时，台虎钳也是必不可少的夹持工具。台虎钳的规格以钳口的宽度表示，常用规格有 100mm、125mm、150mm、200mm

等；有带砧和不带砧两种（图 4-15b、c），带砧台虎钳可以用于板材与棒材的矫正。

管子台虎钳的规格与工作范围 **表 4-2**

管台虎钳规格	1	2	3	4	5	6
使用管外径范围（mm）	10～60	10～90	15～115	15～165	30～220	30～300

禁止用普通台虎钳来夹持管子，因为其钳口是平面，会将圆形管子夹变形；但是普通台虎钳附加一对 V 形辅助钳口（图 4-15d）或配有 V 形钳口的台虎钳（图 4-15e）则可以夹持小口径的管子。V 形辅助钳口的下端有螺丝，旋紧后可以牢靠地固定在台虎钳上。

管子台虎钳或台虎钳应牢靠地固定在工作台上；在临时施工的场地，管子台虎钳也可以固定在三脚架上。但三脚架上重下轻，使用时不稳固、易移动，影响管螺纹加工的质量；当操作者套丝或安装管件与附件时，使用较大力气下压时易将三脚架的腿根部压变形、三脚架会逐渐“趴下去”。正规产品在三脚架的腿之间配有拉撑件（图 4-16）。

图 4-16 固定管子台虎钳的三脚架

切削的螺纹直径和螺纹长度应符合标准，这是螺纹密封和尺寸稳定工作的前提。只有这样才能进行精确计算来预制。

在欧洲，螺纹连接管道的测量与下料计算方法如下（图 4-17）：

先测量管件中心至中心的毛管段尺寸 M；从有关表格中查得z-尺寸（管件中心到管端的距离），也可以由生产厂家提供；管段下料长度 $l = M - (z_1 + z)$

常用口径管道的z-尺寸，管道工应熟记于心。其他材质和其他连接方式的管道测量与下料方法采用与图 4-17 的相同原理进行。我国的管件参数与欧洲参数约有 1～2mm 的误差，计算结果偏差 1～2mm。

图 4-18 为螺纹连接的正确与错误示意图。

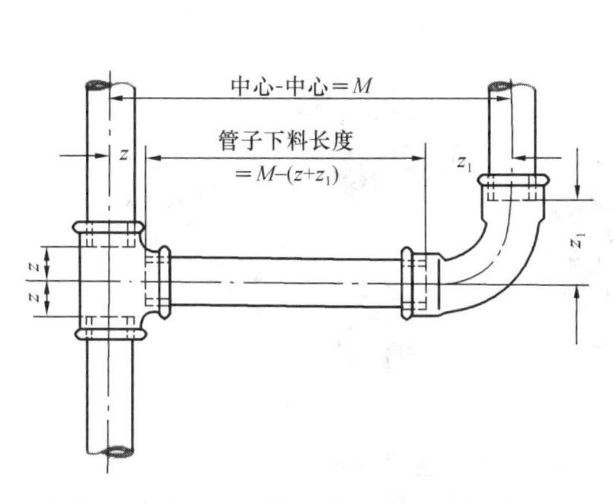

图 4-17 管道工下料前的测量与计算示意图

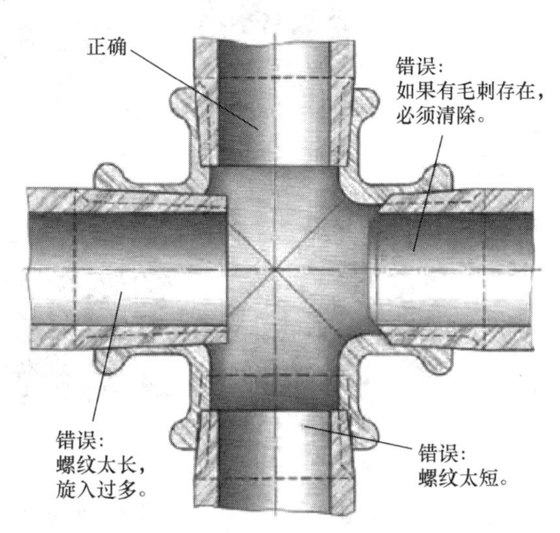

图 4-18 螺纹连接的正确与常见错误示意图

4.3 可拆卸的管道连接

管螺纹在管道中是不可拆卸的（除非在端部）。在管道系统中，附件、仪表、设备经常需要维修、更换或校验，与之连接就需要采用可拆卸连接方式。

4.3.1 锁紧连接

在连接附件、仪表或过渡到其他材料管道时，经常用带锁紧螺母的连接件或活接头。锁紧连接属于压紧连接。

1. 带锁紧螺母的管件（图 4-19）

这类管件的两端可以是相同或不同的连接形式。锁紧螺母的密封采用扁平垫片密封。垫片材质为非金属的，有纸质（非石棉或石棉类）和橡胶类。纸质垫片的密封效果优于橡胶垫片，普通橡胶垫片一旦拆卸后就不能再使用、必须更换。

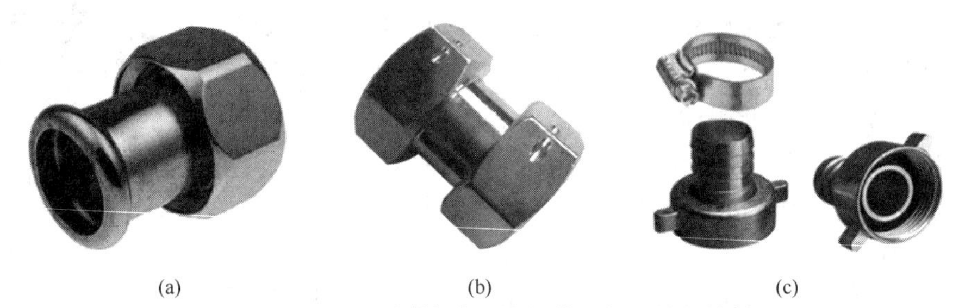

(a)　(b)　(c)

图 4-19　用于不同管道连接的带锁紧连接的管件

（a）一端为挤压式的直接；（b）双锁紧螺母直接；（c）一端为连接橡胶软管的快速接头

2. 活接头

（1）活接头的形式和品种繁多（图 4-20）

(a)　(b)　(c)

(d)　(e)　(f)

图 4-20　不同连接形式的活接头与活接头的连接方向

（a）两端内螺纹活接头；（b）两端外螺纹活接头；（c）一端内螺纹、一端外螺纹活接头；（d）一端熔焊接头、一端内螺纹活接头；（e）两端无螺纹压紧活接头；（f）活接头左端为公口，右端为母口

1）根据两端接头的连接形式有：

① 两端都是内螺纹或两端都是外螺纹；或一端是外螺纹、另一端是内螺纹。

② 一端是外/内螺纹、另一端是其他材料的连接形式（如熔焊接头、挤压式接头等）或者两端无螺纹等。

2）根据活接头的材质：有可锻铸铁、钢、不锈钢、铜合金（黄铜或炮铜）、塑料（如PP）等。

（2）活接头连接是有方向的，接反了易产生泄露。套有锁紧螺母的一端（有凸台的）称为公口，锁紧螺母旋上的另一端（有凹口的）称为母口，连接的方向与介质的流向应一致，即从公口流向母口（图 4-20f）。活接头一般有两种密封形式（图 4-1）：平垫片密封或无密封圈密封（采用金属的、圆锥形密封）。

4.3.2　法兰连接、管道快速接头连接与卡箍连接

1. 法兰连接：主要用于较大管径的附件与设备上。

（1）法兰的种类

1）固定法兰：根据法兰与管道的连接方式，有螺纹法兰（图 4-21）、熔焊法兰（图 4-22a）、钎焊法兰（图 4-22b）、粘接法兰等。螺栓孔边缘距法兰边缘至少应>5mm。

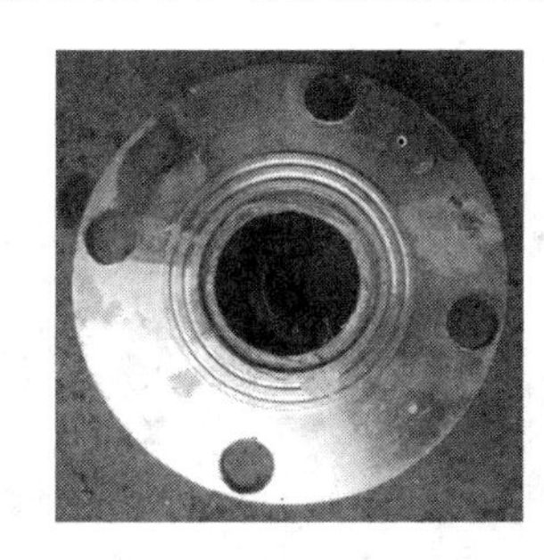

图 4-21　螺纹法兰（左为合格法兰，右图为伪劣法兰）

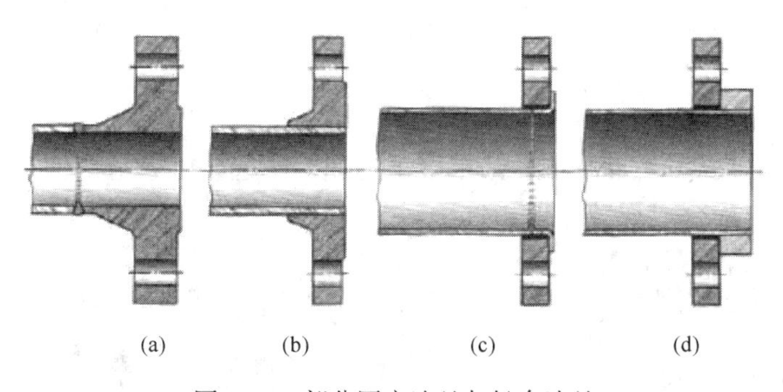

图 4-22　部分固定法兰与松套法兰

（a）对焊法兰；（b）钎焊法兰；（c）翻边松套法兰；（d）凸缘松套法兰

2）松套法兰（又称活套法兰）：在管端上，用专用工具制成翻边，或将钢环熔焊、钎焊或粘接上，法兰可以在管端上活动（图 4-22c、d）。制成的翻边与钢环形成的凸缘就是密封面，法兰的作用是把它们压紧。松套法兰不与介质接触。

（2）法兰的安装注意事项

1）在法兰安装前先检查法兰，清理油污和锈斑。禁止用起子清理，以防划伤密封面。

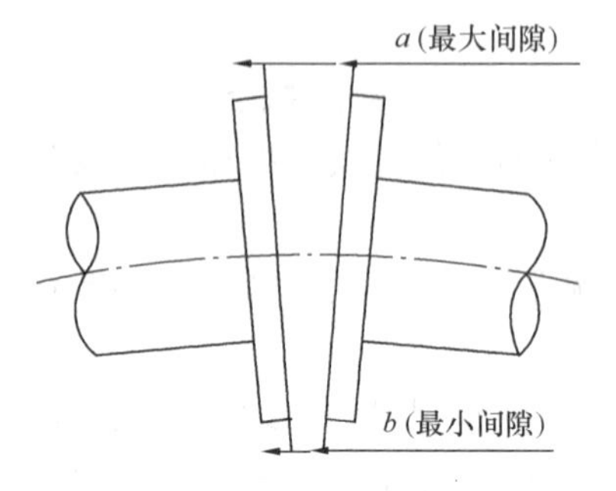

图 4-23　法兰间隙检查示意图

2）安装前检查法兰与管子的垂直度和两个法兰的平行度。检查平行度时选择 4 个点，若最大间隙与最小间隙之差（图 4-23）达到如下要求为合格：$DN \leqslant 100$mm 时，$(a-b) \leqslant 0.2$mm；$DN > 100$mm 时，$(a-b) \leqslant 0.3$mm。

3）法兰要同心对准，螺栓插入方向应一致，以螺栓自由穿入螺栓孔为合格；螺栓应对角线方向逐一分 2～3 次均匀紧固，用法兰规定的力矩扳手，拧至每个螺栓达到最终规定力矩。

4）建筑给水排水用密封垫片材质一般采用橡胶（天然橡胶 NR，三元乙丙橡胶丁基橡胶 IIR）或石棉纸板。垫片有成品，也可以现场用橡胶板画样剪，但一定要留手柄供调整位置用（图 4-24）。安装前要将法兰密封面和垫片清理干净。密封垫片最多加两片，压紧约弹性的 1/3 量。

法兰的材料要求高、制作复杂，又费材料、又费工时（现在人工的价格越来越高），法兰就显得太昂贵了；而且在建筑给水排水紧凑的领域中占空间大(图 4-25)，现在已经被快速接头和卡箍连接件取代。

图 4-24　法兰带柄的密封垫片

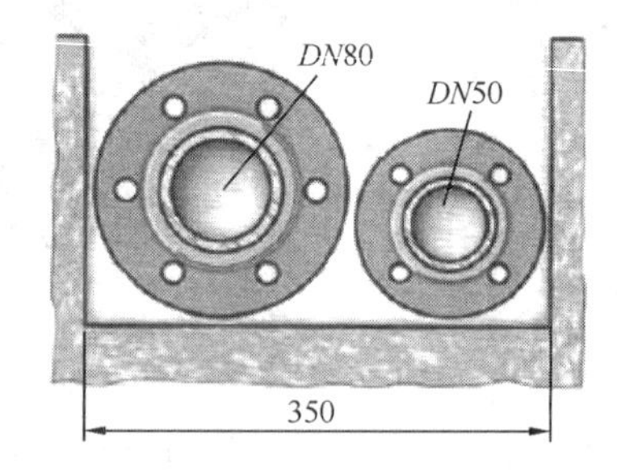

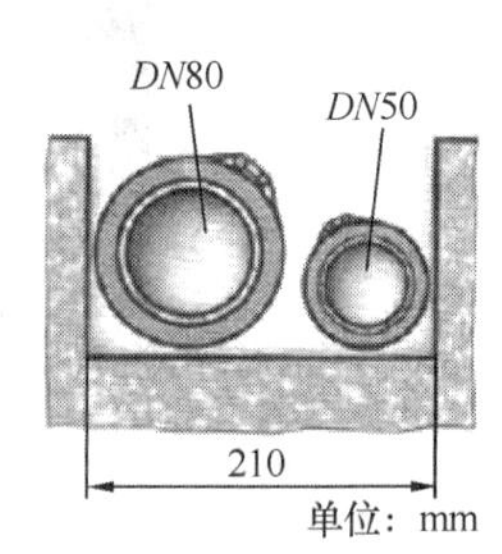

图 4-25　法兰与管道快速接头所占空间的比较

2. 管道快速接头连接

管道快速接头可以将光滑管端的两根管子迅速结合起来。管道快速接头中的密封材料有橡胶（图 4-26a）或合成橡胶（图 4-26b）。

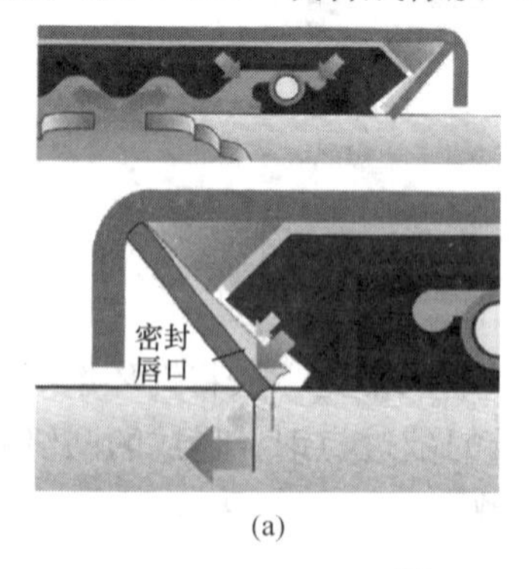

(a)

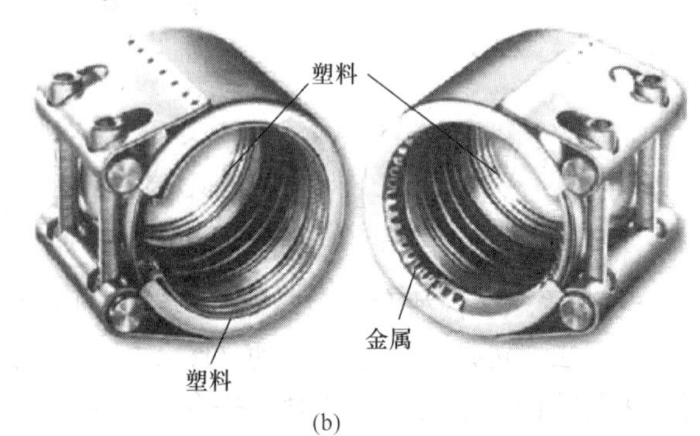

(b)

图 4-26　用于光滑管端连接的管道快速接头

（a）具有橡胶密封环的密封工作原理；（b）具有合成橡胶密封环的管道快速接头

(1) 管道快速接头的使用范围

1) 金属管：用粗齿卡环固定住（图 4-26b 右）。

2) 塑料管：用不会产生缺口作用的多排细齿卡环固定住（图 4-26b 左）。

3) 金属管过渡到塑料管。

4) 在管道不密封或破裂时，这种连接件作为维修卡箍，是一种快速、临时的急救方法。

(2) 管道快速接头的优点是

1) 抗拉、软密封和密封持久。

2) 运行可靠和耐腐蚀。

3) 容易拆卸和重复使用。

4) 允许管道折弯至 6°。

5) 因为快速接头直径超出管道外径不多，节省空间，敷设时允许很小的管道间距，在大管径时节省空间特别有效。

6) 因为管端不必套丝、加法兰、钎焊、熔焊等加工连接，只需要连接的管子始终处于挨近的良好状态，用转矩扳手拧紧两根螺钉就可以快速安装。

7) 由于其弹性的密封性和微小的质量，具有隔声和消除振动的作用。

8) 很经济。

(3) 重要的注意事项

1) 对于不同的使用范围，应选择正确的管道快速接头。

2) 不要超过管道快速接头允许的管道间距。

3) 两个管端推入的距离必须相同（事先需要对推入深度做标记）。

4) 使用管道快速接头所标识的转矩扳手锁紧螺钉。

3. 沟槽压紧式连接：又称为卡箍连接，也属于管道快速接头（图 4-27）。

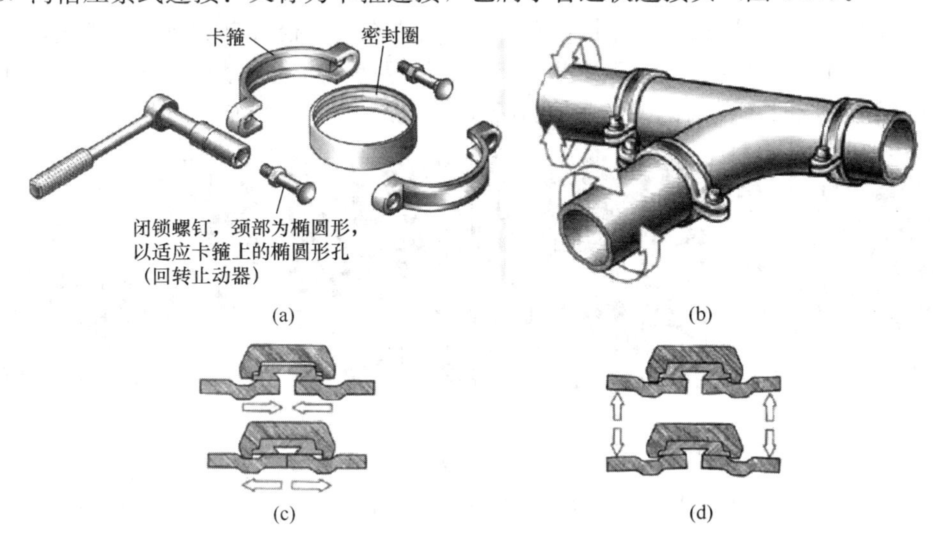

图 4-27 卡箍连接（带槽的管道快速接头）

(a) 卡箍连接件与安装工具；(b) 转动；(c) 承受管道长度的变化；(d) 承受管道的折弯

(1) 类型

1) 柔性卡箍连接：可用于管道的移动。每个连接处可以接受 6.4mm 的长度变化，使得管道补偿器成为多余，可以折弯，在管道埋地敷设错位时减小应力的作用。

2）刚性卡箍连接：用于连接阀门、设备、在管道固定有问题的位置（例如：管道纵向位移，因立管由于重力作用会向下滑动）。根据管径，这种快速接头紧固螺栓为2～4根。通常，拧上螺母就足够了。

（2）卡箍连接的使用范围：卡箍连接系统比熔焊、法兰或套丝要简单和省时，技术上更显成熟，市场也普遍认可。

1）使用管材：镀锌或非镀锌钢管，管径有 *DN*20～*DN*700，不锈钢管（DIN EN ISO 1127），管径有 *DN*50～*DN*400，铜管（DIN EN 1057），管径有 *DN*50～*DN*150；厚壁塑料管，管径有 *DN*50～*DN*400，球墨铸铁管，管径有 *DN*50～*DN*400 等。

2）使用领域：广泛用于消防水系统、空调冷热水系统、给水系统、污水处理管道系统等。

（3）卡箍连接的注意事项

1）按需要的长度切割管道，应用角磨机打磨光滑切口或用铰刀清除毛刺。用水平仪检查切口断面，确保管端面与管道中轴线垂直。

2）将下料好的钢管架设在滚槽机和滚槽机尾架上，用水平仪抄平，使钢管处于水平位置。将钢管加工端断面紧贴滚槽机，使钢管中轴线与滚轮面垂直。

3）管件上的卡槽由生产厂家在工厂制作（图 4-28a），管道上的卡槽由施工人员在现场用滚槽机（图 4-28b）制作，在 max 9.5mm 厚的管壁上滚槽。若管材较脆，不适合滚槽，就采取铣槽，铣槽需要更大的壁厚。

4）缓缓压下千斤顶，使上压轮贴紧钢管，开动滚槽机，使滚轮转动一周，仔细观察钢管断面是否仍与滚槽机贴紧。如果未贴紧，应调整管子至水平，如果已贴紧，徐徐压下千斤顶，使上压轮均匀滚压钢管至预定沟槽深度为止。用游标卡尺检查沟槽深度和宽度，确认符合标准要求后，将千斤顶卸荷，取出钢管。

5）在钢管上连接异径支管（图 4-28c）时，首先在大口径管道上弹开孔墨线，确定接头开孔位置。将链条开孔机固定于钢管预定开孔位置处。启动电动机，转动手轮，使钻头缓慢靠近钢管，同时在开孔钻头处添加润滑剂，以保护钻头，完成在钢管上开孔。

(a)

(b)

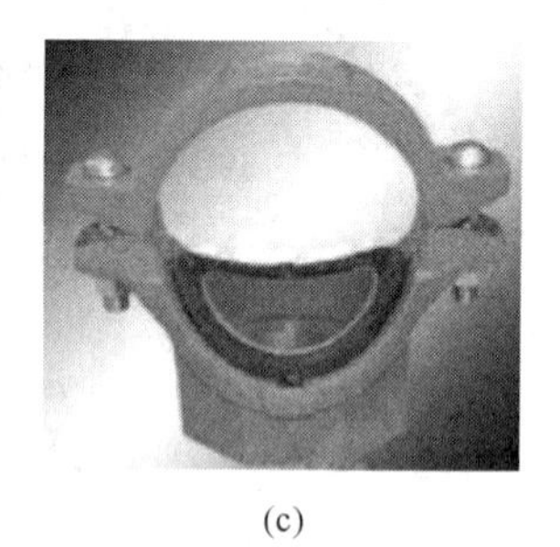
(c)

图 4-28　卡箍连接的管件与管道开槽

（a）生产厂家提供的有槽管件；（b）现场用滚槽机在管道上制作沟槽；（c）开孔连接支管的管件

6）停机，摇动手轮，打开链条，取下开孔机，清理钻落金属块和开孔部位残渣，并用角磨机将孔洞打磨光滑，并做防腐处理。沟槽与孔洞处无毛刺、无破损相裂纹和脏物，将卡箍套在钢管上，注意机械三通应与孔洞同心，橡胶密封圈应无破损和变形，与孔洞间隙均匀，对称紧固螺栓到位。若紧固时发现橡胶圈起皱应更换新橡胶圈。

7）弹性塑料的密封材料要注意使用范围（表 4-3）。

管道密封材料及其使用范围 **表 4-3**

缩写符号 名称	NBR 丁腈橡胶 （丁二烯和丙烯腈共聚橡胶）	PTFE 氟树脂 （聚四氟乙烯）	EPDM 乙烯丙烯橡胶，三元乙丙橡胶	CR 氯丁橡胶	FPM，FFKM 偏氟乙烯-六氟丙烯橡胶	CSM 氯硫化聚乙烯橡胶
化学耐蚀性 “+”：合适 “-”：不合适	+ CnHm 化合物（液化气、天然气矿物油，液化油），汽油，水-氧化介质	++耐这张表里的所有化学物质	++ 有腐蚀性的化学物质-矿物油和脂	+ 制冷剂，氨，水，植物油和硅油-矿物油和脂	++耐所有溶剂，所有油，发动机燃料，水蒸气，臭氧，氧气	-25～200℃
工作温度（℃）	-30～70	至 250，短时间 300	90～120(高温水，蒸汽 200)	-40～100	类似于 EPDM	100～140

8）安装过程中，必须按介质流动顺序连续安装，不可跳装、分段装，以免出现段与段之间连接困难和影响管路整体性能。

9）将钢管固定在支吊架上，并将无损伤橡胶密封圈套在一根钢管端部。将另一根钢管端部周边涂抹润滑剂，插入橡胶密封圈，转动橡胶密封圈，使其位于接口中间部位。在橡胶密封圈外侧安装上、下卡箍，并将卡箍凸边送进沟槽内，用力压紧上、下卡箍耳部，在卡箍螺孔位置上螺栓，并均匀对称拧紧螺母，在拧螺母过程中用木榔头锤打卡箍，确保橡胶密封圈不会起皱，卡箍凸边需全圆周卡进沟槽内。在拧紧前，允许管件如弯头、三通及附件绕其轴线转动，以校准其方位。

快速接头和卡箍管道系统清洗时拆卸也方便，事后安装新的管件也较容易。由于卡箍连接的各个管段不接触，避免了噪声和振动的传递。这种牢固的密封圈有助于消声。

4.4 机械的管道连接

4.4.1 挤压式连接（属于压紧式连接）

挤压式连接是通过力传递来实现的，即用专门工具产生较高的挤压力挤压变形来抵抗管道与管件之间的相互滑动，在我国称为卡压式连接，是当今管道使用最频繁的连接方式，因为它密封可靠，施工快速、简单。管件与管子被径向（图 4-29a）或轴向挤压（图 4-29b）。

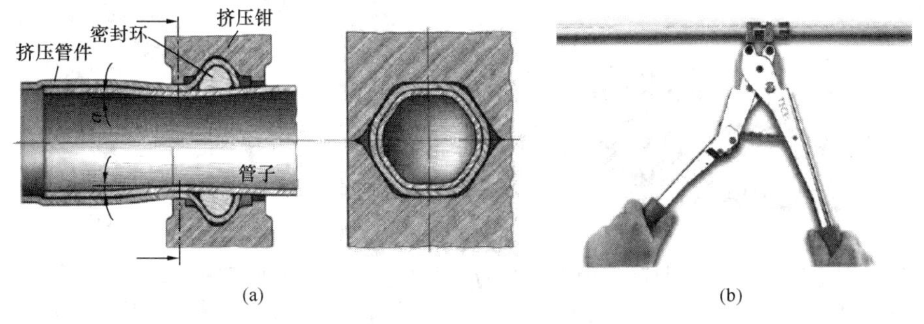

图 4-29 两种不同的挤压式管道连接

（a）不锈钢管径向挤压式连接管件剖面图（卡压式）；（b）塑料管的轴向挤压连接（推移式卡套）

1. 挤压式连接的类型

挤压式连接在管道与管件之间的密封有两类：

（1）通过密封环：一种是工厂方面在管件承口内的凹槽里放置密封环（图 4-30a），一种是密封环嵌在管件接管外面的槽内（图 4-30b）。

图 4-30　挤压式管件密封环放置在不同位置

（a）密封环放置在管件承口的槽内；（b）密封环嵌在管件接管外的槽内，右侧管件接管外的密封环被挤压套管遮住

用于不锈钢、铜或炮铜挤压式管件的密封环，必须满足流动介质的特殊要求，例如耐化学物质、耐温等，在欧洲，规定密封环的颜色是有区别的（表 4-4）。用于燃气的密封环是黄色的，而且在其管件上打印了具有“PN5- GT”的黄色矩形标记（图 4-31）。

挤压式管件密封环的颜色与使用范围　　**表 4-4**

使用范围	特征颜色	运行温度（℃）	缩写符号与说明
水	黑色	−20～180	EPDM 乙烯丙烯橡胶（Vistalon，丁纳橡胶）
天然气、液化气	黄色或绿色	−20～180	(H)NBR（氢化）丁腈橡胶
太阳能设备	深绿 黑色	−30～180	FPM 偏氟乙烯-六氟丙烯橡胶 FKM 氟橡胶（Tecnoflon 系列产品）
燃油	红色	−30～180	FPM 偏氟乙烯-六氟丙烯橡胶

（2）不用密封环：仅仅通过材料高度地挤压在管件接管上（图 4-32a、b）。

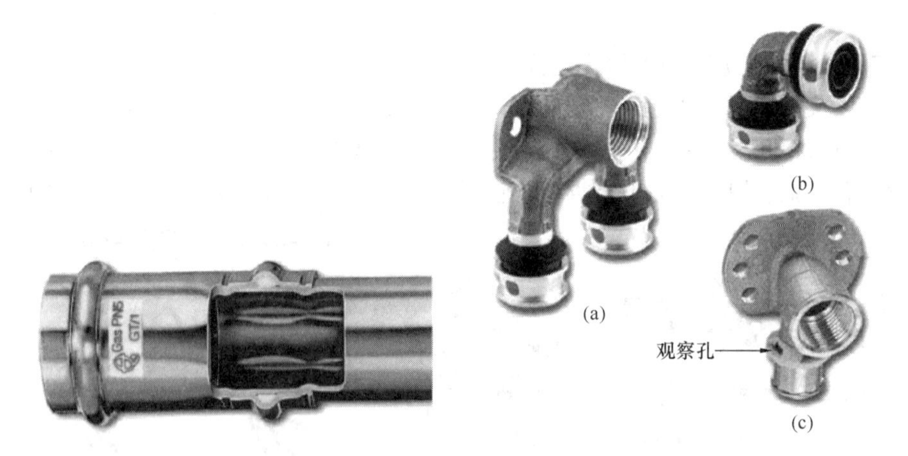

图 4-31　用于燃气的铜管和铜挤压式管件

图 4-32　无密封环的不同炮铜挤压式管件

（a）带 Raxial 连接端的壁挂式 U 形三通；（b）弯头；（c）传统挤压式壁挂式弯头

(3) 在挤压时，不同连接方式的变形也有差异：

1) 金属管时，管子与管件都变形；

2) 在带接管的管件时（一般用于复合管），复合管（或与挤压套管同时）变形；

3) 在 Raxial 公司的挤压管件时，只有管件变形（图 4-33、图 4-34)。

2. 挤压式连接的使用范围

(1) 饮用水管道和燃气管道

1) 不锈钢管：采用不锈钢管件或炮铜管件。

2) 铜管：采用铜管件或炮铜管件。

3) 金属复合管（PE-Al-PE-X)：采用炮铜管件或聚偏氟乙烯管件。

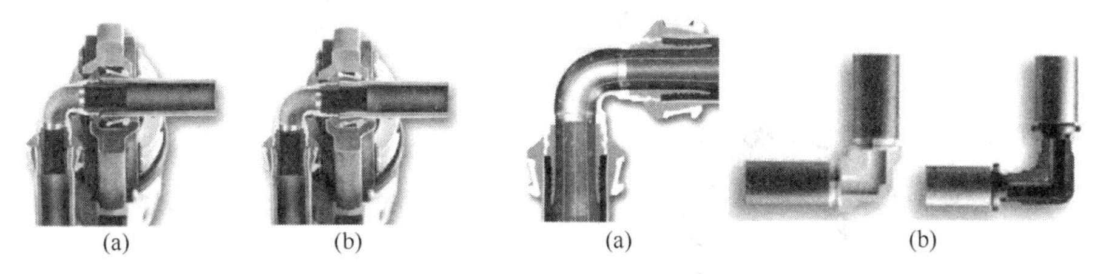

图 4-33 Raxial 公司挤压连接原理
(a) 呈斜面的内钳口将管子沿轴线方向推移到管件上；(b) 然后在径向紧密连接

图 4-34 Raxial 弯头与塑料管的挤压连接剖面
(a) Raxial 管件接管无密封环，有利于介质流动；(b) 管件由 PVDF 或炮铜制成

4) PE-X 管和 PB 管：例如在炮铜分水器、管道过渡件、连接柜处，采用炮铜管件。

(2) 供热设备连接给水、燃气的管道：也采用涂塑的精密钢管和钢制挤压式管件。

(3) 太阳能设备：采用铜管或碳钢管。

(4) 远程供热设备（供应热水温度>110℃）连接的管道：采用碳钢管。

(5) 燃油管道：采用铜管、碳钢管等。

(6) 自动喷洒消防设备连接的管道：采用铝塑复合管、不锈钢管、碳钢管等。

3. 管道挤压式连接的工具

(1) 挤压工具（图 4-35 和图 4-36)：

图 4-35 径向挤压式管道连接的挤压钳与卡压头
(a) 充电电池电动挤压钳与可更换钳口；(b) 不同的手动挤压钳与卡压头

1）电动挤压钳：根据电源分为使用电网 220V 和使用充电电池两种。电动工具优点是操作省力，压紧力准确、不需要人为担心是否压紧。但挤压钳比较重，在高空作业悬臂操作时比较费力；卡压头体积比较大，在管线比较短时或空间尺寸不够时难伸进去。

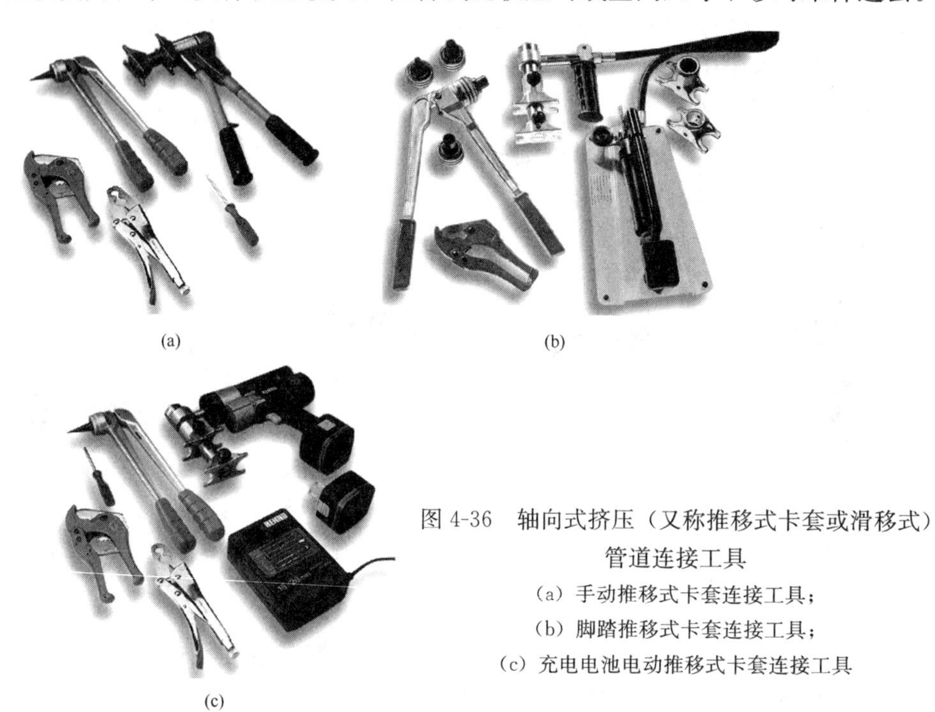

(a) (b) (c)

图 4-36 轴向式挤压（又称推移式卡套或滑移式）管道连接工具
（a）手动推移式卡套连接工具；
（b）脚踏推移式卡套连接工具；
（c）充电电池电动推移式卡套连接工具

2）手动挤压钳：在复合管或塑料管的小管径（*De*=16mm～25mm）管道连接时，可以采用。手动挤压钳比较轻便，但手柄张角较大，操作空间较小时施展不开，管件不易压紧。

（2）挤压钳口的选择：每种管径的管道与管件连接时，应选择相应口径的钳口，从 *DN*75 起的管道连接采用链式挤压钳。

挤压钳与管件不能随意选购，应由每个管材生产厂家提供或其指定生产厂家提供。因为不同厂家生产的管子外径有偏差，其管件的内外径、挤压钳口的内径也有偏差，若任意选择不同厂家生产的管件与挤压钳，管件和管子可能压不到位或压过头，导致管道连接处产生泄露或损坏。在欧洲发生这种质量问题时，管材、管件和工具生产厂家都概不负责。欧洲不同管材生产厂家的挤压钳，会在管件挤压处留下自己公司专门的字母标记，例如吉博力公司的字母标记是“M”，德房家公司的字母标记是“S”。这既是“系统解决方案”中的一环，也是安装诉讼时容易分清责任的一环。

4. 挤压式连接注意事项

（1）因为小口径的塑料管和复合管在工厂都以卷材供应，例如 50m/卷、100m/卷、200m/卷、250m/卷、400m/卷等。在现场使用前需要矫直。管道矫直工具见图 4-37。

（2）金属管、塑料管和复合管下料一般采用管剪或割刀，端面要平齐，然后用专用铰刀（图 2-15）对管端清除外毛刺与内毛刺，以免擦伤密封环，用清洁抹布将管端内外的材料屑与脏物擦拭掉。因为塑料管和复合管在下料或运输与堆放时，可能有变形，管端还需要整圆，否则管子与管件不能很好地吻合，导致泄露，其整圆器和清除毛刺的铰刀有分

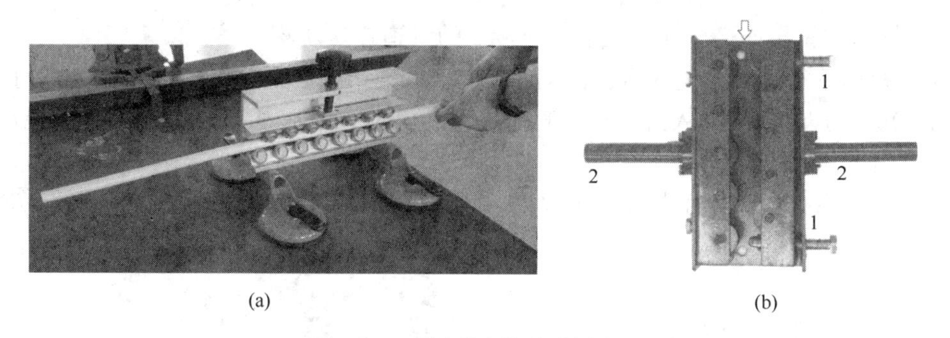

(a) (b)

图 4-37 不同形式的管道矫直器
(a) 靠吸盘固定在地面或桌面上的管道矫直器；(b) 可以夹持在台虎钳上的管道矫直器
1—调节螺钉：根据管径调整夹持管道的间距；2—手柄：可以一人或两人握持牵拉
箭头：表示需矫直管子穿入的方向。

开的，也有制作在一起的。Raxial 挤压连接则不需要整圆。

(3) 径向式挤压连接（卡压式连接）管道的连接步骤：见扩展阅读资源包。

因为施工现场的沙粒、灰尘、灰浆等容易使密封环损伤，所以直至安装前，才能将管件上的保护套筒或保护盖取下，或拆开包装袋（图 4-38）。

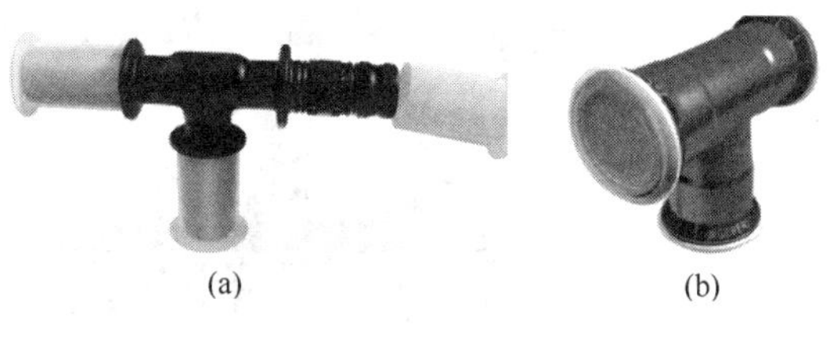
(a) (b)

图 4-38 保护管件密封环与管件清洁的套筒与盖子
(a) 含保护套筒的铝塑复合管管件（右侧已取下）；
(b) 含保护盖的不锈钢管管件

因为挤压连接是不可拆卸的，由此在所有管段插入完毕、管卡放置好后，先不要急着挤压。要先检查各个管段是否插到位（管段的划线要在带承口的管件边缘，或者管段是否插到底）；在管卡放松情况下，检查各个管段是否受到应力、是否需要进行必要的调整或重新下料。然后用挤压钳依次挤压管件与管子连接处(图 4-39a)。挤压时，管件或套筒的箍要精准地放在挤压钳口的定位槽内(图 4-39b、c)。

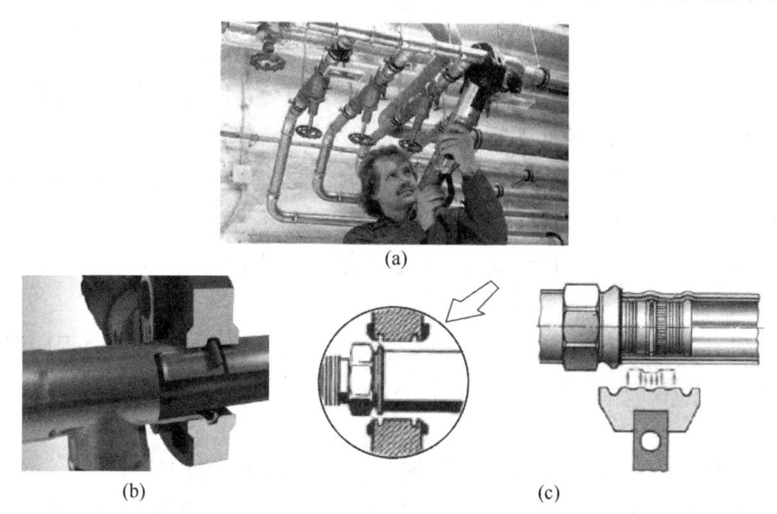
(a)
(b) (c)

图 4-39 挤压钳的精准定位
(a) 用挤压钳顺序挤压管件与管子连接处；(b) 管件或套筒的箍嵌入挤压钳定位槽卡；
(c) 密封环上只受到微小的挤压力

（4）轴向式挤压连接（推移式卡套连接）的管道连接步骤：

1）先根据管径选择合适的胀管器扩管头（即管径扩孔要正确），装配到扩孔锥上（图 4-40a），将连接管子插入滑移式套筒内（注意：如果先胀承口，再装套筒就无法套入管端了）。用胀管器把管端胀一个承口（图 4-40b）。

2）然后将管件插入刚刚制作的承口内，用滑移卡钳将套筒推到位（图 4-40c、d）。

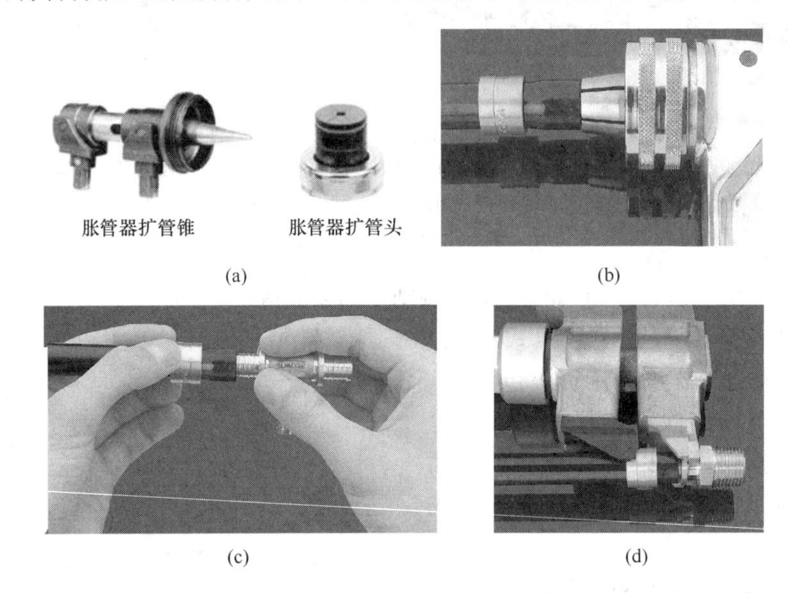

图 4-40　轴向式挤压管道连接

（a）选择胀管头安装到扩管锥上；（b）将管子放入套管并胀管；（c）将管件插入承口内，将套管移到承口边缘；（d）用液压钳将套管推移到位

（5）在施工时，先将若干管段下料完成、插入管件，然后将管道按走向固定牢靠，尽可能将所有相同管径的连接点按顺序依次压紧。必须保证在所有连接点附近，挤压钳有足够施展的空间。并保证连接点不受应力。

（6）可能的话要设置管道补偿器。正确设置固定管卡和滑动管卡。

（7）为了使附件与连接的挤压弯头和三通不松动，尽可能使用壁挂式管件。

4.4.2　不用工具的挤压式连接（即插式连接）

不用传统工具、直接插入的挤压连接又称为即插式连接，它又分为可拆卸或不可拆卸。一般可以用于给水和热水管道，但是不能用于燃气管道。

即插式连接的管材有 PB、PE-Xc 和金属复合管，其管径有 De=16～25mm；即插式连接的铜管，其管径有 De=12～28mm。

这些管材都是成卷供应的，所以在下料前应先矫直。塑料管和复合管用管剪与端面成直角地下料，整圆和清除内、外毛刺，以便准确地保持均匀的内径与外径，然后插入管件至限位档。

1. PB 管可以与不同材质的塑料管或铝塑复合管的即插式连接

PB 管被推入到管件限位环，抵达插入深度的记号。这种连接通常是不可拆卸的。PB 管壁厚较小，在加了接头套管时，也可以用于熔焊或夹紧锁紧连接。适用于多种管材的连接件（图 4-41），可以连接 16×2.0～32×3.0 的 PB 管和复合管。

2. 铜管

铜管用割刀下料，清除内、外毛刺，用芯棒整圆。在管端对插入深度做记号，这样在连接时省时（图 4-42）。

带锁紧螺母的旋紧即插件可以较容易地从安装元件上拆下 R1/2 的角阀或管件。管件有直接、弯头和三通（图 4-43）。固定时，管接头的螺母不用麻丝直接旋在螺纹上。拆卸时，在很短的时间内旋出锁紧螺母，取下管件接头。

3. Alpex 铝塑复合管

Alpex 铝塑复合管的即插式连接是一种可以拆卸的连接，生产厂家有一系列管件（图 4-44a、b、c）。管件有观察孔。当管子插入前，从观察孔看是黑色的（图 4-44d），当管子插入管件到位后，从观察孔可以看到变绿，即显示连接完毕（图 4-44e）。这种连接所需要的加工工具配套齐全，拆卸也很方便（图 4-45）。

图 4-41　适用于多种管材之间连接的即插式连接件

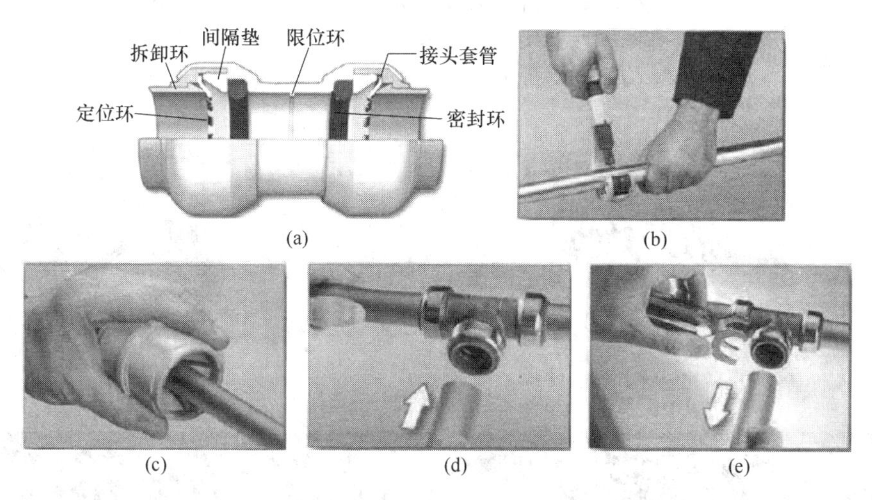

(a)　(b)　(c)　(d)　(e)

图 4-42　铜管的即插式连接操作步骤

(a) 铜管即插式管件剖面图；(b) 铜管下料；(c) 清除铜管端部毛刺；(d) 插入铜管；(e) 用专用工具拆卸铜管

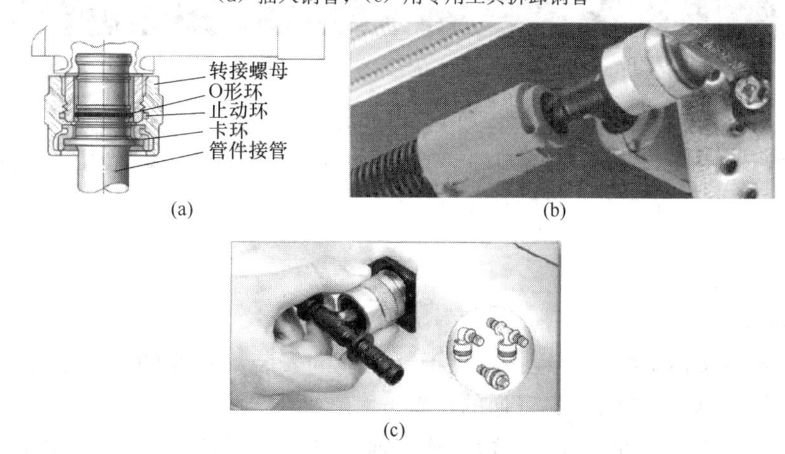

(a)　(b)　(c)

图 4-43　用于复合管的旋紧即插式连接

(a) 旋紧即插连接件的剖面图；(b) 在安装架上旋紧即插件；(c) 采用即插件的冲洗水箱角阀的连接

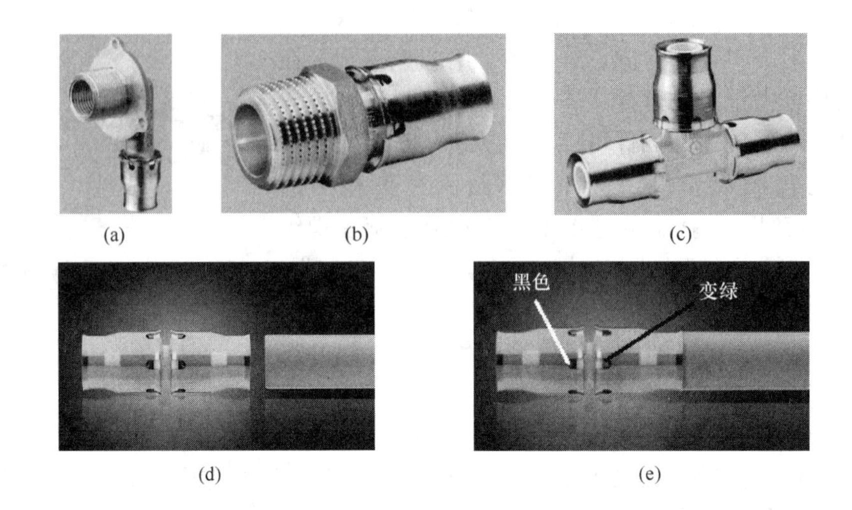

图 4-44　即插式连接的 Alpex 管件与连接

(a) 内螺纹-即插壁挂式弯头；(b) 外螺纹-即插直接；(c) 即插等径三通；
(d) 管子插入前，观察孔为黑色；(e) 管子插入右端后观察孔变绿色

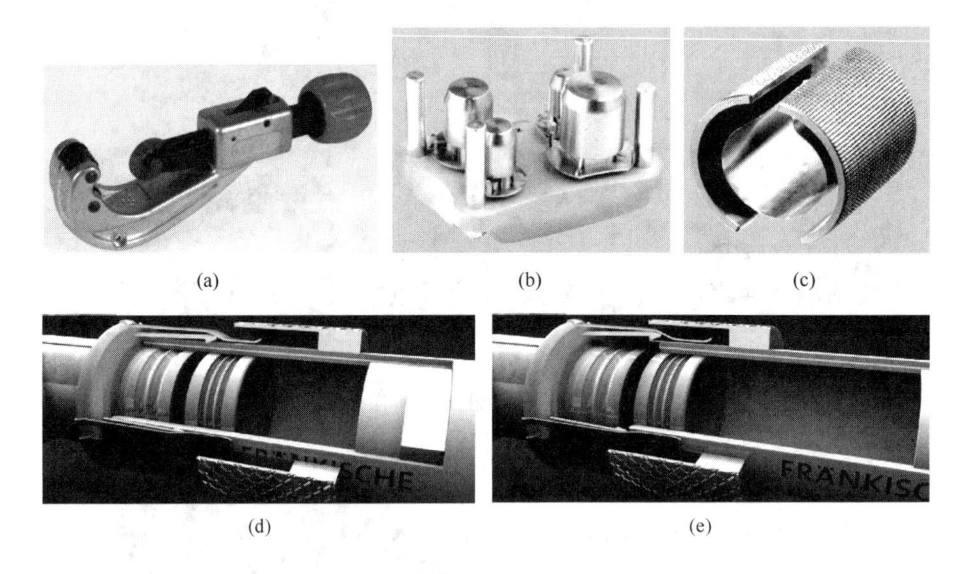

图 4-45　即插式连接的 Alpex 铝塑复合管加工工具与拆卸过程

(a) 管子下料的割刀；(b) 管子整圆器；(c) 管件拆卸器；(d) 拆卸器未推到位时的剖面图；
(e) 拆卸器推到位夹紧后，管子即可从管件内拔出

4.4.3　锁紧压合连接

1. 使用范围

锁紧压合连接又称螺纹卡套连接，用于新工地的安装，管段的扩展改造，尤其是 PE 管、PE-X 管以及事后安装附件、三通的位置。

人们用锁紧压合连接件（管箍、弯头或三通）可以与光滑的管子终端连接。它也可以从光滑的管子过渡到管螺纹，锁紧压合连接的接头有内螺纹和外螺纹。将配件螺母套在管

道端头，再把配件内芯套入端头内，用扳手旋紧配件与螺母即可。铜管的连接也可采用螺纹锁紧压合连接。它使用在：

（1）用在缺乏套丝的空间处，螺纹管作为可拆卸连接（图 4-46）；

（2）在不锈钢管或铜管若挤压或钎焊不合理时，例如缺乏空间、有火灾危险、需要太大的工具时（图 4-47）；

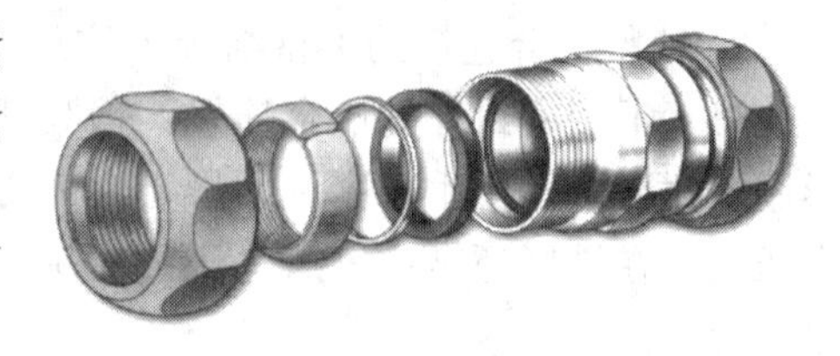

图 4-46　燃气耐高温附件，采用可锻铸铁的锁紧压合连接件与黄铜锁紧螺母

（3）塑料管中作为直管的快速接头（图 4-48），用弯头、三通改变管道方向，或过渡到金属管（图 4-49）时。

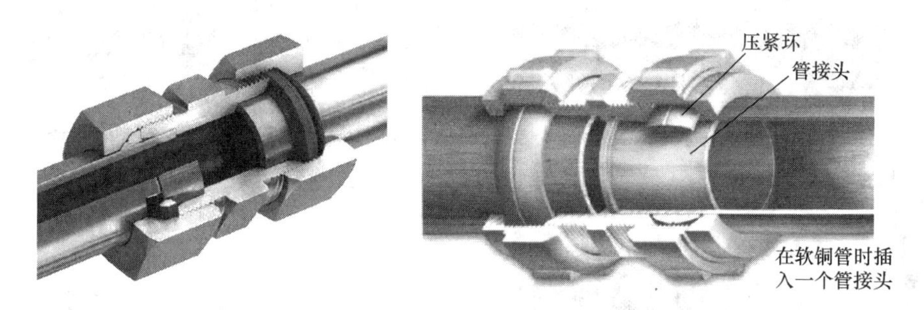

图 4-47　用于不锈钢和铜管的锁紧压合连接件

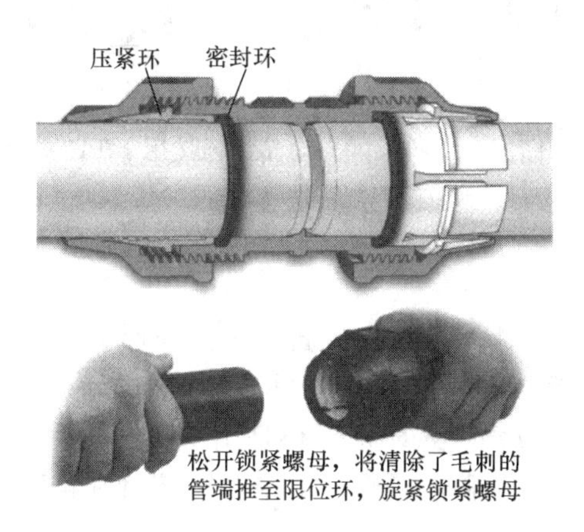

图 4-48　锁紧压合连接用作塑料管的快速接头

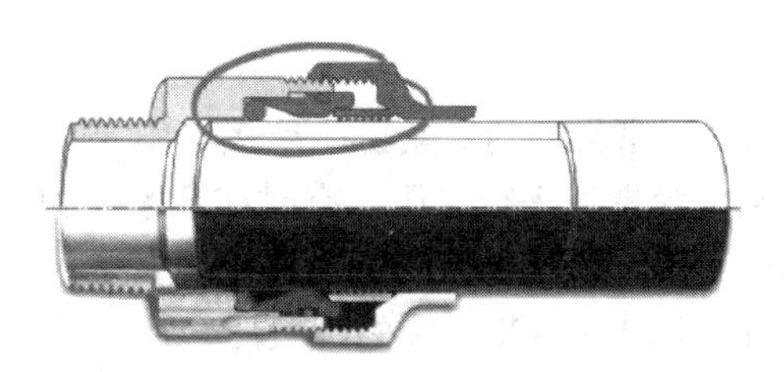

图 4-49　黄铜制的锁紧压合连接件用于塑料管过渡到金属管

2. 锁紧压合连接的材质

（1）镀锌可锻铸铁制的锁紧压合连接件：带丁腈橡胶密封环，用于给水，黄铜锁紧螺母用于燃气耐高温附件，采用石墨密封环和丁腈橡胶 O 形密封环，有些可锻铸铁连接件允许用于管轴线偏离 8°的排水管道。

（2）铜制的锁紧压合连接件：适用于金属管和塑料管。

（3）PP 制的锁紧压合连接件：适用于在室外或地下敷设的 PE 管。例如在温室、在工地，或作为花园和农田灌溉用管道。在室外用于可以拆卸和再利用的管道（图 4-50）。

3. 锁紧压合连接的类型与施工注意事项

（1）不用密封环的压合连接：锁紧环两侧呈梯形，金属密封（图 4-47），或者它呈楔形用于塑料管。用手拧紧锁紧螺母后，再用工具拧 1/2 至 1 圈。这时，锁紧环被管子和螺母压紧。在锁紧环被压缩后，不再能从管子上拆卸下来。必须采用新的锁紧环后管件才可以再使用。

这类锁紧压合连接件用带外螺纹或内螺纹的接头和成型的接管，可以与塑料管连接（图 4-51）。它适用于从 PP 管过渡到其他材质的管道系统，或当 PP 管不好熔焊或不能熔焊时等位置的连接。

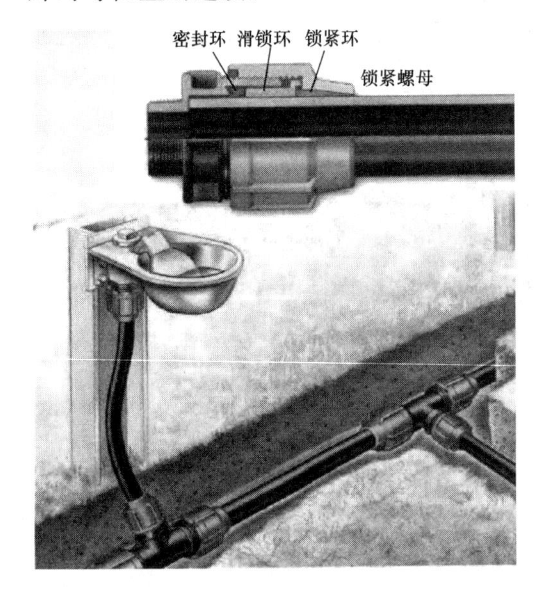

图 4-50　PP 锁紧压合连接件用于牧场牲畜饮水器的供水管连接

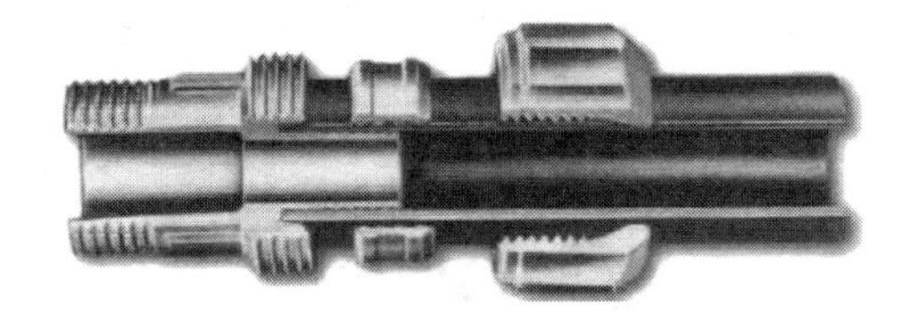

图 4-51　不用密封环的锁紧压合连接件接管与螺纹接头（塑料管插到接管上的限位环，拧紧螺母）

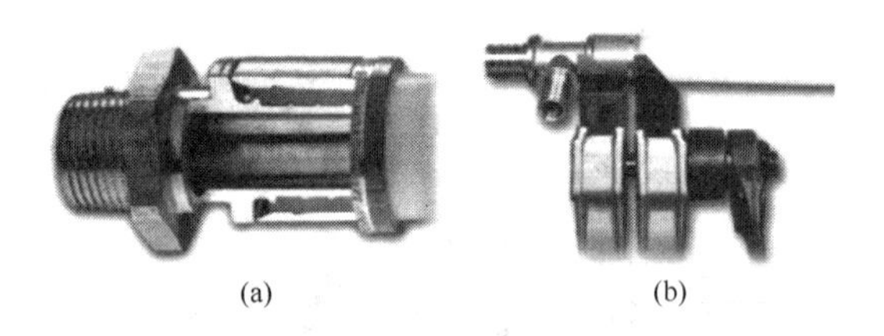

图 4-52　推移式卡套挤压连接用于 PE-X 管
（a）推移式套管作为压紧环；（b）套管的推移

（2）用密封环的压紧挤压连接（图 4-46、图 4-48）：它通常通过一个楔形的锁紧环对管子和锁紧螺母进行挤压。有时在锁紧环和密封环之间推入一个滑锁环（卡套）。大多数开口的锁紧环被挤压在管子上，以防管子被拔出或挤出来。密封环是用于密封的。

（3）用于 PE-X 系统的锁紧压合连接件有：接管和锁紧螺母或卡箍、接管和推移式套管、折边套管等。

安装时，先将压紧连接件插到下料成直角的管端上，再套上锁紧螺母或管箍，然后是挤压环（注意标记）。在将管子压到管件接管的限位环后，旋紧锁紧螺母。必须注意生产厂家的说明，要达到所需的挤压力。

一些锁紧压合连接件不是用锁紧螺母，而是用推移式套管。这要用工具将套管推到管子上（图 4-52）。推移式套管连接要准确地保持所需的挤压力。

带衬管的锁紧压合连接件用于 *DN*12 和 *DN*15 的 PE-X 管（图 4-53）。

（4）钢管的切割环连接用在液化气和燃油管上（图 4-54），铜管只允许用在油管上。它的密封环必须牢牢地压入管子，这需要花费较大的力，压紧工具夹在台虎钳上，才能将锁紧螺母一次旋紧。然后，卡套就不能从管子上拆卸下来。

所有的锁紧压合连接必须严格按照厂家的说明施工，遵守规定的拧紧力矩。粗暴的力会造成损坏。

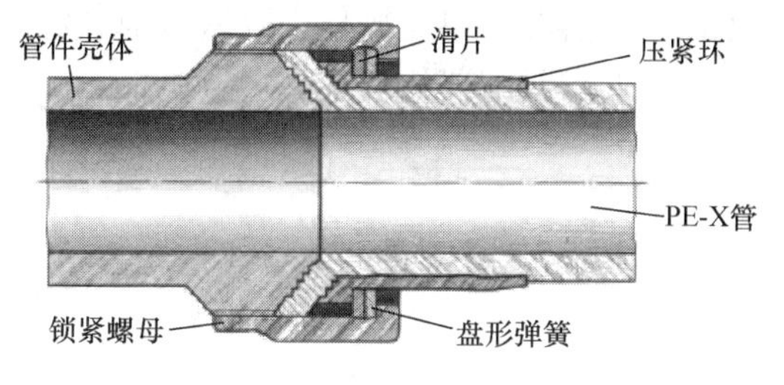

图 4-53 PE-X 管的折边衬管压紧连接

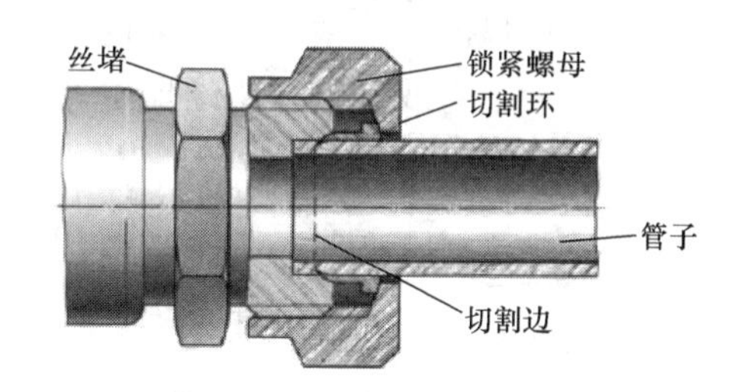

图 4-54 钢管的切割环压紧连接

4.5 依靠材料的管道连接

依靠材料连接的方式有：

(1) 粘接连接：粘接时，是将粘接剂粘附在要连接部分的表面上。PVC-U 和 PVC-C 属于无定形塑料（图 4-55）。其热塑性范围太小，以至于在工地的条件下无法进行无瑕疵的熔焊。

(2) 钎焊连接和熔焊连接：钎焊和熔焊时，添加剂部分或全部与基材连接在一起。部分结晶体塑料，即所谓的聚烯烃如 PB、PE、PP 等可以进行出色的熔焊。

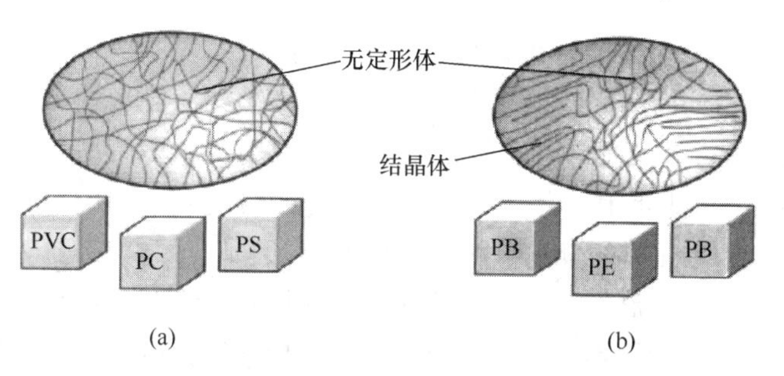

图 4-55 热塑性塑料的分子结构

(a) 无定形（无序列）结构；(b) 部分晶体（部分排列有序）结构

4.5.1 粘接连接

1. 粘接操作步骤

在管道工程中，PVC 几乎不可以熔焊，但是可以很好地粘接。粘接步骤如下：

(1) 在管道下料后，先清除管端的内、外毛刺；用砂纸将管端外表面与管件的内表面打毛，然后用清洁剂或干净的抹布对管端的外表面与粘接管件的内表面进行清洁处理。

(2) 在管子上做插入管件深度的记号。

(3) 缓慢转动管子，在管子插入端的外表面沿轴向方向均匀涂胶。因为 PVC-U 管的管件为圆柱形承口，PVC-C 管的管件为圆锥形承口（图 4-56），它们的胶和操作方法是有差异的，这里只能参阅生产厂家的说明（注意：在违反生产厂家说明时，厂家将不担责）。

(4) 在连接大管径时，为了将管子拉入承口，需要辅助工具（图 4-57）。在粘接后，需要保持一段保养时间，才可以压力试验或投入运行。这要根据压力和温度，一般至少在 30～60min，若采用国产胶一般要保持 24h。

2. 粘接的注意事项

清洁剂和粘胶有燃烧危险，也有一些毒性，对人体健康有害。所以在粘接时，施工人员必须注意：

（1）不能接触明火，不允许抽烟，施工附近要放置灭火器。

（2）在通风的环境中施工，或现场有充足的通风条件，以免操作者吸入溶剂蒸汽。

（3）在地下室或管道井中通风条件特别差，施工需要配置排气扇。

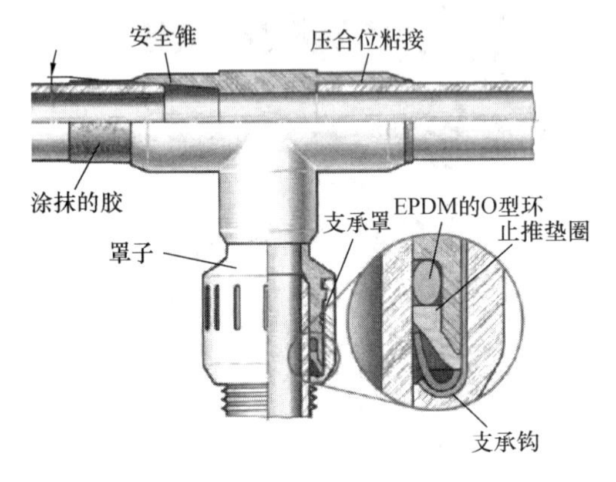

图 4-56　PVC-C 管的粘接，三通下部不可拆卸

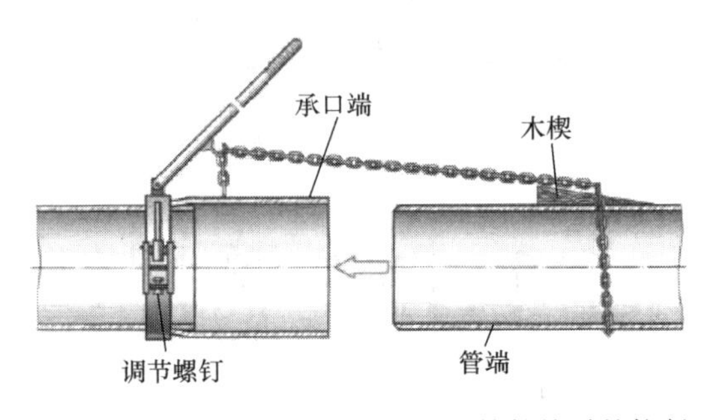

图 4-57　在管径≥*DN*25 的 PVC 管粘接时的拉紧

4.5.2　铜管的钎焊连接

现在，铜管主要采用挤压式连接，它比钎焊快，此外没有火灾和腐蚀的危险，而且在维修的情况时可以立刻挤压安装，不用关心旧管段的滴水问题。尽管如此，铜管的钎焊连接仍然被使用，尤其是在燃气系统的安装和油管的敷设中。

1. 钎焊的分类（根据钎焊温度）：

（1）软焊：温度≤450℃，采用铜或炮铜制的毛细管钎焊管件。

（2）硬焊：温度>450℃，采用毛细管钎焊管件，或自制的承口或在管段上开三通。

2. 钎焊的工作原理（毛细现象）：

两种不同物质接触部分的分子（或原子）存在相互吸引力，即附着力，同种物质内部相邻各部分之间的分子（或原子）存在的相互吸引力为内聚力。当液体和固体两种物质十分接近时，若液体分子与管壁分子（或原子）之间的附着力大于液体本身的内聚力，因而液体就会沿孔隙上升、渗透或下降，即产生毛细现象。

钎焊时，要求管件和插入承口管子之间的间隙保持在 0.02mm～0.3mm 范围内，以便使熔化的钎料能升入间隙内，为了使毛细管作用明显，还需要添加焊剂以加强润湿作用。

3. 铜管的软焊

为了避免腐蚀的危害，给水管一般采用软焊。钎焊管件与管子软焊后会产生不透气或不透水的连接，方法也相对简单。软焊的温度较低，使材料不会退火、保持其原始强度，与硬焊比较，不会形成鱼鳞状氧化皮。

图 4-58　吸入式喷嘴

（1）软焊的器材

1）软焊的喷嘴：用丙烷-空气混合物或乙炔-空气混合物的吸入式喷嘴（图 4-58），与压电点火器配套使用。它很实用和省气。

2）气源：有便携式手提罐或钢瓶（图 4-59），

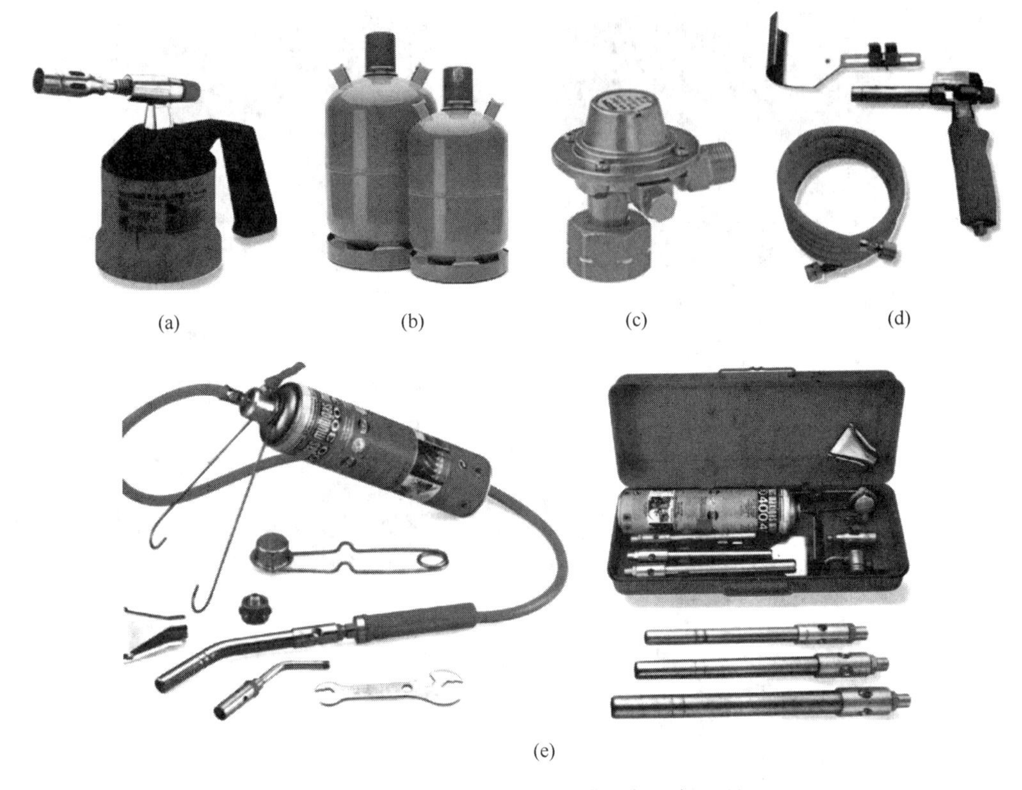

图 4-59　不同形式的软焊喷嘴、气源与工具

(a) 带喷嘴的手提式丙烷罐；(b) 立式丙烷钢瓶；(c) 减压阀；(d) 软管与喷嘴；(e) 便携式成套钎焊工具

配有相关的连接软管与附件。

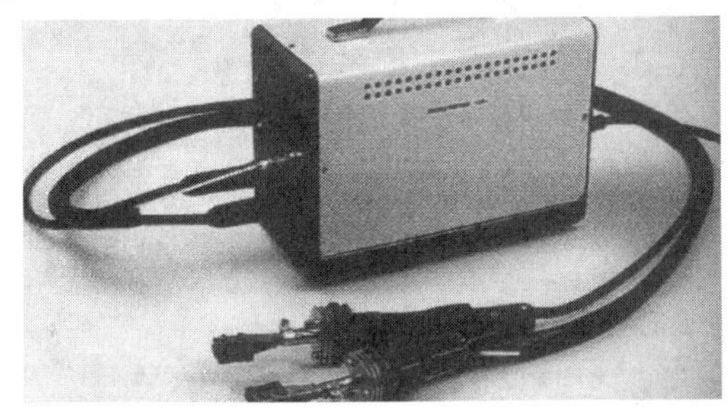

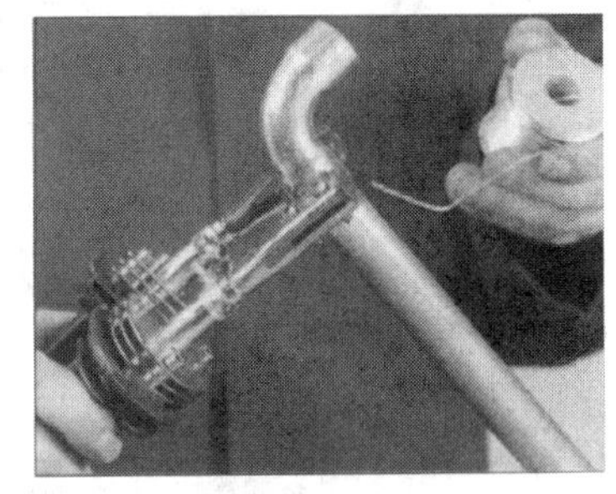

图 4-60　电阻钎焊设备（电极夹在管件承口的外侧，钎料放在管件的承口）

3）电阻钎焊设备（图 4-60）：使用 220V 电网电压，避免了火灾危险。加工管径可至 $De=28$mm，很经济。根据钎焊位置的操作空间，可以使用扁状的或棒状的电极。

（2）软焊的工作步骤：

1）器材的准备：铜管的整圆工具、无纺布、砂纸、钢丝刷、钎焊料、焊膏。

2）准确下料管段、清除管端内、外毛刺和整圆（图 4-61）。变形的管端必须切掉，在硬铜管截面略有变形时或软铜管时必须整圆（只有管子外径与管件内径达到精确的吻合——使其间隙较小时，才能产生毛细管作用）。

3）用细砂纸（粒度 180）、钢丝棉或钢丝刷分别将铜管插入端的外表面与钎焊管件的

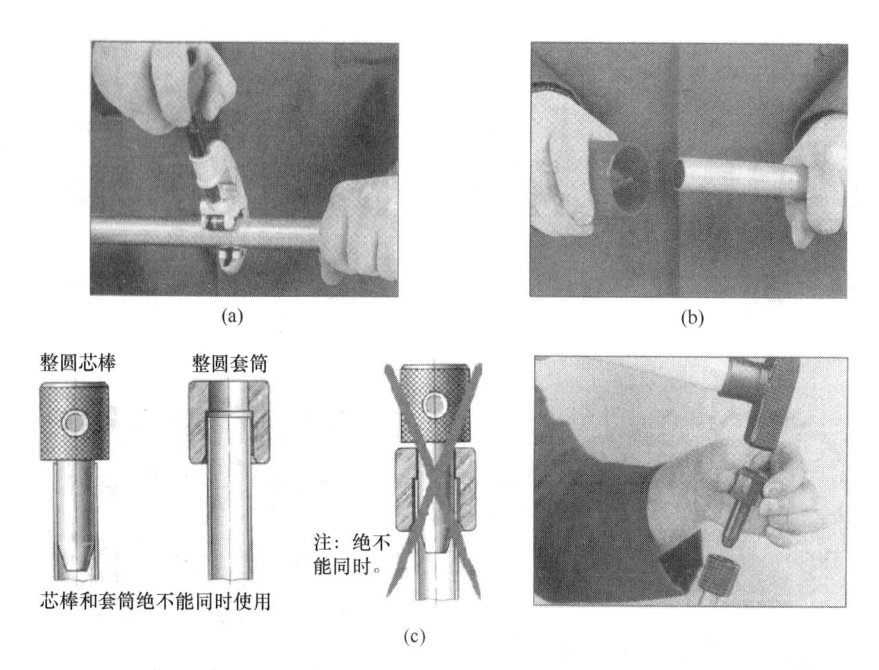

图 4-61 铜管钎焊的准备工作

（a）用割刀下料；（b）用铰刀清除毛刺；（c）用芯棒和套筒分别对管端的内径和外径整圆（右图为错误操作）

内表面打磨光亮。打磨用的钢丝刷要与管件内径相匹配，圆头钢丝刷用于管件内，环形钢丝刷用于管子外表面（图 4-62a）。打磨后再用无纺布将其擦净。

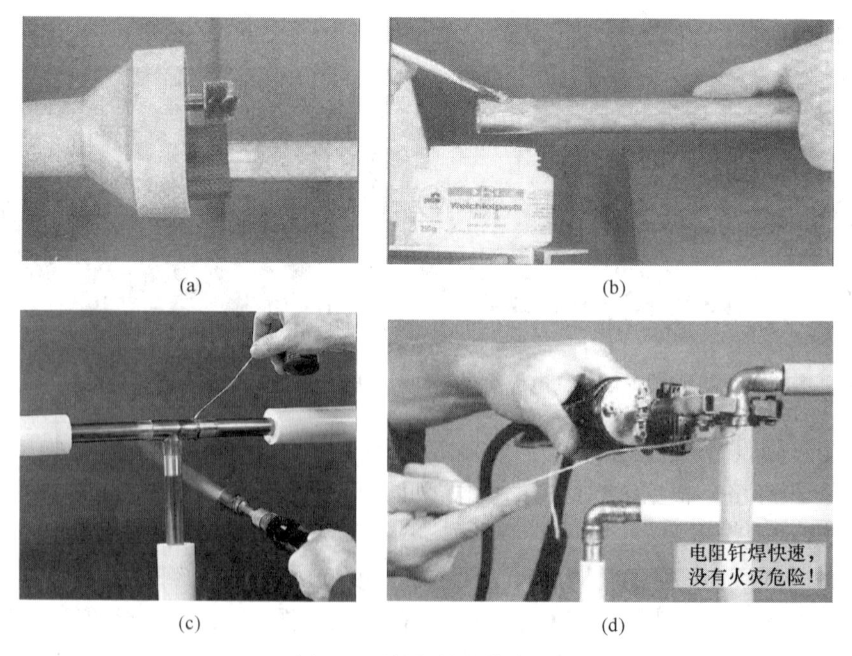

图 4-62 软焊的操作步骤

（a）用圆钢丝刷和环形钢丝刷打磨氧化层；（b）用小毛刷薄薄地涂抹焊剂；（c）加热后移去火焰，加钎焊料；（d）使用电钎焊钳进行电阻软钎焊

4）在管端薄薄地涂上焊剂（防止焊剂进入管子内，图 4-62b），以便清除氧化层和在加热过程中不会形成新的氧化层（焊剂能溶解腐蚀层）。将其插入管件内，擦掉多余的焊剂（以保证形成干净、漂亮的钎焊点）。

对于管道中作为食物的给水，钎料和焊膏必须是不令人担心的。它们无论如何都不允许含有铅和镉。在欧洲，焊膏是焊剂和钎料的混合物。在加热时，它润湿焊接位置，并镀锡。但是当焊缝没有充满时，一定要添加相同成分的焊膏和钎焊料。

5）在钎焊预热时，用柔和的火焰从管子移动到管件，加热钎焊位置直到焊剂冒烟——类似于香烟。然后移开火焰，将钎料放在钎焊位置，通过余热熔化钎料（图 4-62c），绝不能将钎料放在火焰中，因为火焰的温度大大高于钎料熔化的温度。

4. 铜管的硬焊

（1）硬焊的使用范围：硬焊的管道用于天然气、液化气、燃油管道；供水温度＞110℃的供热系统（高温水管道），管道上开孔制三通的连接位置。用于给水的铜管，管径从 35×1.5mm 起可以硬焊，但是要注意：

1）硬焊时，管子和管件被加热到 700℃以上，会产生软化退火，同时产生鱼鳞状氧化层。在水管内壁上产生的鱼鳞状氧化层通常会引起孔腐蚀，在管子上逐渐形成点状小孔。

2）硬焊过的管子变软后刚性差，安装附件时应注意用力适当，否则管子易跟着旋转而变形，特别是敷设在墙里的管子，起初是无法注意到的，等发现时就晚了。

既然铜管硬焊有这些问题，给水的铜管就没有必要选择硬焊连接了。

（2）硬焊的器材与焊料

1）丙烷-空气吸入式喷嘴或乙炔-空气吸入式喷嘴：只能用于小管径的硬焊。

2）乙炔-氧气喷嘴和丙烷-氧气喷嘴：采用专门的硬焊喷嘴部件（多孔喷嘴，图 4-63a），比气焊用的乙炔-氧气喷嘴部件（图 4-63b）产生更柔和的火焰。用气焊喷嘴的烈焰可能将有害的氧气带入到铜内，导致脆化现象。所以，硬焊应首选多孔喷嘴。

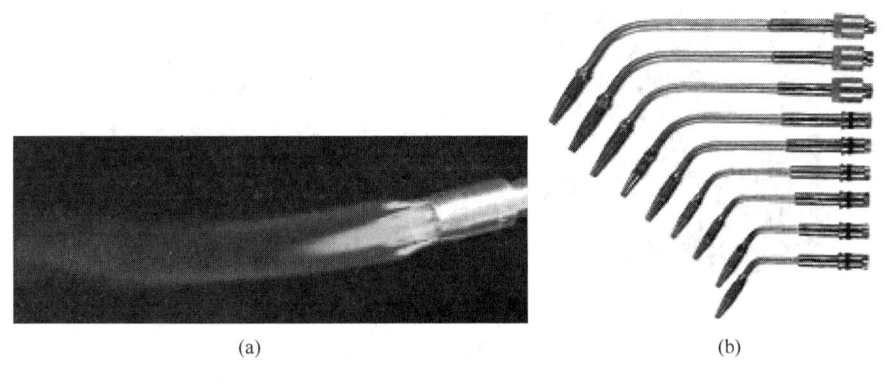

(a)　(b)

图 4-63　不同的硬焊喷嘴

（a）乙炔-空气多孔喷嘴；（b）乙炔-氧焰喷嘴

3）紫铜的管子和管件，通常使用含磷的硬焊料 CuP179（CP203）和 CuP279（CP105）就不需要焊剂。在炮铜管件和黄铜管件时，必须阻止焊剂中的锌蒸发出来，产生腐蚀的危害。含磷钎料在含有氨气的环境中（例如牲畜棚里）也会很快产生腐蚀，所以在那里不可以使用。

高含银的焊料（AG 134，AG 145 和 AG 244）总是需要焊剂，它熔化快、呈稀液状、节省工作时间。因此，它在价格上就变得合算了。

（3）硬焊的工作步骤：与软焊类似。

1）铜管下料后清除内、外毛刺。软铜管需整圆。

2）清洁钎焊面，根据钎料可能需要或不需涂抹焊剂。

3）加热钎焊位置，喷嘴与加热位置的距离为火焰锥体长度的 2 倍，加热至暗红热。

4）将焊料放置在焊缝处，焊料熔化后，喷嘴与之距离约为火焰锥体长度的 5 倍，直至焊缝四周充满（干净的钎焊缝会形成月牙凹弧）。丙烷氧气焰可以接触硬焊位置。

5. 不用成品管件的铜管钎焊

特别在大管径的时候，管件的费用相对比较高昂。可以自己制作承口、弯头和三通，使得总体价格大大下降。

（1）制作承口：在一般的直管段连接时、自行弯管后的连接时，选择所需管径的胀管头，可用手动胀管器或液压胀管器（图 4-64）制作承口（图 4-65）。确保钎焊间隙在 0.02～0.3mm，连接位置采用软焊。但如何保证间隙的大小至关重要，需要购置一些专用工具和对安装工人进行专门的培训。

图 4-64　手动液压胀管器及其附件

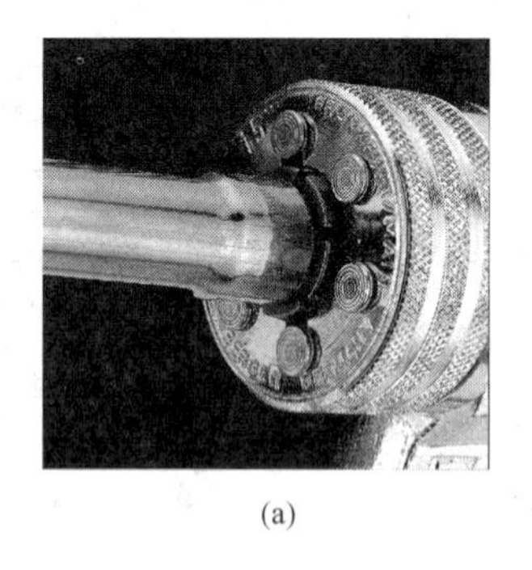

(a)

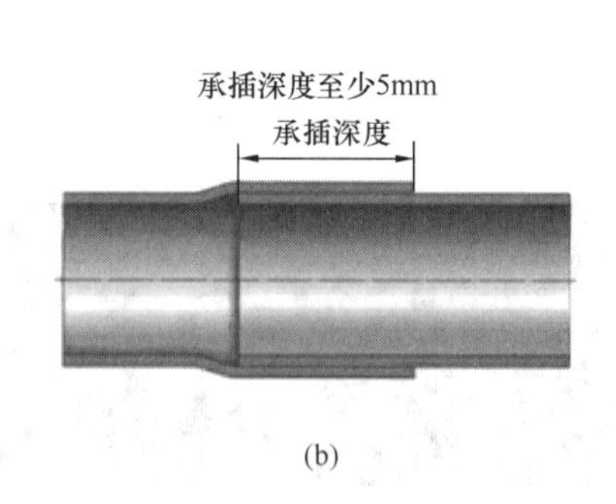

(b)

图 4-65　铜管的钎焊承口的制作

(a) 安装了扩管头后进行扩管；(b) 钎焊前的承插深度

（2）铜管的弯制：可以用专门的弯管器进行弯管，弯管器有手动、液压和电动（图 4-66）的。铜管弯制后，在弯管或直管端上制作承口。不同厂家生产的弯管器的弯曲半径有差异。事先必须看清说明书。

（3）直管上开孔、自制三通的操作步骤（图 4-67）：三通支管的直径必须小于主管。

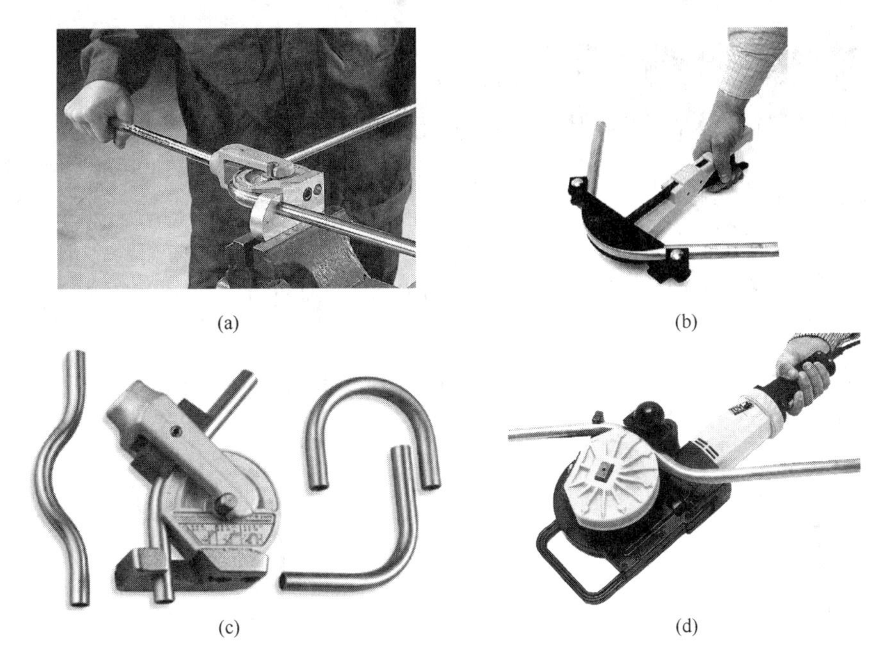

图 4-66 不同类型的弯管器

（a）全手动弯管器，固定在台虎钳上操作；（b）手持液压弯管器；
（c）手动弯制的各种管件；（d）手提电动弯管器制作乙字弯

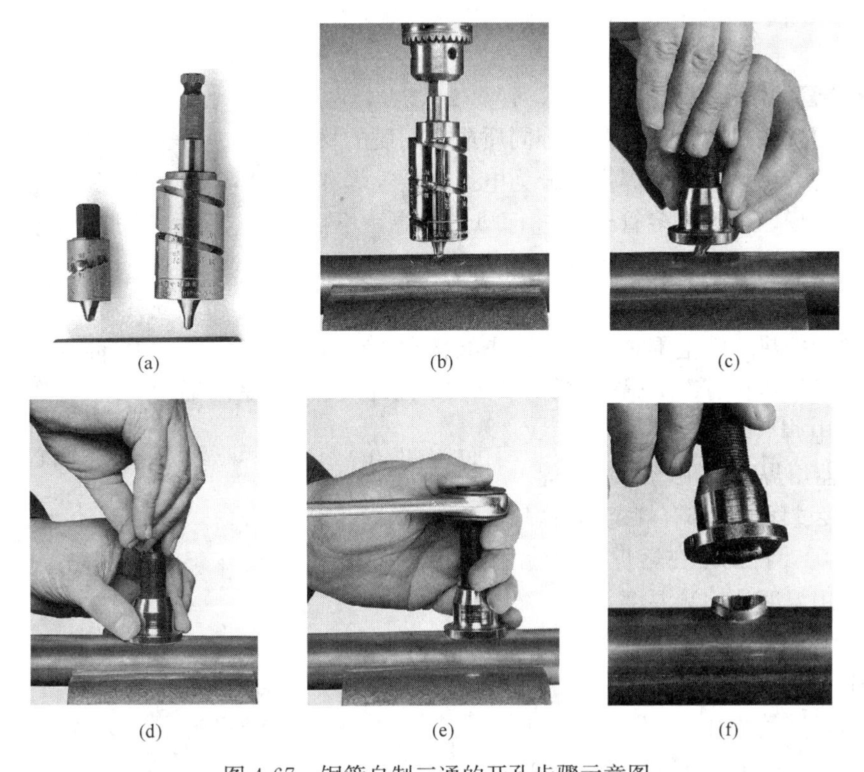

图 4-67 铜管自制三通的开孔步骤示意图

（a）选择开孔钻头；（b）在铜管上开三通孔；（c）将拉颈器钩端插入孔中；（d）手动旋紧拉颈器；
（e）用套筒扳手旋转拉颈器拉颈；（f）到位后松开、取下拉颈器

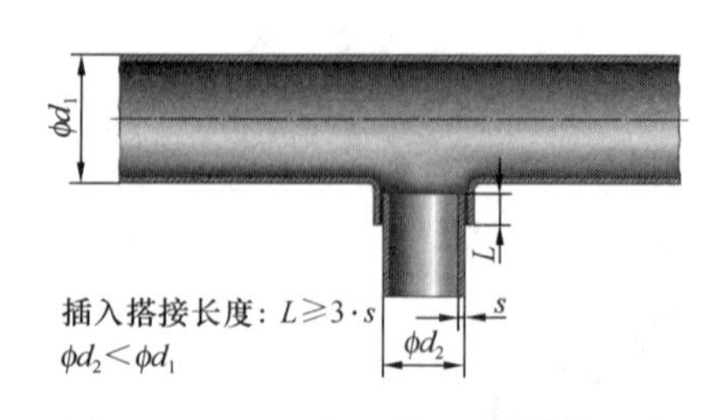

图 4-68　三通承口颈插入的搭接长度

1）先测量、计算、下料主管，然后准确地定位开孔位置（用样冲定孔中心）。

2）用专用工具钻孔。

3）拉颈，制作支管的承口。承口的搭接深度 $l \geqslant 3 \cdot s$（图 4-68）。

在主管上开三通，虽然麻烦些，但减少了两个焊点（即减少了泄漏的隐患），总体的工作量差不多。

4）清洁三通钎焊处，插入支管，支管的钎焊必须采用硬焊（图 4-69）。

在给水管道中，支管的管径<DN32 时开三通没有问题。在燃气管道中，禁止开三通。

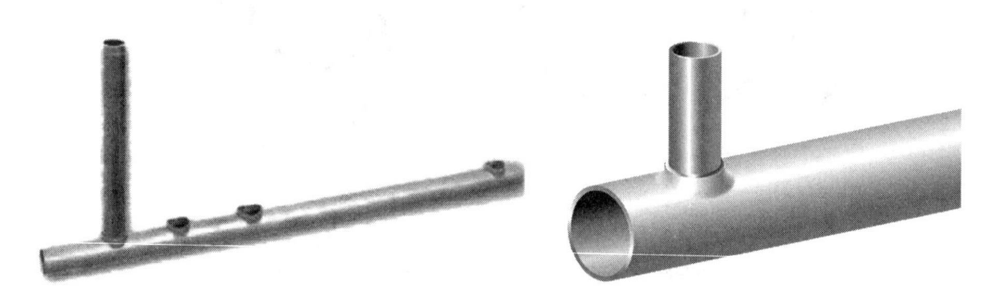

图 4-69　清洁颈口内与连接支管插入端外表面，插入三通承口颈内硬焊

4.5.3　塑料管的熔焊

熔焊是通过加热熔化，使两部分同质或非同质的材料原子、分子间等质点的扩散，形成永久联结的方法。金属熔焊主要分为电弧焊、气焊和电渣焊，属于焊工的范畴。

在施工现场，今天许多管道工进行塑料熔焊，不需要像金属熔焊那样进行太多的训练，只要注意焊接面干净和熔焊的条件就能工作了。

由部分结晶体、热塑性塑料、烯烃制成的给水管、排水管和燃气管可以进行卓越的熔焊。因为它们的热塑性范围很大，长分子结构在这范围中被打开、在冷却时又相互链接起来。属于烯烃的塑料有 PB（聚丁烯）、PE（聚乙烯）、PP（聚丙烯）等。熔焊的方式有电阻丝管件（电焊管箍）熔焊、承插式电阻丝熔焊器熔焊和电阻丝焊镜对焊。在所有的焊接过程中，都有规定的熔焊温度（图 4-70），特别是在熔焊器初始使用时，要用温度计检测温度。

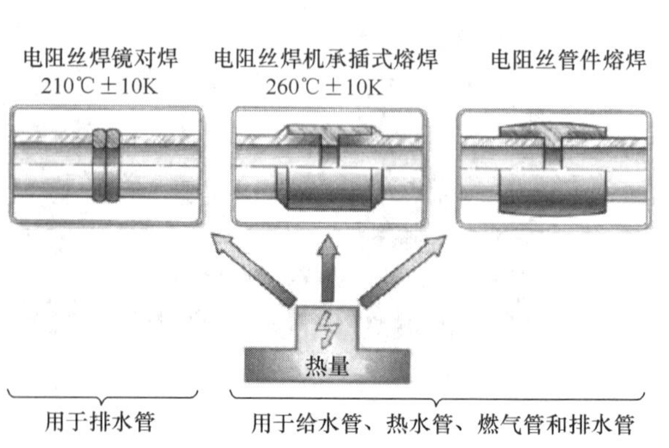

图 4-70　塑料管的熔焊方式

1. 电阻丝管件（电焊管箍）熔焊

在 PB、PP、PE-HD 和 PVDF 的管子熔焊时，其管件中有嵌入的电阻丝（图 4-71a、b）。电阻丝通过一副全自动熔焊仪加热（图 4-71c），以便于控制管件与管子相邻的面相熔焊牢。

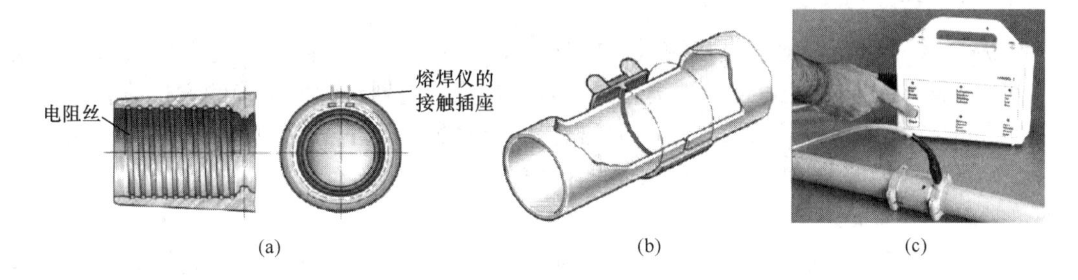

(a) (b) (c)

图 4-71 用电阻丝熔焊管件

(a) PE 或 PP 压力管的电熔焊承插式管件示意图；(b) 用于 PE 排水管的电熔焊管箍；
(c) 用于 PB 管电焊管箍的熔焊控制器

熔焊压力是通过材料的热膨胀产生的。干净的熔焊区域是无瑕疵熔焊的前提，因此要求在加工前，管件都应该将包装和封盖保留，熔焊前将管子端部刮净。

2. 承插式电阻丝熔焊器熔焊

(1) 承插式熔焊要求

承插式电阻丝熔焊器的熔焊用于给水管的 PB、PP、PVDF 管和燃气的 PE-HD 管(管子均匀染遍黄色)。要注意有些厂家对这类管材的加工说明，在熔焊前需用皱纹纸与燃烧酒精将管子与管件的熔焊面清洗干净，注意管端是否应倒角、甚至刮削，有些管子不允许刮削，否则导致管径偏小而不能形成熔焊的压力。

熔焊器由底座、加热元件与辅助加热附件组成。加热元件为含电阻丝的加热板，辅助加热附件由导热良好的铝合金加热芯棒和加热套筒组成（图 4-72)。辅助加热附件本身不会产生热量，用螺丝将芯棒与套筒相对应地固定在加热板上，而分别对管件与管端的熔焊面进行加热。不同管径的管件应选择不同的芯棒与套筒。熔焊器应由管材生产厂家提供或指定工具生产厂家提供，否则产生的熔焊质量问题不承担保险义务。

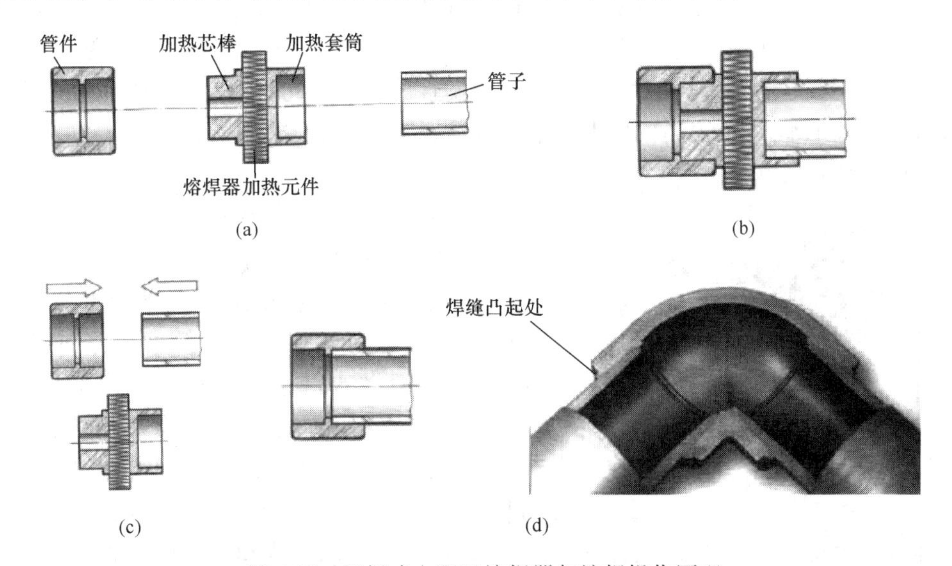

(a) (b) (c) (d)

图 4-72 承插式电阻丝熔焊器与熔焊操作原理

(a) 加热元件；(b) 加热；(c) 插入熔合；(d) 完成的连接件

（2）承插式熔焊步骤

1）从厂家手册上获得或直接测量连接管件承口的深度，在管端上划出插入深度的划线。在确定管件朝向（如上、下、左、右）后，在管端上划出管件正确的方位线。

2）同时将管件承口插入熔焊器的加热芯棒、管端推入加热套筒的承口内，将两者加热到熔焊温度（根据加热时间判断）。不同厂家生产的管材与管件、不同管径、不同材料的加热时间都有差异。

3）紧接着将两者迅速地、直接（不要旋转）地相互推进到插入深度划线处，并迅速校正管件方位线与管端方位线对齐，连接完毕。

管子、管件与辅助加热器的元件在尺寸上要高度吻合，以便在接合时形成所需的熔焊压力。即使同一厂家生产的相同管径的管材与管件，若公称压力不同，它们的辅助加热元件（即芯棒与套筒）尺寸也不同，管件与辅助加热元件都不能相互套用。

熔焊时，d_a≤63mm 的管子可以徒手推入管件承口内。在更大管径的管子时，应使用承插熔焊滑轨（图 4-73）机械推入。

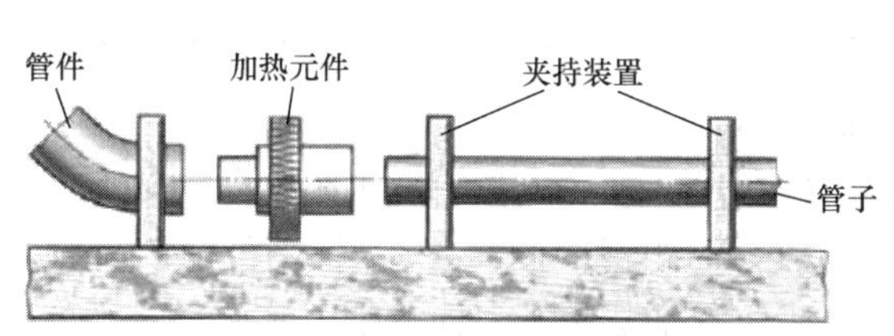

图 4-73　电阻丝承插式熔焊机

（3）PPR 管：是我国使用最多的压力管。PPR 管是一种改性聚丙烯（三型无规共聚聚丙烯）。在改性工艺过程中适量加入了 5%～10%的 PE 材料，分子结构发生了变化，性能方面比 PP 熔点要低，增强了柔韧性，降低了低温脆性的弱点，同时刚性较 PP 也有所降低。

PPR 管是一种性价比较高的管材。但是若设计、采购或施工不规范，易产生很多问题，见扩展阅读资源包。

3. 电阻丝加热板（焊镜）对焊

（1）对焊的使用范围与方法

熔焊的电阻丝加热板之所以称为“焊镜”，是因为以前熔焊的电阻丝加热板两侧像镜子一样光亮。但加热时，由于光亮的金属镜面会粘附熔化的塑料，今天已经不再使用，而采用涂覆有不粘塑料的特氟龙涂层面（图 4-74）。所以现在的人们仍然习惯地称呼熔焊加热板为焊镜。

图 4-74　焊镜

这种对焊连接主要用于 PE-HD 排水管、埋地敷设的燃气管和给水压力管。

PE-HD 熔焊的最佳温度在 210℃左右，焊镜（加热板）的温度控制有两种，一种是自动控制，在出厂前已经调节好熔焊温度，没有达到温度时指示灯为红色，达到熔焊温度后，指示灯为绿色，当温度超过15～20℃时自动断电、停止加热。一种是可以调节的，焊镜带数字显示器，可以设定所需温度；在焊镜第一次使用时，要用温度计测试设定的温度是否准确。管道工不允许随意调节熔焊温度。

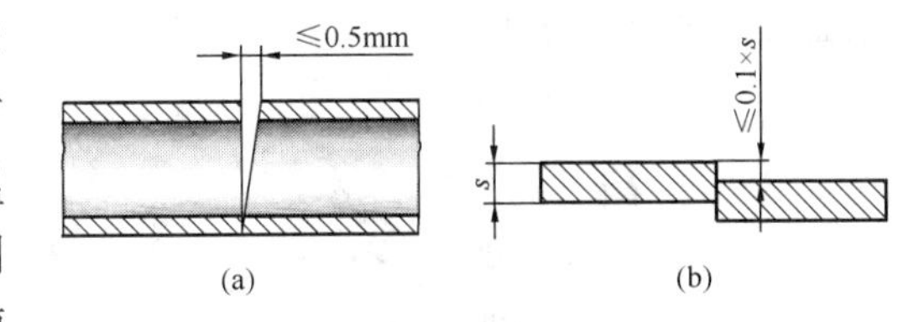

图 4-75 电阻丝焊镜对焊的条件

(a) 管子平行度要求；(b) 管子错位（同轴度）要求

管子和管件必须清除毛刺，对焊的端面与管子轴线要绝对垂直，要相互校正处于同一轴线，即保证对焊管段的平行度与同轴度（图 4-75）。为了使几个相邻管件（如弯头、三通等）处于正确方位，应事先在接合处用油墨毡笔做记号。

管径≤$DN70$的排水管可以徒手熔焊，操作要求见图 4-76；管径≤$DN80$的排水管和压力管对焊时，必须夹紧在熔焊机上进行。加工的焊缝质量一般用眼睛判断（图 4-77）。

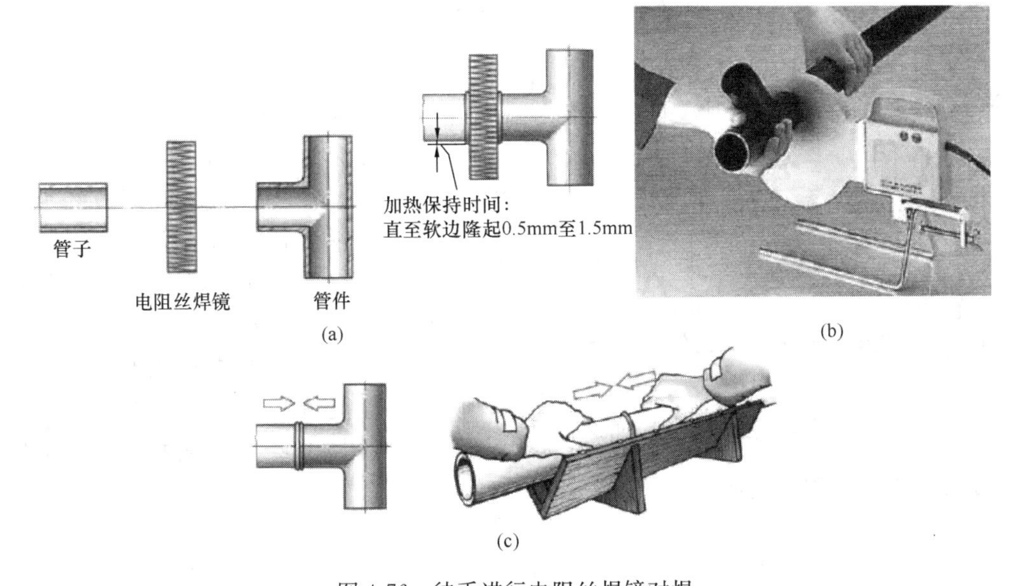

图 4-76 徒手进行电阻丝焊镜对焊

(a) 加热元件；(b) 在焊镜上扶住管件与管子端部——注意不要加压；

(c) 挤压变软的管端——贴紧压力缓慢上升、保持、冷却

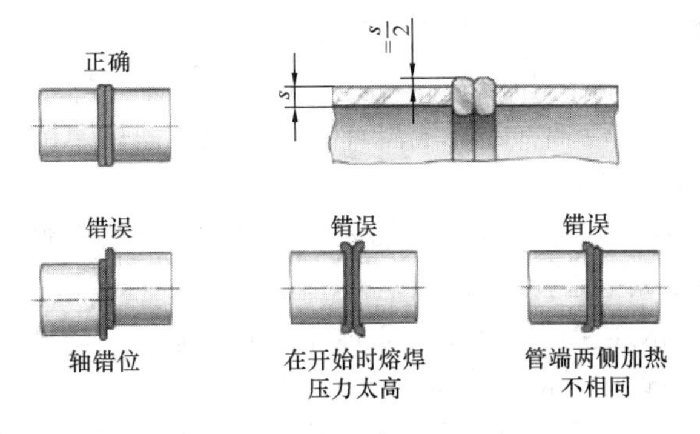

图 4-77 焊镜对焊易发生的错误

（2）对焊熔焊机的装置（图 4-78）

1）夹紧装置和支承装置：以便使管子与管件能排在同一轴线上和熔焊时能处于正确地贴紧压力；不同管径的管子采用不同的夹紧和支承附件。

2）一副可以翻转的刨刀：将倾斜端面刨平，使端面与轴线垂直，并将焊缝位置清理干净。

3）一副可以翻转的电阻丝加热焊镜：在熔焊管子夹紧、对正后，即可将

焊镜翻转过来进行对焊。

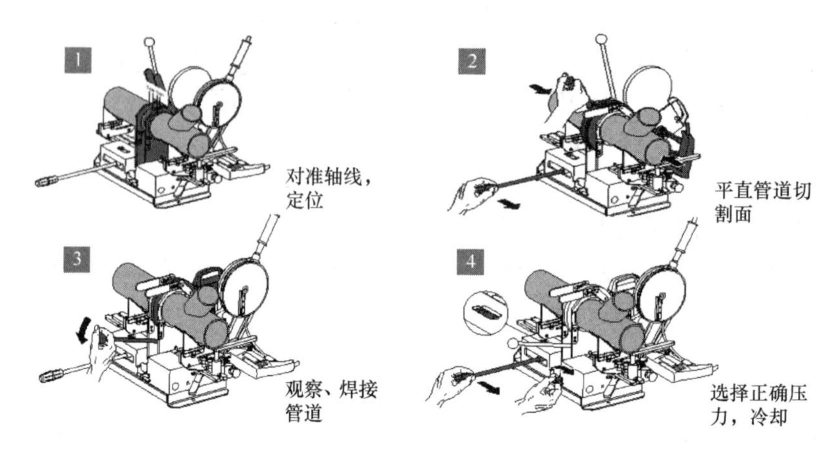

图 4-78　大口径或压力管的对焊熔焊机（来自吉博力公司）

（3）对焊熔焊机的操作过程

1）加热时，首先将处理好的管端轻轻地压在干净的焊镜加热面上，并扶住它们，以便使热量能均匀地作用。

2）当管端受热形成约半个管壁厚度的隆起软边时，将管子或管件移开焊镜，准确地排在同一轴线上挤压。

3）根据熔焊机上的刻度值逐渐提高压力，并保持压力至冷却（约 30s）。熔焊管端在焊镜上的压力需要根据熔焊过程不断地调整（图 4-79）。

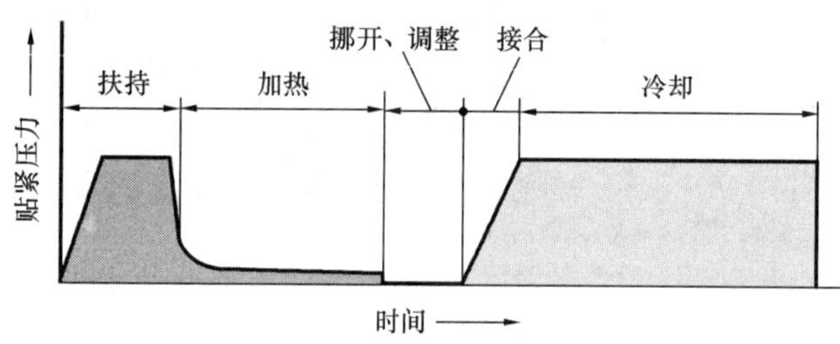

图 4-79　焊镜对焊过程中管端所需的不同贴紧压力

4.6　排水管的管道连接

4.6.1　用于排水金属管和玻璃管上的管道连接

1. 排水铸铁管与管件的连接方式

现在的排水铸铁管都采用无承口卡箍连接，拆卸也方便。

（1）通过合成橡胶的密封圈与铬钢的夹紧连接件连接

这种连接用手操作简单。在密封圈中的限位环（或称隔离环）可以减少固体声的传递，因为它使得两侧的管端不相互接触。它又分为：

1）带斜齿凹凸条纹的成型连接卡箍（图 4-80a）：在管端插入后，它只要拧一个夹紧螺栓就可以快速安装。在快要拧紧前，可以调整管件的方向。

2）夹紧带（图 4-80b）：夹紧带用不锈钢连接件与 2 个夹紧螺栓制成。适用于过渡到旧的铸铁管，或者在已有的管道上事后安装管件，例如三通。

（2）管道安全卡箍：适用于管内高压的排水管，例如污水提升设备、壅水范围内的雨水管和污水管，在管内压力至 3bar（$DN \leqslant 200$）或$\leqslant$10bar（DN 50～DN 100）时，能产生可靠力的连接。它的连接件见图 4-80c 和图 4-80d，不仅密封而且安全可靠。

(3) 玻璃纤维加强的 PP 双承口管件与唇形密封圈（图 4-80e）：用于埋地管道。通过成型的密封带也能以轴向力可靠地连接。重要的是在压力试验时，管道不能覆盖。

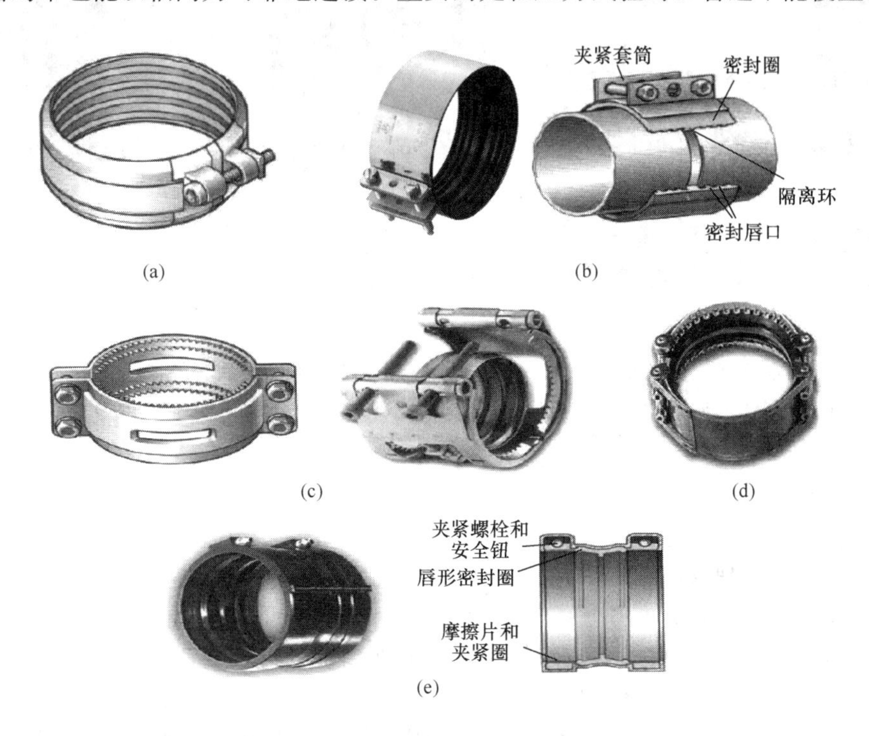

图 4-80　排水铸铁管连接件

(a) 带条纹的成型卡箍连接件；(b) 用于事后连接管件的卡箍连接件；(c) 用于有压负荷的、依靠轴向力连接的管道安全卡箍；(d) 依靠轴向力连接的密封卡箍连接件；(e) 用于埋地敷设的、有涂层的无承口卡箍铸铁管的卡紧连接件

2. 无承口的钢管和其他材料排水管连接方式

通过含有唇形密封圈的橡胶连接件连接，封头可以分级分离（图 4-81）：适于连接其他不同材料的管子，例如塑料管，或者更小外径的管子。为了防止滑出，应该用一个夹紧带保险。需要注意的是：

(1) 钢管和其附属的管件，将其端部插入下一段管子的承口内。通过承口内嵌入的丁腈橡胶唇形密封圈来密封。在用管子割刀切断时容易缩径，这会使推入变得容易，并防止密封圈损伤。在推入时要在弹性密封圈和管端上涂抹润滑剂，不得已时使用肥皂水。油或油脂不适合，因为这会腐蚀密封圈。

(2) 工业上，所有的钢管元件与用于其他供给管道和卫生设备的支撑可以预制。同时管道熔焊后要重新镀锌或内部涂层。

3. 玻璃排水管

通过快速接头连接（图 4-82），它的组成有：不锈钢管卡与一个或两个 EPDM 的弹性橡胶垫圈；耐化学腐蚀的 PTFE 密封圈。夹紧螺母应用转矩扳手拧紧。在直接过渡到其他管材时，玻璃管用一个固定支架来保护，以防其他材料的排水管长度变化时不会对玻璃管产生影响。所以玻璃管不能与其他材料的管子敷设在共同的支架上。

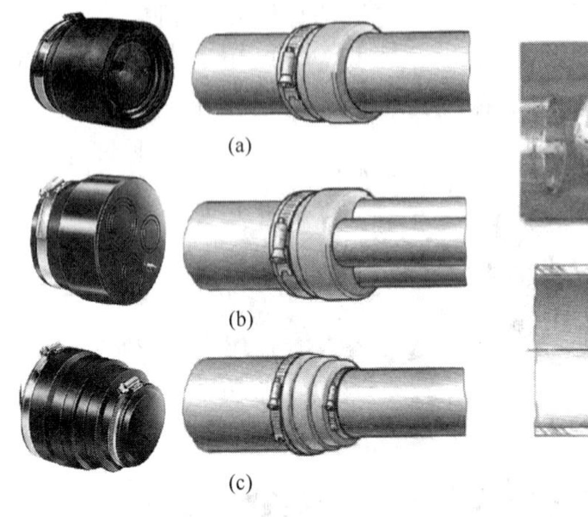

图 4-81　无承口连接的橡胶连接件

（a）连接一根直管的连接件实例；

（b）连接 3 根直管的连接件实例；

（c）连接不同管径的连接件实例

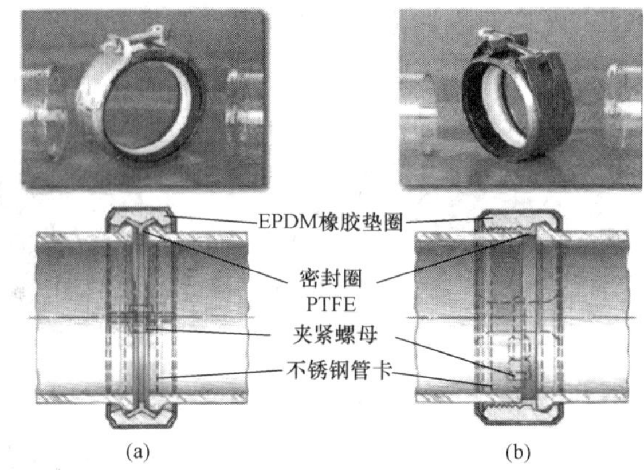

图 4-82　玻璃管的快速接头

（a）两侧的管子有凸缘；（b）左侧的管子是光滑的

4.6.2　用于排水塑料管的管道连接

1. 排水塑料管的切断

排水管在组装前应了解管件的结构尺寸、准确测量下料长度，塑料管必须成直角地切断。塑料管的下料工具有（图 4-83）：

（1）塑料管切断器：可以手持或夹持在台虎钳上。不同管径的塑料管用相应的卡钳夹在切断器中，使管子轴线与刀具垂直。刀具沿管子圆周旋转、同时将管子插入端的端部倒角。这些工作可在一个过程中完成。

（2）割刀：用于 $DN \leqslant 63$mm 的小口径塑料管下料。

（3）细齿木工锯：例如手弓锯可以用来下料塑料管；但锯片不易把握正，管子端面与管子轴线不垂直。下料后应用锉刀清除毛刺。

（4）斜口锯：可以垂直剖面地锯切不同的角度。在锯切管件与管段时，按所需角度调整，使用角尺和快速夹具，进行锯切。

塑料管的伸缩系数一般都很大，例如 PVC 伸缩系数是钢的 5～7 倍。承插连接时，插入承口的管端在划线时要比承口深度短 1cm，使得管段在受热伸长时有容纳和调节的余地。

2. 排水塑料管的连接方式

（1）硬聚氯乙烯管的粘接连接

粘接主要用于 PVC-U 光管与带承口管件的连接，这是一种不可拆卸连接。粘接前应检查一下粘胶的有效期，过期胶的粘连特性将会变差甚至完全失去。由于粘胶有一定毒性和可燃性，需要在通风的条件下进行，并注意防火，严禁抽烟。粘接步骤如下：

1）下料后的管子在粘接前，首先确定管子插入深度，并划线；

2）用砂纸打毛插入管端的外表面与管件承口的内表面，然后用干净的抹布擦拭打磨处；

3）沿管子轴线方向在管端划线内涂抹胶水，缓慢旋转管子，直至涂匀所有粘接处，插

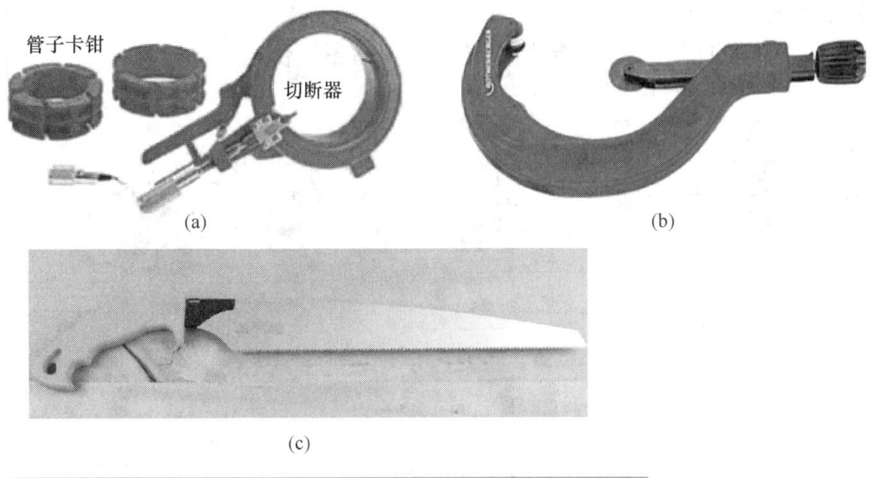

(a)　　(b)

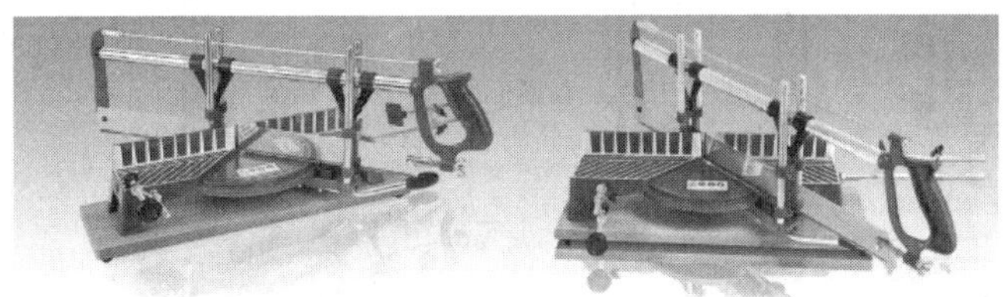
(c)

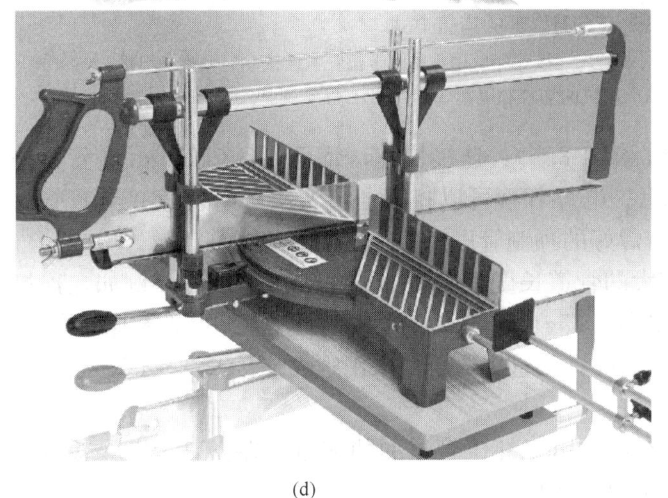
(d)

图 4-83　塑料管的不同下料工具
(a) 用于 *DN*32～*DN*100 塑料管的切断器；
(b) 用于管径≤*DN*63mm 的塑料管割刀；
(c) 可切断塑料管的木工细齿锯；
(d) 可锯不同角度的塑料管斜切锯

入管件至划线处，调整管件方向。

4) 5min 后方可与其他管段继续连接。24h 后才可进行充水试验（在欧洲，2h 后可进行充水试验）。

(2) 承插式胶圈密封连接

这是一种可拆卸式连接，用于 PVC-U 和 PP 管，管件的承口槽内镶有合成橡胶制成的唇形密封圈（图 4-84）。管子下料后必须将端口的毛刺清除干净，并在管端外倒角约 15°。对插入深度划线（管子每 2m 保留 1cm 膨胀空间），在管端至划线处抹润滑剂或肥皂水，然后缓缓插入管件承口直至划线处，调整管件方向。

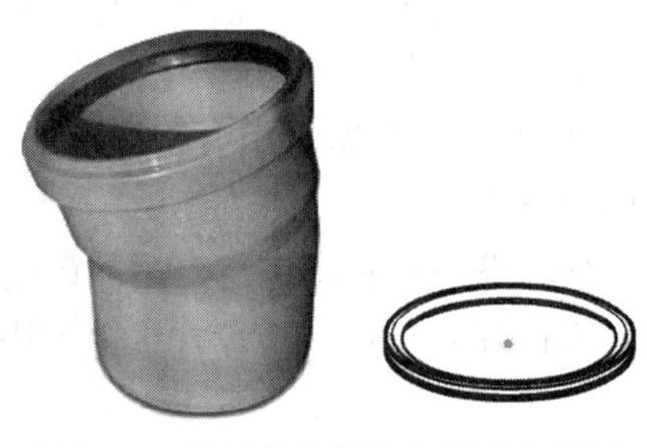
图 4-84　承插连接管件与唇形密封圈

（3）PE-HD 管的连接方式

1）焊镜对焊：因为对焊的管子需要一定的壁厚，下料后不用倒角（图 4-85a）。

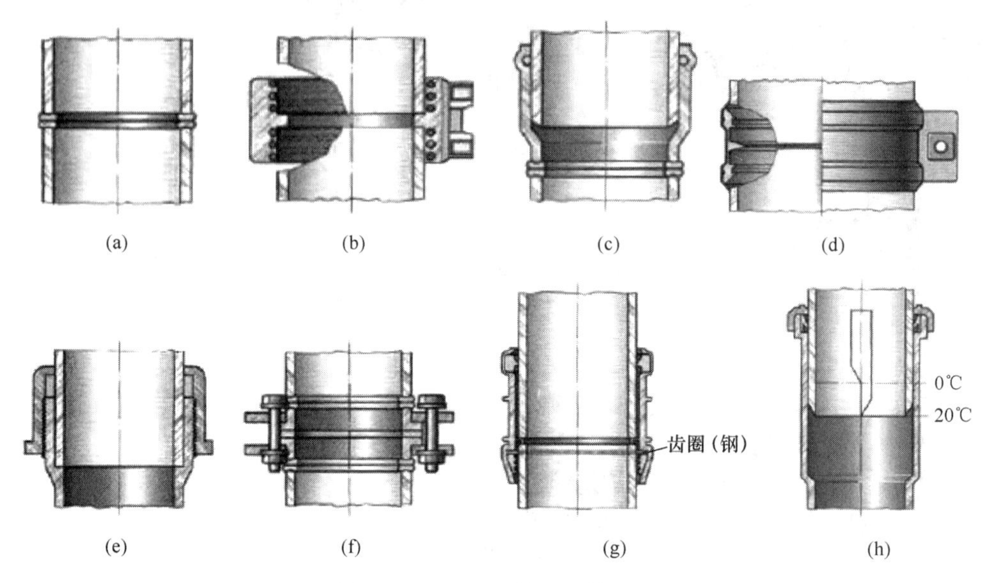

图 4-85　PE-HD 管的连接方式

（a）对焊；（b）电阻丝熔焊管件；（c）承插式连接；（d）用不锈钢卡箍夹紧连接；（e）螺纹连接；（f）法兰连接；（g）PE 隔声系统的加长和隔离管箍；（h）PE 普通伸缩节

2）电阻丝熔焊管件（电焊管箍，图 4-85b）：连接快速，管径≤DN125mm 的管子采用这种熔焊方法比焊镜对焊经济实惠。电焊管箍可以将三通或弯头等管件直接与直管熔焊。因此在工地上，可以提供组合熔焊好的预制管段，整体安装，以提高工效。

3）可拆卸连接：如果要补偿较大的管道长度偏差时（max$\pm\Delta l\leqslant$3cm），例如在连接浴缸或洗脸盆时，采用承插式连接（图 4-85c）。在一些需要事后连接、可以清通的管道，采用卡箍夹紧连接（图 4-85d 和图 4-86b）；小管径管子可采用螺纹连接（图 4-85e），大管径管子可采用法兰连接（图 4-85f）。

4）长管箍（伸缩节）：承插式连接，用于补偿管道的伸缩量。在立管上每层安装 1 个，在水平管道上每 6m 安装 1 个（图 4-85h）。

5）伸缩和隔离管箍：在隔声系统的 PE-HD 管中取代伸缩节（图 4-85g 和图 4-86a）。

（4）ABS 排水管的连接：可进行粘接、管件承口密封圈承插式连接或螺纹管件连接（图 4-87）。

（5）PP 排水管：在欧洲称为高温排水管，缩写 HT；DN32～DN160，管长 150～5000mm。为了提高隔声要求，在塑料中添加了矿物纤维和岩石粉末。PP 管不能敷设在室外和地下。PP 管采用含密封圈的双承口管件（管件可以吸收管段长度的变化）和无承口的卡箍连接。

（6）在现有管道进行事后的改造时，PP 排水管（即 HT 管）可以采用含密封圈的双承口管件(图 4-87c)，PE 管可以采用电阻丝熔焊管件（图 4-88）。

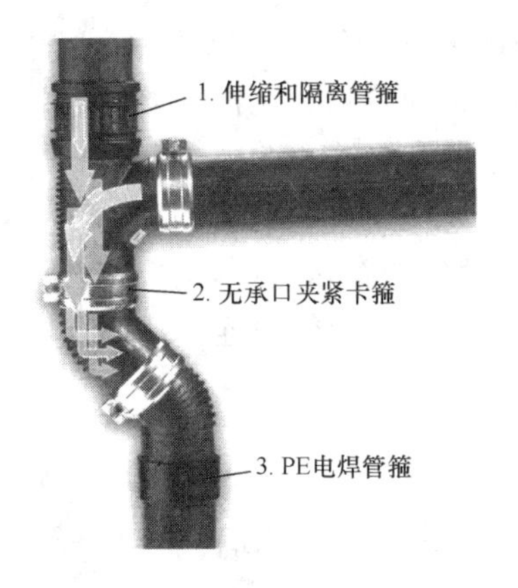

图 4-86　PE 隔声管（剖面）

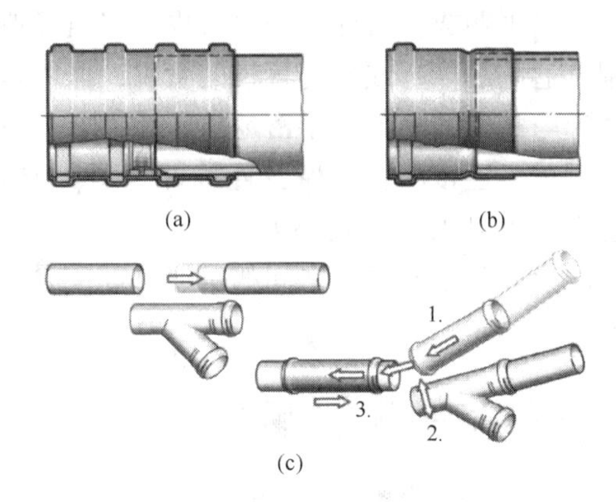

图 4-87　用于 HT 无承口管的承插式管件

（a）HT 管的含密封圈的双承口管箍；

（b）仅用于 ABS/ASA/PVC 粘接承口管件；

（c）用于扩建时事后安装三通的插入式管件

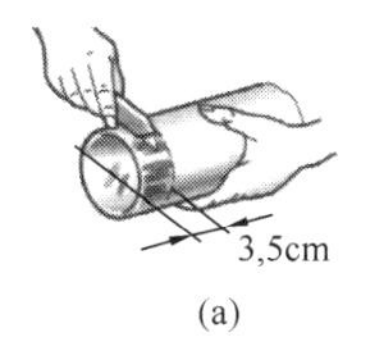

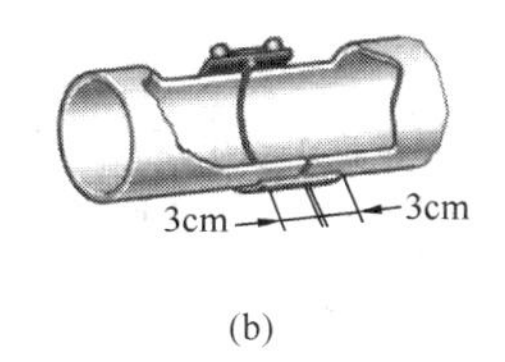

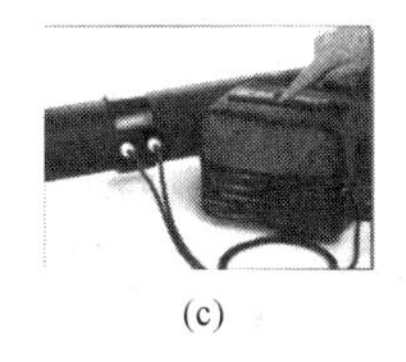

图 4-88　电阻丝熔焊管件的熔焊过程

（a）打磨或刮削熔焊范围；（b）插入管件，管端被限位环隔开；

（c）全自动熔焊，按下按键，白色的指示器变色，表示熔焊完成

4.6.3　排水管道上的过渡件

如果排水管的材质不同而外径相同，相互过渡是没有问题的。在微小偏差时，有时为了外径相互匹配，在较薄的管子套上一个软管接头足够了。如果不能满足要求，具有相应密封圈的过渡件就派上用场了，例如：

（1）当从外径相同的塑料管过渡到铸铁管时，用含有密封圈的夹紧连接，外面套有不锈钢卡箍（图 4-85d 和图 4-89）。

（2）含有密封环的收缩承口管件（图 4-90）：在 PE 管或 HT 管的流动方向上产生可靠

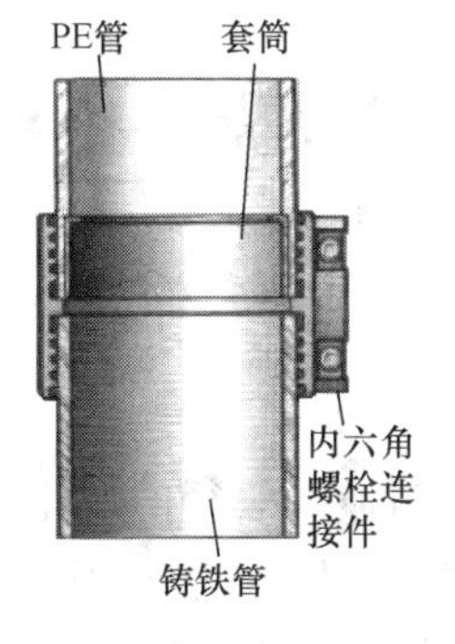

图 4-89　夹紧连接件与密封圈

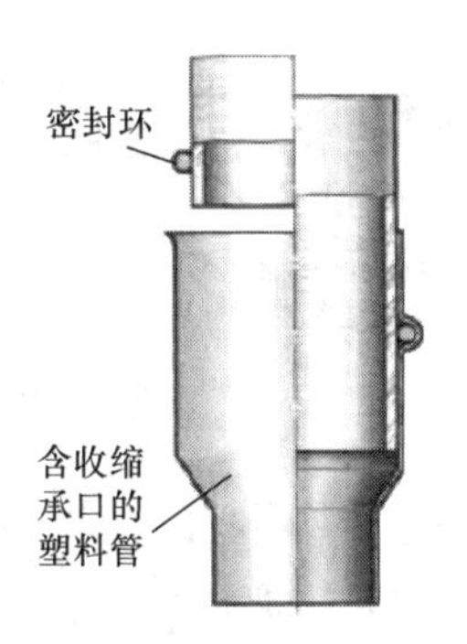

图 4-90　收缩承口

的过渡。可以采购成型管件，必要时也可以自己制作。将 PE、HT 或 PVC 管的管端小心预热，用合适的芯棒（或相应管径的管件）胀管，并迅速冷却。在再次加热时承口收缩到原始直径，与镶入的密封环紧密地挤压在插入的管子上。

（3）无承口连接的特殊橡胶连接件（图 4-91a）：连接的管径≤DN100 时，用夹紧圈固定。它事后可以用便携式小刀开孔。在连接卫生设备的存水弯时，橡胶连接件也很有效。在不同直径和不同管材之间的过渡，即使是与很老的系统管道连接，都有较大的选择余地（图 4-91b）。

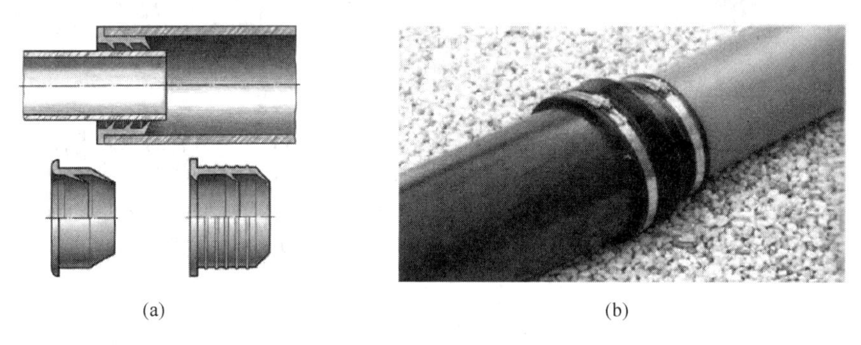
(a) (b)

图 4-91　用于不同管径和不同管材的橡胶连接件

（a）插入管端内的橡胶连接件；（b）套在不同材质管端外的橡胶连接件

橡胶连接件又划分为：

1）橡胶适配接头：用于连接不同材质管道和外径 32mm 至 160mm 的变化（图 4-90）。或根据标记切除封盖（图 4-81）。

2）组合式适配接头：当人们将适配器的一部分割开，或将法兰向外或向里翻转，或根据分割相互翻转，可以过渡到几种直径（图 4-92）。或许也可以用橡胶适配接头相互叠加，类似于排水变径接头。

3）软管适配接头：用于两种排水管道系统的过渡连接（图 4-92）。

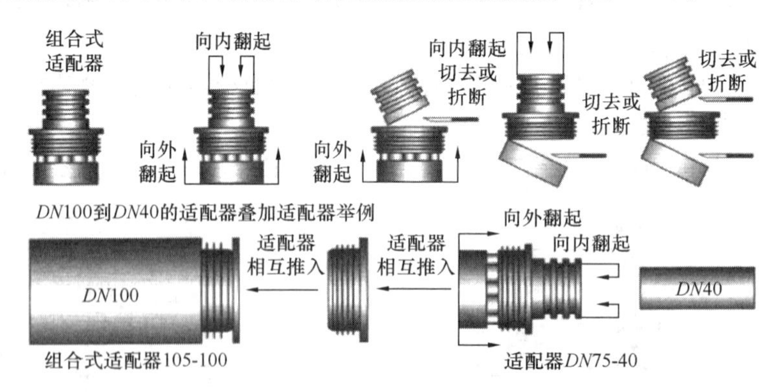

图 4-92　多用途的组合式适配器

4）适配快速接头（同心的）与夹紧箍：用于过渡到管径的变化、管材的变化。

在大多数情况时，过渡接头只能参考各个管道生产厂家的供货目录。不同管径的过渡接头应使用相应的过渡管件，水平管道的连接支管与干管，应使用偏心的过渡件，偏心段朝上。

当排水管的承口由地板或楼板突出太多，或放置有偏差，排水管内径缩径件可减轻上作（图 4-93a）。将管子平齐切除、插入内径缩径件，管道按要求进行敷设，可以取代为了用力取出过长的管子而花费个把小时艰苦的开凿（图 4-93b、c）。

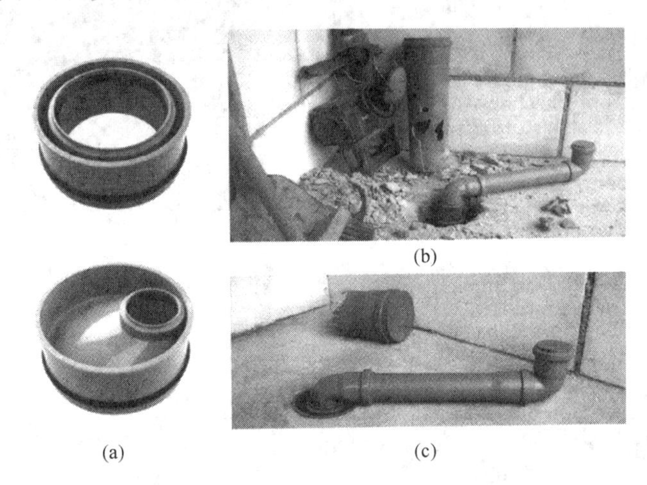

图 4-93 *DN*75-50 至 *DN*160-110 的内径缩径管件

（a）内缩径管件；（b）取代了艰苦的凿孔工作；（c）管子与承口分开，放入内缩径管件

4.7 管道的敷设

4.7.1 管道敷设的一般原则

1. 管道排列必须一目了然，以最短的管路、最少的转折、与楼板和墙垂直或平行敷设。

2. 避让原则：压力流管道让重力流管道、小口径管道让大口径管道、柔性管道让刚性管道、冷水管道让热水管道。

3. 管道必须牢靠地固定，与楼板、墙、梁、柱和其他管道保持足够的间距。要注意管子事后的绝热空间，尤其是考虑节能、隔声和防火的规范要求，以及墙体的稳定性。

4. 在管道系统密封性试验时，所有管道的连接点至管道的出口，必须安排在完工墙体的外面。附件在安装时经常不符合专业，使得连接点的密封区域位于墙里或假墙后面而不可检测，因此附件连接位置经常需要“延长”。若少数管道连接点不可避免地需要埋地、敷设在墙里等位置时，只有在密封性试验完成后才能进行隐蔽工程的施工。

5. 管道不允许穿过烟囱、烟囱壁、垃圾井道和通风井。不允许削弱负荷的建筑构件，例如楼板圈梁、窗户和门的过梁、托梁、大梁、工字梁等，只有得到负责的结构工程师明确的批准，才可以“破害”。

4.7.2 管道的敷设

1. 在墙前与楼板的管道敷设

（1）如果没有预留墙槽时，管道在墙前并穿过楼层；在楼层中的管道安排墙前安装（图 4-94a）；水平管段也可以敷设在毛楼板上（图 4-94b）；在新建筑物的建设工程中，也可以将管道敷设在楼板内（图 4-94c）。墙前安装还可以先在车间进行预安装。

（2）在地下室的管道通常敷设在地下室的楼板下方或墙前，在穿过外墙时，要做防地

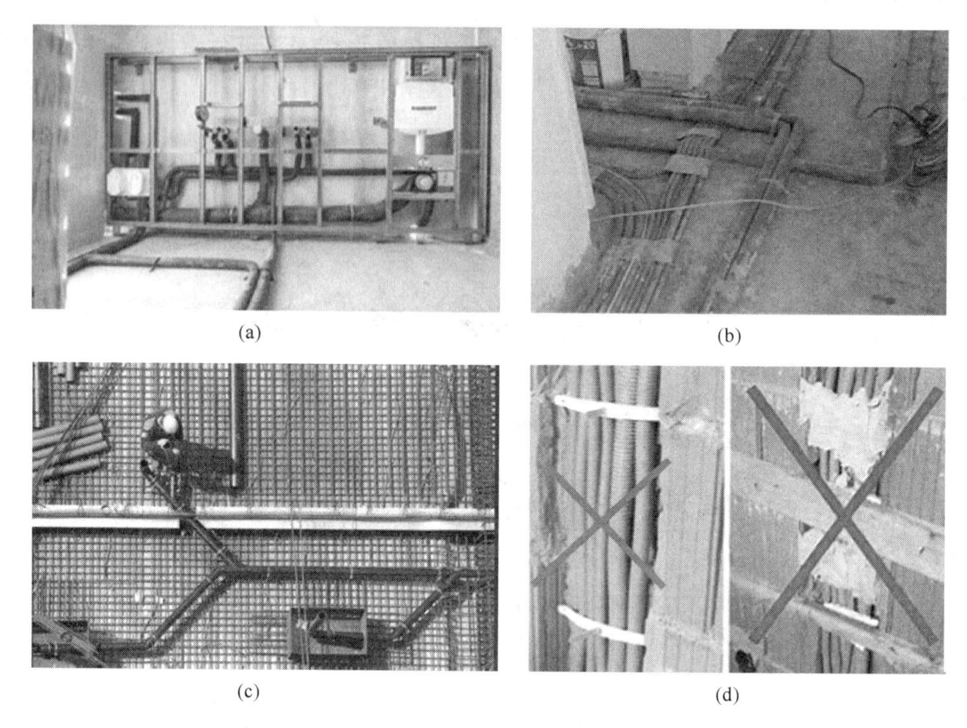

(a) (b) (c) (d)

图 4-94　管道在墙前、楼板上与楼板内的敷设

（a）管道的墙前与楼板上安装；（b）管道敷设在毛楼板上；（c）管道预埋在现浇楼板内；（d）开墙槽敷设管道

下水或防潮处理。

（3）开管槽敷设是一种最坏的和最贵的方案（图 4-94d），因为它破坏墙体和楼板的保温、隔声或承重的能力，而且会增加人工、增加建材的消耗、增加建筑垃圾及垃圾清运费等，开槽产生的粉尘等还会恶化施工环境、有害健康。

（4）在毛楼板敷设管道时要注意：

1）在地面区域不允许有管道连接，即使具有持久的密封性也不考虑，因为从长期的角度看，它是一种风险因素。所以在地面敷设管道时，必须使用长距离的、没有连接点的盘管。

2）管道必须敷设在隔踏步声层内，不可以与水泥面层接触（会形成声桥，敷设在波纹护套管或隔音壳层内有益），这也可以防止冷水管的汽汗水或受热（图 4-95a）。

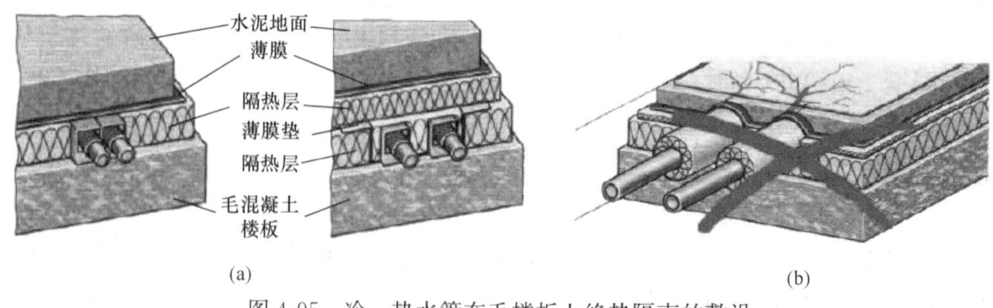

(a) (b)

图 4-95　冷、热水管在毛楼板上绝热隔声的敷设

（a）在隔踏步声层中的埋管热水管要求进行绝热）；

（b）在毛楼板上错误敷设的管道

3）无论如何管道或其隔音层不可以露出到水泥面层内，否则水泥面层和地板面层，如瓷砖、石材板、木地板会不可避免地开裂（图 4-95b）。

4）根据《德国能源节约条例》EnEV，虽然管径≤DN20 的、没有循环管的热水管，不必要绝热，但是为了避免紧挨管道上方的水泥地面局部过热，在毛楼板上的管道还是宜绝热为好。否则其上方的地砖可能会开裂。

（5）在管道敷设前，原则上必须将管道的走向在楼板或墙上划出标记来。长距离的管子划线的方法有：

1）弹线器（图 4-96）划线：将浸入彩色粉（例如赭石粉）的弹线，沿着所设计的管线夹紧，对着楼板或墙体弹线。

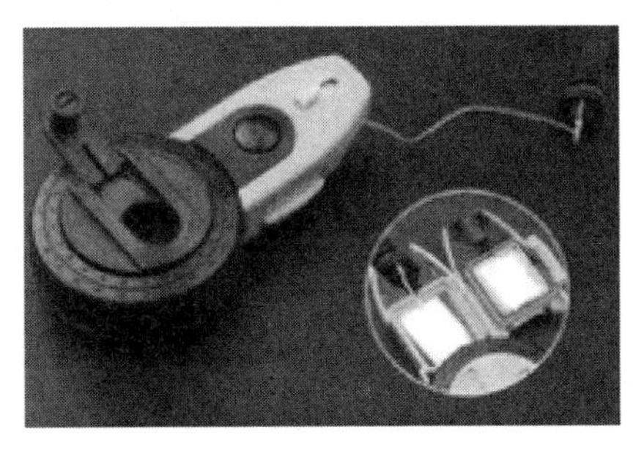

图 4-96 不同的弹线器

2）激光束灼烧

在楼板或墙体这样确定管道的走向，可以清楚地看到与施工图的尺寸偏差，使得设计的缺陷一目了然，例如到其他管道（如排水管、通风管、电管）的间距，或者到建筑构件（墙、楼板、托梁、门等）的错误距离。可以在与其他管道系统和交通线交叉存在问题提前进行必要的调整。

2. 柔性管道的敷设

在毛楼板上敷设给水管道时，De≤22mm 的柔性 PE-X 管、PB 管和铝塑复合管(图 4-97a、b)可以取代刚性管。将它们灵活穿入护套管中（称为管中管），在墙前敷设可以不用护套管(图 4-97c)。当空间不足和 De≥32mm 的塑料管时不能弯管，应使用弯头管件。

（1）柔性管道的优点：

1）管道容易弯曲，管道在转折时不需要管件，避免了管段在楼板中或假墙后的连接点。

2）同时节省了许多施工时间，施工快捷。

3）减少了管件消耗量与工时的节省，显著地减少了费用。

4）对安装工要求较低，管段下料略长不影响安装（但不能下料太短）。

（2）柔性管道的其他特性与注意事项：

1）机械特性：塑料管的机械特性，特别是疲劳强度会随着温度的升高而降低。当在即热式热水器尾部加热发生故障时，会产生很高的温度和压力。柔性管道是否能承受，只有管材的经销商才能回答（在敷设前应该查询）。

2）柔性管道的绝热：作为热水管时，必须根据节能有关条例绝热，作为冷水管，在波纹管中时，可以不需要绝热，但是为了防止冷凝水则例外。作为电伴热带，必须用铝涂

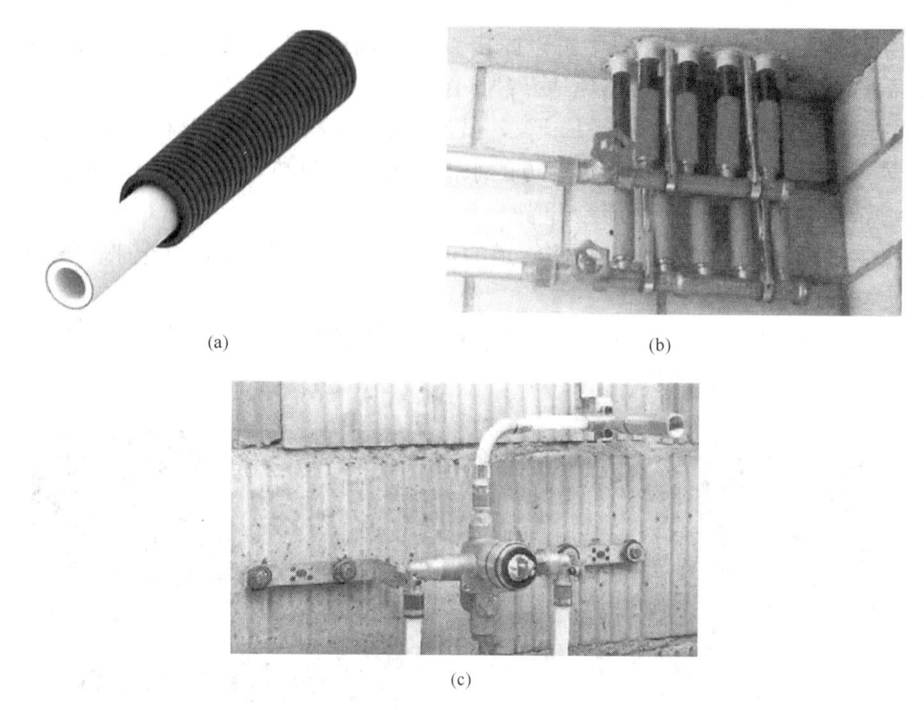

(a)　　(b)

(c)

图 4-97　在毛楼板上常用的柔性铝塑复合管与 PE 给水管

(a) 穿入波纹管中的铝塑复合管；(b) 在地下室楼板下方的 PE 管连接在冷水与热水分水器上；(c) 暗装壁式冷热混合水龙头与带淋浴软管接头用无波纹护套管的 PE 管连接

胶的粘带将其连续地固定在塑料管和复合管上，以改善热传递。

3）作为分配管：通常用铜管、不锈钢管、复合管或塑料管做整幢楼的分配管。从入户起或楼层起，例如在公寓、办公室、学校、医院，通常使用柔性管。在独宅里，这种分水器常常紧凑地设置在地下室楼板下方（图 4-97b）。从楼层起的分水器，敷设柔性管时可以设置在毛楼板内、毛楼板上方的隔踏步声层内、轻质结构墙内或墙前安装井中。

(a)

(b)

图 4-98　柔性管在毛楼板中的敷设

(a) 柔性管穿过楼板的钢筋中并绑扎固定；(b) 柔性管接头从楼板出口穿出

4）在毛楼板中敷设柔性管时，当浇筑混凝土前，柔性管穿在波纹管中，一是可以避免土建施工碰伤，二是有良好的隔声，柔性管穿入波纹管后必须嵌入楼板钢筋中、并固定好，以防它们在沉重的混凝土砂浆层中“浮起来”。柔性管由楼板穿过模板套管，管接头要从楼板出口拉出足够高，以防止在建筑工地粗糙的施工中“消失”（图 4-98）。

5）在毛地坪上敷设的

柔性管也要穿入波纹管，以免机械碰伤，必要时也需要绝热。在墙体中敷设类似。在轻质结构墙中和墙前管道井中，可以很随意地敷设。

从最后一个取水点到分水器的管段或环形管，敷设柔性管不同于传统的安装。不必要测量和下料计算，只需要将成卷的管子展开即可。

6）柔性管与附件和管件连接时：将柔性管拉到分水器附件、三通、弯头等固定支架连接处，然后压紧或锁紧连接好。用管卡或定位带将管子固定在墙上、楼板上、地板上。将带装配支架的弯头、三通（又称壁挂式管件）固定在墙板或装饰面板上、嵌入式家具内或墙体上，部分的也有安装在连接盒内（图 4-99）。连接盒也作为隔声装置。冲洗水箱的接头见图 4-100。

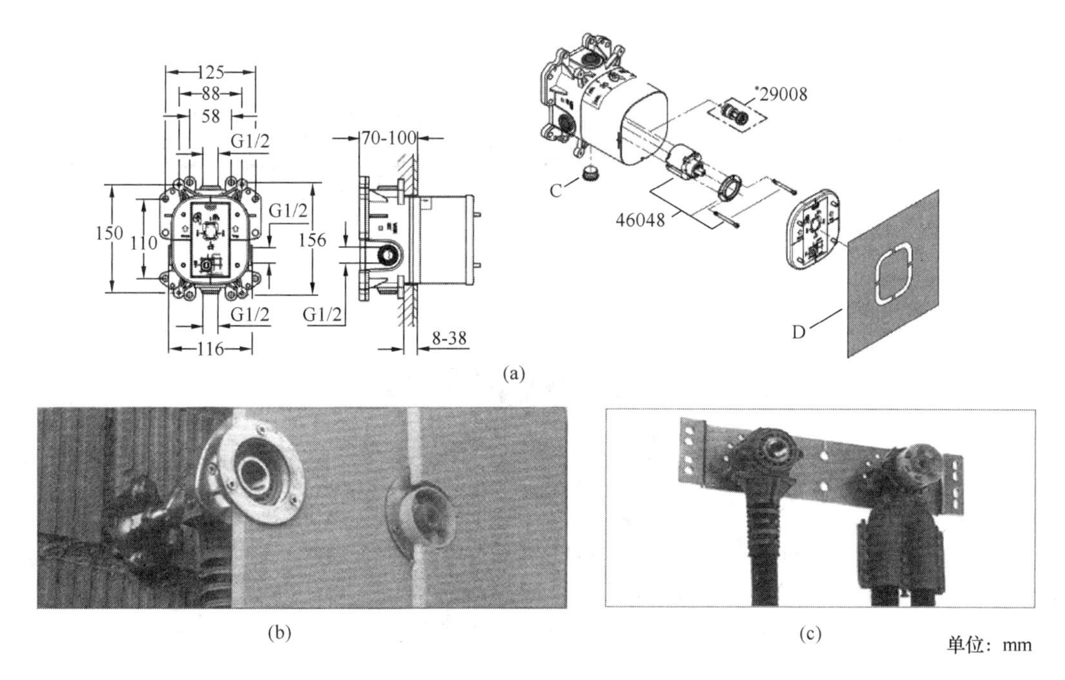

图 4-99　连接弯头与隔噪声盒

（a）安装在墙板后面的附件连接盒二视图与爆炸图；（b）墙前安装的连接盒；（c）安装型轨上的连接盒

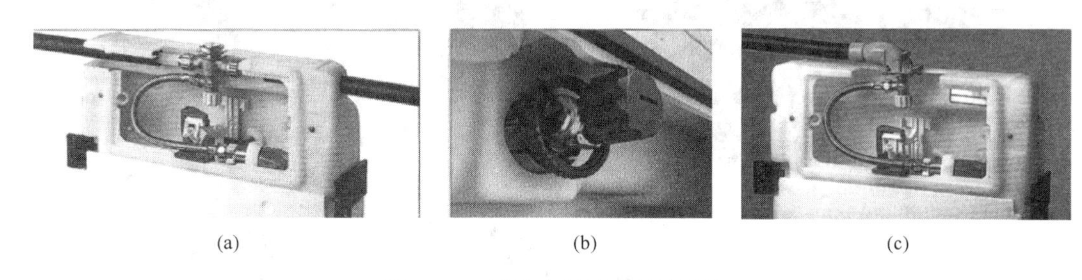

图 4-100　冲洗水箱冲洗阀的连接

（a）固定在冲洗水箱上的连接盒上；（b）固定在冲洗水箱上的接头；（c）安装在直通管的三通接头上

7）柔性管敷设的其他注意事项

① 由于塑料管硬度不高，在运输、堆放和安装时容易在管皮上产生刻痕，有切痕的管段不能再使用，应该废弃。所以在切断波纹管时要用波纹管割刀，而且剪切时，在波纹管与柔性

管之间应插入保护管，以免伤着波纹管中的柔性管。柔性管不应该在锋利的棱角上拖拉。

② 柔性管需要防紫外线辐射，如果它们没有染色成黑色或灰色，则应该敷设在波纹管与绝热的护套管中。

③ 管件必须由塑料、炮铜或高强度黄铜制成，必须能防护石膏砂浆的腐蚀。

④ 柔性管在弯曲时，弯管半径应遵守 $r=6\times De\sim8\times De$，在管外径 $De>20$mm 时应借助于弯管器（图 4-101）。在弯曲管外径 $De\leqslant20$mm 的管子时，可以使用小半径的导向弯管器（图 4-102），安装时与柔性管一起保留在管道系统中，可不再撤去，同时当土建做水泥地面或墙壁粉刷时，在地面与墙壁或墙壁与墙壁拐角之间敷设的导向弯管器可以保护柔性管道不被碰伤。

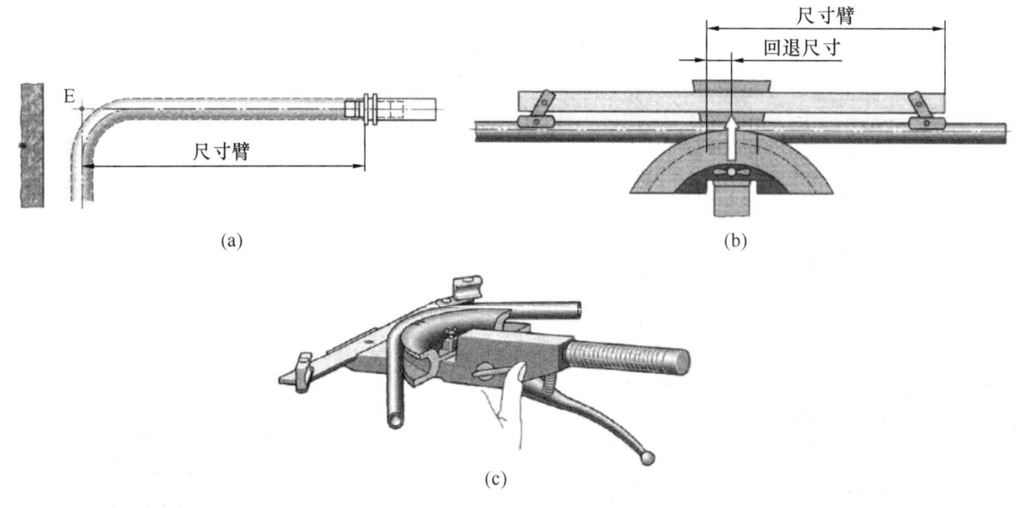

图 4-101　通过手动液压弯管器顶推弯曲复合管

(a) 测量尺寸臂（在管子上划线）；(b) 从弯模的管中心线退回到尺寸划线处；
(c) 弯曲后通过手柄液压卸载，将弯好的管子从弯模中取出

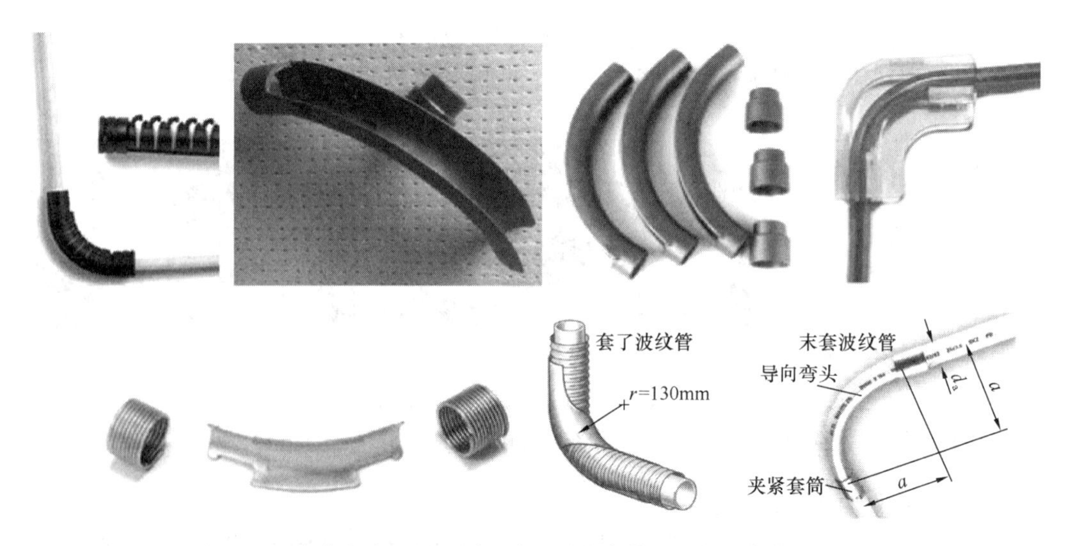

图 4-102　弯曲小半径的不同形式的导向弯管器及板材弯管器的尺寸

3. 柔性管道在减少系统中停滞水的应用

采用传统管道见图 4-103a，柔性管道敷设，一直到取水点，独立管道（图 4-103b）没有其他的连接件，因此需要的管径较小，地面结构层也可以薄些。此外，独立管道中的水量小（＜3L），压力损失也小，管中停滞期的水可以迅速更换掉，不需要循环。

支管串联（图 4-103c）的所有取水点，相对于独立支管的管道要短得多，几乎没有停滞的水，尤其是支管末端安排在厕所。只有在特殊情况时，例如在学校的假期，会若干天几乎不取水，在那里就必须安装用于卫生管道的冲洗水箱。

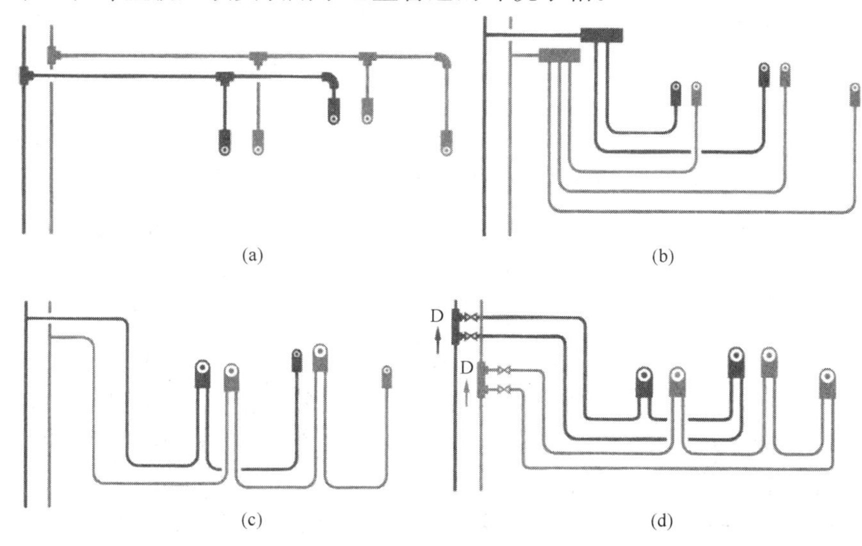

图 4-103　楼层管道的管道系统

（a）支管采用 T 形三通；（b）各个支管分别独立；（c）支管串联；（d）环形管

环形管道的各个取水点都从两侧连接，最后一个取水点也是如此（图 4-103d）。通过计算软件确定管径，支管和环形管才能达到理想的功能。计算程序也证明，尽管环形管的长度要大于有关联的 U 形三通支管，但是水量比其要小，因为 U 形三通的支管管径要大些。环形管的优点是敷设简单，压力损失小，不会导致水停滞。

环形管与支管串联都需要 U 形三通或 V 形三通（图 4-104）来构成回路。环形管可以通过文丘里管件来更换水（图 4-105）。

图 4-104　不同厂家生产的 U 形三通或 V 形三通

在无规律使用的淋浴间，水容易停滞。在多层建筑物中，通过楼层环形管的文丘里管件放出，有规律地更换掉停滞的水，图 4-106 中，如果在文丘里分流器上面一个楼层中的取水量＞0.15L/s，则经文丘里分流器强制流经环形管道时的流动情况。

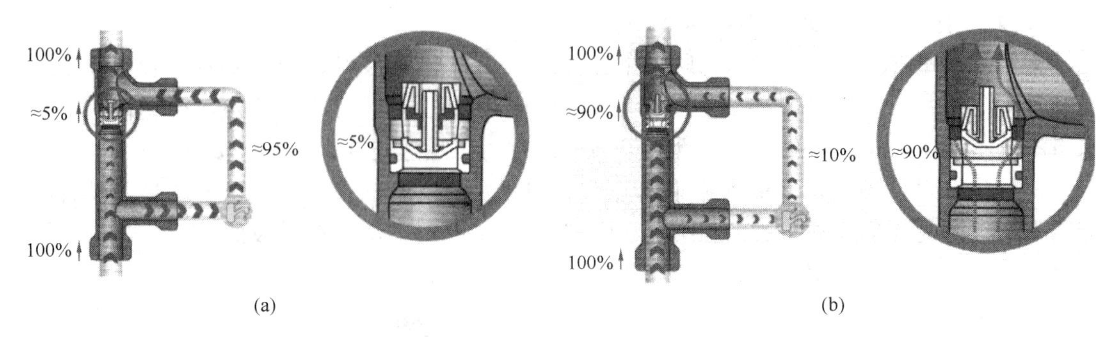

图 4-105　在立管流量不同时，文丘里管件的作用示意图

（a）在上面楼层用水量少时，文丘里管件开启较小。当立管上小流量时，文丘里管件的喷嘴几乎关闭，本应该供给上面楼层的几乎全部流量流过环形管；（b）在上面楼层供水较多时，文丘里管件喷嘴开启就大些，立管中的水流量越大，喷嘴开启得越大，环形管中流量会相应改变

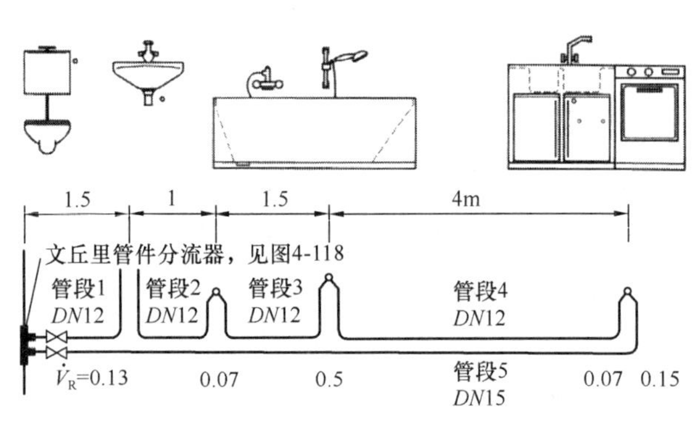

图 4-106　采用文丘里管件的一个楼层举例

4.7.3　管子对热传导的防护

1. 水管的绝热要求

（1）所有的给水管道，与其他管道（如冷水管、热水管、高温水管、燃气管）之间应该保持一定的间距，以便它们按规范进行绝热施工。

（2）绝热层可以长期地防止给水管道冻结。水管不宜设置在外墙中。不长期使用的管道，应进行关闭并可以排空。埋地管道应处于当地的冻土层以下。有冻结危险的房间，要使用防冻设施进行加热，使房间温度>0℃。

（3）冷水管要防冷凝水和受热；热水管要绝热。在较热的房间里，当空气里的水蒸气与冷水的管道相遇时，会在管道外壁冷凝形成汽汗水，并滴落。表 4-5 显示在夏天的温度时，较小的空气湿度都能形成汽汗水。所以在德国冷水管也要用相关材料绝热，但是在“管中管”系统中可以省略。为了保证饮用水质量，在热水管或高温水管旁敷设的冷水管要绝热，防止其受热。热水管或高温水管尤其要防止热损失。管径越大，热损失越大。因为好的绝热材料费用只需支付一次，而在运行中的热损失是要长期支付的。德国管道的绝热层参见扩展阅读资源包。

露点与空气的温度和相对湿度的关系　　**表 4-5**

空气温度（℃）	露点温度（℃）						
	相对湿度（%）						
	30	40	50	60	70	80	90
10	−6.0	−2.6	0	2.6	4.8	6.7	8.4
15	−2.2	1.5	4.7	7.3	9.6	11.6	13.4
20	1.9	6.0	9.3	12.0	14.4	16.4	18.3
25	6.2	10.5	13.9	16.7	19.1	21.3	23.2
30	10.5	14.9	18.4	21.4	23.9	26.1	28.2

绝热材料的生产厂家会在产品技术参数表中提供所需的绝热层厚度。但是一定要注意，所提供的绝热材料是否符合规范。另外，有些管材，例如 WICU 铜管的 PVC 塑料皮外衬不是绝热用的，只是用来防腐的。它会扩大管子的辐射面，比光管产生更高的热损失。不能将带 PVC 外衬的铜管或不锈钢管用于热水或高温水管，而且这类管外套绝热层时阻力较大，施工困难，必须使用光管加绝热层。光铜管、带 PVC 外衬和带绝热层的铜管散热量比较见扩展阅读资源包。

根据《德国能源节约条例》EnEV，当管中热水温度与环境温度的差值（过热温度）为 50K 时，管子的单位长度散热量=10W/m 就算达到 100%的绝热（与管材和管径没有关系）。

例如，一个生活热水系统，热水温度为 60℃，环境温度为 10℃，过热温度则为 50K。假设生活热水的循环管为 20m 长，按照德国 100%的绝热要求，管子的每天实际散热量为：

$$20m\times10W/m\times24h/d=4800Wh/d=4.8kWh/d$$

1 个月的散热量则为：4.8kWh/d×30d=144.4kWh/M。

如果循环水泵功率为 50W，每天实际工作 8h，1 个月耗电 50W×8h/d×30d/M=12000Wh/M=12kWh/M。那么该循环水管一个月能耗为 144.4kWh/M + 12kWh/M=156.4kWh/M。如果该生活热水循环管不做绝热，则能耗还要高出多倍。

非绝热的和绝热的 PE-X 管的热损失见图 4-107。

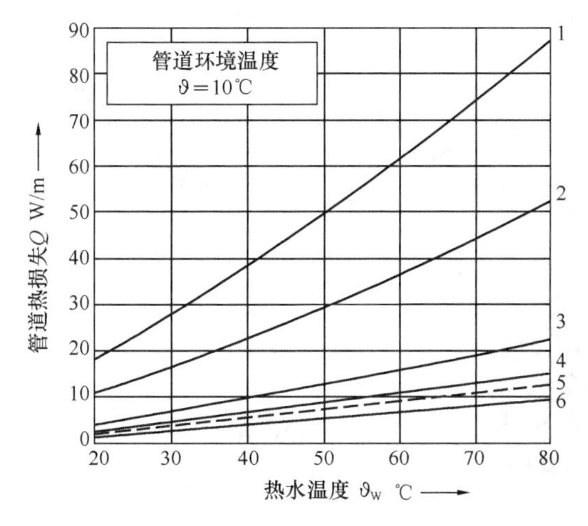

图 4-107 非绝热和绝热的 PE-X 管的热损失

2. 管道绝热的材料

在建筑物内，管道使用的绝热材料为轻质、疏松、多孔的纤维状矿物棉，软质和硬质的、封闭式多孔的发泡塑料。在防火有较高要求时，不使用玻璃棉和封闭多孔发泡材料，而是使用熔点在 1000℃以上的矿物棉。

管道的绝热材料形状有管材生产厂家提供的管状绝热材料、封闭式多孔的柔性绝热软管或卷材、由矿物棉或聚氨酯制成可以对合的瓦状、绝热条等。弯头、三通、附件等有生产厂家预制的绝热瓦对合起来。

湿透的绝热材料不具有绝热性能，如同在寒冷季节穿着湿的衣服一样。因为水的导热能力比静止空气高 25 倍，所以湿透的绝热材料会让大得多的热量流出。为了绝热材料不吸收水分，绝热材料必须采用封闭式多孔的发泡塑料，或者用附防水渗透的树脂膜、铝膜、板材等阻断物蒙在矿物绝热材料上，或涂抹沥青等材料。绝热材料、绝热软管和它们

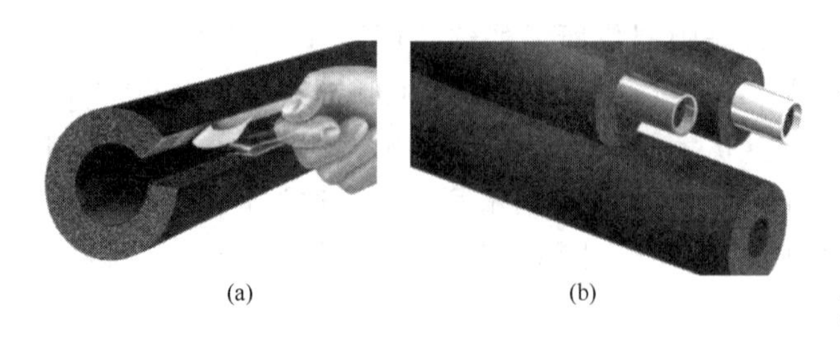

图 4-108　不同形式的绝热软管
(a) 带自粘胶的开缝式绝热套管；
(b) 适合不同管材与管径的无纵向缝管道绝热套管

的接缝位置，要细心施工，防止湿气侵入。

3. 管道绝热的施工

(1) 软管型管道绝热材料

软管型成品种类很多，材质有PE、PUR、氯丁橡胶等。样式有带自粘胶的纵向开缝式套管（图 4-108a）和无纵向缝的套管（图 4-108b），也有用卷材，根据管径和管段的长度进行裁切，然后包裹在管道外面、用胶带将对接缝封死。

无纵向缝的绝热软管在套入管段时，应不断旋转推进（图 4-109a）。弯头处不能产生

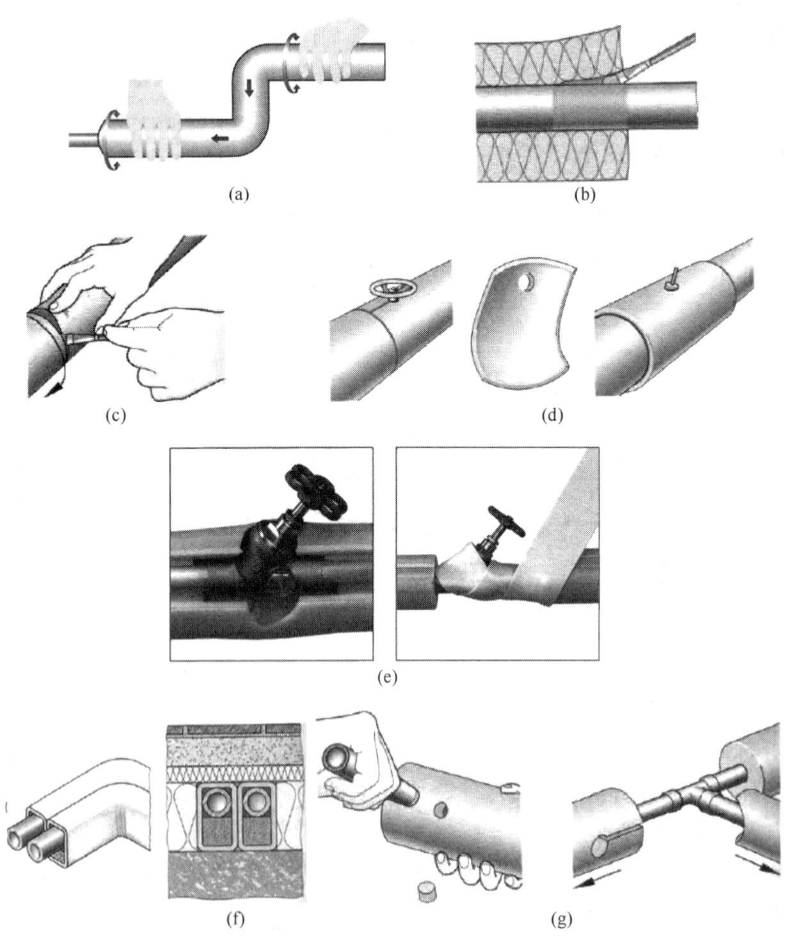

图 4-109　绝热软管的施工
(a) 一只手旋转推入软管，另一只手将软管旋转向里拉；同时，两只手的旋转方向要向前向后经常变换，使绝热套管自然伸展、不至于产生扭曲变形；(b) 绝热软管的端部要与管子粘接在一起；
(c) 毛刷沿对接缝涂胶，将软管拉回涂胶处；(d) 将附件或管卡包起来，绝热软管缝要覆盖粘住；
(e) 阀柄处开孔，再用胶带封闭或直接用绝热条缠起来；(f) 用于地面敷设的紧固型绝热套管；
(g) 三通位置：戳孔、开口、调整和粘接

扭曲和折皱，否则合成塑料长时间折褶后易破损。软管的纵向缝和对接缝要用胶带粘连好（图 4-109b）。粘接时只允许使用生产厂家推荐的粘胶。由于普通业余的、手工业用粘胶可能对管子造成强烈腐蚀。带自粘胶的纵向开缝式的绝热套管省力省时间，但有些自粘胶时间长了会发生脱胶，为了保证绝热的牢靠性，应在其外表面分段缠上胶带。

在钎焊时，要把套上的具有弹性的软管推开，在钎焊位置冷却后再把软管拉过来，对接缝要粘接（图 4-109c）。在管道的管卡处绝热时分为滑动管卡和固定管卡。为了防止滑动管卡处绝热软管断裂，用符合软管直径的岩棉或 PUR（聚氨酯）硬质外壳将其包起来，这样施工可以节省时间。在固定管卡时，管卡先固定在管子上，这个位置事后绝热。例如用带自粘胶带的纵向开缝式绝热软管，或者用更大一号的绝热软管件覆盖粘接在上面。

在管道附件处的处理程序类似，将附件包在里面（图 4-109d、e）。在地面敷设的管道绝热有专门的紧固型绝热套管（图 4-109f）。

在三通支管处做绝热，可以用一根打磨过的管子戳一个孔。为了粘接整洁，用一把锐利的小刀很容易将软管绝热件修圆（图 4-109g）。

（2）硬壳型管道绝热材料

预压成型的 PU 或岩棉的管道绝热壳成品，样式有开纵向缝的或无纵向缝的套在管子上；也有对合在管子上的瓦状，每延长米绝热壳用箍带螺旋缠绕 6 道，或者也可以用硬质膜包裹。用胶带将横向缝和纵向缝封盖好。对于管道岩棉绝热壳上的耐撕的、网格强化的铝箔，纵向切开并用粘接封条封盖，横向对接用铝粘接带封盖。这种管道绝热壳也可以用于可燃塑料管的防火。为了在楼板洞或墙洞防火，管子用抗压的岩棉绝热壳包裹起来（图 4-110）。对于较大口径的管道或容器，使用粘在纸上的或网格交联的耐撕铝箔上的岩棉垫包裹。为了防潮，岩棉绝热材料用硬质箔包裹，用粘接带封盖，用塑料铆钉铆接或预压的咬合边封盖。在运输或运行的绝热层有损伤危险时，用粗晶粒铸造的铝箔或用镀锌板罩在绝热层的外面。

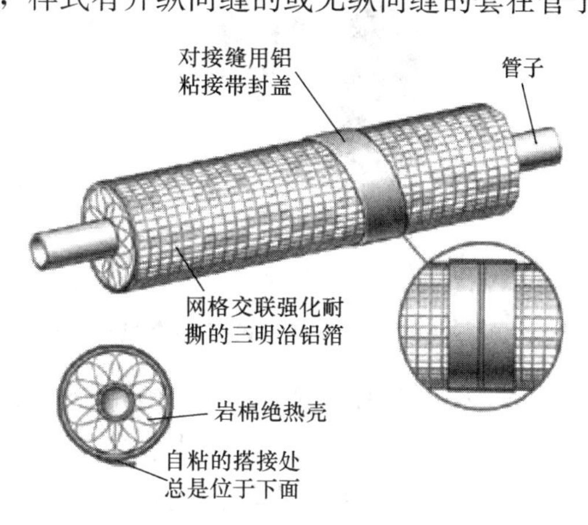

图 4-110　管道岩棉绝热壳

4.7.4　管道的固定

1. 管道的固定要求

管道固定时，应与墙体、楼板和其他管道要保持足够的间距（表 4-6），以便：

（1）确保所有的组成部件能无障碍地安装；

（2）能够确保运行时吸收所产生的应力和负荷；

（3）要防止噪声传递到建筑物上（避免声桥的产生）；

（4）要保证防火；

（5）要能确保管道符合规范的绝热或隔声。

建筑构件或管道与实际管道外罩外皮的间距（mm） **表 4-6**

到其他管道或建筑构造	到墙体	到楼板（最小通行高度 1.90m）	到其他管道外罩外皮
间距	30～50	60～120	50～80

2. 管道固定的种类与结构

决定管道固定的种类与结构的因素有：建筑技术和安全技术的条件，管材、管径、管道外表的隔绝，管道中流体的种类和温度，楼板、墙体等类似构件的种类与结构。所有管卡的材料必须恰当，例如镀锌的管卡不允许用于铜管。

（1）没有特别要求的固定管卡

1）带暗扣或螺栓锁紧的单件式管卡（图 4-111a）。

2）带 2 个螺栓的两件式管卡（图 4-111b），也可以带安装方便的联合支架和止动锁紧件，在工地上它可以单手工作。

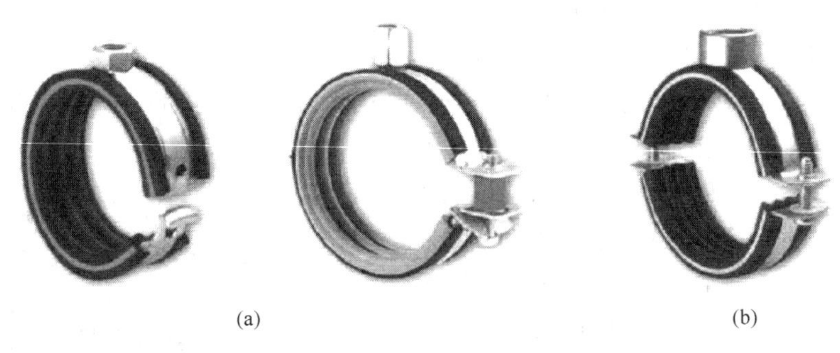

(a) (b)

图 4-111　无特殊要求的管卡

(a) 单件式：暗扣锁紧；一个螺栓锁紧；(b) 两件式：用两个螺栓锁紧

（2）带状悬挂装置：尤其用于通风管和高温水管（图 4-112）。

（3）滑动管卡或导向装置（图 4-113）：使得管道在轴向上可以移动，例如由于温度的影响，管道的长度发生了变化。对于塑料管，带滑动组件的管卡按图 4-113a 就足够了，滑动组件妨碍了管卡的紧密闭合。

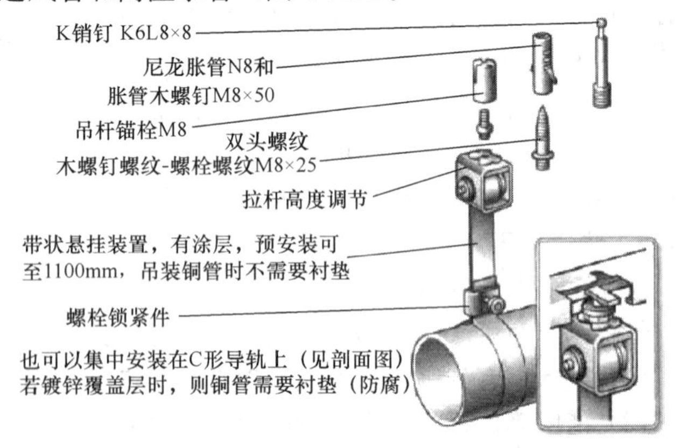

图 4-112　管道带状悬挂装置

（4）固定点管卡：能承受因长度变化、压力、自身重量和介质重量的反作用力。它必须牢牢地将管子固定在管卡里，并自身能稳定地锚拴在建筑体上。金属管道时：检查管卡的管径使用范围，要严格匹配，夹紧螺栓要拧紧（图 4-114）。

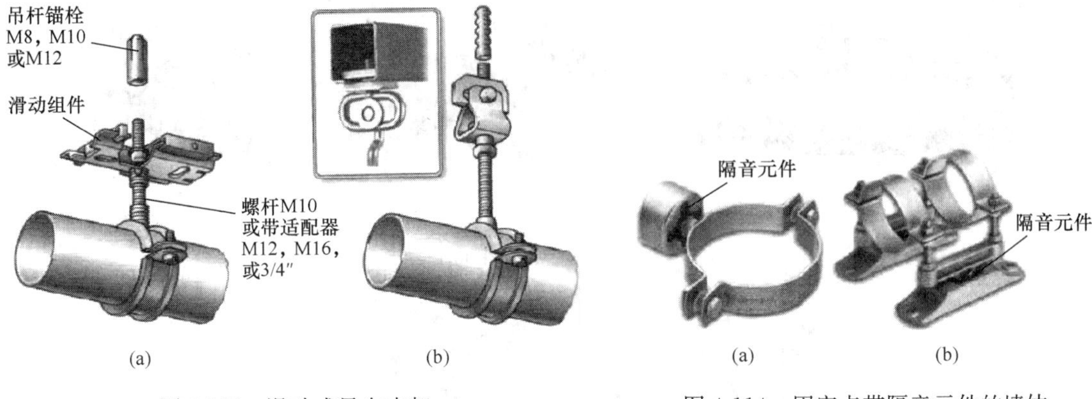

图 4-113　滑动或导向支架
(a) 楼板上的滑动支架；(b) 楼板式墙体的滑动组件

图 4-114　固定点带隔音元件的墙体紧固压板式管卡
(a) 简易式；(b) 双压板式

1) 管道上的管卡排列要恰当，例如设在管件附近处（图 4-115、图 4-116）。

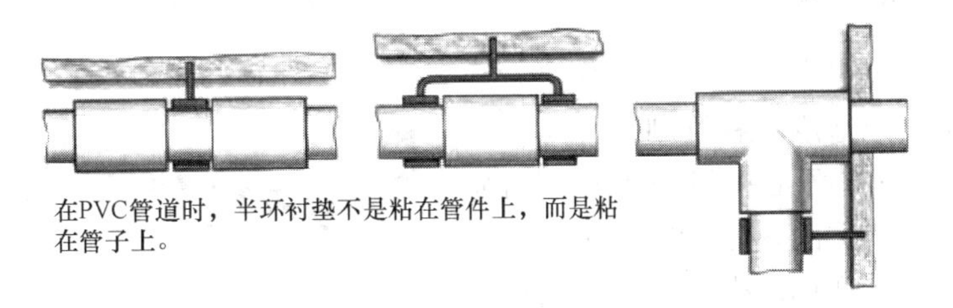

图 4-115　管道的固定管卡

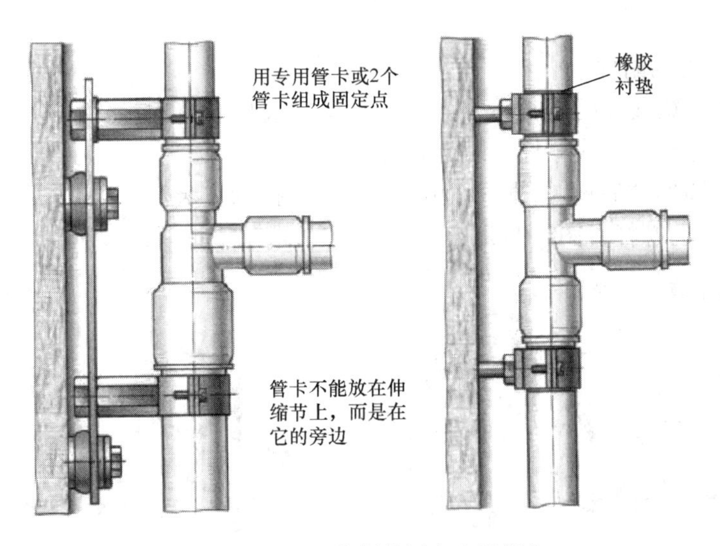

图 4-116　用于塑料管固定点的管卡

2) 在塑料管时：使用衬垫；在排水管时，使用钢制的半月环形衬垫(图 4-117a)。
3) 管卡的底座和管子的纵向轴线必须一致，否则底座会偏移折弯（图 4-117b、c)。
(5) 管钩钉和塑料卡（图 4-118)：都不宜在管道工程中使用，属于淘汰之列。
1) 管钩钉：因为用管钩钉固定管道不符合专业要求，它的固定一是不牢靠，二是易

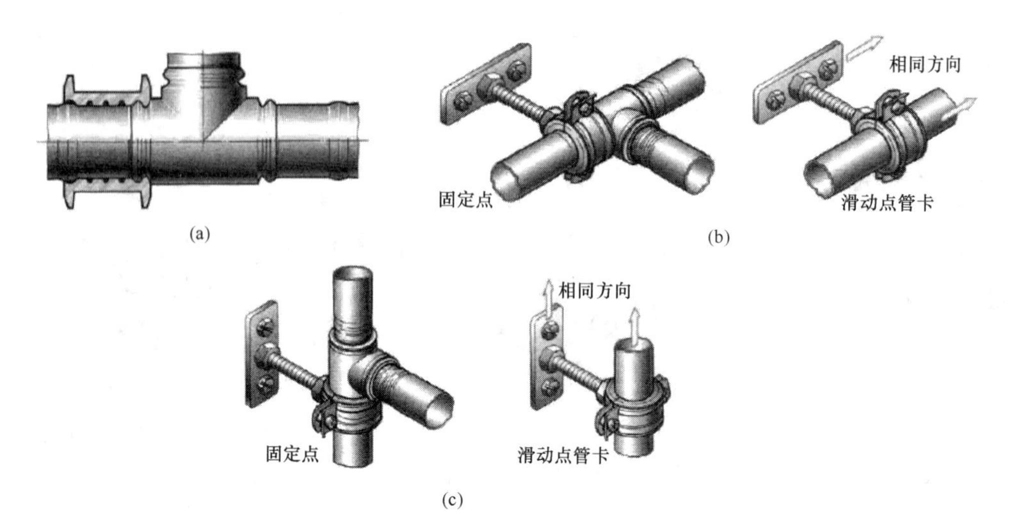

图 4-117　在水平管道和垂直管道上固定点和滑动点设置半月环管卡与衬垫
（a）紧固：管件的边缘隆起处固定在管卡中；（b）在水平管道上设置管卡；（c）在垂直管道上设置管卡

形成良好的声桥而传递噪声，三是会伤害管道保护层，引起腐蚀或造成塑料管划伤。

2）塑料卡：一方面是夹持力太小，特别是在固定伸缩变形严重的热水管时；另一方面是支撑力小、很容易变形、老化。随着时间的推移，夹持力几乎消失。只能作为辅助固定件。

图 4-118　管道工程中应避免使用之列的管钩钉（左）塑料卡（右）

3. 管道固定件的附件

管道与墙体、梁或柱的距离越大，管道越重，选择管道固定件与附件的材质应越结实、越牢靠。管道在墙体或梁柱上固定的附件有：

（1）矩形或圆形的底座（图 4-117b、c）、管道排的安装型轨（图 4-119）、悬臂托架（图 4-120）、相应的螺杆（图 4-121a、b）、T 形头螺钉（图 4-121c）等。

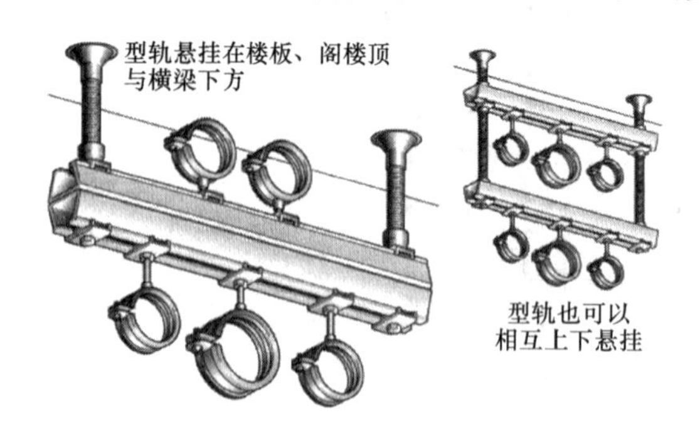

图 4-119　固定管道排的安装型轨图

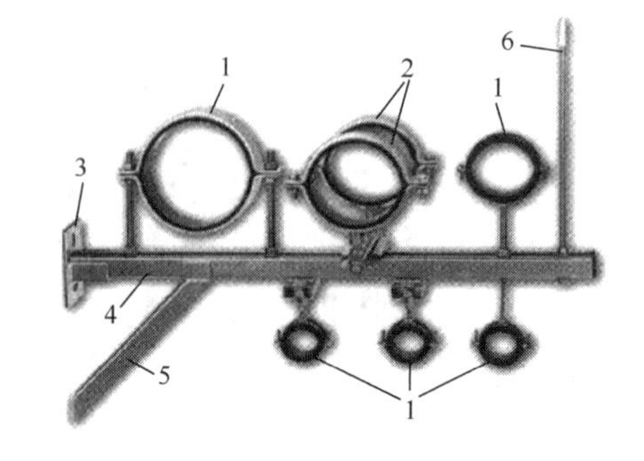

图 4-120　C 形轨固定在墙上的悬臂托架与管卡
1—无特殊要求的管卡；2—带滑动底座的滑动管卡；3—悬臂托架；4—C 形型轨；5—斜撑；6—吊杆

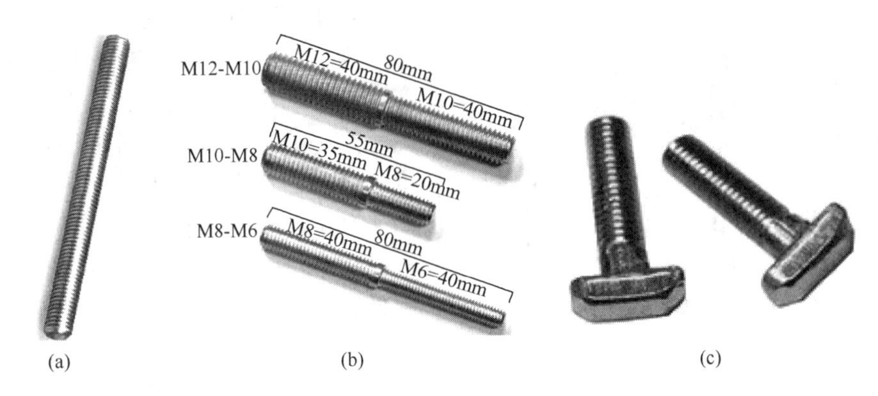

图 4-121 不同规格的螺杆与 T 形螺钉

（a）普通螺杆；（b）具有两种确定规格直径的螺杆；（c）型轨上用的 T 形螺钉

（2）管道辅助夹持件：卡夹（图 4-122a）、托架（图 4-122b）或托钩（图 4-122c）。

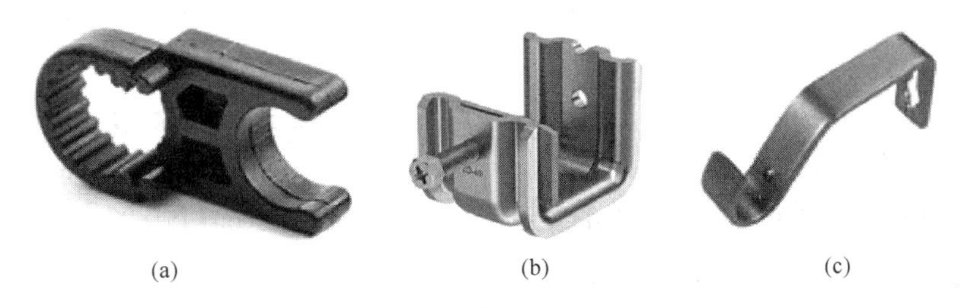

图 4-122 管道辅助夹持件

（a）辅助卡夹；（b）托架；（c）托钩

（3）管子固定件的其他附件：

1）滑动管座（图 4-113、图 4-120 中 2）或吊架（图 4-123）。

2）管子固定点的锚栓件（图 4-113、图 4-125）。

3）管子固定点或滑动点的衬垫（图 4-117b、c）；隔声衬垫（图 4-124）。

4）射钉、胀管、木螺钉、过渡连接件（如螺杆、螺母）等（图 4-125）。

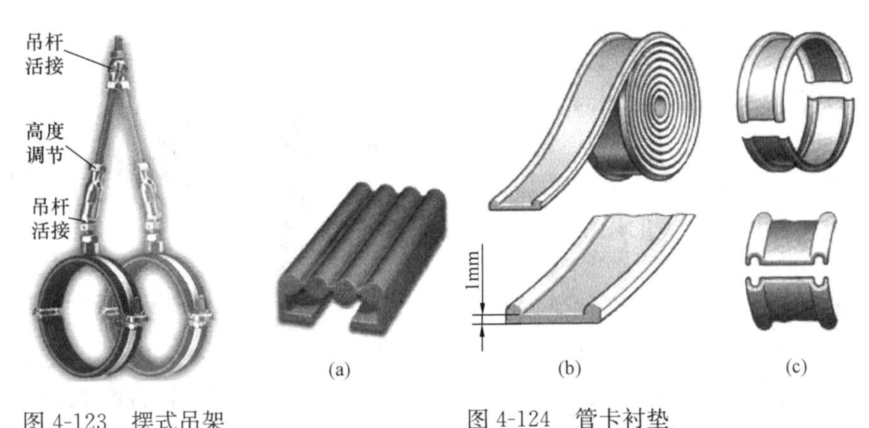

图 4-123 摆式吊架

图 4-124 管卡衬垫

（a）隔声衬垫；（b）塑料管滑移带；（c）排水 PE 管固定点衬垫

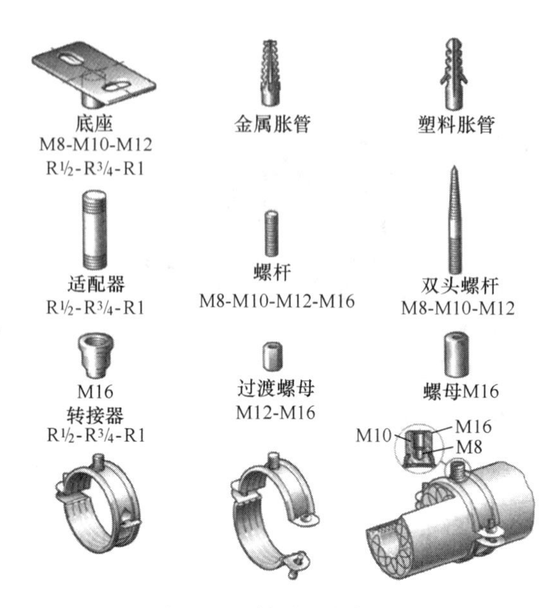

图 4-125　管道固定件附件

4. 管道固定的实施

为了节省工时、空间和管道排列整齐，最好选用安装型轨、托架（图 4-119、图 4-120）。管卡的固定间距根据管材的强度和管径的大小，水平管道的管卡间距见图 4-126，垂直管道一般每层设置 2 个管卡。塑料管应选用镀锌的固定支架与附件。

为了固定牢靠，夹持位置应尽可能靠近管道系统的附件或管件，也可以借助于带固定底座的管件（图 4-127）、多孔 C 形轨和板式安装轨（孔中心间距有 100mm/120mm/153mm，图 4-128 和图 4-129a）和墙前安装系统的安装元件（图 4-129b）。安装型轨品种繁多，可以用简单的弯曲工具尺寸准确地弯曲成型（图 4-128e），板式安装型轨主要安装在水平方向上。

管道本身不能作为承重体，即其他的管道与物件不允许挂在管道上（图 4-130）。

钢管	DN	10	15	20	25	32	40	50
	$a_B$in m	2.25	2.75	3.00	3.50	3.75	4.25	4.75
钢管 不锈钢管	$d_a$in mm	12/15	18	22	28	35	42	54
	$a_B$in m	1.25	1.50	2.00	2.25	2.75	3.00	3.50
复合管	$d_a$in mm	16	20	26	32	40		
	$a_B$in m	1.50	1.50	1.50	2.00	2.00		
PVC-U管 20℃	$d_a$in mm	16	20	25	32	40	50	53
	$a_B$in m	0.80	0.90	0.95	1.05	1.20	1.40	1.50

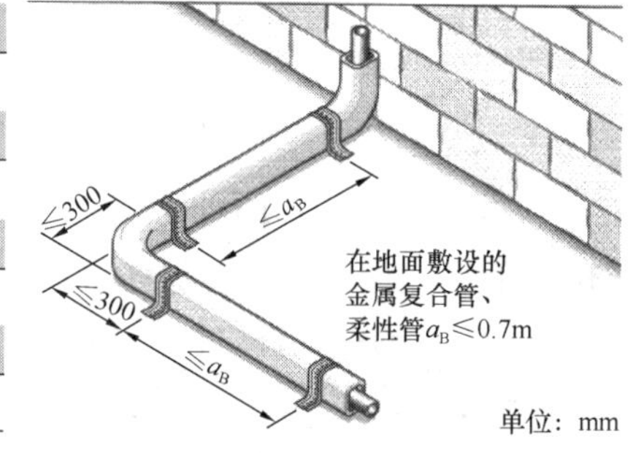

图 4-126　不同管道水平固定的间距

为了防止管道的噪声传递到建筑体上（墙体、楼板等），在管卡与墙体之间插入隔声元件，例如用成型橡胶（硬度相当于中等硬度的橡皮擦）将管子包住（图 4-111、图 4-124）。在管道系统固定点，成型橡胶可能承受不了大的推力。这就要借助于隔声的固定点组件，它可以将固体声衰减到 40dB（图 4-114）。另一种解决方案是在管卡受力处与墙体之间设置一个隔声元件（图 4-131 与图 4-132）。图 4-132 所示方案也可以解决减振防晃。在穿过墙体和楼板时，管道穿过紧密嵌入的护套管（图 4-133），在管道与护套管之间的间隙应用隔声、防火、和防水的材料密封。护套管要露出墙体或楼板几厘米，敷设的管道要防热损失、隔声和防腐蚀。根据要求，使用不同的材料，例如防腐带、绝热材料、防火腻子等。

图 4-127　带固定支座的管件

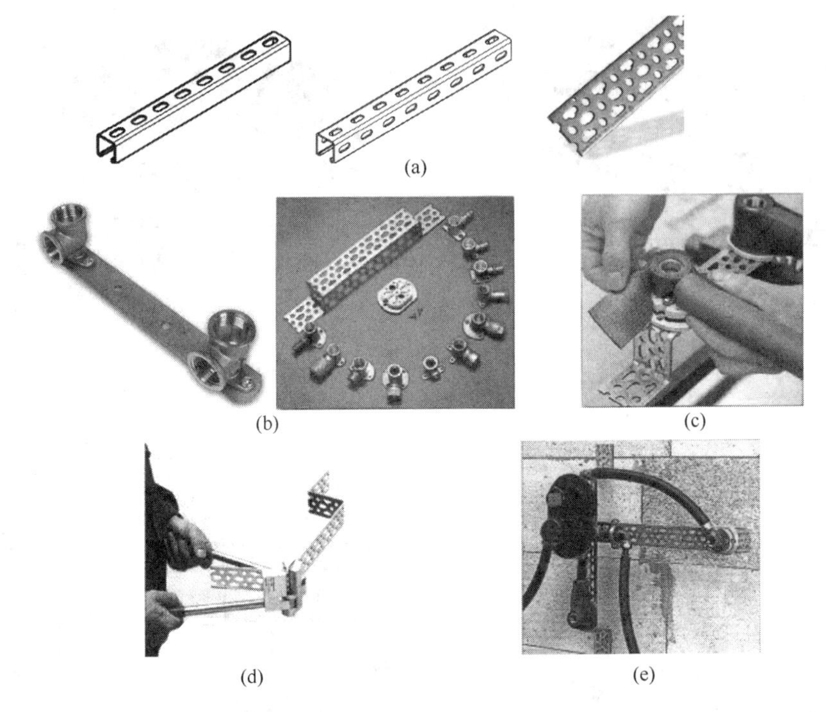

图 4-128　用于卫浴安装的不同形式的多孔型轨

(a) 不同形式和规格的多孔 C 形安装轨和板式安装轨；(b) 安装型轨配有隔声件和连接附件的弯头；(c) 型轨可以准确弯曲，隔声、绝热至底板；(d) 用弯曲钳和托架徒手弯曲多孔板式型轨；(e) 多孔板型轨用于浴盆混水龙头墙内安装的隔声件

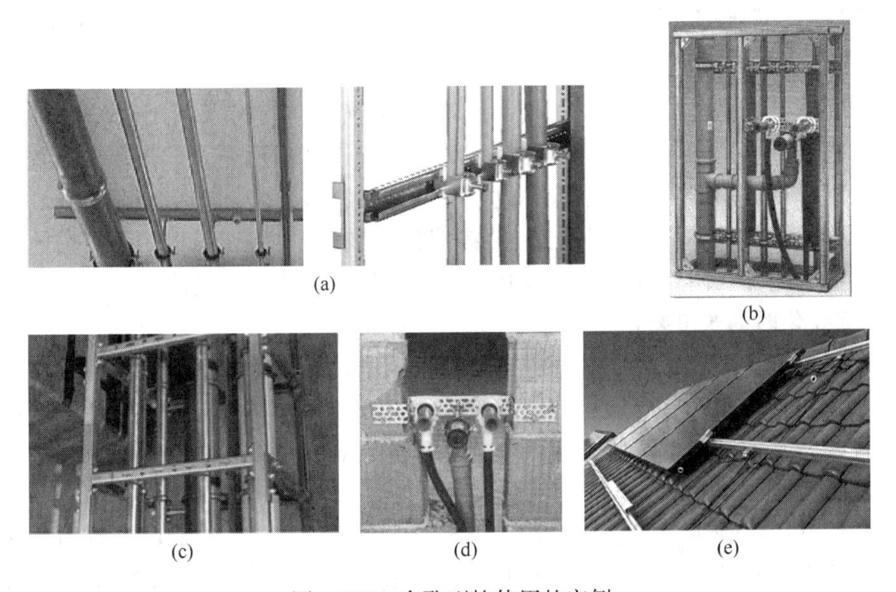

图 4-129　多孔型轨使用的实例

(a) 用于固定汇集管道的各种型轨；(b) 多孔板型轨用于轻质结构墙内和墙面的附件接头；(c) 用于轻质结构墙安装井内的 C 形轨；(d) 多孔板型轨用于旧建筑困难情况下的改造；(e) 用于屋面集热器与管道安装的型轨

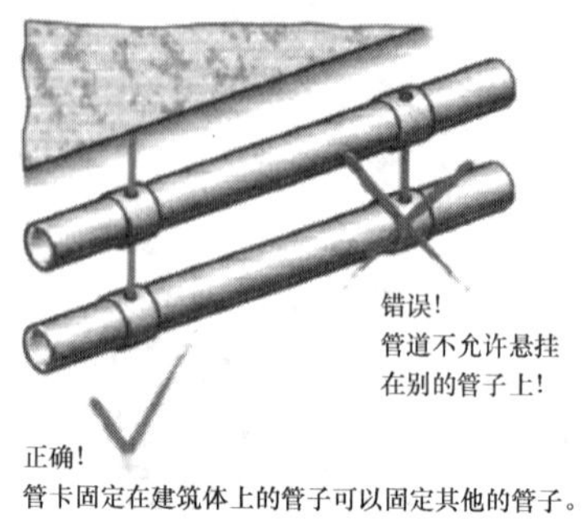

图 4-130　管子固定在管道上的形式

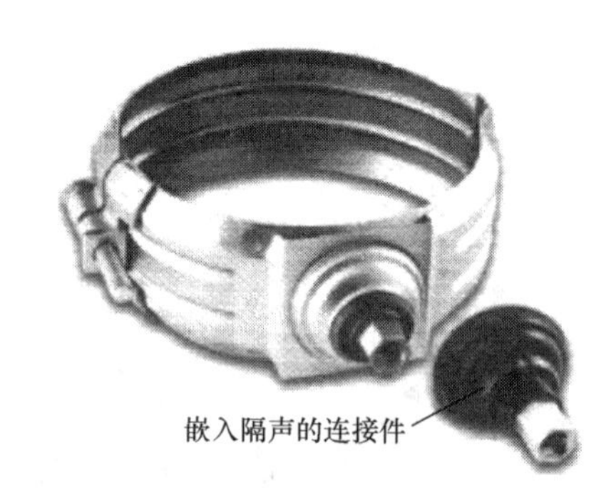

图 4-131　带隔声组件的管卡

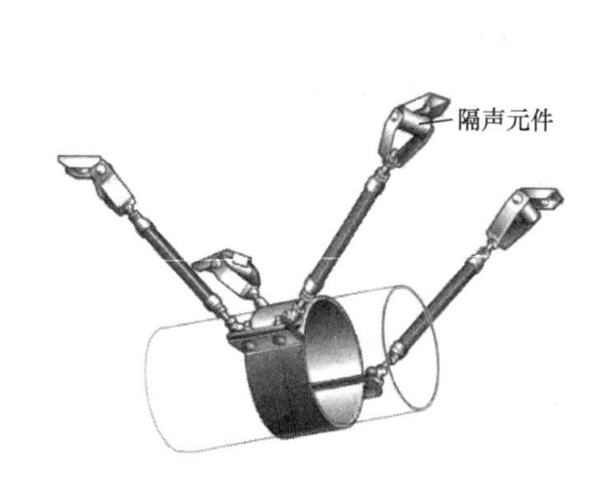

图 4-132　固定点的隔声

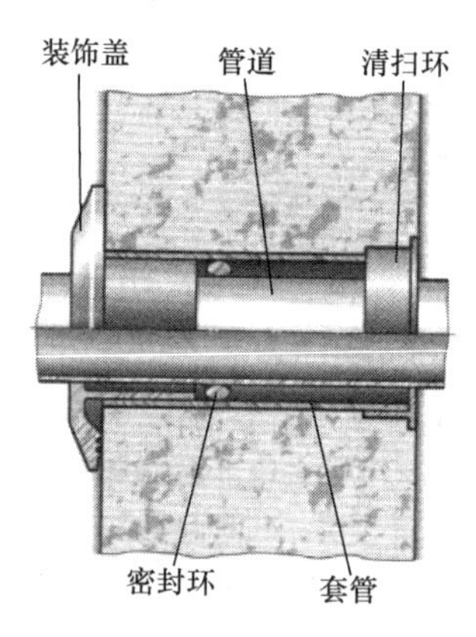

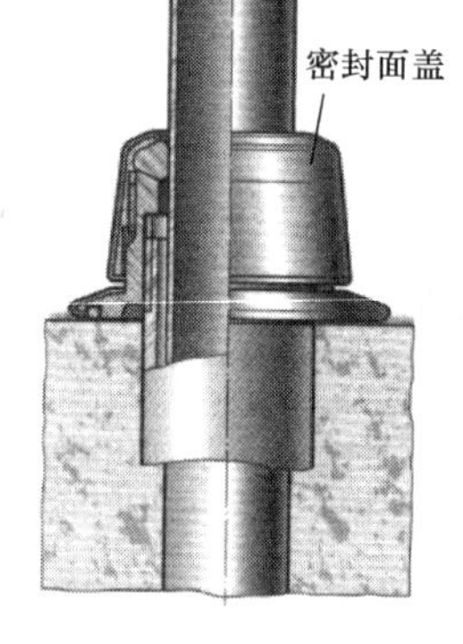

图 4-133　带嵌入墙体护套管的穿墙管

穿入护套管和在波纹管中的柔性管，管道包裹绝热软管时（图 4-110），保护管的对接缝要用粘接带细心地包起来。绝热材料和填料不允许有吸附能力，否则会被灰浆液完全固化而不能起作用，所以不能使用毡类或带孔的海绵材料。

如果在管道与建筑体之间存在刚性连接，即声桥存在，一切昂贵的隔声措施都是无用的。当管道伸出墙体与附件连接时，也必须隔声绝热（图 4-128c）。

4.7.5　温度变化时的长度补偿

在敷设热水管、循环管、燃气管、排水管以及诸如此类的管道时，要注意温度波动时的长度变化，它会引起管道变形或破坏。管道的长度变化与材料和温差有关。例如与钢管比较，铜管约是其伸缩的 1.5 倍，塑料管约是其伸缩的 5 至 15 倍（图 4-134）。

1. 管道长度的变化补偿方式

（1）自然补偿：利用管道自然或人为弯曲形状（设计成 L、Z 和 U 形管道）所具有的柔性，由弯臂来补偿其管道自身的热胀和端点的位移（图 4-135）。自然补偿在运行时不会产生故障，也不需要维护。因为自然补偿会产生横向位移，要事先考虑管道的走向与固定的定位类型（滑动点和固定点），而且由于位置原因不一定总是有足够变形的空间，补偿的管段不能很长。

所需的弯臂长度计算见扩展阅读资源包。

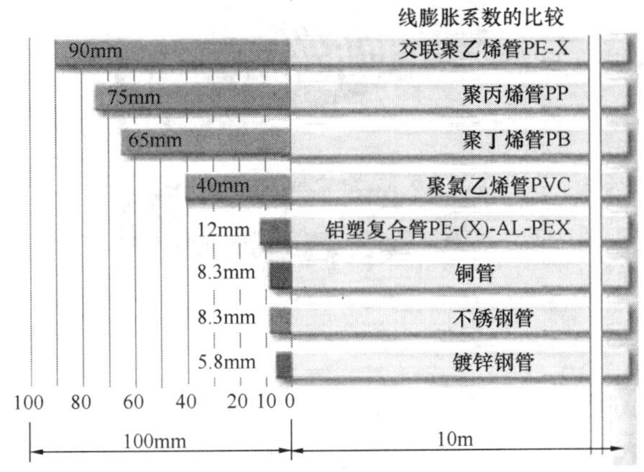

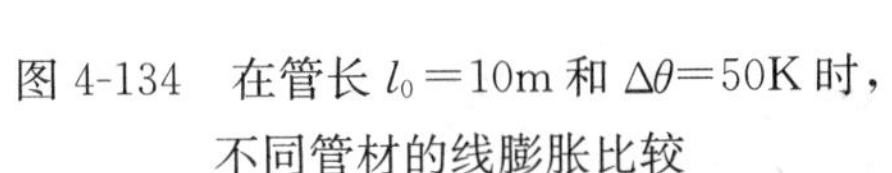
图 4-134　在管长 $l_0=10\text{m}$ 和 $\Delta\theta=50\text{K}$ 时，不同管材的线膨胀比较

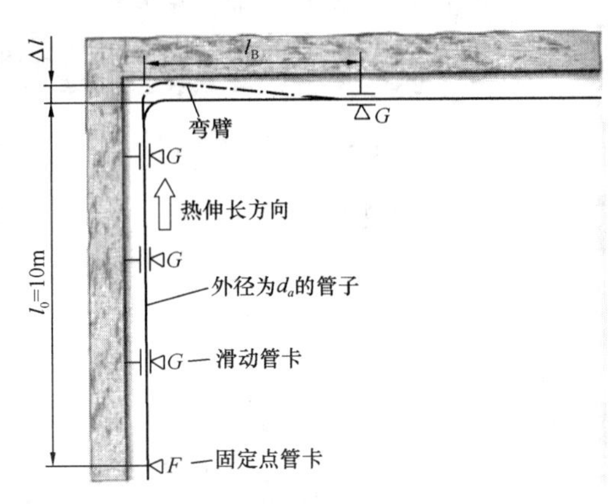

图 4-135　L 形管道的自然补偿器
图中符号：G—滑动管卡；F—固定管卡

塑料管在受热时伸长比金属管大得多，但是部分塑料管所需的弯臂却较短，这是因为有些塑料的弹性比金属强。

U 形（方形）补偿器补偿量较大，但是所占空间很大，安装时要避免产生气囊和水堵（图 4-136）。

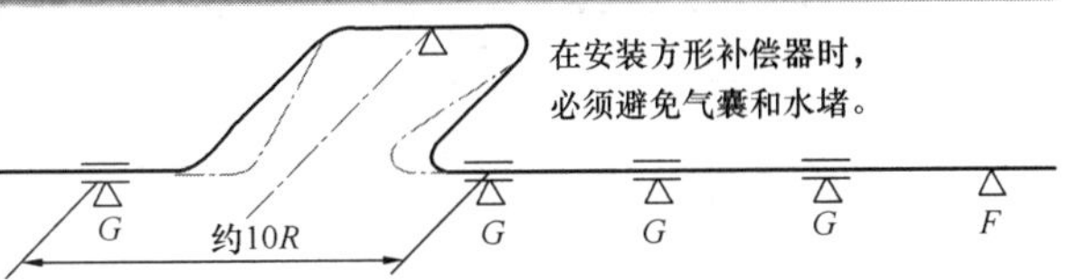

图 4-136　方形和 Z 形补偿器
图中符号:G—滑动管卡；F—固定管卡

（2）伸缩补偿器：人工制成的伸缩补偿器占地空间小，补偿量较大，容易拆卸、检查和更换。种类有套筒式（填料式）和波纹管式，但在建筑物内不宜使用套筒式。因为套筒式补偿器轴向推力大，易漏水，当管路出现横向弯曲或位移时，易造成芯管卡住，不能自由活动，故套管补偿器只可装设在户外直线管路上。

波纹管补偿器是利用波纹形管壁的弹性变形来吸收管道的热膨胀，故又称其为波形补偿器（图 4-137）。波纹管补偿器必须是试样检验过的（须有检验证明）。德国设计规定必须至少温度在 85℃，满行程伸缩达到 10000 次为合格。如果选用的波纹管补偿器比所需的伸长量更大和耐压更高，其寿命将显著提高。外面安装了护套管可以防止建筑污垢，起到导向管的作用、防止侧向弯曲；简化了绝热，绝热材料会限制波纹管的移动。

波纹管补偿器的两侧要安排管卡以防止其折弯（即防止金属波纹管的断裂危险），但

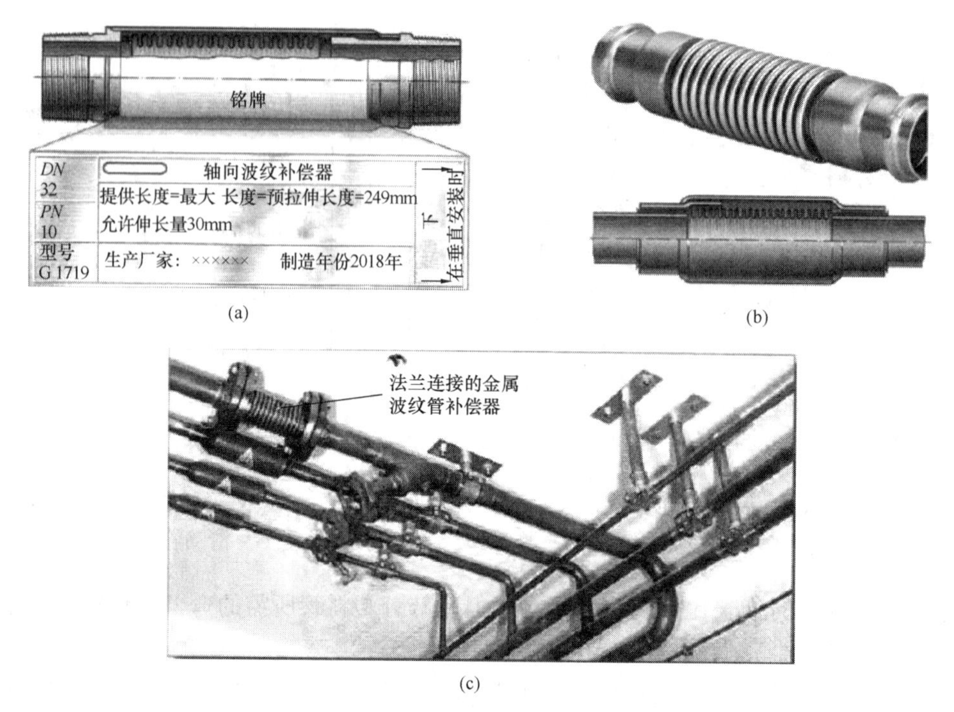

图 4-137 金属波纹管补偿器

（a）带保护管与外螺纹连接的金属波纹管补偿器；（b）钎焊连接的金属波纹管补偿器，下图带保护管；（c）安装实例

是不能离波纹管补偿器太近而妨碍长度的移动（轴向移动）。立管的长度变化和水平支管的弯曲会受到波纹管补偿器、固定点和水平支管的弯臂长度的影响（图 4-138）。

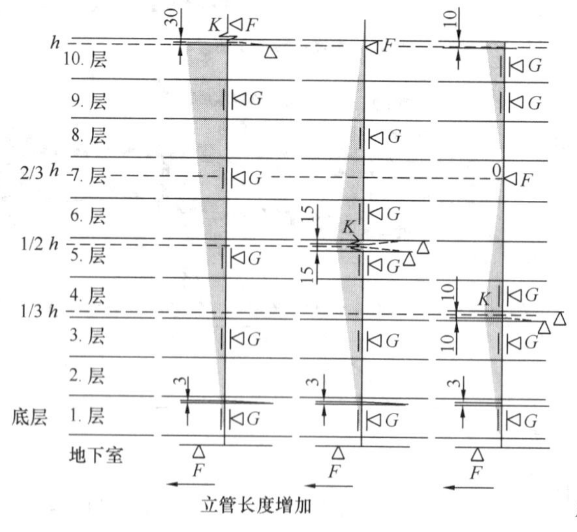

假设：长度变化30mm，第一固定点在地下室

波纹补偿器的安装地点	立管的上端	立管的中间	立管的1/3位置
第二固定点	波纹补偿器的上方	立管的上端部	立管的2/3高度
长度的变化	30mm	2×15=30mm	3×10=30mm
连接管道的最大偏差	30mm	15mm	10mm

图 4-138 固定管卡与波纹补偿器安装地点的影响举例

在所有伸缩补偿措施中，固定管卡和滑动管卡的定位对伸缩补偿方法的影响是决定性的（图 4-135、图 4-136 和图 4-138）。

（3）金属软管或柔性塑料管：也能进行长度补偿，并且可以侧向外弯（侧偏移，图 4-139），或者使用弯头偏移。它们的连接方式有法兰、螺纹接管、钎焊、熔焊或快速即插连接。

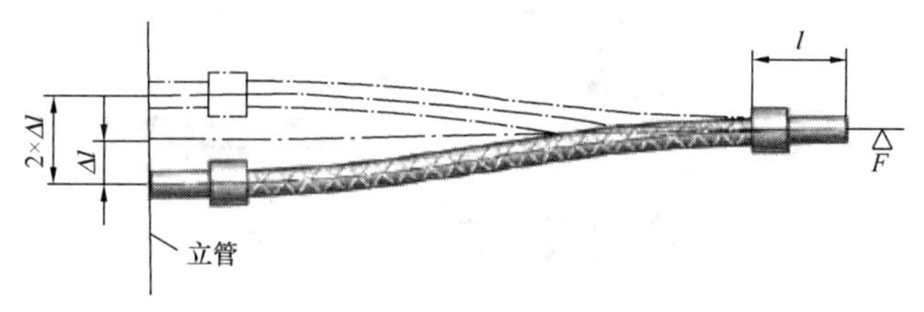

图 4-139　用于侧偏移的带编织网的金属软管

不锈钢金属软管也可以用于进户管，以补偿地面的下沉。

2. 排水管和补偿器（伸缩节）的固定

排水管由于其大排水量，特别是在堵塞或壅水满流时，必须安全固定。固定的间距应考虑：管道的质量，塑料管在流过热水（洗衣机 95℃）的抗弯强度，管道连接的横向强度，管道的走向（水平管道见图 4-140 和图 4-141；垂直管道见图 4-142）。

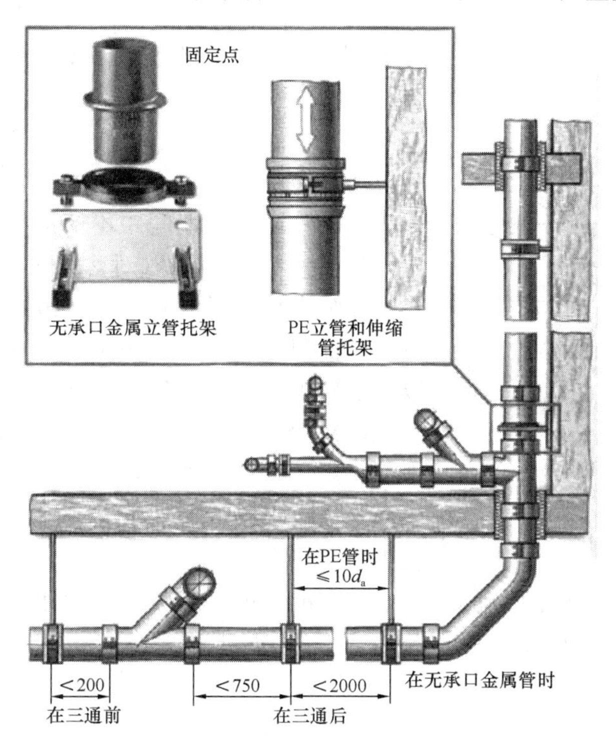

图 4-140　无承口卡箍连接的金属管和 PE 管的固定

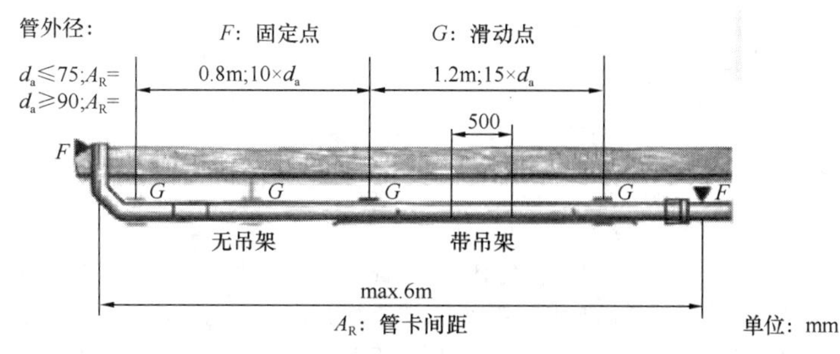

图 4-141　PE 水平管道的管卡固定间距

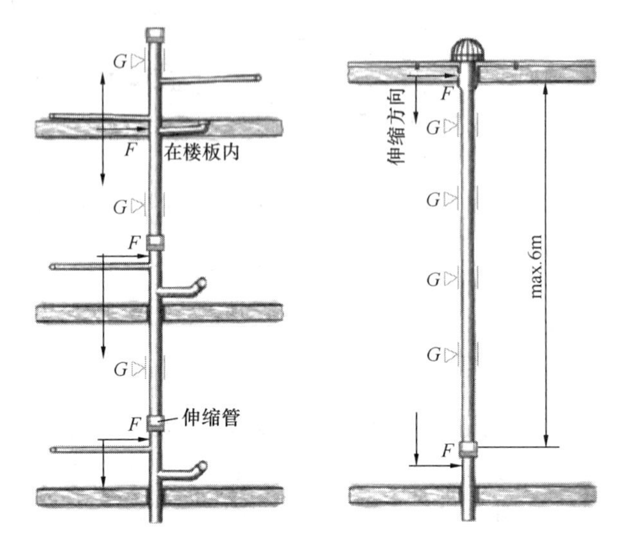

图 4-142　PE 垂直管道与伸缩节的固定间距
每层的伸缩接头同时吸收长度的变化。
（F：固定点；G：滑动点）

（1）带承口的钢管具有较高的横向强度，并且比铸铁管轻。所以在水平敷设的管道时，允许管卡间距比图 4-141 中无承口卡箍连接的金属管大。

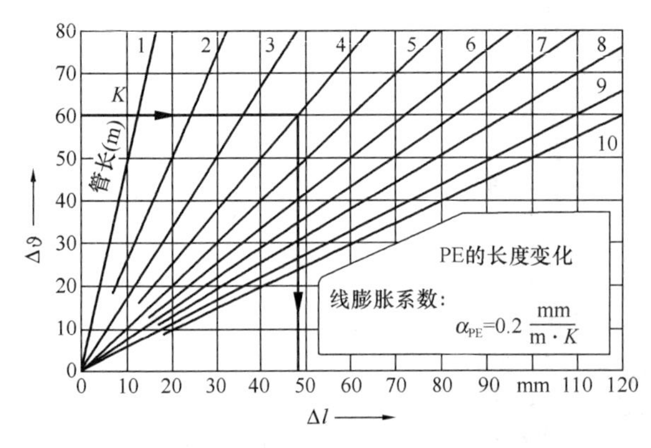

图 4-143　PE 管子长度变化的确定曲线

（2）在裸露水平敷设的塑料管道时，为了不使它下垂，必须这样固定：

水平管道的管卡间距不能大于 10 倍管径。在镜式熔焊（对焊）的、带相对光滑支承（不是承口）的 PE 管道时，下面可以用托架，其管卡间距可以增加到 15 倍管径(图 4-143)。

（3）垂直管道每 2m 设一个固定管卡，每层至少设 2 个（图 4-144）。

（4）排水管道在受热时的长度变化类似于热水管，必须注意：

1）在 $\Delta\theta=50K$ 时，铸铁管和钢管长度变化约 0.6mm/m，玻璃管长度变化约 0.16mm/m，其弹性管道的转折连接通常可以自然补偿。

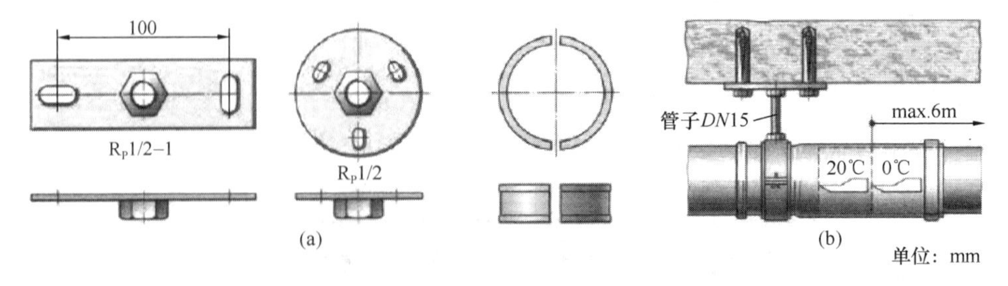

图 4-144　德国固定点管卡的安全支承
(a) 用于固定点管卡的底座和用于塑料管的附件（在金属管时是橡胶附件）；
(b) 固定点管卡的固定，外表标志：在 0℃、20℃时管子的插入深度

2）塑料管热胀冷缩要明显得多，在 $\Delta\theta=50K$ 时，长度变化约 1cm/m，必须采用伸缩节来吸收长度变化或补偿，其尺寸可以从曲线查取计算（图 4-143）。不同材质、不同厂家的特性曲线是不同的，应该由各个生产厂家提供。

（5）熔焊的或带卡箍的 PE 管，可以通过自然补偿的弯曲臂、伸缩节或伸缩接头来吸收长度变化。在伸缩接头或伸缩节管件时，德国规定管子的插入深度与敷设温度有关。在 20℃时管子的插入深度应比 0℃时更深，这类管件上有不同深度的标记（图 4-144）。我国的 PVC-U 管由于伸缩节余量较大，不考虑不同季节的施工，但伸缩节的结构长度比较大。

（6）在立管的时候，注意固定点和滑动点是很重要的。管道与墙的间距，应能保证使弯头自由伸长（图 4-145）。因为管道在长度发生变化时的剪切力很大，在固定点的管卡必须达到安全支承，例如：

1）根据管道与墙的间距和管道的直径，固定点处用 R1/2 至 R2 的管子（或螺杆）旋入安装在墙上的实心底座（图 4-144）内。

2）固定点位于弯头伸长变形的弯曲臂，例如在两个电阻丝熔焊管件承口之间、一个长承口和一个对接焊缝之间、或带压入管道的钢衬管卡上。固定点不能使用带橡胶衬的管卡，必须使用金属的。

3）在管子与墙壁之间应避免声桥。

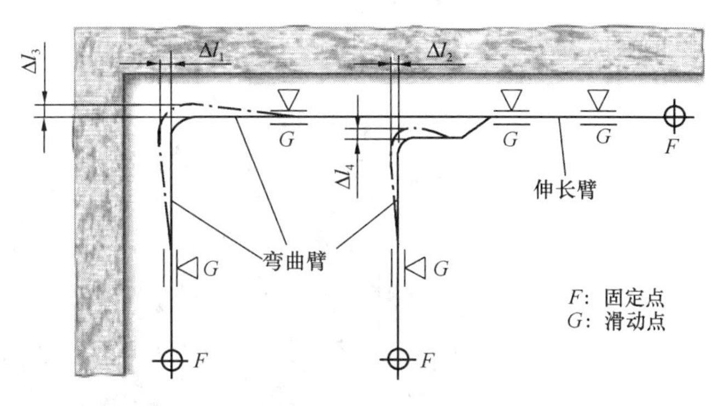

图 4-145　补偿长度变化的弯曲臂以及固定点和滑动点的安排

（7）添加矿物质增强的、带光滑管端的管子承口可以吸收伸长，它的橡胶补偿器补偿的长度变化≤16mm。在橡胶件推入前，将未倒角的管端插入，划上深度记号，拔出在管端外表面涂抹润滑剂。

（8）带承口的承插式连接（非粘接连接）塑料管，每 2m 长的管子足够有 1cm 的伸缩余量。在管子插入到承口底部后，在管道沿承口边缘划上记号，然后将管子从承口拉出到距记号 1cm 处。管长在 2m 内的管道，短管件或管件只要一侧这种方式操作就够了。

垂直敷设的管道在连接完毕后，各段管子应立即用管卡固定，防止立管由于重力的作用下滑到伸缩间隙内，使伸缩余量减小。

（9）如果将熔焊的 PE-HD 管子浇固到混凝土楼板内，材料 PE 的弹性会接受其伸缩。因为 PE 不会与混凝土连接，光滑的管子在混凝土中会滑动。管件必须单独承受巨大的伸长应力，这时变径三通可能被切断。所以要添加额外的保险（图 4-146），例如使用电阻丝熔焊管件而不是对焊，或采用带凸缘的套管（图 4-147），将弯曲臂固定在混凝土内。承插连接的管子承口处要用胶带封好，防止浇固混凝土时侵入，否则会使密封圈硬化。

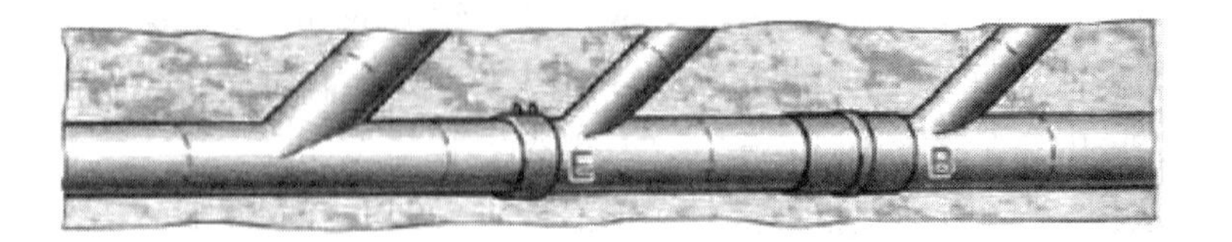

图 4-146　添加的保险

注：带小口径支管的三通，通过电焊管件（E）或带凸缘的套管（B）使浇固在混凝土内的三通受到的剪力提供额外的保险。

图 4-147　带凸缘的套管

4.7.6　胀管和锚栓

1. 胀管的选择与要求

在施工现场，安装工使用胀管将管卡、托架、卫生设备、浴室附件固定在建筑构件上（图 4-148）。用于较大负荷的钢制“胀管”作用像锚一样，所以称为锚栓。

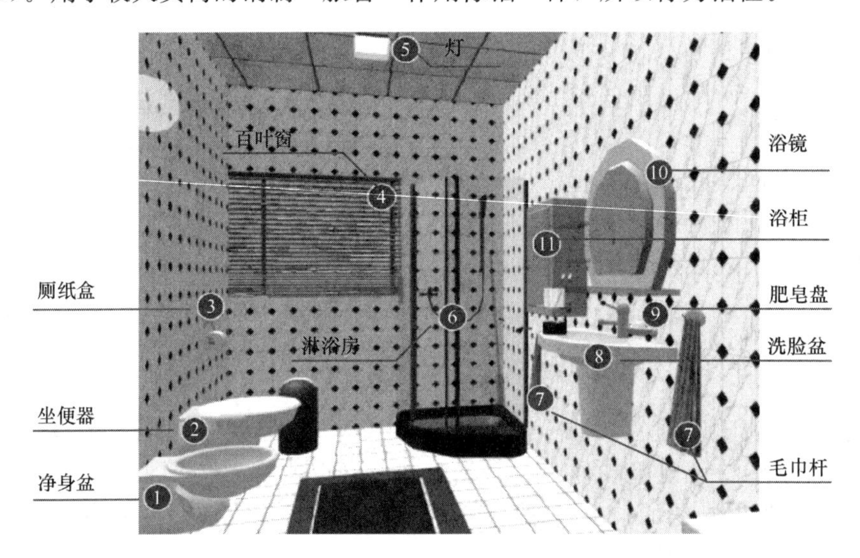

图 4-148　胀管的使用

选择合适的胀管要考虑的因素有：

（1）固定建筑构件的材料，例如混凝土、实心砖、空心砖、墙板等；

（2）建筑材料的厚度；

（3）负荷的大小；

（4）负荷的方向，例如拉伸、弯曲、横拉、斜拉等（图 4-149）；

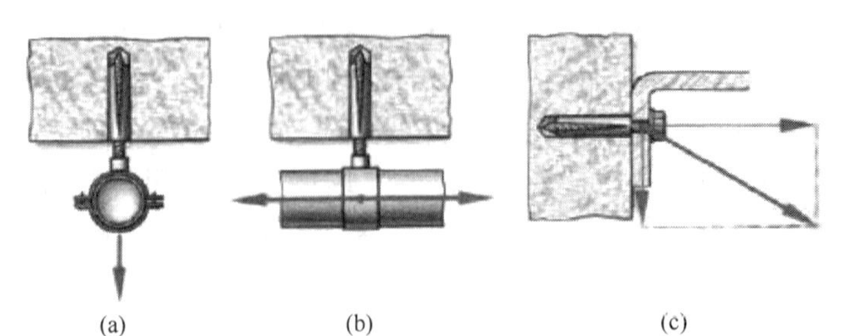

图 4-149　胀管所受应力

(a) 拉力；(b) 剪力；(c) 斜拉力

（5）胀管在建筑构件上的安排（如墙面、楼板、地面等）、离建筑构件边缘的距离、与其他胀管的中心距等；

（6）负荷的种类，是静止的还是运动的，例如管道、水泵等；

（7）防火的要求，例如燃气管。在德国，这类管道设备的固定必须使用有检验标志的胀管以免发生危险。

2. 根据胀管与建筑构件连接方式的分类与安装

根据连接在建筑体上的方式，胀管分为摩擦连接胀管、形状配合连接胀管和材料粘接连接胀管（图 4-150）。

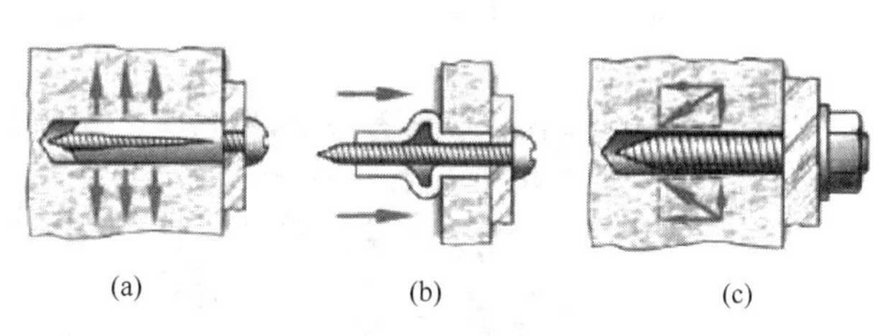

图 4-150 胀管的工作方式

（a）摩擦连接；（b）形状配合连接；（c）材料连接

（1）摩擦连接胀管：又称为塑料膨胀管和钢制膨胀锚栓（图 4-151）。在螺栓的推压进入后，将膨胀管向两侧分开、挤压钻孔壁、产生较大摩擦力。止动倒刺阻碍胀管在钻孔中与螺栓一起转动。胀管颈部不会扩张，使得粉刷层或瓷砖不会破坏。膨胀管适用于结实的建材构件上，例如混凝土、实心砖或石灰沙砖。

图 4-151 塑料制的（左）和金属制的（右）膨胀胀管

（2）形状配合连接胀管：又称为空腔胀管或变形胀管（这种胀管在空腔或结构板后面会形成一个无应力的结）。它用于带空腔的轻质建材上，例如加气混凝土、空心砌块、空心砖、结构板上。螺栓拉紧胀管，使得空腔侧的材料挤压自身（发生形状配合的挤压，图 4-152）。

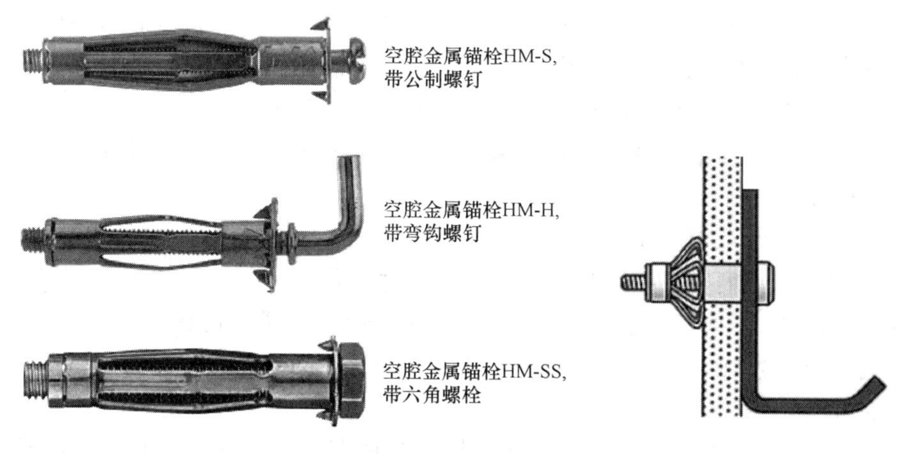

图 4-152 金属空腔胀管

通用型（又称万能型）胀管可以根据建筑体膨胀或变形（图 4-153）。

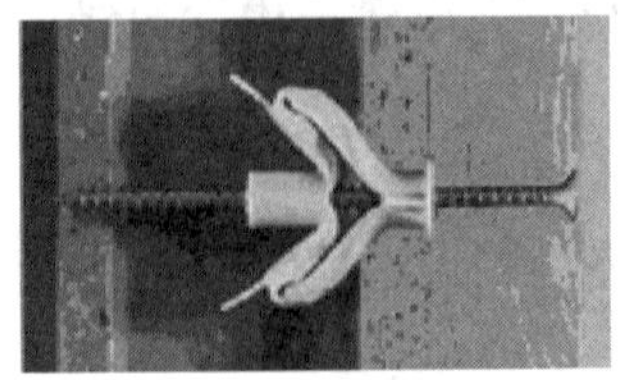

在空心砌块空腔中　　在实心砖中　　在结构板上

(a)

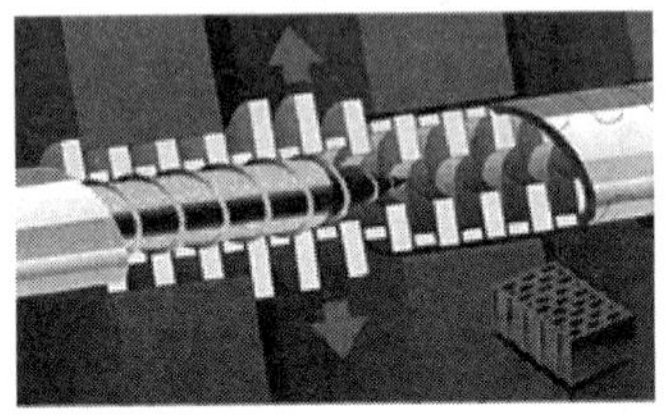
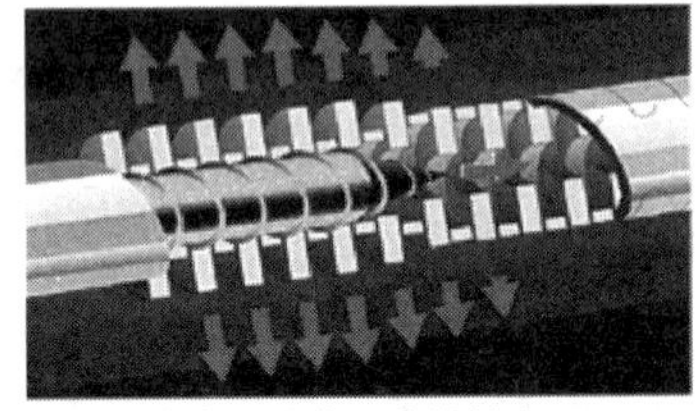

在空心砖中→凸型结合+摩擦结合　　在实心砖中→摩擦结合

(b)

图 4-153　尼龙空腔胀管

（a）万能型尼龙胀管使用举例；（b）万能型肋片式尼龙胀管作用原理

（3）材料粘接连接胀管：通过化学胶粘接作用，产生无应力的材料连接。

1）注射式锚栓的分类：注射式锚栓采用快速凝固的注射灰浆（材料连接），而且它又分为两类：

① 用注射枪将胶筒中含两种成分的树脂注入；

② 在胶桶中为矿物性的干混砂浆，它与水搅拌，不含溶剂，因此有利于环保，用简单的灰浆注射器将搅拌的灰浆注入。

2）在注射式锚栓固定时的注意事项

① 钻孔后，要保证孔内无灰（至少用吹灰器吹 2 次、用刷子刷 2 次、再用吹灰器吹 2 次），在实心砖时，直接将灰浆注入钻孔中（图 4-154a）。

② 在空心建材时，事先将网状套筒、滤网套筒或注射式锚栓插入钻孔中（图 4-154b）。

③ 在加气混凝土时（如浮石砖）和在实心石膏板时，也可以在空心砖墙体时：使用一个锥形钻头和钻罩来扩大钻孔（图 4-154c），将带公制螺纹的注射式锚栓放入，用一个网包起来，起到节省灰浆的作用（图 4-154d）。

④ 立刻将螺杆，一个带内螺纹的金属锚栓或一个塑料旋入式套筒推入，它们在灰浆凝固时间后被锚紧。

⑤ 螺栓可以经常从内螺纹锚栓或旋入式套筒上随意去除。

⑥ 凝固时间与温度有关：注射式灰浆在 40℃时约需要 20min ，在 5℃时约需要 6h，2 种成分的树脂胶筒需要 15min 至 90min（虽然节省时间，但是比较贵）。

注射式锚栓虽然费事，时间较长，但是在空心砖、轻质混凝土墙或加气混凝土墙上能承受较大的负荷。

3）反应式锚栓：用于混凝土结构，由装有树脂灰浆的药管和锚栓或螺杆组成（图 4-155）。在锚栓锤入时，将玻璃管打碎，灰浆凝固后，可以有高的负荷能力。灰浆将钻孔封闭住，也起着防腐的作用。这种锚栓无张力，允许设置在距构件边缘较小的位置。

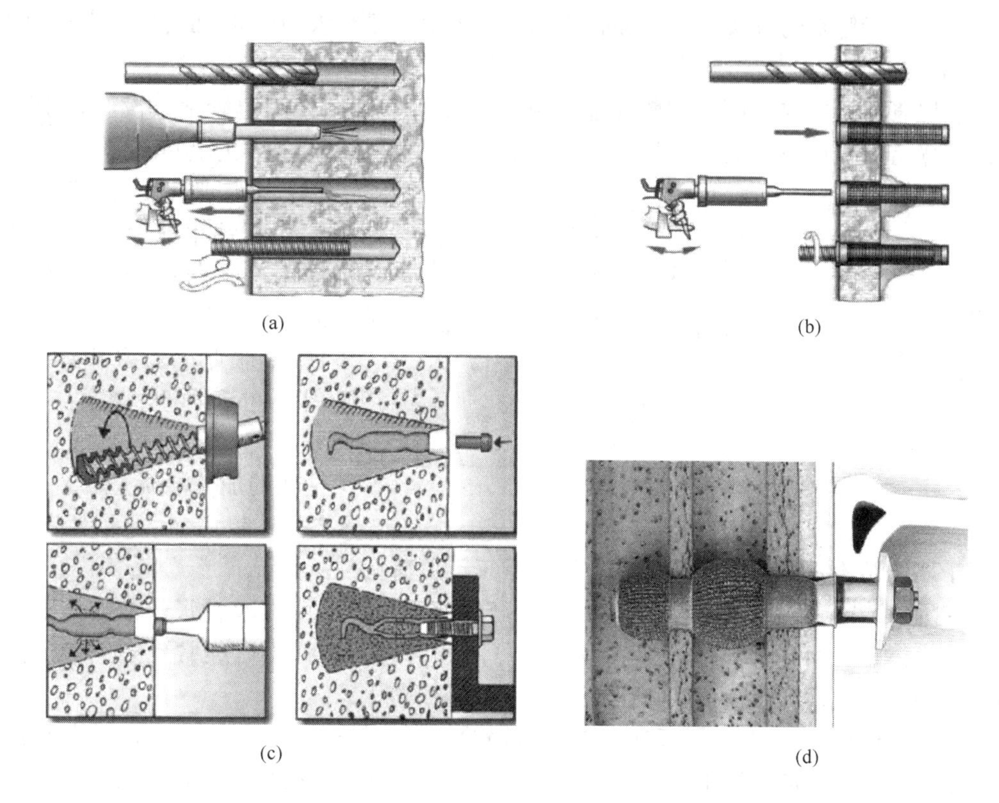

图 4-154　注射式锚栓固定

（a）在实心建材上的注射式固定；（b）在空心砖上的注射式固定；

（c）在加气混凝土中的注射式固定；（d）用于空心砖中注射式固定的网状套筒

反应式锚栓必须注意：在将玻璃管插入前，用吹灰器吹 4 次、用刷子刷 4 次、再用吹灰器吹 4 次（图 4-156），使钻孔内无灰。根据药管的种类，用具有旋转/撞击功能的冲击钻或锤击钻钻孔，用双面锤将螺杆钉入。

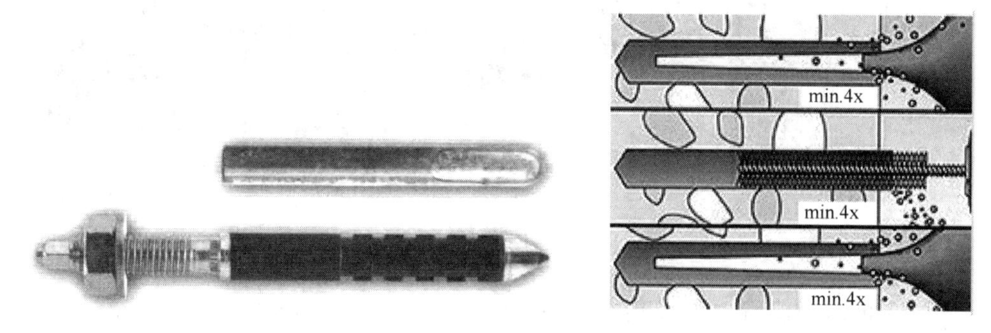

图 4-155　反应式锚栓

图 4-156　反应式锚栓的钻孔内应无灰

3. 根据材质的胀管分类

（1）塑料胀管：材质主要有 PE 和尼龙。PE 胀管价格便宜，但强度差，冬天容易变脆，使用寿命短，时间长了紧固性明显变差、容易松动。尼龙胀管强度高，使用寿命长，但价格高。两者区别的方法：将两种胀管都放入水中，浮在水面的是PE的，沉下去的就是尼龙的。

塑料胀管连接主要有两种，膨胀胀管和空腔胀管，常用来固定管道。没有特别要求时，用来固定卫生设备，例如洗脸盆、立式坐便器、卫生间和厕所的附件等。

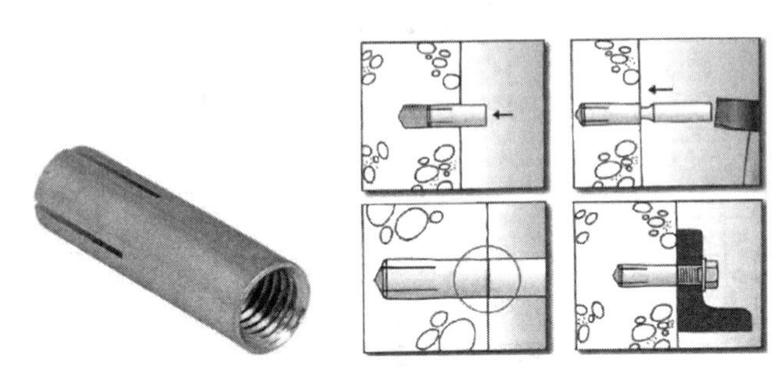

图4-157　钉入式锚栓套筒和施工步骤

（2）金属胀管：有镀锌的钢制胀管和不锈钢胀管。金属胀管或锚栓用于有防火安全的消防管道、消防设施和燃气管道。

1）膨胀胀管：采用木螺丝，用于固定在混凝土、实心砖（如普通砖、石灰沙砖等）或钉入没有预钻孔的加气混凝土上。

2）空腔胀管：采用公制螺纹，用于墙体结构板和悬挂在楼板上。锚栓用于重负荷。

① 钉入式锚栓：用于混凝土结构，胀管套筒四面有槽、可以形成张开椎体。用配套工具敲打椎体，套筒张开，被压紧在墙体上（图4-157）。螺杆可以经常更换。钻孔直径和深度必须精确地遵守规范。

② 重荷锚栓：又称为后切底柱锥式敲击锚栓。用柱锥式重荷万能钻头在锤击旋转挡作圆形运动，一次钻成柱锥形孔，钻孔清灰干净后将锚栓插入孔中，将锚栓的套筒用敲击工具或用机械打入工具推至螺杆头部，使其张开形成锥形，完全填满钻孔，形成凸形接合（图4-158）。这类锚栓是无张力的（所以其布置位置可以接近墙体边缘约1mm间距）。

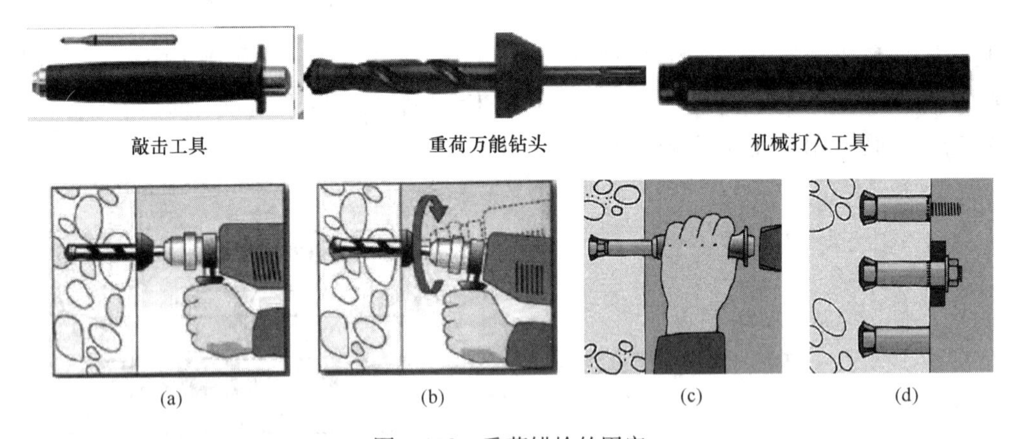

图4-158　重荷锚栓的固定

（a）重荷万能锤先钻柱形孔；（b）到达钻孔深度后，万能锤作大弧度圆形运动，产生锥形孔底；（c）用工具将锚栓钉入孔中，锚栓头张开填满锥形孔底；（d）锚栓内拧上螺杆，固定设备

③ 螺杆锚栓和高效锚栓（又称为后膨胀螺杆锚栓）：这类锚栓（图4-159）钻圆柱形孔就足够了（节省时间）。在拧紧螺栓时，锚栓套筒中的螺栓端部将其拉成一个圆锥形，张开被固定在钻孔中（图4-160）。因为这种安装不需要事后扩孔，节省时间。

用重荷锚栓、螺杆锚栓和高效锚栓可以在混凝土、具有密实结构的天然石材（如壳灰

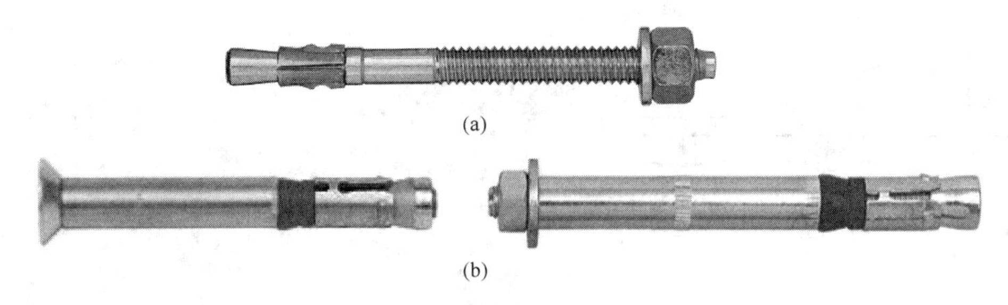

图 4-159　金属锚栓和高效锚栓
（a）螺杆锚栓；（b）高效（后膨胀）螺杆锚栓

岩、砂岩等类似的石材）、实心砖和石灰沙实心砖建筑构件上固定大负荷的支承结构、托架，或用于安装许多管道与大管径管道支承的型钢。有时锚栓部分的直径扩大其椎体、通过预紧再张开，它也可以用于有裂纹的楼板拉应力区域。

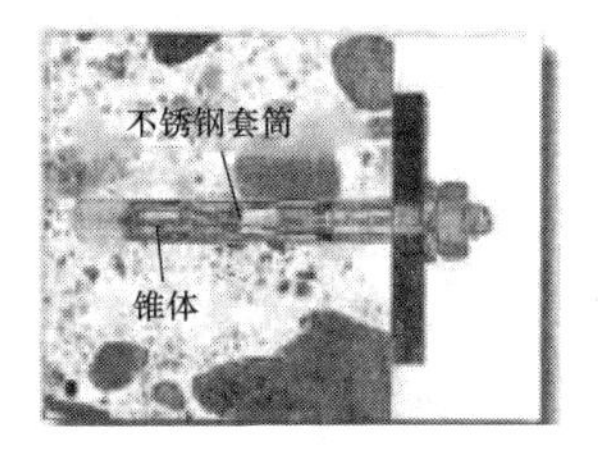

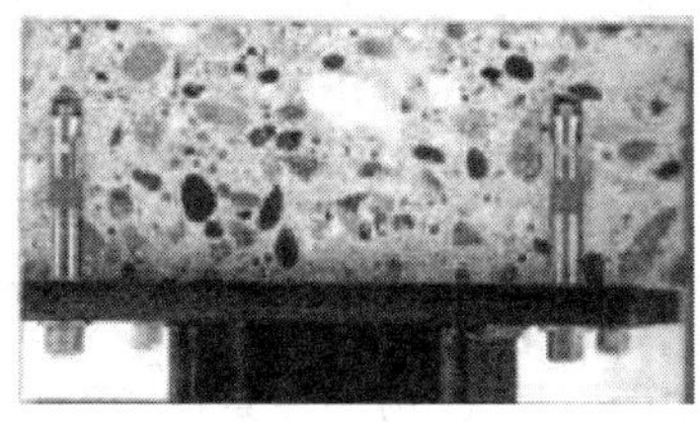

图 4-160　螺杆锚栓和高效锚栓的固定实例

④ 快速固定锚栓：如销钉锚栓（图 4-161a）和钢钉锚栓（图 4-161b），带 M6 和 M8 螺纹的螺钉头、钩子或吊环，适用于快速安装。例如，在≥C15 的混凝土构件上的燃气管，因为只需要钻 $\Phi=6$mm 的孔，插入锚栓（图 4-161c）或在钢钉锚栓时，敲击两下固定（图 4-161d）。简短拧入销钉锚栓中即可负重和张紧（依靠摩擦）。管卡直接固定在 M6 或 M8 的螺栓上，或借助于长螺母和螺杆，随意调节与楼板的距离进行固定。

锚栓固定流程：钻 Φ6mm 孔，插入锚栓。销钉锚栓自动锁住，钢钉锚栓敲击 2 下固定。

⑤ 带翻转翼板的锚栓（图 4-162）：简单的、带翻转翼板的锚栓（M4、M6 螺纹）可

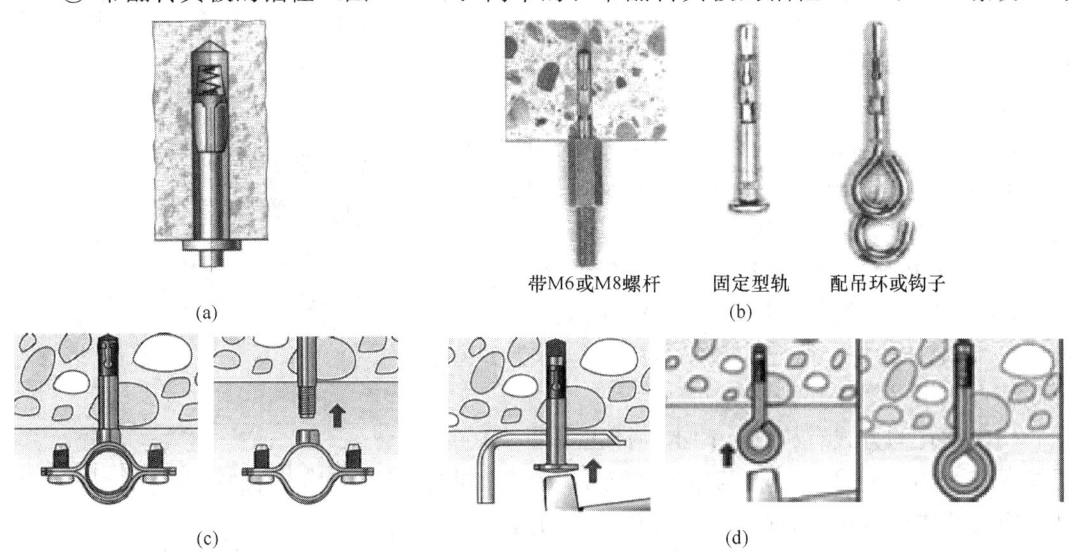

图 4-161　销钉锚栓与钢钉锚栓
（a）销钉锚栓；（b）钢钉锚栓；（c）在销钉锚栓上固定管卡；（d）钢钉锚栓固定

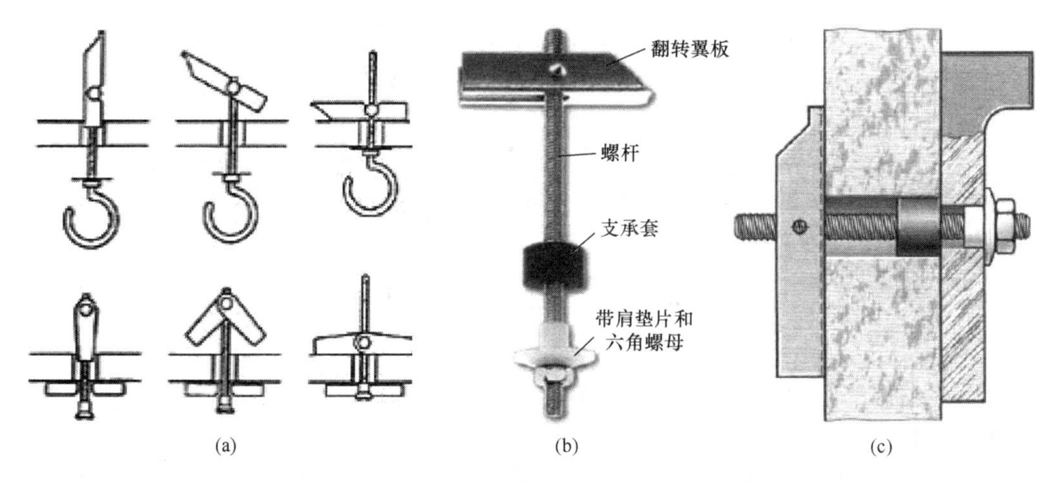

图 4-162　翻转翼板锚栓

（a）翼板的翻转；（b）垂直固定重荷锚栓；（c）重荷锚栓也可以水平使用

以用于空心楼板的简易固定。

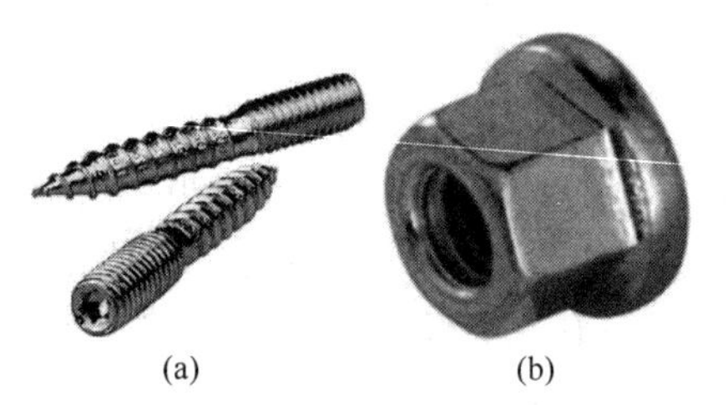

图 4-163　卫生设备胀管附件

（a）双头螺钉；（b）带肩螺母；（c）带肩套管

固定卫生设备时，例如立式马桶、小便器、洗脸盆或电热水箱，由专门的配套胀管、双头螺钉（图 4-163a）、带肩螺母（图 4-163b）或带肩套管（图 4-163c）、金属垫片和六角螺母组成。

4. 胀管安装的原则

（1）原则上，胀管的负荷不能高于建筑构件（如墙体、楼板等）的负荷。明智的胀管选择，可以从厂家给定的胀管参数表与墙体设计参数中获得。

正确地选择是必要的，例如在纸面石膏板墙上，采用塑料通用型胀管比重荷胀管的负荷要大些。通过热线和网络从品牌的胀管生产厂家可以得到详细的帮助。

（2）胀管安装时应注意：

1）不可以在建筑体上形成裂纹。在墙体或混凝土构件上由于负荷，例如钩挂的管道或设备的质量、交通的振动、胀管的扩张作用等可能产生裂纹。

2）固定必须与建筑体边缘保持一定的距离。在塑料胀管时，距离建筑体边缘应≥1x 锚栓深度（胀管的长度）。在墙体边缘，胀管应该平行张开，不能对边缘形成垂直作用（图 4-164）。

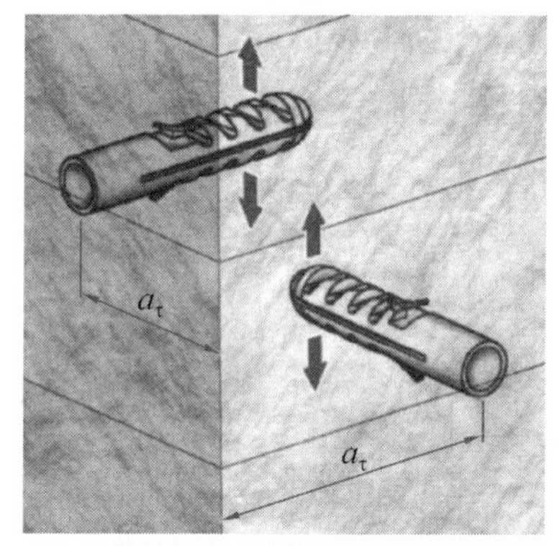

a_{τ}≥胀管的长度，旋转螺栓时应使得胀管张开的方向与边缘平行

图 4-164　固定在建筑构件边缘的胀管

（3）钻孔的方式有旋转、冲击、锤击（图 4-165），要根据建筑体的材质、结构与锚栓的方式调整。同时钻头应与墙体成直角，方向不允许变化。原则上：

1）为了使钻头在瓷砖上精准地咬住，应该轻轻地冲个眼。首先钻的时候不要有“锤击”，直到明显地

“过渡”到瓷砖后方再开启冲击。

2）在混凝土构件和实心砖上，应该用冲击钻或电锤钻。

3）在空心墙体、软的轻质墙体时，例如泡沫混凝土或加气混凝土和在墙板上，不需要用冲击钻孔，否则会导致孔洞会太大和建材件分崩离析。

4）少数例外，钻孔深度必须大于锚栓深度。这个“超出长度”给大多数扩张胀管的螺栓留出空间，以便胀管能在这个空间里扩张到最大。

5）钻孔的粉尘应该吹出或吸出。一个不干净的钻孔会减弱支持力。钻孔的粉尘所起的作用类似于在路面的砾石对汽车刹车的影响。

（4）锚栓的安装方式：要根据建筑体基体与固定件及胀管的间距来确定。

1）齐平式安装（预插安装）：胀管尾部与建筑体基体平齐（图 4-166a）。

2）穿透式安装：胀管穿过两种有间距的不同建筑体（图 4-166b）。

3）间隔式安装：胀管完全穿过建筑体基体，但固定件没有靠在基体上，且与基体保持一定的距离（图 4-166c）。

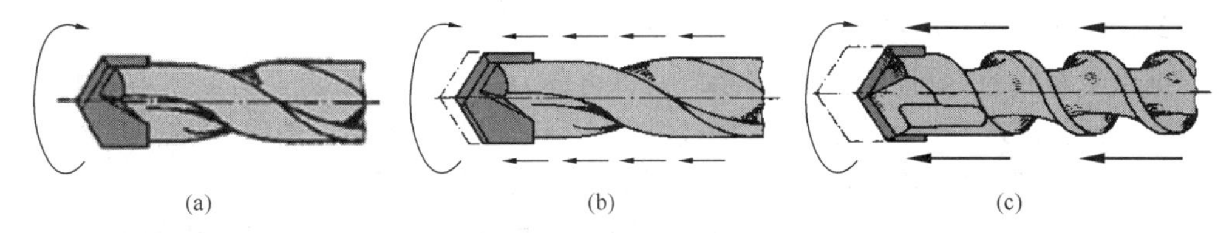

图 4-165　胀管钻孔的方式

（a）旋转钻孔；（b）冲击钻孔；（c）锤击钻孔

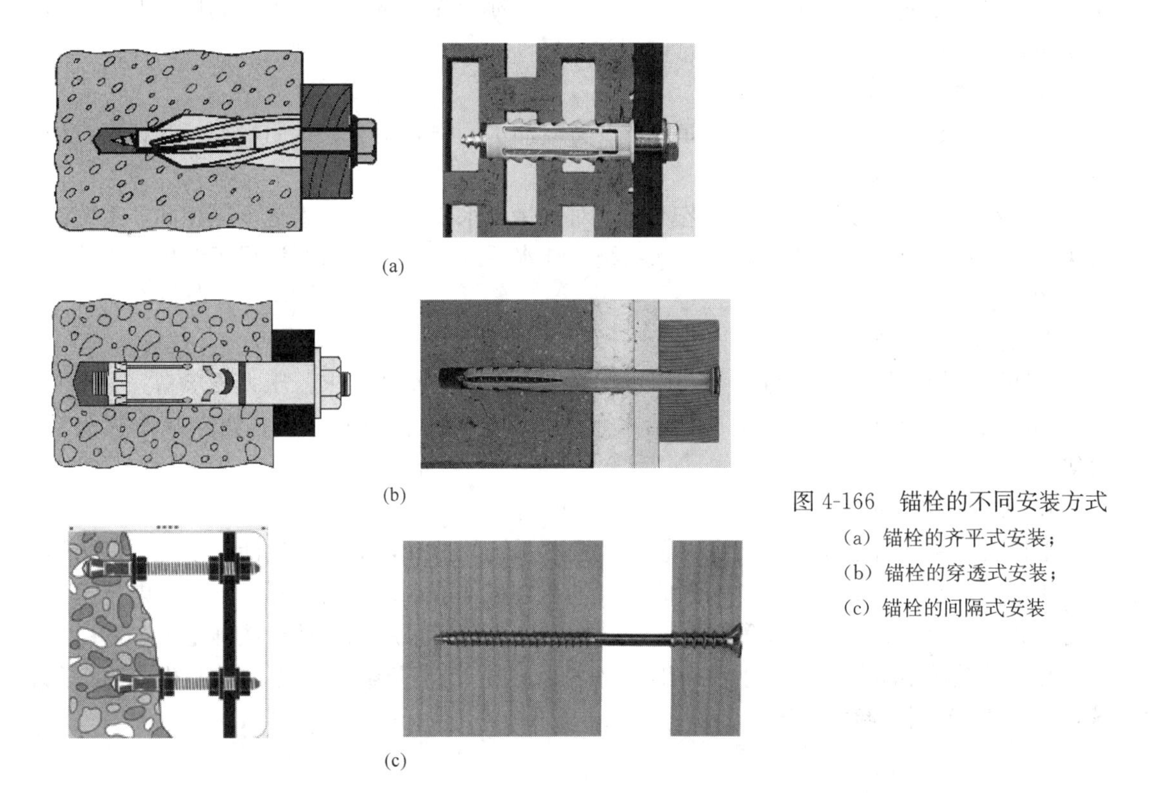

图 4-166　锚栓的不同安装方式

（a）锚栓的齐平式安装；

（b）锚栓的穿透式安装；

（c）锚栓的间隔式安装

5 建筑给水系统

5.1 给水系统的分类

建筑给水系统可分为三种基本给水系统：生活给水系统、生产给水系统和消防给水系统。

1. 生活给水系统

供人们在日常生活中饮用、烹饪、洗浴、冲洗和其他生活用途的用水。其特点是用水量不均匀，水质须符合国家颁布的相关水质标准。

根据供水水质的不同，生活给水系统又可再分为：

（1）生活饮用水系统：与人体直接接触的或用于烹饪、饮用、盥洗、洗浴等日常生活的水，水质须达到现行国家标准《生活饮用水卫生标准》GB 5749 要求。

（2）直饮水给水系统：将生活饮用水再经过深度处理的，可以直接饮用的水。

（3）生活杂用水（中水）系统：各种生活排水经处理达到规定的水质标准后，用于冲洗便器、浇洒地面、浇灌绿化、冲洗汽车等，质量标准为《城市污水再生利用　城市杂用水水质》GB/T 18920—2020。

2. 生产给水系统

供生产过程中产品工艺用水，如生产设备冷却水、锅炉用水、饮用水等。其特点：用水量均匀，水质要求差异大。

生产给水系统由于各种生产工艺不同，对水量、水质、水压要求也不尽相同，系统的种类繁多，如直流给水系统，循环给水系统，纯水系统。因此，需要详尽了解生产工艺对水质的要求。

3. 消防给水系统

消防灭火设施用水，其特点是：用水量大，对水质无特殊要求，压力要求高。

消防给水系统分为：室外消火栓给水系统，室内消火栓给水系统、自动喷水灭火系统等。

4. 共用给水系统

上述三个系统可独立设置，也可组合设置。系统的选择，应根据生活、生产、消防等各项用水对水质、水量、水压、水温的要求，结合室外给水系统的实际情况，考虑技术上可行、经济上合理、安全可靠等因素，经技术经济比较后采用综合评价法确定。

常见的共用给水系统有：生活-消防给水系统，生产-消防给水系统，生活-生产给水系统，生活-生产-消防给水系统。

5.2 室内给水系统的组成

建筑给水系统一般由引入管、水表节点、管道系统、给水附件、贮水和加压设备、配水设施和计量仪表等组成（图 5-1）。

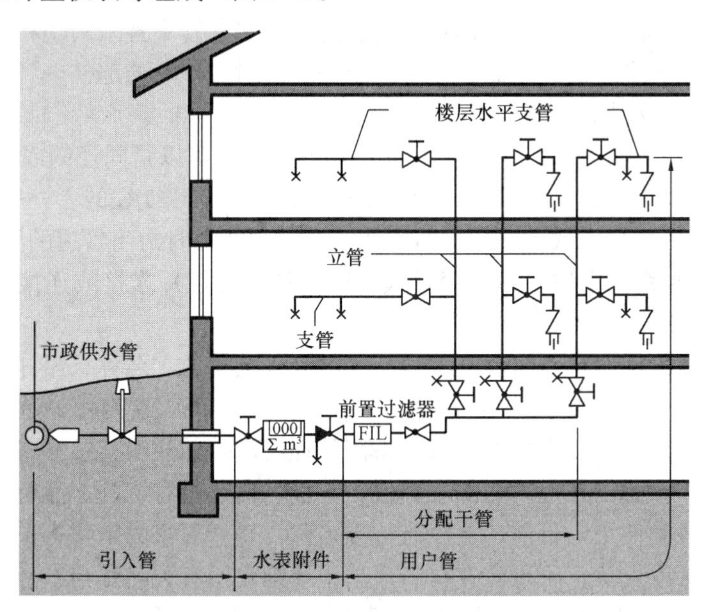

图 5-1 建筑给水系统

1. 引入管

引入管是指室外给水管网与建筑内部管网之间的联络管段，也称进户管。其作用是将水接入建筑内部。引入管上设置水表、阀门、泄水装置等附件。

引入管所处位置的不同，其连接形式有：市政管网→引入管→小区管网，小区管网→引入管（也称入户管，Inlet Pipe）→单体管网。

2. 水表节点

水表节点是安装在引入管上的水表及其前后设置的阀门和泄水装置的总称。其作用是计量建筑物总用水量，一般设置在水表井中。

关闭水表前的闸门，即可切断水流，方便维修和拆换水表。在检测水表精度以及检修室内管路时，还要放空系统的水，因此需在水表后装泄水阀或泄水三通丝堵。

水表节点应设在便于查看和维护检修、不受振动和碰撞的地方。可装于室外管井内或室内的适当地点。在炎热地区，要防止暴晒。在寒冷地区必须有保温措施，防止冻结。对建筑内部给水系统中需要计量的部位和设备、住宅建筑的单元和每户的引入管也应安装水表。

3. 管道系统

(1) 建筑内部给水管道系统的组成：

1) 给水干管：从水表节点到立管的管段，将水从引入管输送到建筑物的用水区域。

2) 给水立管：为竖直方向的管段，从干管末端将水输送到设定标高的各楼层端口。

3) 支管（分配管）：从立管到用户或房间的管段。

4）分支管（配水支管）：从支管到各用水设备的管段，将水输送到各用水点。

（2）给水管道采用的管材、管件和连接方式，应符合国家现行标准的有关规定。管材、管件和连接方式的工作压力不得小于国家现行标准中公称压力或标称的允许工作压力。

室内的给水管道应选用耐腐蚀和安装连接方便可靠的管材：有不锈钢管、铜管、塑料给水管、金属塑料复合管及经防腐处理的钢管。高层建筑给水立管不宜采用塑料管。

（3）管件：在给水系统中连接、控制、变向、分流、密封等作用的部件。

1）直接：连接两段直管段的管件，可以是同径的或变径的。

2）弯头：管道方向发生 90°、45°、30°变化时采用的管件，可以是同径的或变径的。

3）三通与四通：管道增加分支时采用的管件，可以是同径的或变径的。

4）堵头、堵帽或盲堵：水压试验、运行检修或将来扩展而临时封闭管道的管件。

5）复合管件：在给水系统中进行不同管材（可以同径或变径）连接或连接方式发生变化的过渡管件。

当采购、销售、领发管件时，在材料清单中应注明管件的材质、名称、尺寸与连接方式（表 5-1）。螺纹连接、卡箍连接或法兰端的管径用公称直径 *DN* 或英寸表示，螺纹端还需标明外丝、内丝等，其他连接形式端的管径采用外径表示，并注明连接形式。因为复合管件的种类与材质繁多，我国各地的叫法不一致，有些名称还没有统一，还有一些管件在我国刚开始生产、销售和使用，目前甚至没有标准名称，生产厂家的销售人员与仓库保管人员只认型号代码订货或发货，所以宜在材料清单中详细注明有关名称与参数，最好附上图片（特别是在网购时），否则易发生错订或领发错误，影响施工。

复合管件清单举例　　**表 5-1**

序号	名称	数量	图片	序号	名称	数量	图片
1	黄铜直接（短接）*DN*15 外丝	1		4	炮铜变径直接 *DN*20 内丝-*DN*15 内丝	1	
2	镀锌可锻铸铁直接（短接）*DN*20 外丝	1		5	不锈钢直接 *DN*15 内丝-*de*16 不锈钢管挤压式连接	1	
3	镀锌可锻铸铁变径直接（补心）*DN*20 外丝-*DN*15 外丝	1		6	镀锌可锻铸铁变径直接（补心）*DN*15 内丝-*DN*20 外丝	1	

续表

序号	名称	数量	图片	序号	名称	数量	图片
7	黄铜直接 *DN*15 外丝-*De*20 软管快速接头	1		14	PVC-C 直接 PVC-C *De*16 粘接-*DN*15 内丝	1	
8	镀锌可锻铸铁直接（管箍）*DN*15 内丝	1		15	黄铜弯头 PE-Xb 管 *De*16 推移式卡套连接	1	
9	铜三通 *De*15 钎焊连接	1	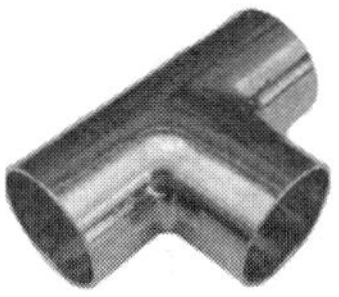	16	铜直接 *DN*20 锁紧螺母-*De*18 铜管挤压式连接	1	
10	PPR 弯头 *DN*15 内丝-PPR *De*16 熔焊连接	2		17	壁挂式黄铜弯头 *DN*15 内丝-*DN*20 外丝	1	
11	镀锌可锻铸铁直接（变径管箍）内丝 *DN*20～*DN*15	1		18	壁挂式镀锌可锻铸铁弯头 *DN*15 内丝	1	
12	镀锌可锻铸铁四通 *DN*20 镀锌钢管内丝	1		19	壁挂式炮铜 U-三通 *De*16 铝塑复合管挤压式连接-*DN*15 内丝-*De*16 铝塑复合管挤压式连接	1	
13	铜弯头 *De*18 铜管挤压式连接	2		20	壁挂式 PP 弯头 *De*20 PPR 管熔焊承口-熔焊插口	1	

续表

序号	名称	数量	图片	序号	名称	数量	图片
21	黄铜弯头 De16 PE管挤压式连接	2		24	壁挂式炮铜弯头 DN20 内丝-De16 PE锁紧压紧连接	1	
22	炮铜V-三通 DN15 内丝-2×PE 管 De16 挤压式连接	1		25	黄铜弯头 De16 铝塑复合管即插式连接	1	
23	黄铜T-三通 De16 不锈钢管挤压式-DN15 外丝-De16 不锈钢管挤压式连接	1		26	炮铜弯头 De15 铜管即插式连接	1	

4. 给水附件

在给水系统中，给水附件用来调节水压、流量、控制水流方向与安全、改善水质、计量水的流量，关断给水系统或分支系统，便于对系统的维护、检修或改造。给水附件包括各种阀门、水锤消除器、过滤器、减压孔板、配水附件等管路附件。

5. 贮水和加压设备

在室外给水管网压力不足或建筑内部要求保证供水、水压稳定的场合，需设置水箱、水池、吸水井等贮水设备和水泵、气压装置等增压设备。

5.3 给水方式

5.3.1 给水系统所需水压

建筑内部给水系统所需水压应满足系统中的最不利点处用水点应有的压力，并保证有足够的流出水头（图5-2）。最不利配水点一般是指最高、最远流出水头最大的配水点。

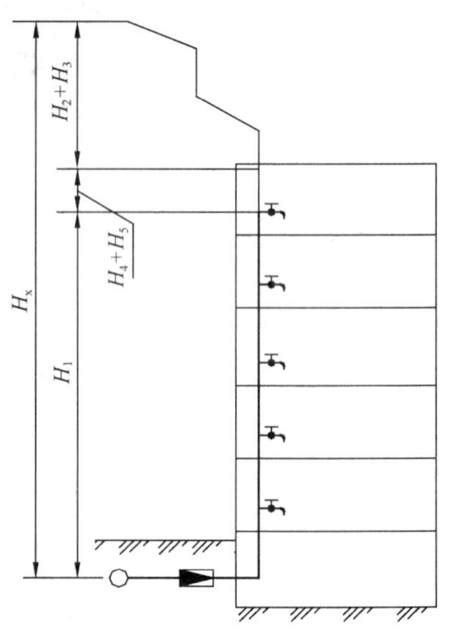

图5-2 建筑给水系统所需水压

建筑给水系统所需水压计算公式为：

$$H_x = H_1 + H_2 + H_3 + H_4 + H_5 \tag{5-1}$$

式中 H_x——建筑内给水系统所需的压力，MPa；

H_1——引入管至最不利配水点的高度静水压，MPa；

H_2——自引入管起点至最不利配水点管路的沿程和局部水头损失之和，MPa；

H_3——水表（节点）的水头损失，MPa；

H_4——最不利配水点器具的流出水头（最低工作压力），MPa；

H_5——富裕水头，指各种不可预见因素留有余地予以考虑的水头，kPa，一般可按20kPa计算。随着人们生活水平的提高与后续增加的用水设备，特别是耗水量较大、供水压力较高的设备越来越多。例如燃气壁挂炉，在夏季用水高峰时要求供水压力不能低于0.10MPa，越来越多的家庭在水表后安装了前置过滤器或其他净水设施，阻力较大，所以该富余量应显著增大。

5.3.2 建筑给水系统的给水方式

建筑给水系统的给水方式是指室内的供水方案。选择合理的供水方案，应先分析室内给水系统所需水压 H_x 与室外管网的供水压力 H_g，再综合工程涉及的各项因素（技术因素、经济因素、社会因素和环境因素）加以选择。

室外管网供水压力 H_g 与室内给水系统所需水压 H_x 之间的关系有：$H_g > H_x$ 或 $H_g = H_x$ 或 $H_g < H_x$。建筑给水系统可根据这三种水压关系，综合分析比较后，采用相应的供水方式。

1. 依靠外网压力的给水方式

（1）直接给水方式（图5-3）

当室外给水管网的水量、水压一天内任何时间都能满足室内管网的水量、水压要求时，应充分利用外网压力直接供水，一般多层建筑和高层建筑物的底下几层采用直接给水方式。

直接给水方式的特点是：系统简单、节能、经济、减少水质受污染的可能性，能充分利用外网压力。但供水可靠性差，当外网一旦停水，室内立即断水。

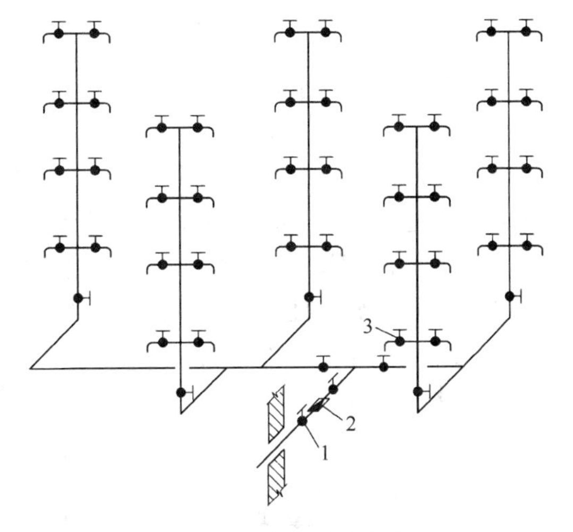

图5-3 直接给水方式

1—阀门；2—水表；3—水龙头

（2）单设水箱的给水方式（图5-4）

当室外管网的水压周期性变化大，一天内大部分时间，室外管网的水压和水量能满足室内用水要求，只有在用水高峰时，由于用水量过大，外网水压下降，短时间不能保证建筑物上层用水要求时，多层建筑的底下几层采用直接给水，上面几层可采用单设水箱的给水方式。这种给水方式在室外管网中的水压足够时（一般在夜间），可以直接向室内管网和室内高位水箱送水，水箱贮备水量，当室外管网的水压不足时，短时间不能满足建筑物上层用水要求时，由水箱供水。高位水箱容积不宜过大，单设水箱的给水方式不适用于日用水量较大的建筑。

当用户对水压的稳定性要求比较高时，或外网水压过高，需要减压时，或建筑物对消防有一定要求时，也可采用单设水箱的给水方式。

单设水箱的给水方式，可充分利用室外管网的水压，缓解供求矛盾，节约投资和运行费用，供水可靠，工作完全自动，无须专人管理，但是使用水箱，应注意水箱的污染防护

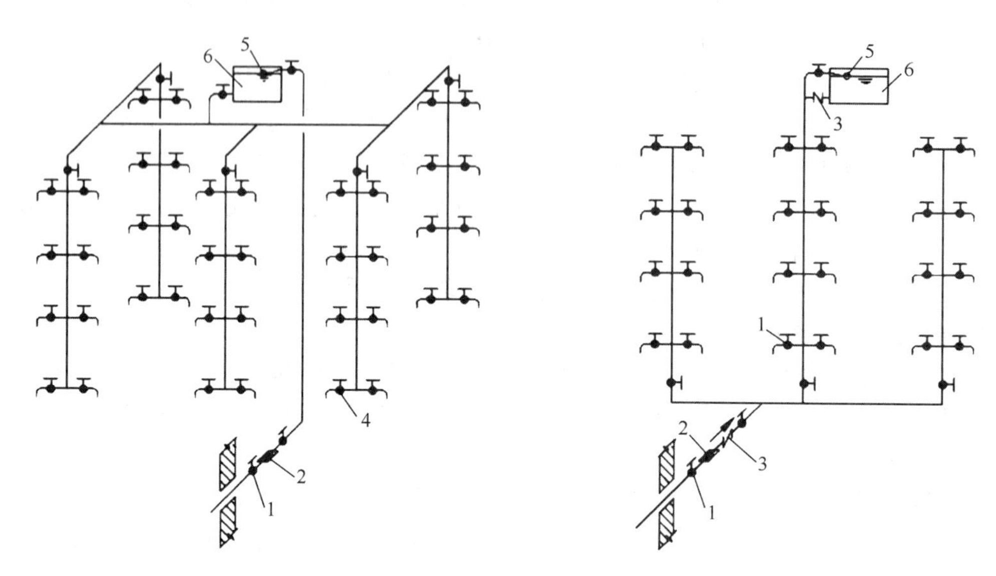

图 5-4　单设水箱的给水方式

1—阀门；2—水表；3—止回阀；4—水龙头；5—浮球阀；6—水箱

问题，以保护水质，水箱容积的确定应慎重，若其过大，则增加造价和房屋荷载，若其过小，则可能发生用户缺水，起不到调节作用。当水箱（池）的容积＞$50m^3$时，宜分成容积相等，能独立运行的两格。水箱的设置高度（以底板面计）应满足最高层用户用水的水压要求，若达不到要求时，宜采取局部增压措施。

水箱材质有 PE、PP、不锈钢等，老建筑物上采用的钢筋混凝土水箱因卫生与荷载问题不再考虑了。水箱宜每三个月清洗一次。

2. 依靠水泵增压的给水方式

（1）设水泵的给水方式

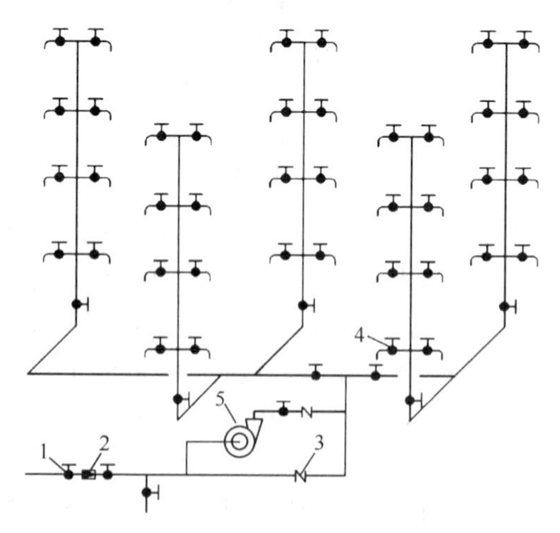

图 5-5　设水泵的给水方式

1—阀门；2—水表；3—止回阀；4—水龙头；5—水泵

当一天内室外给水管网的水压大部分时间满足不了建筑内部给水管网所需的水压，而且建筑物内部用水量较大又较均匀时，可采用恒速水泵增压的供水方式（图 5-5）。这种方式尤其适用于生产车间用水。

对于用水量较大且不均匀的建筑，如住宅、高层建筑等，可考虑采用变频调速泵组，其配用变速配电装置，转速可随时调节，改变水泵的流量、扬程和功率，使水泵的出水量随时与管网的用水量相一致，对于不同的流量都可以处于较高效率范围内运行，以达到节能目的。

当水泵直接从室外管网抽水时易造成外网压力降低、甚至产生负压，影响周边用户用水，设水泵的给水方式宜配合设置贮水池。若采用直接从室外给水管网吸水的叠压供水时，方案应经当地供水部门批准认可。水泵应有低压保护装置，当室外给水管网的水压低于0.1MPa时，水泵自动停转。

(2) 设水泵、水箱联合的给水方式

当室外给水管网的水压经常性或周期性低于建筑内部给水管网所需的水压时，而且建筑物内部用水又很不均匀时，可采用设置水泵、水箱联合供水方式。当室内消防设备要求储备一定容积的水量时，需设置贮水池（图5-6）。

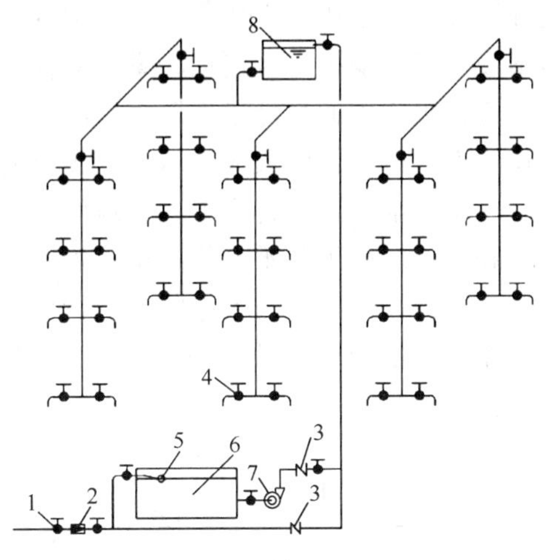

图5-6 设置水池、水泵和水箱的给水方式

1—阀门；2—水表；3—止回阀；4—水龙头；5—浮球阀；6—水池；7—水泵；8—水箱

水泵的吸水管直接与外网连接，外网水压高时，由外网直接供水，外网水压不足时，由水泵增压供水，并利用高位水箱调节流量。由于水泵可以及时向水箱充水，水箱容积可大为减小，使水泵在高效率状态下工作。一般水箱采用液位控制器等装置，还可以使水泵自动启闭，管理方便，技术上合理，而且供水可靠。

水泵在启闭和运行时会产生振动和噪声，必须考虑防振和隔声措施。

3. 气压给水方式

气压水罐的作用相当于高位水箱，利用气压水罐内气体的可压缩性增压供水。当水泵出水量大于系统用水量时，多余的水进入水罐，罐内空气受压缩而增压，直至最高水位而停泵，气压水罐依靠罐内水面上的压缩空气供水。当罐内水位下降至最低水位时，罐内空气容积增大而减压，压力继电器又指令水泵启动。该给水方式宜在室外给水管网压力低于或经常不能满足建筑内给水管网所需水压，室内用水不均匀，且不宜设置高位水箱时采用（图5-7）。气压给水方式又分为变压式和定压式。

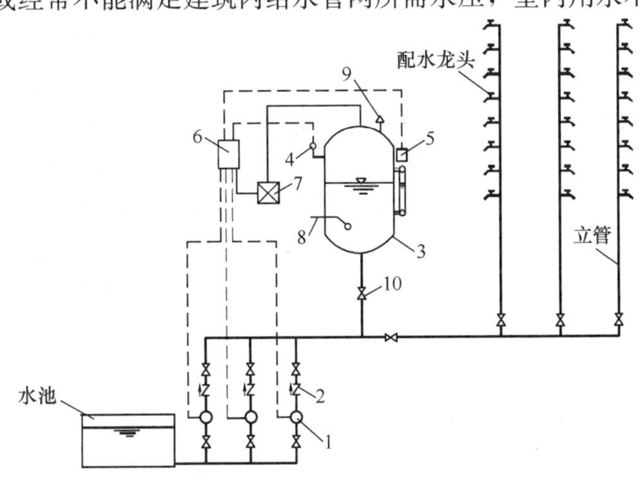

图5-7 气压给水方式

1—水泵；2—止回阀；3—气压水罐；4—压力信号器；5—液位信号器；6—控制器；7—补气装置；8—排气阀；9—安全阀；10—阀门

(1) 变压式：这类装置由于水罐内空气的容积随着水位的变化而变化，其压力也随之升高或降低，所以称为变压式，常用于中小型建筑给水工程。这类装置可以不设空气压缩机，设备简单，因为压力波动较大，用户的用水舒适性较差，水泵的运行效率不高。

(2) 定压式：这类装置配备了空气压缩机，在水罐内水位下降时自动向罐内补气，水泵也能根据罐内水位到达最低水位时自动开启补水。定压式水罐能保证管网的恒压与水泵的高效运行，用户的用水舒适度好，但需增设空气压缩机，且启动频繁，能耗较高。

气压水罐内的最低工作压力以满足管网最不利配水点所需的水压，气压水罐内的最高工作压力不得使管网最大水压处配水点的水压大于 0.55MPa。

气压给水装置设备紧凑、占地面积小，布置灵活，水罐可以横放或竖放，便于改建、扩建和拆迁，便于和水泵集中维护管理，水处于密闭系统，不易受污染，施工简便。但是其调节能力较小，压力不稳定，运行费用高，由于在压力状态时，空气在水中的溶解度增加，需要经常向水罐内补充空气，而且含空气量较多的水对金属设备与附件的腐蚀性增强。

4. 分区给水方式

当室外给水管网水压往往只能供到建筑物下面几层、而不能供到建筑物上层时，应采用竖向分区供水方式，将给水系统分成上下若干个供水区，如图 5-8 所示。室外给水管网水压线以下楼层为低区，可以充分有效地利用室外管网的水压直接供水；其以上楼层为高区，由水泵和水箱联合供水或设水泵供水。

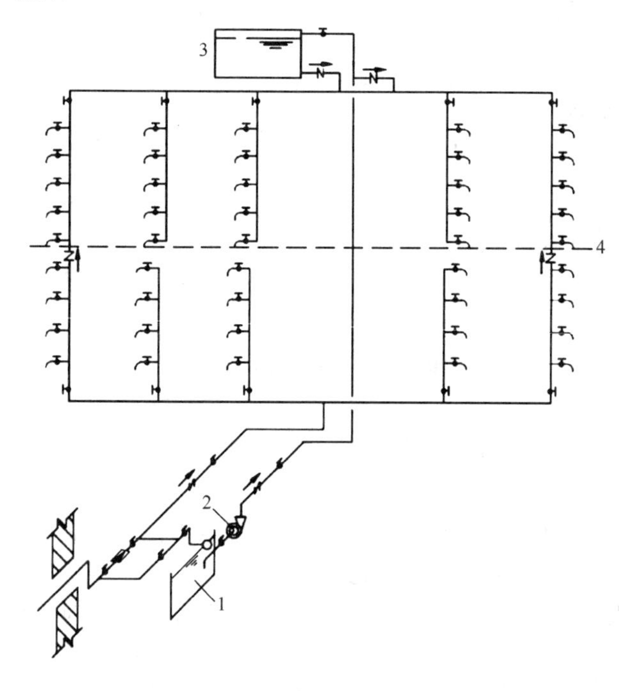

图 5-8　分区供水的给水方式

1—贮水池；2—水泵；3—水箱；4—城市给水水压线

给水系统的竖向分区应根据建筑物用途、层数、使用要求、材料设备性能、维护管理、降低供水能耗等因素综合确定。根据《建筑给水排水设计规范》规定，一般卫生器具给水配件的最大工作压力≤0.60MPa，高层建筑生活给水系统各分区最低给水配件承受的最大工作压力不宜大于 0.45MPa，特殊情况下不宜大于 0.55MPa。高层住宅与宾馆的卫生器具数量较多、布置分散、用水量较大，要求较高的供水安全和隔声防振，入户管最佳水压在 0.3～0.35MPa 之间，最大入户管给水压力≤0.35MPa。非居住建筑（如办公楼）的卫生器具数量相对较少、布置较为集中、用水量较少，其分区压力可稍高些。同时应保证各个分区给水系统中的最不利配水点工作压力≥0.1MPa。

高层建筑给水系统的分区给水方式一般分为四类：

(1) 串联分区给水方式（图 5-9a）

串联分区的各区都设有水泵、水箱，每区水泵从水箱抽水送到上一区的水箱，由水箱向各层供水。水泵和水箱设置在设备层里，其优点为各区的水泵扬程和流量稳定，按照实际需要来设计，所以水泵的工作效率高、能耗低、管道的总需求量少、节约投资。缺点是设备层（技术层）的要求高，每区都有水泵、水箱，水泵噪声大，水箱要考虑防漏水，且水泵分散设置，不便于集中管理，下层水箱容积大，结构负荷大，造价高，工作不可靠，上区用水受下区限制。

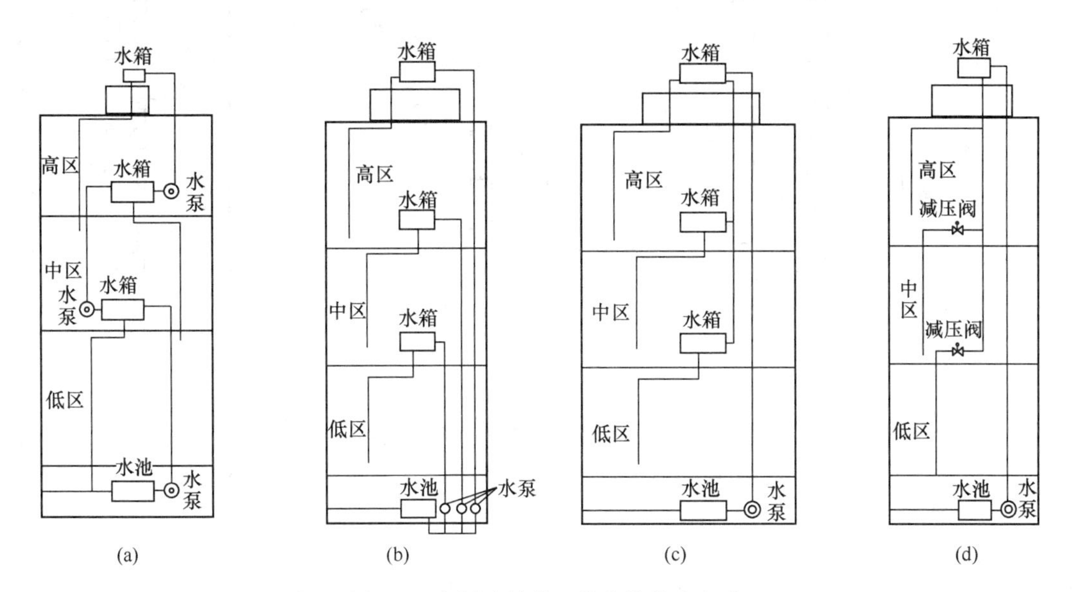

图 5-9　高层建筑分区供水的给水方式

(a) 串联分区；(b) 并联分区；(c) 减压水箱分区；(d) 减压阀分区

(2) 并联分区给水方式（图 5-9b）

并联分区给水方式的水箱设置在各区的顶部，水泵则集中设置在底层或地下室，便于集中管理、维护。各区为独立系统，各自运行，互不影响，供水比较安全可靠，能源消耗相对比较少。但是管材消耗较多，水箱占用建筑物上层使用面积，高区水泵和管道系统的承压能力要求比较高。

(3) 减压分区给水方式

减压分区给水方式，是利用各区的减压水箱（图 5-9c）或减压阀（图 5-9d）进行减压。水泵将水直接送入最上层的水箱，各区分别设置水箱，由上区的水箱向下区的水箱供水，利用水箱减压，或者在上下区之间设置减压阀，用减压阀代替水箱，起减压的作用。

当建筑高度≤100m 时，生活给水系统宜采用垂直分区并联供水或分区减压的供水方式，当建筑高度>100m 时，宜采用垂直串联供水方式。

(4) 变频调速泵组的分区给水方式（图 5-10）

用变频调速泵组取代水箱，节省了建筑空间和减少了水质污染环节，设备与管材少、投资省、设备布置集中，是目前应用较广泛的给水方式。但其缺点是水压损失较大、能耗较高。变频调速泵组宜配置气压罐。

5. 分质给水方式

分质供水是根据用途的不同而所需的水质也不同，分别设置独立的供水系统，满足优质优用、低质低用的要求(图 5-11)。

(1) 以市政自来水为原水，分为两个独立的给水系统：

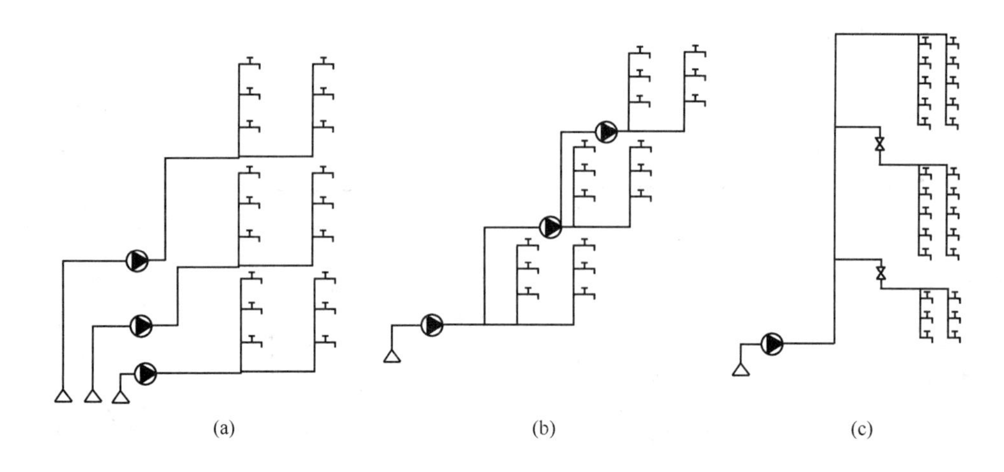

图 5-10　变频调速泵组的分区给水方式

（a）水泵并联分区给水方式；（b）水泵串联分区给水方式；（c）减压阀减压分区给水方式

1）市政管网直通住户供应烹饪、盥洗等生活用水。

2）市政管网经居住小区内设的净水设备，将自来水进一步深度处理、加工和净化后，通过一条独立的优质供水管道输送至用户，作为直饮水供居民直接饮用。为避免二次污染，采用的管道应不易腐蚀、结垢，一般采用不锈钢管或铝塑（PE-AL-PE）复合管。用户随时打开水龙头饮用，其用水的价格比桶装、瓶装纯净水便宜得多，一般家庭能接受。

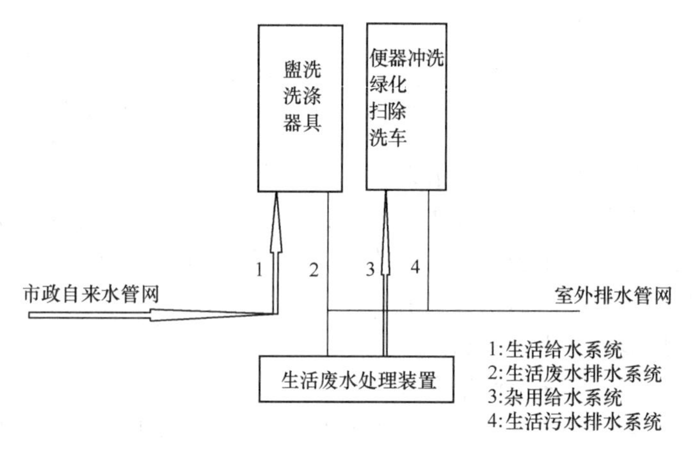

图 5-11　分质给水系统

（2）杂用水给水系统：将来自盥洗、洗涤后的生活废水，经沉淀、过滤等净化处理后，再通过一套独立的供水系统，用于便器的冲洗、绿化、洗车、清洗扫除等用途，以达到增加水的利用次数和节水的目的。

5.4　给水附件

给水附件是安装在管道及设备上具有启闭、调节、测量和检测流过介质的参数及取水装置的总称。一般粗分为控制附件和配水附件（也称流出附件）两类，细分见表 5-2。

给水附件的分类　　表 5-2

类型	启闭附件	配水附件	调节附件	设备保护附件	给水保护附件	计量附件
作用	在管段中进行启闭	在管端进行取水	压力、温度和流量的调节	避免不允许的压力、温度和流量产生	防止其他管网的水或污水倒流到饮用水管网	测量和检测
举例	截止阀、闸阀、旋塞（有直流型、角型，有手动或自动的）	普通水龙头、混合水龙头、冲洗阀、独立温控水龙头、自动启闭水龙头	减压阀、独立与集中生活热水混合水龙头、节流阀、流量限制器	安全阀、热水溢流阀	止回阀、倒流防止器、真空破坏器、管道系统隔断器	水表、压力计、温度计、压力和温度测量传感器

给水附件应该具有以下特点：

（1）容易安装、易于修理和更换及仓库管理：附件连接端一般应配备锁紧螺母或法兰等可拆卸连接件，并能通过复合管件与多种材质的管道连接（图 5-12），便于附件的固定、拆卸和更换，以免在维护和修理时延长给水系统的中断时间。不要选择不可拆卸的（例如熔焊连接的）给水附件。若附件没有配备锁紧螺母或法兰，安装时应在附件后面加一个活接头及相应不同种管材连接的管件。

（2）抗腐蚀、寿命长、无须保养：尽可能选择黄铜、炮铜、不锈钢或合适的塑料材料制成的给水附件。当然，于较大管径的管道上也经常使用可锻铸铁、球墨铸铁、碳素钢等材料制成的给水附件。

图 5-12　用于多种管材的、配锁紧螺母连接的附件

（3）附件的压力损失应尽可能小：附件管径可以小些、经济些，较小管径的管道内含有的不新鲜的水（即不流动的水）也少些。欧洲的附件生产厂家都提供如图 5-13 的数据。

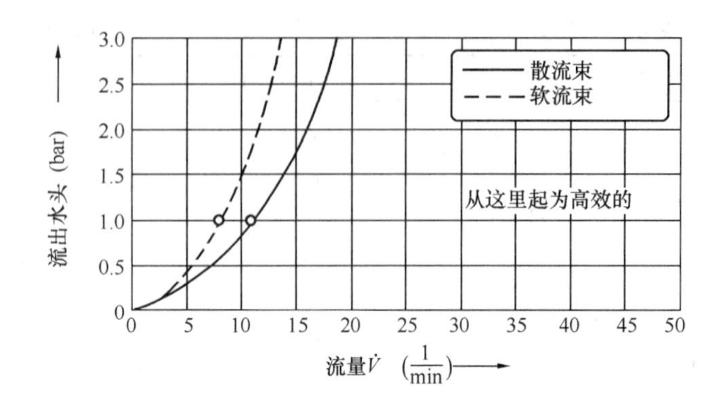

图 5-13　配水附件的可靠性与流出水头和流量有关

（4）不能超过允许的水击压力：附件内的某些结构与加工毛刺及附件在开启和关闭时都会产生水击（图 5-14）。特别在单臂控制的混合水龙头上，当它突然关闭时，很难保持允许的水流冲击，在某种意义上它“掌握在使用者的手上”。

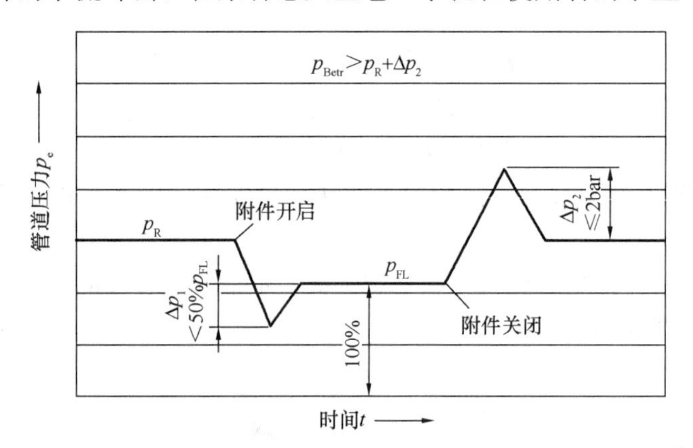

p_{amb}：大气压力，p_{Betr}：允许的工作压力，p_r 静压；p_{Fl}：流出水头

图 5-14　在操作附件时产生的水击

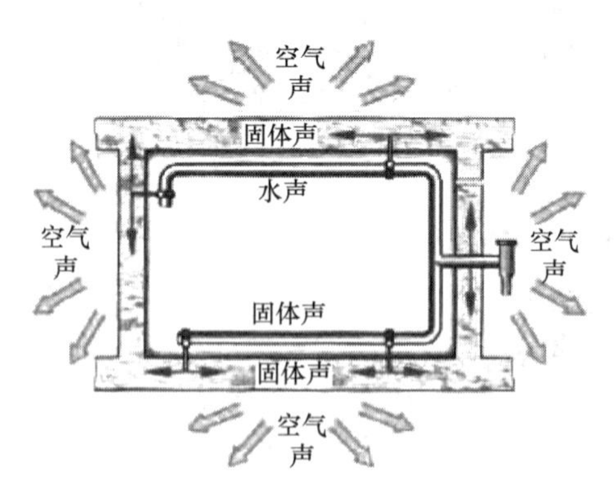

图 5-15　附件噪声的传播

（5）防烫伤：在热水管路上，使用单臂温控式混合水龙头或含定温限温器的混合水龙头。

（6）不应产生流体噪声：因为这种噪声在水中传播为“水声”，在管壁（特别是金属管）中传播为“固体声”。通过砌入墙体的管道、明装管道形成的声桥，如管卡、穿洞套管等传播到墙体与楼板，引发墙体和楼板振动，在室内发出空气声（图 5-15）。所以要通过管卡上隔声衬垫来断开管道与墙体或声桥的直接接触。我国生产的附件与欧洲国家对噪声分贝值的要求是不同的，见扩展阅读资源包。德国对需要隔声的房间，如客厅、卧室、教室、工作室、办公室，噪声的最高声平值为 30dB（A）。

要使得给水设备与附件的噪声最高值不超过 30dB（A），要求做到如下几点：

1）使用的附件具有检验标记和相应的流量等级；

2）附件的静压要小于 5bar；

3）启闭附件使用时应全开，而不应用来节流，除非使用节流阀；

4）固定附件和管道的单面墙体的面积密度 $m''\geqslant 220\mathrm{kg/m^2}$。

5）对于有隔声要求的房间，应按规范布置附件、设备和管道。

相对于附件的噪声，管道的噪声易被人们忽略。例如采用弧弯代替角弯，有利于流体的管件，但是实际上不会改善噪声特性。

（7）功能满足和节水：给水附件要能保证供给人们最重要的食物与生活所需求的水，也要节能和经济。例如使用非接触式、自动控制的附件，手或身体移开后立即自动关闭，减少水嘴关闭的时间；使用温控混合水龙头，以减少水温调节的时间，达到节水目的，大便器冲洗水箱使用节水按键，小便器使用自动冲洗阀，单臂混合水龙头具有显著的节水作用。

（8）外形美观和易于清洁：选择附件外形简洁、美观，而且易于清洁的附件。

1）在欧洲医药、肉类加工和奶制品加工范畴的工作间和厕所，为防止病菌的传播，配水附件不可以用手操纵，必须供给流动的冷水、热水或预混的合适温度的水来清洗手。

2）在考虑到军团细菌时：莲蓬头和莲蓬头软管在使用后必须能自动排空，要确保取水点在热杀菌时不会烫伤，要避免在出水口形成雾状水，例如通过合适的、能提供软流束的莲蓬头或流束喷头，在配水附件流出的流束冲击到洗脸盆和浴缸时不会溅出和喷洒出来。

5.4.1 控制附件

5.4.1.1 控制附件的种类

控制附件是管道系统中调节水量、水压，控制水流方向，以及关断水流，便于管道、仪表和设备检修的各类阀门。下面着重介绍几种常用的控制附件。

1. 截止阀：利用装在阀杆下面的阀盘沿阀座中心垂直移动，与阀体内突出的阀座相配合来控制阀门的开启和关闭，达到开启和截断水流，可以进行一定的流量调节。截止阀关闭严密，结构较简单，便于制造和维修，但水流阻力较大，适用在管径 $\leqslant DN50\mathrm{mm}$ 的管道上。

截止阀有直杆式、斜杆式和角式（图 5-16a～e）。直杆式水流阻力大，只能用于水压比较富裕的地方，斜杆式阻力小但操作不太方便，角式用于介质流动方向发生 90°变化的地方，如洗脸盆、冲洗水箱等处，始终处于全开状态，不可以用于节流。安装于墙内的截止阀上部是可以拆卸或加长的（图 5-16f），平时手柄可以取下，防止外人随意启闭。

2. 闸阀：阀体内有一个与水流方向相垂直的闸板，闸板与阀座的密封面相配合。当闸板升起时阀即开启。闸阀的分类有：

（1）按闸板构造不同可分为平行式闸板和楔式闸板两种（图 5-17a～c），前者制造较容易，但楔形阀芯密封性差，已不再使用于燃气与给水管道。

（2）按阀杆上的螺纹位置又可分为明杆式和暗杆式两种（图 5-17d、e）。明杆式可从外露阀杆螺纹长度确定阀门开启程度，但阀杆螺纹易受大气和灰尘污染，适用于室内，暗杆式开启时阀杆不升降，从外观上不能判断阀门开启程度。

闸阀全开时水流呈直线通过，阻力小，启闭较省力，安装长度较小。但闸阀结构较复杂，外形尺寸较大（但安装长度较小），水中有杂质落入阀座后，使阀不能关闭到底，因而密封面易磨损和漏水。管径 $>DN50\mathrm{mm}$ 的管道一般采用闸阀。

3. 快速启闭阀：有旋塞与蝶阀。前者是依靠旋转中央带孔的锥形或球形旋塞来控制

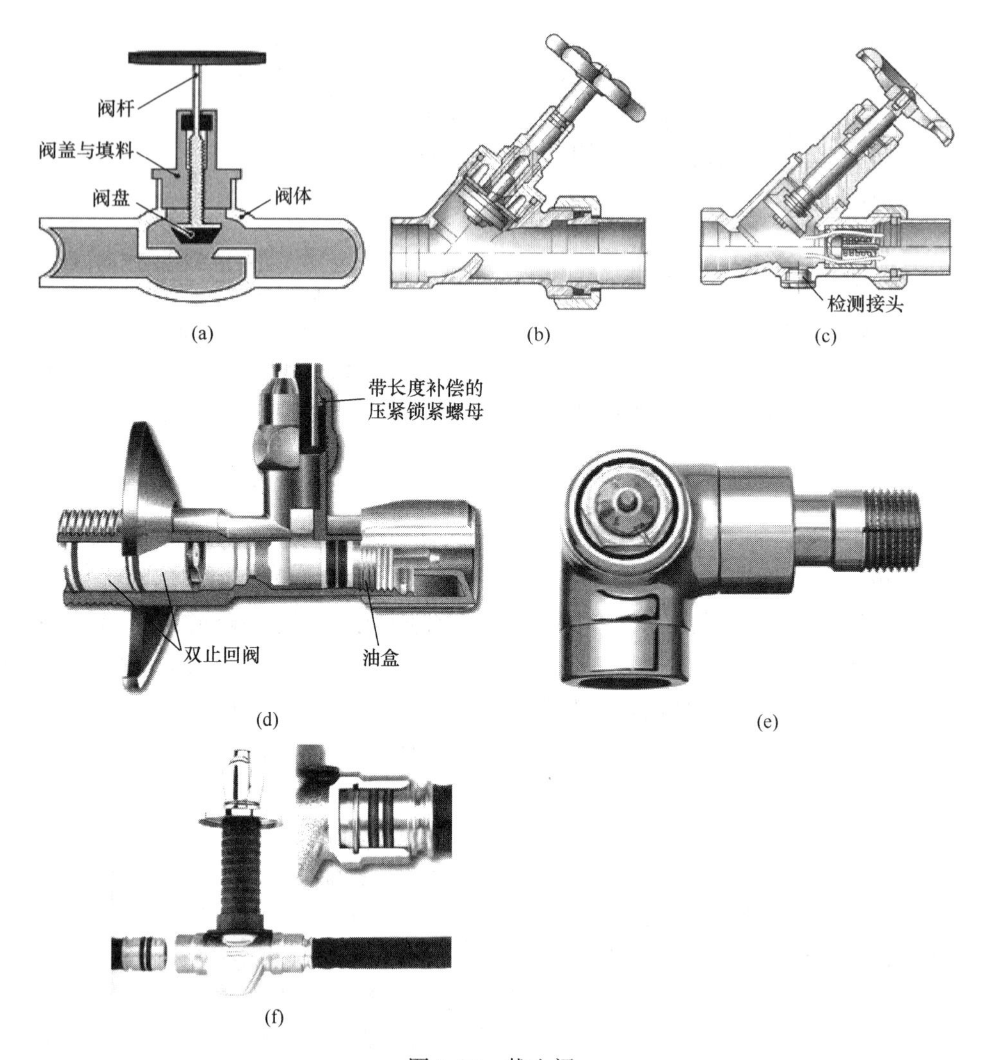

图 5-16 截止阀

（a）直杆式截止阀；（b）斜杆式钎焊连接截止阀；（c）斜杆式（带止回阀）截止阀；（d）带双止回阀的角阀；（e）阀柄位于侧面的角阀；（f）即插式接头、安装于墙内的截止阀

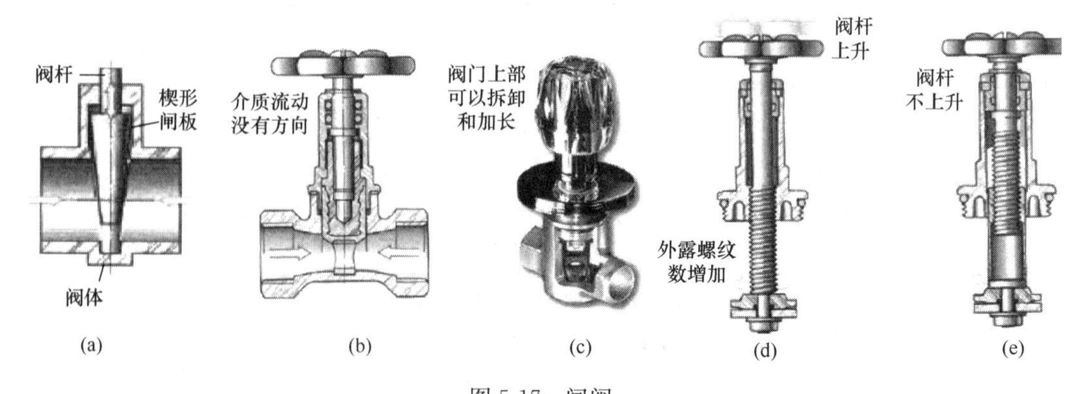

图 5-17 闸阀

（a）楔形闸板；（b）平行闸板；（c）安装于墙内的闸阀；（d）明杆式；（e）暗杆式

水流启闭（图 5-18），锥形旋塞已经很少使用，球形旋塞也称为球阀，蝶阀又称为翻板阀，关闭件（阀瓣或蝶板）为圆盘，围绕阀轴旋转来达到开启与关闭的一种阀。一般用于温度较低和要求快速关闭的低压管路。这类附件的特点是结构简单、外形尺寸小、操作扭矩小、启闭迅速、操作方便，但密封面开启时受力较大、易磨损。由于关闭突然，在给水管道中易引起水锤。现在有一种手柄旋转 360°、阀芯旋转 90°的带棘轮旋塞，可以避免迅速启闭时水锤的发生。现在球阀在入户后的小口径管道上使用很普遍，但是需要注意：用于给水管道的球阀密封件由 EPDM（乙丙橡胶）制成，阀柄漆为绿色，用于燃气管道的球阀密封件由 NBR（丁腈橡胶）制成，阀柄漆为黄色，阀壳上标有字母“G”（Gas），两者不能通用。

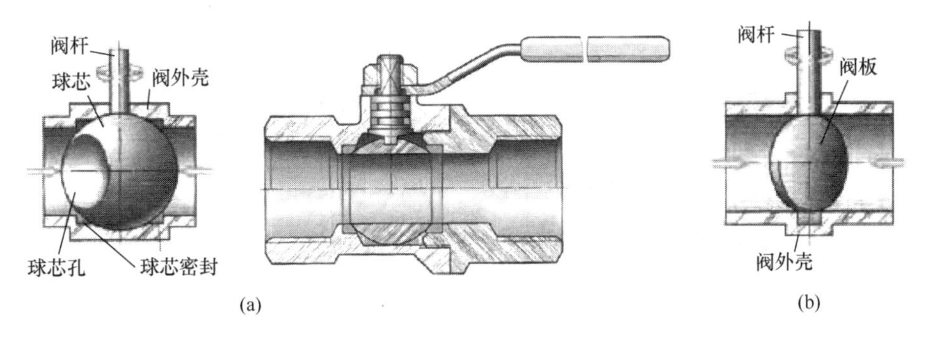

图 5-18 快速启闭阀

（a）球形旋塞；（b）蝶阀

球阀的公称压力有 1bar 或 4bar，使用时要注意压力参数。

4. 止回阀：又称逆止阀或单向阀，是一种自动启闭、用来阻止水流反向流动的阀件。按结构形式可分为：

（1）升降式止回阀（图 5-19a）：阀瓣沿阀体作垂直移动，它又分为装于水平管道上和装于垂直管道上。这种止回阀水头损失较大，只适用于小管径。水泵的吸水底阀就是立式升降式止回阀的变形（图 5-19b）。

（2）旋启式止回阀：阀瓣在阀体内绕固定轴旋转，它又分为单瓣（图 5-19c）、双瓣和多瓣，在水平、倾斜、垂直管道上均可装置，但在立管上水流应自下向上流动，一般装在大口径管道上。

升降式止回阀比旋启式止回阀的密封性能好，但旋启式止回阀的流体阻力比升降式小。止回阀种类很多，消声止回阀（图 5-19d）可消除关闭时水锤的冲击和噪声，梭式止回阀利用压差梭动原理具有水流阻力小、密闭性好的特点（图 5-19e）。

5. 浮球阀：是一种可以自动进水、自动关闭、控制容器中水位的阀门(图 5-20a、b)。因为浮球阀安装在管道末端，实际上也属于配水附件，多装在水箱或水池内。浮球阀工作原理见图 5-20c（不包括浮球），现在浮球的外形可以不似球，而呈圆柱形、长方体形或异形。

6. 安全阀：是一种保安器材，在管网和其他设备中压力超过规定的范围时，安全阀自动开启泄压（所以它也属于流出附件），以避免使管网、用水器具或密闭水箱受到破坏，在系统或设备压力低于设定值时自动关闭。常用的有弹簧式与杠杆式两种（图 5-21）。弹簧式结构尺寸小，杠杆式所占空间大，很少使用。

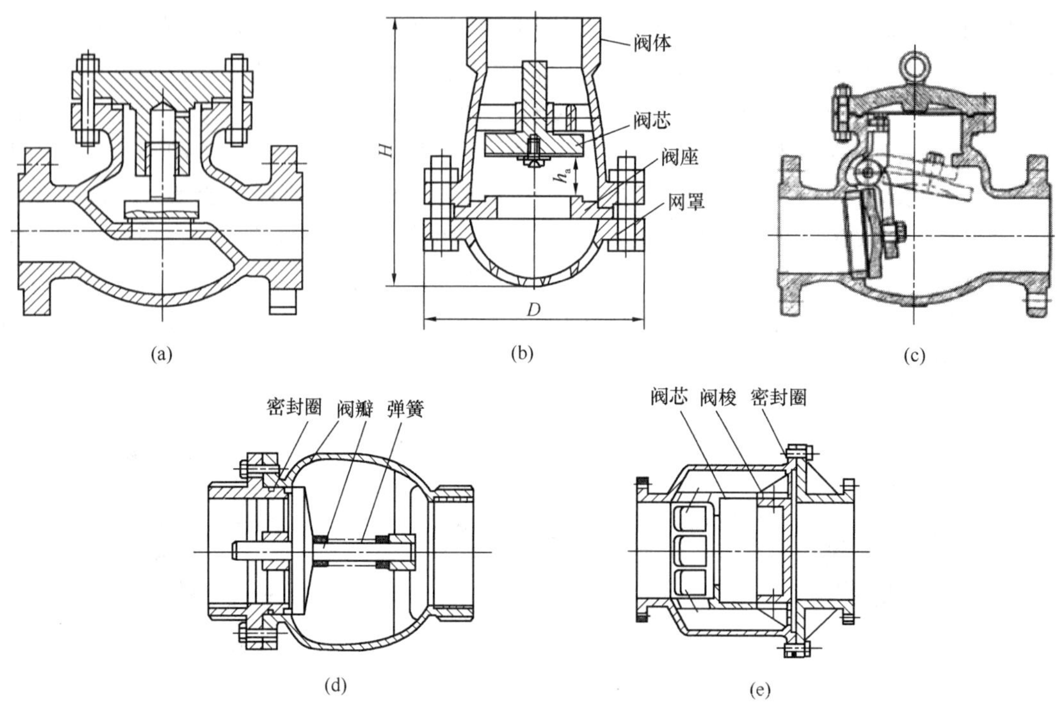

图 5-19　不同形式的止回阀

（a）装于水平管道升降式；（b）水泵吸水管底阀；（c）旋启式；（d）消声止回阀；（e）梭式止回阀

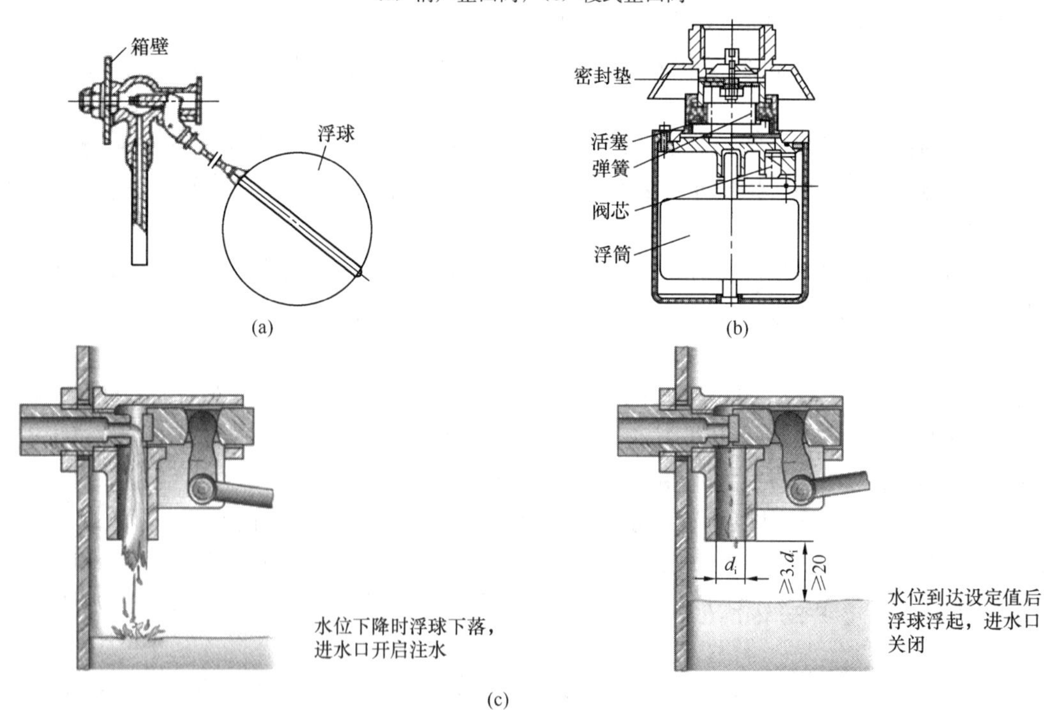

图 5-20　浮球阀

（a）浮球阀；（b）液压水位控制器；（c）浮球阀的工作原理

7. 减压阀：实际上它是一种压力调节器，可降低介质压力，并将此压力保持在一定的范围内不变。在管网压力高于设备允许压力和安全阀前的压力高于开启压力的 80% 时，应设置减压阀。

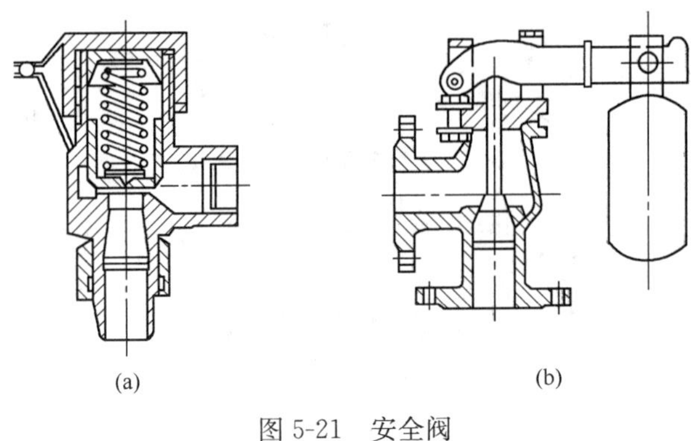

图 5-21　安全阀
(a) 弹簧式；(b) 杠杆式

(1) 减压阀的种类

1) 根据结构的不同：减压阀有弹簧薄膜式（图 5-22a）、活塞式等，前者依靠膜片感应下游压力控制弹簧对阀芯的开启度，精确度可达 ±1%，后者利用膜片、弹簧和活塞等元件的作用，改变阀芯和阀座的间隙，精确度为 ±5%。

2) 根据减压原理的不同：给水减压阀分为可调式减压阀和比例式减压阀。

① 可调式减压阀（图 5-22b）：出口压力在一定范围可调，由减压先导阀控制主阀，以出口压力的设定值为准，自动调节阀瓣的开启度和流量，实现阀后的出口压力的减压和稳定不变，与进口压力的关联度较小，可通过弹簧调节装置，对减压阀出口压力较小有效调整。可调式减压阀用于要求水压比较稳定的系统，价格较高。

② 比例式减压阀（图 5-22a、c、d、e、f）：阀前水压和阀后水压比例相对固定的活塞式结构的减压阀，它是依据其阀腔内减压活塞进出口两端感应面积的差异，实现进、出口压力成一定比例关系，依据进口压力设定出口压力；用于水压允许波动的系统，价格较便宜。

(2) 减压阀的调节比较简单（图 5-23a）。

(3) 减压阀的管径确定。

在欧洲，减压阀的公称直径是根据高峰流量 Q_s（图 5-23b）来确定，而不必与管道直径相等。在给水管路上，应该在流速 1.2m/s～2m/s 之间时确定减压阀。有效的减压阀应能承受 2～3 倍的高峰流量。

“选择小些”的减压阀有 2 个好处，一是它引起的噪声较低，因为它调节的出水口开启的较大；二是由于它的调节间隙较大，调节也比较准确。

例如：一个 8 户住宅给水系统干管的高峰流量 Q_s = 2.25L/s = 135L/min = 8.1m^3/h，在曲线图中与流速 2.0m/s 相交于 *DN*40 线，选择 *DN*32 的减压阀（v = 2.8m/s）比较合适，因为它可以承受 2 至 3 倍的高峰流量。

8. 倒流防止器：是由进水止回阀、出水止回阀和中间腔内的自动排水阀组成的阀组，用于严格限定管道中的有压水只能单向流动，能有效防止生活给水系统被回流污染的特种水力控制装置。适用于民用建筑及一般工业建筑生活给水系统。工作原理是（图 5-24）：

(1) 系统管网供水压力正常、用户用水时：进水端的供水压力 P_1 总是高于出水端水的压力 P_3，进、出水止回阀开启；这时进水端的水压总是高于阀腔内水压 P_2，压差 $\Delta P_{1-2}=P_1-P_2\geqslant 8\text{kPa}$，中间腔旁通泄水阀受压差 ΔP 作用呈关闭状态，不排水，用户不用水，进水和出水止回阀受弹簧推力作用自动关闭状态，中间腔泄水阀受压差 ΔP 作用

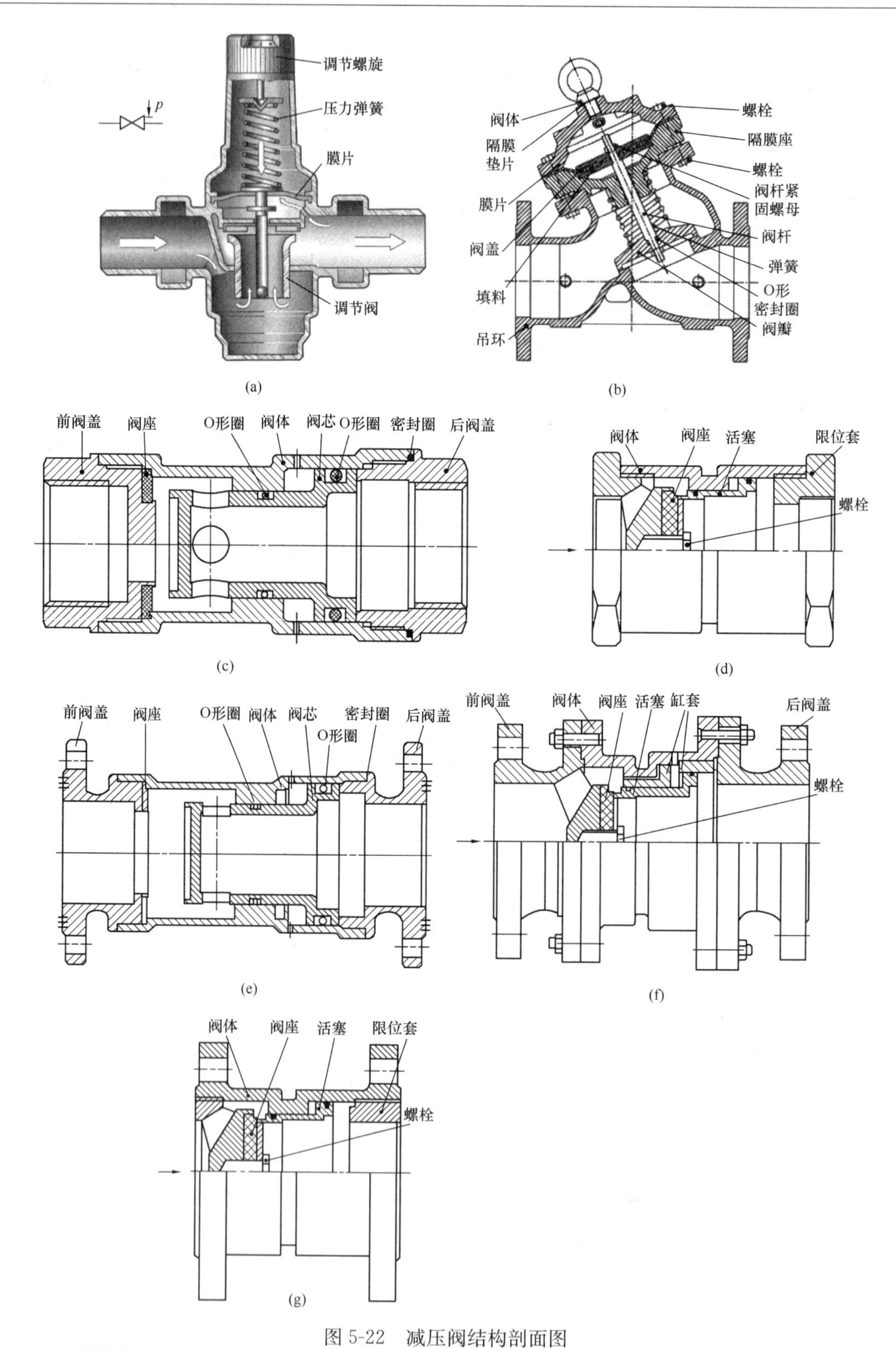

图 5-22 减压阀结构剖面图

(a) 弹簧薄膜式减压阀结构示意图；(b) 可调式减压阀结构示意图；(c) 内螺纹连接 A 形比例式减压阀；(d) 内螺纹连接 B 形比例式减压阀；(e) 法兰连接分体型比例式减压阀 A 形；(f) 法兰连接分体型比例式减压阀 B 形；(g) 法兰连接整体型比例式减压阀

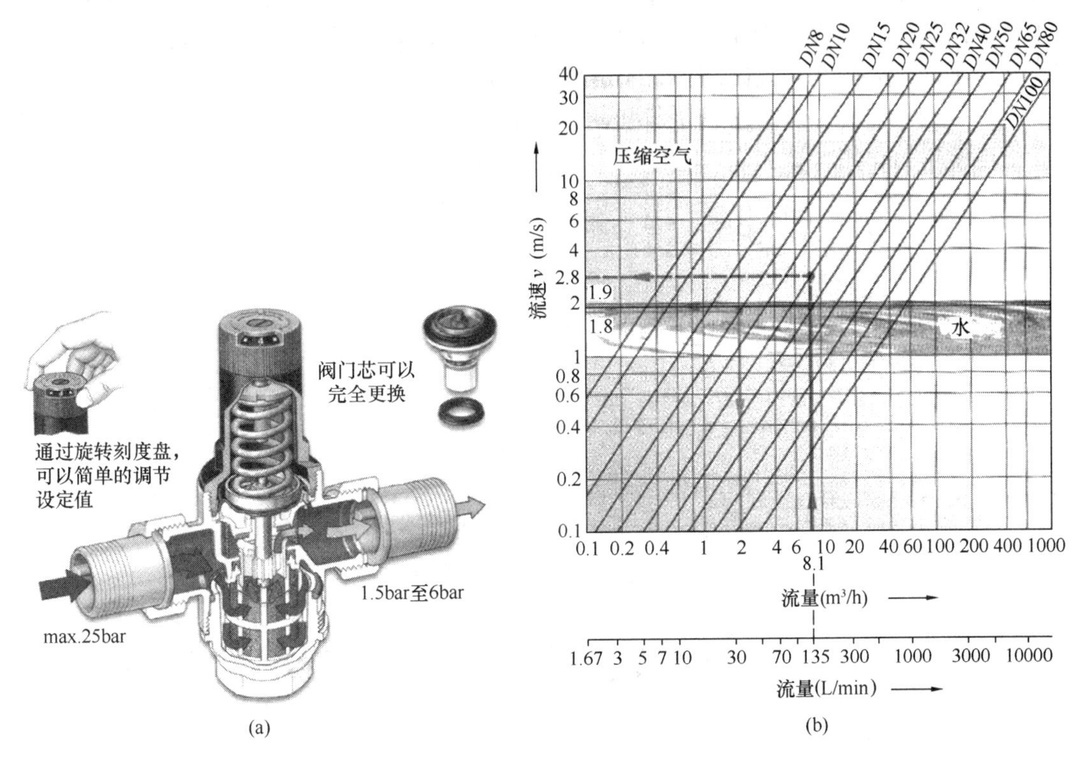

图 5-23　减压阀的调节与管径确定

（a）减压阀的调节；（b）减压阀公称直径的确定曲线图

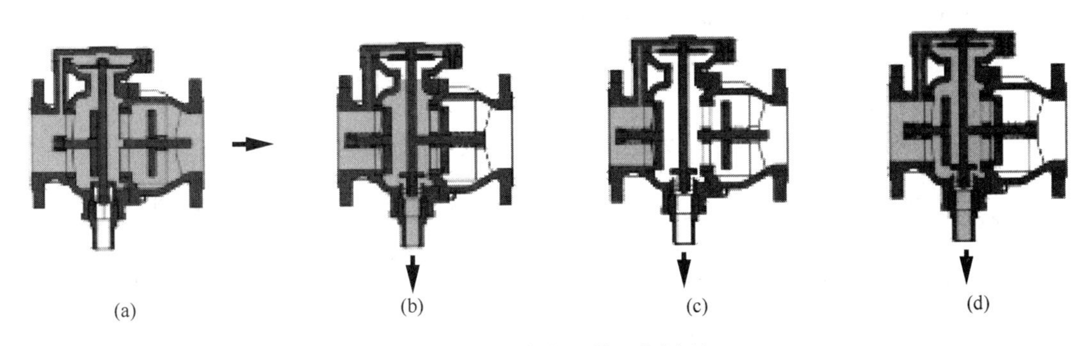

图 5-24　倒流防止器工作原理

（a）正常工作状态；（b）下游压力超高；

（c）出水端止回阀损坏；（d）进水端止回阀损坏

仍呈关闭状态，不排水。

（2）当系统管网供水压力 P_1 下降、但 $P_1 \geqslant 0.02$MPa，且 $0.012 \leqslant \Delta P \leqslant 0.023$MPa 时：用户不用水，出水止回阀受弹簧推力作用自动关闭，中间腔泄水阀自动开启排除腔内部分积水，防止回流，并在压差 ΔP 恢复到正常范围后关闭泄水阀，出水管路因某种原因使 P_3 上升，且 P_3 大于中间腔水压 P_2，只要出水止回阀不泄露，压差 ΔP 在正常范围，中间腔泄水阀关闭不排水，也不会产生回流。

（3）防虹吸回流：当系统管网供水压力 P_1 下降至 0.02MPa 以下，此时无论中间腔阀

压力 P_2 多大，泄水阀均自动开启排除中间腔积水，空气进入中间腔阀形成空气隔断，或在出水止回阀严重泄露情况下维持最大泄水能力，这时，即使管网供水压力下降形成负压，甚至进水止回阀密封被破坏，也不会发生虹吸回流。

（4）防背压回流：当出水管路因某种原因压力 P_3 上升、接近甚至大于 P_1 时，出水止回阀受弹簧推力作用自动关闭，若此时出水止回阀存在泄露（关不严现象），中间腔的水压 P_2 将随之升高，当压差 $\Delta P \leqslant 0.023$MPa 时，泄水阀自动开启将回流水排出，空气进入中间腔形成空气隔断，防止背压回流。

为了适应工艺与使用的需要，阀门的种类与组合阀越来越多，调节方式或启闭方式也千差万别，例如图 5-25a 的节流阀、图 5-25b 的节流阀组与图 5-26 的电磁阀。

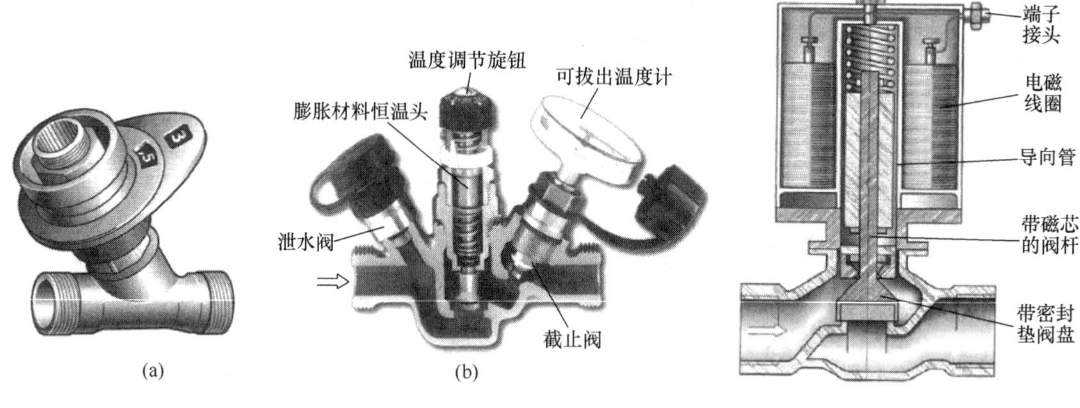

图 5-25 节流阀与循环管调节阀组

（a）手动调节温度，调节凸轮上的数值可读出；

（b）通过温控器自动调节温度，精度±2K

图 5-26 电磁阀

5.4.1.2 阀门的型号

我国阀门产品的型号由 7 个单元组成，各单元表示的意义如下：

第 1 单元	第 2 单元	第 3 单元	第 4 单元	第 5 单元	第 6 单元	第 7 单元
类型代号（字母）	传动方式（数字）	连接形式（数字）	结构形式（数字）	密封面或衬里材料	公称压力（数字）	阀体材料（字母）

各单元的代号见表 5-3～表 5-12，公称压力以 MPa 为单位。

阀门类别代号 **表 5-3**

阀门类型	闸阀	截止阀	止回阀	旋塞	安全阀	减压阀	球阀	蝶阀	疏水器
代号	Z	J	H	X	A	Y	Q	D	S

注：保温（带加热层）和带波纹管的阀门在类型代号前分别加“B”和“W”汉语拼音字母。

传动方式代号 **表 5-4**

传动方式	电磁动	电磁-液动	电-液动	蜗轮	正齿轮	伞齿轮	气动	液动	气-液动	电动
代号	0	1	2	3	4	5	6	7	8	9

注：1. 手轮、手柄和扳手传动以及安全阀，减压阀，疏水阀省略本代号。
2. 对于气动或液动：常开式用 6K、7K 表示，常闭式用 6B、7B 表示，气动带手动用 6S 表示，防爆电动用“9B”表示。蜗杆-T 形螺母用 3T 表示。

连接形式代号 **表 5-5**

连接形式	内螺纹	外螺纹	法兰	焊接	对夹	卡箍	卡套
代号	1	2	4	6	7	8	9

闸阀结构形式代号 **表 5-6**

<table>
<tr><th colspan="4">结构形式</th><th>代号</th></tr>
<tr><td rowspan="5">明杆</td><td rowspan="3">楔式</td><td colspan="2">弹性闸板</td><td>0</td></tr>
<tr><td rowspan="7">刚性</td><td>单闸板</td><td>1</td></tr>
<tr><td>双闸板</td><td>2</td></tr>
<tr><td rowspan="2">平行式</td><td>单闸板</td><td>3</td></tr>
<tr><td>双闸板</td><td>4</td></tr>
<tr><td colspan="2" rowspan="2">暗杆楔式</td><td>单闸板</td><td>5</td></tr>
<tr><td>双闸板</td><td>6</td></tr>
<tr><td colspan="2">暗杆平行式</td><td>双闸板</td><td>8</td></tr>
</table>

截止阀和节流阀结构形式代号 **表 5-7**

<table>
<tr><th colspan="2">截止阀和节流阀的结构形式</th><th>代号</th></tr>
<tr><td colspan="2">直通式</td><td>1</td></tr>
<tr><td colspan="2">角式</td><td>4</td></tr>
<tr><td colspan="2">直流式（Y形）</td><td>5</td></tr>
<tr><td rowspan="2">平衡</td><td>直通</td><td>6</td></tr>
<tr><td>角式</td><td>7</td></tr>
</table>

球阀与蝶阀结构形式代号 **表 5-8**

<table>
<tr><th colspan="3">球阀结构形式</th><th>代号</th><th>蝶阀结构形式</th><th>代号</th></tr>
<tr><td rowspan="4">浮动</td><td colspan="2">直通式</td><td>1</td><td>杠杆式</td><td>0</td></tr>
<tr><td>L形</td><td rowspan="2">三通式</td><td>4</td><td>垂直板式</td><td>1</td></tr>
<tr><td>T形</td><td>5</td><td>斜板式</td><td>3</td></tr>
<tr><td colspan="2">四通式</td><td>6</td><td colspan="2" rowspan="2">垂直板三杆式用 Is 表示</td></tr>
<tr><td>固定</td><td colspan="2">直通式</td><td>7</td></tr>
</table>

隔膜阀、减压阀和旋塞阀的结构形式与代号 **表 5-9**

<table>
<tr><th>隔膜阀结构形式</th><th>代号</th><th>减压阀结构形式</th><th>代号</th><th colspan="2">旋塞阀结构形式</th><th>代号</th></tr>
<tr><td>屋脊式</td><td>1</td><td>薄膜式</td><td>1</td><td rowspan="3">填料</td><td>直通式</td><td>3</td></tr>
<tr><td>截止式</td><td>3</td><td>弹簧薄膜式</td><td>2</td><td>T形三通式</td><td>4</td></tr>
<tr><td>闸板式</td><td>7</td><td>活塞式</td><td>3</td><td>四通式</td><td>5</td></tr>
<tr><td></td><td></td><td>波纹管式</td><td>4</td><td rowspan="2">油封</td><td>直通式</td><td>7</td></tr>
<tr><td></td><td></td><td>杠杆式</td><td>5</td><td>T形三通式</td><td>8</td></tr>
</table>

安全阀、止回阀和底阀结构形式　　表 5-10

<table>
<tr><th colspan="4">安全阀结构形式</th><th>代号</th><th colspan="2">止回阀和底阀结构形式</th><th>代号</th></tr>
<tr><td rowspan="9">弹簧</td><td rowspan="5">封闭</td><td>带散热片</td><td>全启式</td><td>0</td><td rowspan="2">升降</td><td>直通式</td><td>1</td></tr>
<tr><td colspan="2">微启式</td><td>1</td><td>立式</td><td>2</td></tr>
<tr><td colspan="2">全启式</td><td>2</td><td rowspan="4">旋启</td><td>单瓣式</td><td>4</td></tr>
<tr><td rowspan="4">带扳手</td><td>全启式</td><td>4</td><td>多瓣式</td><td>5</td></tr>
<tr><td>双弹簧微启式</td><td>3</td><td>双瓣式</td><td>6</td></tr>
<tr><td rowspan="4">不封闭</td><td>微启式</td><td>7</td><td>蝶式</td><td>7</td></tr>
<tr><td>全启式</td><td>8</td><td colspan="3" rowspan="4">注：1. 杠杆式安全阀在类型代号前加“G”汉语拼音字母。
2. 脉冲式副阀用 9a 表示。</td></tr>
<tr><td rowspan="2">带控制机构</td><td>微启式</td><td>5</td></tr>
<tr><td>全启式</td><td>6</td></tr>
<tr><td colspan="4">脉冲式</td><td>9</td></tr>
</table>

阀座密封面或衬里材料代号　　表 5-11

铜合金	橡胶	尼龙塑料	氟塑料	合金钢	渗氮钢
T	X	N	F	H	D
硬质合金	衬胶	衬铅	搪瓷	渗硼钢	锡基轴承合金（巴氏合金）
Y	J	Q	C	P	B

阀体材料代号　　表 5-12

灰铸铁	可锻铸铁	球墨铸铁	铜及铜合金	WCB
Z	K	Q	T	C
Cr5Mo	1Cr18Ni9Ti	Cr18Ni12Mo2Ti	12CrMoV	
I	P	R	V	

注：$PN \leqslant 1.6$MPa 的灰铸铁阀体和 $PN \geqslant 2.5$MPa 的碳素钢阀体省略本代号。

例如：J11-1.0K 为直通式手动内螺纹截止阀，其密封面材质为衬胶，公称压力为 1.0MPa，阀体材料为可锻铸铁；H41T-1.6 为法兰升降式止回阀，密封面为铜合金。

5.4.1.3　控制附件敷设与安装的要求

1. 在选择阀门时，优先使用寿命长、无须保养或容易维修、压力损失尽可能小、低噪声的阀门；明装的阀门应美观、易于清洁、功能好。

2. 给水管道上的阀门，应根据采用的管材、管径、压力等级、连接方式、水流方式、启闭要求和耐腐蚀要求，一般按下列规定选用：

（1）阀门的公称压力不得小于管材及管件的公称压力。

（2）管径≤DN50mm 时，宜采用截止阀；管径＞DN50mm 时，宜采用闸阀或蝶阀，安装空间小的场所，宜采用蝶阀、球阀。要求水流阻力小的部位宜采用闸阀、球阀、半球阀。

（3）在双向流动的管段上，应采用闸阀或蝶阀，不得使用截止阀。

（4）需调节流量、水压时，宜采用调节阀、截止阀，在经常启闭的管段上，宜采用截止阀。

(5) 不经常启闭而又需要快速启闭的管段，应采用快速启闭阀，配水点处不宜采用旋塞。

(6) 管径≥DN150 的水泵出水管上可采用多功能水泵控制阀。

3. 给水管道上的阀门，应根据给水管使用和检修的要求，设置在易于操作的和方便检修的地方。应设在不会冻结的场所，不应安装在有腐蚀性和污染的环境。

4. 有安装方向的阀门（截止阀、止回阀、倒流防止器等），应使介质流向与箭头一致。直杆截止阀（水流方向为低进高出）装反会使开启费力、阻力增大，容易损坏密封圈。

5. 应在下列管段上装设阀门：

(1) 入户管、水表前和洒水栓前；

(2) 立管底部、垂直环形管网立管的上、下端部、各分支立管；

(3) 环形管网的分干管、贯通枝状管网的连通管上；

(4) 居住和公共建筑中，从给水干管、立管接出的配水管起端；

(5) 接至生产设备和其他用水设备的配水支管上。

6. 给水管道上的止回阀设置，应符合下列要求：

(1) 止回阀选型应根据安装部位，阀前水压、关闭后的密闭性能要求和关闭时引发的水锤等因素确定，且应符合下列规定：

1) 管网最小压力或水箱最低水位应满足开启止回阀压力（一般不小于 0.08bar），可选用旋启式止回阀等开启压力低的止回阀，阀前水压小时，宜采用阻力低的球式和梭式止回阀；

2) 要求关闭后密闭性能严密时，宜选用有关闭弹簧的软密封止回阀；

3) 要求削弱关闭水锤时，宜选用弹簧复位的速闭止回阀或后阶段有缓闭功能的止回阀；

4) 止回阀安装方向和位置应能保证阀瓣在重力或弹簧力作用下自行关闭；

5) 装有倒流防止器的管段处，可不再设置止回阀。

(2) 止回阀应装设在下列给水管道的管段上：

1) 直接从城镇给水管网接入小区或建筑物的引入管上；

2) 密闭的水加热器或用水设备的进水管上；

3) 水箱进水管与出水管合为一条时的水箱出水管上；

4) 每台水泵的出水管上；

5) 管网有反压时，水表后面与阀门之间的管道上；

6) 升压给水方式的水泵旁通管上；

7) 消防水泵接合器的引入管和消防水箱的消防出水管上。

7. 倒流防止器

(1) 倒流防止器的安装

1) 具有排水功能的倒流防止器不得安装在泄水阀排水口可能被淹没的场所。

2) 倒流防止器设置地点应有排水设施，采用间接排水方式，不应与排水管系统直接连接。设置地点的环境应清洁，不应装在有腐蚀性和污染的环境，并有足够的安装与维修空间。

3）住宅入户支管上设置的倒流防止器阀组，可不设置后控制阀。

4）管道过滤器滤网应由不锈钢或铜质材料制成，且应有足够的强度和刚度，滤网网孔水流总面积应不小于管道过水断面面积的2～3倍，规格宜为20～60目。

5）倒流防止器适宜明装，水平、单组设置，阀盖向上，排水口向下。在只有一条进水管且不允许中断供水的用户给水系统时，可采用两组并联设置方式，其单组过水能力宜按系统设计流量的70%～100%确定。

6）倒流防止器应设置在只允许水流单向流动的给水管段上，倒流防止器阀组沿水流方向依次为：前控制阀、水表或流量计（系统需要时设置）、管道过滤器、倒流防止器、可曲挠橡胶管接头或管道伸缩器（螺纹连接时采用活接头）和后控制阀（见图5-27）。

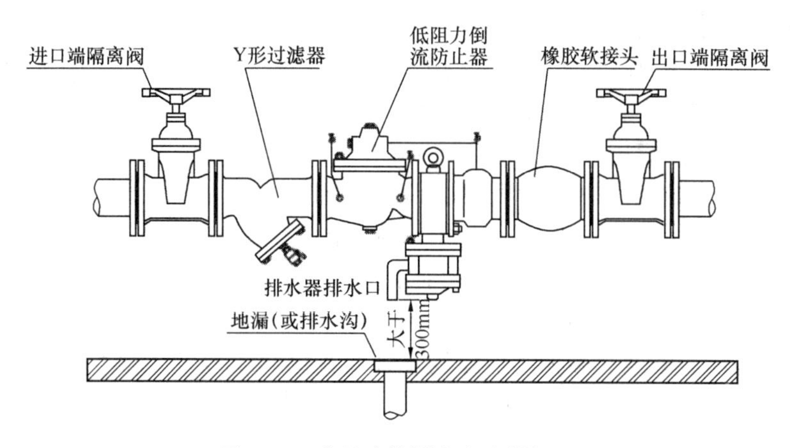

图5-27　法兰连接倒流防止器阀组

7）当回流介质温度≥80℃时，应选用热水型倒流防止器。

8）安装倒流防止器前，应对其上、下游给水管段冲洗干净，安装前应检查倒流防止器阀组各组件之间的紧固螺栓是否牢靠，发现异常应重新紧固，但不得对倒流防止器阀体部件进行分解拆装。检查倒流防止器各组件阀体上标示的箭头与系统水流方向应一致。

9）倒流防止器应采用支架（或支墩）单独固定，不应将阀体重量传递给两端管道，也不应将外部荷载作用在倒流防止器上。

（2）倒流防止器安装完毕后的调试

1）将倒流防止器阀组前、后控制阀关闭，缓慢开启阀组前控制阀，并打开倒流防止器阀体上部测试球阀以排除阀腔内的空气，让水流逐渐充满倒流防止器阀腔，关闭排气球阀，缓慢开启阀组后控制阀，使水流逐渐充满阀组后部管路系统。开启阀组后部管道上的配水龙头，观察能否正常出水，并检查倒流防止器排水阀是否呈正常关闭状态，关闭阀组后部管道上的配水龙头，观察倒流防止器排水阀是否仍呈关闭状态，关闭阀组前控制阀，打开倒流防止器中间腔球阀和阀组后控制阀，使出口端水压高于中间腔水压，观察倒流防止器排水阀是否泄水，检查出水止回阀的封闭性能。

2）调试时，当控制阀开启或关闭时，发现泄水阀有少量水排出，应属正常现象，若出现泄水阀连续排水，阀组后部配水管网断流等异常情况，应及时中断调试，并通知供货商安排技术人员到场处理。

8. 真空破坏器（防虹吸附件）

（1）真空破坏器的作用：当系统产生负压（例如室外管网被意外挖断）时，正在使用的室内管网可能发生虹吸，将被污染的水吸入给水管网。安装的真空破坏器通过大气压跟系统压力的压差作用在密封件上，推动密封件，打开密封面把外界大气引入系统，让系统压强升高破坏负压，直到密封件重新下坠密封，外界大气不再进入系统。

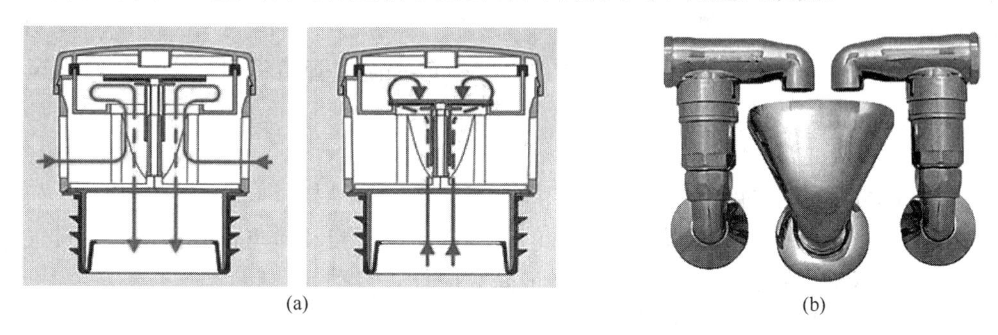

(a) (b)

图 5-28　真空破坏器工作原理示意图与 2 组实物安装照片

(a) 系统负压时阀开启，空气进入；系统正压时，阀关闭；(b) 安装在立管顶部的 2 组真空破坏器

（2）真空破坏器的安装：真空破坏器广泛用于各种容易产生真空的系统，如消防、泳池、绿地喷灌等。由于真空破坏器关闭时有滴水现象，需要设置在排水系统附近（图 5-28）；在欧洲，真空破坏器现在一般设置在配水附件上（图 5-30c、d）。

9. 减压阀

（1）减压阀的配置与选择

1）减压阀的阀前水压应保持稳定，阀前的管道不宜兼作配水管。减压阀的减压比不宜大于 3∶1，并应避开气蚀区。减压阀的气蚀校验不合格时，可采用串联减压方式或双极减压方式气蚀。

2）若减压阀失效，阀后的最大压力≤1.5×配水件的公称压力，当减压阀串联使用时，应按其中一个失效情况来计算阀后最高压力。

3）当减压阀前压力≥阀后排水件水压试验压力时，减压阀宜串联设置，且串联的级数不宜大于 2 级，相邻的 2 级串联设置的减压阀应采用不同类型的减压阀。

4）当减压阀失效时的压力＞阀后排水件额定水压试验压力时，应设置自动泄压装置，若减压阀失效可能造成重大损失时，应设置自动泄压装置和超压报警装置。

5）当有不间断供水要求时，应采用两个相同类型的减压阀并联设置。

6）若阀后压力允许波动时，可采用比例式减压阀，若阀后压力要求稳定时，宜采用可调式减压阀中的稳压减压阀。当减压差＜0.15MPa 时，宜采用可调式减压阀中的差压减压阀。

7）减压阀出口动静压升应根据生产厂家提供的资料确定，若无资料可按 0.10MPa 确定。

（2）减压阀的安装

1）减压阀的公称直径宜与其相连管道的管径一致，减压阀前应设阀门和过滤器，需要拆卸阀体才能检修的减压阀，应设管道伸缩器或接头，支管减压阀用锁紧螺母连接，检修时阀后水会倒流时，在阀后设置阀门。减压阀不应设置旁通管。

2）干管减压阀节点的前、后都设压力表，支管减压阀节点后设压力表。

3）比例式减压阀、立式可调式减压阀宜垂直安装，其他可调式减压阀应水平安装。

4）设置减压阀处的地面应有排水设施，以便于管道过滤器的排污和减压阀的检修。

10. 持压泄压阀的设置

（1）当给水管网存在短时超压工况且会引起危及安全时，应设置持压泄压阀。

（2）持压泄压阀前应设置阀门，其泄水口应连接管道间接排水，其出流口空气间隙≥300mm。

11. 安全阀的阀前、阀后不得设置阀门，泄压口应连接管道将泄压水（气）引至安全地点排放。

12. 排气装置的设置

（1）在间歇性使用的给水管网末端和最高点应设置自动排气阀。

（2）在给水管网有明显起伏积聚空气的管段峰点设置自动排气阀或手动阀门排气。

（3）在给水加压装置直接供水的管网最高点应设置自动排气阀。

（4）在减压阀后管网最高点宜设置自动排气阀。

13. 管道过滤器的设置

（1）在减压阀、持压泄压阀、倒流防止器、自动水位控制阀、温度调节阀等阀件前应设置过滤器。

（2）水加热器的进水管上、换热装置的循环冷却水进水管上宜设置过滤器。

（3）过滤器的滤网网孔尺寸应按使用要求确定。

14. 水锤消除装置：在给水加压系统，应根据水泵扬程、管道走向、止回阀类型、环境噪声要求等因素确定。

15. 附件在安装前应进行外观检查：

（1）外观是否损伤，阀杆是否弯曲、锈蚀；

（2）阀杆和填料压盖配合处是否良好无缺陷，阀盖与阀体的结合是否良好；

（3）阀芯与阀座的结合是否良好无缺陷；

（4）垫片、螺母等是否齐全；

（5）阀杆与阀芯旋转是否灵活、可靠。

16. 控制附件的强度和密封性试验：在安装前对每批（同牌号、同型号、同规格）数量中的10%抽检，且不少于1个。对于安装在主干管上起切断作用的闭路阀门，应逐个进行强度和密封性试验。控制附件的强度试验压力为公称压力的1.5倍，密封性试验压力为公称压力的1.1倍，试验压力在试验持续时间（表5-13）内应保持不变。

（1）将附件空腔内空气排尽后，缓慢加压至试验压力，在试压期间附件两侧密封处无渗漏，阀体各部位无渗漏，压力不下降为合格。

（2）除蝶阀、止回阀、节流阀外的阀门，严密性试验一般以附件所标公称压力进行，也可以用1.25倍工作压力进行，以阀瓣密封面不渗漏为合格。

（3）在压力试验时，截止阀、止回阀的连接方向应与压力流的方向相反。

控制附件试验持续时间（s） **表5-13**

公称直径 DN（mm）	严密性试验		强度试验
	金属密封	非金属密封	
≤50	15	15	15
65～200	50	15	60
250～450	60	30	180

5.4.2 配水附件

配水附件为安装在卫生器具及用水点的各式水龙头，用以调节和启闭水流。如常用的卫生器具与用水设备的配水龙头以及生产和消防等用水设备。

配水附件的主体材料有黄铜，抛光或镀铬；不锈钢；塑料；可锻铸铁等。

5.4.2.1 配水附件的分类

1. 根据作用原理，配水附件主要分为两类：

(1) 截止阀式配水龙头（图 5-29a）：装在洗涤盆上，如污水盆、盥洗槽上的均属此种。水流经过此种龙头因改变流向，故阻力较大。

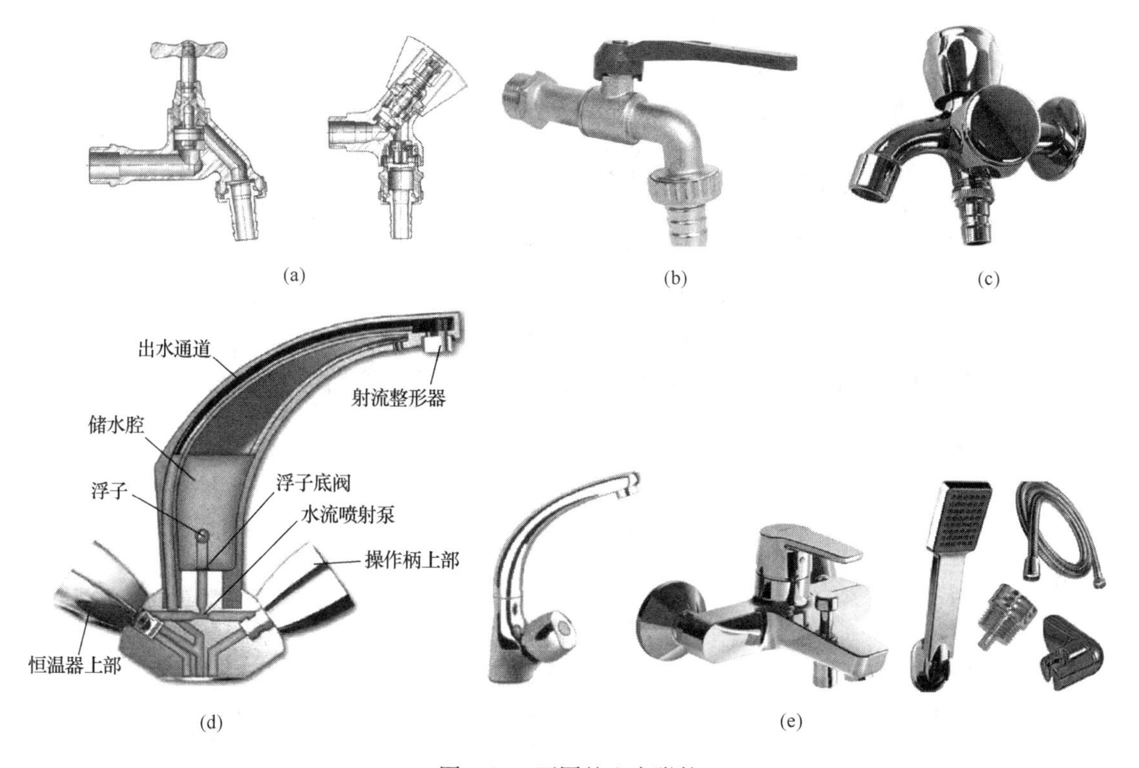

图 5-29 不同的配水附件

(a) 带橡胶软管接头的截止阀式水嘴；(b) 带橡胶软管接头的旋塞式水嘴；(c) 双柄双水嘴的单冷龙头；
(d) 带防滴储水腔的恒温立式混合水龙头；(e) 出水管可以左右；
(f) 淋浴混合水龙头与莲蓬头附件摆动的立式水龙头

(2) 旋塞式配水龙头（图 5-29b）：设在压力不大的给水系统上。这种龙头旋转 90°即可完全开启，短时获得较大流量，又因水流呈直线经过龙头，阻力较小。缺点是启闭迅速，容易产生水锤，密封性较差，适用于浴池、洗衣房、开水间等。

2. 根据外形与安装位置，配水附件有莲蓬头式、鸭嘴式、角式、长脖式、墙挂式（图 5- 29c）、立式（图 5-29d）等多种形式。出水管有固定的和可以左右摆动的。

3. 根据用途，配水附件有盥洗龙头（图 5-29e）、淋浴龙头（图 5-29f）、消防龙头等。

4. 根据开启方式，配水附件分为触摸式和非触摸式。

(1) 触摸式：需要使用人体的某个部位接触操作进行启闭；又分为：

1) 旋启式：旋转 T 形手柄、手轮、一字型扳手等，开启与关闭附件，这是使用最广泛的一类附件。

2）按揿式：用手压下按柄，附件开启，出水一定时间后自动关闭，也称为自闭式水嘴；用于洗脸盆、小便器冲洗阀（图 5-30a）等。

3）肘动式：用胳膊肘操作长柄开启与关闭附件（图 5-30b），用于空间较大的洗脸盆。

4）脚踏式：用脚踩踏按键，附件开启，脚抬起关闭，用于公共场所。

（2）非触摸式：不需要人体的任何部位直接接触附件，只要当人体的某些部位靠近其传感器，并保持一定距离与一定时间后，配水附件自动开启，人体部位移开后自动关闭。

1）根据传感器感应原理的分类：有光电感应式（通过远红外线传感器）和雷达电子式（通过一个微波发射器和接收器）；

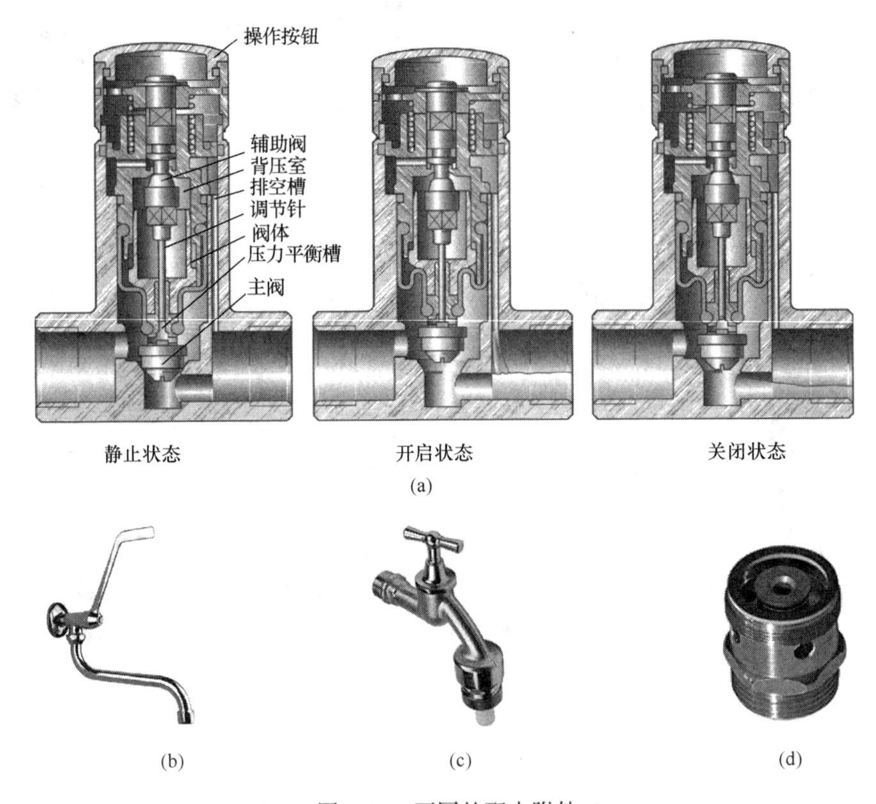

图 5-30　不同的配水附件

（a）自闭式直通附件工作原理；（b）肘动式水嘴；（c）带止回阀与真空破坏器、可接软管的水嘴；（d）水嘴上的止回阀与真空破坏器

2）根据电源的分类：又分为电池供电或电网供电两种。

这类配水附件一般用于公共的卫生设备；但出于卫生和节水的需要，已经逐渐进入一些家庭的卫生间。

5. 配水龙头的其他方式分类：根据使用的介质，有冷水龙头、热水龙头和冷热水混合龙头；混合龙头又有双柄式、单柄式、带限温装置的可调温式；带连接软管接头的水龙头分为没有或含有真空破坏器等（图 5-29a，图 5-30c、d）。

5.4.2.2　水龙头上的射流整形器

在许多浴缸、洗脸盆和洗涤盆上的水龙头出水口都旋有一个射流整形器（图 5-31a）。

1. 射流整形器的作用

因为水从水嘴流出时是不规则的，噪声较大。安装射流整形器后，使得水流呈闭合状而不散开，水变“软”了，同时起着节水和节能的作用，抑制雾状水的形成，避免病菌扩散，例如军团细菌的传播，安上的筛网主要不是用来收集脏物的，而是起着减小流速的作用；当然它也能截留粗的固体颗粒。

2. 射流整形器可能形成的射流形态

(1) 舒服流束：当空气与水混合时产生的流束（图 5-31b）。

(2) 层流流束：当没有空气混合时，形成没有涡流的流束（图 5-31c）。

(3) 莲蓬头流束：尽管要节约水，但在公共建筑中仍然要用莲蓬头流束（图 5-31d）冲洗手，或者使用这种流束冲洗联排洗衣机或洗碗机等。

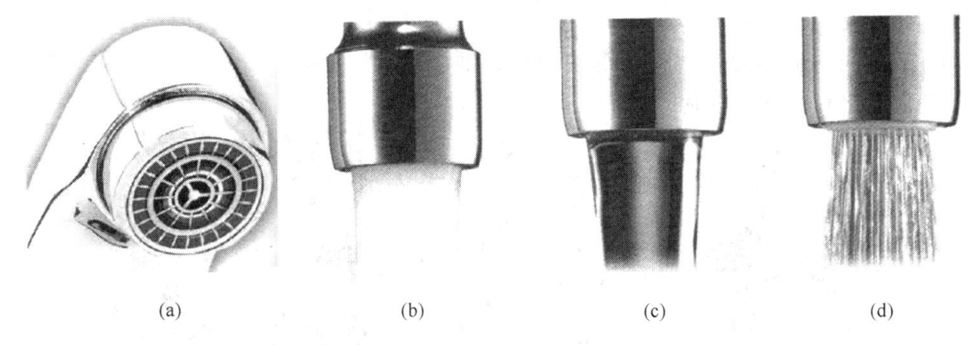

(a) (b) (c) (d)

图 5-31 射流整形器与不同形态的流束

(a) 带射流整形器的水嘴口；(b) 舒服流束；(c) 层流流束；(d) 莲蓬头流束

(4) 射流调节器：特别是厨房洗涤盆的配水附件有带球关节和可以调节不同射流形态的莲蓬头式水嘴（图 5-32a、b）。

1) 含与空气混合的射流整形器：也称为“气泡发生器”(图 5-33a)，含一个具有许多小孔的圆片，在那里阻碍水流。在圆片下方产生负压，通过外壳与下端连接的塑料件吸入空气。在这一级里，空气与水充分混合，产生了软的、发泡的、不会喷溅的、完整的气水流束。

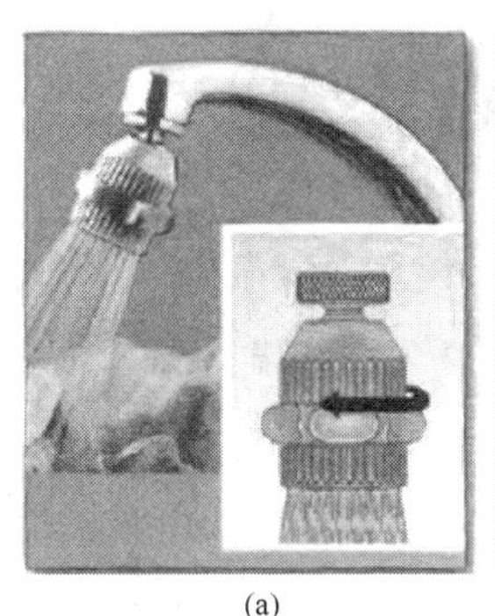

(a)

(b)

图 5-32 带球关节的可调节式射流调节器

(a) 莲蓬头冲洗；(b) 完整射流清洗

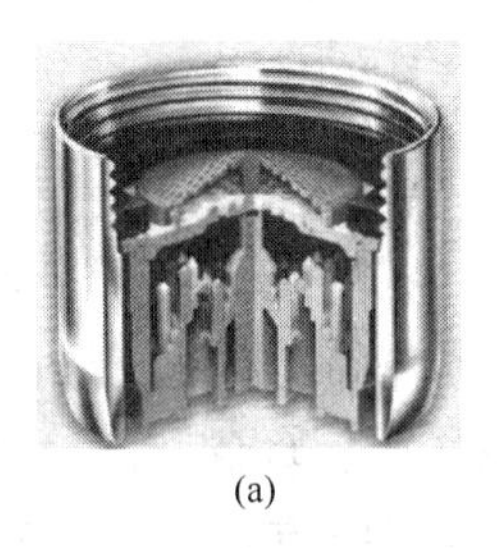

(a)

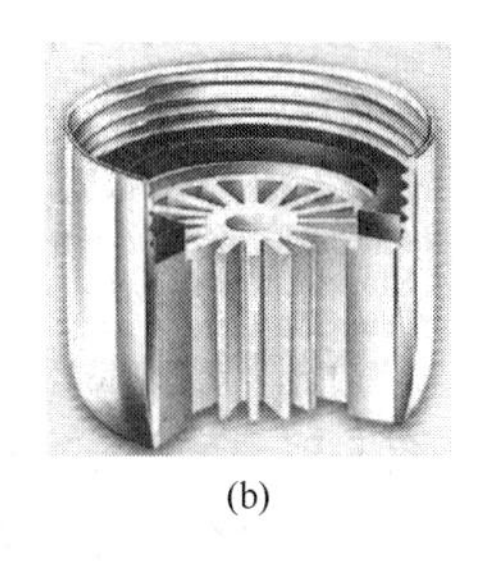

(b)

图 5-33 射流调节器

(a) 与空气混合（气泡流束）；

(b) 不与空气混合（层流流束）

以前使用的筛状嵌入件很容易结垢，已经不再使用。

2）不含与空气混合的射流整形器：使用孔板和粗筛网或使用星形整形器(图 5-33b)。连接在无压的热水器上的混合水龙头不宜安装含空气与水混合的射流调整器，因为它会导致热水器中结垢和容器中压力升高。不含空气混合的射流整形器使用在开式（无压）的电热水器水嘴上，因为它不会回水，也使用在医院、养老院等类似机构内，因为他们几乎难得需要雾状水，以减少军团细菌的危害。

5.4.2.3　冷热水混合水龙头

冷热水混合龙头分为上部部件、水龙头本体和射流整形器，后两个部件前面已经介绍了。

1. 上部部件

现在使用的冷热水混合龙头含有两片平面精密研磨的陶瓷片（图 5-34），相互密封可靠，表面不平度约 0.0006mm，具有类似于金刚石的硬度。由于它们具有如此优秀的表面特性，能够保证不被细微的沙粒、锈蚀微粒、细小钢屑等磨损，不会产生渗漏。因为陶瓷密封片不会老化和损坏，实际上它的寿命特别长。

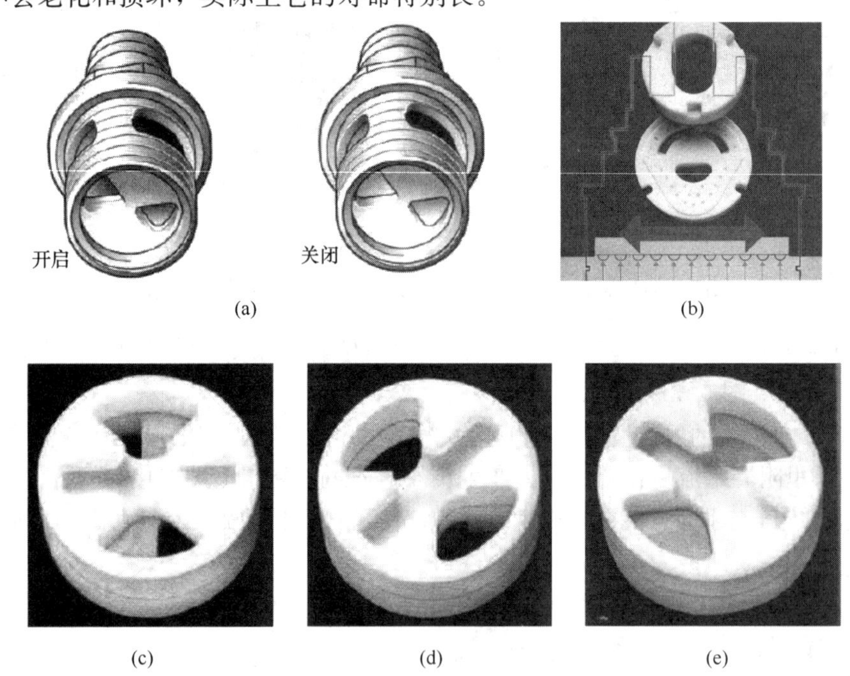

(a)　(b)

(c)　(d)　(e)

图 5-34　精密陶瓷片在混合水龙头中的启闭作用

(a) 含陶瓷片的上部开启与关闭示意图；(b) 浸渍油脂的陶瓷片耐用、移动灵活；(c) 两片陶瓷片半开状态；(d) 两片陶瓷片全开状态；(e) 两片陶瓷片全闭状态

当陶瓷片很紧时，带弹簧的橡胶密封环的上部部件有助于冷热水精确地比例混合（图 5-35）。图 5-35b 显示的是节水型混合水龙头。

2. 混合水龙头的手动操纵方式：有双柄和单臂混合水龙头

双柄调节不方便、废水，当水温较高时易手忙脚乱导致烫伤。单臂启闭快捷、省水。

单臂操纵分为两个方向的运动：向上抬起，流量增加；左右移动，调节水温（热左冷右）。平时，单臂位于中间位置（水嘴制动点，图 5-36）。如果单臂抬起、顺着从右滑动到中间有“阻力”的位置，放出的是冷水，属于“节水区域”，水量 0～5L/min，洗手足够了；在克服了

“阻力”后，向左移动进入“舒适区域”，水量不断地增加，水温也持续地上升（图 5-37）。混合水龙头出水量 max. 13L。研究表明，采用这种节水型混合水龙头省水、节能约 1/2。

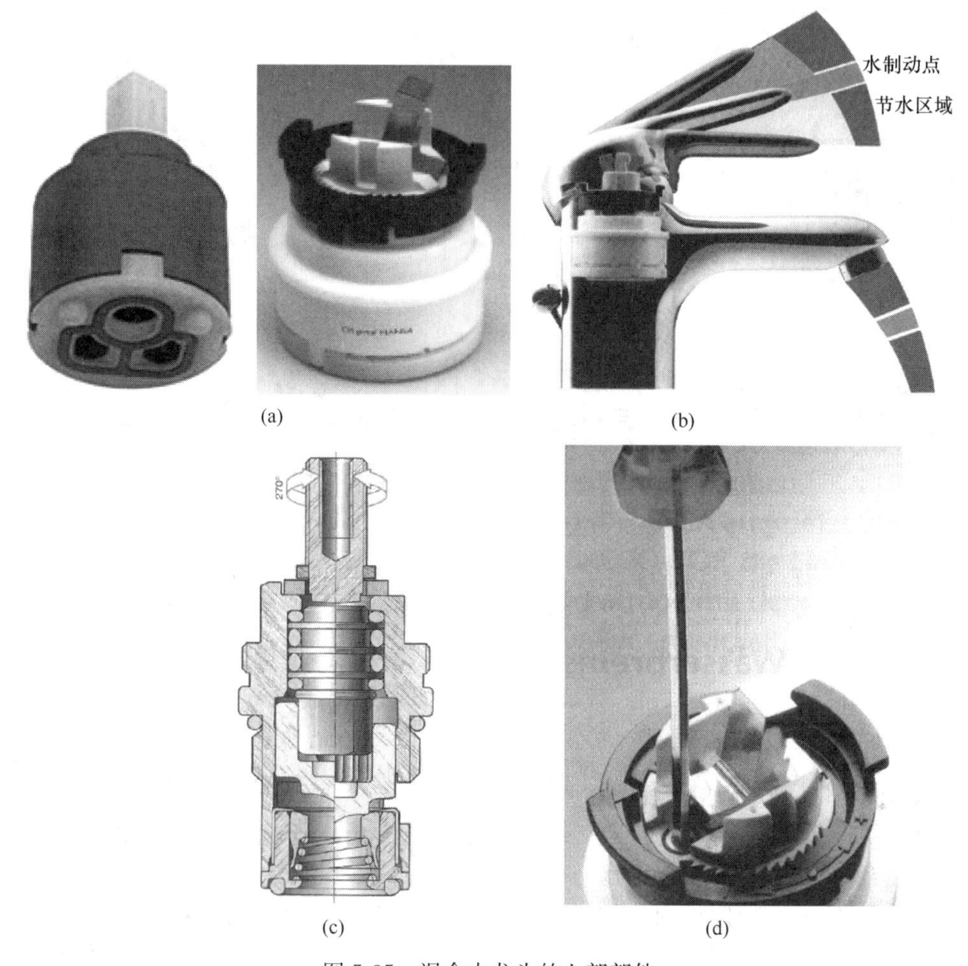

图 5-35　混合水龙头的上部部件

（a）不同外形的上部部件；（b）在上部部件的手柄运动；
（c）上部部件构造示意图；（d）热水量可以由管道工来调节

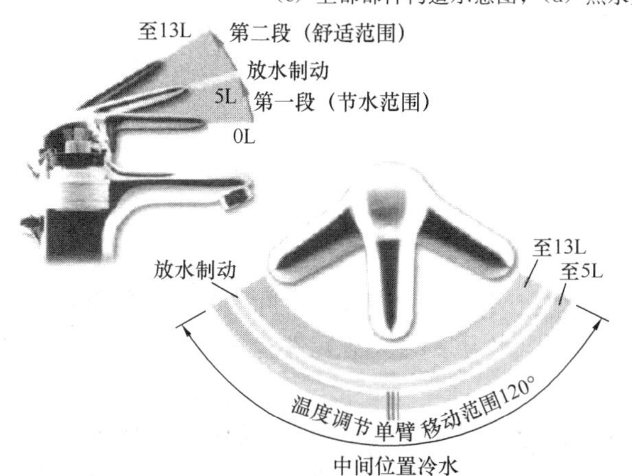

图 5-36　单臂混合水龙头的制动与节水范围

现在新型的混合水龙头，将水的通路进行绝热（图 5-38），使水与黄铜外壳隔开，热量不会传递到外壳上，也不会将黄铜中的镍与铅冲刷进水中。由于水路狭窄，几乎不会产生死水区。

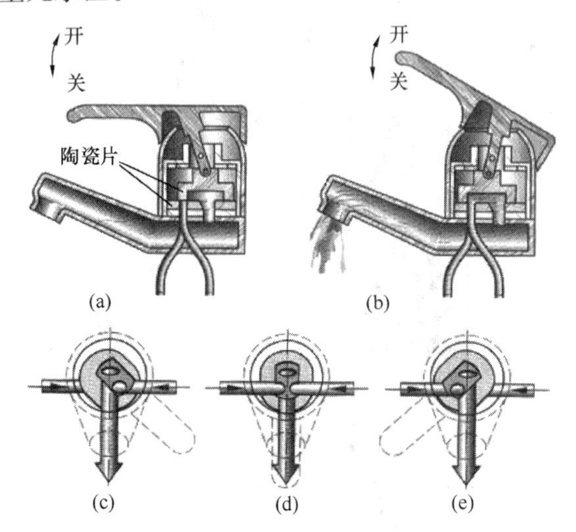

图 5-37　带陶瓷片的单臂混合水龙头-在不同操纵位置的水量变化

(a) 关闭；(b) 开启；(c) 冷水；(d) 混合水；(e) 热水

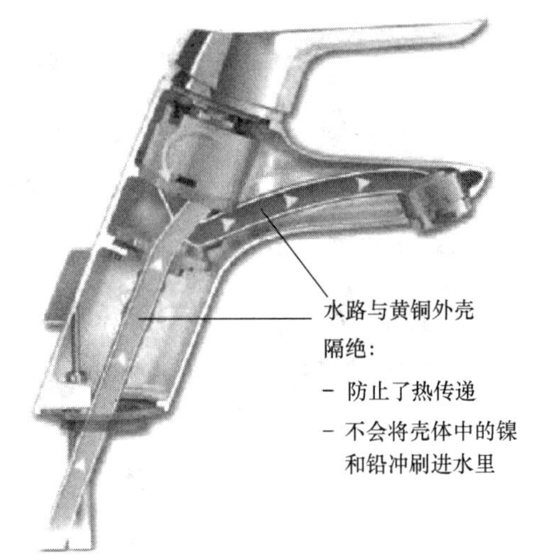

图 5-38　具有绝热水路的单臂混合水龙头

5.4.2.4　恒温混合水龙头

1. 恒温混合水龙头（图 5-39）的功能与种类：

恒温混合水龙头可以预选出水温度，从 20℃至 60℃恒定地保持偏差±1℃，不依赖于进水管的压力与温度的波动。

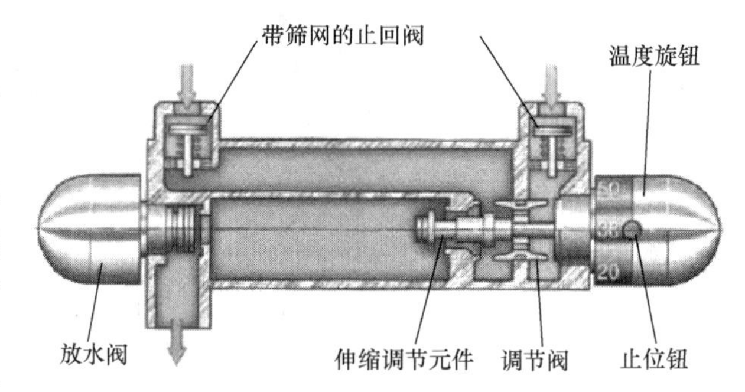

图 5-39　带伸缩调节元件的明装恒温混合水龙头结构示意图

恒温混合水龙头有较高的购置费和事后较高的安装费，但却是值得的；恒温混合水龙头能快速达到所选择的出水温度，节水和节能。而且避免烫伤（可能在 60℃以上）。出于安全的理由，在 38℃处设置了一个止位钮，松开后可以调节更高的温度。

2. 恒温混合水龙头

温度的调节：是通过一个调节阀实现的，它的冷水和热水调节间隙只有 1～2mm。一个具有预应力的弹簧根据力的分布调节选择的出水温度。调节元件有两种（调节特性曲线见图 5-40）：

(1) 用记忆金属弹簧（图 5-41a）：由镍钛合金制成，它在确定的温度时能精确地“记忆”其长度。通过与混合的水直接接触，它瞬间起反应，不会超过、也不会低于调节温度。

（2）用伸缩材料调节元件（图 5-41b）：具有光滑的表面，使得垢不会淤积；由于具有大的热传导面积，能极快地反应；在冷热水间安装了可分开的、移动时没有摩擦力、几乎不需要调节力的闸阀；或者当垢剥去时，在硬水中也可以通过较高的调节力移动调节阀。

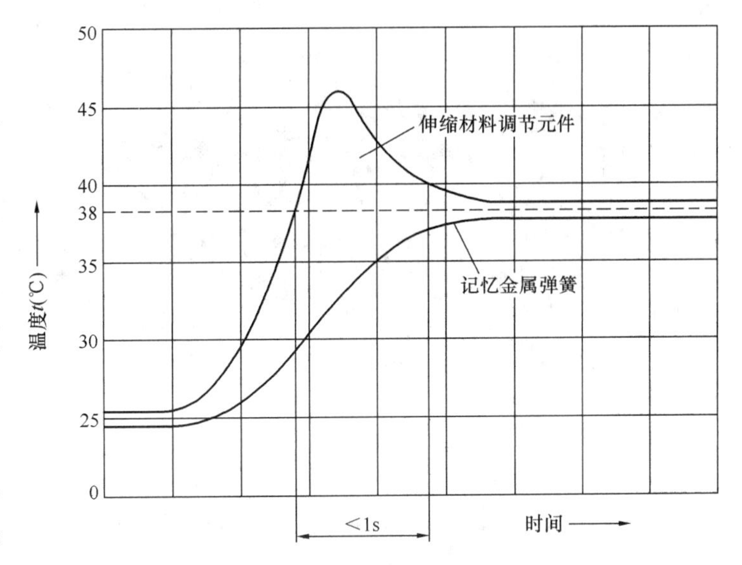

图 5-40　优良的恒温阀温度调节特性曲线

恒温阀中的细小调节间隙对脏物是敏感的，所以在其入口的过滤器很重要。为了防止冷水进入热水管，恒温阀必须在冷水与热水入口分别设置止回阀。一些恒温阀还设置了一个停止按钮，限定流量到50%，按一下按钮又可以放出满负荷流量。

恒温混合水龙头有明装（图 5-42 和图 5-43，即阀体安装于粉刷层外）和暗装（图 5-44，即阀体安装于假墙内、粉刷层下）。

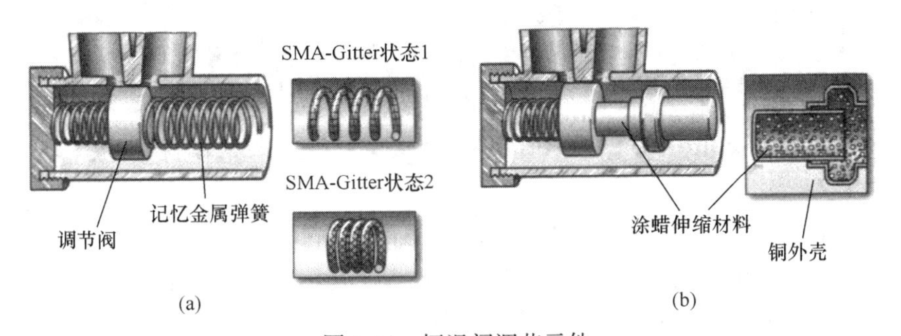

图 5-41　恒温阀调节元件

（a）用记忆金属弹簧；（b）用伸缩材料调节元件

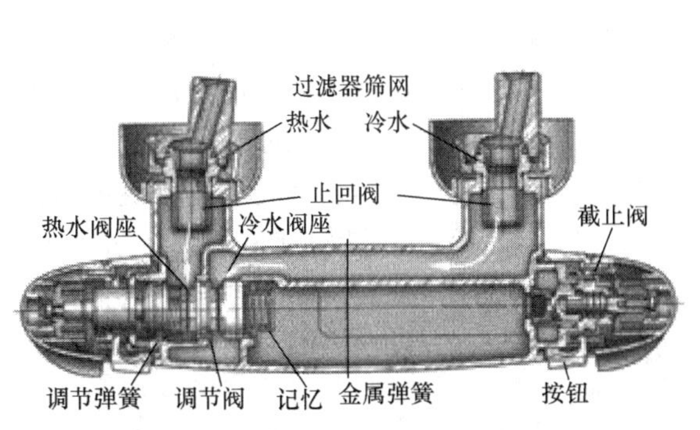

图 5-42　采用记忆金属弹簧的明装恒温阀

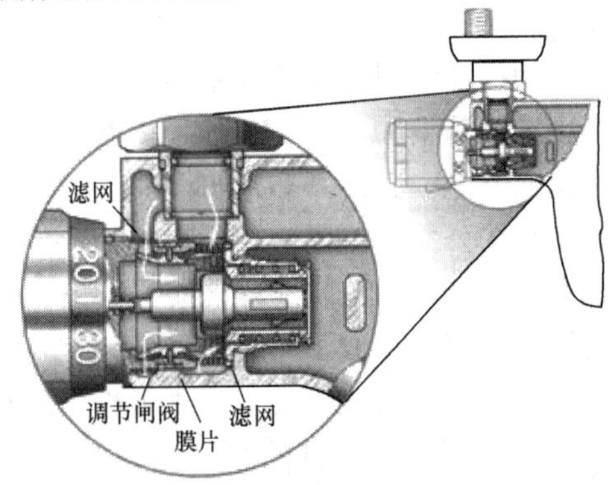

图 5-43　采用伸缩材料可分开的调节元件的明装恒温阀

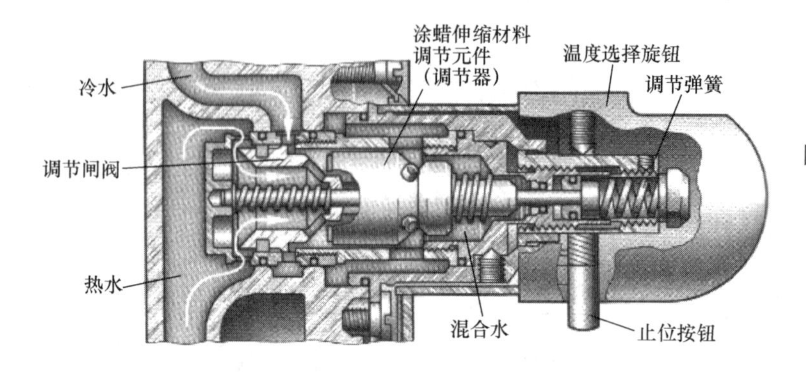

图 5-44　采用伸缩材料调节元件的暗装恒温阀

暗装配水附件的安装步骤见图 5-45。

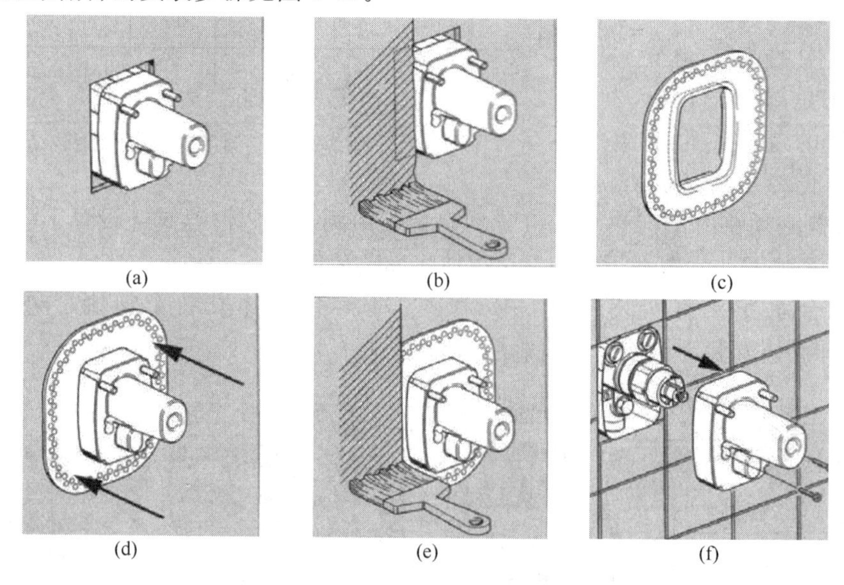

图 5-45　暗装配水附件的安装步骤

（a）干挂面板上开孔、装保护盒；（b）粉刷 PCI、稠密的底层；（c）套胶圈；（d）打胶、安放阀门配套的密封圈；（e）在 5h 后第二遍粉刷 PCI 层，干燥后刷柔性防水层，贴瓷砖、填缝；（f）去除保护盒，安装阀门组件

5.4.2.5　无触摸冲洗附件

无触摸冲洗附件安装在洗脸盆、淋浴器、洗涤盆、大便器和小便器等卫生设备上，可以防止接触传染和实现较高的卫生要求，可以节水，可以在使用热水消耗的洗涤设备和淋浴设备上节能，大便器和小便器的使用者通常缺乏冲洗的责任，它有助于进行正规的冲洗。尤其在公共人流密度高的建筑物，例如商场、餐馆、大型厨房、运动场馆、室内游泳池、企业、学校、医院、养老院、兵营、火车站、机场等场所显得特别重要。在屠宰场、牛奶加工厂等食品加工和医药领域，宜使用无触摸冲洗附件，通过感应手或身体其他部位冲洗。这种附件给残疾人也提供了很大的帮助。

1. 无触摸冲洗附件的组成

（1）电子控制元件：采用 220V/24V 或 220V/12V 变压器与电网电源连接，或者采用电池。

（2）传感器（脉冲信号发生器的电子单元）：种类繁多。

1）采用不可见红外线的光电技术工作（图 5-46、图 5-47）。一个发射晶体管电路作传感器，能稳定地发射红外区域的不可见光脉冲。如果光脉冲碰到人，其中的一部分脉冲反射到安装在传感器上的光接收器上，并转变成电信号。

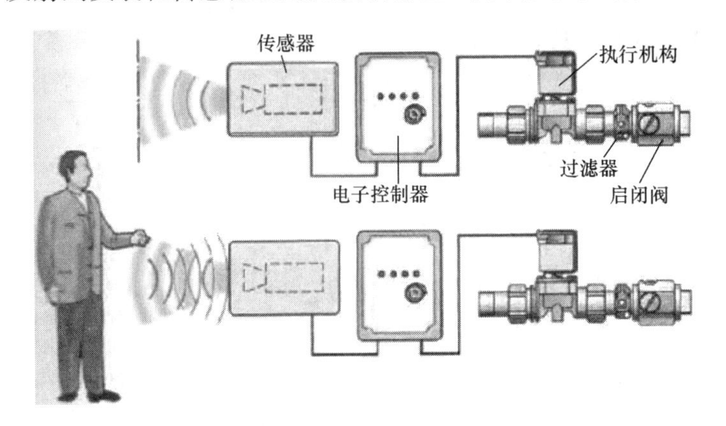

图 5-46 借助于红外线感测的光电控制原理

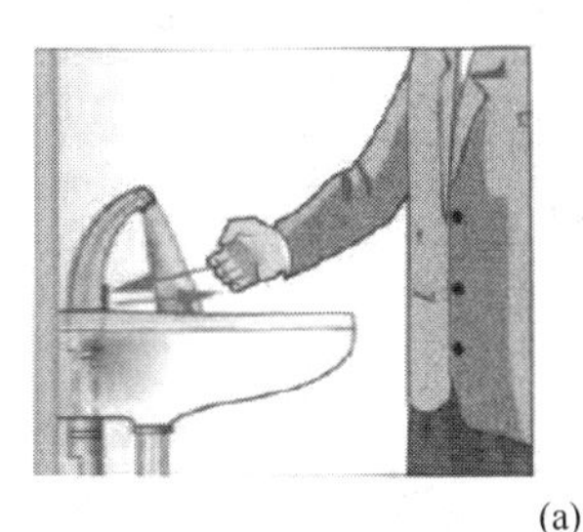

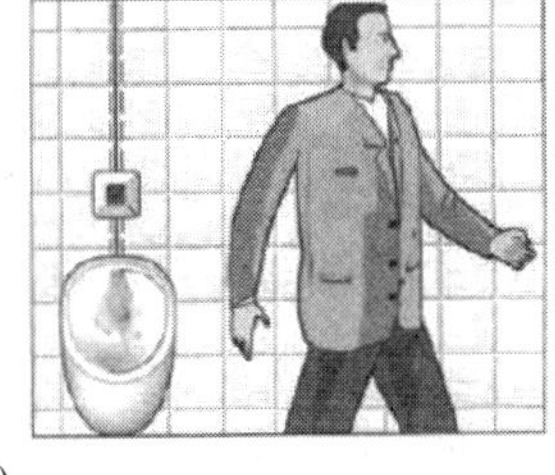

(a)

具有双传感器洗脸盆配水附件：2个红外发射器和红外接收器可以保证安全释放。

在按键压下去可以产生舒适使用：

连续开。

短时间关闭（90s，用于水池的清洗）。

长时间的关闭（例如放假）。

(b)

图 5-47 红外控制（光电控制）的运用

（a）光电控制运用的举例；

（b）使用电网或电池的光电控制洗脸盆附件

2）采用发射电磁微波（雷达波）的雷达电子技术工作（图 5-48）。一个晶体管电路作为发射器和接收器，由它稳定地发射电磁微波脉冲。如果脉冲碰到人，反射后在发射器和接收器之间产生频率差，由电子控制器件转换成电信号。

3）采用在轻微压力下产生电流的压电按键的定时电子控制技术工作。

4）利用在加热时电导率改变或存水弯中的水封发生化学变化引发反应工作。

5）采用定时器根据预定的时间段释放电脉冲工作。

（3）执行机构（开启附件）：用于释放或关闭水流。通过电流开启-关闭电磁阀，或者通过自闭阀的按键操纵电磁阀开启，自动关闭。在电磁阀或自闭电磁阀前必须安装一个过滤器。

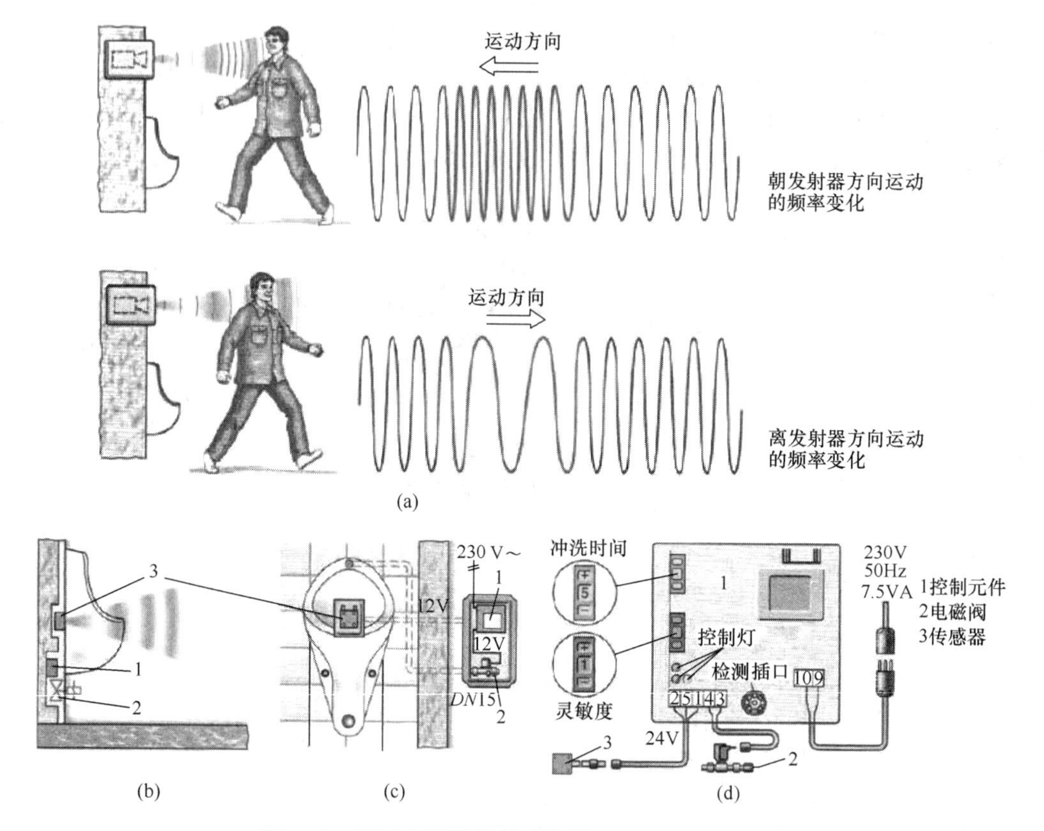

图 5-48 用于小便器的微波控制（雷达控制）器件

（a）采用电磁微波工作的雷达电子控制；（b）传感器和电子控制附件安装在小便器后面的假墙内；（c）传感器被小便器掩盖，为防止恶意破坏，控制器件布置在隔壁房间；（d）内部有调节螺丝的控制元件

2. 工作原理

（1）红外控制（又称光电控制）：通过使用者将传感器的“眼睛”发射的红外线反射到双极晶体管（另一只眼睛）上，它记录下来并释放电脉冲信号。这个信号可以用一根电缆线传递到30m远的集中控制单元（例如在若干个小便器时）。

传感器、控制元件、电磁阀和可能的电池都可以设置在洗脸盆龙头、淋浴器龙头或小便器冲洗器上，或直接安装在墙体的盒子内。

（2）微波控制（又称雷达电子控制）：通过发射电磁波，即所谓雷达波（图 5-48）工作，在使用者靠近时反射的波长不同于离开时反射的波长，即多普勒效应。其工作范围可以调节。

电子控制元件可以根据下列不同需要放水：

1）靠近时放水：例如在洗脸盆、淋浴器上；

2）远离时放水：例如在小便器或大便器上；

3）靠近和远离时都放水：例如在小便器上。

因为雷达电子控制附件的优点是微波可以穿过薄的墙体、玻璃、陶瓷和塑料及卫生设备，或者在粉刷层下的铜管里传导，雷达控制的传感器可以隐藏在后面。那里可以完全防止有人损伤、故意破坏。传感器和带控制元件的开启水龙头可以相互分开安装。用于众多取水点，如大便器、小便器和洗脸盆的电磁阀和所属的传感器可以安放在一个控制柜里，它们可以布置在不同的房间或楼层（图 5-49）集中管理。但缺点是价格较贵。

从传感器出发，用 12×1 的铜管制作的所谓管式天线最大值为 15m 长，敷设在卫生设备的瓷砖后面。管式天线与给水管应分开敷设。要注意生产厂家的规定。

雷达控制与光电控制的区别在于：光电控制考虑的是使用者反射的红外线，雷达控制考虑的是对移动者的反应，对无运动者的反射是不会反应的。

(3) 定时电子控制：是根据设定的时间间隔，例如设置好的程序进行冲洗。

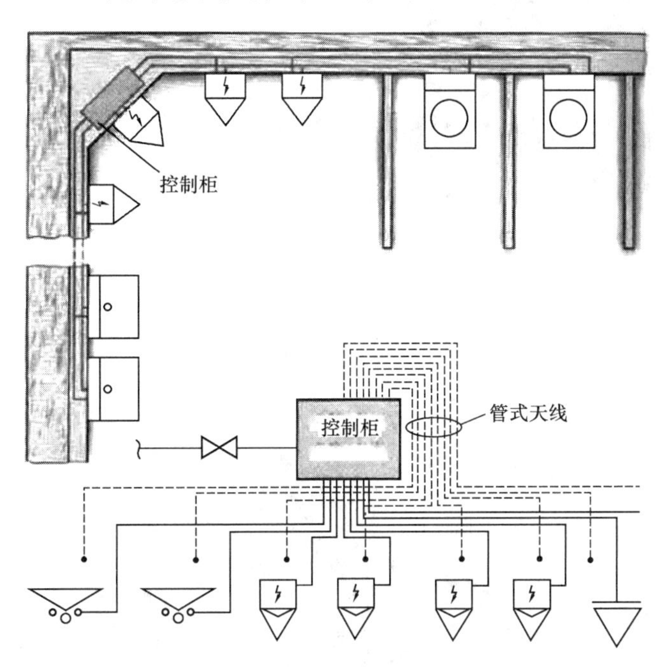

图 5-49 在一个餐馆中带管式天线的雷达控制平面图与布线图

5.4.2.6 配水附件的安装

1. 尽量使用预安装方式。使用统一的安装单元组件、构件和安装支架（图 5-50），可以实现精确、简化和省时的安装，这可以节省安装费用。

(1) 管道安装与水龙头接管，尤其是混合水龙头的接管，安装精度可准确到毫米，做到横平竖直。

(2) 不要使用錾子破墙打洞工作，这会导致费时的粉刷和补贴瓷砖。

(3) 混合水龙头不能出现 S 形的接头。螺纹连接不能出现在墙体表面的后面，否则今后取下、缠麻丝或生料带都困难。

(4) 在淋浴盆和浴盆潮湿区域，要为防止瓷砖后面水渗入进行防潮处理。

(5) 尽量使用卫生设备的安装支架，它们有用于混合水龙头或 2 个角阀的精准固定的连接接头，其间距可以非常准确(图 5-50a、b)。

2. 配水附件必须用不带齿的扳手或水泵钳安装，不能使用管钳，以免损坏镀层。

3. 在有可能发生虹吸的位置，应选择有真空破坏器的配水附件（图 5-51）。

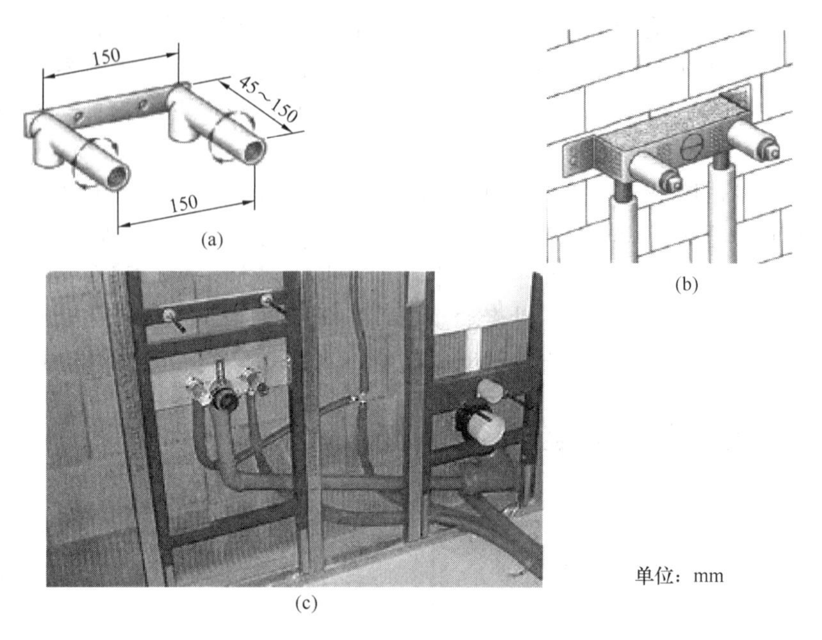

图 5-50 预安装的单元组、构件和固定支架

（a）控制间距的混合水龙头支架；（b）安装在隔声盒里的内置附件；

（c）卫生设备组件预安装在固定支架上

5.4.3 计量附件—水表

1. 计量用户用水量的仪表——水表的种类

（1）根据原理：

1）流速式水表：目前采用最广泛，它是根据管径一定时，通过水表的流速与流量成正比的原理，利用水流推动水表翼轮旋转，叶轮轴带动一套传动和记录装置来实现计量。流速式水表只能记录单向水流在管道内流量累计总和，不能指示瞬时流量。

2）容积式活塞水表：这种水表体积小，采用数码显示，计量精度高，可水平或垂直安装。

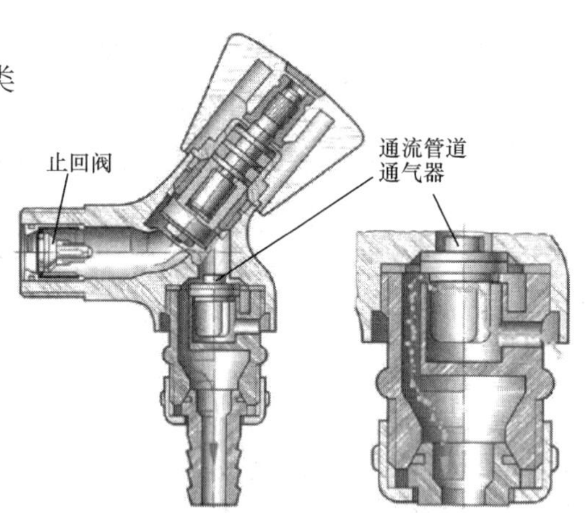

图 5-51 带止回阀和真空破坏器、连接在用水设备处的配水附件

（2）根据翼轮构造：

1）旋翼式水表：又称叶轮式水表（图 5-52），水流方向与翼轮转轴垂直，水流阻力较大，多为小口径水表，适于测量小的流量。

2）螺翼式水表：螺翼式水表（图 5-53）的水流方向与翼轮转轴平行，阻力较小，适于大流量的大口径水表。螺翼式水表又分为水平式和垂直式。

（3）根据计数机件所处状态：

1）湿式水表：湿式水表的计数机件浸在水中，而在标度盘上装一块厚玻璃，用来承受水压。湿式水表机件简单、计量准确，密封性能好，应用广泛，但只能用在水中不含杂质的管道上。

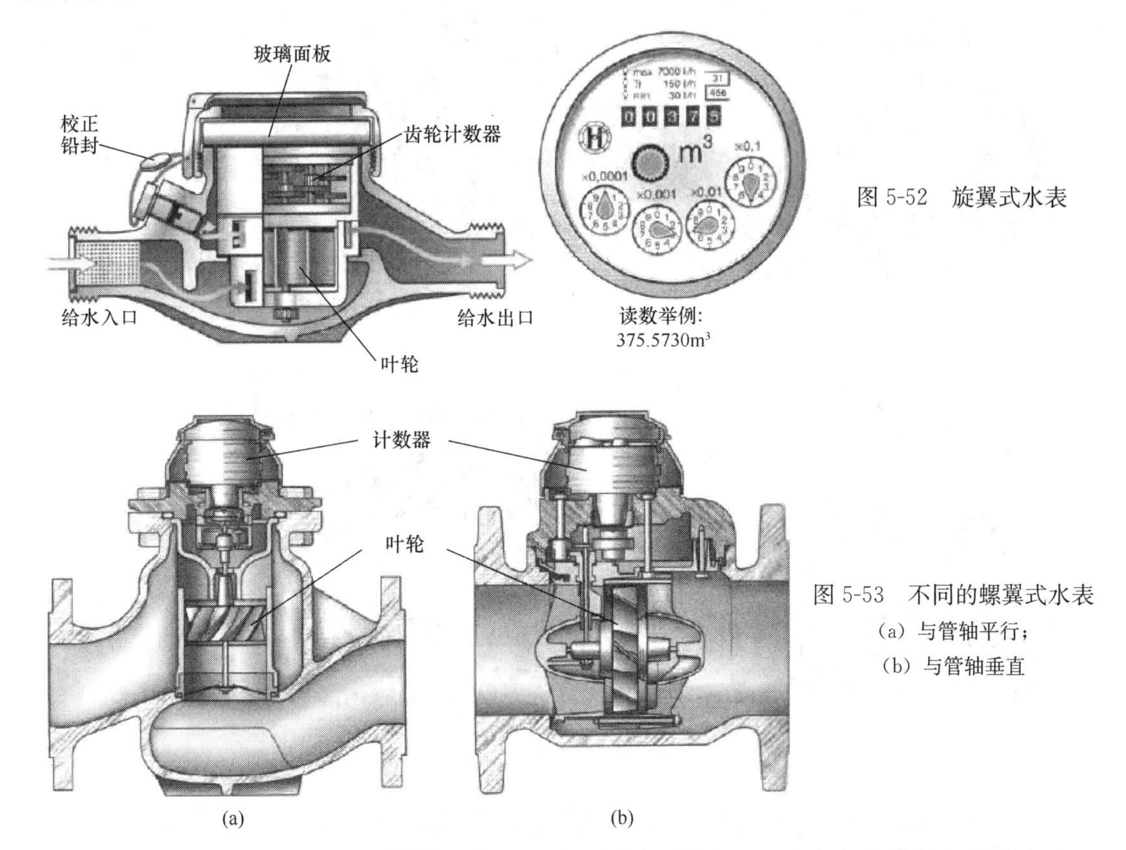

图 5-52　旋翼式水表

图 5-53　不同的螺翼式水表
(a) 与管轴平行;
(b) 与管轴垂直

2）干式水表：干式水表的计数机件用金属圆盘与水隔开，干式水表计数机件较复杂，表盖玻璃敏感性较湿式的差，表盖玻璃内易产生水汽妨碍读数。当水质浊度高时会磨损水表机件，这时应采用干式水表。

（4）其他类型的水表

在建筑物内用水量变化幅度较大时，采用复式水表。这种水表同时配有主表和副表（图 5-54），两者口径相差很大（主表管径＝*DN*50～400mm，副表管径＝*DN*15～40mm）。主表前面设有开闭器，当通过流量小时，开闭器自闭，水流经旁路通过副表计量，当通过流量大时，靠水力顶开开闭器，水流同时从主、副水表通过，两表同时计量。这种水表可以是旋翼式和螺翼式的组合形式，也可以都是旋翼式水表组成。

根据水质又分为冷水表、热水表（图 5-55a）以及饮用水计量仪（图 5-55b）。冷水表工作温度范围在 0℃～40℃，热水表工作温度范围在 0℃～90℃。在饮用水集中供应系统中，饮用水计量仪用于记录各个用户饮用消耗量。

根据水表读数的显示方式有指针＋计数器式、数字式，根据抄表计费方式有人工上门抄表、远传计量、预充值 IC 卡式等。

2. 水表的技术参数

（1）过载流量 Q_{max}：水表只允许短时间使用的流量，即水表使用的上限流量，每昼夜通过最大流量的时间不得超过 1 个小时。

（2）常用流量 Q_0：水表允许长期使用的流量，即水表能开始准确指示的流量。

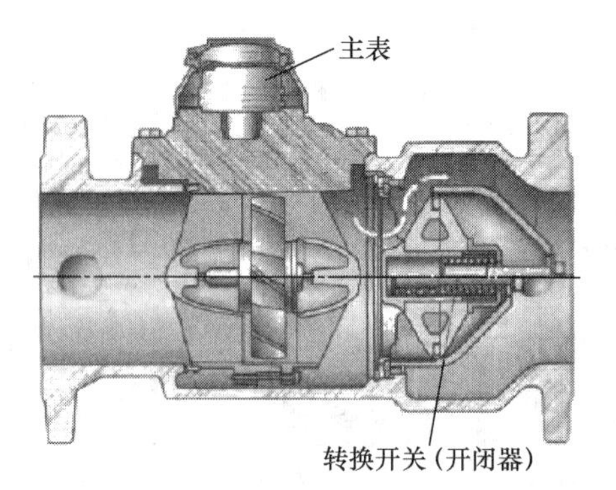

图 5-54　复式水表

(a)

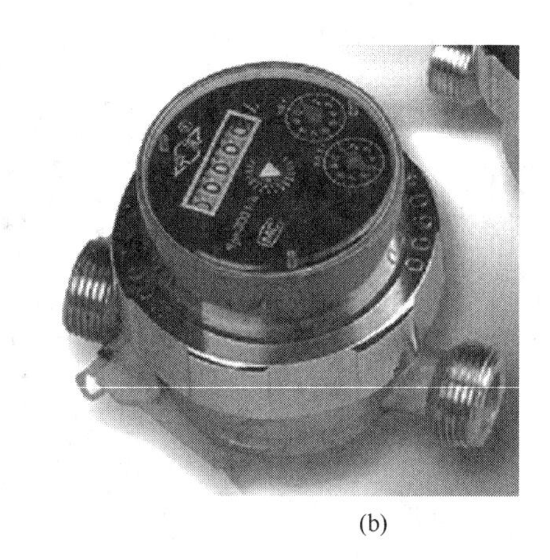

(b)

图 5-55　用于不同水质的水表
（a）热水表；
（b）饮用水计量仪

（3）最小流量 Q_{min}：水表在规定误差内使用的下限流量。

（4）分界流量 Q_f：水表流量范围分为高区和低区，在高区与低区允许的误差不同，误差限改变时的流量。

（5）始动流量 Q_s：水表开始连续指示时的流量。

根据始动流量、最小流量和分界流量，同型号水表又分为 A、B 两个计量等级。

选择水表时，需首先考虑水表的工作环境（水的温度、工作压力、工作时间、计量范围、水质情况等）进行选型，然后通过水表的设计流量，结合样本确定水表口径。

水表的技术数据见扩展阅读资源包。

旋翼式水表容许压力损失值应小于 0.025MPa，螺翼式水表应小于 0.013MPa。

3. 水表敷设与安装的要求

（1）引入管上的水表一般安装在室外水表井、地下室或专门的房间内，位于查看方便、不受暴晒、不被任何液体及杂质淹没、不易受污染和损坏以及冻结的地方。水表一般安装在水平管路上（图 5-56a），只有立式水表才能安装在立管上，水表外壳上箭头方向与水流方向必须一致。

（2）水表的口径

1）用水量均匀的生活给水系统的水表应以给水设计流量选定水表的常用流量。

2）用水量不均匀的生活给水系统的水表应以给水设计流量选定水表的过载流量。

3）在消防时，除生活用水外尚需通过消防流量的水表，应以生活用水的设计流量叠加消防流量进行校核，校核流量不应大于水表的过载流量。

4）水表规格应满足当地供水主管部门的要求。

（3）水表前后应设阀门（图 5-56a），在水表交付使用时，阀门全部开启到底再倒回 1/4 圈，对于不允许停水或设有消防管道的建筑，应设旁通管（图 5-56b），此时水表的后面要装止回阀，旁通管上的阀门应设有铅封，为了保证水表计量准确，水表前面的直管段长度应大于或等于 10DN。为了在维修前将管网内的存水排尽，水表后还应设泄水龙头。

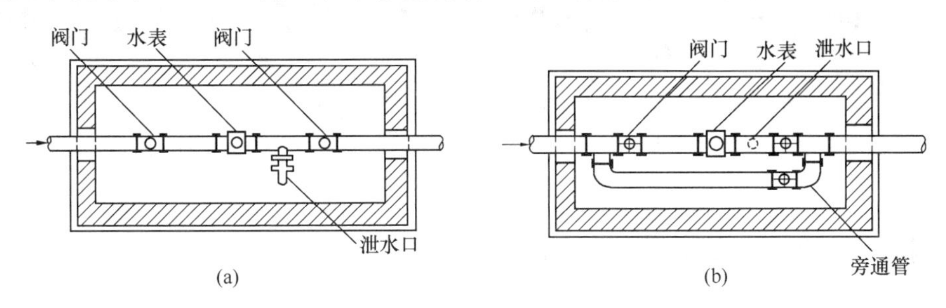

图 5-56 室外水表井节点

（a）不设旁通管的水表井节点；（b）设旁通管的水表井节点

（4）家庭用水表安装的作业条件是室内围护结构及面层工作已完毕，给水干、立管已安装。当土建进行抹灰、装饰作业时，对水表应加遮盖，防止污染。安装时水表的型号和规格必须与设计要求相符，要有产品质量检验合格证。为了抄表方便，现在的新住宅都将水表统一出户集中设置管理，也可分户设置；安装在家庭户外（例如走廊）或技术间(图 5-57a)时，注意与燃气系统、强电系统、弱电系统、排水系统之间的间距及相互避让；立管或水平管路上分别使用立式水表和水平式水表。固定支架、附件与其纸质垫片见图 5-57b、c、d。水表的安装支架可以控制水表前后的直管段所需长度。

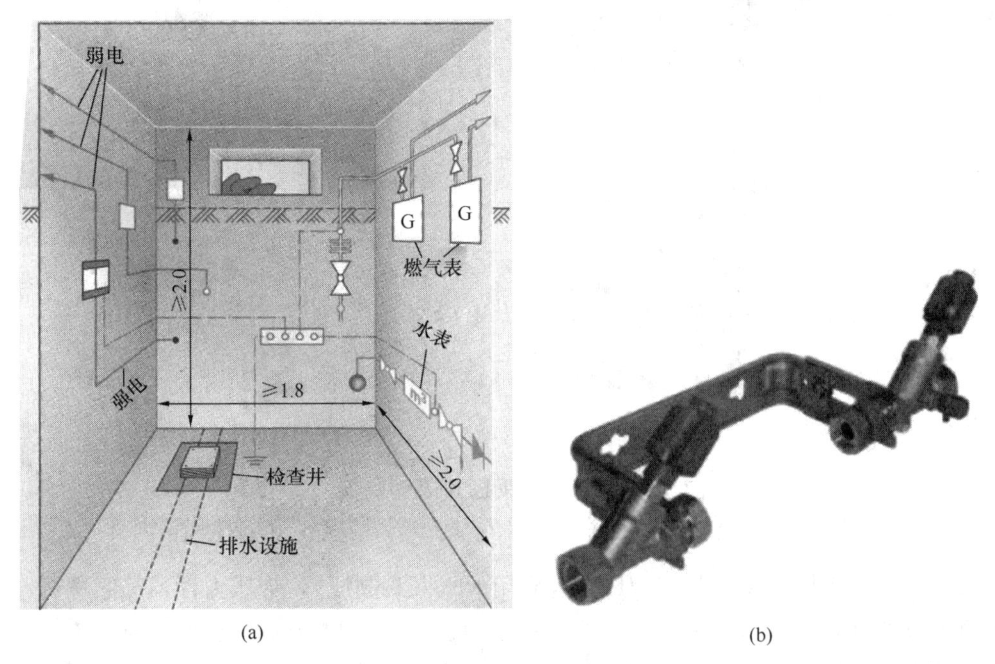

图 5-57 家用水表的安装与附件支架（一）

（a）根据 DIN 18012 入户技术间的最小尺寸；（b）水表安装支架

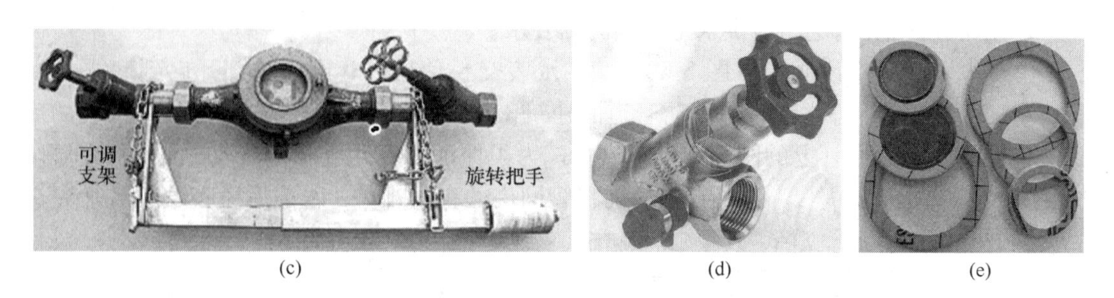

(c) (d) (e)

图 5-57　家用水表的安装与附件支架（二）

（c）前后和左右距离可调式水表支架；（d）带泄水口或测量孔的斜杆截止阀；（e）水表纸质垫片

5.5　生活饮用水的其他附属设备

随着社会经济水平的提高，人们的生活品味与健康意识也提高了，越来越多的家庭新增添的一些设备（如燃气壁挂炉）也对水质提出了更高的纯净度，要减少盐与某些离子的含量，要求灭菌等，不少住宅楼与家庭还安装了前置过滤器、净水器等。

5.5.1　净水装置

1. 家用给水前置过滤器

（1）作用：过滤给水中的固体颗粒（图 5-58a），如沙粒、管道系统中的腐蚀产物（锈蚀小颗粒）、螺纹屑、麻丝或生料带残留物等。

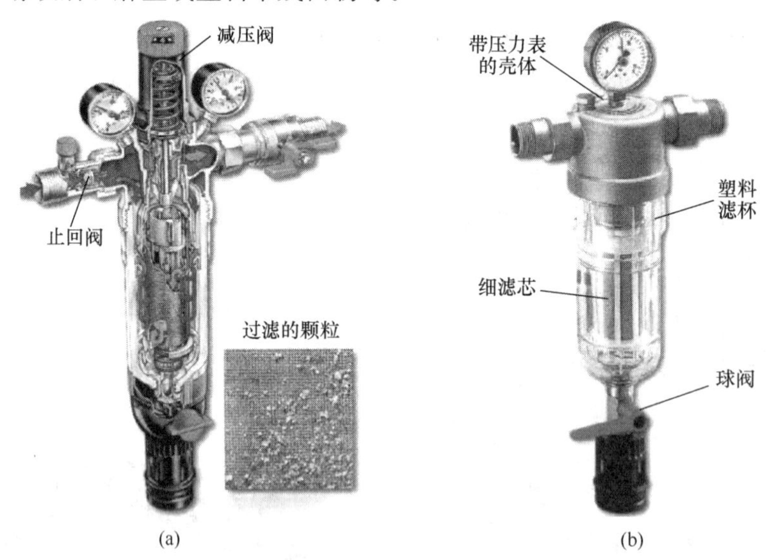

(a) (b)

图 5-58　可反冲洗的前置过滤器

（a）带止回阀与减压阀的可反冲洗的前置过滤器；（b）带压力表的可反冲洗前置过滤器

（2）组成：主体外壳由黄铜制成（也有用 PE、PP 制成），带压力计，锁紧螺母连接，黄铜制的过滤杯，外罩为玻璃般透明的塑料（图 5-58b）。可反洗的过滤器是不锈钢制成，为了防菌类，也有含银涂层的下端安有排污的旋塞，不可反洗的过滤器由可更换的塑料内胎衬在支座上。

（3）安装位置：直接安装在水表的后面，与管材无关。也可与减压阀、分水器组合。

（4）安装注意事项：在管道第一次注满水之前装上前置过滤器，过滤器的通过直径约为 80 至 150μm（0.08 至 0.15mm），前置过滤器上不能安装旁通管，如果无论如何不允许给水中断，就并联两个前置过滤器，让水持续不断地流过，否则会存在细菌繁殖的危险。前置过滤器阻力损失较大（约 20～50kPa），需要阅读厂家说明（或向厂家咨询），是否需要增添管道泵。

（5）可反冲洗与不可反冲洗的前置过滤器的比较：

1）可反冲洗过滤器是让给水流过滤芯，将悬挂在上面的细颗粒冲刷掉，通过排出口手动或自动排出。反洗的优点是操作者实施简单和快速，反洗过程卫生、费用低，供水实际上不会中断，其缺点是如果不能在前置过滤器下安排一个排水地漏，则需要通过一根软管将废水引至室外或其他排水设施处。

2）不可反冲洗过滤器，必须定期更换滤芯，其缺点是更换过滤器随之带来的费用，也许还需要一名专业人员上门，而且更换过滤器可能产生污染危险，优点是不需要设置地漏。

2. 活性炭（又称碳分子筛）净水柱

活性炭是一种黑色多孔的固体炭质，从硬木、竹、果壳、骨头、优质煤等制取。其比表面积在 500～1700m^2/g 之间，具有很强的吸附性能。

（1）活性炭的吸附特性：活性炭为非极性分子，易于吸附非极性或极性很低的吸附质，可以除去水中石油及其产品（如酚、苯）、杀虫剂、洗涤剂、合成染料、胺类化合物以及许多人工合成有机物，可以脱色、除去水中异味，也可以吸附部分细菌和病毒分子。应保证活性炭与吸附质有一定的接触时间，温度对活性炭的吸附影响较小。活性炭一般不单独用来净水，而是与其他净水模块组合而成。

（2）活性炭净水柱的种类：

1）毡式活性炭净水柱：由附着活性炭粉的无纺布制成。由于活性炭的使用量比较少，这类产品的净水总量和净水流量比较小，过滤效率也比较低；且净水器的过滤面积比较低，产品容纳颗粒污染物的能力也比较弱，寿命较短。

2）颗粒状活性炭净水柱（图 5-59）：颗粒状活性炭通常放置在塑料壳体内，为了防止细小颗粒泄漏，一般会在滤芯的进、出口放置其他过滤精度更高的过滤材料进行拦截。该类产品压力损失比较小，净水流量比较大。另外，由于活性炭的使用量比较大，该类产品的净水总量和过滤效率比毡式活性炭净水器高，通常用在改善口感等简单应用场合，或者用作预过滤去除余氯，保护下游的反渗透膜等易氧化的过滤介质。

3）复合烧结活性炭棒净水柱：活性炭棒通常由不同粒径的活性炭粉和粘接材料高温烧制而成。对于自来水中的异味、气味、余氯和挥发性有机物等污染物具有很高的去除效率，部分厂家生产的优质活性炭棒甚至可以按照 NSF53 标准过滤孢子孢囊，无需使用微滤、超滤等额外的过滤介质；直接用于饮用、烹饪等过滤要求很高的场合，也可以用作超滤、反渗透等净水器的最后一级改善过滤效果。

应根据厂家的说明定期地更换活性炭净水柱。

3. 净水器

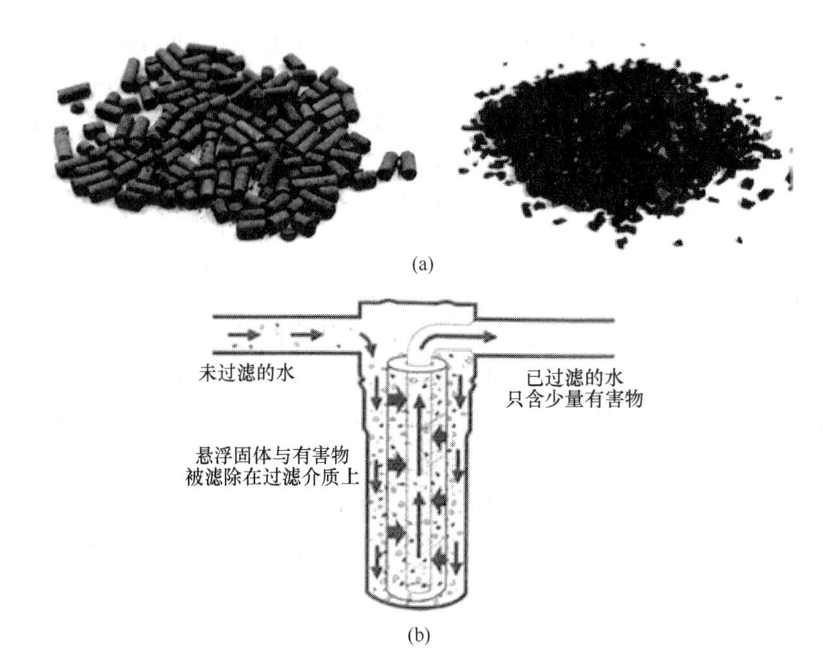

图 5-59　活性炭颗粒与净水柱的吸附原理
（a）不同形式的活性炭颗粒；
（b）活性炭净水柱的吸附原理

（1）作用

过滤水中的漂浮物、重金属、细菌、病毒、余氯、泥沙、铁锈、微生物等。

（2）种类

1）根据供应的方式有集中供应净水器和家用净水器。集中供应方式一般用于新建筑物和新小区，需要专门的设备间和敷设专门的管道系统；家用净水器可以根据各个家庭的经济水平与安装空间自由选择，安装比较简单。

2）根据洁净方式有自洁式和非自洁式。自洁式净水器含有自动冲洗与反冲洗功能，对于给水管路与排水管路有专门的要求，非自洁式净水器需要定期排污、拆洗和频繁更换滤芯。

（3）结构

集中供应净水设备主要由前置过滤器、超滤、活性炭等组成，有自动冲洗与反冲洗设备。

家庭用非自洁式净水器一般由 5 级组成，第一级滤芯又称 PP 棉滤芯（PPF），第二级颗粒活性炭（UDF）滤芯，第三级为精密压缩活性炭（CTO）滤芯，第四级为反渗透膜或超滤膜，第五级为后置活性炭（小 T33）。也有只含 3 级或 4 级的净水器。

5.5.2　给水的消毒设备

住宅、公共建筑（医院、养老院、康复中心、旅馆、疗养设施、游泳池、运动场所和娱乐场所等）和工业企业的管道四通八达，给水易受到微生物（细菌、病毒、菌类、寄生虫等）污染的影响，需要认真对待。

1. 影响微生物繁殖和传播的因素

（1）较高的温度：当水温＞20℃时，有利于微生物的繁殖。在 28℃至 48℃时，特别是在 36℃时，最利于军团细菌的繁殖。在约 20°C 至 55°C 的温度范围内，在水系统中都能找到他们的身影（图 5-60）。

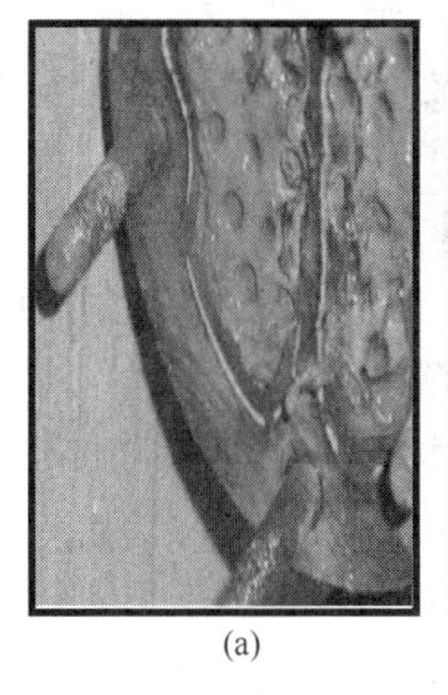
(a)

(b)

图 5-60 在热交换器中的生物膜和垢的沉积物
(a) 在盘管式热交换器中；(b) 在板式热交换器中

(2) 管路设计不合理：在具有长距离的较大横截面的管道通常含有“死水区”，例如在分支管道、在变径的大口径管道一侧（图 5-61）等处，极容易发生沉淀和结垢，微生物在那里能“很好地生活”。

(3) 某些材料：其表面能释放出微生物可利用的材料或自身可以被微生物利用，非常有利于微生物的繁殖，如一些橡胶和塑料类、植物纤维（麻丝）、油脂（密封材料）等。

图 5-61 管径设计不合理易导致死水区

(4) 粗糙的表面：例如粗糙镀锌层的钢管，由钙的沉积物和锈蚀形成的锈蚀鼓包和增大物，直接成为微生物定居的理想土壤，产生了所谓的“生物膜”（图 5-62）。生物膜是由统一的或混合的微生物群体相互结合而成，粘附在温床上，这些由生物产生的多种多样的有机物（黏液）完全或部分地结合在一起，大约只有几 μm 厚（1μm = 1/1000mm）。

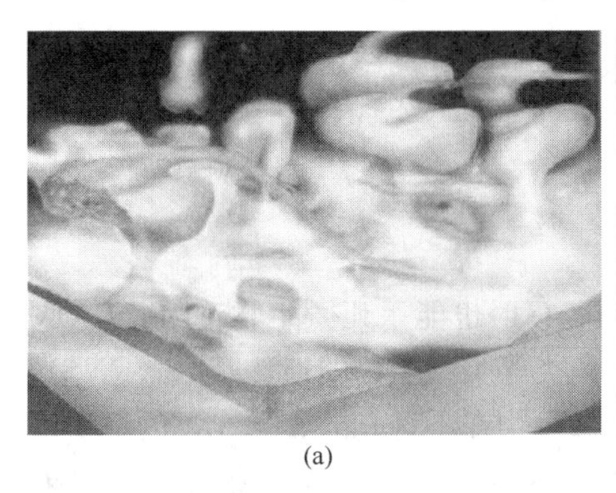
(a)

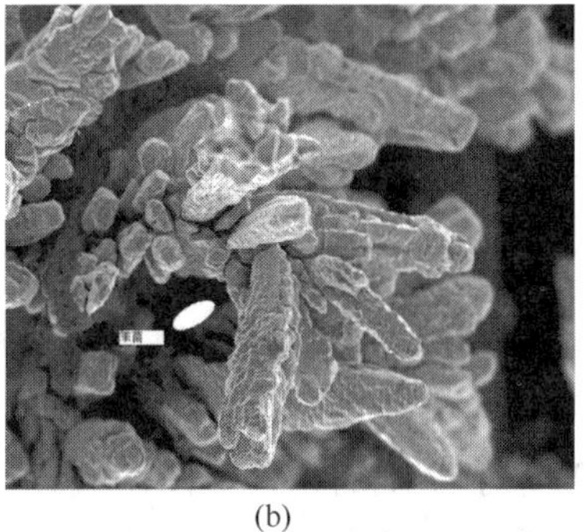
(b)

图 5-62 微生物在水系统中的电子显微镜照片
(a) 在管道中形成的生物膜；(b) 军团细菌（白色）藏在锈蚀层中

2. 微生物的危害

生物膜是微生物的生活基础，微生物在其中吸取营养、生存、分裂繁殖、死亡（其尸体也是微生物的营养）。在有利的条件下，例如良好的营养基础、相适应的温度，一个大肠杆菌在约半小时开始分裂，在 24 小时后，1 个大肠杆菌就可以繁殖成 $2^{47}=1.4\times10^{14}$（140 兆）个细胞。这是一个不可想象的数字。的确，在 1mL 营养液中，难得会查到多于十亿的细菌，因为既有不断新生的，也有不断死亡的，但也很可观了。

给水可能为带病原体细菌的生物膜承担罪责。它会形成一个稳定的、活跃的污染源（传染源），可能会携带例如引起甲肝和戊肝肝炎、小儿麻痹症的病毒，引起军团性肺病、肠道系统和泌尿系统疾病的细菌，侵害皮肤、黏膜和内部器官的真菌等。

过去常采用化学消毒法，但含氯的试剂对人体有危害，只用于水厂，在客户端难得使用。现在采用的有热消毒法、UV（紫外线）消毒法、电解消毒法。

3. 热消毒法

在给水系统中所有材料的温度 70℃以上至少保持 3min，才能破坏军团细菌的生存基础生物膜，这得包括每平方厘米管道的全部生物膜。由于管道可能冷却的热损失，热消毒的时间较长，高温水温度必须在 80℃以上才有效。热消毒法的缺点是：

（1）它不可能对生物膜中所有有害的微生物有效。

（2）如果高温水只在热水循环系统干管中环绕是无用的。生物膜也存在于支管至取水点（例如淋浴的莲蓬头）。高温水必须从取水点流出约 15min。这在大型建筑，如医院、养老院等，需要提供很难准备的大量高温水。对于个人或单位来说，水和能源都是一种浪费。

（3）在高温时存在烫伤的危险。热消毒法只能规定“夜间实施时间”，约从 0 点开始。

（4）这种方法必须经常间隔一段时间（例如几周）重复实施，而这些间隔时间每次都要重新确定。

（5）由于高温，在重复实施时会产生结垢。

（6）管道热消毒后冷却的时间相当长。

例如 1m 长的 $DN32$ 管子水容积 $V\approx1\text{dm}^3$，按德国绝热规范，管道热损失约 10W/m，因此热损失 $\dot{Q}=10\text{W}$。

a）当水温从 20℃（室温）加热到 70℃，吸收的热量 Q_1 是多少？

b）若水温从 70℃冷却到运行温度 50℃，冷却时间是多久？

解：a) $Q_1=m\cdot c\cdot\Delta\theta=1\text{kg}\cdot1.16\dfrac{\text{W}\cdot\text{h}}{(\text{kg}\cdot\text{K})}\cdot50\text{K}=58\text{Wh}$

b) $Q_2=m\cdot c\cdot\Delta\theta=1\text{kg}\cdot1.16\dfrac{\text{W}\cdot\text{h}}{(\text{kg}\cdot\text{K})}\cdot20\text{K}=23\text{Wh}$

$t=\dfrac{Q_2}{\dot{Q}}=\dfrac{23\text{Wh}}{10\text{W}}=2.3\text{h}$（即冷却需要约 2.3h）

4. UV（紫外线）消毒法

众所周知，通过 UV 辐射会导致日灼伤，同样 UV 辐射也能杀死微生物。因此，UV 辐射被用于饮用水的消毒，有效地破坏细菌、病毒、菌类等类型生物的遗传基因（DNS）。

（1）最重要的 UV 辐射系统的构件（图 5-63a）：微生物在不透光的、抛光过的不锈钢辐射室（反应容器）里瞬间被杀死。根据流量，在辐射室里安装了 1 至 7 根 UV-C 辐射源。UV-C 辐射源是低压水银灯，C 表示一定的波长（图 5-64）。每根灯管的功率是 125W，透光的石英玻璃管保护辐射源。UV 传感器（图 5-63b）不断地监控辐射强度，将信号传给调节器，它的测量窗必须保持干净。在辐射室关闭和排空后，通过松开锁紧螺母可以将传感器拆卸下来。调节器监控整个系统的辐射状况，在显示器上可以显示实际的辐射强度（W/m^2）、运行时间与循环周期以及维护和故障说明。

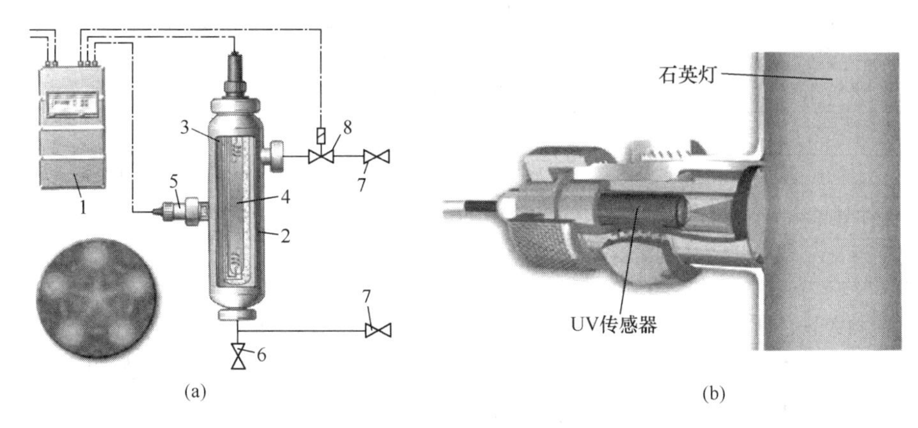

图 5-63 UV 辐射系统

（a）带 5 根 UV-C 辐射源的辐射系统；（b）辐射室的 UV 传感器

1—带强电和弱电导线的调节器；2—辐射室；3—石英 UV 灯；4—UV-C 辐射源；5—UV 传感器；6—泄水阀；7—关闭阀；8—电磁阀

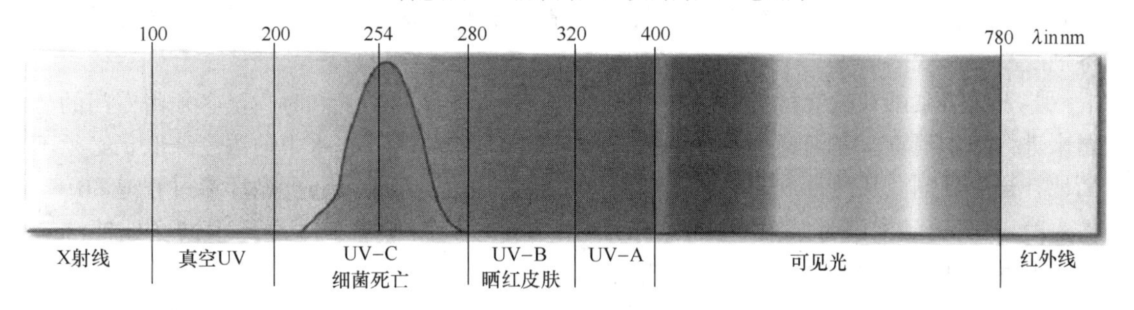

图 5-64 光的波长

（2）影响 UV 辐射作用的因素：

1）UV 辐射的波长：处理饮用水的 UV 辐射理想的波长 $\lambda=254$nm。

2）辐射的剂量：要杀死不同种类的微生物需要不同剂量的辐射强度。一般必须过量工作，以便可靠地杀死微生物。在针对所有类型的疾病源时，辐射剂量至少 $400Ws/m^2$ 才可靠有效（表 5-14）。影响辐射剂量的因素有辐射源的功率（每根灯管 125W）、石英管的 UV 透光率（即玻璃质量）、石英管上或传感器视窗的洁净度（污垢会减少透光率和使传感器测量不准确，每次保养时要清除污物）、水的透射性（传输光的能力。水的透射性越小，UV 的辐射剂量就越弱；这就要求水受辐射的时间更长，即水流得更慢些，必须降低流量）和辐射源的寿命（UV 辐射源的有限寿命最多 10000 运行小时。当水流过时，频繁地启闭会减少设备的寿命。所以在辐射源运行 8000h 后进行更换。当保养更早些时，也有例如运行 6800h 时更换。这就有点浪费）。

如果低于最小辐射剂量，例如因为辐射功率太小，水的流量太大，或者透射率太小，就不能可靠地杀死所有的微生物。那么调节设备就会通过电磁阀关闭水流。原则上：

生活饮用水的UV消毒剂量　　表5-14

微生物	引发的疾病	辐射剂量（Ws/m^2）
嗜肺军团菌	军团病，低烧	160
绿脓杆菌	伤口感染，炎症	105
大肠杆菌	肠道疾病	66
痢疾菌类	伤口炎症	42
沙门氏菌	肠道疾病，腹泻	100
分枝杆菌属，结核菌	（食物）中毒，结核病	100
流感病毒	流感	66

① 辐射设备必须与最大水流量匹配；需要的流量越大，所需的辐射源就要越多。

② 水中阻碍透射率的浑浊物应该过滤掉；水过滤必须在前置处理，例如还要除铁等。

③ 污垢必须在每次保养时完全清除。

（3）UV消毒的使用前提：

1）水质澄清，无浑浊物，含铁量不能高。

2）在运行前，必须对UV辐射室后面的所有管道设备进行一次基本消毒。例如用氯（Cl_2）、二氧化氯（ClO_2）、次氯酸（HClO—请不要更换成很强的盐酸HCl）等合适的消毒剂配制成有效的浓度。

鉴于必需泵站和软管材料、需要立即就地测量、实施的经验和时间，必须由专门的公司来进行基本消毒。在消毒剂循环流过管道期间，会被消耗而在水中的浓度降低，必须不断地补充消毒剂。从消毒剂明显感觉到不再消耗时开始，消毒剂还要循环流过管道8h。

3）在管道基本消毒结束后，所有的饮用水管道应用UV处理过的水彻底地冲洗一下；消毒的功效必须通过有资质的机构确认。

（4）UV消毒的使用范围：特别适用于有集中卫浴间的建筑物，例如在游泳池、企业、运动场所、学校的洗涤间和淋浴间。在那里需要防护的给水管安装UV消毒设备。

在诸如医院、养老院这类有广泛分支的取水点，UV设备不可能安装在所有取水点的附近，需事先经常进行水质分析。如果确定了病原体，再确定选择使用哪一类消毒法。

在辐射室前、后的关闭阀与排空的泄水阀处要安装取样点。在辐射室的上方至少保留1m的空间，以便在UV辐射源发生问题时进行更换。

（5）UV消毒法的优、缺点：

1）优点：UV消毒是一个自然的物理方式，在水流通过辐射室的瞬间就可以杀死病原体，没有改变水的自然特性，如颜色、气味、pH值等；经济，因为1kWh电就可以消毒$20m^3$的给水，没有化学试剂，有利于环保。

2）缺点：UV消毒对辐射室后面的已有给水设备存在的生物膜无效，对于后面产生的污染无效。

5. 超滤膜模块

在前面已作介绍，超滤膜可以过滤细菌或病毒分子，也是一种物理处理方式。但需要建立反冲洗系统，排出的水可能污染小区或市政排水系统，需要专门处理后才能排出。

6. 电解消毒法

在许多情况中无法使用UV消毒，因为它的使用前提是要对所有管道进行基础消毒。基础消毒可能会耽搁一天时间。这对于在运行的建筑物，如医院、养老院、大型城市旅馆是不实际的。这种类型的建筑物建议使用电解消毒法。

(1) 作用原理：它借助于电解质槽从水和它含有的天然成分产生有活性的物质消毒，特别是氯离子（Cl^-）。

所有的给水中都含有Cl^-，量不够，可相应地添加食盐。电解消毒法的主要有效物质是电解时产生的次氯酸（HClO）、活性氧、过氧化氢（H_2O_2）。使得浮游微生物的菌类迅速减少（减少的比例约为100000∶1），使得所有在中期的旧管道中微生物的起源生物膜降低，阻碍新管道中的生物膜形成。

电解消毒法也有些像UV消毒，保持了水的自然特性，如颜色、味道、气味，没有带入外来物或化学试剂，除了可能有规范允许的少量食盐（NaCl）。

(2) 电解消毒法的使用范围：这种设备安装在旁通管运行，即不是所有的给水流过这个设备，而只是一部分。电解消毒法可以用于全部管道系统，也可以单独用于生活热水系统。保护所有的管道系统比较好，否则有可能通过诸如混合水龙头、在管道系统排空时、不密封的附件（如止回阀）使菌类进入冷水系统。

(3) 电解消毒法的设备：所有的元器件置于一个箱体中（图5-65）。它由调节器1监控。管道用锁紧螺母连接。从给水管接出一个分路，通过循环泵11送到带电解电池的反应器2，在那里产生活性物质再送回到主水路。

在调节器中分析所有传感器的数据，用来调节运行。测量来自分路水中的“游离氯”

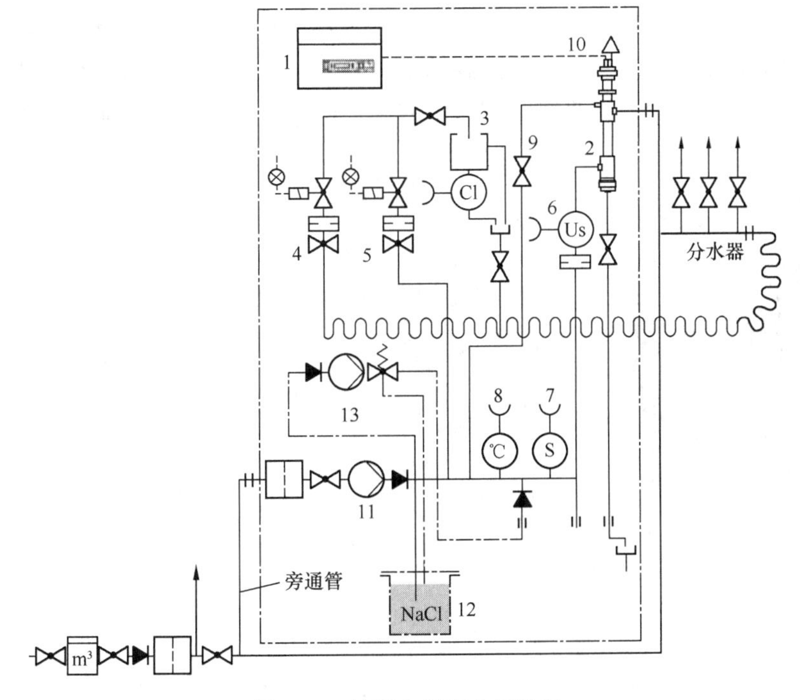

图5-65 饮用水深度电解设备

1—调节器；2—电解电池；3—氯测量仪；4—电解电池后的水测量点；
5—电解电池前的水测量点；6—流量传感器；7—电导率传感器；8—温度传感器；
9—反洗管；10—排气阀；11—循环泵；12—NaCl配料器（如果需要）；13—NaCl溶液泵

的浓度、电导率、电压和电流强度、体积流量、温度等。消毒所需要的“游离氯”，例如在电解电池中由水中氯离子（Cl^-）产生的次氯酸，发生的条件必须是水中的 $Cl^- >$ 20mg/L。如果给水中含有的 Cl^- 太少，就由 NaCl 配料器 12 通过泵 13 定量供给食盐溶液。

通过氯测量仪在 2 个测量点（电导率传感器 7 和掺入主水路的后面）对水的电导率测量得出“游离氯”的浓度。主水路中存在的“游离氯”是调节电解电池的最重要的参数。通过改变电压和电流强度使得“游离氯”的含量保持在 0.1～0.3mg/L 的限度内（根据德国饮用水协会条例允许值为：≤0.3mg/L）。

在太小的体积流量时（流量传感器 6 测得），电解电池被断开。供水温度>60℃时，电解电池的电极会损坏，所以要对测量点的入口温度进行监控。

所有的测量值会进入调节器。在规定的值时，调节器将断开循环泵 11，使得电解电池的流通中断，同时加载在那里的电压也断开。

所有的测量值、控制信号和调节过程都被储存下来。通过上网设备可以评估和记录，也可以用于楼宇智能化、检索。它对于保养和维修也是有效的。

电解消毒设备的运行成本是很低的，1kWh 电可以消毒 $10m^3$ 水，价格约0.6 元/kWh。

5.5.3 压力罐（膨胀罐）

1. 作用

压力罐与膨胀罐在结构上没有差异（图 5-66），只是使用在不同的系统上，起的作用有差异，所以叫法不同。在给水系统（如消防系统）或闭式循环系统中水压轻微变化时，压力罐中的气室自动膨胀收缩，起到了平衡水量与稳定压力、缓冲系统水锤冲击的作用，避免水泵、安全阀频繁开启和自动补水阀频繁补水，也称为气压水罐。在温差波动比较大的系统（如热水系统）中，膨胀罐起到容纳膨胀水的作用外，还能起到补水箱的作用。

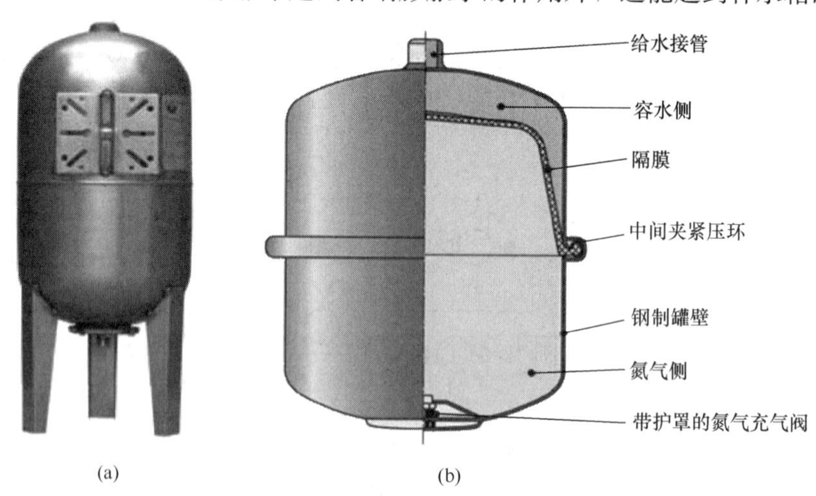

图 5-66　压力罐（膨胀罐）

(a) 不锈钢压力罐；(b) 隔膜式（气压罐）膨胀罐结构示意图

2. 结构

用于消防给水的压力罐（膨胀罐）材质为长寿命的特种碳钢，用于生活给水和直饮水的材质为 AISI304 不锈钢。

压力罐（膨胀罐）有内置隔膜或内置囊两种，将罐分为气室和水室。隔膜与气囊材质为丁基橡胶。隔膜式压力罐需要预充氮气，一旦隔膜损坏，整体罐必须更换。囊式压力罐的有效容积高于隔膜式，在同等水量时体积更小，内置囊在工厂时已充气，无须再测试，安装快捷、经济，内置囊可以是无菌囊，进口厂家的产品一般有多个国家卫生水质认证，可以用于直饮水；寿命更长，而且内置囊损坏可更换，二次购买成本降低。

3. 压力罐（膨胀罐）与市政管网的连接

压力罐与市政管网可以直接连接，也可以间接连接。如果采用变频泵控制压力与流量，为了不引起水锤，输出侧气压罐可以取消。气压水罐的相关内容见扩展阅读资源包。

5.6 给水设计流量和管道水力计算

（见扩展阅读资源包）

5.7 给水系统的敷设安装

5.7.1 给水管道的布置

给水管道的布置受建筑结构、用水要求、配水点和室外给水管道的位置，以及供暖、通风、空调和供电等其他建筑设备工程管线布置等因素的影响。进行管道布置时，不但要处理和协调好各种相关因素，还要满足以下基本要求。

1. 确保供水安全和良好的水力条件，力求经济合理

（1）管道布置应尽可能与墙、梁、柱平行，力求管路最短，以减少工程量，降低造价。但不能有碍于生活、工作和通行。

（2）引入管要靠近用水量最大处或不允许间断供水处。当建筑物用水点分布比较均匀时，应在建筑物中央部分接入，以缩短管道向不利配水点的输水长度，减少管道的水压损失。

不允许间断供水的建筑，应从室外环状管网不同管段引入，引入管不少于两条。当必须同侧引入时，两条引入管的间距≥15m，并在两条引入管之间的室外给水管上装上阀门。

（3）室内给水管网宜采用枝状布置，单向供水。不允许间断供水的建筑和设备，应采用环状管网或贯通枝状双向供水。

2. 保证管道正常使用，不受损坏

管道应避免重压，不宜穿过建筑物的沉降缝、变形缝和伸缩缝，不得设置在易污染、易腐蚀处，如风道、烟井、排水沟及大小便槽内部或附近；塑料管应远离热源，距灶边距离≥0.4m，距供暖管、燃气热水器边缘≥0.2m。

如管道必须穿过沉降缝、抗震缝、伸缩缝，应采取如下技术措施：

（1）软性接头法。缝两侧管道以金属柔性短管连接（图 5-67）。柔性短管距变形缝墙内侧≥300mm，长度在 150～300mm 为宜，且满足结构变形的要求与保温施工要求。在管道或保温层外皮下方的净空≥150mm。

（2）螺纹弯头法。在建筑沉降过程中，两边的沉降差由螺纹弯头的旋转来补偿。

（3）活动支架法。在缝两侧设立支架，使管道只能垂直位移，不能水平横向位移，以适应沉降、伸缩应力。

3. 保证建筑使用功能和生产安全

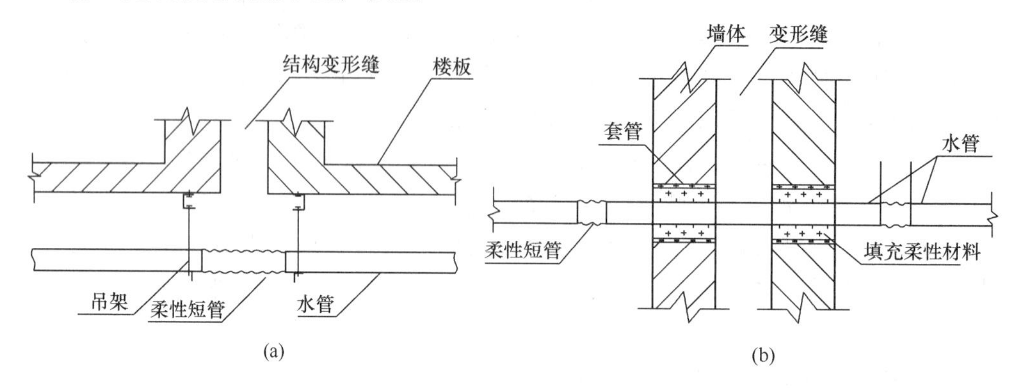

图 5-67　水管穿越结构变形缝的安装

（a）水管穿越结构变形缝空间安装示意图；（b）水管穿越结构变形缝墙体安装示意图

管道布置不能妨碍生产操作、交通运输和建筑物的使用，不能布置在遇水易引发事故的房间或损坏设备、产品和原料的上面，不得穿越配电间、电梯机房、通信机房、大中型计算机房、计算机网络中心、音像库房，应避免穿越人民防空地下室，否则应设防爆阀。不能穿过橱柜、壁柜、吊柜。

4. 便于安装和维修

（1）管道在管道井内应排列有序，留有空间以便维修，管道井（进入）尺寸≥0.6m，每两层应有横向隔断，门开向走廊，与其他管道和建筑物要满足最小净距要求，详见有关规范和规程，管道上的各种阀门宜装设在便于检修和操作的位置。

（2）无特殊要求时，在同一房间内的供暖设备、卫浴设备、仪器的管道与阀门应安装在同一高度。

（3）明装管道成排安装时，直线部分应相互平行，曲线部分应与直线部分保持等距，管道水平上下并行的弯管部分应使其曲率半径一致。

5. 管道的布置形式

（1）按供水可靠程度布置：给水管道分枝状和环状两种形式。一般建筑内部给水管网宜采用枝状布置。

（2）按水平干管的敷设位置：可分为上行下给、下行上给和中分式三种形式（图 5-68）。其优缺点见表 5-15。

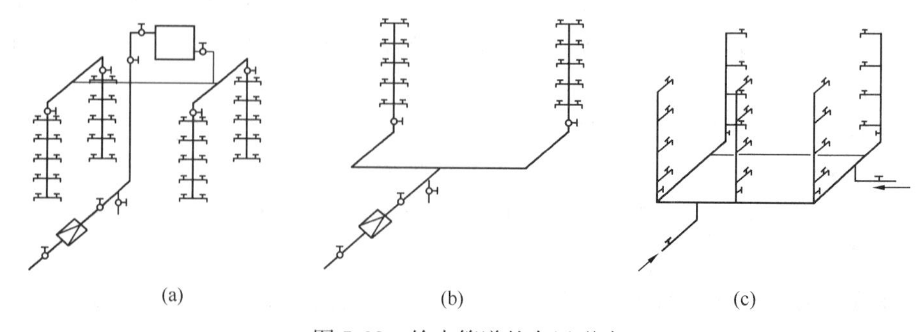

图 5-68　给水管道的布置形式

（a）上行下给式；（b）下行上给式；（c）环状式

给水管道的布置形式 表 5-15

名称	特征及使用范围	优缺点
上行下给式	水平配水干管敷设在底层（明装、埋设或沟敷）或地下室顶棚下。居住建筑、公共建筑和工业建筑，在利用外网水压直接供水时多采用这种方式	图式简单，明装时便于安装维修，最高层配水的流出水头较低，埋地管道检修不便
下行上给式	水平配水干管敷设在顶层顶棚下或吊顶内，对于非冰冻地区，也有敷设在屋顶上的，对于高层建筑也可以设在技术夹层内。设有高位水箱的居住，公共建筑，机械设备或地下管线较多的工业厂房多采用这种方式	最高层配水点流出水头较高，安装在吊顶内的配水干管可能因漏水、结露损坏吊顶和墙面，要求外网水压稍高一些
环状式	水平配水干管或配水立管互相连接成环，组成水平干管环状或立管环状，在有两个引入管时，也可将两个引入管通过配水立管和水平配水干管相连通，组成贯穿环状。高层建筑，大型公共建筑和工艺要求不间断供水的工业建筑常采用这种方式，消防管网常要求环状式	任何管段发生事故时，可用阀门关断事故管段而不中断供水，水流畅通，水头损失小，水质不易因滞流变质。管网造价较高

5.7.2 给水管道的敷设

1. 敷设形式

给水管道的敷设有明设和暗设两种形式。

(1) 明设

一般用于对卫生、美观没有特殊要求的建筑。管道沿墙面、梁面、柱面、天花板下、地板旁暴露敷设。明设管道造价低，施工安装、维护修理均较方便。缺点是由于管道表面易积灰、产生凝水等影响环境卫生，而且明设有碍房屋美观。

(2) 暗设

管道隐蔽，敷设在地下室吊顶中，或敷设在管道井、技术层、管沟、墙槽或夹壁墙中，直接埋地或埋在楼板的垫层里。其优点是管道不影响室内的美观、整洁，卫生条件好，但施工复杂，维护不便，造价高。适用于对卫生、美观要求高的建筑如宾馆、公寓和无尘要求、洁净的车间、实验室、无菌室等。

2. 不同系统的管道分层敷设的原则：热上冷下，热左冷右。

(1) 由上而下的顺序是蒸汽、热水、给水、排水管；

(2) 无腐蚀介质管道在上，腐蚀介质管道在下；

(3) 气体介质管道在上，液体介质管道在下；

(4) 保温管道在上，不保温管道在下；

(5) 高压管道在上，低压管道在下；

(6) 金属管道在上，非金属管道在下；

(7) 不经常检修管道在上，经常检修管道在下。

3. 不同系统的管道标识

管道可以根据设计规定的色环或涂料色标识。

(1) 色环：要素包括颜色、介质流向和介质名称（或缩写符号）。直线段的最小色环间距为 10m；标识点包括管道的起点、终点、交叉点、转弯处、阀门和穿墙孔两侧管道上等需要标识的部位。

（2）喷刷涂料色：管道上喷漆，远处就能一目了然，但喷漆颜色很快就褪色，颜色且不够鲜艳，每隔若干年要做一次管道标识的喷漆工作，工期较长，且会产生油漆气味，若无设计要求时，可参考表5-16。

管道标识色参考一览表　　表5-16

管道介质	标识色	管道介质	标识色	管道介质	标识色
给水	艳绿	雨水	黑色	供暖供水	橙色
热水	橙色	中水	绿色	供暖回水	蓝色
消防水	红色	污水	黑色	燃气	中黄
喷淋水	红色双环	蒸汽	银灰	空气	浅灰

4. 管道敷设要求

（1）给水横管穿承重墙或基础、立管穿楼板时均应预留孔洞，暗设管道在墙中敷设时，也应预留墙槽。

管道预留孔洞和墙槽的尺寸见表5-17，管道穿越楼板、屋顶、墙预留孔洞（或套管）的尺寸见表5-18。

管道预留孔洞和墙槽的尺寸（mm）　　表5-17

项次	管道名称		明管	暗管
			留孔尺寸（长×宽）	墙槽尺寸（宽度×深度）
1	供暖或给水立管	（管径≤25） （管径32～50） （管径70～100）	100×100 150×150 200×200	130×130 150×130 200×200
2	一根排水立管	（管径≤50） （管径70～100）	150×150 200×200	200×130 250×200
3	二根供暖或给水立管	（管径≤32）	150×100	200×130
4	一根给水立管和一根排水立管在一起	（管径≤50） （管径70～100）	200×150 250×200	200×130 250×200
5	二根给水立管和一根排水立管在一起	（管径≤50） （管径70～100）	200×150 350×200	250×130 380×200
6	给水支管或散热器支管	（管径≤25） （管径32～40）	100×100 150×130	65×60 150×100
7	排水支管	（管径≤80） （管径100）	250×200 300×250	—
8	供暖或排水主干管	（管径≤80） （管径100～125）	300×250 350×300	—
9	给水引入管	（管径≤100）	300×200	—
10	排水排出管穿基础	（管径≤80） （管径100～150）	300×300 （管径+300）× （管径+200）	—

注：1. 给水引入管，管顶上部净空一般不小于100mm；
2. 排水排出管，管顶上部净空一般不小于150mm。

管道穿越楼板、屋顶、墙预留孔洞（或套管）的尺寸　　表 5-18

管道名称	穿楼板	穿屋面	穿（内）墙
PVC-U 管	孔洞大于外径 50～100mm		与楼板同
PVC-U 管	套管内径比外径大 50mm		与楼板同
PP-R 管			孔洞比管外径大 50mm
PEX 管	孔径宜大于管外径 70mm，套管外径不宜大于管外径 50mm	与楼板同	与楼板同
PAP 管	孔洞或套管的内径比外径大 30～40mm	与楼板同	与楼板同
铜管	孔洞比外径大 50～100mm		与楼板同
薄壁不锈钢管	（可用塑料套管）	（需用金属套管）	孔洞比管外径大 50～100mm
钢塑复合管	孔洞尺寸为管道外径加 40mm	与楼板同	

给水管采用软质的交联聚乙烯管或聚丁烯管埋地敷设时，宜采用分水器配水，并将给水管道敷设在套管内。

引入管进入建筑内有两种情况：一是从建筑物的浅基础下通过，二是穿越承重墙或基础，其敷设方法见图 5-69。在地下水位高的地区，引入管穿地下室外墙或基础时，应采取防水措施，如设防水套管。

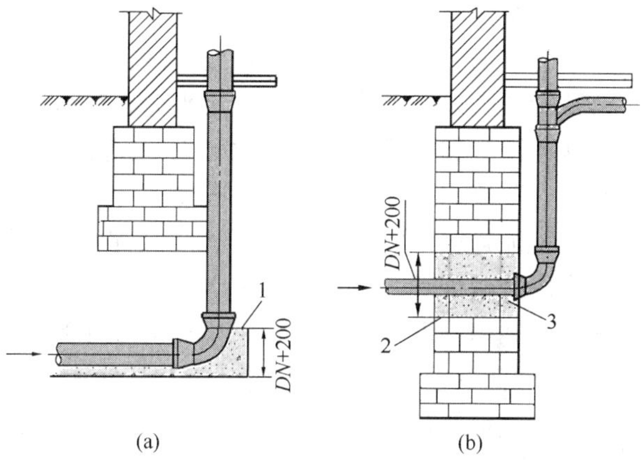

图 5-69　引入管进入建筑物
（来自中国建筑工业出版社《建筑给水排水工程》）
(a) 从浅基础下通过；(b) 从深基础下通过
1—混凝土支座；2—黏土；3—M5 水泥砂浆封口

（2）室外埋地引入管要防止地面活荷载和冰冻的破坏，其管顶覆土厚度不宜小于 0.7m，并应在冰冻线以下 0.15m 处。

建筑内埋地管在无活荷载和冰冻影响时，其管顶离地面高度不宜小于 0.3m。

（3）管道在空间敷设时，必须采用固定措施。

给水钢立管一般每层须安装 1 个管卡，当层高大于 5m 时，则每层须安装 2 个，管卡高度距地面应为 1.5～1.8m。钢管水平安装支架最大间距见表 5-19，塑料管、复合管支吊架间距见表 5-20，铜管管道支架的最大间距见表 5-21。

钢管管道支架的最大间距　　表 5-19

公称直径（mm）		15	20	25	32	40	50	70	80	100	125	150	200	250
支架的最大间距（m）	保温管	2	2.5	2.5	2.5	3	3	4	4	4.5	6	7	7	8
	不保温管	2.5	3	3.5	4	4.5	5	6	6	6.5	7	8	9.5	11

塑料管及复合管管道支架的最大间距 **表 5-20**

管径（mm）			12	14	16	18	20	25	32	40	50	63	75	90	110
最大间距	立管		0.5	0.6	0.7	0.8	0.9	1.0	1.1	1.3	1.6	1.8	2.0	2.2	2.4
	水平管	冷水管	0.4	0.4	0.5	0.5	0.6	0.7	0.8	0.9	1.0	1.1	1.2	1.35	1.55
		热水管	0.2	0.2	0.25	0.3	0.3	0.35	0.4	0.5	0.6	0.7	0.8		

铜管管道支架的最大间距 **表 5-21**

公称直径（mm）		15	20	25	32	40	50	65	80	100	125	150	200
支架的最大间距（m）	垂直管	1.8	2.4	2.4	3.0	3.0	3.0	3.5	3.5	3.5	3.5	4.0	4.0
	热水管	1.2	1.8	1.8	2.4	2.4	2.4	3.0	3.0	3.0	3.0	3.5	3.5

（4）防腐

金属管道都要采用防腐措施，通常做法是管道除锈后，在外壁刷涂防腐涂料。

铸铁管及大口径钢管管内可采用水泥砂浆衬里防腐。

埋地铸铁管宜在管外壁刷冷底子油一道、石油沥青两道，埋地钢管（包括热镀锌钢管）宜在外壁涂刷冷底子油一道、石油沥青两道外加保护层（当土壤腐蚀性较强时可采用加强级或特加强级防腐）。钢塑复合管就是钢管加强防腐性能的一种形式，其埋地敷设时，外壁防腐同普通钢管。

薄壁不锈钢管埋地敷设，宜采用管沟或外壁应有防腐措施（管外加防腐保护管或外缚防腐胶带），薄壁铜管埋地敷设时，应在管外加防护套管。

明设的热镀锌钢管应刷银粉两道（卫生间）或调和漆两道，明设铜管应刷防护漆。

（5）防冻、防露

金属管保温层厚度根据计算确定。

（6）防振

为防止管道的损坏和噪声的影响，设计给水系统时应控制管道的水流速度，在系统中尽量减少使用电磁阀或速闭型水嘴。住宅建筑进户管的阀门后（沿水流方向），宜装设家用可曲挠橡胶接头进行隔振。并在管支架、吊架内衬垫减振材料，以缩小噪声的扩散。

5.8 给水管道的验收

5.8.1 压力试验

1. 试验压力

（1）设计有明确规定时，按设计规定进行试压。

（2）设计无明确规定时，室内给水系统试验压力均为工作压力的 1.5 倍，且不小于 0.6MPa，生产、消防生活合用系统和饮用水，试验压力≤1.0MPa。

2. 试压步骤：中、小型系统整体进行试压。大型和比较复杂的系统试压应先按分区或分段进行单项试验，埋地管道应在回土前、墙内管道应在隐蔽前进行单项试验，在全部干、立、支管安装完毕，将所有管段一同进行系统试验。

(1) 管道系统安装完毕，先全面检查系统是否符合设计图纸要求，将给水系统各开口处（例如连接配水附件、卫生器具或其他用水设备的支管、三通、弯头敞口）用丝堵堵上，关闭试压管段上的所有阀门。

对粘接连接的管道，必须在粘接完成2h后才能进行水压试验。

(2) 在系统的最高点装设排气管、放气阀，以便试压时排除系统内的空气。

(3) 在管道的末端（一般为系统的最低点）或室外管道入口处安上加压泵，泵的出口必须设阀门、止回阀、放水阀和压力表，加压泵与管道系统用活接头连接（图5-70）。加压泵可以是手动或电动的。压力表量程不应小于压力的1.3倍，精度为0.01MPa。

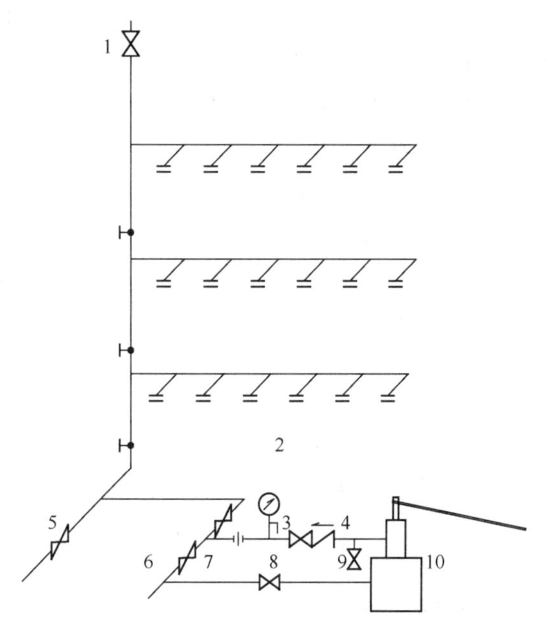

图5-70 管道系统水压试验示意图

1—放气阀；2— 压力表；3 —加压泵控制阀；4—止回阀；5—系统总阀；6—临时进水控制阀；7—活接头；8—加压泵进水控制阀；9—放水阀；10—加压泵

(4) 系统较大时，可通过临时给水管缓慢充水，沿程管线应有专人巡逻；打开系统引入管的阀门，启动试压泵缓慢加压，沿水流方向依次打开阀门，打开放气阀1排气，直至水从放气阀流出，说明系统已充满水，关闭放气阀。压力在0.3MPa以下时允许用手锤检查焊缝和旋紧螺栓，若有漏水处做好标记，放水泄压后进行维修，修好后再重新注水加压复查，严禁带压检修。

(5) 如管道不渗不漏，继续缓慢加压，加压时间≥10min。检查系统接头是否有渗漏，当达到试验压力时，关闭阀门3，以防止回阀渗漏。金属管及复合管，稳压10min，压力降≤0.02MPa，塑料管稳压1h，压力降≤0.05MPa。然后降至工作压力的1.15倍，稳压2h，压力降≤0.03MPa。对系统外观做全面检查，不渗漏为合格。

(6) 通知有关单位验收并办理水压试验情况的验收记录，该记录作为技术资料存档。将放水阀打开，放掉系统内的水。拆除试压水泵和水源。待管道系统内水排净，将破损的镀锌层和外露丝扣进行防腐处理，再完成隐蔽工作。

(7) 在冬季施工时，也可以用压缩空气试压，压力大小与水相同，用肥皂水涂在所有的连接处与可疑处，检查泄漏。

(8) 管道系统试压完毕应用洁净水进行冲洗。冲洗进水口和排水口应选择适当位置，冲洗流速应>1.5m/s，并能保证管道系统内的杂物冲洗干净，直至各用水点出水水质与进水口目测一致为合格。冲洗用过的水应在指定地点沉淀排放，污物应统一回收。

5.8.2 消毒

1. 生活给水系统管道在交付使用前必须冲洗和消毒，并经有关部门取样检验，符合现行国家标准《生活饮用水卫生标准》GB 5749 方可使用。消毒时，用含 20～30mg/L 的游离氯的水灌满管道留置 24h 以上。放空管道，消毒用水应在指定地点处理排放至排水沟内。

2. 用生活饮用水冲洗管道，至各末端配水件出水水质符合现行国家标准《生活饮用水卫生标准》GB 5749 为止。管道冲洗进水口及排水口应选择在适当位置，并能保证管道系统内的杂物冲洗干净，排水管截面积≥被冲洗管道截面的 60%。

3. 管道冲洗用水等应在指定地点沉淀排放，冲洗的污物统一回收，集中处理。

5.8.3 管道设备的验收

1. 主控项目

（1）水压试验：符合设计要求；若设计未注明时，各类材质给水管道系统试验压力达到高中压力的 1.5 倍，但不得小于 0.6MPa。试验时，相关人员必须在场，记录必须有相关人员签字。

（2）通水试验：观察和开启阀门、水嘴等放水，做好记录。

（3）冲洗和消毒：须经有关部门取样检验和展示有关部门的检测报告。

（4）室内直埋给水管道应做防腐处理：观察或局部解剖检查，防腐材料和结构应符合设计要求（塑料管道和复合管道除外）。

2. 一般项目

按系统、区域、施工段或楼层划分分项工程，通过观察、尺量检查。质量验收检查表按当地有关部门规定，若无统一规定时则按表 5-22、表 5-23 执行。

检查内容包括：

（1）检查管材是否符合设计要求，若更改是否符合规范；

（2）检查管道的坡度、标高、管径、分支、尺寸；

（3）检查附件的型号、数量、位置、尺寸；

（4）固定件的位置、数量、牢靠度。

室内给水管道及配件安装工程检验批质量验收记录表 **表 5-22**

<table>
<tr><td colspan="3">单位（子单位）工程名称</td><td colspan="3"></td></tr>
<tr><td colspan="3">分部（子分部）工程名称</td><td colspan="2"></td><td>验收部位</td><td></td></tr>
<tr><td colspan="2">施工单位</td><td colspan="2"></td><td>项目经理</td><td></td></tr>
<tr><td colspan="2">分包单位</td><td colspan="2"></td><td>分包项目经理</td><td></td></tr>
<tr><td colspan="3">施工执行标准名称及编号</td><td colspan="3"></td></tr>
<tr><td colspan="4">施工质量验收规范规定</td><td>施工单位检查评定记录</td><td>监理（建设）验收记录</td></tr>
<tr><td rowspan="4">主控项目</td><td>1</td><td>给水管道 水压试验</td><td>设计要求</td><td></td><td></td></tr>
<tr><td>2</td><td>给水管道 通水试验</td><td>第 4.2.2 条</td><td></td><td></td></tr>
<tr><td>3</td><td>生活给水系统管 冲洗和消毒</td><td>第 4.2.3 条</td><td></td><td></td></tr>
<tr><td>4</td><td>直埋金属给水管道 防腐</td><td>第 4.2.4 条</td><td></td><td></td></tr>
</table>

续表

<table>
<tr><td colspan="6">施工质量验收规范规定</td><td>施工单位检查评定记录</td><td>监理（建设）验收记录</td></tr>
<tr><td rowspan="19">一般项目</td><td>1</td><td colspan="3">给水排水管铺设的平行、垂直间距</td><td>第 4.2.5 条</td><td></td><td></td></tr>
<tr><td>2</td><td colspan="3">金属给水管道及管件焊镜</td><td>第 4.2.6 条</td><td></td><td></td></tr>
<tr><td>3</td><td colspan="3">给水水平管道 坡度坡向</td><td>第 4.2.7 条</td><td></td><td></td></tr>
<tr><td>4</td><td colspan="3">管道支、吊架</td><td>第 4.2.9 条</td><td></td><td></td></tr>
<tr><td>5</td><td colspan="3">水表安装</td><td>第 4.2.10 条</td><td></td><td></td></tr>
<tr><td rowspan="14">6</td><td rowspan="6">水平纵、横方向弯曲允许偏差</td><td rowspan="2">铜管</td><td>每米</td><td>1mm</td><td></td><td></td></tr>
<tr><td>全长 25m 以上</td><td>≤25mm</td><td></td><td></td></tr>
<tr><td rowspan="2">塑料管复合管</td><td>每米</td><td>1.5mm</td><td></td><td></td></tr>
<tr><td>全长 25m 以上</td><td>≤25mm</td><td></td><td></td></tr>
<tr><td rowspan="2">铸铁管</td><td>每米</td><td>2mm</td><td></td><td></td></tr>
<tr><td>全长 25m 以上</td><td>≤25mm</td><td></td><td></td></tr>
<tr><td rowspan="6">立管垂直度允许偏差</td><td rowspan="2">钢管</td><td>每米</td><td>3mm</td><td></td><td></td></tr>
<tr><td>5m 以上</td><td>≤8mm</td><td></td><td></td></tr>
<tr><td rowspan="2">塑料管复合管</td><td>每米</td><td>2mm</td><td></td><td></td></tr>
<tr><td>5m 以上</td><td>≤8mm</td><td></td><td></td></tr>
<tr><td rowspan="2">铸铁管</td><td>每米</td><td>3mm</td><td></td><td></td></tr>
<tr><td>5m 以上</td><td>≤10mm</td><td></td><td></td></tr>
<tr><td colspan="2">成排管段和成排阀门</td><td>在同一平面上的间距</td><td>3mm</td><td></td><td></td></tr>
</table>

<table>
<tr><td rowspan="2">施工单位检查评定结果</td><td>专业工长（施工员）</td><td></td><td>施工班组长</td><td></td></tr>
<tr><td colspan="4">项目专业质量检查员：　　　　年　月　日</td></tr>
<tr><td>监理（建设）单位验收结论</td><td colspan="4">专业监理工程师（建设单位项目专业技术负责人）：　　　　年　月　日</td></tr>
</table>

分项工程质量验收记录　　　　**表 5-23**

工程项目		项目技术负责人／证号	
子分部工程名称		项目质检员／证号	
分项工程名称		专业工长／证号	
分项工程施工单位		检验批数量	
	检验批部位	施工单位检查评定结果	监理（建设）单位验收结论
检查结论	项目专业质量（技术）负责人： 年　月　日	验收结论	监理工程师： （建设单位项目专业技术负责人）： 年　月　日

注：摘自《建筑给水排水及采暖工程质量验收规范》GB 50242。

3. 提交有关资料

（1）开工报告；

（2）各种测量、试验记录，严密性试验记录，水平管道坡度、隐蔽工程验收记录；

（3）材料、附件与燃气设备出厂合格证，材质证明书，安装技术说明书，材料代用说明书、检验报告；

（4）防腐绝缘措施检查记录；

（5）设计变更通知单，工程竣工图和竣工报告，试通气记录。

5.9 水质污染的防护

5.9.1 生活饮用水水质污染的可能性

城镇供水的水质经过卫生监督部门检验控制，一般均符合国家颁布的《生活饮用水卫生标准》GB 5749，严禁与自备水源、中水、回用雨水的供水管道直接连接。但如果建筑内部给水系统的设计与安装不合理，亦会引起水质被污染。水质被污染可能有以下几种情况：

1. 生活饮用水管道因回流造成的污染，即非饮用水或其他液体倒流入生活给水系统。

形成回流污染的主要原因是：埋地管道或阀门等附件连接不严密，平时有渗漏，当饮用水断流，管道中出现负压时，被污染的地下水或阀门井中的积水即会通过渗漏处，进入给水系统，放水附件安装不当，出水口设在卫生器具或用水设备溢流水位下，或溢流管堵塞，而器具或设备中留有污水，室外给水管网又因事故供水压力下降，当开启放水附件时，污水即会在负压作用下，吸入给水管道（图 5-71），即发生虹吸现象，饮用水管与大便器（槽）连接不当，如给水管与大便器（槽）的冲洗管直接相连，并用普通阀门控制冲洗，当给水系统压力下降时，开启阀门也会出现回流污染现象。

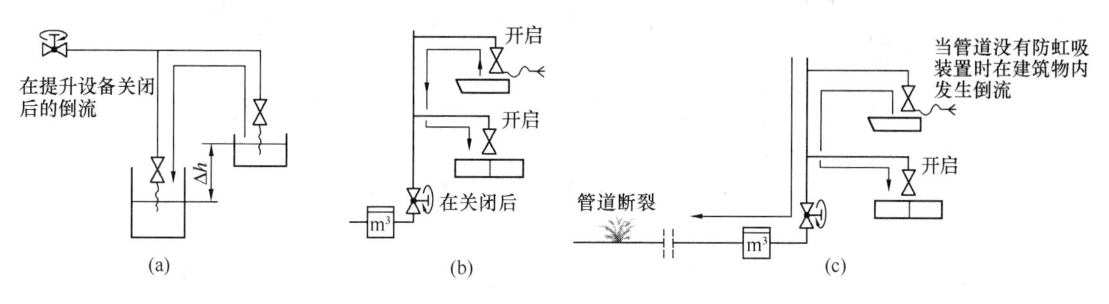

图 5-71　回流污染现象

（a）在关闭截止阀后，由于在建筑楼层的地势高差发生虹吸；
（b）在立管关闭后发生虹吸；（c）在供水管断裂和止回阀缺失时发生倒流

2. 符合生活饮用水质标准的给水系统，被其他给水系统（非饮用水）或排水系统，因技术上的不合理，在水流压力差异、虹吸等原因作用下，使饮用水被污染。如图 5-72 所示，某工厂供水有两个水源，其中生产用水直接取自河水，以城市管网的饮用水为生产备用水源，两个系统非法直接连通，中间仅设一止回阀（或闸阀）。当非饮用水压力大于饮用水压，且连接管中的止回阀或阀门密闭性差时，不洁净的河水就会通过止回阀（或闸阀）窜流到城市给水系统中去。

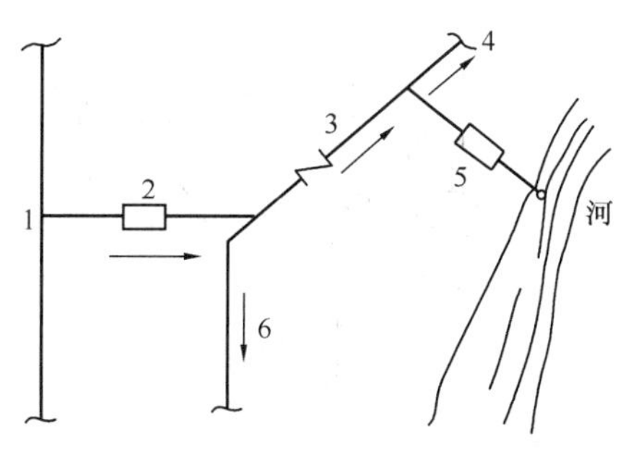

图 5-72　饮用水与非饮用水的直接连接

1—城市给水管网；2—水表井；3—止回阀；
4—供生产用水管；5—泵站；6—供生活用水管

所以在生活饮用水作为工业备用水源时，与非饮用水管道连接处，应设管道隔断装置，而且生活饮用水的水压必须大于其他水管的水压。

3. 贮水池（箱）的制作材料或防腐涂料选择不当，如含有毒物质，逐渐溶于水中直接污染水质，水在贮水池（箱）中停留时间过长，当水中余氯量耗尽后，随着有害微生物的生长繁殖，使水腐败变质；贮水池（箱）管理不当，如水池（箱）人孔不严密，通气管或溢流管口敞开设置，尘土、蚊蝇、鼠、雀等均可能通过以上孔、口进入水中造成污染。

5.9.2　防止生活饮用水污染的一些措施

1. 根据生活饮用水贮水池的水质污染所产生的原因，我们可以采用相应的防护措施。为了保证水质不被污染，我国《建筑给水排水设计标准》GB 50015 规定，生活饮用水与非饮用水管道连接原则上是不允许的，在特殊情况下，必须在两种管道连接处，采取防止水质污染的措施。如设置两个阀门，阀门间设有常开的泄水龙头（使阀门间保持无水，图 5-73）。

2. 对于城市生活饮用水与自备生活饮用水源，一般应设水池、水塔或水箱进行隔断，特殊情况下，当自备水源有经常的水质检验工作，并经有关部门许可方能与城市管网连接。

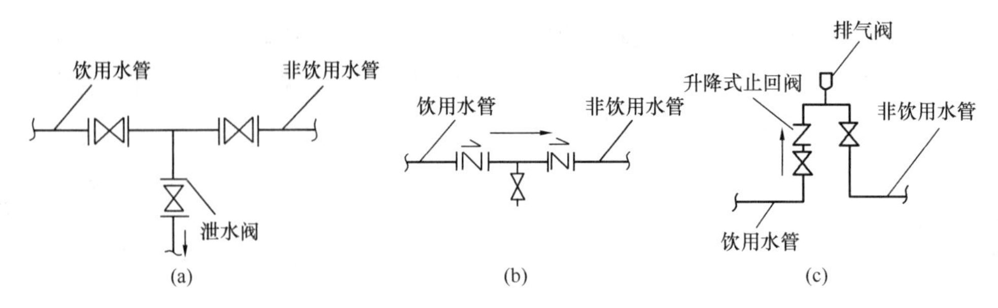

图 5-73　饮用水与非饮用水管道连接时的水质防护措施

（a）设泄水阀；（b）设倒流防止器；（c）设升降式止回阀

3. 规范规定，生活饮用水不得因回流而被污染，给水管配水出口不得被任何液体或杂质淹没，并要求给水管配水出口应高于用水设备溢流水位，其最小空气间隙（h 又称"空气隔断"高度）为给水管外径的 2.5 倍，或管内径 $h \geqslant 3.5d_i \geqslant 20$mm（图 5-74a、b），当有泡沫生成或有悬浮物的液面时，空气隔断 h 应提高至泡沫顶起算（图 5-74c）。

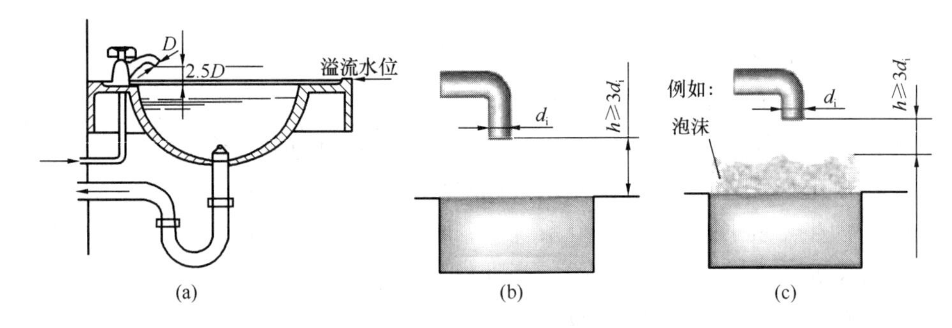

图 5-74　出水口的空气隔断

（a）洗脸盆配水龙头的空气隔断（以外径计算）；（b）配水龙头的空气隔断；

（c）有泡沫生成时（以内径 d_i 计算）

4. 生活饮用水水池（箱）进水管的要求

（1）进水管口最低点高出溢流边缘的空气间隙不应小于进水管管径，且 25mm$\leqslant h \leqslant$150mm。

（2）当进水管从最高水位以上进入水池（箱）、管口处为淹没出流时，应采取真空破坏器等防虹吸回流措施。

（3）不存在虹吸回流的低位生活饮用水贮水池（箱），其进水管不受以上要求限制，但进水管仍宜从最高水面以上进入水箱。

5. 从生活饮用水管网向下列水池（箱）补水的要求

（1）向消防等其他非供生活饮用的贮水池（箱）补水时，其进水管口最低点高出溢流边缘的空气间隙≥150mm。

（2）向中水、雨水回用水等回用水系统的贮水池（箱）补水时，其进水管口最低点高出溢流边缘的空气间隙不应小于进水管管径的 2.5 倍，且≥150mm。

6. 饮用水管道与贮水池（箱）不要布置在易受污染处，非饮用水管不能从贮水设备中穿过。设在建筑物内的贮水池（箱），不得利用建筑本体结构如基础、墙体、地板等，作为池底、池壁、池盖，其四周及顶盖上均应留有检修空间。埋地饮用水池与化粪池之间应有不小于10m的净距，当净距不能保证时，可采取提高饮用水池标高或化粪池采用防渗墙等措施。贮水池（箱）若需防腐，应采用无毒涂料，若采用玻璃钢制作时，应选用食品级玻璃钢为原料。其溢流管、排水管不能与污水管直接连接，均应有空气隔断装置。通气管和溢流管口要设铜丝或钢丝网罩，以防污物、蚊蝇等进入。贮水池（箱）要加强管理，池（箱）上加盖防护，池（箱）内定期清洗。饮用水在其中停留时间不能过长，否则应采取加氯等消毒措施。在生活（生产）、消防共用的水池（箱）中，为避免平时不能动用的消防用水长期滞留，影响水质，可采用生活（生产）用水从池（箱）底部虹吸出流，或池（箱）内设溢流墙（板）等措施，使消防用水不断更新，如图5-75所示。

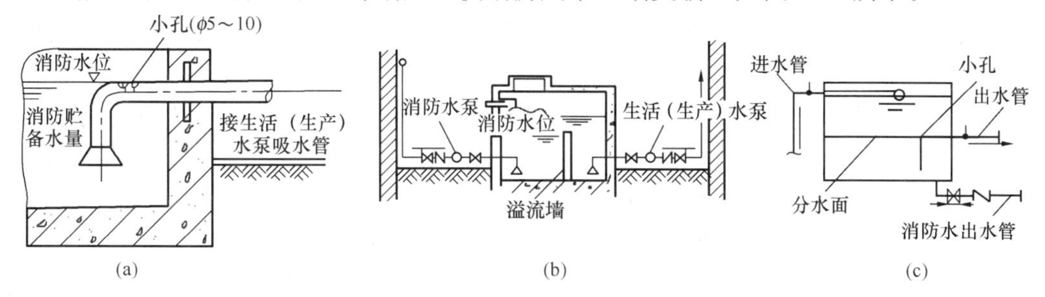

图5-75 贮水池（箱）中消防贮水平时不被动用的水质防护措施

（a）在生活（生产）水泵吸水管上开小孔形成虹吸出流；（b）在贮水池中设溢流墙、生活（生产）用水经消防用水贮存部分出流；（c）在水箱出水箱上设小孔形成虹吸出流

埋地饮用水管与排水管敷设不当也会造成污染，间距和排列见图5-76。

7. 有害物质和材料的对策

（1）在企业中可能产生有害物质，如有腐蚀的蒸汽或气体，放射性物质在塑料管中扩散或射线污染。如果它们进入饮用水系统中是非常危险的，必须设置安全防范装置。

（2）光会促使水中形成水藻，所以透光的塑料管或过滤杯必须防止光的作用：在透光的管道外套上波纹保护管、选择染成深色的管材或者安装在暗一些的房间里。

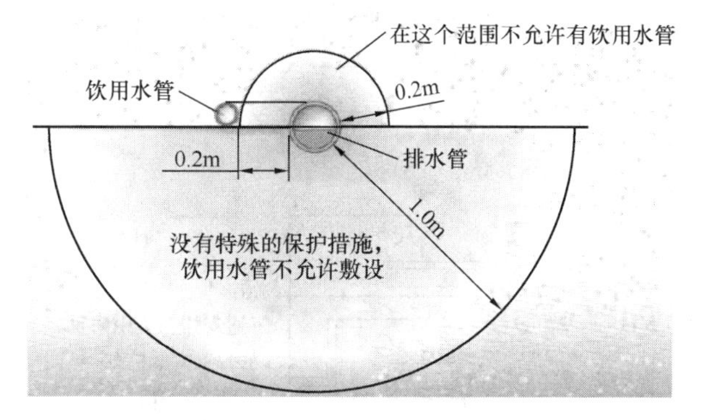

图5-76 埋地饮用水管和排水管的间距和排列

（3）在与饮用水接触的材料、辅材和运行材料必须符合规范。如果规范中没有规定的，必须使用对饮用水是卫生的、不会产生令人生疑的气味和味道、技术上是不可缺少的材质。如套丝切削液、焊剂、去垢剂等辅材必须是水溶性的和可以冲洗掉的。如果要向饮用水中添加运行材料，应属于液体范畴，需要相应的安全防范附件。

8. 对于较长时间中断使用的静止水，再使用时应进行放空并进行管道彻底冲洗。

5.9.3 饮用水防范的安全装置

饮用水防范的安全装置是用来阻止管道中水的回流，起着协助保护饮用水的安全措施。这类装置必须由专业人员安装，不能因为高度位置或倾斜位置而损害它们的功能。

具有最高危险等级的取水点决定了它的保护措施的类型。

1. 生活饮用水管道系统上连接含有有害健康物质等有毒有害场所或设备时，在下列位置必须设置倒流防止器。

（1）贮存池（罐）、装置、设备的连接管上；

（2）化工剂罐区、化工车间、三级及三级以上的生物安全实验室的引入管上，除了设置倒流防止器外，还应设置有空气间隙的水箱，设置位置应在防护区外。

2. 从小区或建筑物内的生活饮用水管道上直接接出下列用水管道时，应在用水管道上设置真空破坏器等防止回流污染措施：

（1）当游泳池、水上游乐池、按摩池、水景池、循环冷却水集水池等设施的注水或补水管道出口与溢流水位之间应设有空气间隙，且空气间隙小于出口管径 2.5 倍时，在其注（补）水管上。

（2）不含有化学药剂的绿地喷灌系统，当喷头为地下式或自动升降式时，在其管道起端。

（3）消防（软管）卷盘、轻便消防水龙头。

（4）出口接软管的冲洗水嘴（阀）、补水水嘴与给水管道连接处。

1）独立防护装置：在每个连接软管的配水龙头上都安装一个安全阀组：止回阀＋真空破坏器(图 5-77a和图 5-78)。例如花园洗衣间、停车场，那里的雨水桶、洗涤桶的污水随时可能通过软管回流。也有可能旋下原有的装置，将软管插入排水管中，进行冲洗，都

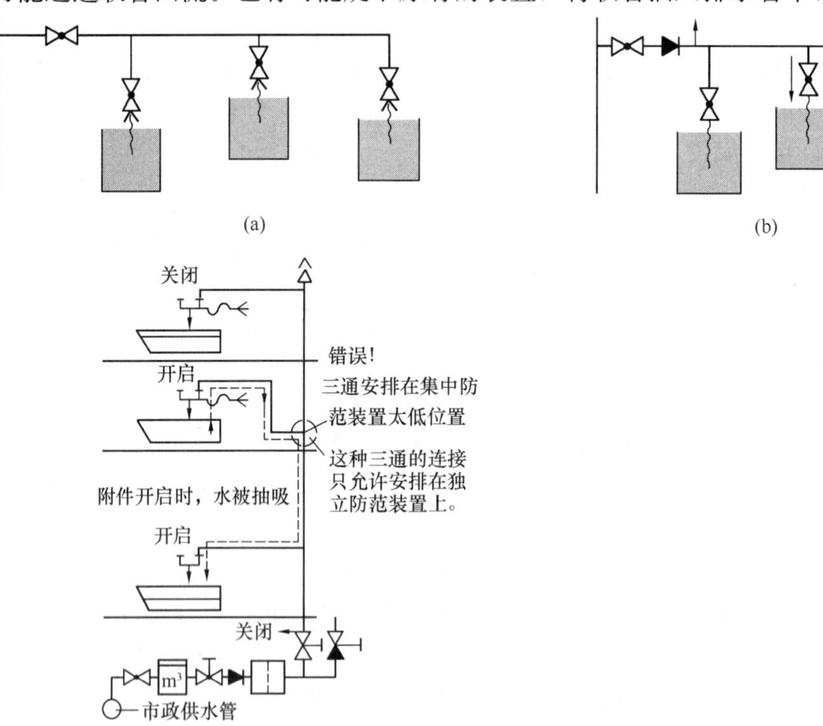

图 5-77　独立防范与集中防范的不同安全装置

（a）带止回阀和真空破坏器的独立防护装置；（b）管道带真空破坏器和止回阀的集中防护装置；（c）集中防护安全装置在安装时的错误（尽管有集中防护装置，但仍然可能发生虹吸）

有可能发生回流。所以软管应该连接带止回阀＋真空破坏器安全阀组的配水龙头。

在管道中出现负压时，连接软管的含真空破坏器配水龙头让空气流入，防止回流与虹吸，防止非饮用水回流进入饮用水管网。严禁在大（小）便器上采用非专用冲洗阀。

2）集中防护装置：在有若干个取水点水嘴的管段上安装一个公共的防护装置（图 5-77b）。但是欧洲新规范已不再包含这种装置了，因为它的缺点很明显。在真空破坏器的立支管内含有静止的水，安装缺陷会使污水回流（图 5-77c），防护装置出现故障时会危害所有的取水点的“安全”。尽管是集中防护，在取水点仍然可能产生回流。

3. 引入管的防止回流装置

根据《防止饮用水装置的污染保护和防止回流污染的装置的一般要求》EN 1717，为了保护公共供水系统的饮用水，在引入管上安装止回阀，一般安装在水表后面的水平管道上，防止来自建筑物内使用过的水回流（图 5-79）；止回阀也有安装在立管上的，但水流方向不允许向下（否则止回阀在关闭时所需要的弹力还要克服立管水柱的静压力，不易紧闭）。

为了保证止回阀功能可靠，应该定期检查和保养（一年一次）。安装位置要容易接近，留有操作空间。保养时不需要改变管道，使拆卸与安装方便（用锁紧螺母旋紧与松开）；为了保养和检查止回阀，在止回阀的前方与后方应该安装关闭阀、带检查口或泄水口堵头的三通管件。

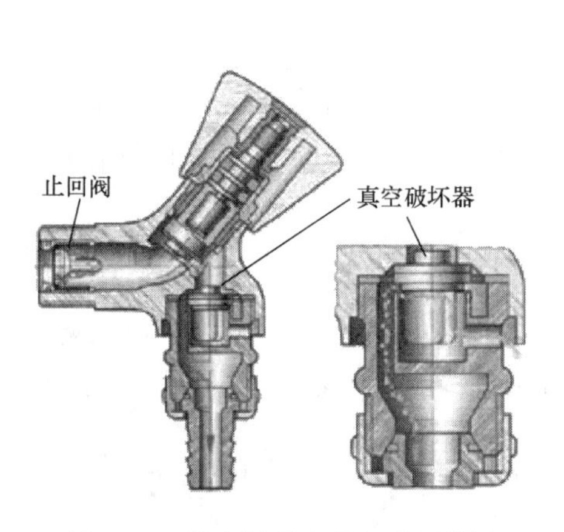

图 5-78　带止回阀＋真空破坏器及连接软管接头的水嘴工作原理

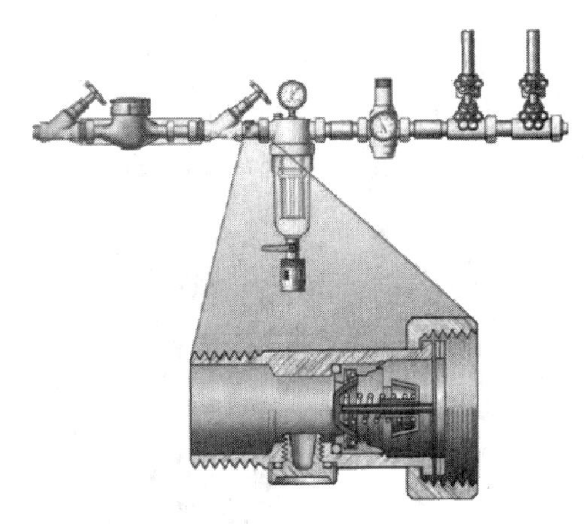

图 5-79　在引入管上安装止回阀防止回流

应该选择流通阻力小些的止回阀，否则流动的压力下降太大，可能要加水泵驱动，造成高能耗，特别是在循环的管道中；或者要选择相对大些管径的管道，但是这会造成静止水的形成，而且占据较大的空间（包括防结露的绝热层）。所以应根据厂家提供的有关参数，根据管道的流量范围选择压力损失小的止回阀。图 5-80a、b 为其工作原理图；可以根据图 5-80c 进行选型，例如选用 $DN20$ 的止回阀，流量在 $\dot{V}=4\mathrm{m^3/h}$ 时，压力损失 $\Delta p=200\mathrm{mbar}$（沿图 5-80c 箭线 1）；若选用压力损失 $\Delta p'=1000\mathrm{mbar}$ 时，流量 $\dot{V}=2.1\mathrm{m^3/h}$（沿图 5-80c 箭线 2）。

4. 管道隔断装置

（1）自带可旋入构件的管道隔断装置（图 5-81a、图 5-82），一些是加装在附件上，

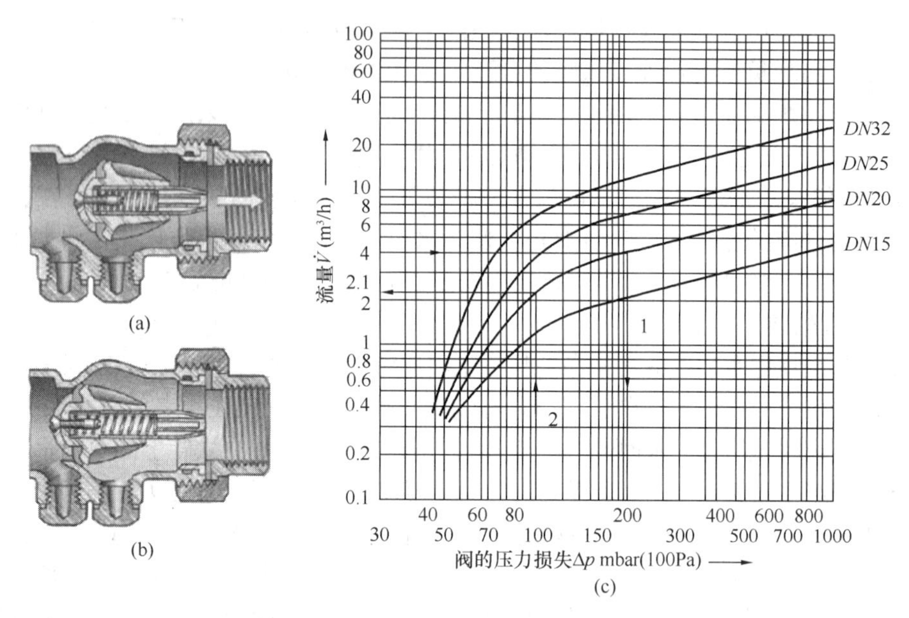

图 5-80 带检测装置的止回阀工作原理与选择曲线

（a）流通开启；（b）回流关闭；（c）止回阀的压力损失与流量关系

如压力冲洗阀（图 5-81b）。在产生抽吸时，空气可以流入，例如在便器盆堵塞时或浴盆注水满至边沿时，用于阻止虹吸的发生（图 5-83）。安装于可能的最高水位上方，安装高度一般≥150mm，在压力冲洗阀上≥400mm。在管道隔断装置后不允许安装阀门。

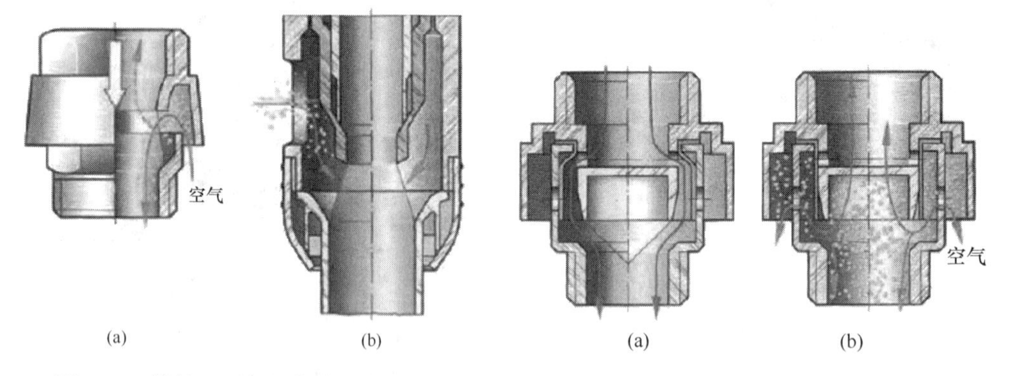

图 5-81 带敞口通气的管道隔断装置

（a）在通流时；（b）装在压力冲洗阀的管道隔断装置

图 5-82 带弹性膜的管道隔断装置

（a）在流通时；（b）在虹吸时

（2）当生活饮用水管道用软管或固定管道连接用水设备或容器时，在引入管安装高品质的管道隔断器或系统隔断器。根据 DIN EN 1717，欧洲管道隔断器分为四类。

1）BA 管道隔断器：用于可调中压区。

2）CA 管道隔断器：用于不同的、不可调压力区。

3）GA 管道隔断器：用于流经不可控制的区域。

4）GB 管道隔断器：用于流经可控制的区域。

迄今为止，BA 和 CA 管道隔断器称为系统隔断器，BA 管道隔断器另外还有一个名

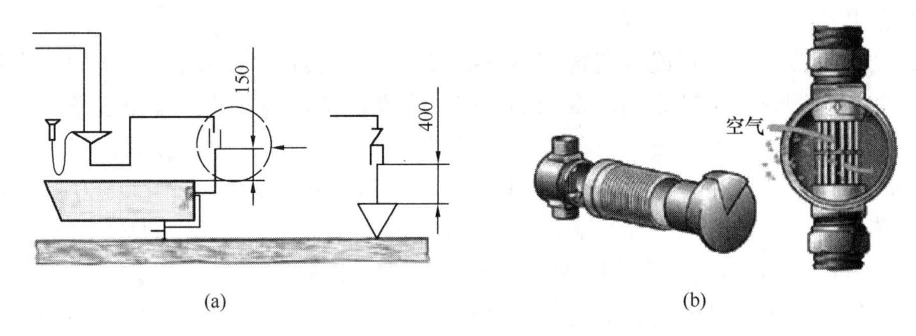

(a) (b)

图 5-83 卫生间浴盆与便器盆的管道隔断装置

(a) 安装高度；(b) 用于卫浴间的管道隔断装置

称，叫管网隔断器。

当入口的压力只比出口静压高 0.5bar 时，GA 和 GB 管道隔断器就断开管子，用以可靠地防止脏水虹吸、回流或反压回来（图 5-84a)。

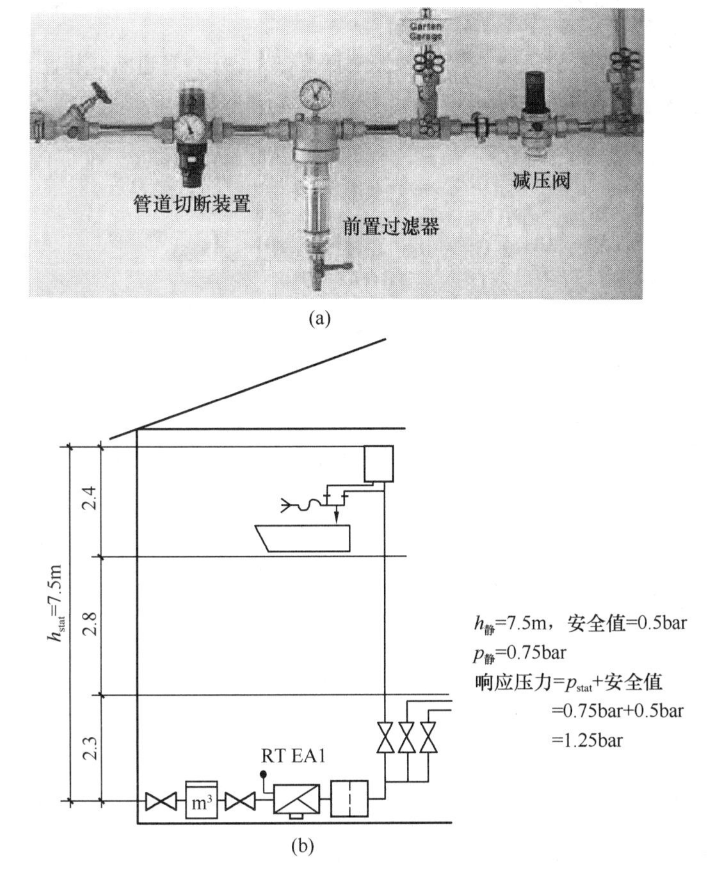

(a)

(b)

图 5-84 安装在引入管的水表后面的管道切断装置

(a) 管道断开装置在引入管的位置；(b) 管道断开装置响应压力的确定

不控制流量的 GA 型管道隔断器固定设置在流经管道上。它使用在带软管连接的水嘴上、架空喷淋设备、空调设备、添加消毒剂的挤奶机自动冲洗设备处，当进水管压力下降到规定值时切断管道。它安装在水表后面，因为在压力下降时自动断开，随时处于自动关闭状态，比止回阀可靠得多。在订购时，必须标明所需要的响应压力，在达到响应压力时，闭合体开启。

当饮用水管道通过软管或固定管道与某些容器、设备或其他短时间连接的给水管网连接时，例如在空调设备、带添加消毒剂的挤奶机自动冲洗设备、喷灌溢流设备、不同压力的给水管网等，也需要安装管道或系统断开装置，以防止饮用水供给压力低时发生回流。

图 5-85 为不控制流量、确保管道中水品质的管道切断装置。在入口压力超过闭锁弹簧的额定值时，滴水接口被锁闭体关闭，管道断开装置处于流通位置（图 5-85a），如果入口压力低于其响应压力，锁闭体由额定值弹簧控制处于断开位置（图 5-85b）。断开位置可以通过透明的盖子看到。断开装置中的水从滴水接口流出。安装的止回阀制止了串联设备的空转。

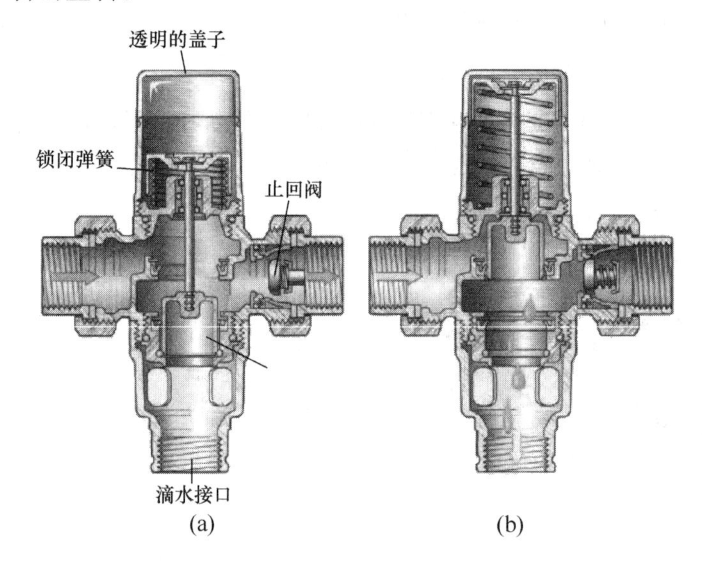

图 5-85　GA 型管道断开装置
（a）流通位置；（b）断开位置

6　建筑消防给水系统

6.1　概述

6.1.1　建筑的分类

1. 民用建筑的分类：根据其建筑高度和层数可分为单、多层民用建筑和高层建筑。高层民用建筑根据其建筑高度、使用功能和楼层的建筑面积可分为一类和二类（表6-1）。

民用建筑的分类　　**表6-1**

名称	高层民用建筑		单、多层民用建筑
	一类	二类	
住宅建筑	建筑高度大于54m的住宅建筑（包括设置商业网点的住宅建筑）	建筑高度大于27m，但不大于54m的住宅建筑（包括设置商业网点的住宅建筑）	建筑高度不大于27m的住宅建筑（包括设置商业网点的住宅建筑）
公共建筑	1. 建筑高度大于50m的建筑； 2. 建筑高度24m以上部分任一楼层建筑面积大于1000m^{2}的商店、展览、电信、邮政、财贸金融建筑和其他多种功能组合的建筑； 3. 医疗建筑、重要公共建筑、独立建造的老年人照料设施； 4. 省级及以上的广播电视和防灾指挥调度建筑、网局级和省级电力调度建筑； 5. 藏书超过100万册的图书馆、书库	除一类高层公共建筑外的其他高层公共建筑	1. 建筑高度大于24m的单层公共建筑； 2. 建筑高度不大于24m的其他公共建筑

注：1. 表中未列入的建筑，其类别应根据本表类比确定。
2. 除《建筑设计防火规范》GB 50016—2018另有规定外，宿舍、公寓等非住宅类居住建筑的防火要求，应符合该规范有关公共建筑的规定，裙房的防火要求应符合该规范有关高层民用建筑的规定。

2. 民用建筑的耐火等级：分为一、二、三、四级（见扩展阅读资源包）

6.1.2　火灾的定义

1. 火灾的定义及分类

火灾是指在时间或空间上失去控制地燃烧所造成的灾害。

火灾根据可燃物的类型和燃烧特性，分为A、B、C、D、E、F六大类。

（1）A类火灾：指固体物质火灾。这种物质通常具有有机物质性质，一般在燃烧时能产生灼热的余烬。如木材、干草、煤炭、棉、毛、麻、纸张等火灾。

（2）B类火灾：指液体或可熔化的固体物质火灾。如煤油、柴油、原油、甲醇、乙醇、沥青、石蜡、塑料等火灾。

（3）C类火灾：指气体火灾。如煤气、天然气、甲烷、乙烷、丙烷、氢气等火灾。

（4）D类火灾：指金属火灾。如钾、钠、镁、铝镁合金等火灾。

（5）E类火灾：指带电火灾。物体带电燃烧的火灾。

（6）F类火灾：指烹饪器具内的烹饪物（如动植物油脂）火灾。

2. 灭火的基本原理

物质燃烧必须同时具备三个必要条件，即可燃物、助燃物和燃点。根据这些基本条件，一切灭火措施，都是为了破坏已经形成的燃烧条件，或终止燃烧的连锁反应而使火熄灭以及把火势控制在一定范围内，最大限度地减少火灾损失。这就是灭火的基本原理。

灭火的基本原理可以归纳为冷却、窒息、隔离和化学抑制。

（1）冷却法：如用水扑灭一般固体物质的火灾，通过水来大量吸收热量，使燃烧物的温度迅速降低，最后使燃烧终止。

（2）窒息法：如用二氧化碳、氮气、水蒸气等不燃气体来降低氧浓度，使燃烧不能持续。

（3）隔离法：如用泡沫灭火剂灭火，通过产生的泡沫覆盖于燃烧体表面，在冷却作用的同时，把可燃物同火焰和空气隔离开来，达到灭火的目的。

（4）化学抑制法：如用干粉灭火剂通过化学作用，破坏燃烧的链式反应，使燃烧终止。

6.1.3 建筑消防系统的分类

随着我国城市化进程，建筑物越来越密集，高层建筑林立，居住与工作的人口密度也迅速增加。如果没有合理的、安全有效的消防措施，后果将难以估计。

1. 按灭火方式分类

（1）建筑消火栓给水系统：消火栓给水系统由人操纵水枪灭火，系统简单，工程造价低，是目前我国普遍采用的建筑消防给水系统。按其设置位置和灭火范围又可分为室外消火栓系统和室内消火栓系统。

（2）自动喷水灭火系统：由喷头自动喷水灭火，灭火成功率高，但工程造价较高，主要用于消防要求高，火灾危险性大的建筑。

2. 按消防给水压力分类

（1）高压消防给水系统：能始终保持满足水灭火设施所需的系统工作压力和流量，火灾时无须消防水泵直接加压的系统。

（2）临时高压消防给水系统：平时不能满足水灭火设施所需的系统工作压力和流量，火灾时能直接自动启动消防水泵以满足水灭火设施所需的压力和流量的系统。

（3）低压消防给水系统：能满足消防车或手抬泵等取水所需，从地面算起不应小于0.10MPa的压力和流量的系统。

6.2 室内消火栓消防系统

6.2.1 应设室内消火栓系统的建筑

1. 低层建筑：楼层≤9层的住宅（包括底层设置商业服务网点的住宅）、建筑高度≤24m的其他民用建筑、建筑高度（建筑物室外地面到其女儿墙顶部或檐口的高度）>24m的单层公共建筑。

（1）建筑占地面积＞$300m^2$的厂房和仓库；

（2）体积＞$5000m^3$的车站、码头、机场的候车（船、机）建筑、展览馆、商店、旅馆、病房楼、门诊楼和图书馆等单、多层建筑；

（3）特等、甲等剧场，超过800个座位的其他等级的剧院、电影院，超过1200个座位的礼堂、体育馆等；

（4）建筑高度＞15m或体积＞$10000m^3$的办公楼、教学楼和其他单、多层民用建筑；

（5）国家级文物保护单位的重点砖木或木结构的古建筑。

2. 高层建筑：高度＞24m的公共建筑和高度＞21m的住宅建筑（包括底层设置商业服务网点的住宅）。

消防应立足于自救和外援并重，对于超过消防车能够直接有效扑救火灾高度范围的建筑物，其室内任何点的火灾扑救应依靠室内消防给水系统来完成。

6.2.2　室内消火栓给水系统的组成

室内消火栓系统是建筑物内采用最广泛的一种消防给水装置，由消防给水管道、消火栓箱（配有消火栓、水龙带与水枪等）、消防水池、高位水箱、水泵接合器及增压设备等组成（图6-1）。

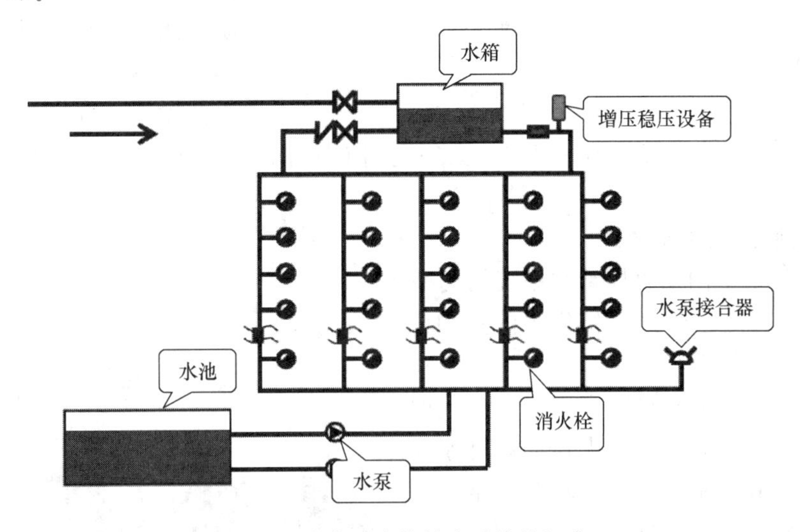

图6-1　室内消火栓给水系统的组成

1. 消防给水管道

低层消防给水管道主要采用镀锌钢管、铜管、不锈钢管、钢衬塑管等，埋地管用球墨铸铁管，高层建筑宜采用非镀锌钢管。连接方式有法兰连接、卡箍连接、螺纹连接，少数位置也可焊接，但焊接后必须重新镀锌或刷银粉漆。安装方法与给水管道相类似，注意标高、坡度、立支管位置。

2. 消防水池和消防水箱

消防水池用于贮存火灾持续时间内的室内消防用水量。

消防水箱一方面使消防给水管道充满水，节省消防水泵开启后充满管道的时间，另一方面，屋顶设置的增压、稳压系统和水箱能保证消防水枪的充实水柱，对于扑灭初期火灾的成败有决定性作用。

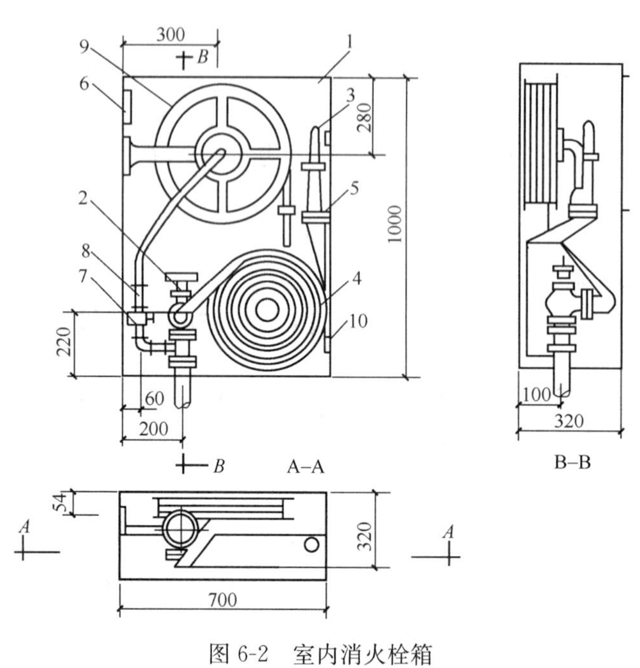

图 6-2　室内消火栓箱

1—消火栓箱；2—消火栓；3—水枪；4—水龙带；5—接扣；6—消防按钮；7—闸阀；8—软管；9—消防软管和卷盘；10—合页

3. 消火栓箱

室内消火栓箱有明装、暗装和半暗装。明装是将消火栓箱设在墙面上，暗装和半暗装是将消火栓箱全部或部分置于事先预留好的墙洞内。箱内设有水枪、水龙带和消火栓组成，在需要时还设置紧急启动消防水泵的按钮和火灾报警按钮（图 6-2）。较大的消火栓箱内还放置面具和灭火器。同一建筑物内应采用统一规格的消火栓、水枪和水带。

4. 消防水泵接合器

水泵接合器是消防车和机动泵向建筑物内消防给水系统输送消防用水和其他液体灭火剂的连接器具（图 6-3）。当火灾发生而室内消防用水量不足时，或室内消防水泵因检修、停电或其他故障时，必须利用消防车从室外水源抽水，向室内消防给水管网提供灭火用水。

6.2.3　室内消火栓给水形式

1. 低层建筑室内消火栓给水系统的类型

(1) 由室外给水管网直接供水的室内消火栓给水系统（图 6-4）

当室外给水管网的水压和水量在任何时候都能满足室内最不利点消火栓的设计水压和水量时，采用这种系统。市政给水常为高压，两路供水，消火栓打开即可使用，用于高度不大的建筑物。

(2) 设有水箱的室内消火栓给水系统（图 6-5）

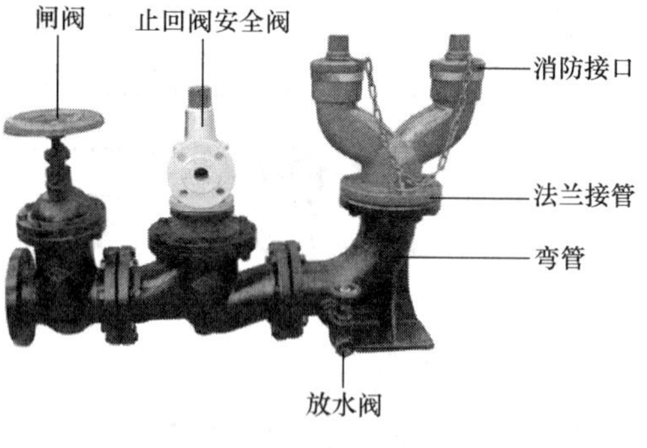

图 6-3　水泵结合器

当室外给水管网的水压在系统用水高峰时不能满足室内最不利点消火栓的压力和流量，而在夜间系统用水低谷时能满足室内最大用水量的要求时，采用这种系统。利用常设水箱调节生活与生产的用水量，同时还为消防储存了 10min 的初期灭火用水量。

(3) 设水泵、水箱的室内消火栓给水系统（图 6-6）

当室外给水管网的水压和水量在任何时候都不能满足室内最不利点消火栓的设计水压和水量时，采用这种系统。水箱储存生活泵补水和 10min 的初期灭火用水量，消防水泵启动后由消防水泵供水灭火。

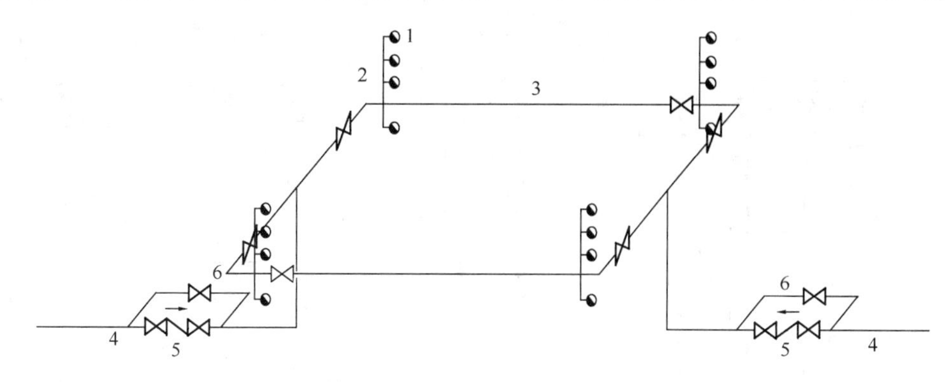

图 6-4 由室外给水管网直接供水的室内消火栓给水系统

1—室内消火栓；2—消防立管；3—消防干管；4—进户管；5—止回阀；6—旁通管与阀门

2. 高层建筑室内消火栓给水系统

楼层≥10 层的居住建筑（含首层设置商业服务网点的住宅）与建筑高度＞24m 的公共建筑，都必须设置室内、室外消火栓给水系统。同时还应根据建筑类别与使用功能，设置其他灭火系统。建筑高度＞250m 时，消防设计采取的特殊的防火措施，应提交国家消防主管部门组织研究和论证。

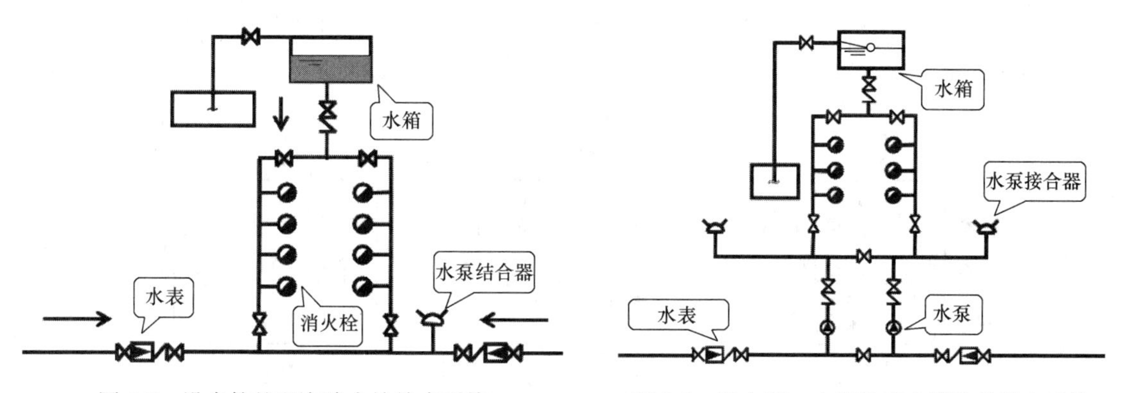

图 6-5 设水箱的室内消火栓给水系统

图 6-6 设水泵、水箱的室内消防栓给水系统

（1）不分区消防给水系统：当 24m＜建筑高度≤50m 或最低消火栓处的静水压力≤0.8MPa的高层建筑，可以采用这种给水系统（图 6-7）。在扑救高度达到 80m 的大型消防车的城市，建筑高度≤80m 的高层建筑也可采取这种给水系统。

（2）分区消防给水系统：消火栓栓口处静压力大于 1.20MPa 或系统最高压力大于 2.40MPa 时，或超过 50m 高度的高层建筑应采用这种给水系统。自动喷水灭火系统报警阀处的工作压力＞1.60MPa 或喷头处的工作压力＞1.20MPa 时应分区供水。

1）并联室内消火栓给水系统：在竖向各分区，用各自的消防水泵提升供水。其特点是各分区的水泵集中布置在地下室或首层，管理方便，各分区供水无相互影响，安全可靠，但是各个分区的水泵扬程不同，高区的管材与管件要求较高的耐压强度，对于消防车无法供水的高区室内消火栓，水泵接合器失去意义，供水的安全性较差。这种给水系统适用于分区不多的、建筑高度≤100m 的高层建筑（图 6-8）或超高层建筑顶部 100m 范围内的消防给水系统（图 6-9c）。

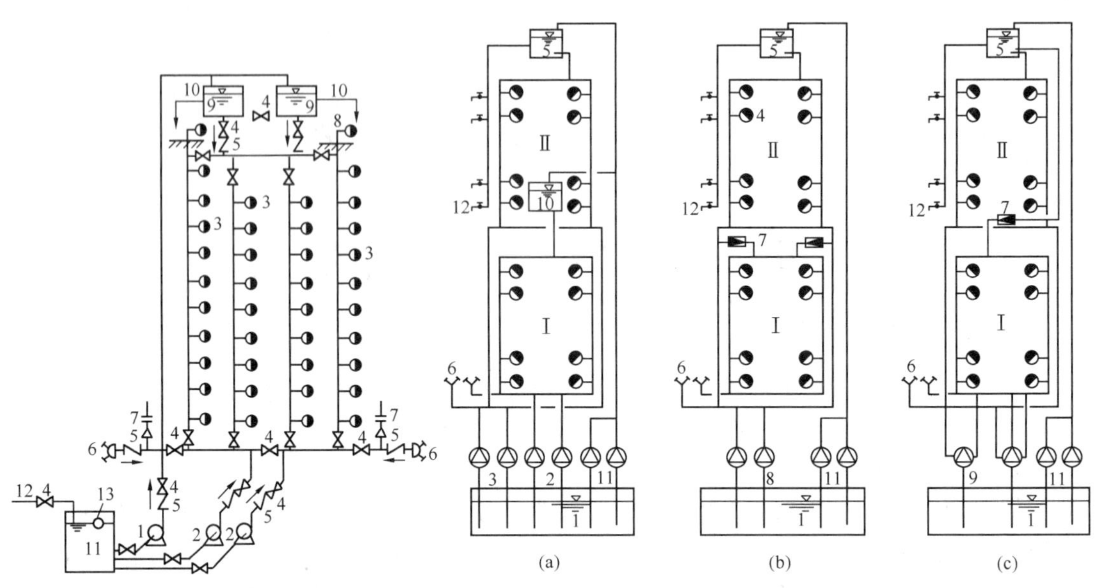

图 6-7　高层建筑不分区消火栓给水系统
1—生活、生产水泵；2—消防水泵；3—消火栓和水泵远程控制按钮；4—阀门；5—止回阀；6—水泵接合器；7—安全阀；8—屋顶消火栓；9—高位水箱；10—生活、生产管网；11—贮水池；12—来自城市管网；13—浮球阀

图 6-8　高层建筑消火栓分区给水系统举例图示
（a）采用不同扬程的水泵分区；（b）采用减压阀分区；（c）采用多级多出口水泵分区
1—水池；2—低区水泵；3—高区水泵；4—室内消火栓；5—屋顶水箱；6—水泵接合器；7—减压阀；8—消防水泵；9—多级多出口水泵；10—中间水箱；11—生活给水泵；12—生活给水

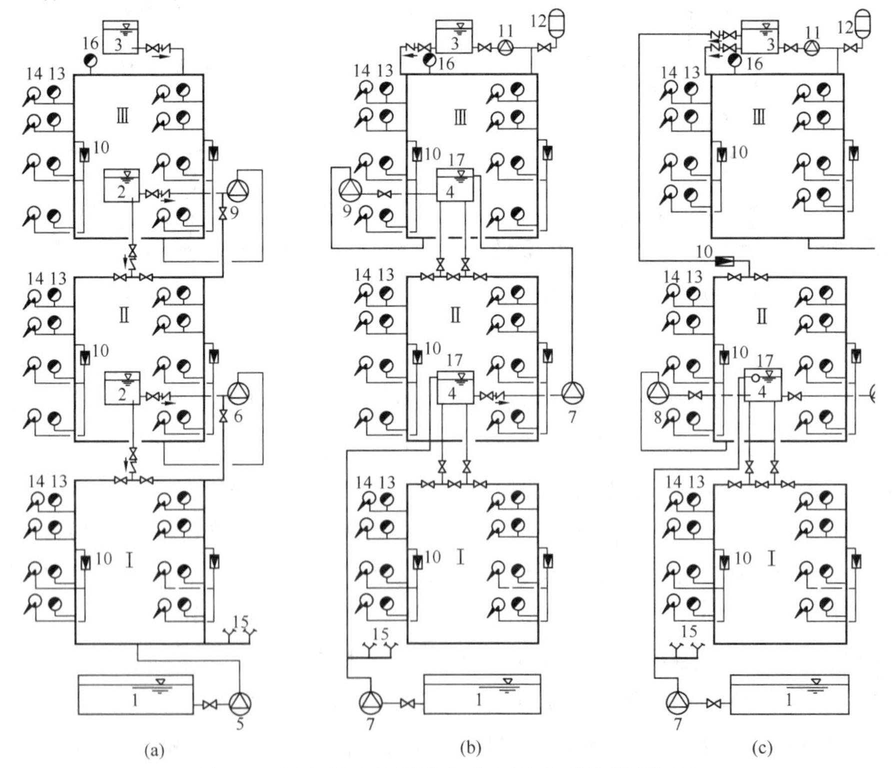

图 6-9　超高层建筑消火栓分区给水系统举例图示
（a）消防水泵直接串联给水；（b）消防水泵间接串联给水；（c）消防水泵混合给水
1—消防水池；2—中间水箱；3—屋顶水箱；4—中间转输水箱；5—消防水泵；6—中高区消防水泵；7—低中区消防水泵兼转输；8—中区消防水泵；9—高区消防水泵；10—减压阀；11—增压水泵；12—气压罐；13—室内消火栓；14—消防卷盘；15—消防水泵接合器；16—屋顶消火栓；17—浮球阀

2）串联室内消火栓给水系统：在竖向各分区，水泵逐级向上串联（图 6-9a），或经各分区水箱转输、再由水泵提升的间接串联（图 6-9b）。其特点是所需水泵扬程较低，管材与管件的耐压强度也较低，火灾发生时，消防车连接水泵接合器后，经各级水泵或水箱向高区供水，火灾后期的供水可靠性比并联好，但是水泵布置在各分区，管理不便，要求各分区的水泵联动安全可靠性较差。这种消防给水系统适用于超过 2 个分区的、建筑高度>100m 的超高层建筑。

6.2.4 室内消火栓给水系统的敷设要求

1. 管道系统

（1）七至九层的单元住宅和不超过 8 户的通廊式住宅，其室内消防给水管道可为枝状，引入管可采用一条。高层建筑室内引入管不少于两条。

（2）室内消火栓超过 10 个且室内消防用水量大于 15L/s 时，室内消防给水管道至少应有两条进水管与室外环状管网连接，并应将室内管道连成环状。

（3）超过六层的塔式（采用双出口消火栓者除外）和通廊式住宅、超过五层或体积超过 10000m^3的其他民用建筑、超过四层的厂房和库房，如室内消防立管为两条或两条以上时，应至少每两根立管相连组成环状管道，每条立管直径应按最不利点消火栓出水和表 6-2、表 6-3 规定的流量确定。

（4）高层工业建筑室内消防立管应成环状，且管道的直径不应小于 100mm。

（5）超过四层的厂房和库房、高层工业建筑、设有消防管网的住宅及超过五层的其他民用建筑，其室内消防管网应设消防水泵接合器。距接合器 15～40m 内，应设室外消火栓或消防水池。

（6）室内消防给水管道应用阀门分成若干独立段，当某段损坏时，停止使用的消火栓在一层中不应超过 5 个。阀门应处于常开状态，并应有明显的启闭标志。

1）埋地管道的阀门宜采用带启闭刻度的、球墨铸铁的暗杆闸阀，设置在阀门井内的阀门可采用耐腐蚀的明杆闸阀。

2）室内架空管道的阀门宜采用球墨铸铁或不锈钢材质的蝶阀、明杆闸阀或带启闭刻度的暗杆闸阀。

3）消防给水系统管道的最高点处宜设置自动排气阀。

4）消防水泵出水管上的止回阀宜采用消除水锤止回阀，当消防水泵供水高度>24m 时，应采用水锤消除器。

（7）消防用水与其他用水合并的室内管道，当其他用水达到最大秒流量时，应仍能供应全部消防用水量。淋浴用水量可按计算用水量的 15%计算，洗刷用水量可不计算在内。

（8）室内消火栓给水管网与自动喷水灭火设备的管网，宜分开设置。

（9）严寒地区非供暖的厂房、库房的室内消火栓，可采用干式系统，但在进水管上应设快速启闭装置，管道最高处设排气阀。

（10）消防管道完成后进行水压试验，试验压力表位于试验段或系统的最低部分，试验压力为工作压力的 1.5 倍。

2. 消火栓箱及其组件

消火栓箱用铝合金或钢板制成，外装玻璃门，上面有明显的标志。按设计要求的位置和标高固定消火栓箱，注意横平竖直、固定牢靠。暗装的消火栓箱门应处于装饰墙面的外部。消火栓箱安装的垂直度允许偏差为3mm。

（1）消火栓

1）消火栓为内螺纹接口的球形阀式龙头，用以开启和关闭水流。消火栓规格有SN50、SN65，形式有单阀单出口、双阀双出口两种。

2）设有消防给水的建筑物各层（如无可燃的设备层除外）均应设置消火栓，且应设在明显易于取用地点，如楼梯间及其休息平台、走廊、大厅的出入口，剧院、礼堂的舞台口两侧和观众厅内，冷库的常温穿堂或电梯间内；设有直升机停机坪的屋顶出入口，距停机坪机位边缘≥5m处等。

3）布置室内消火栓时，应保证同一平面有两支水枪的充实水柱同时达到室内任何部位（楼梯间及其休息平台等安全区域可仅与一层视为同一平面），两消火栓间距≤30m。建筑高度≤24m且体积≤5000m^3的库房，可采用一支水枪充实水柱到达室内任何部位。消火栓与高层建筑直接相连的裙房间距≤50m。室内消火栓的间距应由计算确定，高层工业建筑、高架库房、甲、乙类厂房内的消火栓间距不应超过30m；其他单层和多层建筑室内消火栓的间距不应超过50m。

4）当消火栓处的静水压力＞80m水柱时，应采取分区供水，消火栓栓口动压力≤0.50MPa，当消火栓栓口的静水压力＞0.70MPa时，消火栓前应设减压装置。

5）高层建筑、厂房、库房和室内净空超过8m的民用建筑等场所的消火栓栓口动压≥0.35MPa，且取充实水柱为13m的水枪，其他场所的消火栓栓口动压≥0.25MPa，且取充实水柱为10m的水枪。

6）单出口的消火栓水平支管应从箱内端部经箱底由下面引入，安装位置和尺寸见图6-10a，其出水方向宜向外或与设置消火栓的墙面成90°角，双出口的消火栓水平支管应从箱的中部经箱底由下面引入，栓口出口方向与墙面成45°（图6-10b）。栓口离地面高度为1.1m±20mm，阀门中心距箱侧面为140mm、距箱后的内表面100mm，允许误差±5mm。

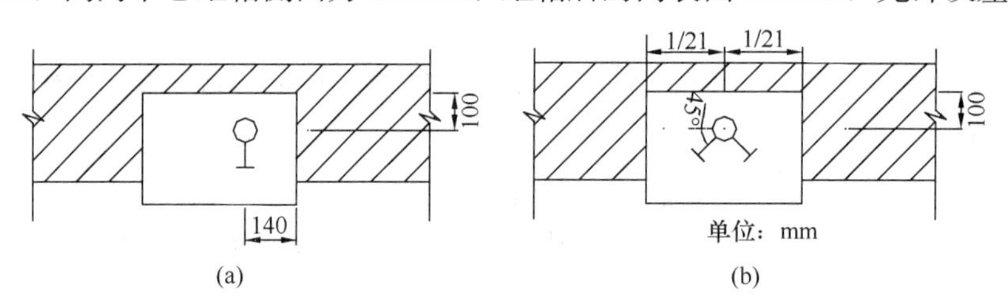

图6-10　单、双出口的消火栓安装位置与方位

（a）单出口的消火栓；（b）双出口的消火栓

（2）水枪与水龙带

灭火时，不仅需要从水枪喷射出的水流有较大的流量能喷射到火焰，而且有足够的力量扑灭火焰。水枪产生的水流称为密集水流，由喷嘴起至水流75％～90％的水量穿过26mm～38mm圆孔内断面上的一段密实水柱H_m称为充实水柱（图6-11）。水枪的充实水柱长度一般≥7m，甲、乙类厂房、超过六层的民用建筑、超过四层的厂房和库房内、建筑高度≤100m的高层建筑，充实水柱长度≥10m，高层工业建筑、高架库房内，充实水柱长度≥13m。

1）室内一般采用铜、铝合金或塑料材质的直流式水枪。常用的消防直流水枪的喷嘴直径有 13mm、16mm、19mm 三种；水枪的接口口径为 *DN*50 与 *DN*65 两种。

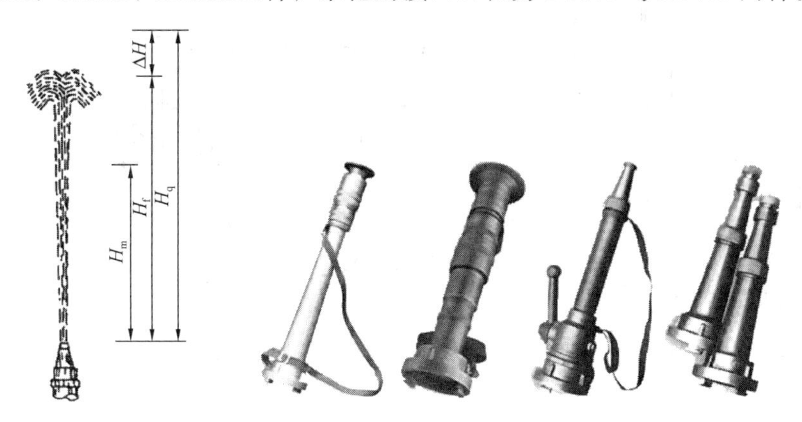

图 6-11 水枪充实水柱示意图与不同类型的水枪

2）水龙带的作用是连接消火栓和水枪，把具有一定压力的水流输送到灭火地点。材质有麻织和化纤、内有衬胶与不衬胶之分，衬胶水龙带阻力较小。内衬胶水龙带直径有 *DN*50、*DN*65 两种，长度有 15m、20m、25m 三种规格。

3）水枪和水龙带与相应的消火栓配套。当室内每支水枪流量<5L/s 时，可采用 *SN*50 的消火栓，配 φ13mm 或 φ16mm 的水枪、*DN*50 的消防水带，每支水枪的流量>5L/s时采用 *SN*65 的消火栓，配 φ16mm 或 φ19mm 的水枪、*DN*65 的水龙带。水龙带与水枪和消火栓的连接方式采用快速接头（图 6-12）。

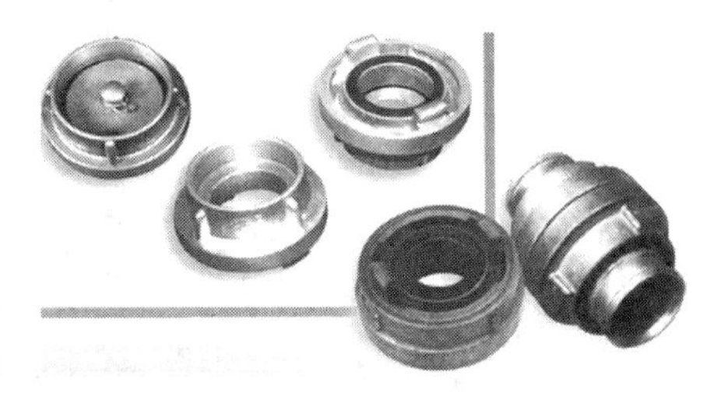

图 6-12 水龙带快速接头

4）消火栓箱安装完毕，应将水龙带、水枪按箱内构造放好，消防卷盘应转动灵活，以便灭火时能迅速打开使用。

3. 水泵接合器

（1）水泵接合器有地上式、地下式、墙壁式三种（图 6-13），安装在消防给水系统管网的干管始端。水泵接合器应设在便于消防车使用的位置，且距室外消火栓或消防水池的距离不宜小于 15m，并不宜大于 40m。墙壁消防水泵接合器的安装高度距地面宜为 0.7m，与墙面上的门、窗、孔、洞的净距离≥2.0m，且不应安装在玻璃幕墙下方，当采用地下式水泵接合器时，应使进水口与井盖底面的距离≤0.4m，且不应小于井盖的半径。

（2）水泵结合器的数量应按室内消防用水量经计算确定，每个水泵结合器的流量应按 10～15L/s 计算。当消防系统为竖向分区供水时，在消防车的供水压力范围内的分区，应分别设置水泵结合器。

（3）下列场合应设置消防水泵接合器：

1）高层民用建筑；

2）设有消防给水的住宅、超过五层的其他多层民用建筑；

3）超过 2 层或建筑面积大于 10000m^{2}的地下或半地下建筑（室）、室外消火栓设计流量大于 10L/s 平战结合的人防工程；

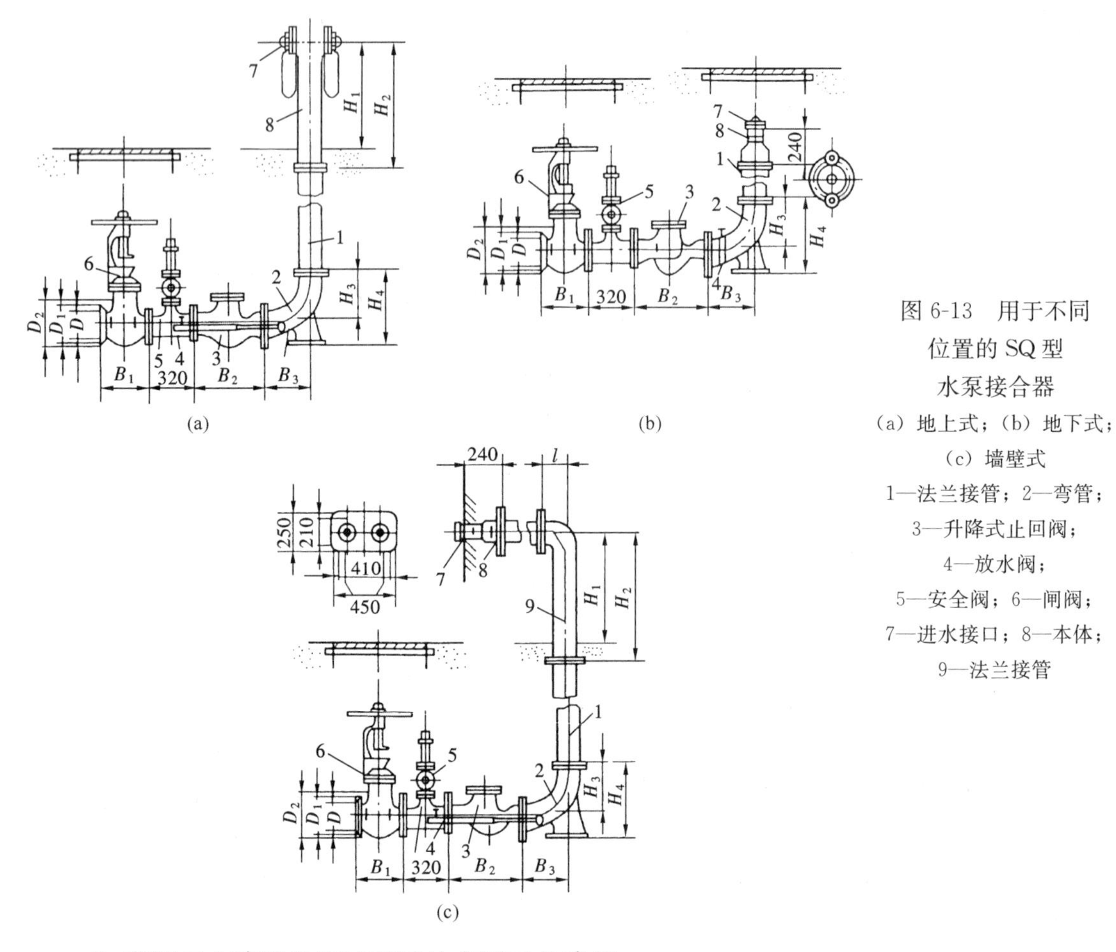

图 6-13　用于不同位置的 SQ 型水泵接合器

（a）地上式；（b）地下式；（c）墙壁式

1—法兰接管；2—弯管；3—升降式止回阀；4—放水阀；5—安全阀；6—闸阀；7—进水接口；8—本体；9—法兰接管

4）高层工业建筑和超过四层的多层工业建筑；

5）城市交通隧道。

（4）水泵接合器处应设置永久性标志铭牌，并应标明供水系统、供水范围和额定压力。

4. 消防水池

储存火灾持续时间的消防用水量，可将消防水池与生活或生产贮水池合用；在无室外消防水源时，设于室外地下或地上、室内地下室或与游泳池、水景水池兼用。

（1）消防水池设置的前提：

1）进户管的水量不能满足室内外消防用水量的要求；

2）进户管前的市政管道为枝状，或只有一条进户管，且室外的消防用水量＞20L/s，或建筑高度大于 50m 时。

（2）消防水池的容量应满足在火灾延续时间内室内消防用水量和室外消防用水量不足部分的要求。当消防水池采用两路供水且在火灾情况下连续补水能满足消防要求时，消防水池的有效容积应根据计算确定，但不应小于 $100m^3$；当仅设有消火栓系统时不应小于 $50m^3$。若消防水池总容量＞$500m^3$时，应分设成 2 个独立使用的消防水池，并应设置满足最低有效水位的连通管。

（3）消防水池给水管径应经计算确定，且管径$\geq DN50$mm。消防水池的补水时间$\leq$48h。出水管应保证消防水池的有效容积能被全部利用，应设置溢流水管和排水设施，并应采用间接排水。应设置就地水位显示装置，在消防控制中心或值班室设置显示消防水池水位、最高和最低报警水位。

（4）供消防车取水的消防水池应设取水口（井），吸水高度$\leq$6.00m，以低于消防车的消防水泵吸水高度。取水口（井）与被保护建筑的外墙距离$\geq$15m，与甲、乙、丙类液体储罐的距离$\geq$40m，与液化石油气储罐的距离$\geq$60m。

（5）消防水池与其他用水的储水池应分开设置，供消防车取水的消防水池保护半径$\leq$150m。若需与其他用水共用水池时，应有消防用水不作他用和防止水池中的水长期不流动形成腐水而污染生活与生产用水的技术措施。

（6）若游泳池、喷水池、循环冷却池等专用水池兼作消防水池时，除满足其功能要求外，应保证全年（包括冬季）有水，不得排空。

（7）在寒冷地区的室外消防水池应有防冻措施。取水口和人孔需设双层保温井盖。消防水池设置盖板的上方须覆土保温。

5. 高位消防水箱

（1）水箱的安装高度应满足室内最不利点消火栓所需水压与初期火灾消防用水量，为确保消防用水的可靠性，消防水箱应设在建筑物的最高部位作为重力自流。采用高压给水系统的高层建筑可以不设屋顶水箱。

（2）消防若与其他用水合并的水箱，应有消防用水不作他用和防止水箱中长期不流动的水形成腐水而污染生活与生产用水的技术措施。消防水箱应利用生产或生活给水管补水，严禁使用消防水泵补水。

（3）高位消防水箱应能满足扑救初期火灾消防水量的要求（表6-2）。

（4）工业建筑室内消防给水设计流量$q\leq 25$L/s，水箱有效容积$\geq 12\text{m}^3$，若设计流量$q > 25$L/s时，水箱有效容积$\geq 18\text{m}^3$。

（5）高位消防水箱的设置位置应高于其服务的水灭火设施，且最低有效水位应满足水灭火设施最不利点处的静水压力，并满足有关规定（表6-3）。

（6）高位消防水箱在屋顶露天设置时，水箱的人孔、进出水管的阀门等应采取锁具或阀门箱等保护措施，高位消防水箱应注意防冻隔热。高位消防水箱间应通风良好，应注意防冻。高位消防水箱与基础应牢固连接。

高位消防水箱的有效容积（m^3） **表6-2**

<table>
<tr><th colspan="2">建筑类别/高度</th><th>有效容积V</th><th colspan="2">建筑类别：高度h、设计流量q、总建筑面积A</th><th>有效容积V</th></tr>
<tr><td rowspan="3">一类建筑高度</td><td>$h\leq 100$m</td><td>$V\geq 36$</td><td colspan="2">二类高层住宅</td><td>$V\geq 12$</td></tr>
<tr><td>$100\text{m} \lt h\leq 150\text{m}$</td><td>$V\geq 50$</td><td rowspan="2">多层住宅</td><td rowspan="2">$h \gt 21$m</td><td rowspan="2">$V\geq 6$</td></tr>
<tr><td>$h \gt 150$m</td><td>$V\geq 100$</td></tr>
<tr><td colspan="2" rowspan="2">多层公共建筑、二类高层公共建筑和一类高层住宅高度$h\leq 100$m</td><td rowspan="2">$V\geq 18$</td><td rowspan="2">工业建筑</td><td>$q\leq 25$L/s</td><td>$V\geq 12$</td></tr>
<tr><td>$q \gt 25$L/s</td><td>$V\geq 18$</td></tr>
<tr><td colspan="2" rowspan="2">一类高层住宅高度$h \gt 100$m</td><td rowspan="2">$V\geq 36$</td><td rowspan="2">商业建筑</td><td>$10000\text{m}^2 \lt A\leq 30000\text{m}^2$</td><td>$V\geq 36$</td></tr>
<tr><td>$A \gt 30000\text{m}^2$</td><td>$V\geq 50$</td></tr>
</table>

高位消防水箱最低有效水位应满足水灭火设施最不利点处的静水压力　　表 6-3

建筑物名称	建筑物高度和其他要求	min 静水压力（MPa）
一类高层民用建筑	$h\leqslant100$m	0.10
	$h>100$m	0.15
高层住宅、二类高层公共建筑、多层民用建筑		0.07
多层住宅	确有困难	可适当降低
工业建筑		0.10

（7）消防水箱外壁与建筑本体结构墙面或其他池壁之间的间距应满足施工或装配的需要，无管道的侧面净距≥0.7m，有管道的侧面净距≥1.0m，与建筑本体墙面之间的通道宽度≥0.6m，设有人孔的水箱顶面上方净空≥0.8m。

（8）进水管的管径应满足消防水箱 8h 充满水的要求，且管径≥DN32mm；进水管宜设置液位阀或浮球阀。进水管应在溢流水位以上接入，进水管口的最低点高出溢流边缘的高度应等于进水管管径，最小间距≥25mm，最大间距≤150mm。

（9）采用生活给水系统补水时，进水管不得淹没出流，采用其他给水系统时，在淹没的进水管上设置虹吸破坏孔和真空破坏器，虹吸破坏孔的孔径 $\phi\geqslant1/5DN$，且 $\phi\geqslant25$mm。

（10）溢流管的管径≥2×进水管管径，最小管径为 DN100。溢流管的喇叭口直径≥（1.5～2.5）溢流管管径。出水管应位于水箱最低水位以下，并应设置防止消防用水进入高位消防水箱的止回阀。

6.2.5　室内消火栓给水系统的水力计算

（见扩展阅读资源包）

6.3　自动喷水灭火系统

6.3.1　自动喷水灭火系统的种类

在火灾危险性较大，起火蔓延很快的建筑物、公共活动集中的场所及容易自燃而无人看管的库房内，多装设自动喷水灭火系统，在建筑物失火之后，能自动喷水灭火。

1. 根据喷头的开闭状态

（1）闭式系统：采用闭式洒水喷头的系统。闭式自动喷水灭火系统采用闭式喷头，平时处于关闭状态，系统相对用水量较少，造成的水渍损失也比较小。

（2）开式系统：采用开式洒水喷头的系统。开式喷头处于常开状态，出水量大，灭火及时。

2. 根据系统是否充满水

（1）湿式自动喷水消防系统（图 6-14）：整个系统内都充满有压水，当失火建筑物内的温度达到闭式喷头温感元件爆破或熔化脱落时，喷头喷出水，湿式报警阀发出声音报警信号，同时输出电信号启动消防水泵，消防水泵给系统提供压力，进行灭火。湿式自动喷水消防系统广泛应用于环境温度不低于 4℃，且不高于 70℃的建筑物或构筑物内。

（2）干式自动喷水灭火系统（图 6-15）：从控制阀到喷头之间管路系统内充满压缩空气，火灾时先喷出气体，使管网中压力降低，依靠供水管网的压力打开控制阀、进入配水

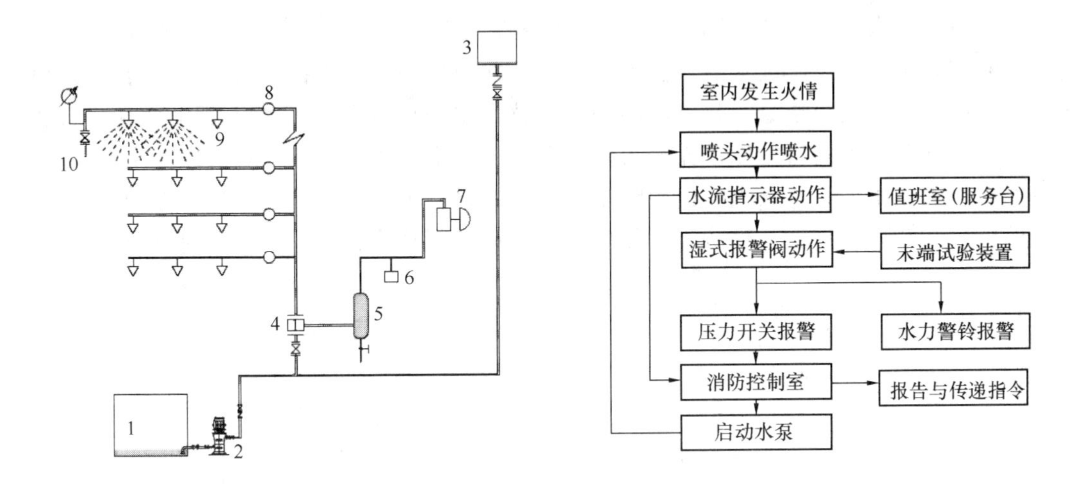

图 6-14 湿式自动喷水消防系统原理图

1—水池；2—水泵；3—水箱；4—湿式报警阀；5—延迟器；6—压力开关；7—水力警铃；8—水流指示器；9—闭式喷头；10—试验装置

管网，然后从喷头喷出水。适用于环境温度低于 4℃，或高于 70℃的建筑物内。干式系统的缺点是为保持气压，需要配套设置补气设施；在开始喷水时，因排气充水过程而产生滞后。为减少排气时间，管网的容积要求≤200L。

（3）预作用喷水灭火系统（图 6-16）：是在干式系统上附加一套报警装置，形成有双重控制的系统。预作用喷水灭火系统用于系统处于准工作状态时，严禁管道漏水、对建筑装饰要求较高、严禁系统误喷而造成水渍损失的场所，或替代干式系统。

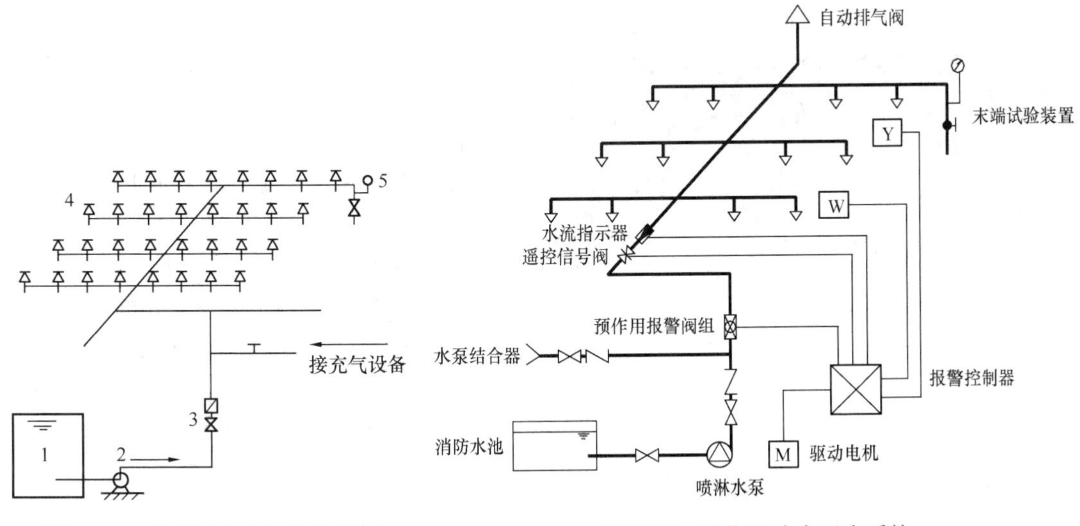

图 6-15 干式自动喷水灭火系统

1—水池；2—水泵；3—总控制阀；4—闭式喷头；5—末端试水装置

图 6-16 预作用喷水灭火系统

灭火后必须及时停止喷水、以求减少不必要水渍的场所，应采用重复启闭预作用系统。该系统能在扑灭火灾后自动关闭报警阀组，发生复燃时又能再次开启报警阀组恢复喷水。

（4）雨淋喷水灭火系统（图 6-17）：由火灾探测系统、开式喷头、传动装置、喷水管网、雨淋阀等组成。发生火灾时，探测器启动，并向控制箱发出报警信号。报警箱接到信号后，经过确认，发出指令，打开雨淋阀，使整个保护区内的开式喷头喷水冷却或灭火，同时，压力开关和水力警铃以声光警报作反馈指示当雨淋阀启动后，就可以对它的保护区内迅速地、大面积地喷水灭火，因此降温和灭火效果均十分显著，但其自动控制部分需有很高的可靠性，不允许误动作或不动作。适用于火灾蔓延快、危险性大的建筑或部位。

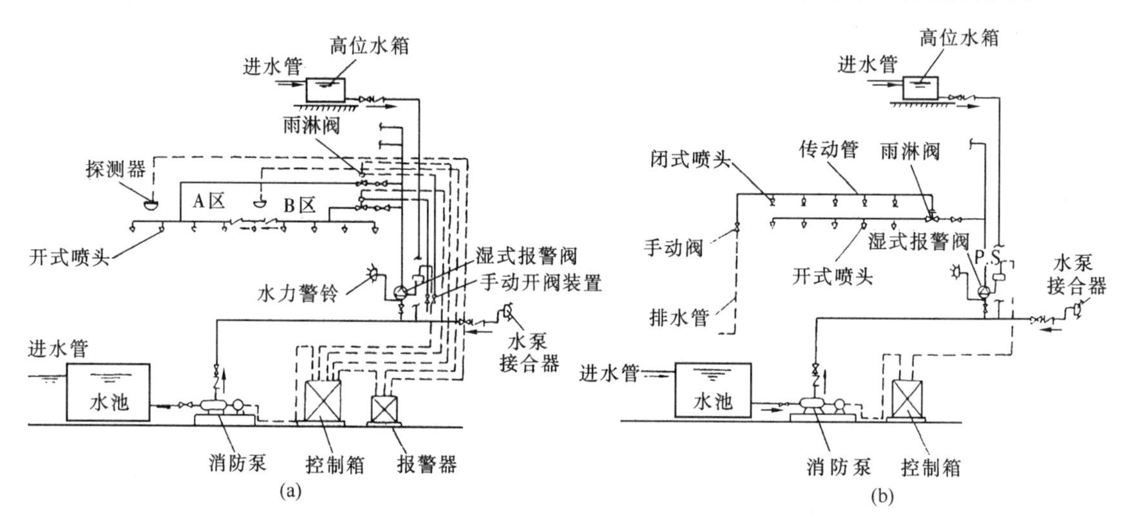

图 6-17　雨淋喷水灭火系统

（a）电动启动喷水灭火系统；（b）传动管启动喷水灭火系统

（5）水幕系统：采用水幕开式喷头，其主要布置在需要阻火、冷却、隔离的场所，例如舞台与观众之间形成隔离水帘。

图 6-18　水雾喷头喷射时的照片

（6）水雾灭火系统：利用水喷雾喷头把水粉碎成细小的水雾滴之后喷射到正在燃烧的物质表面（图 6-18），通过表面冷却、窒息以及乳化、稀释的同时作用实现灭火。

由于水喷雾具有多种灭火机理，使其具有适用范围广的优点，不仅可以提高扑灭固体火灾的灭火效率，同时由于水雾具有不会造成液体火飞溅、电气绝缘性好的特点，在扑灭可燃液体火灾、电气火灾中均得到了广泛的应用，如飞机发动机试验台、各类电气设备、石油加工储存场所等。

水喷雾灭火系统有固定式和移动式两种装置。固定式水喷雾灭火系统一般由高压给水设备、控制阀、水雾喷头、火灾探测自动控制系统等组成。

6.3.2　自动喷水灭火系统的主要组成

自动喷水消防系统由喷头、水流指示器、报警阀组、压力开关、消防水泵、稳压装置、末端试水装置和管网系统构成。

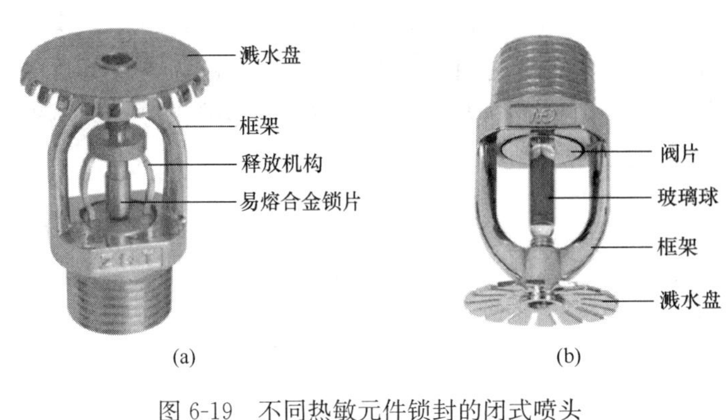

图 6-19　不同热敏元件锁封的闭式喷头

(a) 易熔合金锁封喷头；(b) 玻璃球锁封喷头

1. 喷头

根据喷头的作用原理、结构和用途的不同，喷头又有多种分类。

(1) 闭式喷头：用热敏元件，如易熔合金锁封喷头和爆炸瓶（玻璃球）封闭喷头(图 6-19)。其接口公称口径有 10mm、15mm、20mm。

1) 易熔合金锁封喷头：由阀体、阀片、易熔合金锁片、溅水盘和八角支撑等组成，易熔合金由 Bi、Pb、Sn、Cd 等低熔点金属制成。平时，喷头口被阀片封住，阀片用易熔合金锁片套拉住的两个八角支撑顶住，发生火灾时，当环境温度上升至规定温度值后，易熔合金锁片熔化脱落，八角支撑失去拉力而分离，管路中的水在压力下冲开阀片从喷头喷出，通过溅水盘反射成开花，水流淋下、扑灭火灾。

2) 玻璃球（爆炸瓶）式喷头：由玻璃球、阀片、支撑螺丝、溅水盘和阀体等组成。玻璃球是感温元件，球内充满具有较大膨胀系数的液体，如乙醚、酒精一类的混合液。平时，阀片被玻璃球支撑封闭住，当保护区发生火灾时、环境温度上升至规定温度值后，玻璃球内液体气化膨胀，使玻璃桥炸裂，喷口阀片自动开启、喷水灭火。

在供水压力为 0.1MPa 时，每个玻璃球闭式喷头的保护面积为 8～12m^2。

根据感温元件的温度不同，闭式喷头又分为若干个等级，易熔合金闭式喷头与玻璃球闭式喷头参数见表 6-4。闭式系统的喷头的公称动作温度宜高于环境最高温度 30℃。

易熔合金闭式喷头与玻璃球闭式喷头的公称动作温度和色板　　表 6-4

玻璃球闭式喷头		易熔合金闭式喷头	
公称动作温度（℃）	工作液色标	公称动作温度（℃）	轭臂色标
57	橙色	57～77	本色
68	红色	80～107	白色
79	黄色	121～149	蓝色
93	绿色	163～191	红色
100	灰色	204～246	绿色
121	天蓝色	260～302	橙色
141	蓝色	320～343	黑色
163	淡紫色		
182	紫红色		
204	黑色		
227	黑色		
260	黑色		
343	黑色		

根据溅水盘的形式，喷头分为普通型、喷射型和带孔普通型，根据安装位置，这种喷头可分为直立型、下垂型、边墙型等（图 6-20）。按特殊用途和结构还有自动启闭洒水喷头，快速反应洒水喷头，大水滴洒水喷头，扩大覆盖面洒水喷头和汽水喷头等特殊喷头。

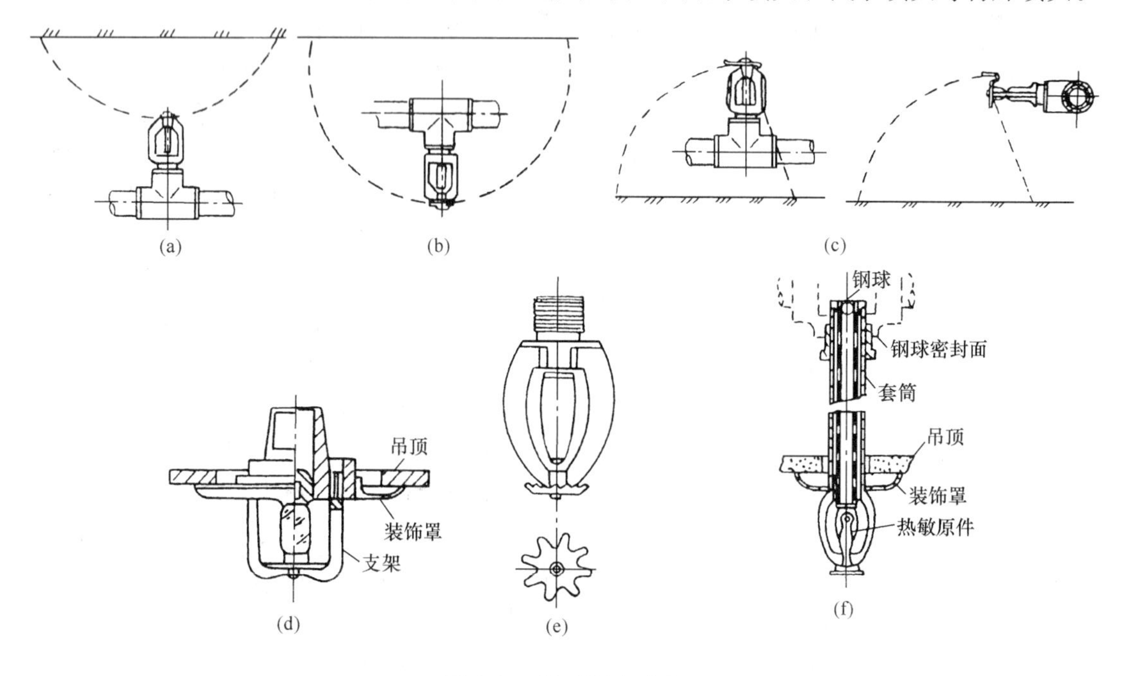

图 6-20　闭式洒水喷头

(a) 直立型；(b) 下垂型；(c) 边墙型（立式、水平式）；(d) 吊顶型；(e) 普通型；(f) 干式下垂型

（2）开式喷头（图 6-21a、b）：有开启式、水幕与一些特殊用途的喷头（如喷雾式等）。

1）开启式喷头：是一种无释放机构的洒水喷头，与闭式喷头的区别就在于没有感温元件及密封组件。它常用于雨淋灭火系统。开启式喷头的公称口径有 10mm、15mm、20mm。

2）水幕喷头喷出的水呈均匀的水帘状，起阻火、隔火作用，其公称口径有 6mm、8mm、10mm、12.7mm、16mm、19mm。

3）喷雾喷头（图 6-21c）：喷出的水滴细小，其喷洒水的总面积比一般的洒水喷头大几倍，因吸热面积大，冷却作用强，同时由于水雾受热汽化形成的大量水蒸气对火焰也有窒息作用。喷雾喷头主要用于水雾灭火系统。

2. 报警阀组

发生火灾时，随着闭式喷头的开启，也就开启了管网的水流，发出水流信号报警，其报警装置有水力警铃和电动报警器两种。前者用水力推动打响警铃，后者用水压启动压力继电器或水流指示器发出报警信号。报警阀组有湿式、干式、干湿式和雨淋式。

（1）湿式报警阀组的组成与工作原理

1）组成：湿式报警阀组由湿式报警止回阀、延迟器、压力开关、水源蝶阀、压力表及水力警铃等组成（图 6-22），适用于环境温度为 4～70℃的湿式自动灭火系统中。

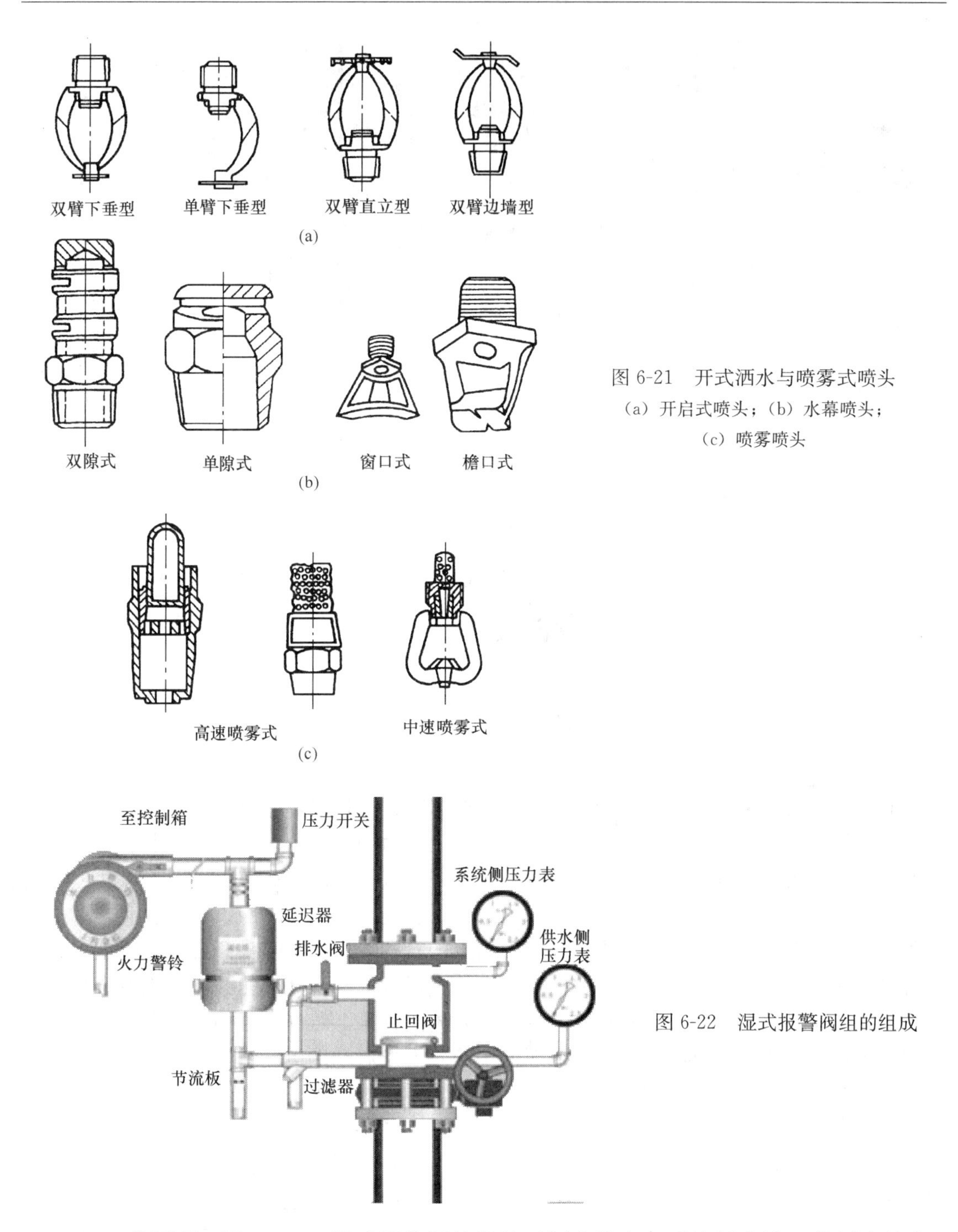

图 6-21　开式洒水与喷雾式喷头
（a）开启式喷头；（b）水幕喷头；
（c）喷雾喷头

图 6-22　湿式报警阀组的组成

2）工作原理（图 6-23）：湿式报警阀长期处于伺应状态，系统侧充满工作压力的水。在发生火灾时，闭式喷头启动后，阀盘自动开启，将水送往喷头，同时打开通往水力报警器的小孔，使水流冲击报警器叶轮而报警。压力开关将压力信号转换成电信号，启动消防水泵和辅助灭火设备进行补水灭火，装有水流指示器的管网也随之动作，输出电信号，使系统控制终端及时发现火灾发生的区域，达到自动喷水灭火和报警的目的。

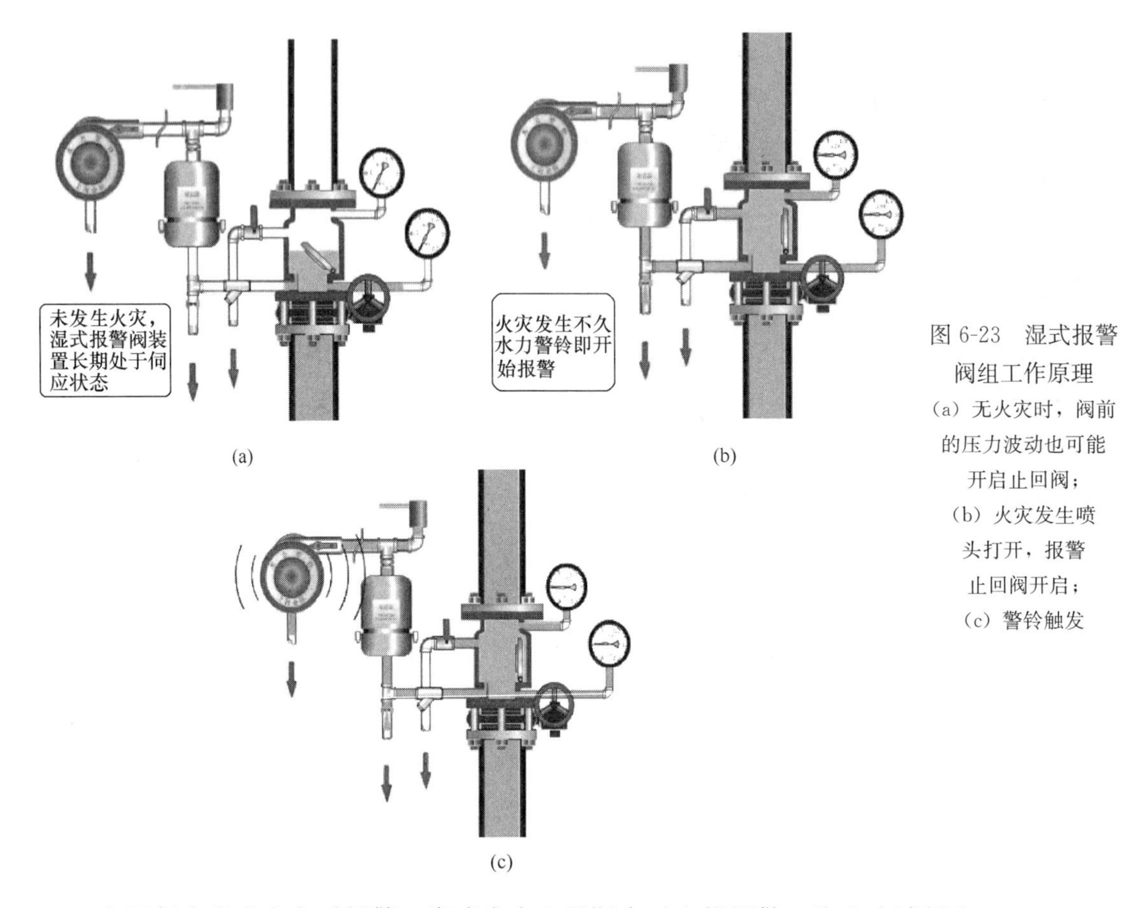

图 6-23　湿式报警阀组工作原理
(a) 无火灾时，阀前的压力波动也可能开启止回阀；
(b) 火灾发生喷头打开，报警止回阀开启；
(c) 警铃触发

它不仅在发生火灾时报警，当喷头有少量漏水时也能报警，防止水渍损失。

(2) 报警止回阀：按照安装位置，报警止回阀分为两种，一种安装在立管上，一种安装在水平管道上。图 6-22 中呈马鞍形的铸铁阀体内安装了中间带导杆的圆形阀盘，阀座内开有环形槽，槽上有管孔，用导管与水力报警器相连。当闭式喷头没有开启前，管网内水处于静止状态，阀盘靠本身自重关闭环形槽上的管孔，当闭式喷头开启后，阀盘上部压力降低，阀盘沿导杆上升，水即进入喷水管网，环形槽上的管孔被打开，水流沿导管流向水力报警器，冲动叶片而带动铃锤，使报警器发出警铃声。若在信号阀与水力报警器之间的管道上设置水力继电器时，则可以同时向消防泵发出启动的电信号。

干式报警阀（充气式报警阀）适用于在干式自动喷水灭火系统立管上安装。

预作用阀是将雨淋阀出水口上端接配一套同规格的湿式报警阀构成一套预作用系统。

(3) 水流指示器：是一种将水流信号转换成电信号的报警装置。配水管中水流推动叶片通过膜片组件使微动开关闭合，导通有关电路，一般都装有延迟功能确定水流有效后给出水流信号，电信号被送到报警器或控制中心，显示火警发生区域，启动各种电报警装置或消防水泵，安装在配水干管或配水管的始端。在个别小型的单独自动喷水灭火系统中，也有水流指示器和止回阀代替湿式报警阀的。图 6-24 为桨式水流指示器结构图。

(4) 延迟器：防止由于水源压力波动而使控制信号阀误报警。延迟器实际上是一个容器，安装在控制信号阀与水力警铃之间的管道上。

(5) 警铃：水力警铃报警最小管路必须是 *DN*20 耐腐蚀管，包括接头在内的最大长度≤20mm，水力警铃与湿式报警阀之间高度≤5m。水力警铃必须安装在人员经常过往的地方。

(6) 压力表：在报警阀组两侧必须分别设置一块压力表。

(7) 末端试水装置：为了检验报警阀水流指示器等在某个喷头作用下是否正常工作，自动喷水系统在管网末端设置试水装置，末端试水装置由试水阀、压力表以及试水接头组成（图 6-25），用于检验系统启动、报警及联动等功能。

(8) 空气阀：是干式系统的重要部件，其作用是以较小的空气压力来控制较大的水压，使阀门两侧压缩空气和水的压力保持平衡，水流停止在空气阀以下，当喷头开启后，管内空气压力突然下降，阀门抵水面的压力大于抵气面的压力，阀门迅速开启，使水流进入管网。

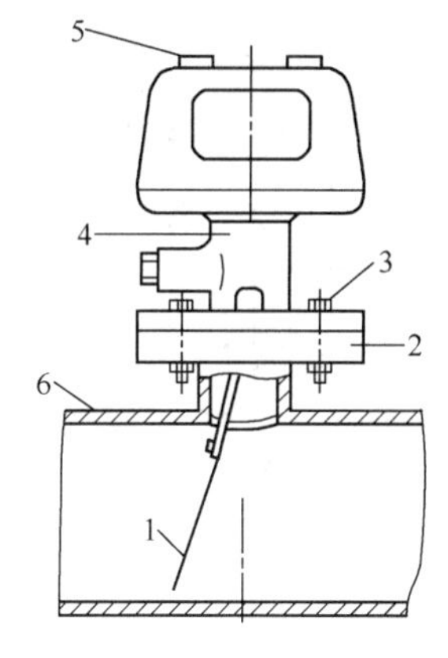

图 6-24　浆式水流指示器

1—浆片；2—法兰底座；3—螺栓；4—本体；5—接线孔；6—喷水管道

空气阀分为杠杆式和差压式两类。杠杆式空气阀构造复杂，采用较少。差压式空气阀分为两种，一种安装在水平管道上，另一种安装在立管上（图 6-26）。

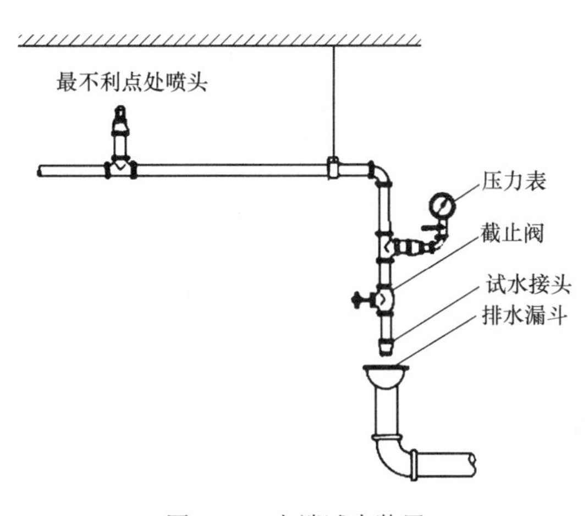

图 6-25　末端试水装置

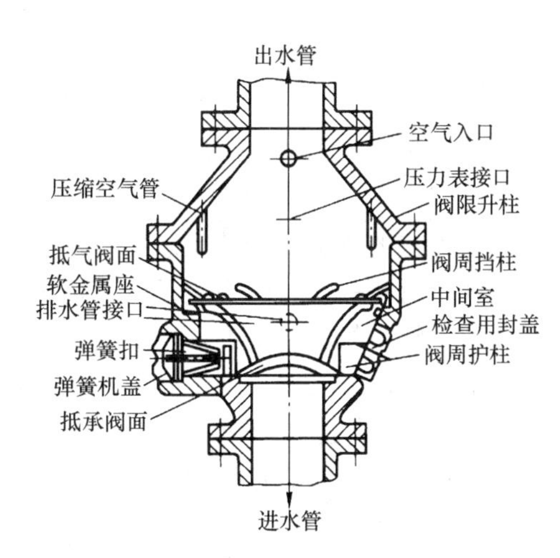

图 6-26　立式管路差压式空气阀

(9) 消防水泵：为自动喷水灭火系统提供所需的水压，应符合《消防泵》GB 6245 的规定。

(10) 稳压泵：能使自动喷水灭火系统在准工作状态的压力保持在设计工作压力范围内的一种专用水泵。

3. 火灾探测器

常用的有感烟（根据火灾产生的烟雾浓度）和感温（根据火灾引起的温度升高）探测器，通过电气自控装置进行报警和启动消防设备。火灾探测器布置在房间或走道的顶棚下面，其数量根据其保护面积和控测区面积选定。

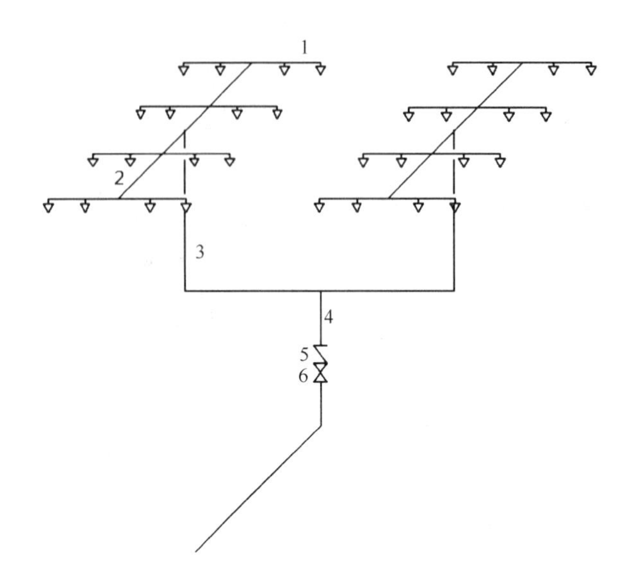

图 6-27　自动喷水消防系统管段名称
1—配水支管；2—配水干管；3—立管；
4—总干管；5—报警阀；6—总控制阀

4. 管网

自动喷水消防系统的给水管网由引入管、配水立管、配水干管、配水管和配水支管组成（图 6-27）。配水干管、配水管应做红色或红色环圈标识。

6.3.3　自动喷水消防系统的敷设与安装

1. 管材与连接

（1）配水管道的工作压力不应大于 1.20MPa，并不应设置其他用水设施。

1）配水管道应采用内外壁热镀锌钢管、涂覆其他防腐材料的钢管，以及铜管、不锈钢管、氯化聚氯乙烯(PVC-C)。

2）PVC-C 管只允许设置在火灾轻危险级或中危险级Ⅰ级场所的湿式系统中的配水管及配水支管，管径≤*DN*80mm，不应穿越防火分区。

（2）镀锌钢管应采用沟槽式连接件（卡箍）、丝扣或法兰连接，报警阀前采用内壁不防腐钢管时，可焊接连接，PVC-C 管可粘接连接。在报警阀前增加过渡段，设置过滤器。

螺纹连接的管道变径处应采用异径接头，管道弯头处不宜采用补芯，当需要采用补芯时，三通上可用一个，四通上不应超过 2 个，管径＞*DN*50mm 的管道不宜采用活接头。

（3）系统中管径≥*DN*100mm 的管道，应采用法兰或沟槽式连接件（卡箍）连接。水平管道上法兰间的管道长度≤20m，立管上两个法兰间的管道跨越楼层数≤2 层。净空高度＞5m 时，立管上应有法兰。

（4）铜管、不锈钢管和 PVC-C 管应采用配套的支架、吊架。

2. 管道的敷设

（1）湿式自动喷水灭火系统的布置方式

1）报警阀前的供水干管：可布置成环状管网与枝状管网。环状进水管不宜少于两条。当供水管上的控制信号阀少于两套时，可采用枝状管网，环状供水引入管上的阀门在布置时应注意在检修或发生事故时，关闭控制信号阀的数量不超过一个。当自动喷水灭火系统中设有两个及以上报警阀组时，报警阀前应设置成环状管网。

2）报警阀后的管网：可分为枝状管网、环状管网和格栅状管网。一般轻危险级采用枝状管网，中危险级采用环状，严重危险级采用环状及格栅。

（2）配水立管宜设置在喷水区域的中央，以保持喷洒水量的平衡，配水干管和配水管宜采用中央分布式或两边展开式布置，分布支管应在干支管两侧对称均匀分布。管道中心线至建筑结构的最小距离不应小于表 6-5 的规定。

（3）坡度≥0.002。管路变径时应采用大小头，不宜采用内外接头（补心）。

管道中心线至建筑结构的最小距离 **表 6-5**

DN（mm）	25	32	40	50	65	80	100	125	150
最小间距（mm）	40	40	50	60	70	80	100	125	150

（4）短立管、配水支管及末端试水装置的连接管，管径≥*DN*25mm。水平安装的管道应有坡度，坡向泄水阀。充水的管道，$i \geqslant 0.002$，准工作状态不充水的管道，$i \geqslant 0.004$。

（5）系统中需要减静压的区段，可设减压阀，需要减动压的区段宜设减压孔板或节流管。系统中的立管顶部应设置自动排气阀。

（6）为了避免水头损失过大，控制配水支管的长度，配水支管控制的标准喷头数，不应超过表 6-6 的规定。

轻危险级、中危险级场所中配水支管、配水管控制的标准喷头数 **表 6-6**

公称直径（mm）	控制的喷头数（只）	
	轻危险级	中危险级
25	1	1
32	3	3
40	5	4
50	10	8
65	18	12
80	48	32
100		64

（7）干式系统、预作用系统的供气管道，充气连接管接口应在报警阀气室充注水位以上部位；采用钢管时，管径≥*DN*15mm；采用铜管时，管径≥*DN*10mm。

3. 自动喷水灭火系统施工条件

（1）施工图应经审查批准或备案，技术文件（平面图、系统图、展开原理图、施工详图、说明书、设备表、材料器材表等）应齐全。

（2）设计单位应向施工、建设、监理单位进行技术交底。

（3）系统组件、管件、管材、其他设备与材料已到位，并已经经过现场检查：具有出厂合格证或质量认证书、数量与相关资料齐全。

（4）施工现场及施工中使用的水、电、气应满足施工要求，并应保证连续施工。

4. 报警阀组附件的安装应符合下列要求

（1）报警阀应全数进行渗漏检查，试验压力应为额定工作压力的 2 倍，保压时间≥5min，阀瓣处应无渗漏。安装报警阀组的室内地面应有排水设施。阀瓣与操作机构应动作灵活、无卡涩现象。

（2）在报警阀组前面的供水管道上应设阀门，在其后面的管道上不应设置消火栓、卫生器具或其他用水设备。阀门的商标、型号、规格等标志应齐全，有水流方向的永久性标志。

（3）报警阀组附件安装位置：

1）报警阀组安装的位置应符合设计要求，当设计无要求时，报警阀组应安装在便于操作的明显位置，距室内地面高度宜为1.2m，两侧与墙的距离不应小于0.5m，正面与墙的距离不应小于1.2m。

2）压力表应安装在报警阀上便于观测的位置。

3）排水管和试验阀应安装在便于操作的位置。

4）水源控制阀安装应便于操作，采用信号阀或有可靠的锁定设施。

5）水力警铃应设在有人值班的位置或公共通道的外墙上。

（4）湿式报警阀组的安装应符合下列要求：

1）安装报警阀组时，应先安装水源控制阀、报警阀，然后进行报警阀辅助管道的连接。水源控制阀、报警阀与配水干管的连接，应使水流方向一致。

2）应使报警阀前后的管道中能顺利充满水；压力波动时，水力警铃不应发生误报警。为了保证警铃的正常工作；与报警阀连接的管道应为 $DN20$，警铃距控制信号阀水平距离≤15m，高度距离≤2～3m。水力警铃的工作压力≤0.05MPa。

3）为了保证水质清洁，应在阀前装过滤器，以管材的要求来确定。报警水流通路上的过滤器应安装在延迟器前，而且是便于排渣操作的位置。

4）报警阀应逐个进行渗漏试验，试验压力应为额定工作压力的2倍，试验时间为5min，阀瓣处应无渗漏。

（5）干式报警阀组的安装应符合下列要求：

1）应安装在不发生冰冻的场所；

2）安装完成后，应向报警阀气室注入高度为50～100mm的清水；

3）止回阀、截止阀应安装在充气连接管上；

4）气源设备的安装应符合设计要求和国家现行有关标准的规定；

5）安全排气阀应安装在气源与报警阀之间，且应靠近报警阀；

6）加速排气装置应安装在靠近报警阀的位置，且应有防止水进入加速排气装置的措施；

7）低气压预报警装置应安装在配水干管一侧。

（6）水流指示器的安装应符合下列要求：

1）水流指示器的安装应在管道试压和冲洗合格后进行，水流指示器的规格、型号应符合设计要求；

2）水流指示器应竖直安装在水平管道上侧，其动作方向应和水流方向一致；安装后的水流指示器浆片、膜片应动作灵活，不应与管壁发生碰擦；

3）水流指示器前后一般应设有 $5 \times D$ 长度的直管段；

4）信号阀应安装在水流指示器前的管道上，与水流指示器之间的距离不应小于 $5D$。

（7）阀门等组件应加设承重支架，横管的任何两个接头之间应有支承，不得支承在接头上。

5. 末端试水装置

（1）应设在每个报警阀组控制的最不利点洒水喷头处；其他防火分区、楼层均应设置 $DN25$ 的试水阀。

（2）末端试水装置的出水应采取孔口出流的方式排入排水管道，排水立管宜设伸顶通气管，且 $DN \geqslant 75$mm。

（3）末端试水装置和试水阀应有标示，距地面高度宜为1.5m，并应采取不被他用的措施。

6. 喷头安装

喷头应在系统试压、冲洗合格后进行。

(1) 喷头的布置:

1) 喷头一般布置在顶板、吊顶下或墙边易于接触到火灾热气流的位置(使喷头的热敏元件在最短时间内受热动作)并有利于均匀布水的位置。

2) 除吊顶型喷头及吊顶下安装的喷头外，直立型和下垂型标准喷头，其溅水盘与顶板的距离 75～150mm。确有困难时，溅水盘与顶板的距离≤550mm；若仍有困难时，应在梁下方增设喷头。

3) 当在梁或其他障碍物底面下方的平面上布置喷头时，溅水盘与顶板的距离≤300mm。溅水盘与梁等障碍物底面的垂直距离应为 25～100mm。

4) 密肋梁板下方的喷头，溅水盘与密肋梁板底面的垂直距离应为 25～100mm。

5) 净空高度不超过 8m 的场所中，间距不超过 4m×4m 布置的十字梁，可在梁间布置一只喷头，但喷水强度应符合表 6-7 规定。

净空高度≤8m 的场所喷水设计参数 **表 6-7**

火灾危险等级		喷水强度 [L/(min·m^2)]	作用面积 (m^2)	喷头工作压力 (MPa)
轻危险级		4	160	0.10
中危险级	Ⅰ级	6		
	Ⅱ级	8		
严重危险级	Ⅰ级	12	260	
	Ⅱ级	16		

注：1. 系统最不利点处的工作压力，不应低于 0.05MPa；
2. 仅在走道设置单排喷头的闭式系统的作用面积按最大疏散距离对应的走道面积确定；
3. 消防用水量=(设计喷水强度/60)×作用面积；
4. 作用面积指一次火灾中系统按喷水强度保护的最大面积。

6) 早期抑制快速响应喷头的溅水盘与顶板的距离，应符合表 6-8 要求。

早期抑制快速响应喷头的溅水盘与顶板的距离(mm) **表 6-8**

喷头安装方式	直立型		下垂型	
溅水盘与顶板的距离	≥100	≤150	≥150	≤360

(2) 喷头安装时宜采用专用的弯头、三通。直立型和下垂型喷头的布置，同一根配水支管上喷头的间距及相邻配水支管的间距，应根据系统的喷水强度、喷头的流量系数和工作压力确定，并不应大于表 6-9 的规定，且不宜小于 2.4m。直立型、下垂型标准覆盖面积洒水喷头应采用正方形布置，其布置间距不应大于表 6-10 的规定，且不应小于 2.4m。

(3) 在一些专门场所的喷头布置:

1) 图书馆、档案馆、商场、仓库中的通道上方宜设有喷头，喷头与被保护对象的水平距离≥0.3m，标准喷头溅水盘与保护对象的最小垂直距离≥0.45m，其他喷头溅水盘与保护对象的最小垂直距离≥0.90m。

2）货架内置喷头与顶板下喷头交错布置，其溅水盘与上方层板的距离应符合前面所述规定，与其下方货品顶面的垂直距离≥150mm。

直立型、下垂型标准覆盖面积洒水喷头的布置　　表 6-9

火灾危险等级	正方形布置的边长（m）	矩形或平行四边形布置的长边边长（m）	一只喷头的最大保护面积（m^2）	喷头与端墙的最大距离（m）	
轻危险级	4.4	4.5	20.0	2.2	0.1
中危险级Ⅰ级	3.6	4.0	12.5	1.8	
中危险级Ⅱ级	3.4	3.5	11.5	1.7	
严重危险级、仓库危险级	3.0	3.6	9.0	1.5	

注：1. 设置单排喷头的闭式系统，其洒水喷头间距应按地面不留漏喷空白点确定。
2. 严重危险级或仓库危险级场所宜采用流量系数 $K>80$ 的喷头。

直立型、下垂型扩大覆盖面积洒水喷头的布置间距　　表 6-10

火灾危险等级	正方形布置的边长（m）	一只喷头的最大保护面积（m^2）	喷头与端墙的距离（m）	
			最大	最小
轻危险级	5.4	29.0	2.7	0.1
中危险级Ⅰ级	4.8	23.0	2.4	
中危险级Ⅱ级	4.2	17.5	2.1	
严重危险级	3.6	13.0	1.8	

3）货架内喷头上方的货架层板，应为封闭层板。货架内喷头上方如有孔洞、缝隙，应在喷头的上方设置集热挡水板。集热挡水板应为正方形或圆形金属板，其平面面积≥0.12m^2，周围弯边的下沿，宜与喷头的溅水盘平行。

4）净空高度大于 800mm 的闷顶和技术夹层内有可燃物时，应设置喷头。

5）当局部场所设置自动喷水灭火系统时，与相邻不设自动喷水灭火系统场所连通的走道或连通门窗的外侧，应设喷头。

6）装设通透性吊顶的场所，喷头应布置在顶板下，顶板或吊顶为斜面时，喷头应垂直于斜面，并应按斜面距离确定喷头间距。尖屋顶的屋脊处应设一排喷头，要求见表 6-11。屋顶坡度≥1/3 时，喷水溅水盘至屋脊的垂直距离 $h\leqslant0.8$m，屋顶坡度小于 1/3 时，$h\leqslant0.6$m。

喷头溅水盘至屋脊的垂直距离　　表 6-11

屋顶坡度	≥1/3	＜1/3
垂直距离	≤0.8m	≤0.6m

（4）边墙型标准喷头的最大保护跨度与间距应符合表 6-12。

边墙型标准覆盖面积洒水喷头的最大保护跨度与间距　　表 6-12

设置场所火灾危险等级	轻危险级	中危险级Ⅰ级
配水支管上喷头的最大间距	3.6	3.0
单排喷头的最大保护跨度	3.6	3.0
两排相对喷头的最大保护跨度	7.2	6.0

注：1. 两排相对喷头应交错排列。
2. 室内跨度大于两排相对喷头的最大保护跨度时，应在两排相对喷头中间增设一排喷头。

（5）边墙型扩展覆盖喷头的最大保护跨度、配水支管上的喷头间距、喷头与两侧端墙的距离，应按喷头工作压力下能够喷湿对面墙和邻近端墙距溅水盘 1.2m 高度以下的墙面确定，且保护面积内的喷水强度应符合表 6-12 规定。

（6）喷水头一般选下垂型，在水质较差时，喷水头宜选直立型，以防止喷头结垢。有吊顶的选下垂型，无吊顶的可选直立型。

（7）直立式边墙型喷头的溅水盘与顶板的距离≥100mm，且≤150mm，与背墙的距离≥50mm，且≤100mm。水平式边墙型喷头的溅水盘与顶板的距离≥150mm 且≤300mm。边墙型喷头的两侧 1m 及正前方 2m 范围内，顶板或吊顶下不应有阻挡喷水的障碍物。

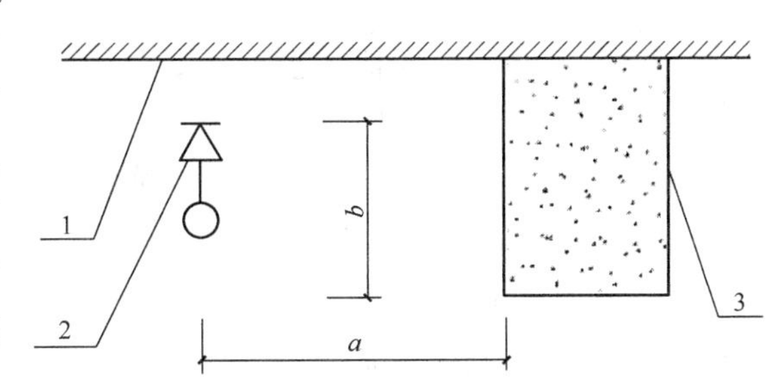

图 6-28　喷头与梁、通风管道等障碍物的距离

1—顶板；2—直立型喷头；3—梁（或通风管道）

（8）喷头与障碍物间的距离：

1）直立型、下垂型喷头与梁、通风管道的距离应符合图 6-28 和表 6-13 要求。

喷头与梁、通风管道等障碍物的距离（mm）　　**表 6-13**

喷头与梁或通风管道的水平距离 a	喷头溅水盘与梁或通风管道底面的垂直距离 b		
	标准覆盖面积洒水喷头	扩大覆盖面积洒水喷头、家用喷头	早期抑制快速响应喷头、特殊应用喷头
$a<300$	0	0	0
$300\leqslant a<600$	$b\leqslant 60$	0	$b\leqslant 40$
$600\leqslant a<900$	$b\leqslant 140$	$b\leqslant 30$	$b\leqslant 140$
$900\leqslant a<1200$	$b\leqslant 240$	$b\leqslant 80$	$b\leqslant 250$
$1200\leqslant a<1500$	$b\leqslant 350$	$b\leqslant 130$	$b\leqslant 380$
$1500\leqslant a<1800$	$b\leqslant 450$	$b\leqslant 180$	$b\leqslant 550$
$1800\leqslant a<2100$	$b\leqslant 600$	$b\leqslant 230$	$b\leqslant 780$
$a\geqslant 2100$	$b\leqslant 880$	$b\leqslant 350$	$b\leqslant 780$

2）直立型、下垂型标准喷头的溅水盘以下 0.45m、其他直立型、下垂型喷头的溅水盘以下 0.90m 范围内，如有屋架等间断障碍物或管道时，喷头与邻近障碍物的最小水平距离应符合图 6-29 和表 6-14 的要求。

喷头与邻近障碍物的最小水平距离 a（mm）　　**表 6-14**

喷头类型	障碍物尺寸	喷头与邻近障碍物的最小水平距离 a
标准覆盖面积洒水喷头 特殊应用喷头	c、e 或 $d\leqslant 200$	$3c$ 或 $3e$（c 与 e 取最大值）或 $3d$
	c、e 或 $d>200$	600
扩大覆盖面积洒水喷头 家用喷头	c、e 或 $d\leqslant 225$	$4c$ 或 $4e$（c 与 e 取最大值）或 $4d$
	c、e 或 $d>225$	900

3）当梁、通风管道、成排布置的管道、桥架等障碍物的宽度>1.2m 时，其下方应

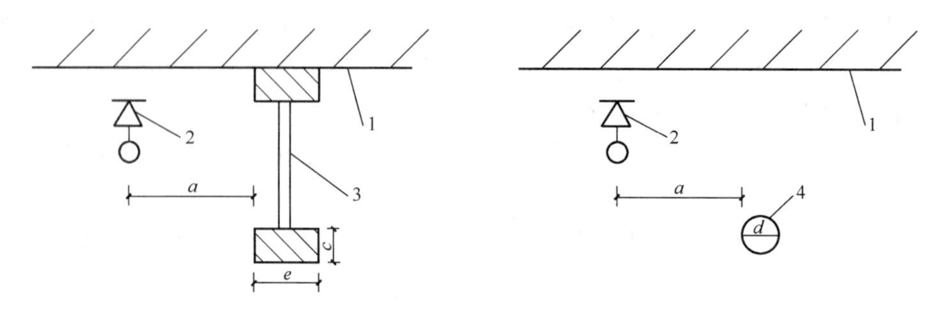

图 6-29　喷头与邻近障碍物的最小水平距离

1—顶板；2—直立型喷头；3—屋架等间断障碍物；4—管道

增设喷头（图 6-30）。采用早期抑制快速响应喷头和特殊应用喷头的场所，当障碍物宽度>0.6m时，其下方应增设喷头。

4）标准覆盖面积洒水喷头、扩大覆盖面积洒水喷头和家用喷头与不到顶隔墙的水平距离，不得大于喷头溅水盘与不到顶隔墙顶面距离的 2 倍（图 6-31 和表 6-15）。

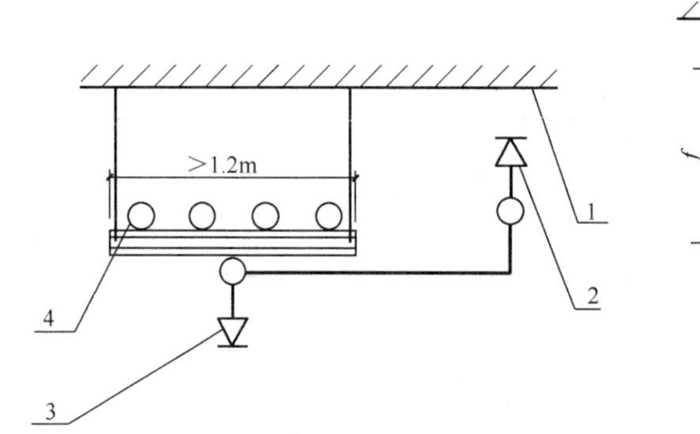

图 6-30　障碍下方增设喷头

1—顶板；2—直立型喷头；3—下垂型喷头；
4—排管（或梁、通风管道、桥梁等）

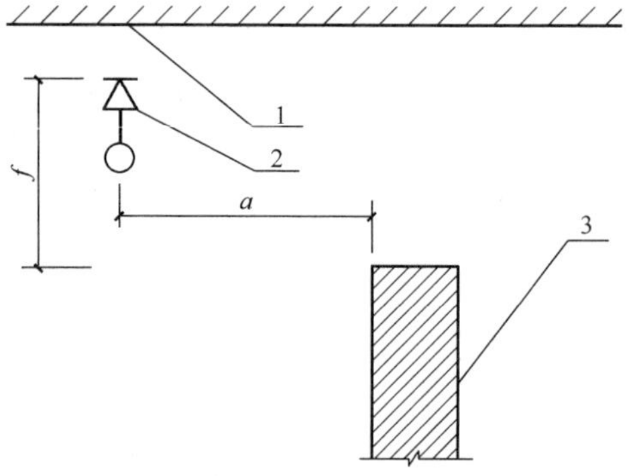

图 6-31　喷头与不到顶隔墙的水平距离

喷头与不到顶隔墙的水平距离和垂直距离（mm）　　**表 6-15**

喷头与不到顶隔墙的水平距离 a	喷头与不到顶隔墙的垂直距离 f
$a<150$	$f\geqslant 80$
$150\leqslant a<300$	$f\geqslant 150$
$300\leqslant a<450$	$f\geqslant 240$
$450\leqslant a<600$	$f\geqslant 310$
$600\leqslant a<750$	$f\geqslant 390$
$a\geqslant 750$	$f\geqslant 450$

（9）喷头安装应使用专用扳手，严禁利用喷头的框架施拧。在易受机械损伤处的喷头，应加设喷头防护罩。

（10）配水支管上最多允许安装喷水头，轻、中危险等级的为 8 个，严重危险等级的为 6 个，分布支管的管径最小为 *DN*25，只能安装一个喷水头。在不同火灾等级时，不同管径的管道所能负荷的最大喷水头数量见表 6-6。

(11) 喷头的基本布置形式见图 6-32。

1) 正方形布置(图 6-32a)时喷头间距为:

$$A = 2R \cdot \cos 45^\circ \tag{6-1}$$

2) 长方形布置(图 6-32b)时喷头间距为:

$$\sqrt{A^2 + B^2} \leqslant 2R \tag{6-2}$$

3) 菱形布置(图 6-32c)时喷头间距为:

$$A = 4R \cdot \cos 30^\circ \cdot \sin 30^\circ \tag{6-3}$$

$$B = 2R \cdot \cos 30^\circ \cdot \cos 30^\circ \tag{6-4}$$

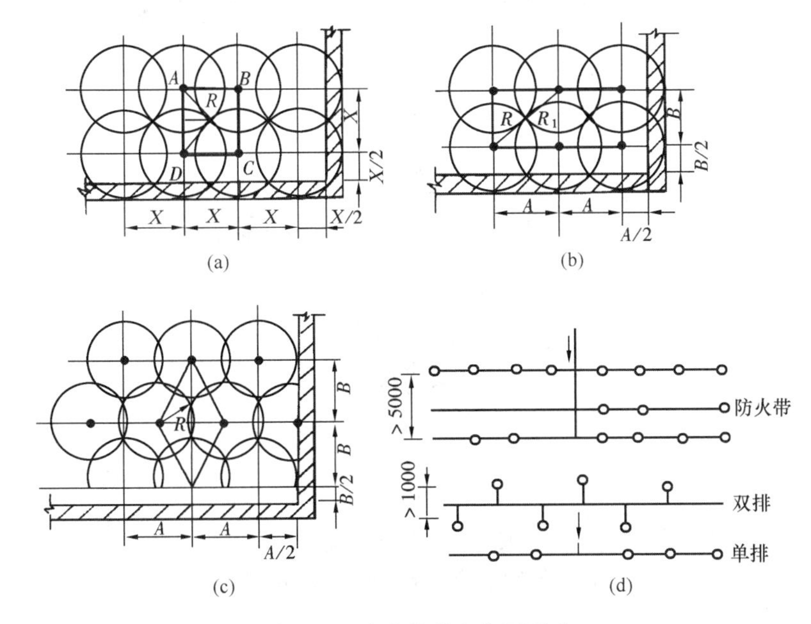

图 6-32 喷头的基本布置形式

(a) 喷头正方形布置;(b) 喷头长方形布置;(c) 喷头菱形布置;(d) 双排及水幕防火带平面布置

X—喷头间距;R—喷头计算喷水半径;A—长边喷头间距;B—短边或配水支管间距;C、D—距墙间距

(12) 在发生火灾时,由于喷头喷水产生反作用力而引起管道向各个方向晃荡,必须设防晃支架(图 6-33)。当 $DN \geqslant 50$mm 时,每段配水干管或配水管设置防晃支架不应少于 1 个,当管道改变方向时,应增设防晃支架,管道支、吊架应设在相邻喷水头的管段上,以不妨碍喷头喷水为原则。配水支管上每一直管段、相邻两喷头之间的管段设置的吊架均不宜少于 1 个,当喷头之间距离<1.8m 时,可隔段设置吊架,但相邻喷水头间距≤3.6m,支、吊架与喷水头的距离≥300mm,与末端喷头之间的距离≤750mm。管道支架或吊架之间的距离不应大于表 6-16 的规定。

管道支架或吊架之间的距离 **表 6-16**

DN	25	32	40	50	65	80	100	125	150	200	250	300
距离 (mm)	3.5	4.0	4.5	5.0	6.0	8.0	8.5	7.0	8.0	9.5	11.0	12.0

7. 自动喷水消防系统的检测试验

管网安装完毕后,应对其进行强度试验、严密性试验和冲洗。强度试验和严密性试验宜用水进行。干式喷水灭火系统、预作用喷水灭火系统应做水压试验和气压试验。

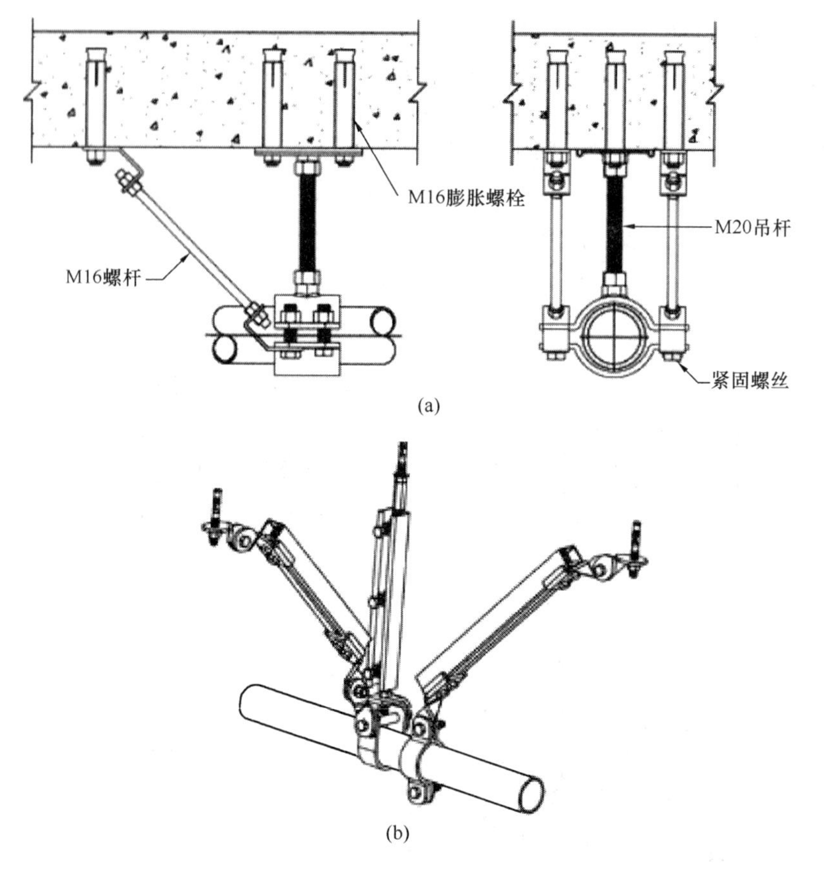

(a)

(b)

图 6-33　防晃支架

(a) 防晃支架的固定；(b) 防晃支架的应用举例

(1) 系统试压前应具备下列条件：

1) 埋地管道的位置及管道基础、支墩等经复查符合设计要求。

2) 试压用的压力表不少于 2 只，精度不应低于 1.5 级，量程应为试验压力值的 1.5～2 倍；

3) 试压冲洗方案已经批准；

4) 对不能参与试压的设备、仪表、阀门及附件应加以隔离或拆除；加设的临时盲板应具有突出于法兰的边耳，且应做明显标志，并记录临时盲板的数量。

(2) 水压试验：

1) 水压试验时环境温度≥5℃，当<5℃时，水压试验应采取防冻措施；

2) 当系统设计工作压力≤1.0MPa 时，水压强度试验压力应为设计工作压力的 1.5 倍，且≥1.4MPa，当系统设计工作压力>1.0MPa 时，水压强度试验压力应为该工作压力加 0.4MPa。

3) 水压强度试验的测试点应设在系统管网的最低点。对管网注水时，应将管网内的空气排净，并应缓慢升压至 50%试验压力，检查无渗漏与异常后，10%/min 逐级增压，达到试验压力后，稳压 30min，目测管网应无泄漏和无变形，且压力降≤0.05MPa，降至工作压力，稳压 1h，压力降≤0.02MPa 为合格。

4）水压严密性试验应在水压强度试验和管网冲洗合格后进行。试验压力应为设计工作压力，稳压24h，应无泄漏。

5）自动喷水消防系统的水源干管、进户管和室内埋地管道应在回填前单独地或与系统一起进行水压强度试验和水压严密性试验。

（3）气压试验

1）气压试验的介质宜采用空气或氮气，每个连接点处一周都抹肥皂水。

2）气压强度试验的试验压力为工作压力的1.15倍，先升至试验压力的50%，观察无渗漏异常，逐级增压10%/5min，直至强度试验压力，保压10min，检查管道本身与接口无破损，压力降≤0.02MPa为合格。降至气压严密性试验的试验压力，应为0.28MPa，且稳压24h，压力降不应大于0.01MPa。

（4）系统试压过程中，当出现泄漏时，应停止试压，并应放空管网中的试验介质，消除缺陷后，重新再试。系统试压完成后，应及时拆除所有临时盲板及试验用的管道，并应与记录核对无误，且应按规范的格式填写记录。

（5）冲洗

1）管网冲洗所采用的排水管道，应与排水系统可靠连接，其排放应畅通和安全。排水管道的截面面积不得小于被冲洗管道截面面积的60%。

2）管网冲洗的水流速度≥3m/s，其流量不宜小于规定值。当施工现场冲洗流量不能满足要求时，应按系统的设计流量进行冲洗，或采用水压气动冲洗法进行冲洗。

3）管网的地上管道与地下管道连接前，应在配水干管底部加设堵头后，对地下管道进行冲洗。

4）管网冲洗应连续进行，当出口处与入口处水的颜色、透明度基本一致时，冲洗方可结束。

5）管网冲洗的水流方向应与灭火时管网的水流方向一致。

6）管网冲洗结束后，应将管网内的水排除干净，必要时可采用压缩空气吹干。

6.3.4 水幕消防系统

水幕消防系统是用开式喷头将水喷洒成水帘幕状，用以冷却和隔离火灾区域，达到防止火灾蔓延、保护邻近火灾区域的建筑物免遭火灾危害的目的。

1. 水幕消防系统的组成

水幕消防系统由洒水喷头或水幕喷头、雨淋报警阀组或感温雨淋报警阀组和管网组成。

（1）水幕喷头

1）根据其口径可分为小型水幕喷头和大型水幕喷头。小型水幕喷头口径为6mm、8mm、10mm，用于保护面积较小或凹入墙内的窗口，大型水幕喷头口径为12.7mm、16mm、19mm，用于保护面积较大的建筑或高层建筑。

2）据用途可分为窗口水幕喷头和檐口水幕喷头（图6-34a、b）。前者用于保护建筑物立面或斜平面，如防止火灾通过窗、门、帷幕等蔓延扩大或增强墙壁、窗、门等的耐火能力；这种喷头的溅水盘一般为铲状，喷出的水流集中在一个方向形成水幕。后者用于保护建筑物的屋檐或吊平顶；这种喷头的溅水盘一般为双面坡的三角形或铲状，喷出的水流散水角度大，可在几方面形成水幕。

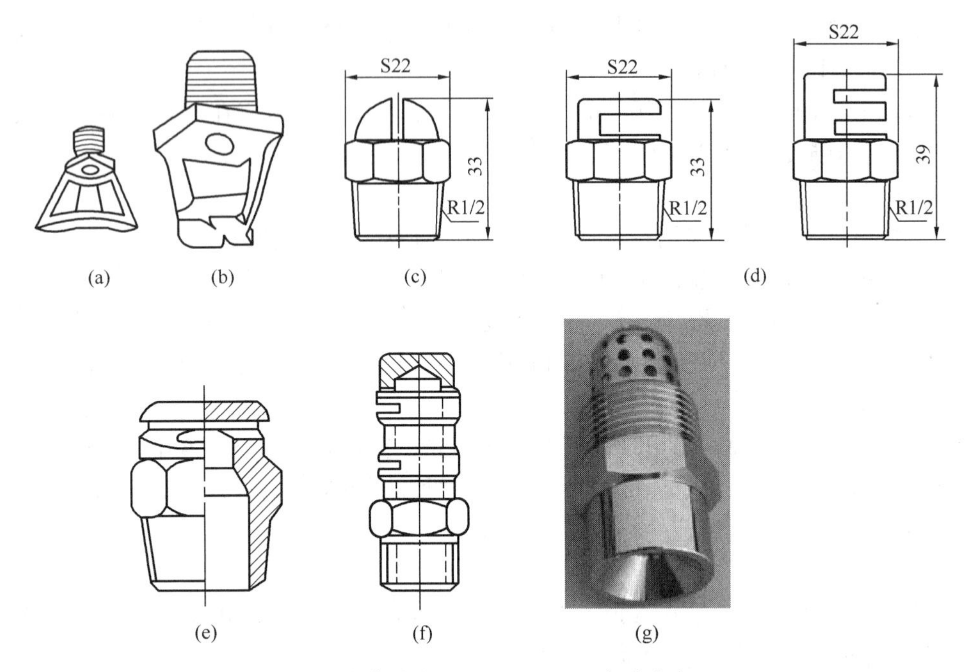

图 6-34　水幕喷头（a）～（f）和喷雾喷头（g）

（a）窗口式；（b）檐口式；（c）水幕倾角为 0°；（d）水幕倾角为 90°（单与双出水口）；（e）单隙式；（f）双隙式；（g）高速喷雾头

3）根据喷头入水口与出水口的角度，入水口与出水口成一直线（水幕倾角为 0°，图 6-34c），喷头向下布置成 3 排；入水口与出水口成 90°（水幕倾角为 90°，图 6-34d），布置成单排，开口面向冷却对象。

4）根据出水缝隙有单隙式和双隙式喷头（图 6-34e、f）。单隙式喷头的出水量明显小于双隙式，但前者喷洒角度大于后者喷洒角度，都可用于舞台等处的消防。

其他形式的喷头，还有雨淋式水幕喷头（用于较大保护面积的开式喷头）、消防水喷雾喷头（图 6-34g）。

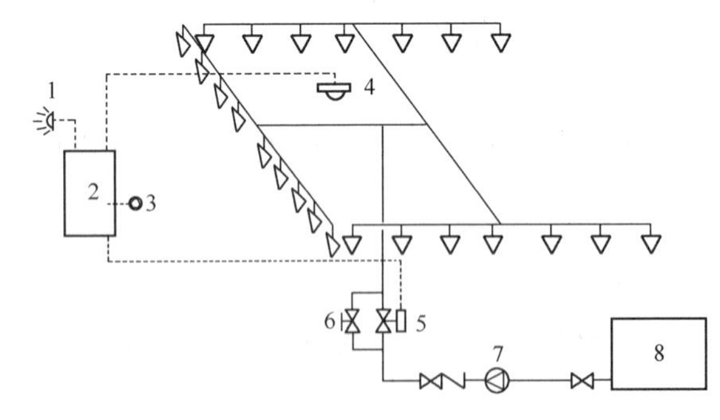

图 6-35　水幕消防系统示意图

1—警铃；2—控制器；3—控制按钮；4—火灾探头；5—电动阀；6—手动阀；7—水泵；8—消防水箱

（2）管网与控制阀（图 6-35）

水幕消防系统的管网与自动喷水消防系统相同，可采用中央立管式枝状管网或两边立管式环状管网。控制阀可采用人工控制，也可以设置自动控制装置。水幕消防系统平时管网内不充水，当火灾发生时，打开控制阀，水流入管网、喷头开始喷水。

2. 水幕消防系统的使用范围

（1）在无法设置防火门、防火窗的部位，只采用简易防火隔离物（如防火卷帘等），在火灾发生时，其很短时间内会失去阻火作用，当在其上部设置水幕喷头后，可以增强其耐火性能。

(2) 局部建筑物或构筑物需要建立防火隔离带时，例如一些面积≤3m²的孔、洞，难以采用防火门窗，甚至也难以设置防火卷帘，需要设置水幕喷头形成局部水幕，阻止火灾蔓延。

(3) 在开口面积>3m²的部位，如超过1500个座位的剧院舞台、商场营业厅、展览馆大厅等，无法设置防火墙，可以通过设置水幕喷头形成水幕隔离带，阻止火灾的蔓延和扩大。

3. 水幕消防系统的敷设

防火分隔水幕的喷头布置，应保证水幕的宽度≥6m。采用水幕喷头时，喷头不应少于3排，采用开式洒水喷头时，喷头不应少于2排，防护冷却水幕的喷头宜布置成单排。

窗口水幕喷头一般布置在窗口顶下方50mm处（图6-36）。水幕喷头应布置在顶层窗口和檐口下方200mm处（图6-37）。布置水幕喷头时应使水幕喷到应该保护的部位，防止由于障碍物而造成空白点，水幕的宽度≥5m。采用水幕喷头时，喷头不应少于3排，采用开式洒水喷头时，喷头不应少于2排，防护冷却水幕的喷头宜布置成单排。为了便于系统不致太大、检修时相互影响较小，每组的水幕喷头数应≤72个。

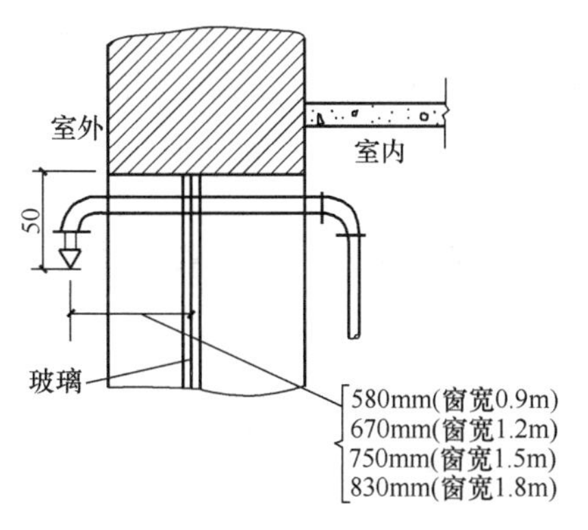

图6-36 窗口水幕喷头与玻璃面的距离

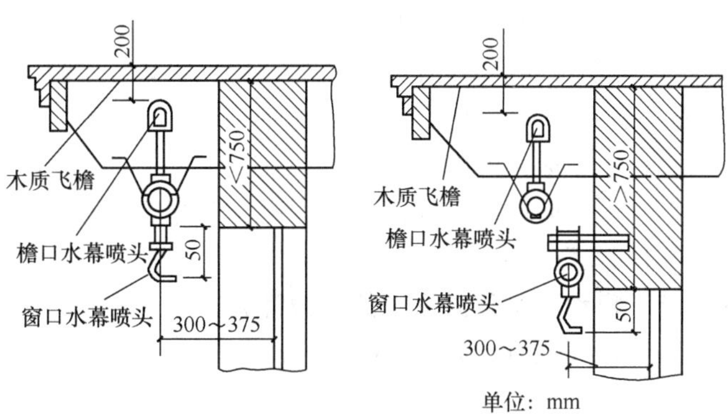

图6-37 檐口水幕喷头的布置

在建筑物转角的阀门与止回阀，应保证当某一侧水幕喷头开启时邻近的另一侧水幕喷头也同时开启（图6-38）。

水幕消防系统的管道安装与自动喷水消防系统类似，控制阀应包括手动和自动。若该建筑物中也有自动喷水消防系统，可以联动。

4. 水喷雾灭火系统

(1) 作用原理：利用水雾喷头以细小的水雾滴喷射到燃烧的物质表面，使其冷却、隔绝空气以及乳化和稀释来实现灭火。

(2) 使用范围：布置在实验室、机房、电气设备、危险品仓储等处。用于扑灭各类电气火灾，扑灭闪点高于60℃可燃液体的火灾，防护冷却可燃气体和甲、乙、丙类液

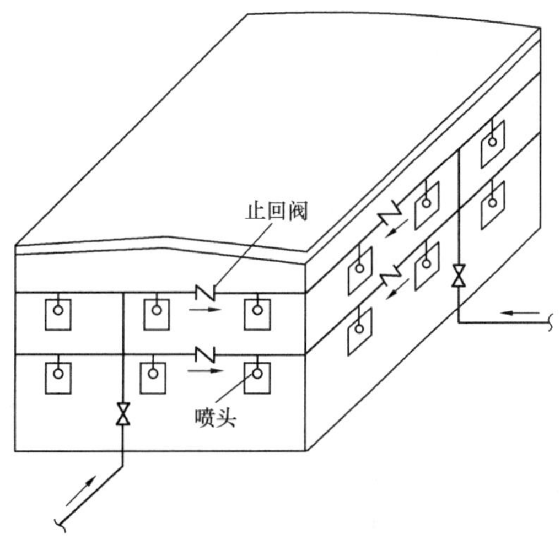

图6-38 建筑物转角处的阀门布置

体的生产、存储或装卸设施。

（3）系统的组成：与水幕消防系统大致相同，但是增加了高压给水设备和火灾探头，水幕喷头换成了水雾喷头，为防止水雾喷头的堵塞，保证雾化效果，应在雨淋阀前安装耐腐蚀的过滤器，滤网的孔径为4.0～4.7目/cm^2。

（4）水雾喷头：又分为离心式和撞击式。

1）离心式水雾喷头：水雾化的程度较高，喷射出的雾状水滴较小，具有良好的电绝缘性，可用于电气火灾场所。

2）撞击式水雾喷头：水雾化的程度较差，喷射出的雾状水滴较大，电绝缘性较差，不能用于电气火灾场所。

用于灭火的水雾喷头工作压力应≥0.35MPa，用于防护冷却的工作压力应≥0.20MPa。

水雾喷头对保护对象的面积以下列方式确定：平面保护对象以平面面积定，当保护对象不规则时，以其最小规则形体的外表面面积定，保护对象是开口容器时，按其液面面积定，保护对象为变压器时，在扣除底面面积以外的变压器外表面面积，还应加上油枕、冷却器的外表面面积和集油坑的投影面积。

（5）系统的响应时间：自火灾传感器发出火警信号至水雾喷头喷出有效水雾的时间间隔。

1）用于灭火的响应时间≤45s；

2）用于防护冷却：液化气生产、储存装置和装卸设施的响应时间≤60s，其他设施的响应时间≤5min。

6.3.5 自动喷水灭火系统的水力计算

（见扩展阅读资源包）

7　建筑排水工程

7.1　建筑排水系统的分类和组成

建筑排水系统的任务就是把室内的生活污水、工业废水和屋面雨、雪水等及时畅通无阻地排至室外排水管网或水处理构筑物，为人们提供良好的生活、生产、工作和学习环境。

7.1.1　建筑排水系统的分类

1. 根据所排污水的性质，建筑排水系统可分为

（1）生活污水系统

1）便污水排水系统：住宅、公共建筑和厂区排除粪便污水的管道系统。

2）生活废水排水系统：排除盥洗、沐浴、洗涤等废水的管道系统。

3）生活污水排水系统：生活废水与粪便污水合流的排水管道系统。

（2）工业废水排水系统

1）生产污水

水在工艺生产过程中被化学杂质污染而改变了性质，需经过技术较强的工艺处理后方可回用或排放的污水。如含氰污水、含酚污水和酸、碱污水等；或被机械杂质（悬浮物及胶体物）污染的水，如滤料冲洗污水、水力除灰污水等。这些不是本书讲授的内容。

2）生产废水

使用后只有轻度污染或水温升高，只须经过简单处理即可循环或复用的较洁净的工业废水，如冷却废水，洗涤废水等。

(3) 屋面雨水排水系统：排除降落在屋面的雨、雪水管道系统。

2. 根据排放的体制，又分为合流和分流

（1）合流：将污水、废水管道组合起来，合用一套排水系统，称为合流。

（2）分流：污水、废水和雨水管道单独设置独立排水系统，称为分流。

合流的优点是造价较低、维护费用较低，缺点是使污水处理设备处理量增加。分流的优点是水力条件较好、有利于污水和废水的处理和再利用，缺点是工程造价较高、维护费用较多。

选择排水体制，应根据污水性质、污染程度，结合室外排水制度和有利于综合利用与处理要求确定。现在分流的缺点已经不是问题了。

当生活污水需经化粪池处理时，其粪便污水宜与生活废水分流；当有污水处理厂时，生活废水与粪便污水宜合流排出。当建筑物采用中水系统时，生活废水与生活污水宜分流排出。含有毒和有害物质的生产污水、含有大量油脂的生活废水以及需要回收利用的生产废水和生活废水等，均应分流排出。

工业废水如不含有机物，而带大量泥砂、矿物质时，应经机械处理后方可排入室内非密闭系统雨水管道。

建筑物雨水管道应单独排出。

7.1.2 室内排水系统的组成

室内排水系统一般由污（废）水收集器、器具支管、排水横支管、立管、排出管、通气管、清通设备及某些特殊设备等部分组成（图 7-1）。

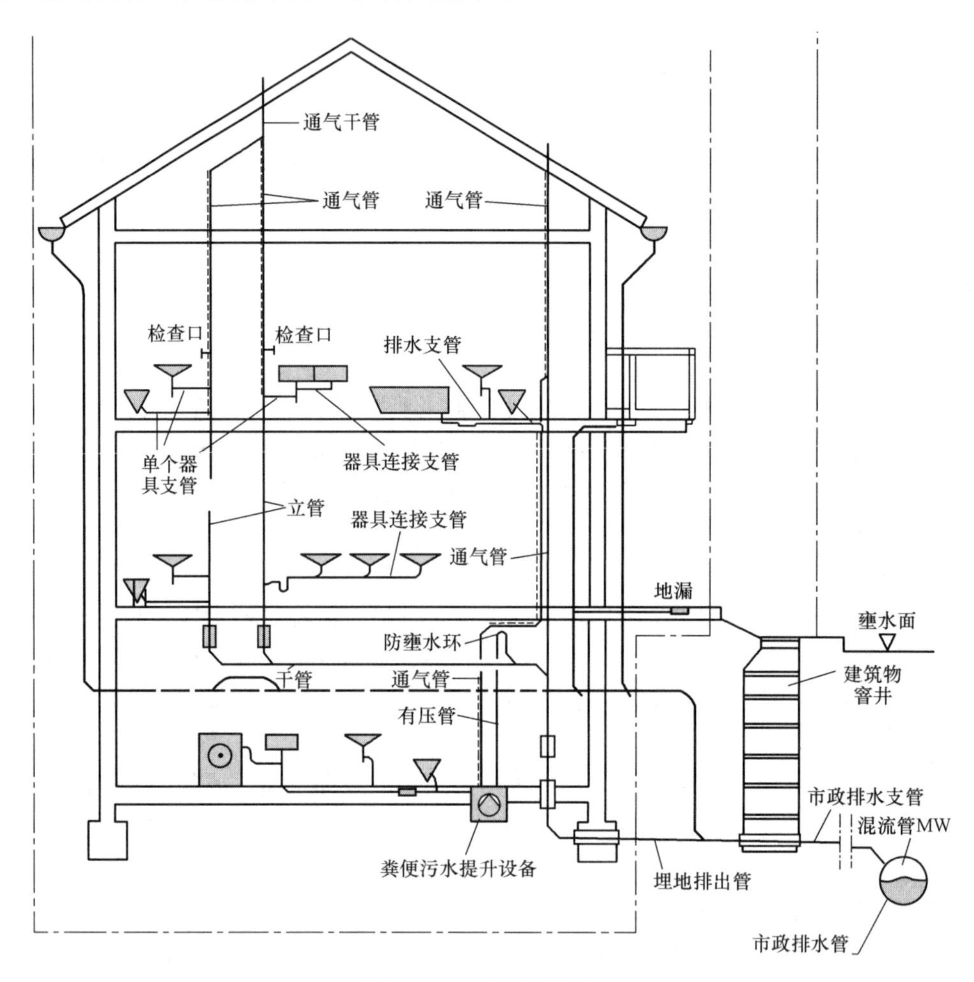

图 7-1 建筑排水系统组成

1. 污（废）水收集器

污（废）水收集器包括各种卫生设备、排放生产污水的设备和雨水斗等，负责收集和接纳各种污（废）水，是室内排水系统的起点。

2. 器具支管

器具支管是连接卫生器具和排水横支管之间的一段短管。大部分卫生器具的排水支管上都设有存水弯，水封高度一般在 50～100mm。其作用是阻止室外管网中的臭气、有害气体、害虫及鼠类通过卫生器具进入室内，以保证室内环境不受污染（图 7-2）。

存水弯主要分为两类：管式和瓶式（图 7-3）。

（1）管式存水弯分为三类：S式、P式和U式。管式存水弯清通方便，较占空间。

（2）瓶式存水弯也分为三类：隔板浸入式、管子浸入式和双舌式。瓶式占空间小，易堵。

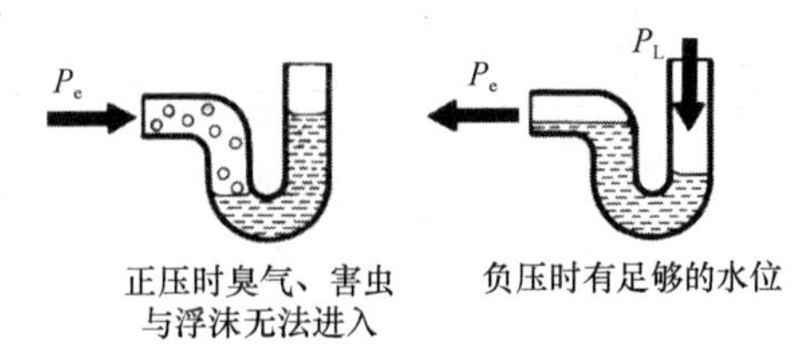

图7-2 存水弯的作用

3. 横支管

横支管是连接各卫生器具支管与立管之间的水平或与水平线夹角小于45°的管道，横支管应具有一定的坡度。

4. 立管

立管是接受各横支管流来的污水、再排至排出管的垂直或与垂线夹角小于45°的管道。

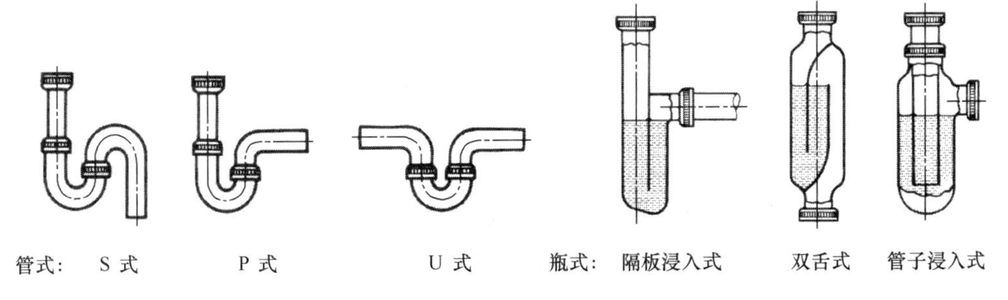

图7-3 不同形式的存水弯

5. 排出管

排出管是室内排水立管与室外排水检查井之间的连接管段，它接受一根或几根立管流来的污水并排至室外排水管网。

6. 通气管（透气管）

通气管的作用是使污水在室内外排水管道中产生的臭气及有毒有害的气体能及时排到大气中去，使管系内在污水排放时的压力变化尽量稳定并接近大气压力，因而可保护卫生器具存水弯内的存水不致因压力波动而被抽吸（负压时）或喷溅（正压时）。通气管的形式有：

（1）伸顶通气管（内通气管）：指最高层器具横支管至伸出屋面的一段立管，也称专用通气立管。这种排水系统属于单立管排水系统，利用排水立管、与之连接的横支管及其附件进行气流交换。

（2）辅助通气立管（外通气管）：与排水立管平行敷设，只作为通气用。

1）汇合通气管：连接数根通气立管或排水立管顶端通气部分，并延伸至室外接通大气段的通气管段（图7-4a），即具有公共伸顶的通气立管。

2）根据位置不同的专用通气立管

a. 主通气立管：与排水立管同侧并与之连接的通气立管（图7-4b）。

b. 副通气立管：与排水立管异侧、改善排水管内的空气流通的通气立管（图7-4c）。

这种排水系统属于双立管排水系统。利用排水立管与专用通气管相互进行气流交换的连接管段称为结合通气管。

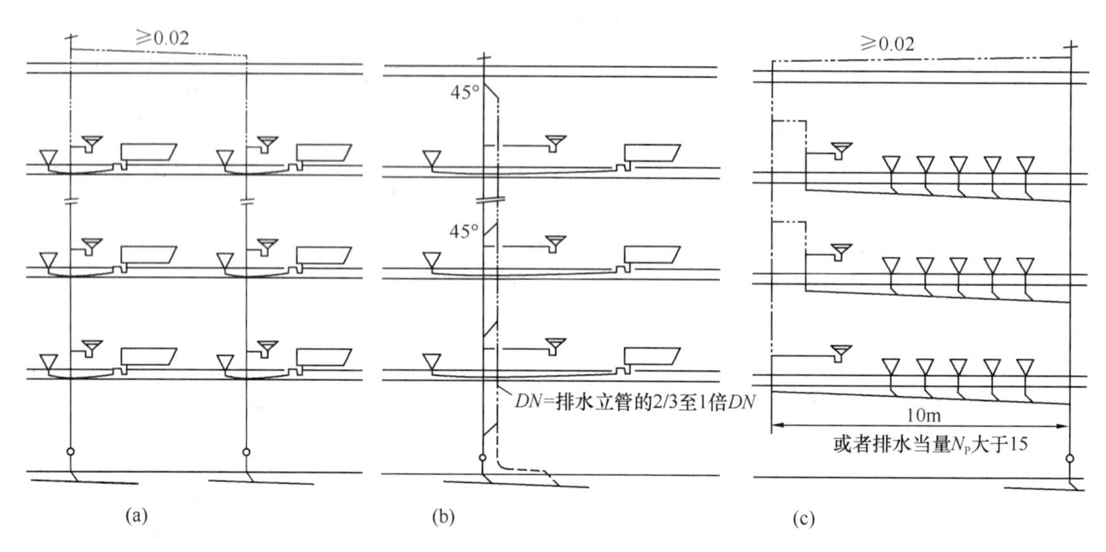

图 7-4　不同的辅助通气立管

（a）汇合通气管；（b）主通气立管（直接辅助通气）；（c）副通气立管（间接辅助通气）

（3）辅助通气管：又分为两类，即环形通气管（图 7-5a）和器具通气管（图 7-5b）。

1）环形通气管：是指从多个卫生器具排水横支管最始端的两个卫生器具之间或最始端接出与主通气立管或副通气管连接的管段。

2）器具通气管：是指卫生器具存水弯出口端接至环形通气管的管段。

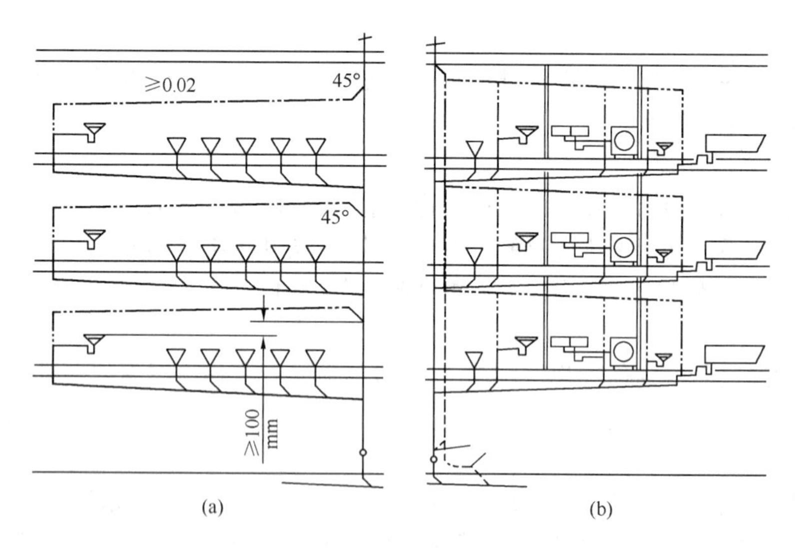

图 7-5　辅助通气管

（a）环形通气管；（b）器具通气管

（4）吸气阀：只允许空气进入排水系统、不允许排水系统中臭气逸出的通气管道附件（图 7-6）。但是吸气阀只能吸气，而不能排气，其密封材料易日久老化，无法闭合严密，排水系统中的臭气或虫类仍会进入室内，所以难得使用在一些公共场所。

（5）其他改善通气的措施：采用球形管件、苏维托管件、带螺旋槽的管件与管道可以

图 7-6　不同形式的吸气阀与安装在横支管上的吸气阀

改善排水系统中的压力平衡。

7. 清通设备

清通设备用于对排水系统进行清扫和检查，在管道出现堵塞现象时，在清通设备处疏通。

（1）清扫口（图 7-7）：安装在排水横管上。

（2）检查口（图 7-8a）：安装在排水立管上。

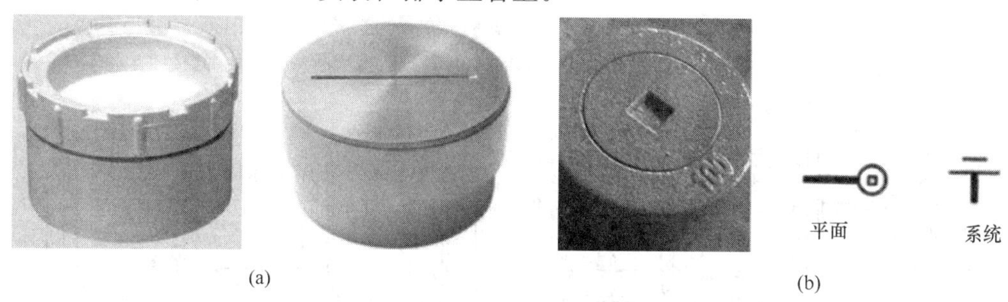

图 7-7　清扫口及其图例符号

（a）不同样式的清扫口；（b）清扫口图例符号

（3）其他清通设施：室内检查井以及带有清扫口的管配件（图 7-8b～e）等，以及地漏也可以具备清通设备的功能。

8. 防壅水倒灌装置

（1）作用：在强降雨、排水渠高水位、地下管线堵塞、由于工业企业突然排出大量的污水，或由于江河湖泊洪水的水位高于市政排水沟渠时，市政管网不再能容纳或不能快速排除流入的污水时，就会产生壅水。这时，完全充满的市政管道有可能将污水压入室内排出管，倒灌到地下室（图 7-9）或室内。因此，欧洲规定在壅水面以下的所有排出口都应该设置防壅水倒灌的装置。壅水面是壅水能够达到的最高水位，应该由当地官方有关机构确定，并与市政管网相适应。

（2）结构：防壅水倒灌装置是由两个相互无关的闸板组成（图 7-10）。

1）一个闸板是紧急闸板，手动操作。

2）另一个闸板是运行闸板，或阀，或浮体，自动工作。在废水系统时，由一个摆锤闸板或一个浮体闭合，在污水系统时，由一个电动机驱动的闸板，或由带探头，或浮球的

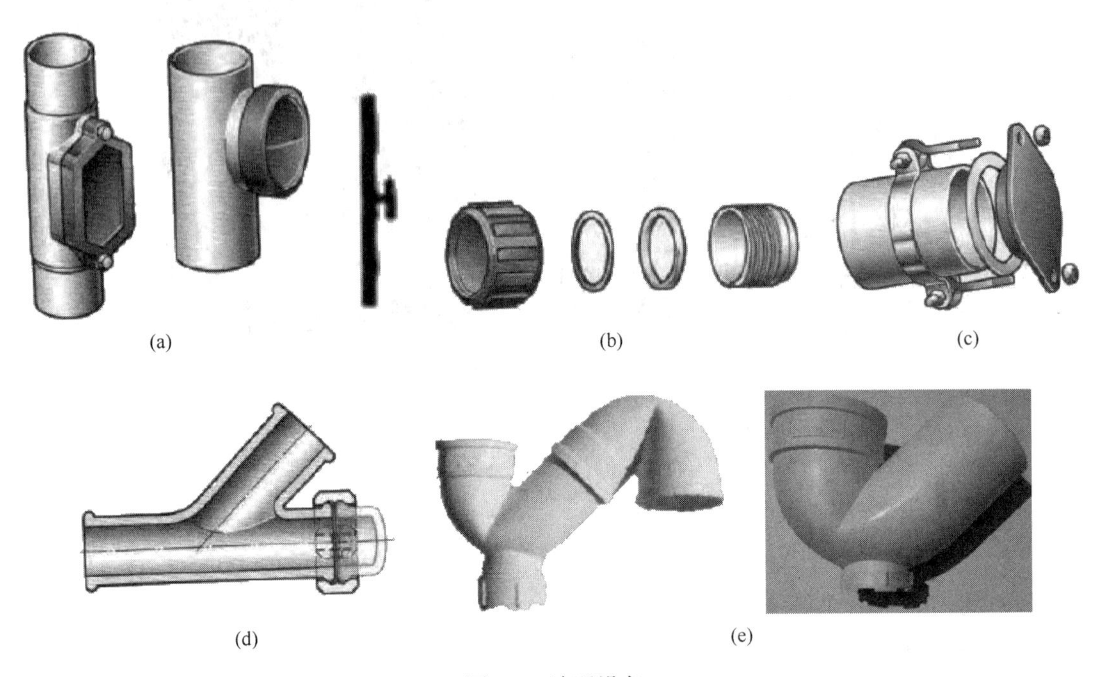

图 7-8　清通设备

（a）检查口及其图例符号；（b）盖帽；（c）盲堵；（d）玻璃管盲堵；（e）带清扫堵头的存水弯

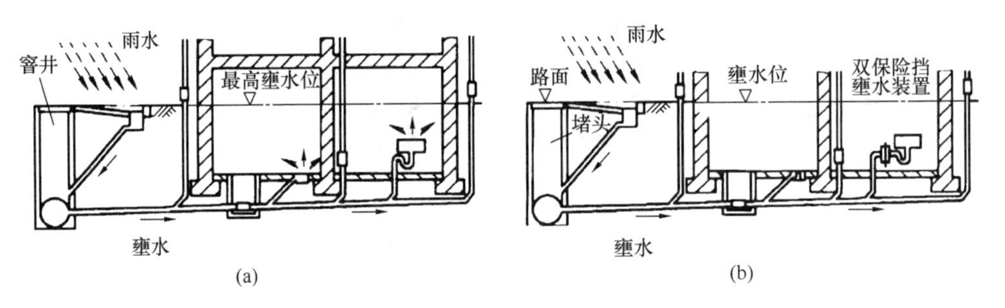

图 7-9　在市政管网溢出时，由于建筑物排出口没有设置和有防壅水装置的比较

（a）未设置防壅水装置，地下室被淹没；（b）设置防壅水装置，地下室未倒灌

电动泵控制。

防壅水倒灌装置安装在污水排出口、管道中或存水弯前，正常情况时必须始终开启。宜在地势较低、易降暴雨的地区建筑物中，设置此种装置，防止壅水污染室内。

9. 污水提升设备

在建筑物室内地面低于室外地面时，例如地下室和底层，常常会有若干个排出口不可避免地位于壅水面或市政管网以下。由这些排出口排出的污水要汇集到专门的室内或室外的污水池中，由提升设备自动地泵到壅水面之上，然后流入总干管或地下管线。污水提升设备分为两类：生活废水和粪便污水提升设备（图 7-11）。

（1）生活废水被送入一口不渗水的混凝土池或塑料容器成品内。如果废水气味不太重的话，室外的池可以是敞口的；但是在室内的池，必须用不透气的钢板盖上，提升设备要设一根通到屋面上的通气管。生活废水泵将废水泵到壅水面之上，该泵由一个浮球开关控

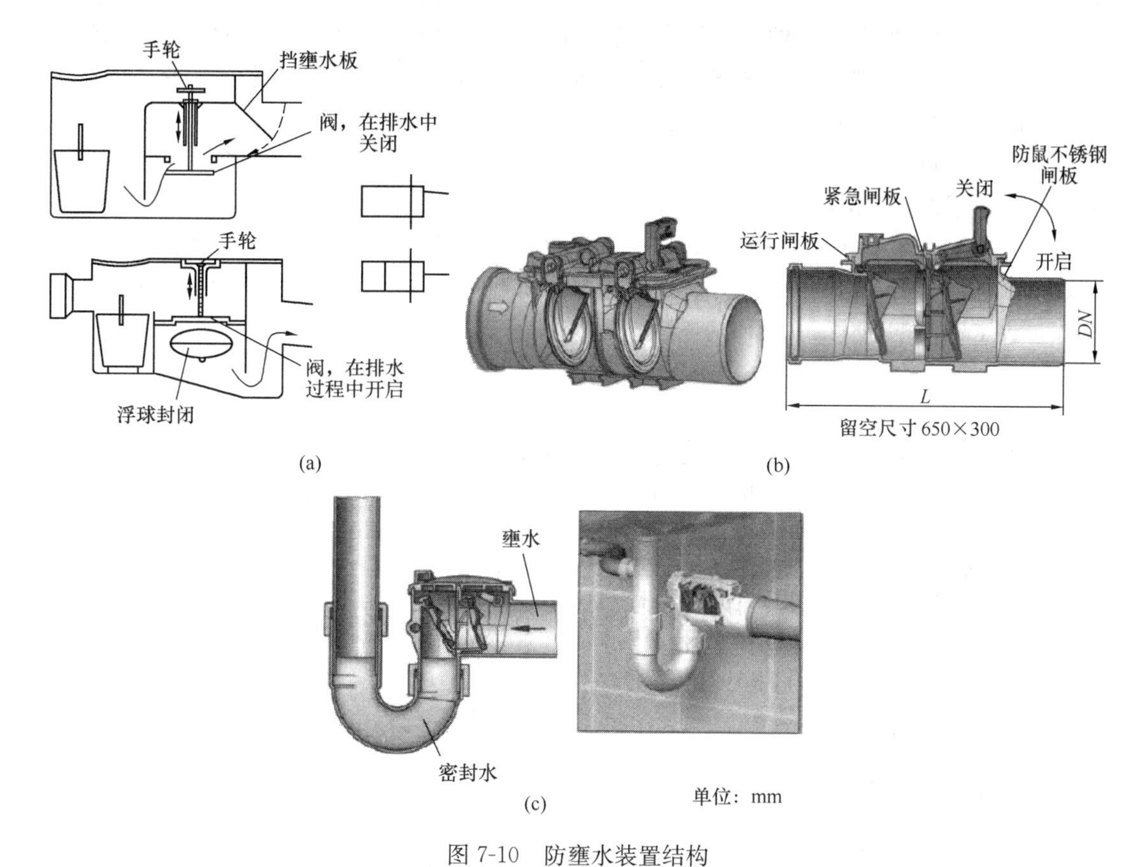

(a) (b) (c)

图 7-10 防壅水装置结构

(a) 安装在地下室出口防壅水装置；(b) 敷设在粪便污水管道中的双闸板防壅水装置；(c) 地下室洗脸盆带防壅水装置的管式存水弯

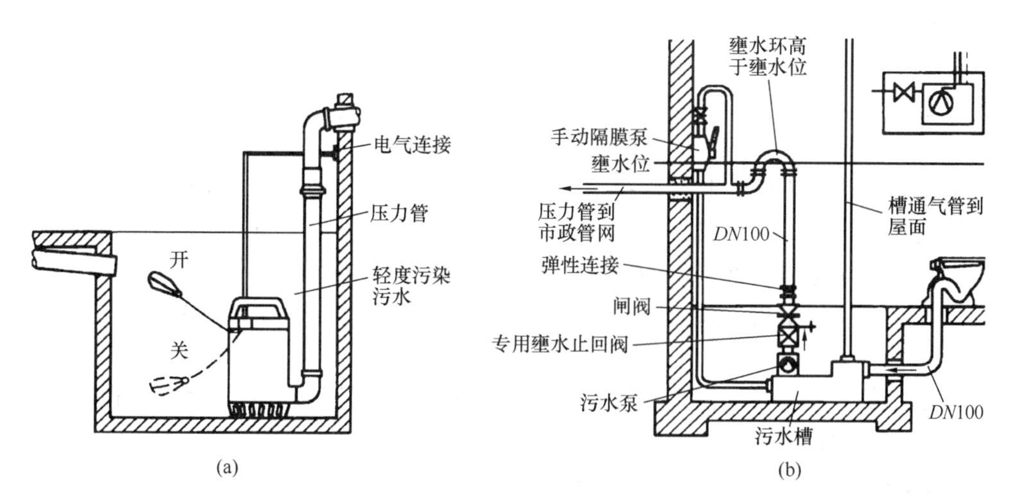

(a) (b)

图 7-11 用于不同排水系统的成品中、小型提升设备

(a) 生活废水提升设备；(b) 生活污水提升设备

制开启和关闭。在压出接管设置一个挡壅水设备。压出接管和压出管相互应柔性连接。

（2）当来自大便器和小便器的污水在壅水面之下排出时，必须设置粪便污水集水池和提升设备。集水池需要一口防渗的混凝土井或塑料容器，对于操作部件应至少提供一个60cm宽的工作间。池盖应密封，且设通气管道系统。

1）在人流量很大的公共场所，例如商场，大便器设施应安装不易堵塞的粪便提升泵。如果污水含有油类或脂类物质，在提升设备前还应设置油脂分离设备。

2）集水池有效容积不宜小于最大一台污水泵5min的出水量，且污水泵每小时启动次数不宜超过6次。成品污水提升装置的污水泵每小时启动次数应满足其产品技术要求。

3）集水池底的坡度≥0.05，坡向集水坑，集水池设计最低水位应满足水泵吸水要求，集水坑应设检修盖板。

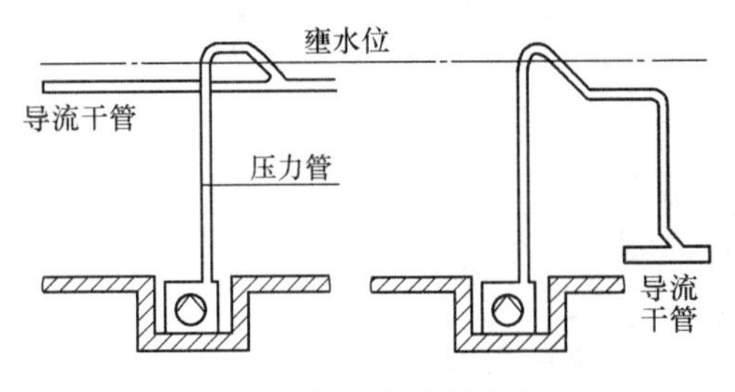

图7-12　污水提升设备排出口的水环与导流管的连接

4）污水泵的扬程应按提升高度、管路系统水头损失计算，另附加2m～3m流出水头。

5）压出管的连接件必须有柔性，使之不易传递泵启动的声音。引入管和压出管的最小管径是*DN*100，压出管不得接入排水管。压出管应装设污水专用的阀门和止回阀，其横管段应有坡度、坡向出口。若排出口低于最高壅水位，应在排出口前加装阻水环，通过导流管排出（图7-11b、图7-12）。

6）污水泵用一个浮球开关自动工作。在运行故障时，可用备用泵或一台手动模式泵排空。

7）污水提升装置应设水位指示装置，必要时应设置超警戒水位报警装置，并将信号引至物业管理中心。

（3）车库内如设有洗车点时，应单独设置集水井和污水泵，洗车水应经过油水隔离装置排入小区生活污水系统。

7.2　卫生设备

卫生设备是作为洗涤、收集和排除生活与生产中产生的污（废）水的器具。常用的洗涤卫生设备有洗涤盆、污水盆、化验盆等，盥洗、沐浴的卫生设备有洗脸盆、浴缸、淋浴器、盥洗槽、坐洗盆等，便溺卫生设备有大便器、小便器等及其附件。现在，卫生间和厨房中的一些常用设施，例如镜子、橱柜、衣物存放架、毛巾架、手纸卷筒架等也都归卫生设备。

卫生设备的总要求是功能恰当、实用，外形美观，内外表面光滑，便于清洗，应避免卫生死角，坚固耐用。

7.2.1　大便器

大便器由便器本体、冲洗设备和水封装置组成。便器本体是收集和排除粪便的卫生器具，冲洗设备一般有水箱和冲洗阀。为了减少臭气和阻止排水系统内的秽气进入卫生间，大便器一般都设有水封装置（S、P式存水弯）。坐便器由陶瓷或不锈钢制成，冲洗水箱由陶瓷、塑料或玻璃钢制成。大便器设备还设有坐垫、盖子、手纸架、清洗刷和放置刷子的支架等。

1. 坐式大便器（简称坐便器）

（1）根据冲洗装置的位置分类

1）分体式坐便器：坐便器与冲洗设备是分开制造和现场连接的。

① 墙挂低水箱坐便器（图7-13a）：水箱挂在墙上，通过冲洗管与便器本体相连，冲洗效果比较好，节水，但不美观、后部有卫生死角。现在流行隐蔽式低水箱（图7-13b），水箱安装在假墙内支架上，坐便器与冲洗水箱之间连有冲洗管，外形美观，耗水量较小。根据按键位置有下按式和后推式。

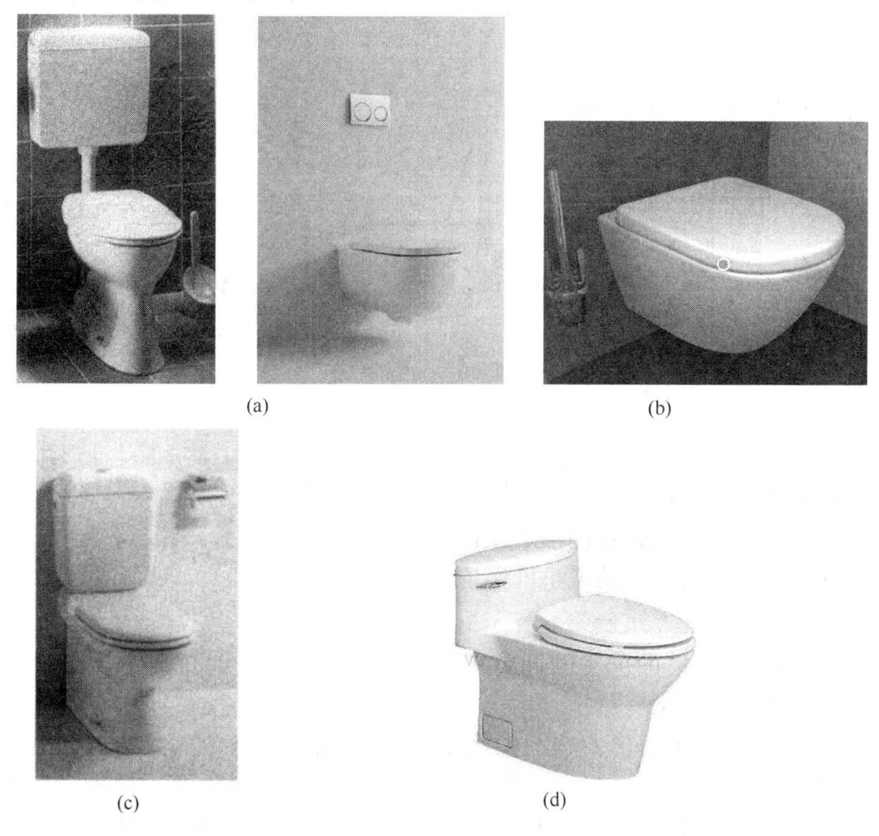

图7-13 不同位置冲洗水箱的坐便器

（a）墙挂式低水箱坐便器；（b）隐蔽式低水箱坐便器；（c）鞍式水箱坐便器；（d）连体式坐便器

② 鞍式水箱坐便器（图7-13c）：水箱直接放置在便器本体上，水箱出水口与便器本体之间设有密封圈，取消了冲洗管，结构尺寸较小，但由于水箱位置低了些，冲洗水量消耗较大，后部有卫生死角。

③ 带压力冲洗阀坐便器（图7-14）：由于取消了冲洗水箱，外形尺寸较小，但压力冲洗阀对水压要求在0.12MPa以上。冲洗阀又分为触摸式（手动）和非触摸式（自动）。

2）连体式坐便器：坐便器与冲洗水箱合为一体（图7-13d）。这种坐便器外形美观，但由于水箱位置较低，冲洗耗水量较大，总体尺寸较大，占地面积较大，后部有卫生死角。

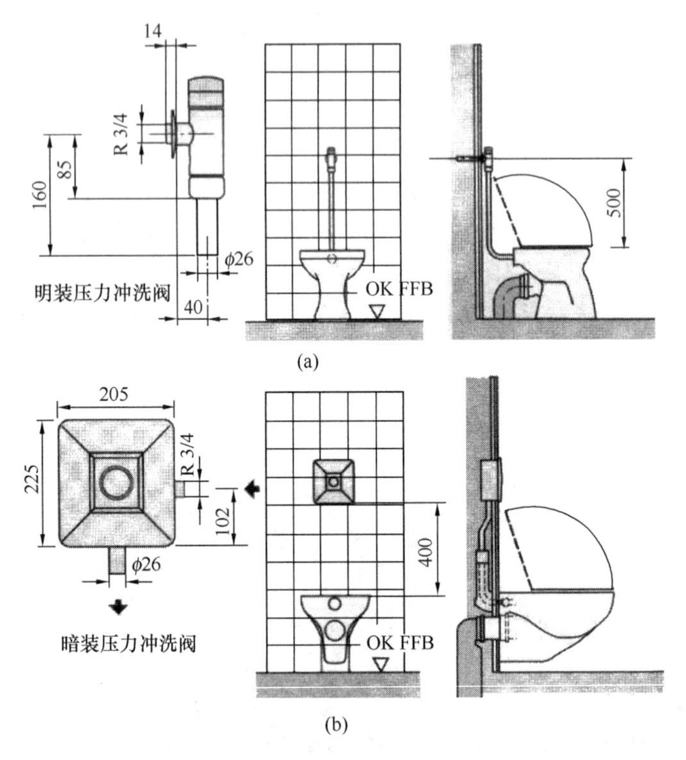

图 7-14　带压力冲洗阀后排水坐便器

（a）落地式；（b）墙挂式

（2）根据坐便器排水口的位置分类

1）下排水坐便器（图 7-15a）：坐便器排出口在下方，安装时坐便器排出口直接放在楼板预埋的管口内。这种坐便器安装简单，但用户无法根据自己的设想位置布置坐便器。便器排出口距墙面距离有 280mm、320mm、380mm、400mm、420mm 等。

2）后排水坐便器：坐便器排出口在后方，布置灵活，用户可以根据自己的愿望随意布置。这种坐便器又分为两类：

① 立式后排水坐便器：便器本体安放在地面上，排出口用橡胶软管与排水支管连接（图 7-15b），缺点是有卫生死角。

② 墙挂式后排水坐便器：便器本体与冲洗水箱固定在一个方钢支架上（图 7-15 c），在便器本体与冲洗管连接好后，将石膏板覆盖在架子上，瓷砖直接粘贴在石膏板上，水箱为隐蔽式。这种坐便器美观，后部没有卫生死角，耗水量小，缺点是价格较高。

（3）按坐便器的冲洗方式分类

1）冲落式坐便器：借冲洗水的冲力直接将污物排出的便器。其主要特点是在冲水、排污过程中只形成正压，没有负压。

2）虹吸式坐便器：主要借冲洗水在排水道所形成的虹吸作用将污物排出的便器。冲洗时正压对排污起配合作用。

3）喷射虹吸式坐便器：在水封下设有喷射道，借喷射水流而加速排污，并在一定程度上降低冲水噪音的坐便器（利用水封隔音）。

4）旋涡虹吸式连体坐便器：利用冲洗水流形成的旋涡加速污物排出的虹吸式连体坐便器。

5）自动冲洗阀坐便器：冲洗阀为非触摸式，当人离开坐便器时因感应而自动冲洗。

这种卫生式坐便器（图 7-16），又称为智能马桶，当人们用厕完毕后，可以开启喷嘴冲洗下身，然后开启热风烘干。水温和风温可以随意调节。

（4）根据坐便器内水封面（“水潭”）的位置分类（图 7-17）

1）浅冲式：水潭靠前，粪便落在平台上，水不会溅到身体上，但坐便器不易冲洗干净。

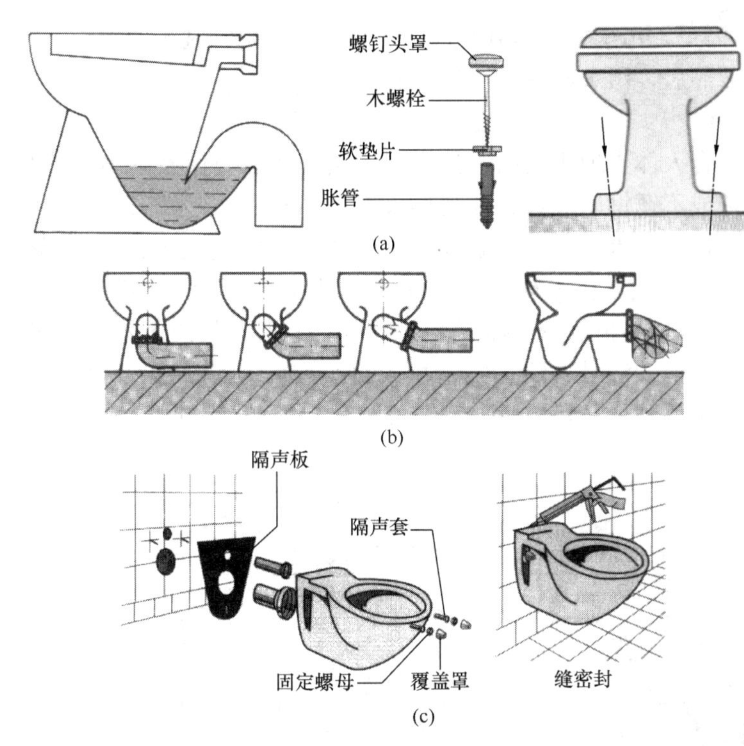

图 7-15 不同位置排水口的坐便器

(a) 下排水式坐便器；(b) 立式后排水坐便器连接横支管有多种可能性；(c) 墙挂式后排水坐便器的固定

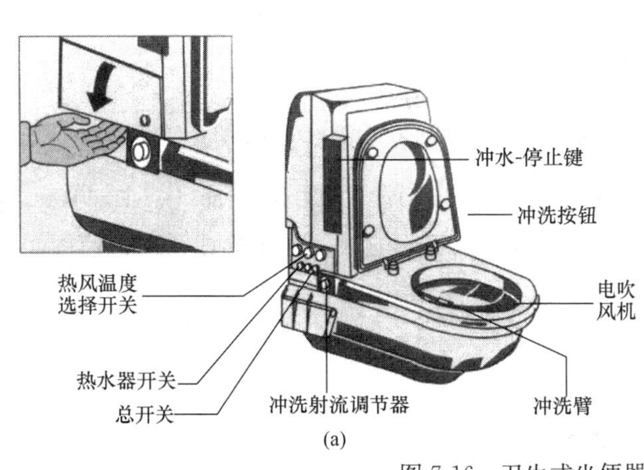

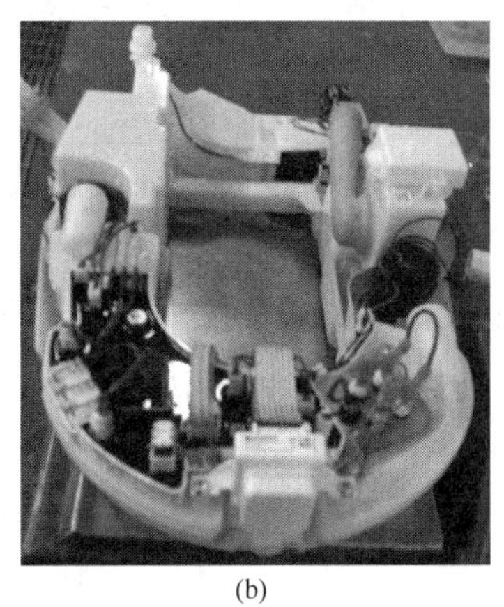

图 7-16 卫生式坐便器

(a) 功能结构；(b) 坐便器的电子控制器件

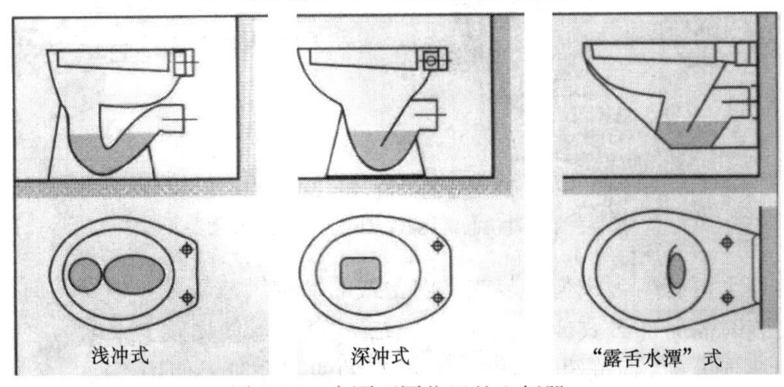

图 7-17 水潭不同位置的坐便器

2）深冲式：粪便落在水潭里，污水容易溅到身体上，但坐便器易冲洗干净。

3）“露舌水潭”式：水潭靠后，污水不易溅到身体上。

2. 蹲式大便器

蹲便器是一种简单的、适合人体生理排便的卫生设备，由于人体与便器本体不接触，多用于公共场所，一般由陶瓷或不锈钢制成，其外观形式有遮挡式和非遮挡式(图 7-18)。遮挡式结构在使用时不易污染便器前缘，但在运输时不易放置、易破损，包装与运输费用较高，现在比较少见，非遮挡式运输破损率较低，但在使用时容易使尿液排到蹲便器外面，造成污染。根据粪便的落入口，有在前端和后端两种（图 7-18）。粪便落入口在前端的，排便时不易将水溅到下身；但冲洗时需较大冲洗力，污水容易冲出来。粪便落入口在后端的，排便时易将水封中的水溅到下身，但所需冲洗力较小，污水不易冲出。

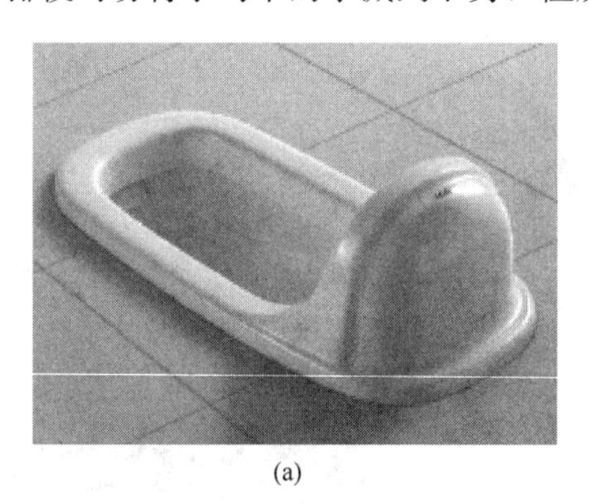

(a)

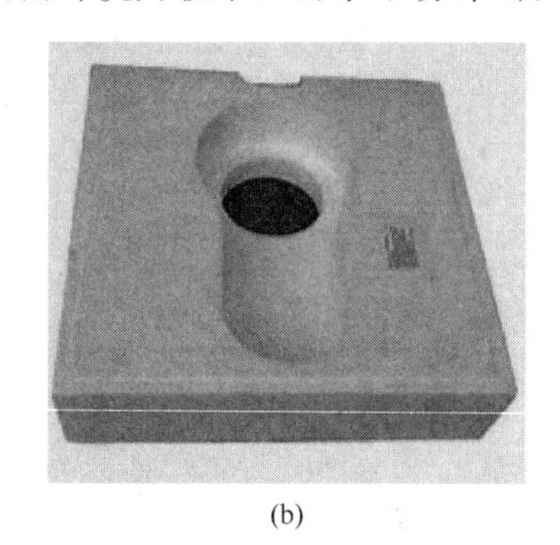

(b)

图 7-18　不同形式的蹲便器

（a）遮挡式，粪便落入口在前端；（b）非遮挡式，粪便落入口在后端

蹲便器一般采用水箱冲洗或手动与自动压力冲洗阀（图 7-19）冲洗。但是因为安装麻烦，费工费时高位冲洗水箱已经不用了，低位水箱影响人体的站立或蹲下，使用面积较大，所以已经被冲洗阀取代。

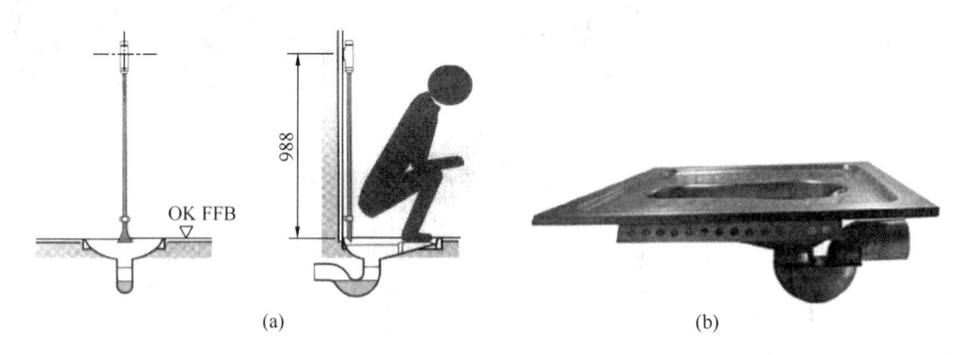

(a)　(b)

图 7-19　蹲便器的冲洗与不锈钢制蹲便器

（a）手动冲洗阀蹲便器；（b）不锈钢制蹲便器

蹲便器的存水弯有内含式与外装式。内含式的结构尺寸较大，但安装简单；不带存水弯的蹲便器安装时需另加 S 式或 P 式存水弯。S 式存水弯使用较少，因为它比 P 式存水弯高出不少（图 7-20），需砌筑约 400～500mm 高的两层台阶，使用不便，多用于底层。

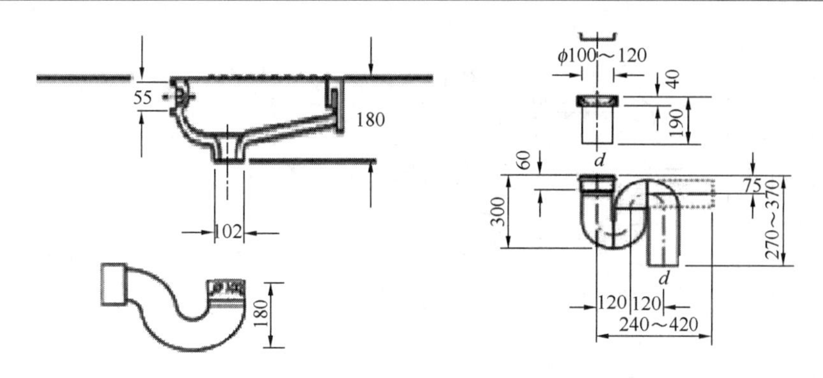

图 7-20　S 式或 P 式存水弯高度的比较

7.2.2　小便器

小便器是公共建筑中男子使用的卫生器具，每个小便器上面有冲洗水进口，冲洗水沿内壁均匀下流。根据安装位置，小便器有挂式小便器、立式小便器和小便槽。根据冲洗方式，小便器有手动冲洗（图 7-21）和自动冲洗（图 7-22）两类。小便器的材质有陶瓷和不锈钢的，后者一般用于无人的停车场等。小便器比小便槽节约水，因为它只需要很少的冲洗水量，而且清洁方便。小便器的冲洗管可以是明装，从上面连接也可以暗装，从后面连接。

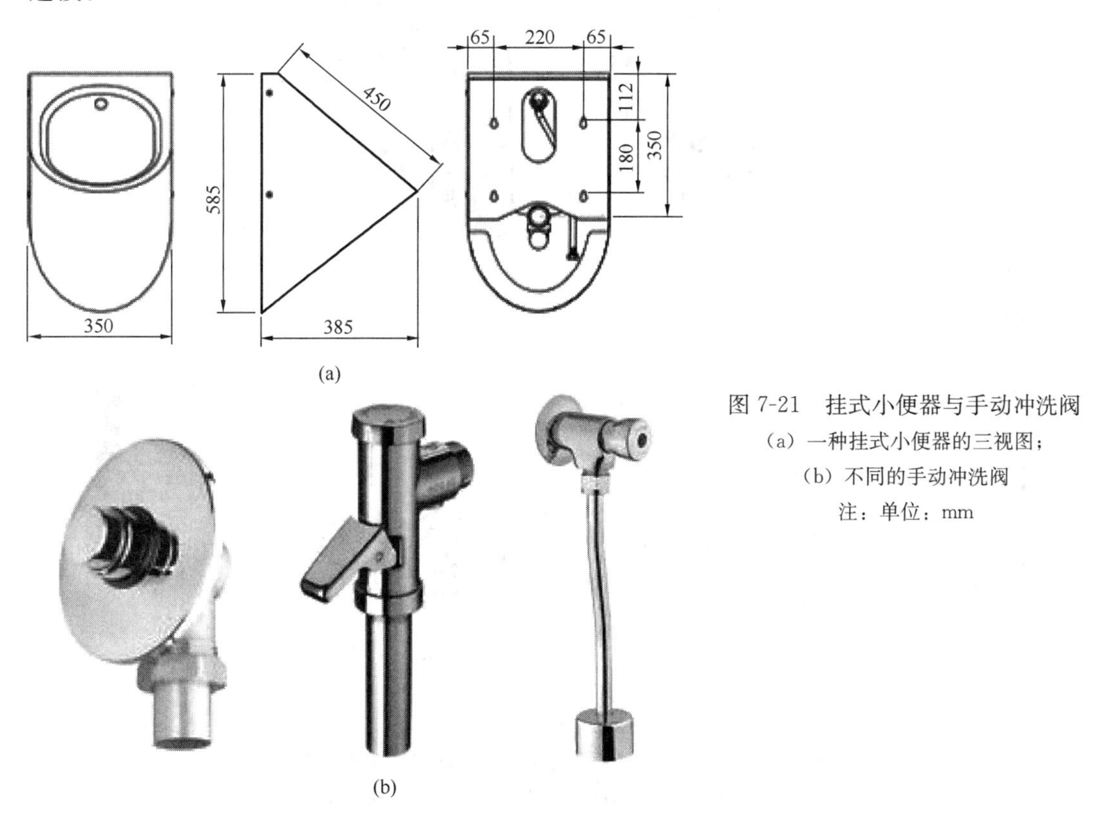

图 7-21　挂式小便器与手动冲洗阀
（a）一种挂式小便器的三视图；
（b）不同的手动冲洗阀
注：单位：mm

在例如旅馆、学校等公共建筑里，比较大的范围使用小便器设备，成行排列，而且应根据使用者，在各个小便器之间设隔断。小便器下沿的高度，儿童为 500mm，成人为 620～650mm。安装时应注意生产厂商的说明书。

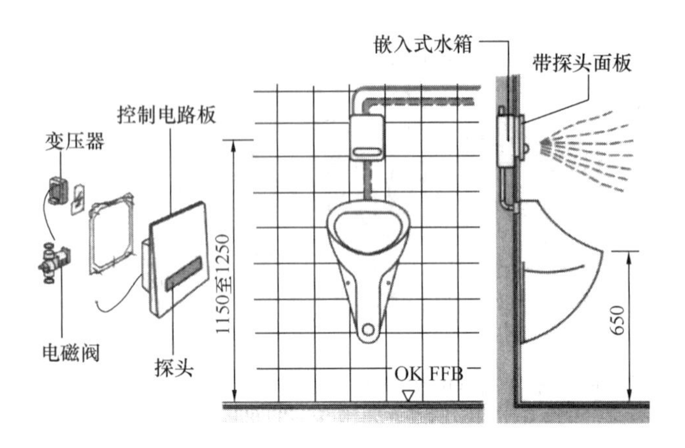

图 7-22　自动冲洗式小便器

1. 挂式小便器（亦称为小便斗）

含存水弯的虹吸式小便器（图 7-23a）外观简洁，排水快，清扫方便。若为小便斗外观简洁时，也可选存水弯烧制在小便器里的（图 7-23b～d），S 式存水弯用于异层明装，P 式存水弯（图 7-23e）可用于同层明装或暗装。

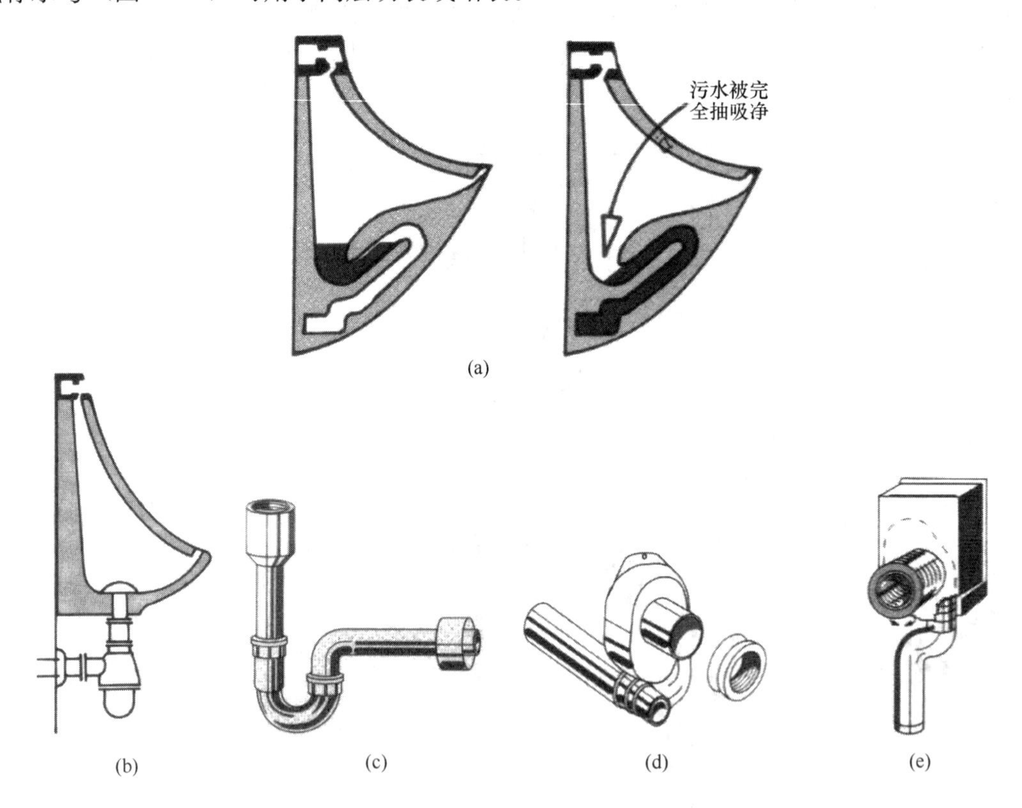

图 7-23　挂式小便斗与其存水弯

（a）带存水弯虹吸式小便器；（b）明装瓶式存水弯；（c）明装 P 式存水弯；（d）嵌入存水弯水平连接；（e）嵌入存水弯垂直连接

2. 立式小便器

立式小便器靠墙立放在地面上（图 7-24a），由于它占地面积较大，冲洗水量较大，清洗困难，价格高，现在使用较少。还有一种带洗手盆的立式小便器（图 7-24b），便后洗手的水用于冲洗位于下侧的小便器，一套卫生设备具有两种功能，同时还起到节水的作用。

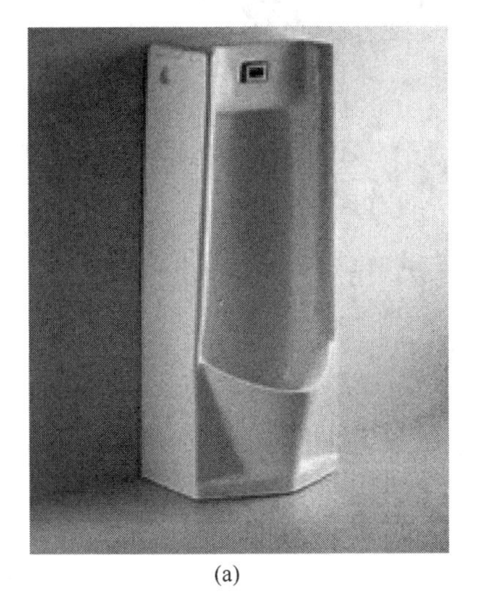
(a)

(b)

图 7-24 立式小便器
（a）单用途立式小便器；（b）带洗手盆的立式小便器

3. 小便器安装市场的一些变化

（1）小便器引入住宅：由于小便器冲洗水量少于大便器，约 2L/s，而且避免尿液四溅（图 7-25），污染周围的卫生。国外建议在私人住宅的卫生间里也安装小便器。现在市场为此生产了较小的、只需要微小空间、外形美观、又不引人注目的、带盖子的小便器（图 7-26a）。为了避免方便时尿液四溅到便器的周围，“目标准确”，一些厂家在生产小便器时，紧挨在存水弯水位的上方位置烧制一个苍蝇、一段蜡烛或一个炸弹的引信(图 7-26b)。

(a) (b)

图 7-25 缺失小便器的地方
（a）尿液四溅到周围与衣服上；（b）令人不快的清洁工作

（2）无水小便器：见扩展阅读资源包

4. 小便槽

小便槽是用瓷砖沿墙砌筑的浅槽，也有用不锈钢制成，或沿墙一侧为玻璃板混合制成（图 7-27）。这种卫生设施建造简单、造价低，但卫生条件较差、冲洗需要大量的水，由于冲洗不够而使清洗困难，已经不适应时代潮流，只用于人流量较多的场所和临时需要。

(a)

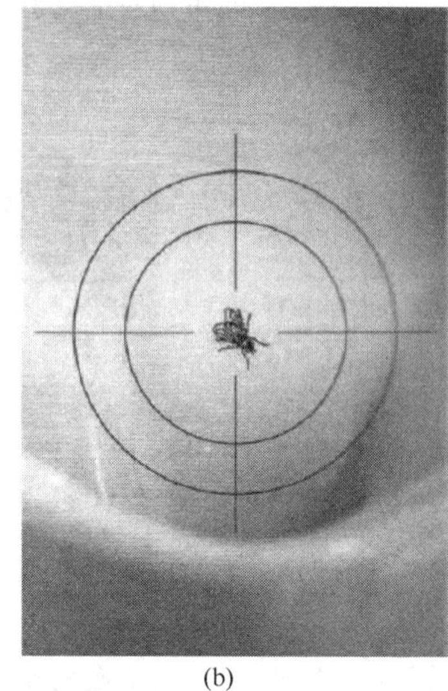

(b)

图 7-26 家庭小便器与避免尿液四溅的小措施
(a) 在住宅中的小便器；
(b) 小便器上烧入苍蝇作为“目标”

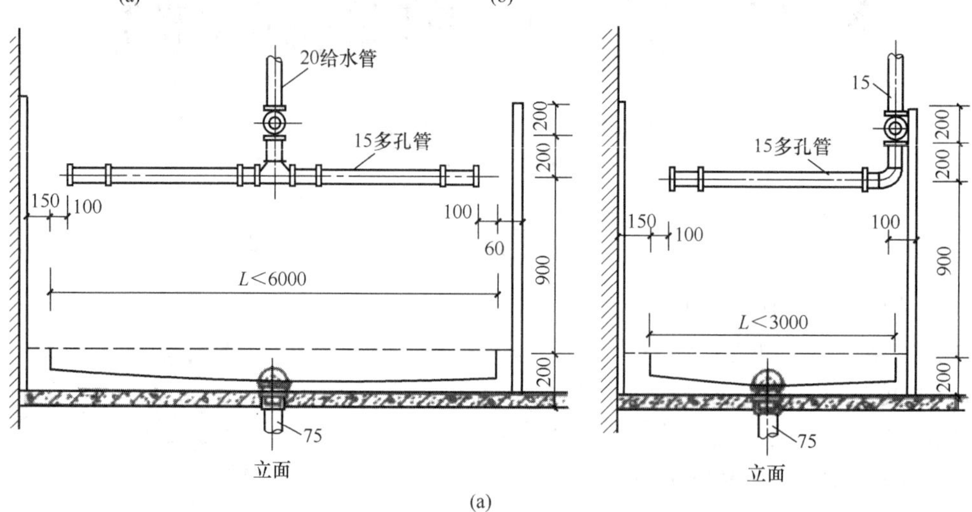

(a)

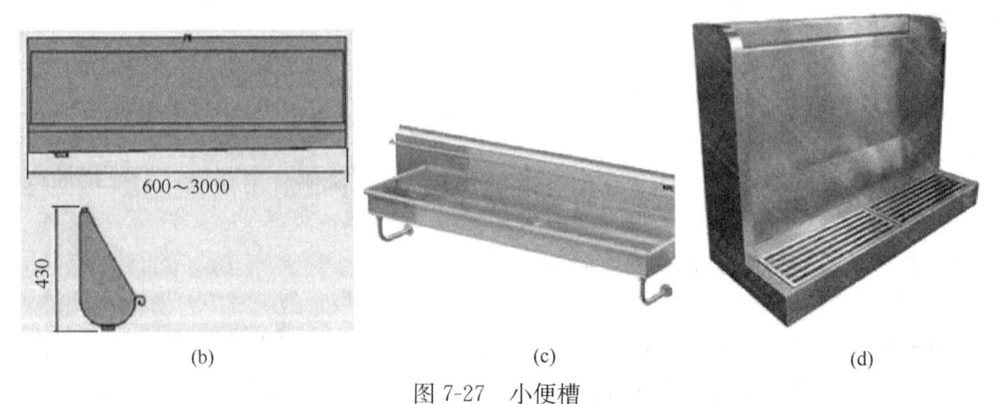

(b) (c) (d)

图 7-27 小便槽

(a) 砌筑式小便槽；(b) 不锈钢预制壁挂式小便槽尺寸；
(c) 不锈钢预制壁挂式小便槽；(d) 落地式不锈钢预制小便槽
注：单位：mm

设计要求小便槽的长度≤3.5m，最长≤6m。小便槽的始端深度≥100mm，冲洗水箱或冲洗阀与多孔管连接的冲洗管及多孔管管径≥DN20mm。多孔管又称为雨淋管，两端应封死，管的喷水孔径为2mm，孔的出水方向与墙面成45°夹角，管中心距瓷砖墙面约30mm。

7.2.3 盥洗器具

盥洗器具用于洗脸、洗手或洗涤，安装在卫生间、盥洗室、浴室等处。材质有陶瓷、玻璃、聚氨酯类、不锈钢等。

1. 洗脸盆

洗脸盆的形式有多种多样：

（1）根据洗脸盆的形状：有长方形、正方形、圆形、椭圆形、扇形、异形等。

（2）根据洗脸盆的安放位置：分为墙挂式、柱脚式（又称为立式）、台式洗脸盆等。

1）墙挂式洗脸盆过去是放置在固定在墙面的三脚架上，由于安装既麻烦，又不美观、使用也不方便，现在已经不采用了。墙挂式洗脸盆直接用膨胀螺丝固定在墙面上（图7-28），安装与维修方便，下面简洁、容易清扫，这种方式特别在紧凑的卫生间内受到欢迎。

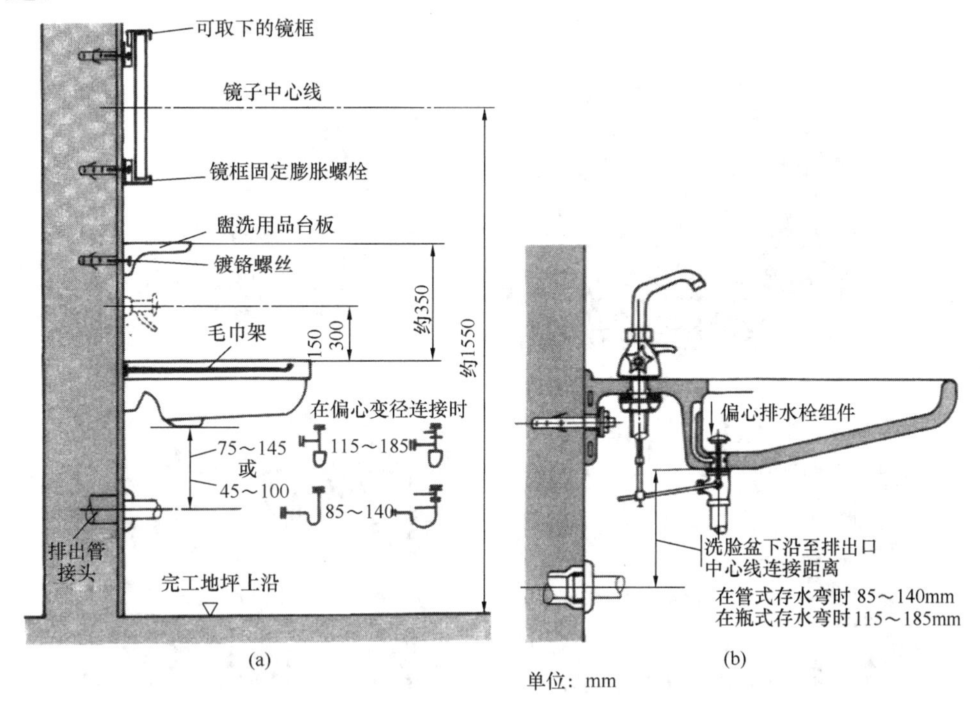

图7-28 墙挂式洗脸盆

（a）墙挂式洗脸盆及其附件侧视图；（b）墙挂式洗脸盆固定与连接详图

2）立式洗脸盆直接安放在落地的柱脚上（图7-29），洗脸盆与柱脚之间没有固定件，下端只是将排水栓与器具支管连接，稳定性差，使用不多。

3）根据洗脸盆安放在盥洗台的上方或下方（图7-30），台式盆又分为台上盆和台下盆；台上盆又分为无洞式与开洞嵌入式，台下盆在台的开洞下方固定。

洗脸盆配置混合水龙头或单冷、单热水龙头各一只。混合水龙头设在洗脸盆上、盥洗台上或墙面上。若选择安装在盆上的单柄混合水龙头或冷、热双柄组合的混合水龙头时，

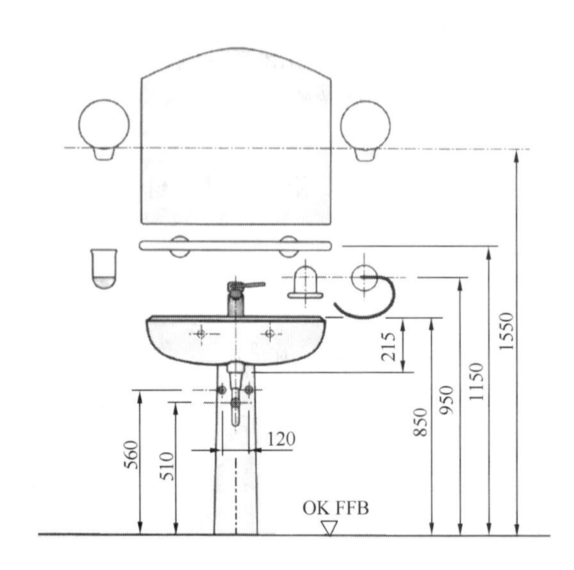

图 7-29　柱脚式洗脸盆安装图与实例

(a)

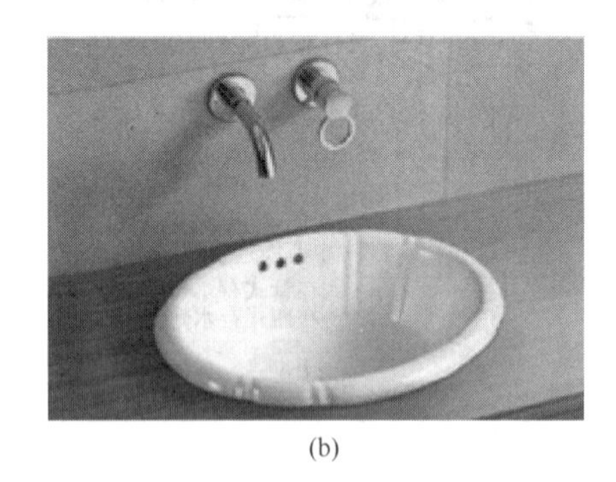

(b)

(c)

图 7-30　手柄在盆外的、不同位置的台式洗脸盆

(a) 不同形状的无洞式台上盆；(b) 开洞嵌入式台上盆；(c) 台下盆

应选单孔或双孔的盆（图 7-31a、b），若选单冷、单热双柄分开的混合水龙头时，应选三孔的盆（图 7-31c、d）；若选单冷与单热独立的水龙头时，应选双孔的盆。

若手柄位于洗脸盆的外面（图 7-30），在关闭水龙头时手上的水会被带到盆外，使盆外经常处于湿漉漉的状况，容易滋生细菌等微生物；所以选择洗脸盆时，应优先考虑水龙头（含手柄）位于洗脸盆的正投影面内；安排台上盆尽量靠墙（图 7-32a），或者选择台上

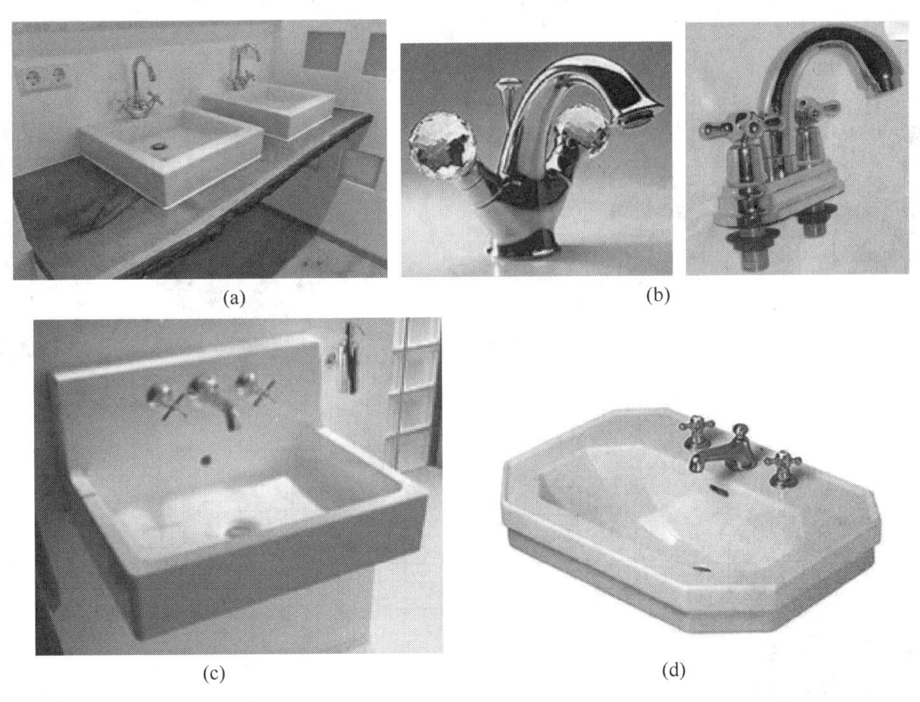

(a) (b)

(c) (d)

图 7-31 洗脸盆与水龙头的匹配

(a) 单孔洗脸盆；(b) 不同的双柄混合水龙头；(c) 壁挂式双柄混合水龙头配三孔洗脸盆；(d) 分立式双柄混合水龙头配三孔洗脸盆

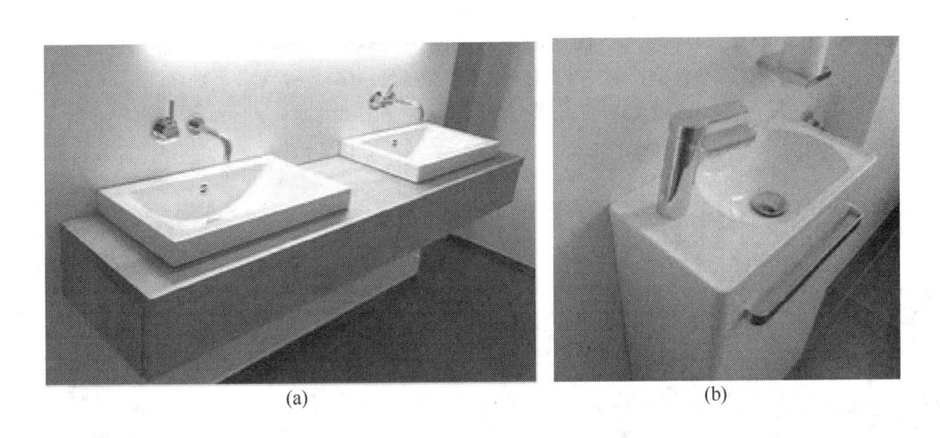

(a) (b)

图 7-32 水龙头（含手柄）应尽量位于洗脸盆的正投影面内

(a) 无洞台上盘应尽量靠墙布置；(b) 占据整个台面的台上盘

盆为整个台面的（图 7-32b），或者选择无触摸式的感应式水龙头。

洗脸盆设有排水栓，若需要向洗脸盆内注水时，排水口可用带金属链的橡皮塞、翻板塞、弹簧塞式或与混合水龙头连体制造的杠杆式等多种排水栓关闭（图 7-33）。洗脸盆上的溢水口有设的和未设的，溢水口一般设在盆口下沿，下部与排水口相连，溢出的水沿着盆内的陶瓷空腔排水道排出。

洗脸盆还配有附属设施，如毛巾架、镜子、灯具、刷牙用具的存放架和肥皂盒架子等（图 7-34a）。毛巾架有简单的钩子、固定的或可转动的挂杆，以及大圆环等形式。卫生间

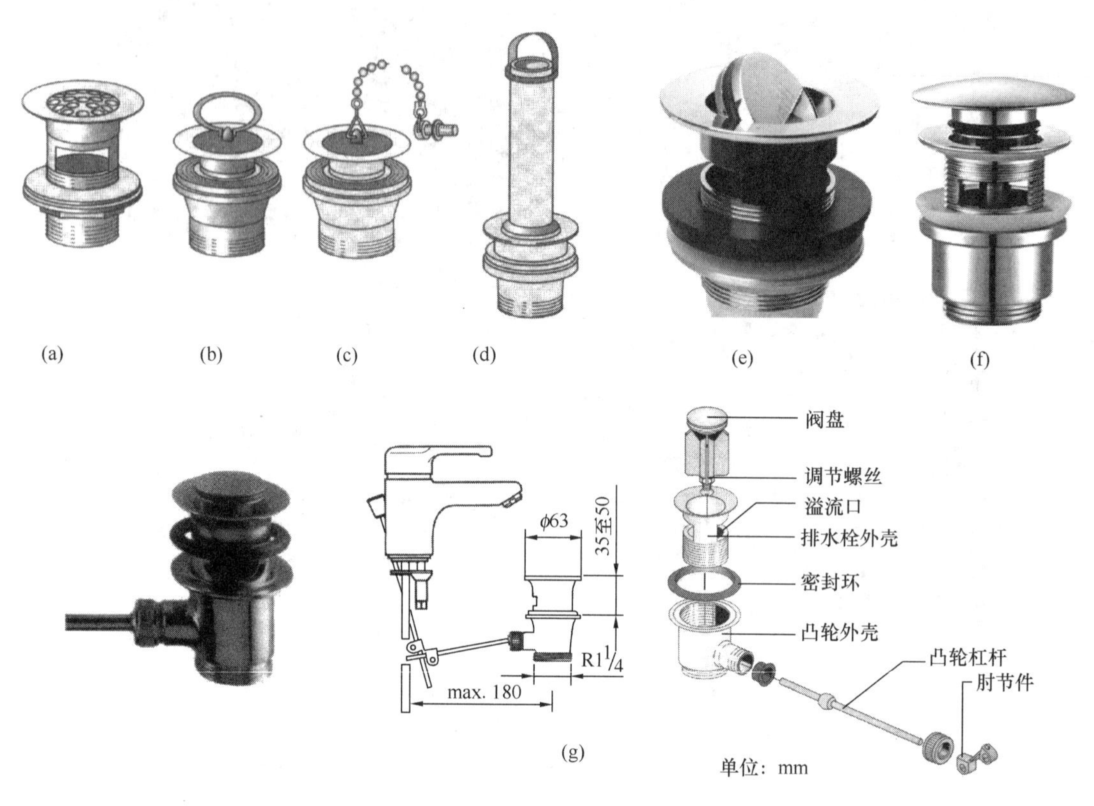

图 7-33　不同的排水栓

（a）无塞带滤网；（b）带提环塞；（c）带链塞；（d）立管塞兼溢水口；（e）翻板塞；（f）弹簧塞；（g）杠杆式排水栓

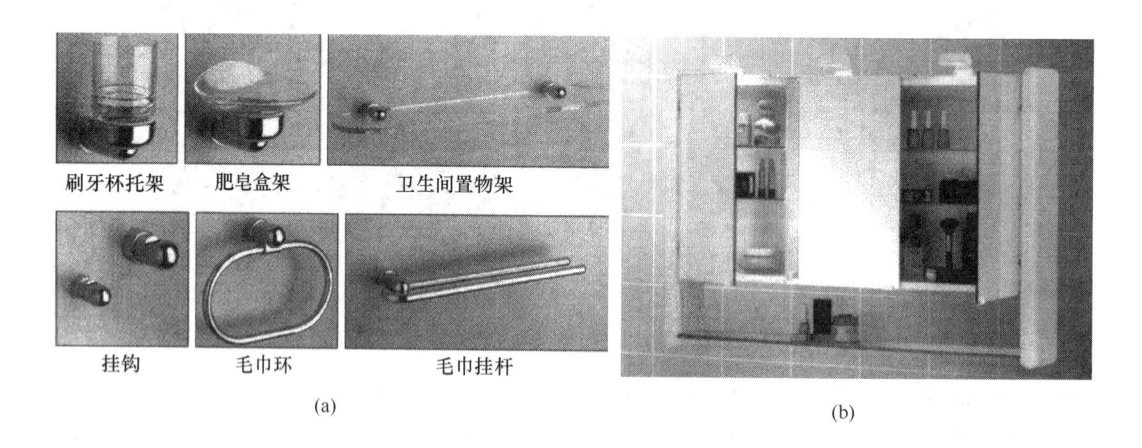

图 7-34　洗脸盆附属设施

（a）卫生间置物架；（b）卫生间挂厨

的置物架用不锈钢杆、玻璃板、卫生陶瓷板或塑料板固定在墙上，或在墙上安装伸出的支架。

置物架的高度约 1.15m。镜子的高度根据使用者的人体尺寸调整，一般镜子中心的高度与视线平齐，约为 1.55m。灯具高度安放在镜子两侧的中心位置或上方。有时，将镜子、灯具和置物架合为一个整体，制作成壁挂橱（图 7-34b），可以摆放更多的物品，例如化妆品、浴巾、梳子等。

2. 盥洗槽

盥洗槽用于多人同时盥洗的场所，呈长槽形、圆形等，简易地用钢筋混凝土水磨石、或砌筑后贴瓷砖而成。现在大部分用陶瓷、不锈钢板或塑料成品，或由多个洗脸盆组成（图 7-35）。在宿舍、车站、候机楼等公共场所的盥洗槽，还应考虑不同高度的使用者。

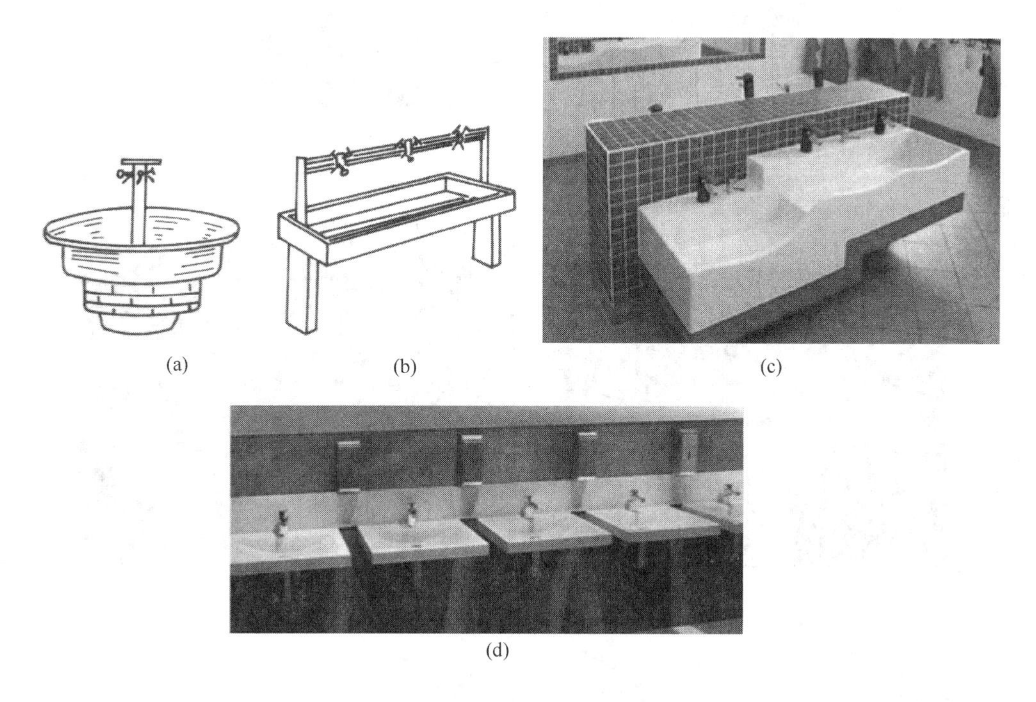

(a)　(b)　(c)

(d)

图 7-35　不同形式的盥洗槽

(a) 环形的盥洗槽；(b) 长槽形盥洗槽；(c) 适用于不同高度使用者的盥洗槽；(d) 由多个洗脸盆组成的盥洗槽

7.2.4　沐浴器具

沐浴器具是用于清洗身体的卫生设备，根据洗涤形式分为浴盆和淋浴设备，后者又分为淋浴盆和淋浴器，以及坐洗盒。

1. 浴盆（浴缸）

现在盆浴的主要目的是用来给身体减压和恢复的，原来的洗涤功能已经退居后面。美国的基拉（Kira）教授说，“盆浴是将脚上的污秽冲洗到颈子上”。盆浴的减压作用是通过房间的高雅和舒适来实现（图 7-36a）。为了塑造大型和考究的设施前提是拥有大的卫生间，所以具有淋浴和浴盆（或漩水浴缸，又称按摩浴缸）的卫生间属于美学和一定奢侈的设施。

(a)

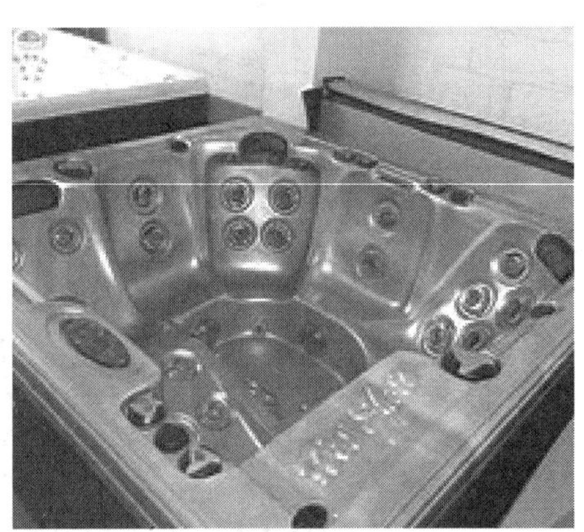

(b)

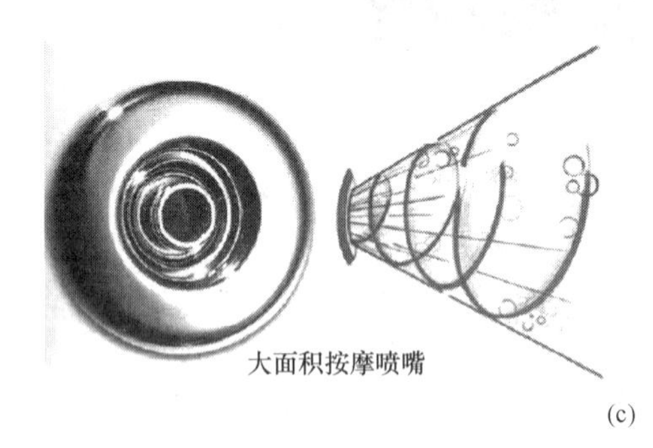

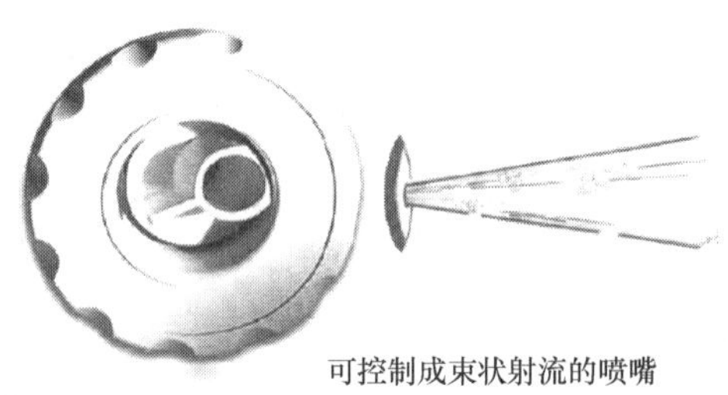

(c)

图 7-36　旋水浴缸

(a) 舒适宽敞的卫生间；(b) 不同类型的多人按摩浴缸；(c) 不同用途的按摩喷嘴

由于在浴缸的热水中，人体皮肤的毛孔和血管张开，刺激血液循环和新陈代谢，使疲劳的肌肉放松和内部器官减压，添加的草药和芳香油促进均匀的呼吸和皮肤保养，精神减压达到身心放松。通过射流和加气按摩可以强化这个舒适作用。这就要求浴缸里 37℃的水温能保持 20～30min 或使用漩水浴缸（在这种浴缸里，将空气与水混合，通过喷嘴间歇式或不中断地射入浴缸里，浴缸中的水呈循环流动，图 7-36b、c）。这种按摩浴缸在每次使用后应冲洗一次，特别是宾馆、疗养院等场所的这种浴缸，在使用后应进行消毒。

浴缸的尺寸规格多种多样和有用于不同位置的异形浴缸。对于进一步的要求，还有供家庭、疗养院与水娱乐场所多人使用的浴缸与淋浴缸结合起来的组合浴缸（图 7-37、图 7-38)等。

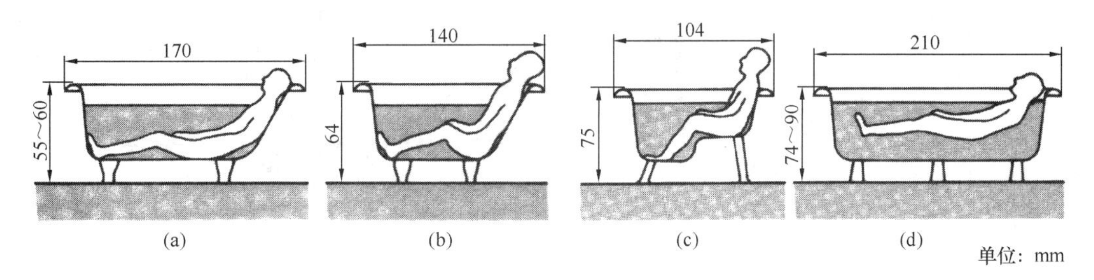

图 7-37 浴缸的规格

（a）标准浴缸；（b）短浴缸；（c）阶梯形浴缸；（d）长浴缸

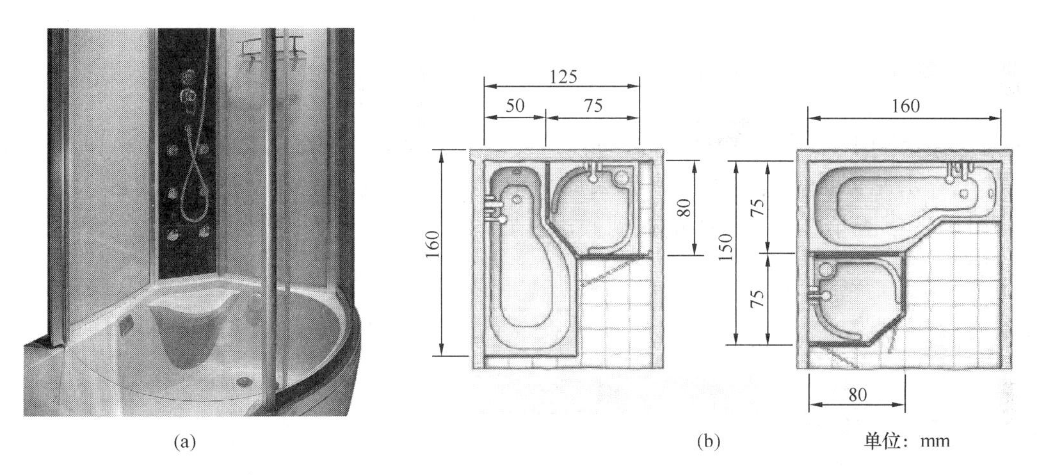

图 7-38 在较小紧凑的卫生间里的组合浴缸与淋浴缸

（a）具有扩展淋浴功能和带隔断的浴缸；（b）组合成型的浴缸和淋浴缸

浴缸设备由浴缸、浴缸腿或浴缸支架、浴缸注水和淋浴转换混合水龙头、排水和溢水附件、扶手、毛巾架、肥皂盒托架等组成，可能的话，还设有防止淋浴时溅出水的挂帘组件或隔断。浴缸的排水栓和溢水组件见图 7-39。

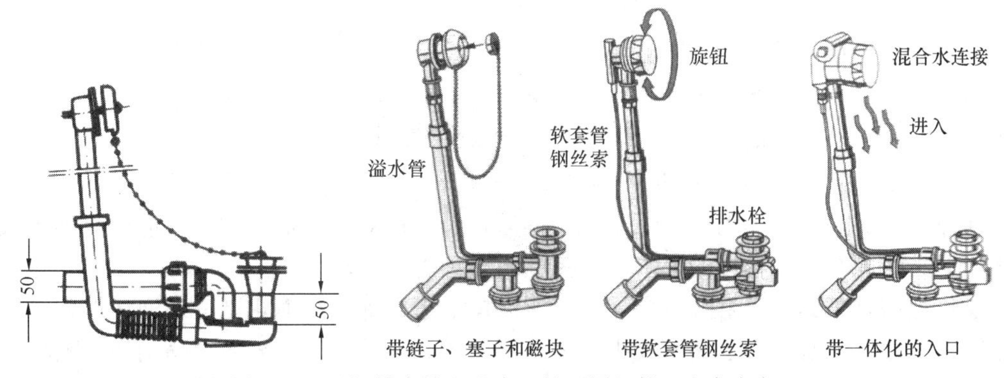

图 7-39 浴缸排水栓和溢水口的不同组件（含存水弯）

沐浴时，扶手是使用者从浴缸进出或由躺姿到站姿相互转换时防止摔倒的必备安全附件，特别在宾馆、疗养院、养老院和水游城等处是必不可少的，可以避免无扶手引起的诉讼。扶手的安装尺寸见图 7-40，为了美观，扶手固定位置最好位于瓷砖缝或瓷砖中心。

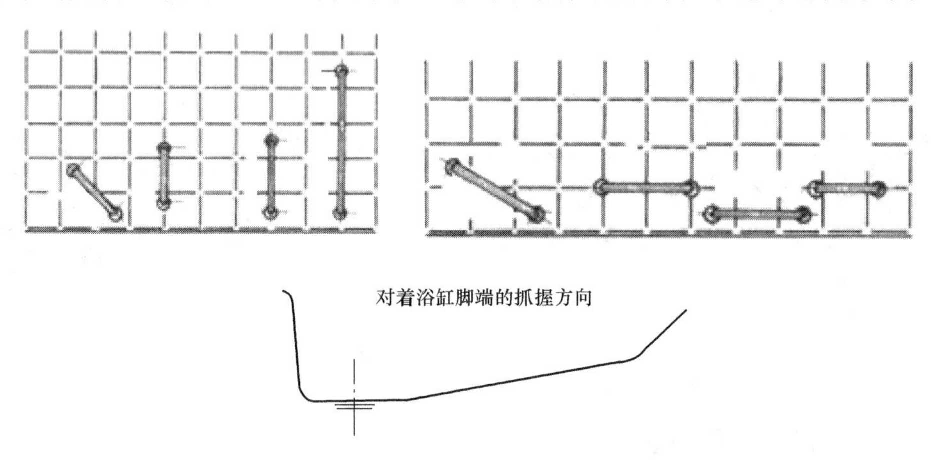

图 7-40　浴缸上方扶手布置的举例

为了保证隔声良好，必须在浴盆的脚和支架上安装隔声的泡沫材料（图 7-41a），选择浴盆的混合水龙头时，其注水的水流束应斜射到浴盆的内壁上，而不是垂直注入浴盆内（图 7-41b），以减小注水时产生的振动噪声。

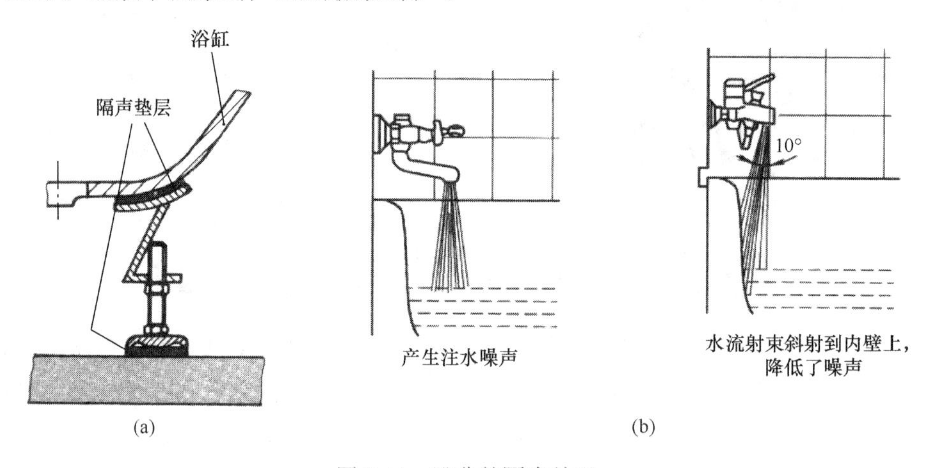

图 7-41　浴盆的隔声处理

（a）浴盆支架的隔声处理；（b）普通混合水嘴与降噪混合水嘴的水流束比较

为了防止带软管的莲蓬头在放入浴盆水中时发生虹吸现象，应使用带真空破坏器的混合水龙头。

根据材质分类，浴缸有搪瓷钢、亚克力塑料（聚甲基丙烯酸甲酯）、石英-亚克力等。

搪瓷钢制成的浴缸牢固，边缘刚性好，形状稳定；对于溶剂不敏感，但可能不耐酸性洗涤剂；在受到有棱角物体的撞击后，搪瓷面层可能会损坏。

亚克力浴缸不如金属浴缸容易导热，所以摸上去不那么冰凉，肥皂或泡沫形成介质不会粘附在上面，抗滑，由于它密度小，易徒手搬运和安装简单，表面容易刮伤，其表面可以用柔和的洗涤剂清洗，但是不耐擦拭的洗涤剂和溶剂，例如酒精、硝基稀释剂、指甲油清除剂，也不耐香水。刮伤可以用细砂纸打磨，然后上抛光剂又能发亮，但是发亮的表面不平整会很显眼。

石英-亚克力浴盆是添加石英加强其物理性能，这种浴盆壁的刚性高些；内表面、外表面和底部总是光滑和发亮；可以较小的半径和线条分明的棱角成型，使得扁平的喷嘴与漩水盆缸接合成一体，几乎不要再事后安装（图 7-42）。

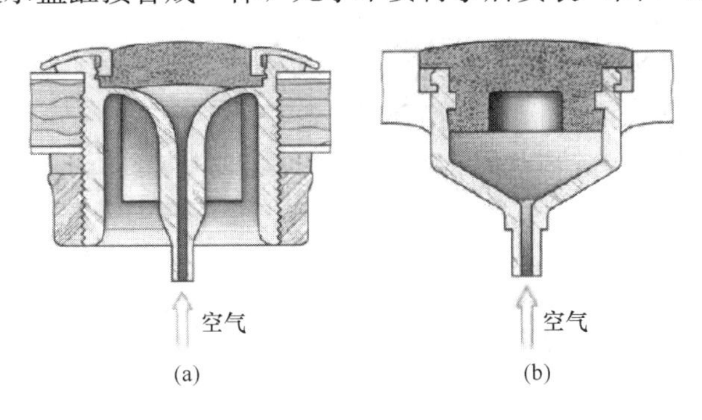

图 7-42　不同材料的带底部喷嘴的浴盆
（a）亚克力材料；（b）石英-亚克力材料

2. 淋浴设备

淋浴设备是用流动的水来清洗身体，比浴盆干净、节水。

（1）淋浴盆

制造淋浴盆的材料与浴盆相同，尺寸主要有 900mm×900mm、800mm×800mm 和 1000mm×1000mm；形状有正方形、矩形、扇形等。淋浴盆设有缸腿或支架、配水附件。根据结构高度，有浅淋浴盆和带溢水口（类似于浴缸）的深淋浴盆。浅淋浴盆的深度约 150mm，也有特别浅的淋浴盆，优点是不需要地漏，易于同层安装。配水附件有混合水龙头和温控式混合水龙头，根据结构形式有明装和暗装的（图 7-43）。

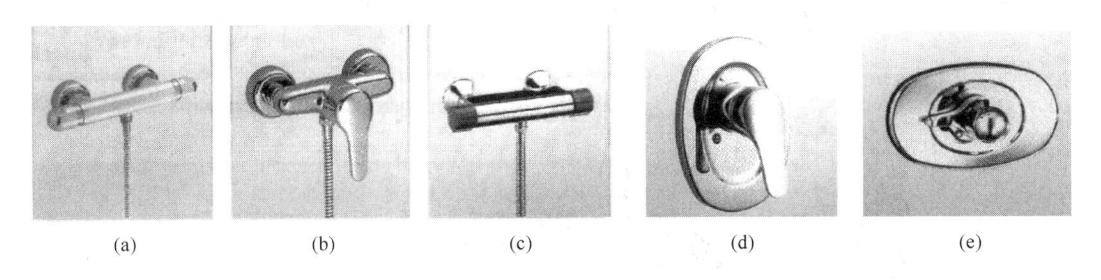

图 7-43　淋浴混合水龙头
（a）双柄明装；（b）单柄明装；（c）温控明装；（d）单柄暗装；（e）温控暗装

图 7-44a 为人体 1.70m 高时的各种莲蓬头的高度参考尺寸（括号内为人体 1.80m 时的安装尺寸），图 7-44b 为淋浴盆莲蓬头在侧墙的位置。为了防止淋浴时水溅出，可在淋浴缸不靠墙的两侧安装可拉动的和固定的玻璃隔断。豪华型的淋浴间还可安装侧面按摩莲蓬头。

图 7-45a 为一个淋浴间的布置。在许多家庭或宾馆里，将浴缸与淋浴组合在一起(图 7-45b)。

（2）淋浴器

在许多家庭的卫生间和公共浴室中由于空间不够和造价原因，仅使用淋浴器和地漏，配水附件有手动、脚动或智能感应式等。随着我国人口平均高度的增加和不同使用者（例

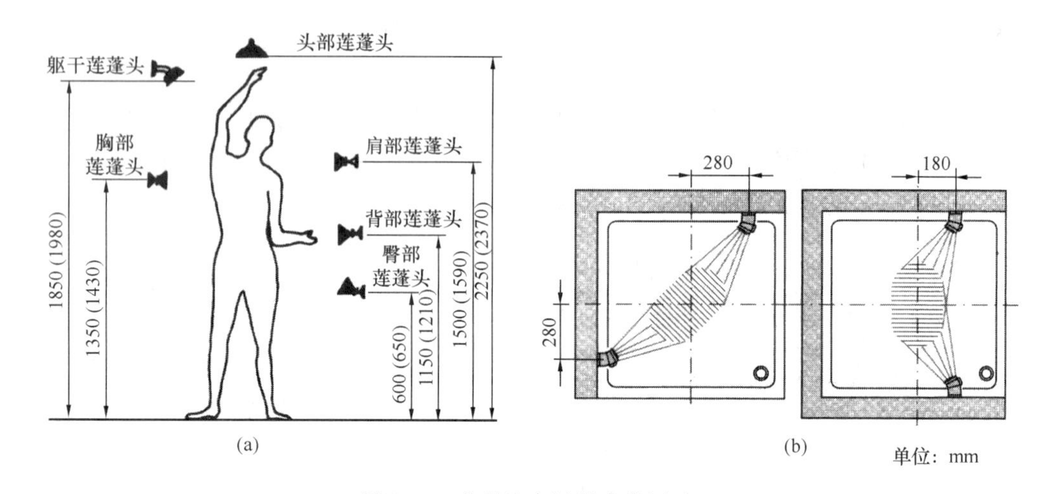

图 7-44　莲蓬头布置的参考尺寸

（a）不同身体部位冲洗莲蓬头高度的参考尺寸；（b）淋浴盆侧墙莲蓬头的位置

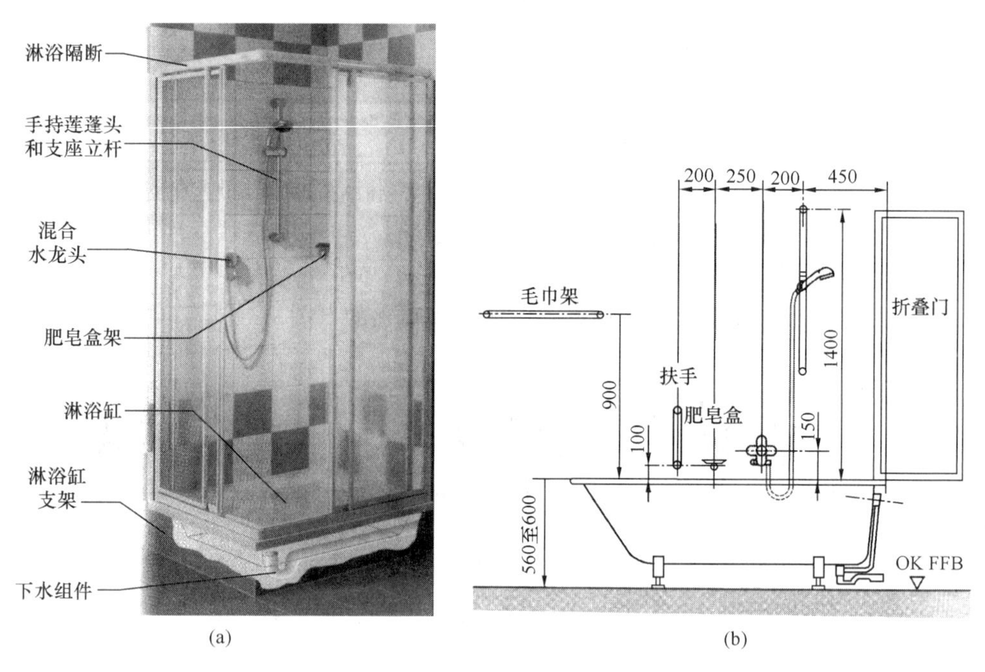

图 7-45　不同的淋浴间（单位：mm）

（a）一个 900mm×900mm 淋浴间的布置；（b）淋浴与浴盆的组合

如运动员，中、小学生，家庭成人与孩子）的需要，安装尺寸自行调整。现在固定式淋浴器普遍附带手持式莲蓬头。冷、热水管平行敷设时的中心间距为 100mm。位于下方的冷水横管与连接莲蓬头的冷水支管相连时，需通过元宝弯绕过热水横管。明装淋浴器的进水管中心离光墙面的间距为 40mm，紧靠截止阀的活接头应接在阀的上面。

3. 坐洗盆（又称净身盆，或妇女卫生用盆）

坐洗盆是用来清洗下身和洗脚用的卫生设备，根据安装形式有墙挂式和立式两种（图 7-46a）。坐洗盆形似于坐便器，但是它配有冲洗附件与排水栓。通常，坐洗盆与坐便器相邻安装。在卫生间布局紧凑时，可用智能卫生式坐便器或带冲洗功能的马桶圈取代，但是冲洗喷嘴易污染，清洗麻烦，而且功能单一，价格较高。所以，在卫生间空间足够大的情况下，还是同时布置坐便器与坐洗盆为宜，洗脚时可以坐着，也可以站立（图 7-46b）。

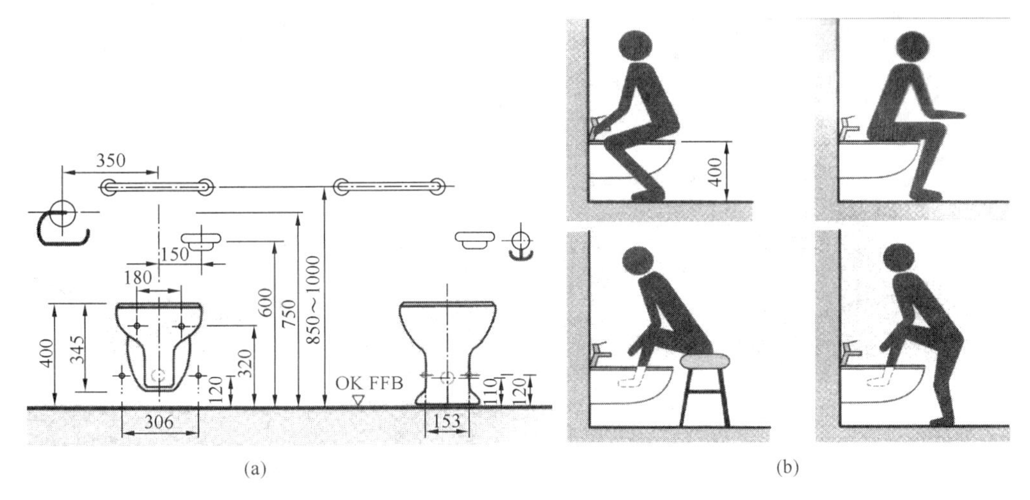

图 7-46　坐洗盆的安装形式与用途

（a）墙挂式和立式坐洗盆；（b）坐洗盆的应用

坐洗盆上安装的混合水龙头（图 7-47）是用来向盆里注水或洗涤时提供流动的水，排水附件用于堵和排水。为了防止烫伤，单臂混合水龙头应该具有热水温度可调节的限制功能或使用温控混合水嘴。安装立式水嘴时应与角阀连接，或使用暗装混合水龙头。坐洗盆冲洗用的水嘴采用冲洗力较强的射流束，而不是四溅的散流束。排水附件类似于洗脸盆。为了便于安装，坐洗盆的存水弯结构高度应该低些。坐洗盆还应配有一个肥皂盒架子、一个挂洗涤手套的挂钩、一个可以挂毛巾的把手等附件。

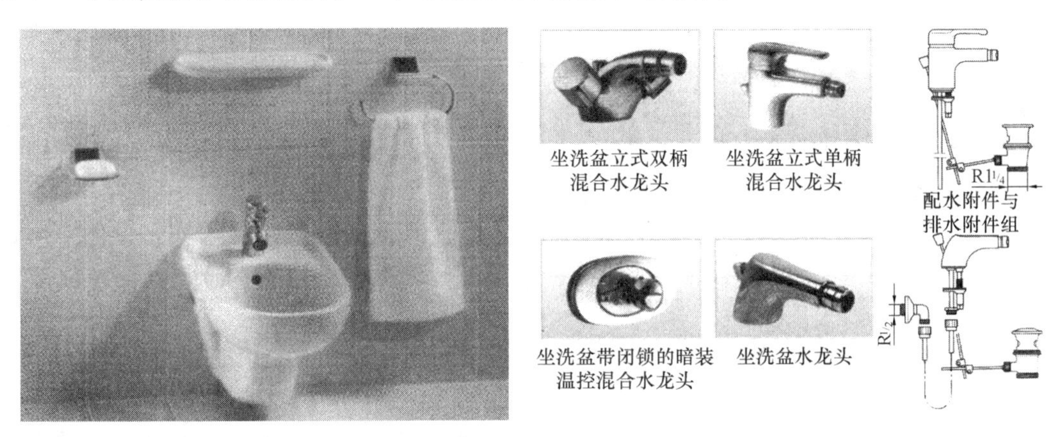

图 7-47　安装完毕的坐洗盆与配水排水附件

7.2.5　其他洗涤用卫生设备

1. 污水盆

污水盆又称拖布盆（图 7-48a），用于打扫公共厕所、盥洗室、建筑物内走廊等时洗涤拖布和倾倒污水，或者在医院病房里为病人清洗被呕吐物或粪便等污染的衣物（图 7-48b）。

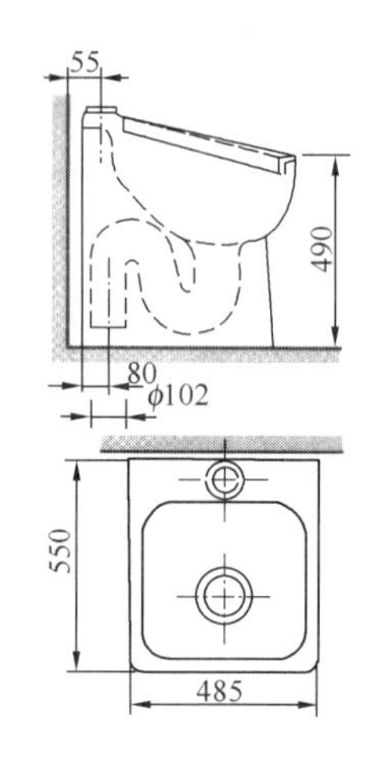

(a)　　　　(b)

图 7-48　污水盆

(a) 壁挂式污水盆（拖布盆）；(b) 洗涤很脏（例如有粪便）衣物、器具等的污水盆

在一些舒适型的住宅（例如别墅）中有较宽敞的卫生间，为了防止交叉感染，也趋于安装污水盆，用于洗涤清扫用品、倾倒污水和洗涤鞋子等较脏的物品。

为了便于使用，污水盆的安装高度一般在 600mm，在医院使用的污水盆高度可以低些（约 500mm）。

污水盆一般由陶瓷或不锈钢制成。配水附件有单冷水龙头或混合水龙头，水嘴的安装位置可在墙面或污水盆上。

2. 洗涤盆（图 7-49）

洗涤盆安装在住宅、食堂和餐馆的厨房内，用于洗涤生鲜食物、碗碟和烹饪等器具。

(1) 种类

1) 根据使用场所：住宅厨房对于洗涤盆的美观、适用性要求较高，公共场所（食堂或餐馆）的厨房对于洗涤盆的要求主要是易于清洗，尺寸较大。

2) 根据洗涤盆的数量：有单盆、双盆、三盆、11/2 盆（1/2 盆用于洗涤锅碗时倾倒剩余的残菜汤以过滤固体物，防止堵塞管道）等（图 7-49a～d）。

3) 根据沥水装置：有带沥水槽和不带沥水槽（或配沥水筐、沥水架，见图 7-49f、g）；根据厨房灶具的位置、烹饪操作的路径和习惯，沥水槽的位置在洗涤盆的左侧或右侧（图 7-49d、e）。

4) 根据材料：有不锈钢、陶瓷或复合材料（含硅砂石等矿物成分，有良好的耐用性，见图 7-49i）制成。

5) 根据洗涤盆放置的位置与现状：放置位置有靠墙或放角落（图 7-49j、k）。洗涤盆的形状也多种多样，有矩形、正方形、圆形、扇形等。

6) 多功能组合洗涤盆：

① 与洗碗机组合的洗涤盆：洗涤餐具时，可将小型带盖的洗碗机组件放入其中的一个洗涤盆里。洗涤生鲜食物和普通物品时，可以将洗碗机组件取出。当厨房空间不够，无

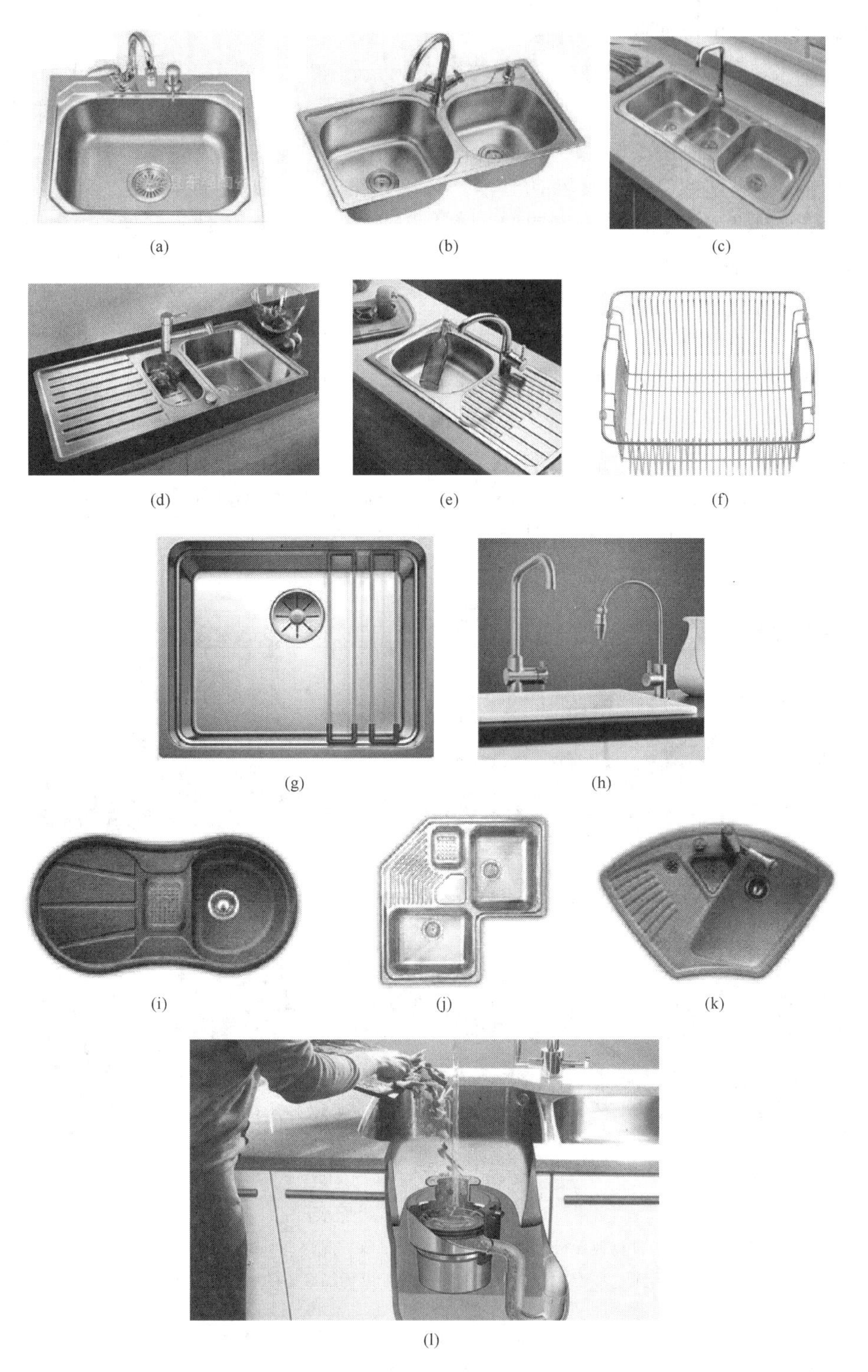

图 7-49 不同的洗涤盆

(a) 不锈钢单盆；(b) 不锈钢双盆；(c) 不锈钢三盆；(d) 带左沥水槽的不锈钢 1½盆；(e) 带右沥水槽的不锈钢单盆；(f) 不锈钢沥水筐；(g) 不锈钢单盆与沥水架；(h) 带饮用水龙头的陶瓷洗涤盆；(i) 带左沥水槽的复合材料 1½盆；(j) 带中沥水槽的不锈钢 2½盆；(k) 带左沥水槽的陶瓷扇形 1½盆；(l) 洗涤盆与厨余粉碎机组合

法放置洗碗机时，可以使用这种组合体。

② 近年来，国际与国内开始流行洗涤盆与厨余粉碎机（图 7-49l）结合使用。它能有效地将厨房中各种食物垃圾，如小块猪骨头、鸡骨头、鱼骨头、蛋壳、瓜皮、果皮果核、茶叶渣、菜根叶、咖啡渣、剩饭、残羹、面包屑等，粉碎研磨成糊浆状液体，通过管道随水自然排出，不易堵塞管道，从而达到清洁环境，排除异味等效果。能减少厨房异味，减少害虫骚扰，促进家人健康。大型厨房甚至与生化处理一体机连接，解决了厨余垃圾收集难、运输渗漏、异味大等问题。

(2) 洗涤盆的配水与排水组件

洗涤盆配置的混合水龙头有立式和壁挂式，立式混合水龙头可在盆上（图 7-49c～e）或盆外（图 7-49g、h）。也可同时与净水器相连，另配直饮水龙头（图 7-49h）供直饮、洗涤水果与生吃的蔬菜。

洗涤盆上配置的混合水龙头有普通立式（图 7-50a）的，也有可抽出带软管的水嘴、水嘴能转换花洒或实心射流（图 7-50b），也有带喷涂洗涤液的混合水龙头（图 7-50c），也有配置枪刺连接件、可以拆卸的混合水龙头（图 7-50d）。

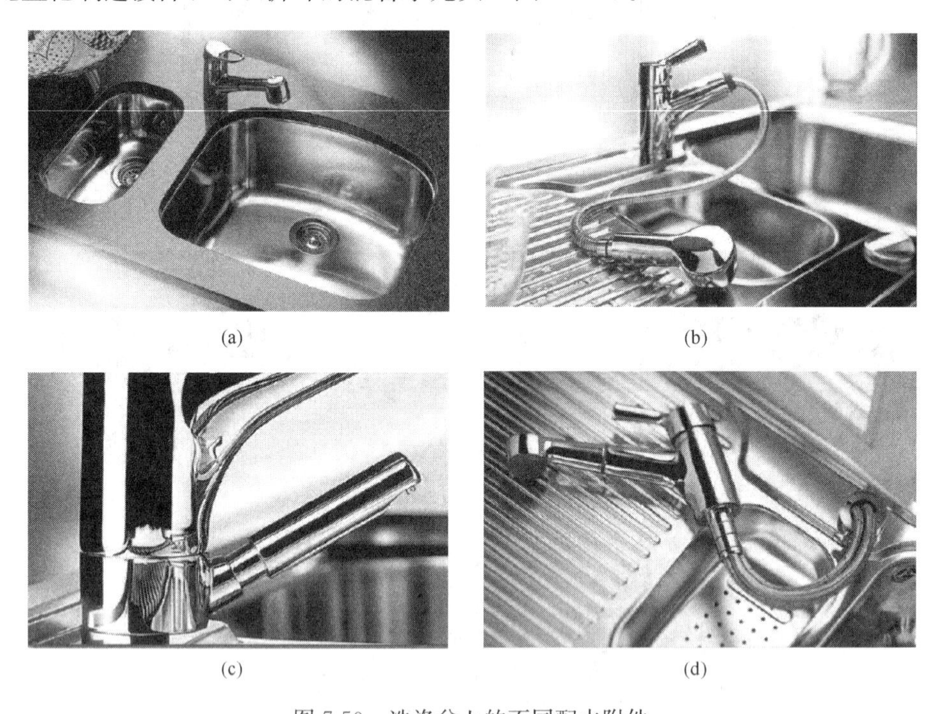

(a) (b) (c) (d)

图 7-50 洗涤盆上的不同配水附件

(a) 不锈钢盆上有复合材料面板，立式混合水龙头；(b) 混合水龙头可以抽出，转换花洒或实心射流；(c) 带喷涂洗涤液的混合水龙头；(d) 带可拆卸取出的、枪刺接头的混合水龙头

厨房洗涤盆的排水栓口径有 *DN*40 或 *DN*50，由于厨房洗涤的食物、餐具等含泥土、油脂等污物，器具支管容易发生堵塞，宜用配 *DN*50 排水栓和 *DN*50 存水弯的洗涤盆。在一些厨房里，选择多盆的洗涤盆，可能还要连接洗碗机或其他用水设备的溢水口，需要在一定方位留出空间（图 7-51）。设有溢水口的洗涤盆，排水栓和溢水口配有专门的下水组件。

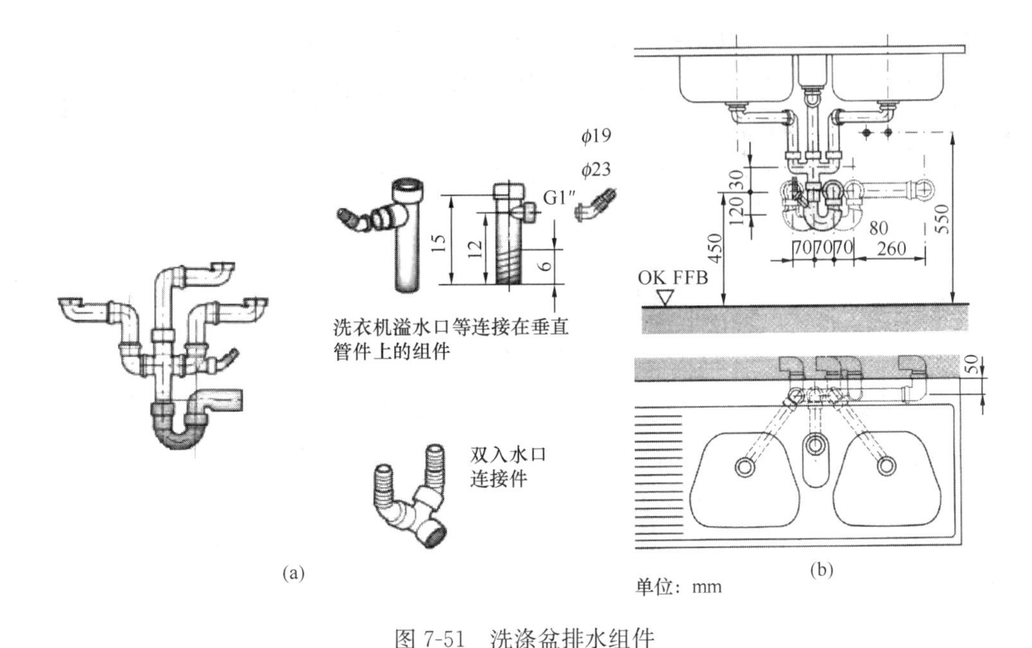

图 7-51　洗涤盆排水组件

（a）带三个连接接口与存水弯的成品洗涤盆排水组件；（b）2½洗涤盆的器具支管连接图

3. 化验盆

化验盆用于学校、医院、企业或科研机关的化验室或实验室里，一般为陶瓷、搪瓷、玻璃钢、塑料或不锈钢等制品。由于不同单位使用的目的不同，需要的化验盆有单格、双格等，化验盆的固定形式也千差万别（图 7-52）。

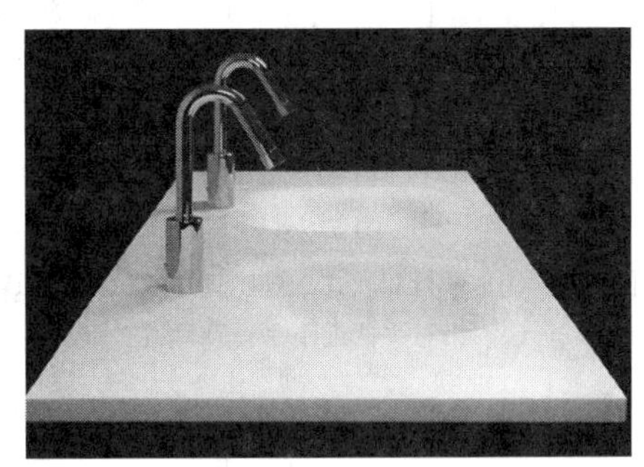

图 7-52　不同材质与不同形式的化验盆

化验盆上的配水附件有单联、双联或三联水龙头，水嘴上一般带可接软管的接口，水龙头有鹅颈形或其他形状（图 7-53），根据开启方式有手动、肘动和脚踏式开关。若长期使用有机溶剂的实验室，有机溶剂会腐蚀塑料化验盆、PVC-U 管与存水弯，所以必须根据设计要求选择化验盆和管道的材质，例如化验盆上选择陶瓷的存水弯。

7.2.6　冲洗设备

为了保持大、小便器的清洁，清除厕所的臭气，需用冲洗设备将便器中的污物冲走。对冲洗设备的要求是有足够的冲洗压力和节水，防止给水管道受到污水回流的污染。常用的冲洗设备有冲洗水箱和冲洗阀。

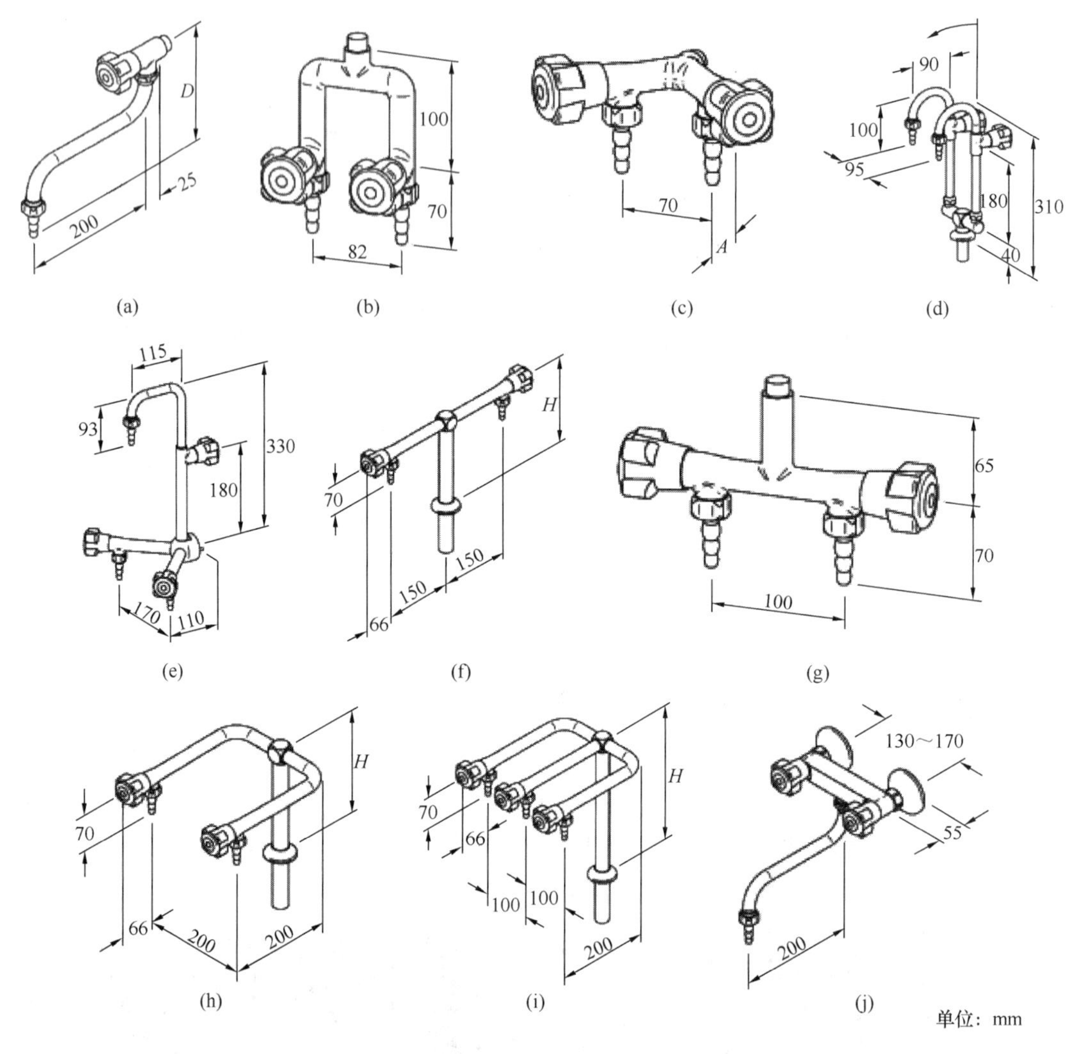

图 7-53　化验盆上挤压式连接的、不同形式的水龙头

（a）单联式；（b）平行双联式；（c）直角双联式；（d）鹅颈平行双联式；（e）鹅颈三联式；（f）相对手柄远距平行双联式；（g）相对手柄近距平行双联式；（h）U 形双联式；（i）W 形平行三联式；（j）单联式混合水龙头

1. 便器设备冲洗水箱的种类

根据冲洗原理，冲洗水箱有冲洗式和虹吸式，根据启动方式有手动、自动定时、感应式等；根据制造材料，有陶瓷、塑料等。冲洗水箱的容积有 4.5L、6L 等。

（1）可中断和不可中断冲洗的水箱

这是两种现在已经不再生产、但部分用户仍在使用的节水模式冲洗水箱。图 7-54a 结构可以通过按键控制冲洗或中断，图 7-54b 结构为冲洗过程不可中断。

（2）双冲洗键的冲洗水箱

因为世界淡水的储量下降，节水越来越重要。随着技术的发展，大便器冲洗水箱的冲洗水量虽然从 9L 降到 6L、4.5L，但在一些冲洗用途时，仍然嫌浪费。设有双冲洗键的冲洗水箱（图 7-55a、图 7-56），同一排水阀连着 2 副连杆，2 个按键分别与其中一根连杆相连。在按全冲洗键时，一根连杆满行程提起排水阀，冲洗的水量是 6L（或 4.5L），在

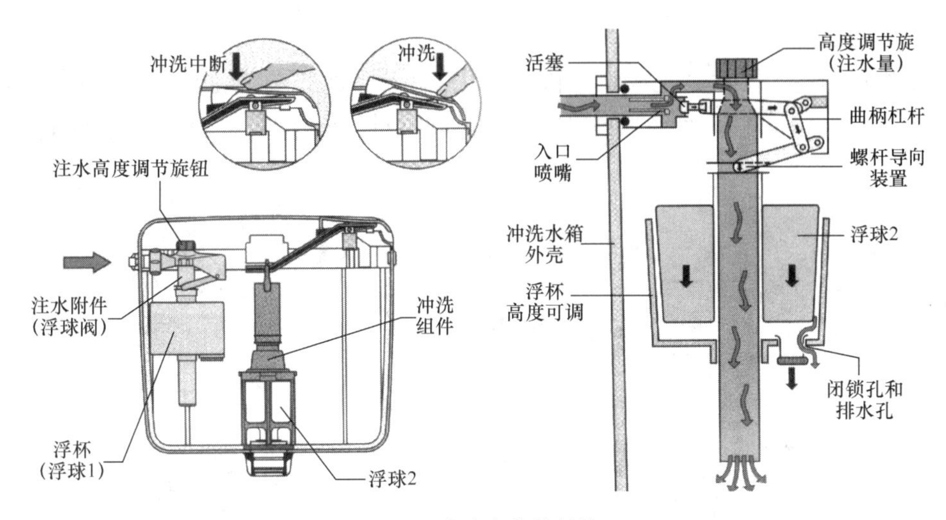

图 7-54 冲洗水箱的结构

按部分冲洗键时，另一根连杆提起排水阀约一半行程，冲洗的水量是 2～3L。在严重缺水地区或节水意识高的用户，也可以使用洗手盆与冲洗水箱结合的冲洗方式（图 7-55b）。

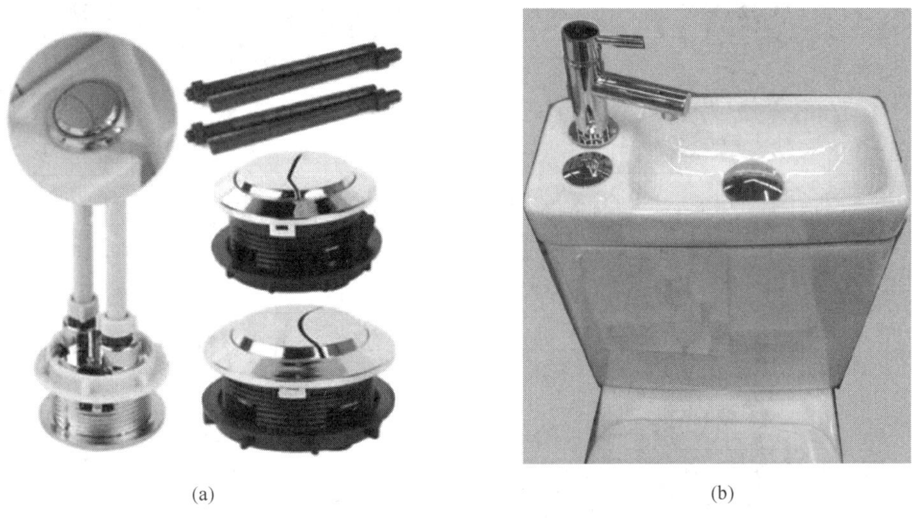

(a) (b)

图 7-55 双冲洗键冲洗水箱

(a) 双冲洗键与排水阀结构；(b) 与洗手盆结合的双冲洗键冲洗水箱

1) 双冲洗键的冲洗水箱的优点：

①注水流量小，约 0.1L/s，而且注水总量可以精确调整；不会加重户内管道的负荷(而压力冲洗阀的流量要求≥1L/s)；冲洗水箱可以连接 *DN*10 的管道，水压也只要很小就够了；因为给水管的水旋转流入水箱，大部分在水位下，难得产生流动噪声和注水噪声。

② 冲洗流量较大，约 2L/s 至 2.5L/s 水将粪便猛地从便器里冲走，紧接着后续的水还有较大的冲洗量；能可靠地将粪便冲入立管，减少了固体物在水平支管里沉积的风险；水平支管的长度必须≤4m，管径为 *DN*80 或 *DN*90，而不再是 *DN*100。

③ 冲洗水量可以在 6L/s 和 3L/s 之间选择。

④ 冲洗水箱不易出故障。

2）冲洗水箱内部组件：

内部组件由注水附件（注水阀）和排水附件（升降钟形罩）组成的双冲洗键的冲洗水箱（图 7-56a）。调节水箱浮体上的螺丝来调节注水量（图 7-56c）。在 9L 注水量和 6L 注

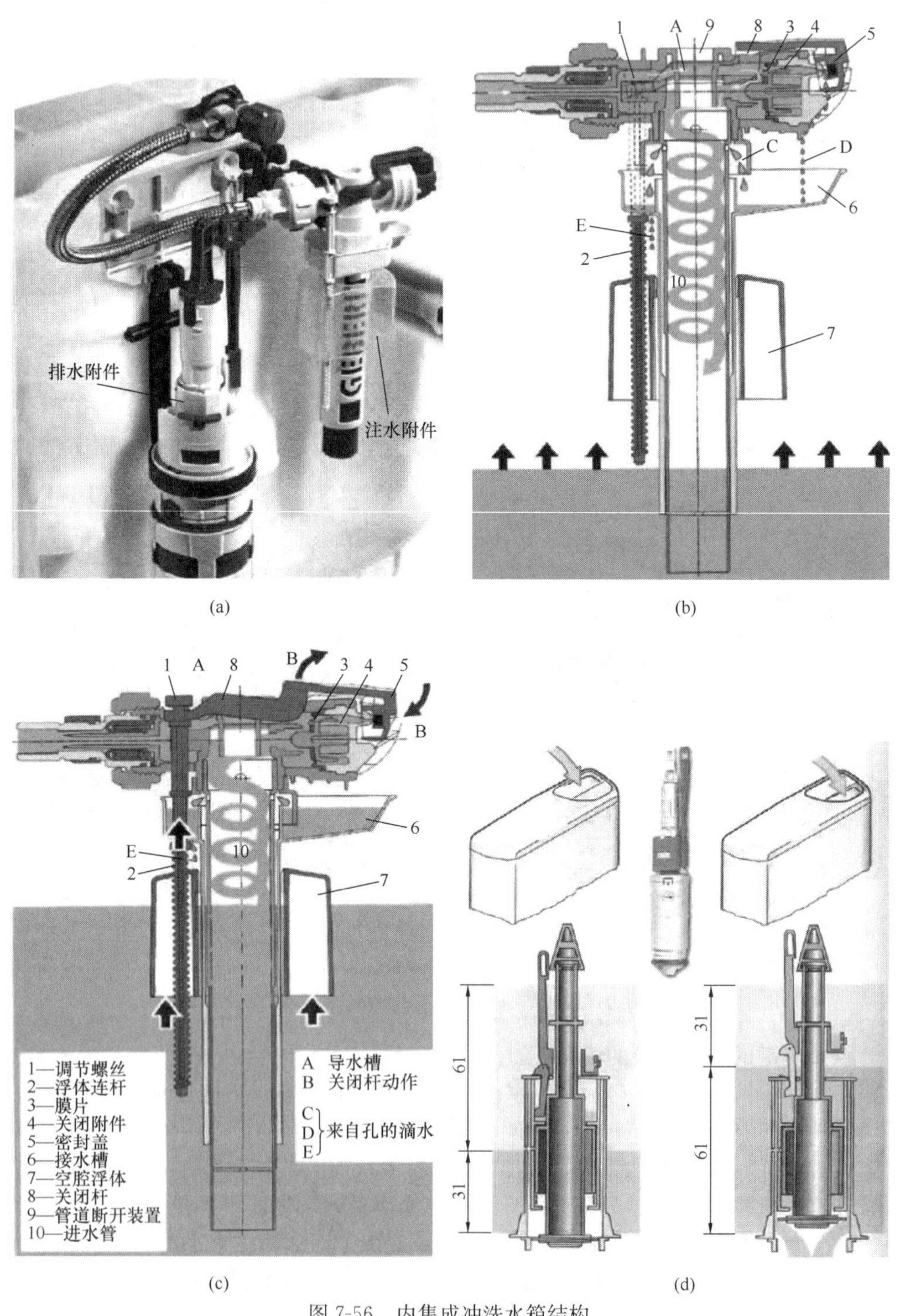

(a) (b)

(c) (d)

图 7-56 内集成冲洗水箱结构

(a) 含注水附件与排水附件的冲洗水箱内部组件；(b) 注水：注水阀开启；
(c) 水箱几乎注满，注水阀关闭；(d) 启动按键，排水附件钟形罩有两种冲洗量

水量时，水箱会保存3L残余量（图7-56d）。通过这个残余水量，冲洗水箱可以快速准备新一轮冲洗，通过较高的落差可以提高冲洗势能。

注水时（图7-56b），水通过导水槽A流到关闭附件的膜片处。少量的水从那里流过膜片的孔，在密封盖处流入集水槽4。大部分水旋转流过水箱的进水管，少量的水滴入集水槽。水箱中的水位上升，提升空腔浮体5与它一起的连杆。它推高关闭杆8，转动关闭进水口的密封盖。

当冲洗水箱几乎注满时（图7-56c），膜片后面形成了压力。由于那里的面积比前面的大，在关闭附件上产生较大的力。它向左推动，关闭了冲洗水箱水的流入。水从集水槽流出孔E流出，减轻了浮体的负荷。附加的浮力可靠地关闭了浮球阀。在进水管的管道断开装置处防止倒吸。

按键和带排水阀的钟形罩组成排水阀。在冲洗水箱排空时，按键提起排水阀的钟形罩（图7-56d），水从水箱流出进行冲洗。钟形罩的浮体使排水阀保持开启状态，直至设定量的冲洗水流出结束后关闭。钟形罩上排水阀的密封圈备用件要注意冲洗水箱建造年份，以相互匹配。

调节冲洗水量见图7-57。冲洗水箱解决了冲洗阀的噪声问题和在压力最不利区域或小管径的入水管时的冲洗问题。在公共建筑中，带传感器与电子控制板的自动冲洗越来越普及。

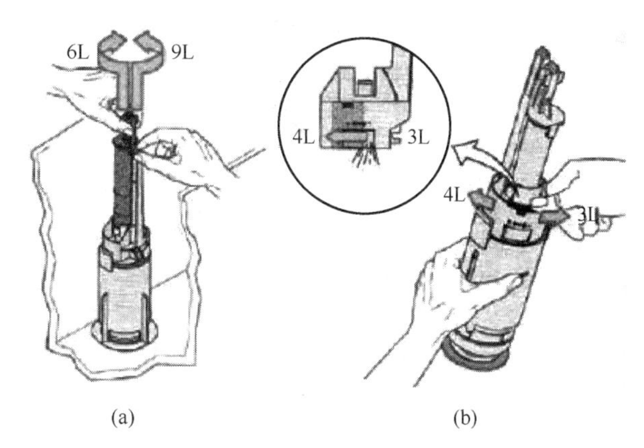

图7-57 冲洗水量的调节
（a）从6L到9L；（b）从3L到4L

2. 给水系统的卫生换水冲洗

在给水系统中，存在一些病原体、微生物和细菌，但是浓度较低，不至于产生危害。水中的细菌繁殖到一定浓度是需要营养、时间和温度的（图7-58）。当管径选择过大，或管道较长时间不用，造成水在这部分管段中停滞，形成“死水”。这会导致饮用水发生物理、化学和生物过程的污染：例如在管道与附件中结垢、泥沙等细小固体颗粒的沉积，金属管道与附件的腐蚀，病原体、细菌与微生物在那里繁殖。20～50℃水的温度给军团细菌提供了最佳繁殖温度；3天后，死水中菌落群就可能会超过100CFU/mL，对人体将非常危险。

在使用没有规律的湿式房间，例如旅馆、病房、度假村、疗养院、学校、体育场馆里，或者对水质要求较高的住宅，安装一套智能卫生冲洗水箱就显得非常有意义了。它也可以用于热水系统、消防系统等。这种冲洗系统与支管的相互协调可以防止死水和避免较高的耗水量。它安装在管道末端，单独排放，水停滞后最长7天就需要换水。冲洗的水量与间隔时间应根据系统中水的温度与水的洁净度确定。冲洗都采用智能化控制，划分为分散式卫生换水冲洗系统和集中式卫生换水冲洗系统。

（1）分散式卫生换水冲洗系统：冲洗水箱操作的集成控制板来触发冲洗。这个程序不用工具，而是借助于一根磁棒调试（图7-59）。冲洗量（L）以逆楼层管道前面的管道用水表调节。需要设置一段穿控制导线用的空管，连接220V电压。

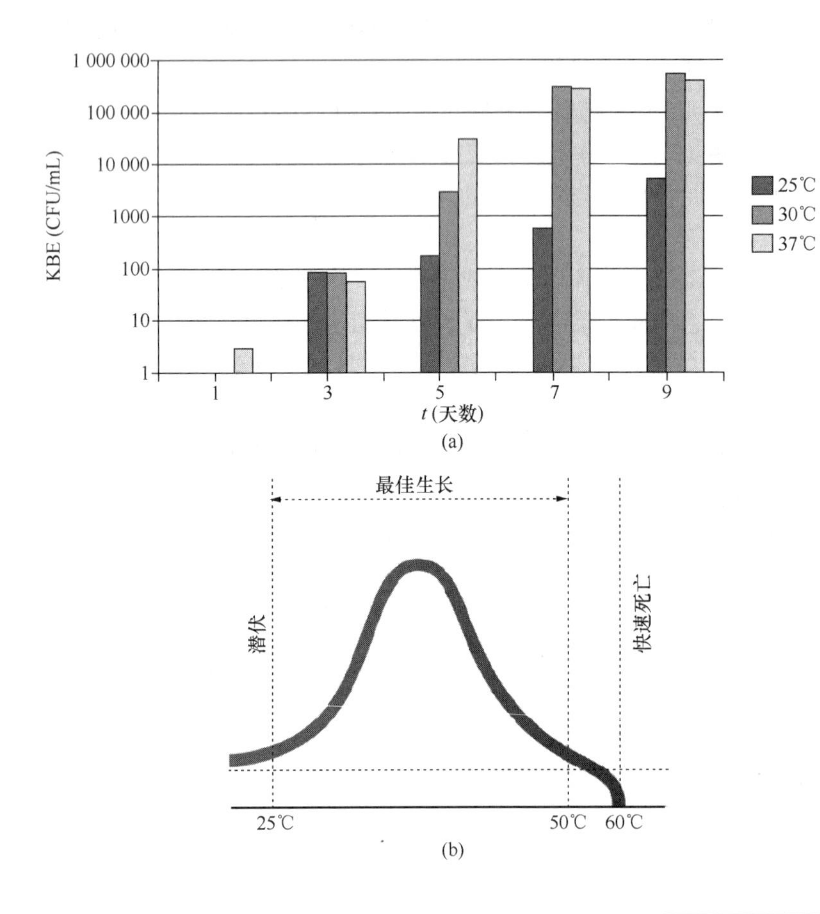

图 7-58　影响军团细菌在水中繁殖的因素

（a）军团细菌在死水中繁殖浓度与时间的关系；（b）军团细菌的繁殖与水温的关系

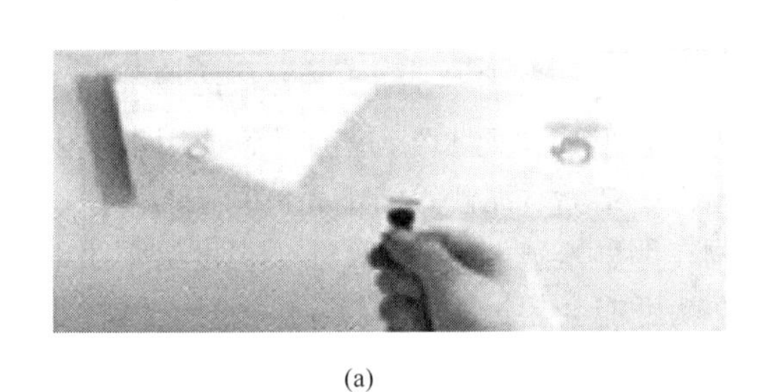

(a)

级	冲洗间隔	冲洗量	冲洗间隔
1	结束	3L	结束
2	3次/周	4L	56h
3	2次/周	5L	84h
4	1次/周	6L	168h
5	1次/2周	7L	336h
6	1次/4周	9L	672h

(b)

图 7-59　传感器板用于分散式冲洗水箱的卫生换水冲洗

（a）冲洗时间、冲洗量、冲洗间隔的调试；（b）冲洗时间参考设定值

（2）集中式卫生换水冲洗系统：安装在汇流排系统上（图 7-60）。管径、冲洗时间和冲洗顺序借助于设计软件确定。详情可以咨询生产厂家。图 7-61 为应用在公共建筑的举例。

流量传感器敷设在回流系统的前端，用于记录用水量，优化换水。为确保给水系统的最佳冷水温度，在有热量的地方应安装温度传感器（如立管管道井、工作间等）。不同的建筑冲洗间隔不同，需要根据水质、管道系统的环境温度与建筑物的要求设计。

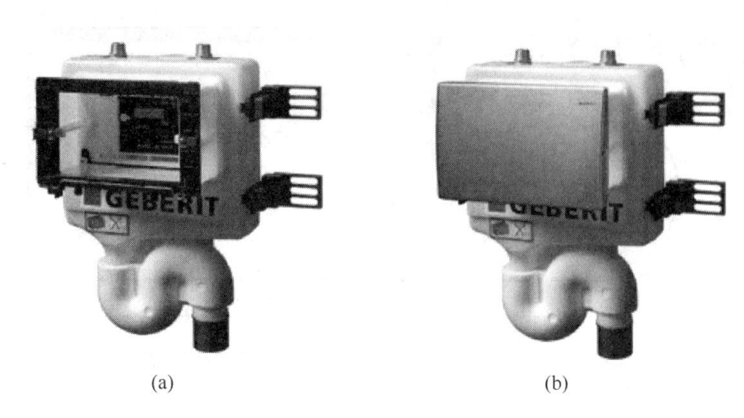

图 7-60 用于若干根支管的集中式控制的卫生换水冲洗水箱
(a) 调试时打开盖板；(b) 安装完成盖上盖板

这种系统也存在可能将一个房间或一层楼内管道系统中的微生物污染转移到整个给水系统的风险。设计与安装必须非常谨慎。

3. 压力冲洗阀

压力冲洗阀可以安装在大便器、小便器上，由于省去了水箱，外表简洁、美观。

(1) 压力冲洗阀必须满足下列要求：

1) 在短时间的一次开启下，能提供表 7-1 的冲洗流量，在 2/3 的冲洗时间内冲洗量均衡。

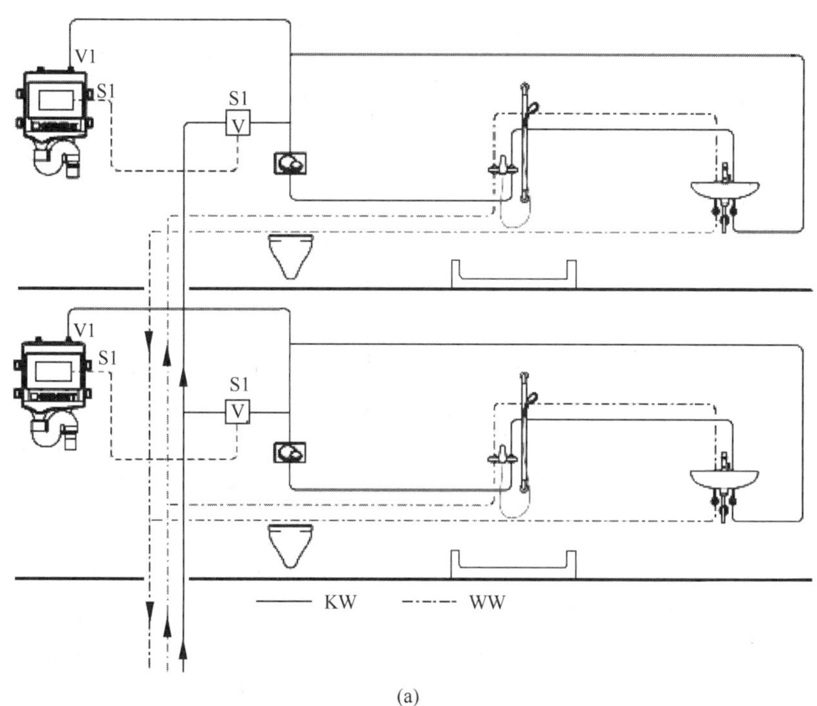

S1—流量传感器；KW—冷水；WW—热水

图 7-61 卫生换水冲洗系统的方案举例（一）
(a) 宾馆卫生间智洁换水系统；

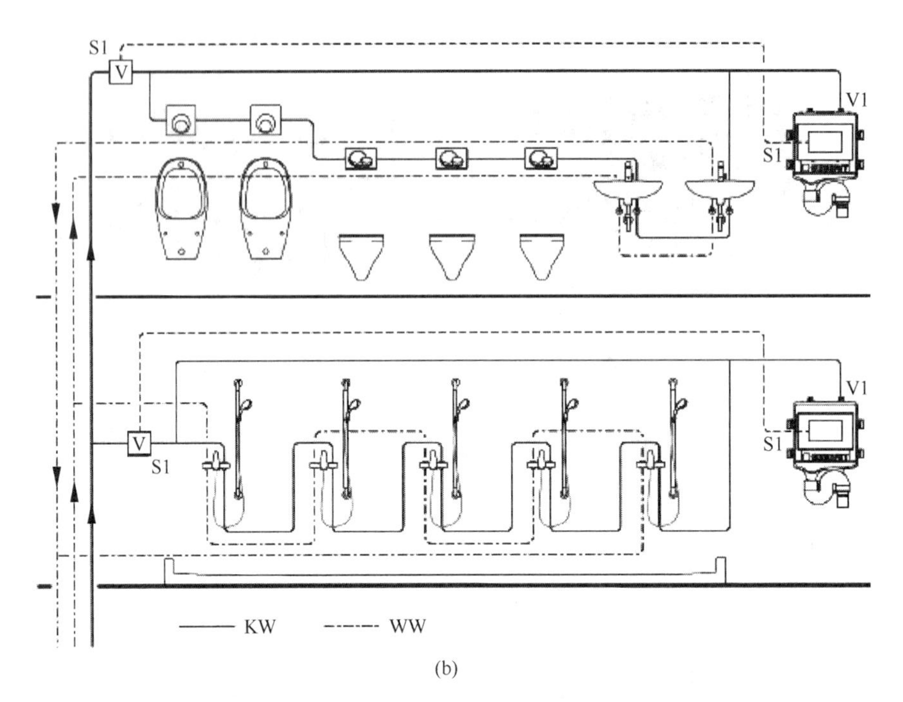

(b)

S1—流量传感器；KW—冷水；WW—热水

图 7-61　卫生换水冲洗系统的方案举例（二）

(b) 公共建筑厕所智洁换水系统

压力冲洗阀的额定冲洗流量和水压　　**表 7-1**

管径 *DN*	在连续开启时的冲洗流量（L/s）	在额定冲洗流量的水压（bar）
15	0.7～1.0	1.2～4.0
20	1.0～1.3	1.2～4.0
25	1.0～1.8	0.4～4.0

2）在冲洗时，冲洗阀的水压至少为连接管道静压的 50%。

3）冲洗阀的关闭压力不可以超过连接管道静压约 2bar。

（2）连接管道管径的要求：连接大便器冲洗阀的管段口径应比冲洗阀大。例如 *DN*20 冲洗阀的冲洗流量≥1L/s，输入管需要用 *DN*25，这对于 1 户和 2 户的住宅来说，管径显大了。因为大管径的管道会产生死水，在较小耗水量时产生较小的流速，而且水表必须换≥5m^3/s。因为冲洗阀不能保证精确的冲洗水量，应由使用者自己决定。

（3）大便器压力冲洗阀的安装：大便器应连接 *DN*20 的冲洗阀，安装高度距完工地坪 950～1050mm（图 7-62a）。如果给水横管上缺乏一个关闭阀，要在冲洗阀前面安装一个前置关闭阀。在冲洗阀旋上前应冲洗管道，冲洗阀不能用工具拧紧。冲洗阀应与大便器通过一根 ϕ28×1 的冲洗管连接。为了防止污水反吸到饮用水管里，在冲洗阀的出口安装一个管道断开装置。冲洗管应斜切来放大出口截面，以防止冲洗管推入太深时污水倒回，在下料后应清除毛刺，将它推入大便器的接管中。一个橡胶螺纹套管接头密封冲洗管与大便器的陶瓷接管（图 7-62b）。如果冲洗管用一个带橡胶缓冲垫的管卡固定，它可以当作大便器盖子的挡块（图 7-62a）。

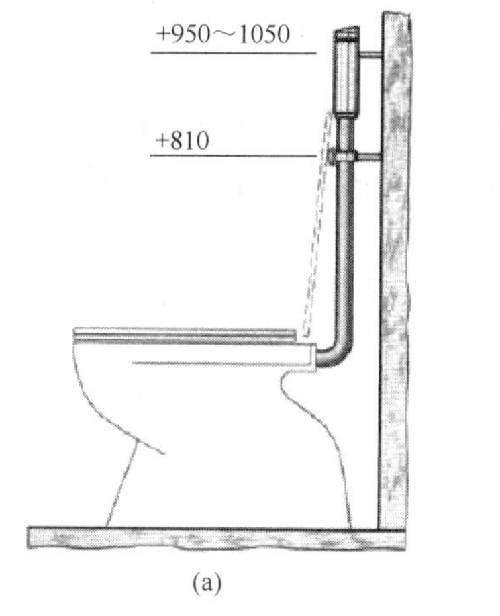

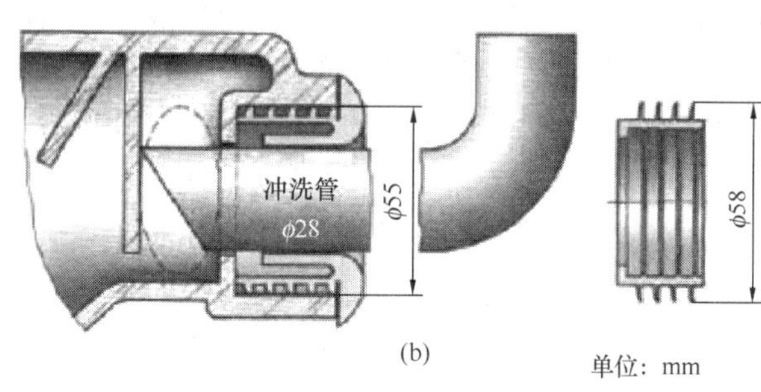

图 7-62 大便器压力冲洗阀的安装

(a) 坐便器冲洗阀的安装尺寸；(b) 用于 $\phi25$ 冲洗阀的冲洗管端部要斜切

(4) 压力冲洗阀的工作原理：通过按压按钮或杠杆，冲洗阀开启。同时辅助阀打开，水从活塞上方的背压室通过减压通道流出（图 7-63）。活塞下方的力要比其上方的力大许多。因此活塞从阀座抬高，即主阀打开，冲洗阀进行冲水。

在冲洗期间，水通过压力平衡通道注满背压室，以便使那里的压力与下方的压力相等。因为活塞上方的受力面积比下方大，所以也产生了较大压力。它挤压活塞，主阀向下落到阀座上。冲洗阀自动关闭。

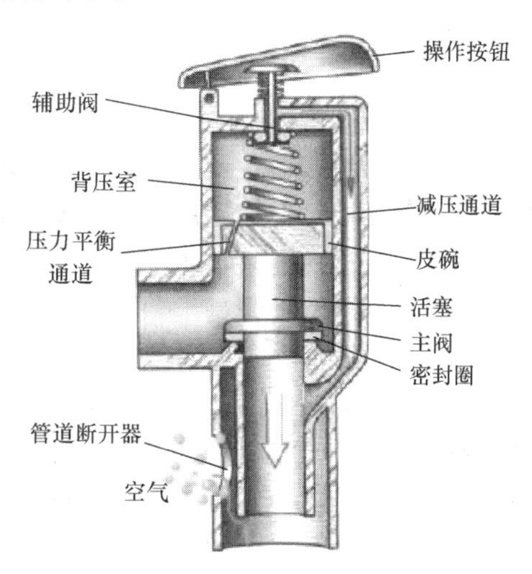

图 7-63 压力冲洗阀的结构示意图

(5) 压力冲洗阀的故障：

1) 冲洗阀关闭不严：主阀、辅助阀或其阀座损坏，压力平衡孔堵塞，内部构件严重结垢，太小的水压或者主管的前置过滤器堵塞。

2) 冲洗阀关闭太快：皮碗不密封或裂了，压力平衡孔扩大了，进水管太细，管道中有气囊，水表太小、主管太细。

3) 在管道断开装置处有水溢出：冲洗管伸入便器太深（在安装前下料要斜切），大便器冲洗分配孔结垢或堵了，冲洗管收缩了。

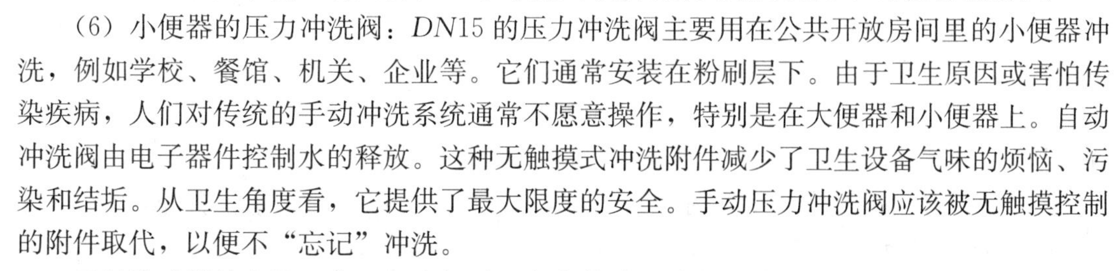

(6) 小便器的压力冲洗阀：*DN*15 的压力冲洗阀主要用在公共开放房间里的小便器冲洗，例如学校、餐馆、机关、企业等。它们通常安装在粉刷层下。由于卫生原因或害怕传染疾病，人们对传统的手动冲洗系统通常不愿意操作，特别是在大便器和小便器上。自动冲洗阀由电子器件控制水的释放。这种无触摸式冲洗附件减少了卫生设备气味的烦恼、污染和结垢。从卫生角度看，它提供了最大限度的安全。手动压力冲洗阀应该被无触摸控制的附件取代，以便不“忘记”冲洗。

无触摸式附件在第 5 章已经介绍过，它由传感器感应出附件前移动的人，控制器件加工信号，根据当时的使用目的，控制器件操纵电磁阀工作（图 7-22）。

出于卫生的需要，旧的明装和暗装的小便器冲洗阀也可以更换或装配新的、电池驱动的无触摸控制冲洗器（见扩展阅读资源包）。

在实施改装和更换工作时，首先关闭给水管道，然后取下控制板或墙面装饰板。将里面的构件、带辅助阀和活塞的套筒，换成电磁阀芯和电池。然后安装新的阀罩或护板，调节冲洗流量。最后，让粉刷工进行修补损坏的瓷砖墙面。

*DN*15～*DN*25 的压力冲洗阀也可以用于其他一些特殊环境下的卫生设备上，例如冲洗蹲便器、足部理疗池、吐痰池、带粪便物的洗涤槽、地漏、射线透视机的定影液池、实验室设备的洗涤池等。

冲洗水箱与冲洗阀的比较见表 7-2。

冲洗水箱和冲洗阀的比较 **表 7-2**

	冲洗方式	冲洗准备	冲洗力	冲洗水量	水压要求	连接管径
冲洗水箱	水箱蓄水，需要时放出	在水箱注满后时刻准备冲洗	冲洗能量依赖于冲洗水量和水箱安装高度	冲洗水量可以随时中断	与压力无关	*DN*15
冲洗阀	直接从管网取水	始终处于准备冲洗状态	特别高的冲洗压力	冲洗水量可以准确定量	0.12MPa	≥*DN*20

7.3 湿式房间的布置

厨房、卫生间、公共厕所、非住宅的洗涤间与淋浴间等房间都会遇到用水和排水，称为湿式房间。对于不同的业主，各个湿式房间所拥有的卫生设备的种类和数量是千差万别的，影响布置与敷设的因素很多，但是总体来说，要有利于健康卫生，尤其是身体卫生、食品制作的清洁和洗涤保养的洁净。满足实用、美观、便利、易于清洁卫生、易于检修。湿式房间既不能过度追求卫生、豪华，也不能成为储藏间。

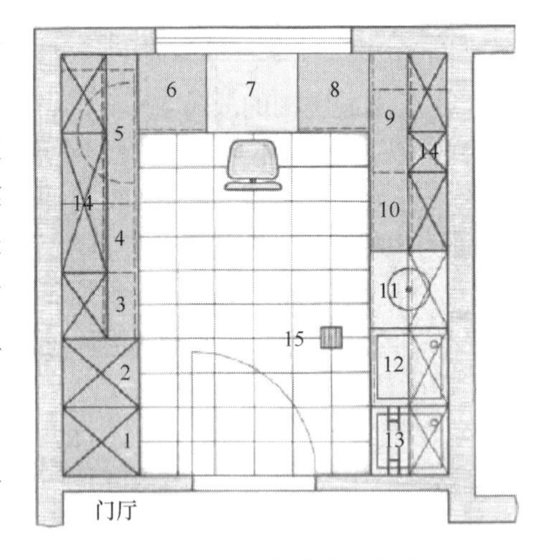

图 7-64 住宅整理间实例

1—用于储藏的高柜；2—用于掸尘工具、吸尘器、洗涤剂的高柜；3、4—鞋柜；5—带转动隔板的角落柜；6—缝纫用品；7—敞开式工位；8—缝纫机柜；9—洗涤衣物收集箱；10—衣物烘干机；11—洗衣机；12—洗涤盆；13—污水盆；14—壁橱；15—地漏

7.3.1 湿式房间布置的基本要求

1. 首先要注意建筑方面的条件，例如湿式房间的尺寸、湿式房间在建筑物中的方位、窗户、卫生设备的品种和数量等。在较大的住宅里除了设有厨房、卫生间外，还应考虑整理间，用于洗涤衣物，护理衣服和鞋子等（图 7-64）。

2. 要遵守有关规范和技术条例：

（1）隔声和防火的要求、建筑构件的稳固性、管道的绝热、室内的通风等。

（2）防潮措施：卫生间的地面和潮湿范围的

墙体要做防溅水、淋水和渗漏水的渗入。下列情况的墙体隔潮带应抬高至：在完工地面上方≥15cm，在淋浴的莲蓬头上方≥30cm，在带固定莲蓬头或移动式软管莲蓬头的砌入式浴缸的盆边上方≥8cm。在较大的建筑物时，防潮带通常由专业公司负责施工。

（3）对于墙前安装要计划足够的装配空间，否则无法实现法定的防火、隔声、管道的绝热和墙体稳固性的技术规范。

3. 湿式房间中的卫生设备类型数量依赖于建筑面积的大小、设计者和用户的理念。

（1）由洗澡和用厕的人数以及房间面积的大小，来确定浴缸（淋浴缸、淋浴器）的尺寸、数量和便器的数量。住宅内的最少卫生设备数量建议根据表 7-3 确定，企业根据职工人数，公共建筑根据使用者可能的平均流量数来确定卫生设备数量（表 7-4）。我国住宅卫生间要求至少配置 3 种不同的卫生设备。

每户最少卫生设备数量和补充（根据 DIN 18040-2/ÖN 85410） **表 7-3**

每户人数	卫生间		厕所	
	最小要求	建议补充	最小要求	建议补充
2 人	洗脸盆 1 大便器 1 浴盆或淋浴盆 1	洗脸盆 1 坐洗盆 1	—	洗脸盆 1 大便器 1
3～4 人	洗脸盆 1 大便器 1 浴盆 1	洗脸盆 1 坐洗盆 1 淋浴盆 1	—	洗脸盆或洗手盆 1 大便器 1 淋浴盆 1
5～6 人	洗脸盆 1 大便器 1 浴盆 1 淋浴盆 1	洗脸盆 1 坐洗盆 1	洗脸盆 1 大便器 1	小便器 1 淋浴盆 1

公共建筑卫生设备所需数量 **表 7-4**

场所	参考流量值		小便器	坐便器	洗脸盆
餐馆/咖啡厅	女士(每 100m² 房间)		—	1～2	1
	男士(每 100m² 房间)		2～3	1	1
旅馆	厕所间	女士	—	1/(10 个床位)	1/(5 个坐便器)
		男士	1～2/(15 个床位)	1/(15 个床位)	1/(5 个坐便器)
	卫生间		—	1	1～2
	单人间		—	1	1
	双人间		—	1	1～2
办公室/行政楼	厕所间	女士/(40～50 人)	—	4～5	1～2
		男士/(50～75 人)	5	5	1～2
工作场所/企业	厕所间	女士/10 人	—	1	1
		女士/100 人	—	7	2
		男士/10 人	1	1	1
		男士/100 人	5	5	1～2
医院	拜访者厕所间	女生/科室	—	2	1
		男士/科室	1～2	1	1
	病人厕所间	每 16～20 床	1	1～2	1
	厕所间	女生/20 人	—	2	1
		男士/20 人	2	2	1

续表

场所	参考流量值		小便器	坐便器	洗脸盆
学校	厕所间	女生/40 人	—	4	1
		男生/40 人	4	2	1
		女教师/20 人	—	2	1
		男教师/20 人	2	1	1
幼儿园（3～6 岁）	厕所间	每 30～40 人	—	6～8	1
	洗手间	每 30～40 人	—	—	10～20
健身房	洗涤和淋浴间(洗手和洗脚)		—	—	20
露天游泳池	女士/50 个寄存柜		—	1	1
	男士/100 个寄存柜		1	1	1
室内游泳池	女士/(40～50 个寄存柜)		—	2～3	1
	男士/(40～50 个寄存柜)		1	1	1
剧院	参观者厕所间	女士/(40～75 人)	—	1	1
		男士/(60～100 人)	2	1	1
	厕所间	女士/15 人	—	1	4
		男士/20 人	2	1	5
兵营	每 15～20 人		1	1	15～20

（2）在考虑卫生设备布局时，除了卫生设备的放置面积（宽度×深度），即基本面积外，还应注意适应人活动、使用和清洁工作面积的大小（图 7-65）。因此就出现了卫生设备的最小间隔，这个参数不考虑舒适，也不作为标准尺寸。活动面积可以重叠，但是不可以减少，例如还要考虑由于建筑构件、扶手、散热器、管段、家具等的凸出而影响使用。

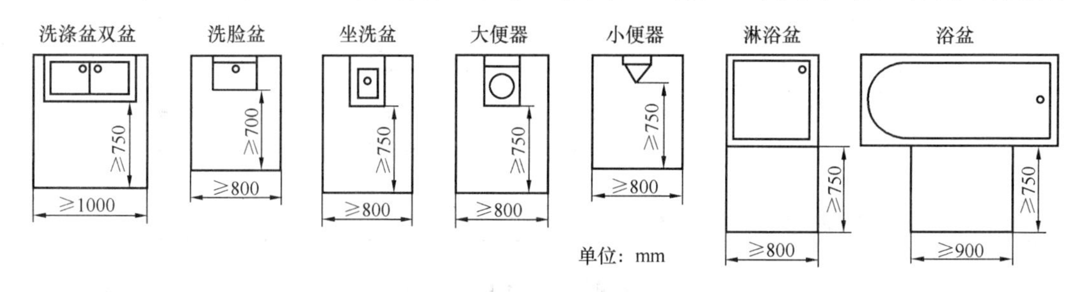

图 7-65　卫生设备的活动面积

（3）若住宅中只有一个小卫生间，可不设厕所间，配备大便器、洗脸盆和淋浴盆（浴盆），较大的卫生间可以同时配备淋浴盆和浴盆，有双卫生间的，若其中一个是为孩子或客人用的，可按小卫生间布置。在小于 3m^2 的房间里，可以布置不对称的、异形的卫生设备。

4. 大便器距污水立管和通气管应尽可能近一些，使管道尽量少转弯。一般使用频率最高的卫生设备布置在最外面，使用频率较低的卫生设备依次布置在里面。

5. 卫生设备布置不仅要肉眼看上去美观，而且必须使“暗藏的技术”完美无缺：

（1）冷、热水管道应尽可能短，避免死水的形成和热损失尽可能小；管道便于关闭。

（2）设置可以便于测量水的压力和流量的三通。

（3）排水管尽可能短，要考虑所需要的最小坡度，可以完全排空，水平排水支管不允许下垂引起堵塞或汩汩流水声，对卫生设备使用时产生的噪声要采取消声和隔声措施。

（4）尽可能将卫生设备安装在一面或两面墙。在水平支管较长时，浴缸或淋浴缸布置离立管近一些，并有足够的坡度。固定管道与附件的墙体面积密度应≥220kg/m^2。

（5）卫生设备布置应尽量紧凑，卫生设备的最小侧向间距见表 7-5。

卫生间和厕所间设施放置面的侧向间距（cm）　　表 7-5

设施									
洗脸盆	20	—	—	25	20[1]	20	20	5	20
嵌入式洗脸盆	—	0	—	25	15[1]	20	15	0	0
洗手洗脸盆	—	—	—	25	20	20	20	20	20
坐洗盆	25	25	25	—	25	25	25	25	25
淋浴缸或浴缸	20[1]	15[1]	20	25	0	20	0	0	0
大便器 小便器	20	20	20	25	20	20	20	20	20 25[2]
洗衣机	20	15	20	25	0	20	0	0	3
卫生间家具	5	0	20	25	0	20	0	0	3
墙	20	0	20	25	0	20 25[2]	3	3	—

注：1. 间距可以减小到 0。
　　2. 两侧都是墙时。

（6）浴缸与淋浴缸的最小活动面积应保持 60cm 宽，浴缸放脚端应对着门，以便沐浴者能观察到卫生间全景。浴缸不应布置在外窗下。因为虽然现在普遍采用了防止冷空气侵入的、密封比较严实的窗户，但由于浴缸比较宽，在擦窗户时存在事故的危险，安装在外墙的连接混合水龙头的给水管也存在上冻的危险。

（7）卫生间的布置理念分为朴素理念、专门理念或豪华型。不同的人群和建筑类型可以根据自己的理念和经济条件等要求来确定。图 7-66～图 7-69 是根据不同理念、最小间距、活动面积部分重叠的卫生设备布置实例。

（8）随着人们对卫生的要求越来越高，将家庭的清扫洗涤与普通物品的洗涤进行分开，一方面应该增加卫生间的面积，另一方面在面积足够大的情况下，设置污水盆。

（9）公共的洗澡间和厕所中设备应设有隔板或隔间。为便于清扫，公共厕所应设置污水盆。公共厕所根据面积和需要，可以设置洗手间（配置洗脸盆、镜子等），图 7-70 是公共场所的厕所布置实例示意图。

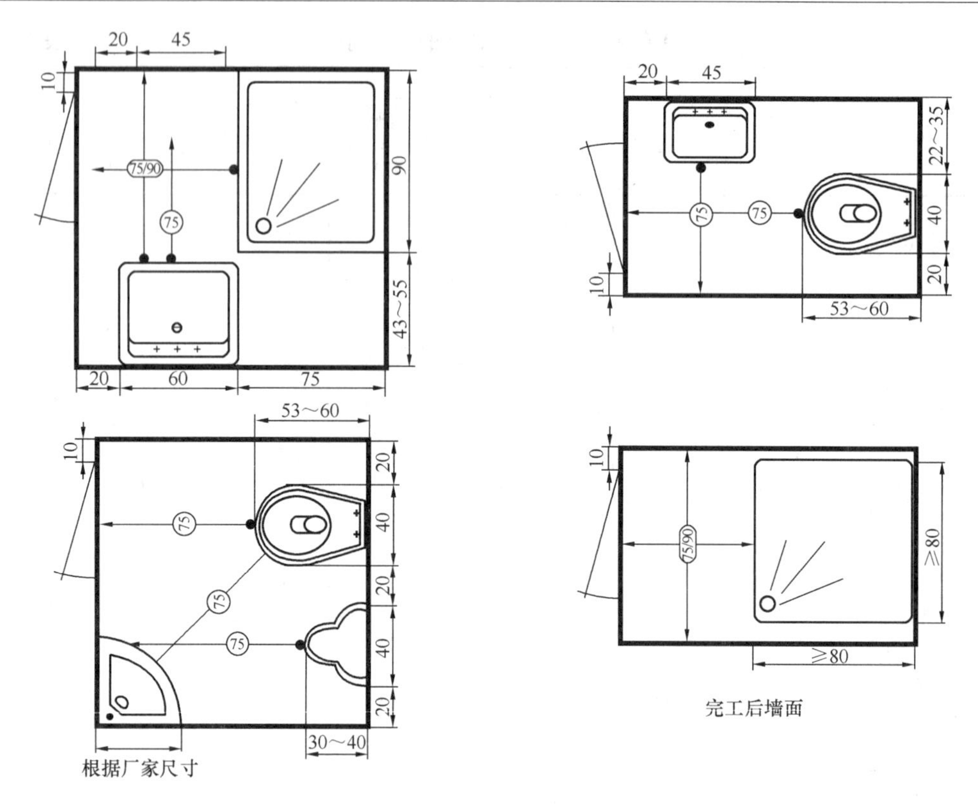

图 7-66　节俭型卫生间布置（长度单位 cm）

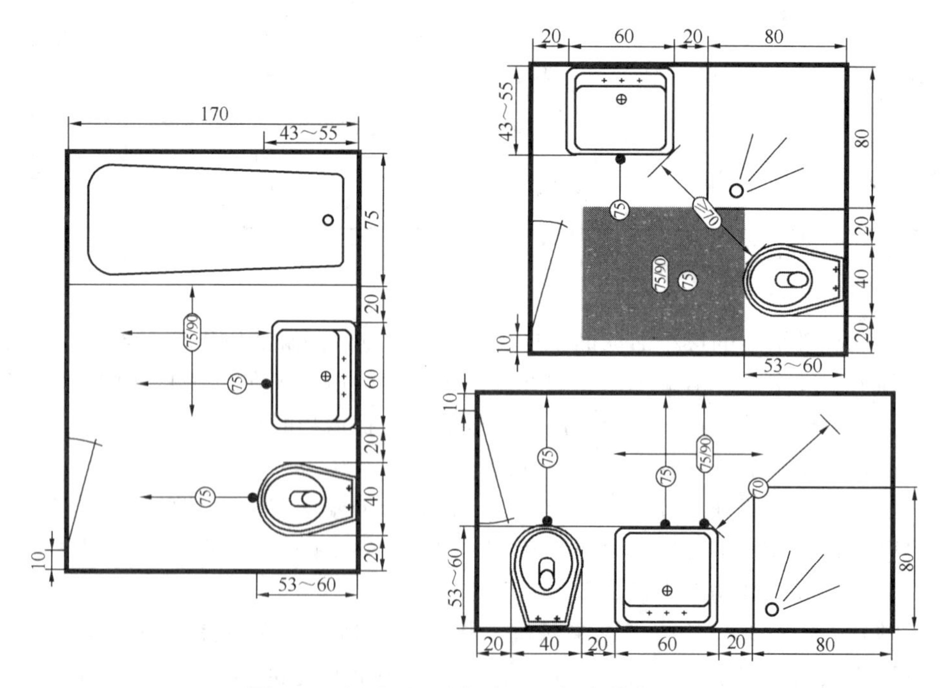

图 7-67　标准型卫生间布置（长度单位 cm）

注：若未安装浴盆溅水隔断或淋浴盆隔断时，间距可以减小至≥0

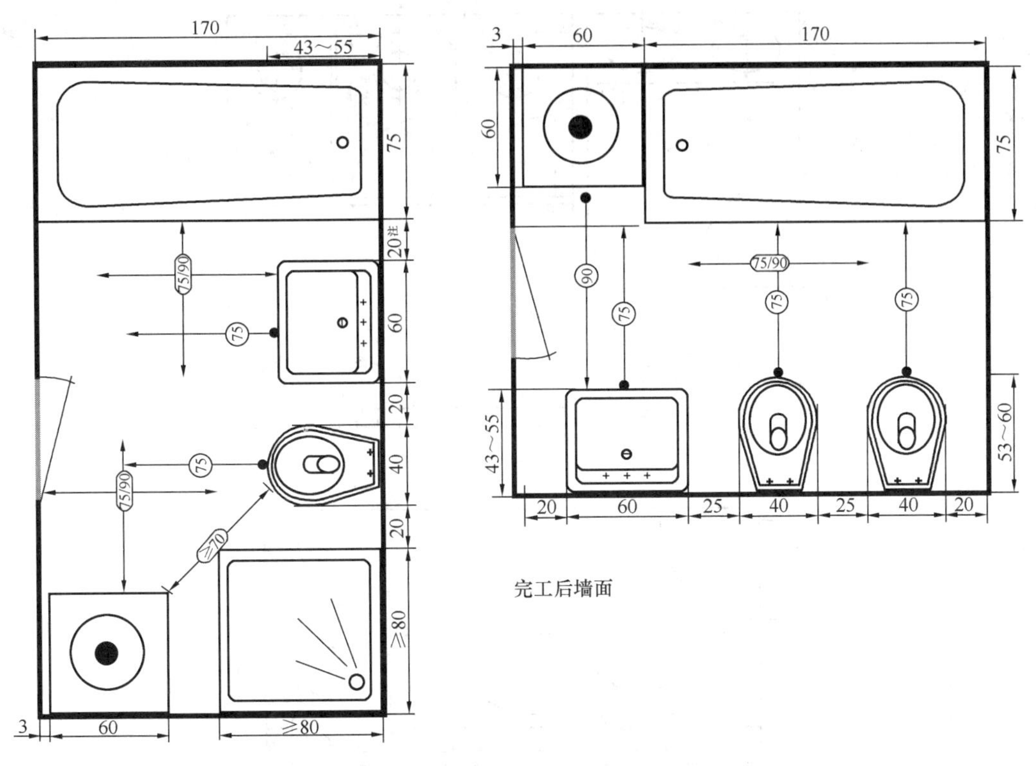

图 7-68 舒适型卫生间布置（长度单位 cm）

注：若未安装浴盆溅水隔断或淋浴盆隔断时，间距可以减小至≥0

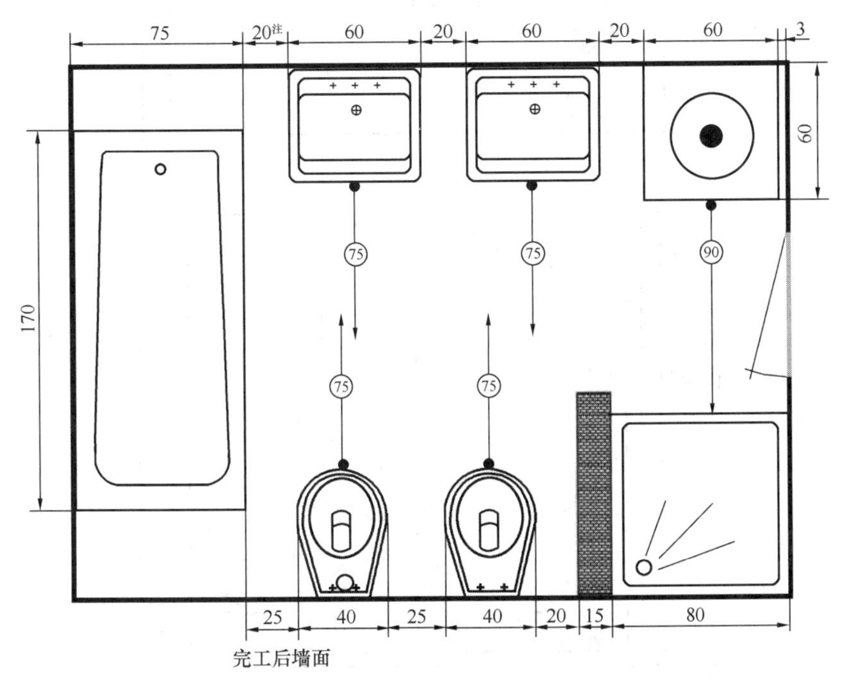

图 7-69 舒适型卫生间布置（长度单位 cm）

注：若未安装浴盆溅水隔断或淋浴盆隔断时，间距可以减小至≥0

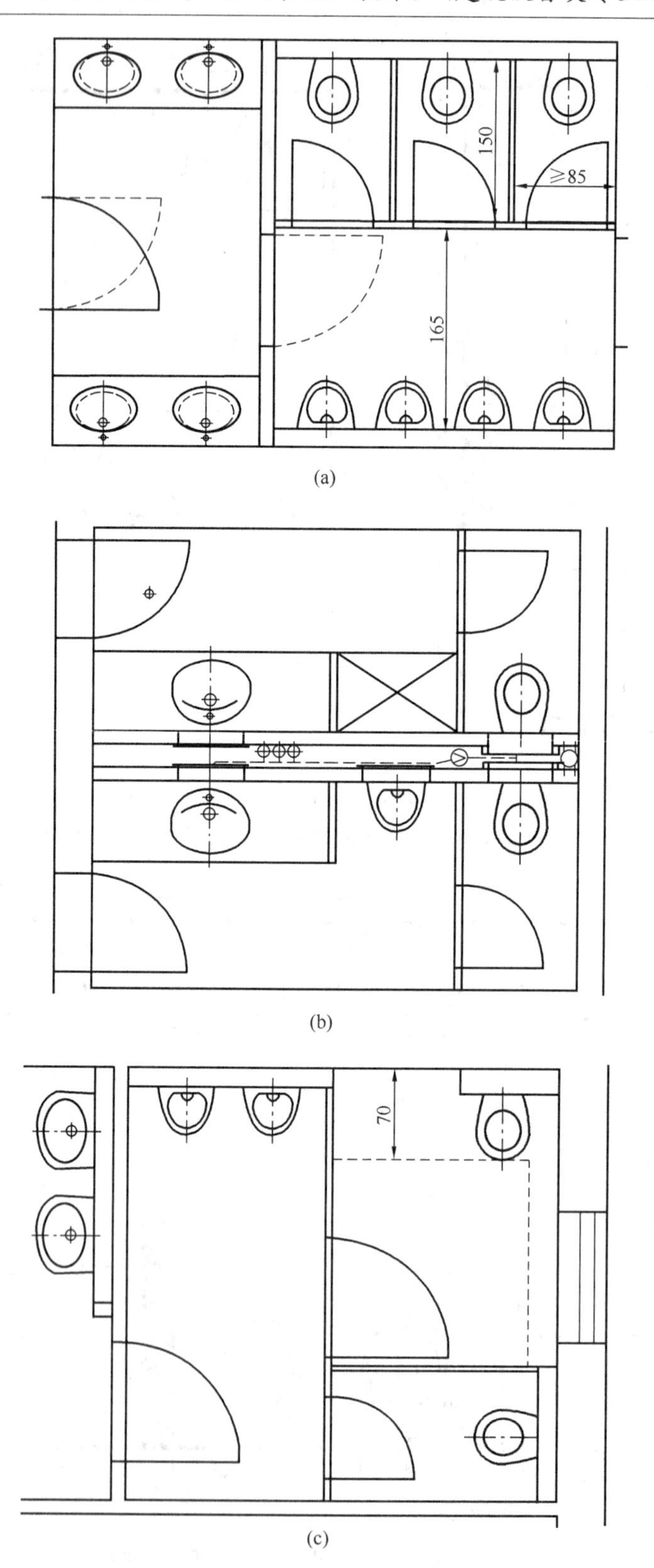

图 7-70　公共场所厕所布置示意图（长度单位 cm）

（a）公共场所男厕所布置示意图；（b）商务楼厕所布置示意图；（c）企业公共厕所布置示意图

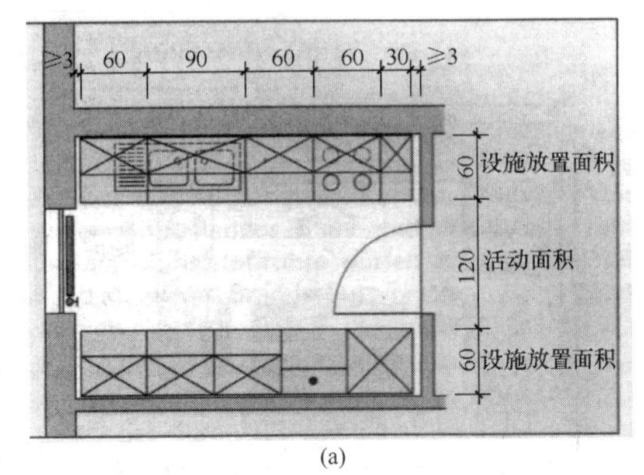

(a)

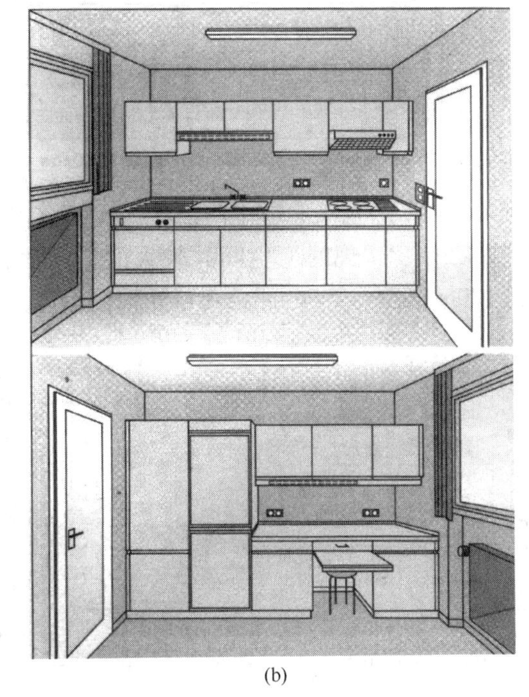
(b)

图 7-71 厨房平行双侧布置举例（单位：cm）
(a) 平行双侧布置平面图；
(b) 平行双侧布置的效果图

6. 厨房在相对两侧都放设备（地柜、洗涤盆等）时，设备相对间距宜 100～120cm；在一侧放设备时，设备与对面墙的间距宜 100～120cm，设备距侧面墙的间距是 3cm、距门洞 10cm。随着人们生活水平的提高，厨房的家电日益增多，厨房的面积也应该增加。

7. 住宅厨房的设施布置形式一般分为单侧、平行双侧（图 7-71）、L 形双侧（图 7-72）和中心排列。厨房设备的布置首先应考虑工作的路线与它们之间的关系，例如摘菜与洗菜等食物准备工作、烹饪、餐具的洗涤和摆放，以及食物的保存等。在公共设施的食堂和较大餐馆的厨房里需要设置洗涤槽、洗碗机以及其他清洗设备，并与给水管和排水管连接，也可以通过排水地漏或排水沟排出（但需要设置防鼠机构）。

8. 地柜的深度一般为 60cm，厨房家具部件的宽度比较灵活，可以为 30cm、45cm、60cm、90cm、120cm 等，厨房家具的高度要根据使用者的身高与厨房的净空来确定，工作面（地柜、洗涤盆）的高度为 80～85cm。为了不妨碍工作，地柜和吊柜的间距至少应保持 50cm，为不妨碍人的头部，在炉灶和洗涤盆上方应有 60cm～80cm 净空。卫生间空气比较潮湿，地柜内易生霉菌，污染物品，所以尽量不要设置地柜，以安装吊柜为宜。

9. 应考虑湿式房间的电器开关与插座、照明、通风、供暖和热水设备的数量、位置、功率和占地（墙）面积。

10. 对于具有烹饪、洗涤功能的住宅厨房，其面积应大于 4m^2，若要放置较大的设备，例如大型冰箱、壁挂式燃气锅炉、中型净水器、洗碗机、消毒柜等，其面积应大于 8～10m^2；若要在厨房安置小饭桌用餐，其面积应大于 12～14m^2。随着厨房大、小家电的增多及未来尚未考虑到的设施，厨房应留出发展空间。在公共设施的食堂和较大餐馆的厨房里，还应考虑生食与熟食的分区，并留出流动餐车或端盘者（或机器人）的行驶路线与空间、收集和处理剩菜剩饭的设施。

7.3.2 残疾人与行动不便者的湿式房间（无障碍卫生间）

在人流量较大的公共场所，例如商场、医院等的厕所，应配置为残疾人使用方便的设

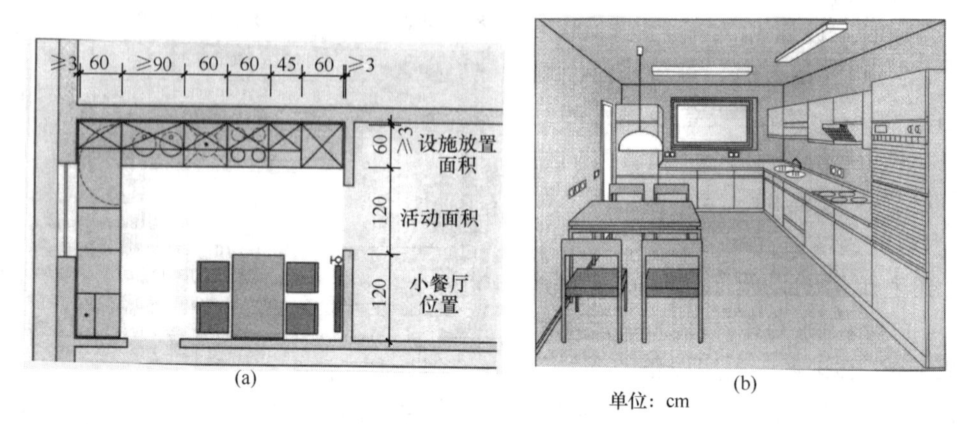

图 7-72　厨房 L 形双侧布置举例

（a）布置成 L 形的平面图；（b）布置成 L 形的效果图

备与设施。在疗养院、医院、养老院或老人居住的住宅等有残疾人、行动不便的高龄老人或病人，厕所与卫生间应专门设计。我国也相应制定了残疾人卫生间设计规范标准。

1. 必须比常规的卫生间有较大的活动面积，为行走不便、使用轮椅的残疾人服务。至少 120cm 宽、120cm 深，对于轮椅使用者，至少 150cm×150cm（图 7-73）。

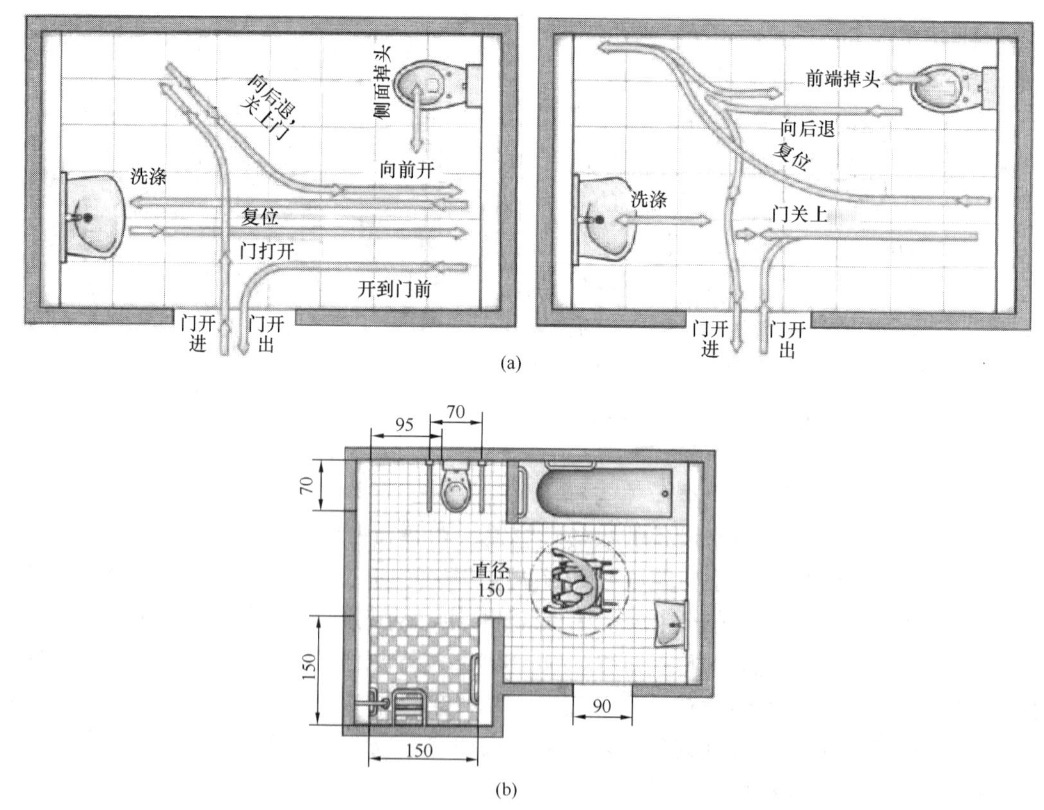

图 7-73　残疾人围绕卫生设施要有足够的活动空间（尺寸单位为 cm）

（a）残疾人不同的行驶路线；（b）在残疾人卫生间的轮椅使用范围

2. 对于残疾人的卫生间的布置要求与应配特殊的设施：

(1) 门净高≥2.10m、净宽≥90cm（图 7-74a），门不可以碰伤人，而宜使用配电动按钮的推拉门，“隐藏”在墙体槽内，在紧急情况时，关闭的门必须能从外面打开，避免装配门槛和在地板上防止门开时撞到墙上的止门器，如果需要，其高度≤2cm。

(2) 门把手安装高度应为 85cm；在门把手的前方，与突出的墙或家具的间距必须≥50cm。应考虑轮椅的行驶路线和滑动面积（图 7-74b）。

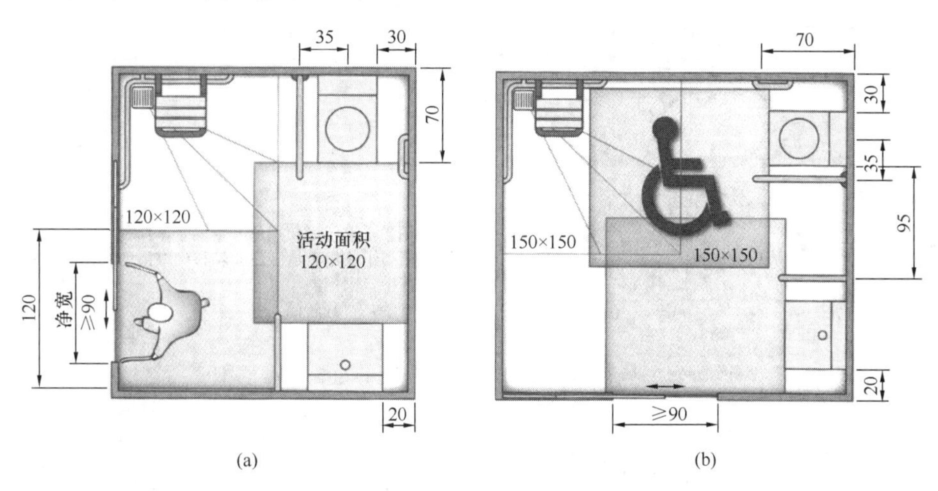

图 7-74 残疾人卫生间门、轮椅的行驶路线与活动空间（尺寸单位为 cm）

(a) 用于行走不便的残疾人；(b) 用于轮椅使用者

(3) 地板面层必须是防滑的、适合轮椅和牢固敷设的。它们不可以带静电。在塑料的地板面层时，边角必须倒圆。

(4) 残疾人与行动不便者的卫生间必须安装风机进行室内通风。散热器不可以压缩活动面积，散热器的高度在 40～80cm 之间，距离最近的墙体或设施≥50cm。

(5) 尤其是在淋浴范围、坐便器和洗脸盆旁，应安装扶手，高度 85cm。

(6) 残疾人很难向后转动，在扶手上应安装一个用于冲洗与室内通风的开关和一个紧急按钮（图 7-75a）。手纸滚筒设置在公共可以接触的坐便器扶手旁边。为了使残疾人从轮

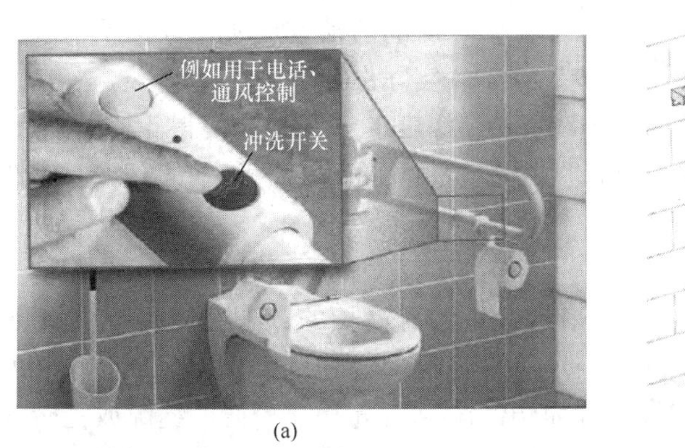

(a)

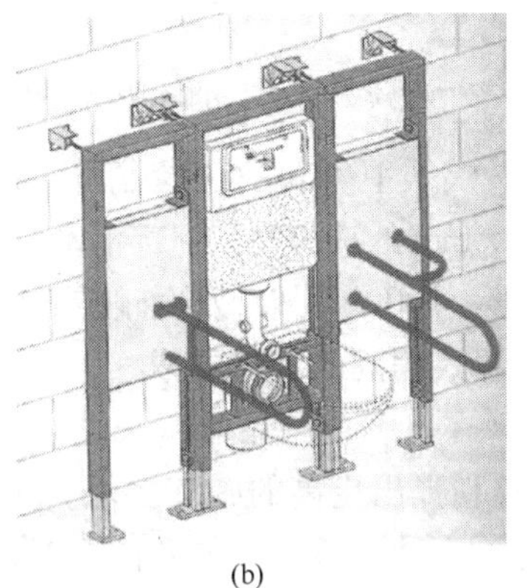

(b)

图 7-75 残疾人卫生间与厕所的扶手

(a) 残疾人坐便器带开关按钮的扶手；(b) 扶手应固定在牢固的构件实心板上

椅移动到坐便器上，必须设置一个可翻转的支撑扶手（图 7-76 中的 D）。扶手不能固定在有石膏纸板或加气混凝土砖的轻质结构的墙体上，应固定在可靠的实心多层胶合板上（图 7-75b）与钢结构构件上。

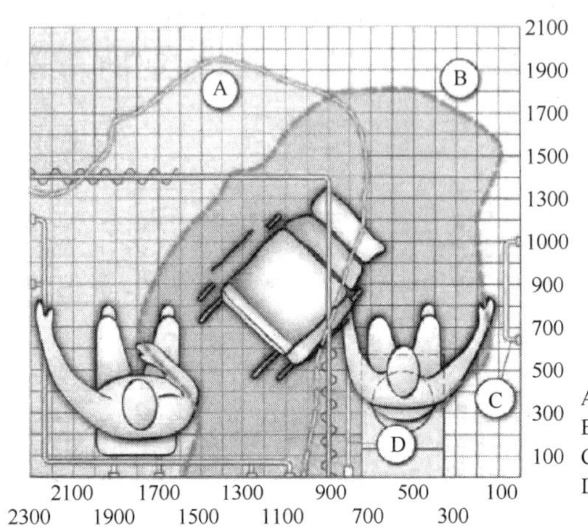

A区：相当于淋浴者使用所必需的基本面积。
B区：相当于使用者从坐便器转移到淋浴所必需的基本面积。
C区：扶手，固定的。
D区：扶手，可翻转的。

单位：mm

图 7-76　残疾人淋浴和坐便器可能的重叠活动面积

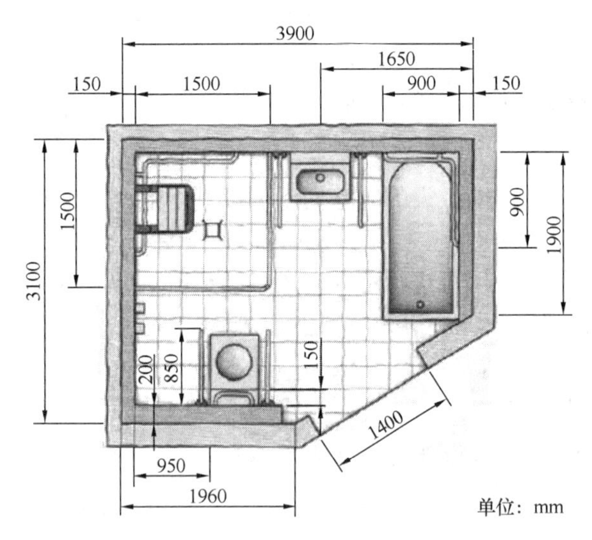

图 7-77　残疾人带扶手的厕所与卫生间实际举例

（7）实际上，老人宜淋浴，盆浴不适合老人。一是因为老人腿脚不灵便，进出浴缸不便，存在担心，二是盆浴时身体的大部分浸入热水中，导致身体中的血液循环加快、流向头部以下的部位，而未浸入热水中的头部，长时间后严重缺血，会造成心慌、休克，甚至死亡。

在淋浴处，应安装可以旋转的环形扶手，挂上一副淋浴座椅或安装一副高度可以调节的淋浴座椅，淋浴处应适合通行或轮椅行驶，若需要设置挡水的槛，高度≤20mm。残疾人淋浴与上厕所的活动空间见图 7-76，图 7-77 为一实际设计举例。

3. 残疾人卫生间的洗脸盆宽度应≥600mm、深度≤550mm，使得轮椅可以行驶到位，深度在 300mm 的洗脸盆，腿部活动空间高度约 670mm（图 7-78），该处的存水弯应选择暗装的，以避免使用不便或者发生碰伤腿。

7.3.3　湿式房间的其他要求

1. 现在，客户的品位越来越高，越来越舍得购置高档的、高性能的卫生设备，当然也就有权利提出更高的施工要求。为了卫生间的美观，提出卫生设备与瓷砖敷设相匹配，例如卫生设备的中心线两侧的瓷砖要对称，管道出墙位置尽量位于瓷砖的缝隙或瓷砖的正中间等。而且瓷砖下方的灰浆厚度对侧墙瓷砖的敷设会产生尺寸偏差，这就要求管道工与瓷砖敷设的粉刷工事前要很好地协商、配合。在德国，瓷砖敷设的草图由管道工绘制（图 7-79）。所以施

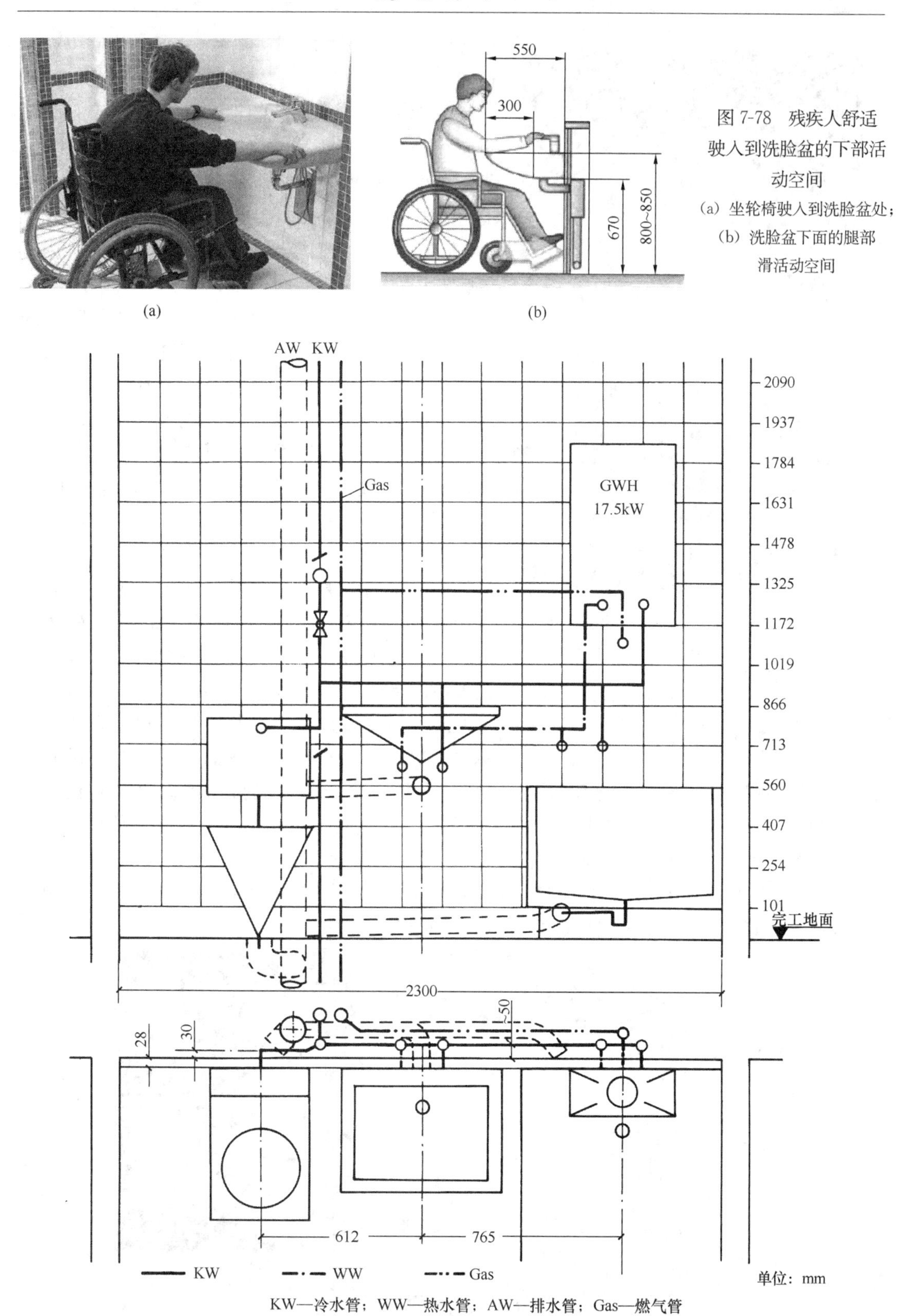

图 7-78 残疾人舒适驶入到洗脸盆的下部活动空间

(a) 坐轮椅驶入到洗脸盆处；(b) 洗脸盆下面的腿部滑活动空间

KW—冷水管；WW—热水管；AW—排水管；Gas—燃气管

图 7-79 瓷砖敷设与管道安装的匹配

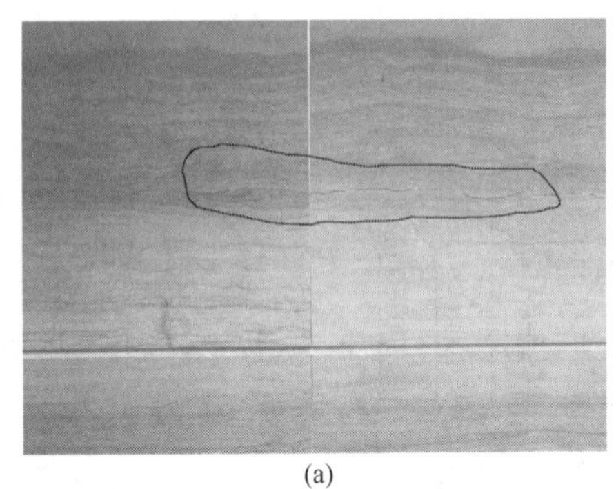
(a)

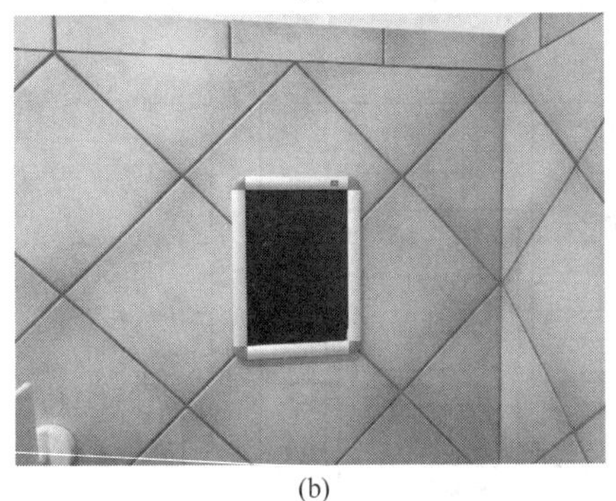
(b)

图 7-80　瓷砖敷设的实例比较
(a) 纵向瓷砖间未留缝，应力传导使挨着的瓷砖产生了裂纹；(b) 敷设留缝的瓷砖墙面还应考虑对称与美观

工各方要求密切协调、配合施工，才能提高专业工作的品质。

2. 瓷砖下用于粘贴的水泥砂浆在凝固时会产生收缩应力，一些质量不太好的瓷砖就可能开裂。若瓷砖紧密挨着，即瓷砖之间未留一定宽度的缝隙，由于应力的传导，易形成长长的裂纹（图 7-80a），而且当瓷砖之间的缝隙太小时，用于填缝的白水泥不能牢固地嵌入，这种“勾缝”是虚的，在水的冲刷下或用抹布清洁瓷砖面时极易脱落，湿式房间的潮气会通过该缝隙逐渐渗入墙体与相邻房间，导致墙壁发霉，挨着的家具面也因生霉而损坏。根据粉刷施工规范，在瓷砖之间应留有 3～5mm 的缝隙，既可隔断砂浆应力的传导，又可以做到密实的勾缝，起到防潮气的作用；同时也非常美观（图 7-80b）。

3. 洗衣机在发生故障时常会对住宅设备和建筑物产生水的侵害，对于跃层式的住宅，洗衣机宜设在下层，对于别墅式住宅，最好放在地下室，同时应配备一个洗手盆、一个地漏。洗衣机设置在阳台时，其排水支管不能接到雨水管。洗衣机最好不要放置在厨房与卫生间里，宜放置在单独的房间里，若没有合适的房间，洗衣机放置在卫生间比在厨房合适些，因为一方面厨房有油烟，会污染长期放置的洗衣机，进而污染衣物，另一方面，待洗涤的衣物粘有灰尘、脏物、绒毛球等，可能会通过空气传播而污染厨房放置的食物。街区的洗衣店布置位置时，应尽量靠近干房间。

4. 尽量选择墙前安装，因为它特别适于预安装。根据不同业主的要求，在现场测量后，用电脑进行设计，在车间里进行下料、预安装（图 7-81）。

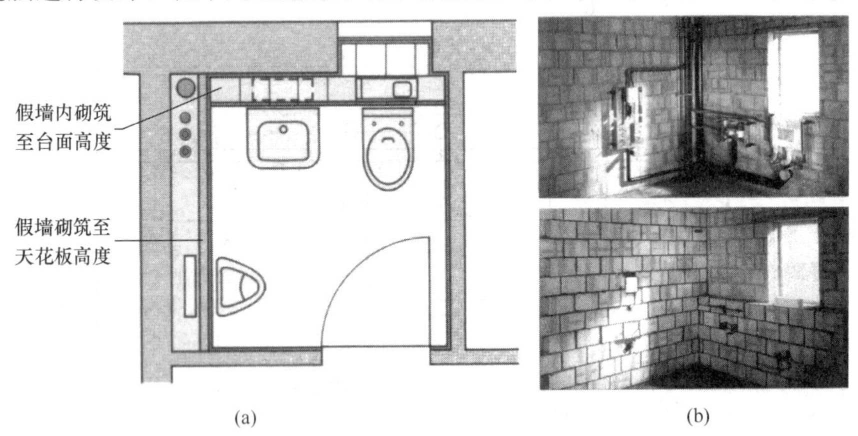

(a)　(b)

图 7-81　墙前安装举例
(a) 墙前安装设计平面图；(b) 墙前安装照片

7.4 室内排水系统的敷设安装

7.4.1 室内排水管道的敷设原则与工艺流程

1. 敷设原则

(1) 布置室内排水管道应力求管线短、转弯少，使重力流的污水以最佳水力条件自流至室外管网，当不能自流排水或会发生倒灌时，应采用机械提升排水。

(2) 管道的布置不得影响、妨碍房间的使用和室内各种设备功能的正常发挥。

(3) 管道敷设应便于安装和维护管理，室内明设管道应布置在不易遭受机械撞击的位置，应满足经济和美观的要求。

(4) 主管应优先选择 PE-HD 管和 PP 管，当连续排水温度>40℃时，应采用金属排水管或耐热塑料排水管，在温度升高时塑料管将会熔化，故塑料管道不得穿越烟道和防火墙，塑料管道不得布置于热源附近或易引起燃烧的位置，其表面受热温度不得大于 60℃，压力排水管可采用耐压塑料管、金属管或钢塑复合管。

(5) 排水管中水的流动特性决定了下面几个参数：

1) 充满度：是排水横管的一个重要参数，为排水横管内水深 h 与管径 d 的比值 h/d（图 7-82a），排水渠的充满度为水深与渠高的比值。排水横管的最大计算充满度见表 7-6。因为大部分室内排水管道属于重力流，要求污水在非充满状态下排除，即横管顶部有未充满水流的空间，使污（废）水中的臭气和有害气体经过通气管排出，或者容纳超过设计的高峰流量。在全充满时，水封不起作用、会产生异味、引起汩汩的噪声，在较小充满度（<0.5）时，漂浮深度不够、在管道中易形成沉积物、进而堵塞管道。

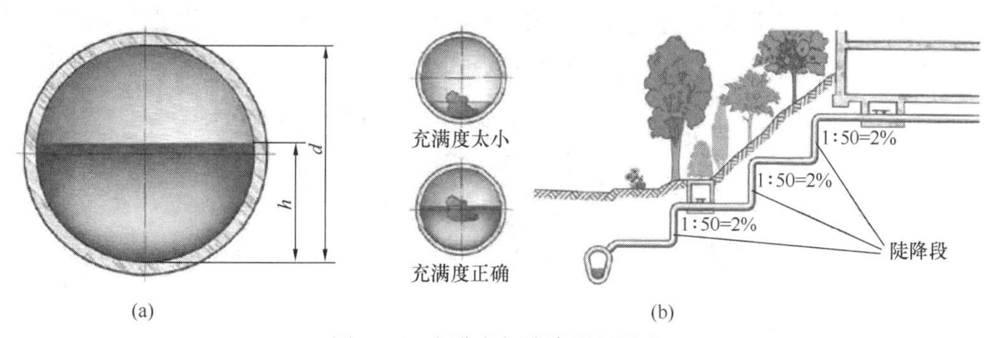

图 7-82 充满度与陡降段的坡度

(a) 排水横管的充满度；(b) 较长横管陡降段的坡度

排水横管的最大计算充满度 **表 7-6**

排水管道名称	DN (mm)	最大计算充满度
生活污水管道	≤125	0.5
	150～200	0.6
生产废水管道	50～75	0.6
	100～150	0.7
	≥200	1.0
生产污水管道	50～75	0.6
	100～150	0.7
	≥200	0.8

注：生活污水管道在短时间内排泄大量洗涤污水（如浴室、洗衣房污水等）时，可按满流考虑。

2）最小管径：由充满度引出了最小管径。连接器具支管一般应比存水弯大一号，埋地管至少为 $DN100$，联排别墅等住宅的埋地管应略大一些，因为考虑到将来排水容量的增加而连接新管道时，改变地基比较困难，支管干管至少为 $DN70$。

3）坡度：为水平管道的始端与末端的高差和其水平距离之比。较大的坡度能导致较大的流速与较小的漂浮深度，最大不超过 5%（约 3°）。在较长的陡降段时，由于太大的流速在管道转折处会造成满流和堵塞，应设置成若干个较小坡度的陡降段（图 7-82b）。压力流的虹吸式雨水管道可以不要坡度。

4）水平管道的自清流速：为了能依靠自己的流速清除水平管道中的泥沙等固体颗粒，水流速度 $v \geqslant 0.7\mathrm{m/s}$，为了避免流速过大磨损管道，$v \leqslant 2.5\mathrm{m/s}$。

5）水流转角：水流的流向与其改变后的流向之间的夹角。90°转角应使用 2 个 45°弯头或加一个中间节（图 7-83a、b），在支管连接处，应该使用顺水管件或 45°斜三通，转折不允许>45°。

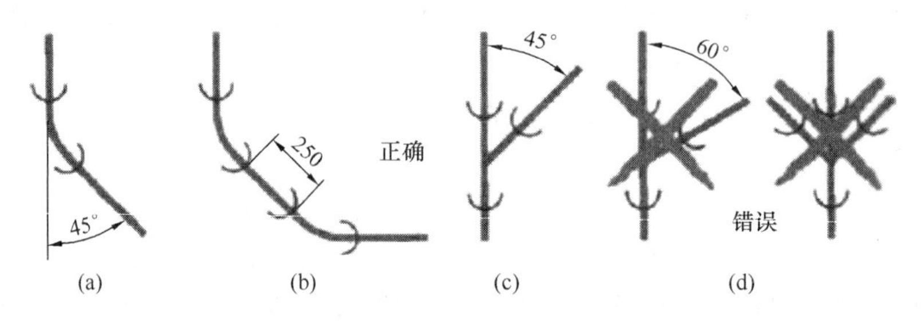

图 7-83　管道的转折

（a）45°弯头；（b）2 个 45°弯头与一个中间节；（c）45°斜三通；（d）>45°斜三通，斜四通

（6）室内排水管道在变径连接时，应采用偏心变径管件。在横支管与干管上如图 7-84a连接，便于管内空气平衡；在埋地管道如图 7-84b 连接，便于巡检机器人移动。

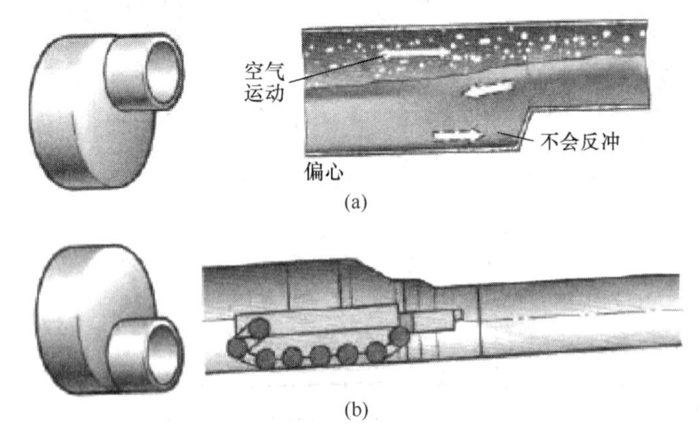

图 7-84　在水平管道上的偏心变径连接

（a）在横支管与干管上的偏心连接；（b）在埋地管的偏心连接

（7）为了限制污水倒流，水平管道上的支管可以用 45°的斜三通从上部连接（图 7-85a），也可以从侧面的上部以 $\alpha > 15°$的角度倾斜连接（图 7-85b）。更多的角度弯头或三通见图 7-85，PE-HD 管可以根据该图下料和熔焊。

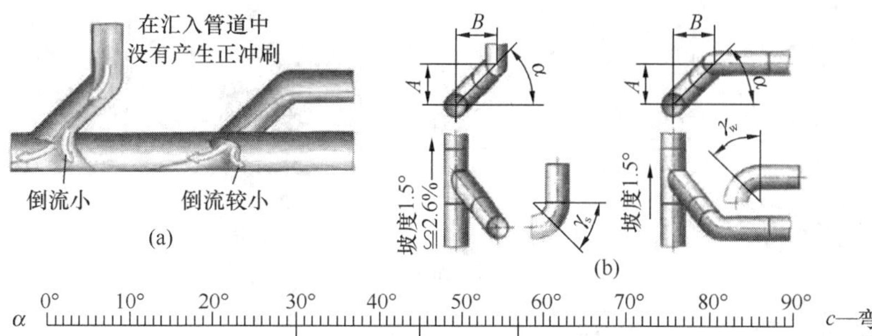

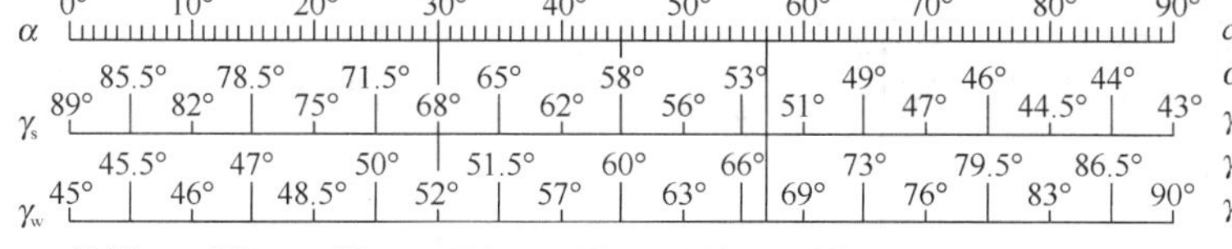

c—弯头角度的确定：
α—倾角（以管件为基准抬高的角度）；
γ—弯头角度（在斜切锯上调节的角度）；
γ_s—垂直偏移角度；
γ_w—水平偏移角度。

图 7-85 排水由支管汇入水平管道的方式

（a）从上部流入；（b）从侧面上部流入

HT 管有可以调整角度的弯头（图 7-86）。

（8）污水流过塑料管时使管壁振动产生较大噪声，比钢管大 2～6 dB（A），可采用静音管件（图 7-87），在水流冲击的弯头部位设置了消音筋板，声平只有 20dB（A）。或者在管道外壁缠绕隔声带、使用带橡胶衬垫的管卡（图 7-88）或电焊管箍，或者使用带橡胶密封环的承口管件等。

图 7-86 可以调节角度的 DN70～100HT 管　　图 7-87 消音排水管件局部

2. 作业条件

（1）地下排水管道的铺设必须在基础墙达到或接近±0 标高，回填土已经到管底或稍高的位置，房心内沿管线位置无堆积物，且管道穿越建筑物基础处已按设计要求预留好管洞。

（2）安装层土建结构已完成，室内模板已拆除，结构已验收合格。管道穿越结构部位（如楼板、梁、墙等）上的孔洞已预留。杂物已经清除。建筑轴线及间隔的墙线已画出。

（3）安装图纸已经会审、技术资料齐备，且已进行技术及安全交底。

（4）管材管件已进场，品种、规格与质量已经验收合格。

3. 工艺流程

（1）工艺流程：测量、排管、定位，管段预制，连接，灌水试验，卫生设备的安装，

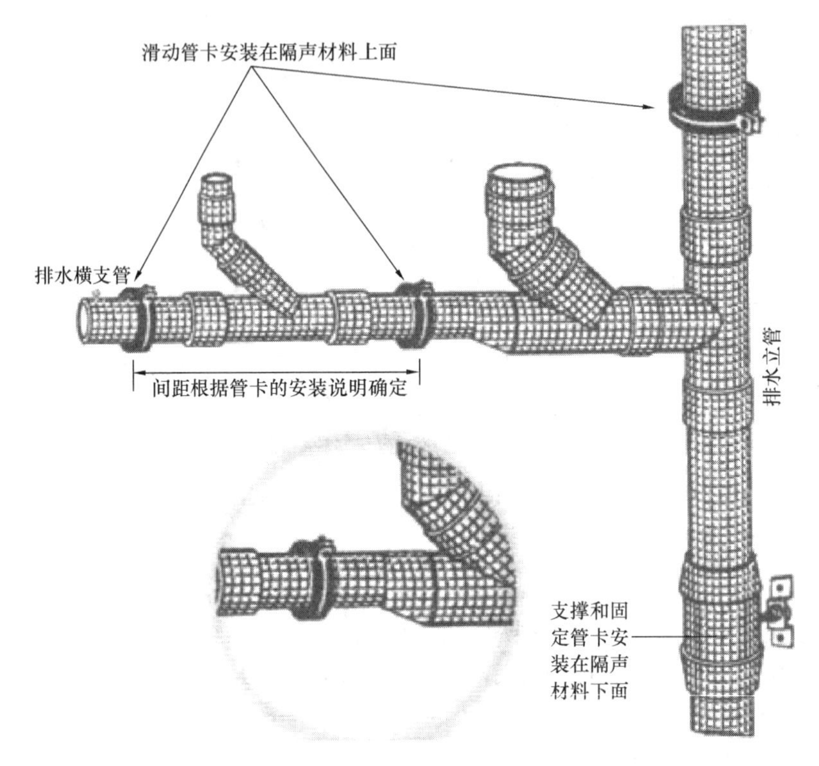

图 7-88　完整缠绕隔声带的排水管道段与使用含橡胶衬垫的管卡

通水试验，通球试验，封口。

(2) 管道的安装顺序：由室外窨井、室外和室内埋地管、立管、水平支管到器具支管，即先排出管，然后立管、水平支管，自下而上地安装。

7.4.2　室内排水管道的敷设安装

7.4.2.1　器具排水支管

根据卫生设备的类型（表 7-7）、平面位置、安装高度和存水弯的类型，来选择器具排水支管的管径。

卫生设备的流量、排水栓、口径、排水管管径和管道的通用坡度　　表 7-7

卫生设备名称		排水流量 (L/s)	当量	排水栓口径 (mm)	排水管 *DN* (mm)	管道的通用坡度
污水盆(池)、住宅洗涤盆		0.33	1.00	40	50	0.025
餐厅、厨房	单格洗涤盆(池)	0.67	2.00	50	50	0.025
	双格洗涤盆(池)	1.00	3.00	50	50	0.025
洗手盆		0.10	0.30	32	32～50	0.020
洗脸盆		0.25	0.75	32	32～50	0.020
盥洗槽(每个水嘴)		0.33	1.00	40～50	50～75	0.025
浴盆		1.00	3.00	40	50	0.020
淋浴器		0.15	0.45	40～50	50	0.020

续表

卫生设备名称		排水流量（L/s）	当量	排水栓口径（mm）	排水管 DN（mm）	管道的通用坡度
大便器	冲洗水箱	1.50	4.50		100[1]	0.012
	自闭式冲洗阀	1.20	3.60		100	0.012
医用倒便器		1.50	4.50		100	0.012
小便器（自闭式或感应式冲洗阀）		0.10	0.30	32	40～50	0.020
大便槽	≤4 个蹲位	2.50	7.50		100	0.020
	>4 个蹲位	3.00	9.00		150	0.020
小便槽（每米长）自动冲洗水箱		0.17	0.50			0.020
化验盆（无塞）		0.20	0.60	40～50	40～50	0.025
净身器（坐洗盆）		0.10	0.30	40	40～50	0.020
饮水器		0.05	0.15	25～50	25～50	0.020
家用洗衣机		0.50	1.50		50[2]	0.020

注：1. 由于节水的要求，大便器冲洗水量已经降至 6L/4.5L。为满足充满度要求，国外一些公司生产的大便器器具支管的管径已经下降至 DN90、DN80。

2. 家用洗衣机下排水软管直径为 30mm，上排水软管直径为 30mm。

1. 下列设施与生活污水管道或其他可能产生有害气体的排水管道连接时，必须在排水口以下设置存水弯：

（1）构造内无存水弯的卫生器具或无水封的地漏；

（2）其他设备的排水口或排水沟的排水口。

2. 卫生器具排水管段上不得重复设置存水弯。医疗卫生机构内门诊、病房、化验室、试验室等不在同一房间里的卫生器具不得共用存水弯。

3. 为了改善排水管道内的气压平衡、防止水封破坏，连接支管的管径应比存水弯管径大一号，即通过偏心变径件连接（图 7-89），若连接支管始端与末端高差较大时，不能大坡度倾斜敷设，而应如图 7-89b 安装。

4. 因为 DN≥50 的排水管管件才有承口，当 DN<50 的器具支管与其连接时应使用

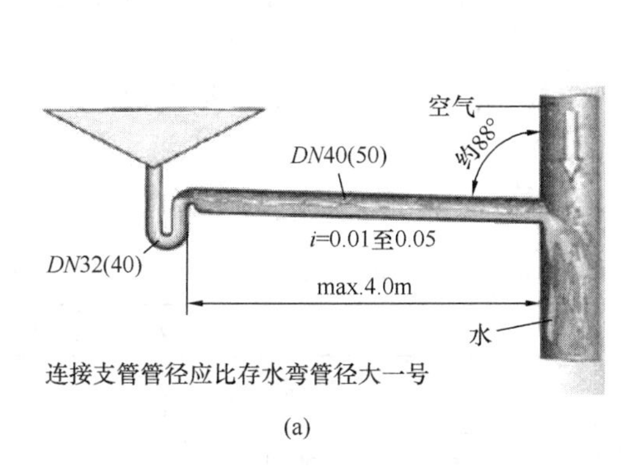

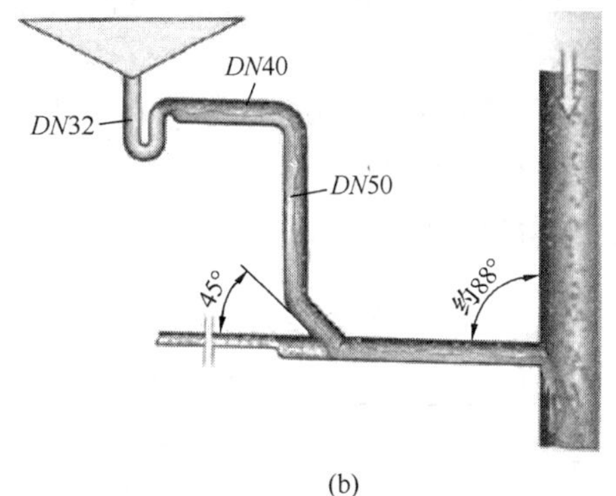

图 7-89　器具支管的正确连接

（a）单个卫生器具的连接支管与立管正确接法；（b）在陡降的垂直管段管径应扩大

配套的橡胶变径件（图 7-90a）。而一些安装工将其直接插入 *DN*50 管内（图 7-90b），连接处不密封，易使臭气或虫类进入室内；即使在连接处打硅胶或抹腻子，时间长了会开裂，以后维修拆卸也不方便。

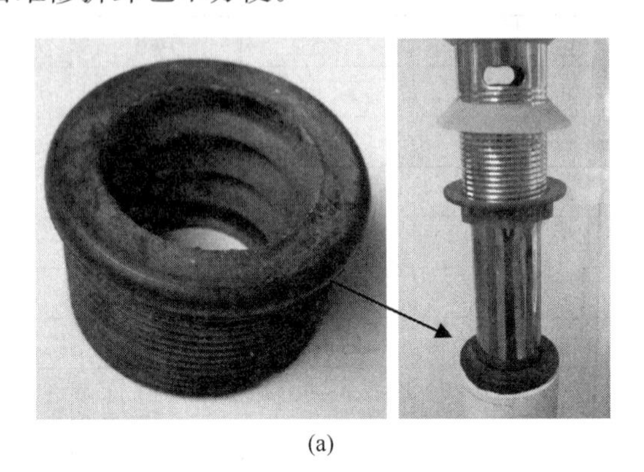

(a)

(b)

图 7-90　器具支管的连接件与连接方法

（a）橡胶变径件与器具支管的正确连接；（b）器具支管的错误连接

5. 水封装置的水封深度不得小于 50mm，严禁采用滑动机械活瓣替代水封，严禁采用钟式结构地漏。

7.4.2.2　排水横支管

1. 管道不得穿越卧室、客房、病房和宿舍等人员居住的房间，不得穿越生活饮用水池（箱）上方，不得穿越贮藏柜、食品储藏室，且不宜布置在与卧室相邻的内墙面，不得敷设在食堂厨房和饮食业厨房的主副食操作、烹调和备餐的上方，尽量避免穿过大厅、图书馆和控制室等。因为管道穿越贮藏室时，其渗漏的污水或排水管表面可能产生的凝结水，使贮藏室内湿度增大，导致室内壁发霉，影响贮藏柜内的衣物，或滴下污染物品。

2. 在工矿企业和仓库等建筑中，管道不得布置在遇水引起燃烧、爆炸、损坏原料、产品和设备的上方，不得布置在食品和贵重物品仓库、通风小室和变电间内，不得影响生产和交通运输。

3. 排水横管不得穿越沉降缝、伸缩缝、变形缝，否则当建筑物发生沉降或伸缩时，将造成管道变形、断裂。必须穿越伸缩缝时，应设金属软接头。排水横管不得穿越风道和烟道。

4. 为避免落差过大，排水横管的长度≤10m。横管的坡度可参见表 7-8、表 7-9，一般情况采用标准坡度，最大坡度≥0.15。最小坡度为满足管道自净流速坡度。塑料排水横支管的标准坡度为 0.026，最大设计充满度应为 0.5。

建筑物内生活排水铸铁管的通用坡度、最小坡度和最大设计充满度　　表 7-8

管径 *DN*（mm）	通用坡度	最小坡度	最大设计充满度
50	0.035	0.025	0.5
75	0.025	0.015	
100	0.020	0.012	
125	0.015	0.010	

续表

管径 DN（mm）	通用坡度	最小坡度	最大设计充满度
150	0.010	0.007	0.6
200	0.008	0.005	

建筑排水塑料管排水横管的通用坡度、最小坡度和最大设计充满度　　表 7-9

管外径（mm）	通用坡度	最小坡度	最大设计充满度
110	0.012	0.0040	0.5
125	0.010	0.0035	
160	0.007	0.0030	0.6
200	0.005		
250			
315			

注：胶圈密封接口的塑料排水横支管可调整为通用坡度。

5. 横管的排水敷设可以分为隔层排水敷设与同层排水敷设。

（1）隔层排水（图 7-91）：即卫生设备布置在楼板上方，横支管安装在楼板下方、天棚内。这是一种传统的敷设方式，不占用使用空间，但产权不明晰，因横支管布置在楼下人家的天棚内，安装、维修、改造很不方便，往往会破坏防潮层；落地式马桶存在卫生死角，易滋生细菌并产生异味；楼上卫生设备排水时产生的噪声对楼下邻里影响较大。因受到穿层支管位置的限制，改变卫生设备的布局比较困难。

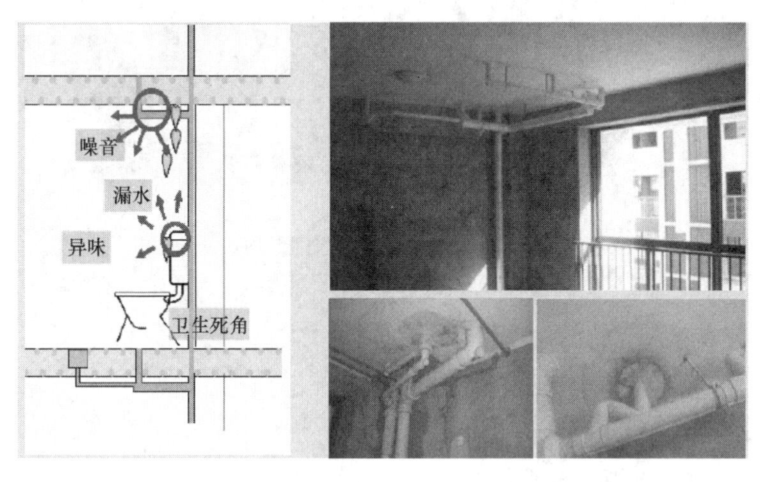

图 7-91　传统的隔层排水

（2）同层排水：即横支管与卫生设备布置在同一层里。同层敷设在我国已经逐步取代传统的隔层安装。

根据横管的布置，分为降板式和不设降板式同层排水。

1）降板式同层排水：是隔层排水的变异，为了不占空间，分为大降板和小降板式。前者是将湿式房间的整个楼板下降 30～40cm，所有横管敷设在下降的楼板上，完工后铺上盖板（图 7-92a）；后者是将湿式房间的横管布置在下降 10～15cm 的槽内，完工后用水泥砂浆封盖（图 7-92b）。

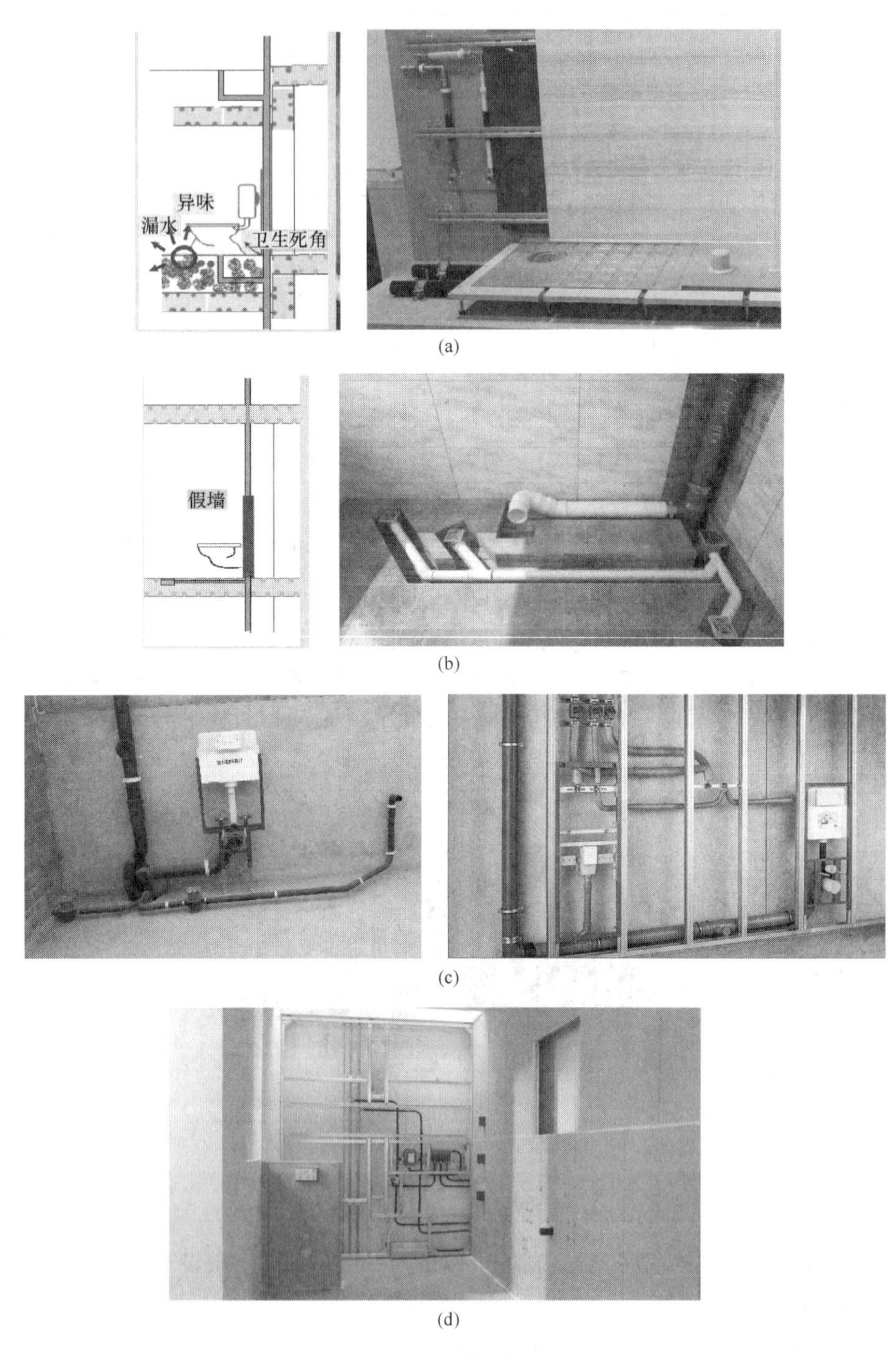

图 7-92　几种同层敷设方式

（a）大降板同层安装：降板 35～40cm，增加结构梁，轻质回填，沉降后二次排水难；
（b）小降板同层安装降板 10～15cm，可能增加结构梁，需要回填或覆盖，需要专用配件；
（c）墙前预制安装；（d）管道系统安装完成后安装假墙板

降板式排水又分为：

① 传统接管方式：产生废水的卫生设备和地漏仍采用普通的P式和S式存水弯与横支管连接。这类敷设方式维修困难，一旦管道系统发生堵塞，不易清通。

② 多通道地漏接管方式：将产生废水的卫生设备与多通道地漏连接，再接入立管，地平面的水可排入多通道地漏中。这些卫生设备无需安装存水弯，废水中的杂质也易通过地漏内的过滤网收集和排除。这种敷设方式疏通检修容易，但管道的渗漏问题仍然难以解决。

③ 同层接入器方式：类似于多通道地漏，将产生废水的卫生设备与同层接入器连接，再接入立管，这些卫生设备不再设置存水弯，接入器自身含存水弯（图7-93）、检查口（盖板可以方便取下）。由于接入器综合了多通道地漏与苏维托混合器的优点，减少了降板的高度，可以做成局部降板卫生间。

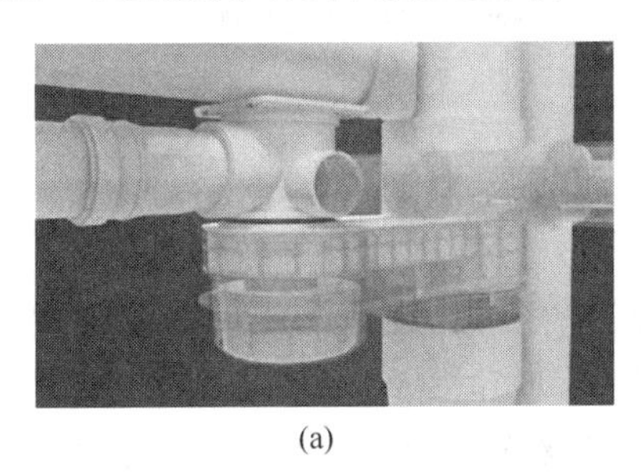
(a)

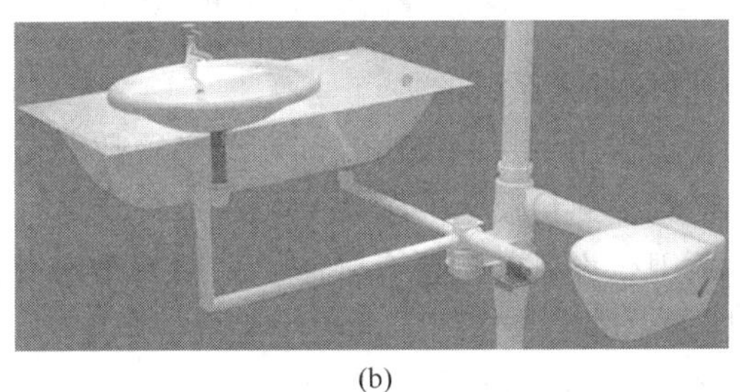
(b)

图7-93 同层排水接入器
(a) 同层排水接入器；(b) 使用举例

2）不设降板的同层排水：在欧洲称之为墙前安装，即管道直接敷设在楼板上方的墙前。这种安装方式的部件首先在车间预制，固定在型材支架上，在现场装配连接，完工后安装假墙（图7-92c、d）。因为欧洲规范规定，不允许事后破开墙体与楼板暗设管道，在建造新建筑物或翻新旧建筑物时，墙前安装不至于破坏悬浮式地面隔声层，墙体的保温、隔声或承重性能不被破坏；横管和支管的敷设与主体建筑的工作没有关系。

（3）同层排水的优点：

1）设计自由：整个湿式房间的支管无须穿越楼板，以横排水的方式与立管相连。使湿式房间的布局更加自由、更具个性化，不再受到坑距的限制。

2）产权明晰：横管位于本楼层内，避免了上下用户噪声及漏水的相互干扰和纠纷。

3）合理布局：楼板上没有预留孔，避免了楼上楼下湿式房间必须对齐的尴尬，适于个性化设计。特别是卫生间与厕所的下方为卧室、厨房，或其下方放置有易燃、易爆的原料或产品，放置不允许遇水的原料、产品和设备时，必须选择同层安装。

4）打扫方便：不再有错综复杂的管道和卫生死角。

5）安装方便：墙前隐蔽式安装不破坏建筑物结构，如墙体结构（即不开墙槽，不损害墙体的保温和墙体的承重能力）等，便于预安装，节省2/3的安装时间，便于维修和改造（图7-94a），也便于与管道井管道连接。开墙槽会产生大量的安装垃圾（图7-94b）。

6）在采用污水废水合流系统时，节省立管数量。

7）排水横支管与立管均不外露，美观、噪声小。

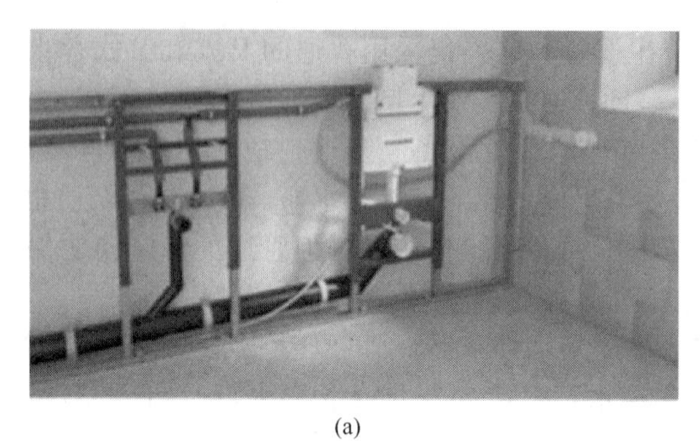

(a)

(b)

图 7-94　墙前安装与隔层安装的比较

(a) 预制的墙前安装，干净的施工现场；(b) 开墙槽产生大量的安装垃圾

(4) 同层排水系统的缺点是：

1) 管道占用一定的使用空间，或必须敷设在专门的技术槽内。

2) 对管道连接质量要求较高，总造价较高。

3) 对卫生设备的选择有限制，采用后排水方式。宜用侧排地漏，或需预埋地漏、可能增加楼板总厚度。在德国，因为毛楼板厚度约 80～100mm，绝热层 40mm，隔声层 7～10mm，砂浆层约 40mm，瓷砖面层 20mm，楼板总厚度约 180～200mm，易于地漏敷设。

4) 在降板式排水的实际应用中，若材料不合格或施工质量问题，常常会遇到降板上敷设的管道渗漏，难以及时发现，直至整个沉箱都充满水，因而造成沉箱中或降板槽内积聚污水且无法排除，污水产生的异味也难以清除，不太受用户和设计人员的欢迎，一些工程对降板内污水采取二次排水措施，又变成了隔层排水。而墙前安装就不会出现这类情况。

6. 为避免发生管道阻塞，排水横管应尽量少转折，弯头数一般不超过 3 个。横管上的三通应采用 45°斜三通。横管严禁使用螺旋降噪管。

7. 连接大便器的横支管管径应≥*DN*100。由于节水的缘故，冲洗水箱已降为 6L/4.5L，为保证横管的充满度，欧洲大便器横管最小管径为 *DN*80。

8. 公共食堂厨房内的污水采用管道排除时，其管径应比计算管径大一级，但干管 *DN*≥100mm，支管 *DN*≥75mm。

9. 医院污物洗涤间内洗涤盆（池）和污水盆（池）的排水管 *DN*≥75mm。

10. 小便槽或连接 3 个及 3 个以上的小便器排水支管 *DN*≥75mm。

11. 同层敷设时，影响卫生设备到立管距离的因素是：

(1) 器具支管的连接高度：尤其是坐洗盆、浴缸、淋浴缸的排水管高度较低，限制了到立管的距离（图 7-95a）。

(2) 横支管的坡度：坡度越大，卫生设备离立管的距离就越小。在立管三通与卫生设备连接中心高差 1cm 时，0.02 的坡度产生 50cm 的水平距离，0.005 的坡度产生 2m 的水平距离。

(3) 排水管的管径：较小口径的管子，例如 *DN*80 / *DN*90 取代 *DN*100 的管子，坡度可以为 0.02，能增加其水平距离（图 7-95b），也减少安装空间，同时管中的固体污物

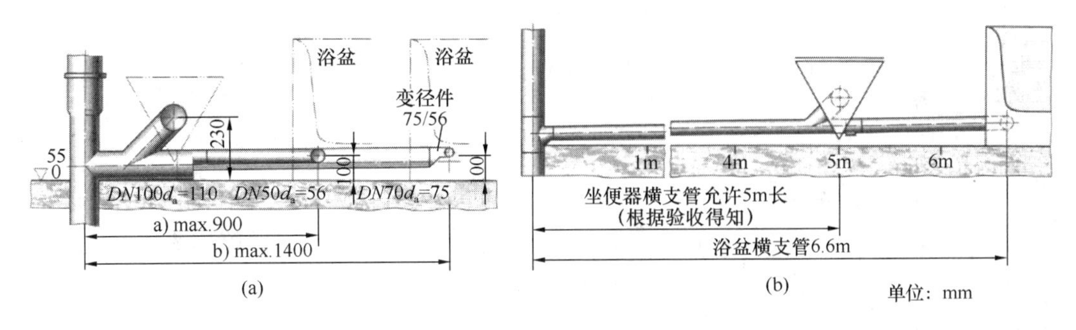

图 7-95　在 $DN70/DN90$ 横支管时，卫生设备距立管的距离

（a）横支管 $DN100/70$ 或 $DN100/50$；（b）横支管 $DN80$

悬浮深度比 $DN100$ 的大，改善了管道的冲洗自净功能。

12. 根据《室内重力流排水系统》EN 12056（或《建筑物和户外排水系统》DIN 1986）的规定，$DN80$（$De/D_i=83/76$mm）的横支管与 $DN90$（$De/D_i=90/83$mm）的横支管使用的最重要条件是：

（1）连接卫生设备时（排水流量 1.8L/s），即 $DN80$ 横管可以连接一个 6L 壁挂式冲洗水箱的坐便器，$DN90$ 横管可以连接 2 个 6L 壁挂式冲洗水箱的坐便器。

（2）最多只允许一次 90°转折。

（3）在有通气管时，横支管最小坡度为 0.005(=0.5%=0.5cm/m)；在无通气支管时，最小坡度为 0.01(=1%=1cm/m)。

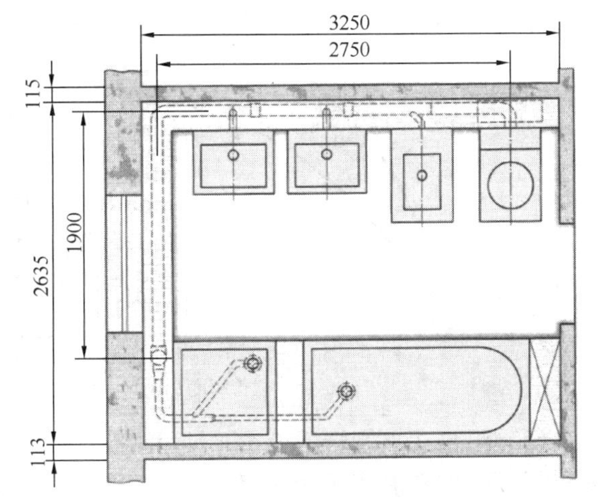

图 7-96　$DN80$ 横支管时允许的布置

13. 在卫生设备布置时，原则上连接支管较低的坐洗盆、浴盆和淋浴盆应该尽量靠近立管。横管在 0.005 的微小坡度时，即使贴近地面敷设，卫生设备离立管也相对较远(图 7-96)。

14. 排水支管布置不得造成排水滞留、地漏冒溢。

7.4.2.3　排水立管

1. 立管中污水的特性

（1）垂直的立管一般没有或带几个转折的弯头，穿过楼层并伸顶通气。与流传广泛的观点相反，立管中的污水没有旋转、大部分靠着管壁向下流动；同时显著地抽吸和夹带着空气。

在立管中，污水的流速是很大的；但是由于受到空气的阻力，立管中大部分的水被挤压靠近管壁（图 7-97），由于空气的阻力以及水和管壁的摩擦力，在 12～15m 以上的立管中，水的流速被限制在 10～12m/s，例如在 12m 立管中，污水的流速不是自由落体运动产生的 15.5m/s，而是 10m/s（图 7-98）。所以在较大立管高度时，对污水下落的制动是多余的。

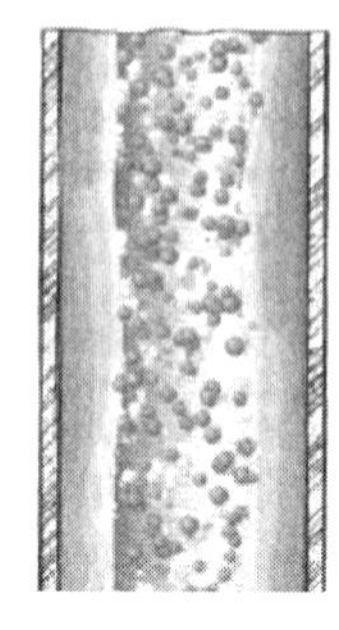

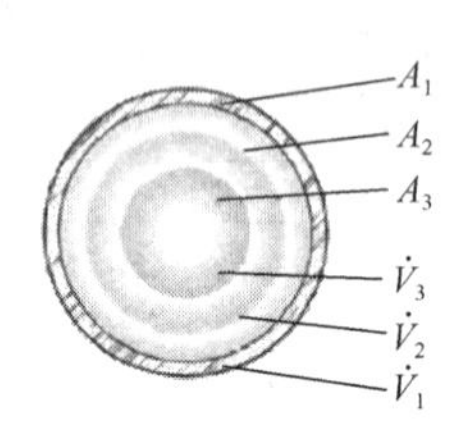

图 7-97　在排水立管中横截面水流-气流的分布情况

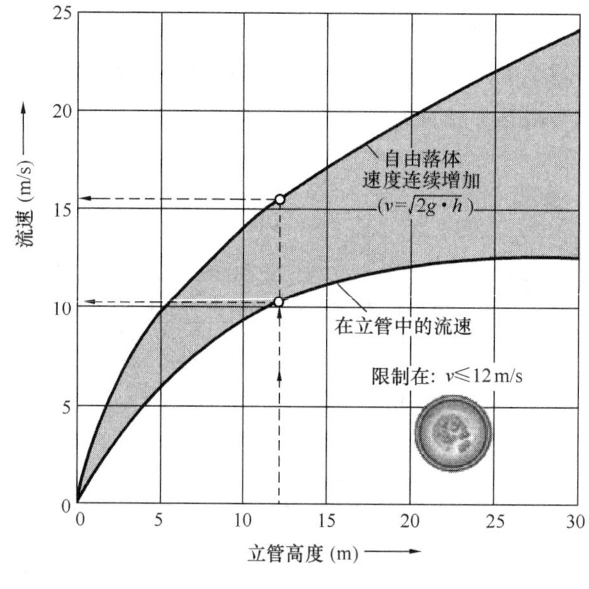

图 7-98　污水在立管中的流速

（2）污水在立管转折处会产生水堵、在冲洗时会产生抽吸；抽吸的空气量很大，最大体积可以达到水流体积的 35 倍。

污水流和空气流在立管中会产生正压和负压（图 7-99a）。在方向急剧变化和管道转折处产生正压，水和空气受到堵塞，在流入口下方由于抽吸产生负压。在较小的转折处，例如 30°、45°的弯头（即流向沿管轴线偏移 30°、45°）时，则不易发生水堵而返水（图 7-99b）。

2. 住宅厨房间的废水不得与卫生间的污水合用一根立管。

3. 如果立管需要转折或偏移时，需要考虑建筑物的楼层或立管的高度：

（1）在建筑物最多 3 层或立管高度<10m 时：在立管与埋地管或干管连接处可以使用 90°的弯头。出于隔声的要求，用 2 个 45°弯头代替 90°的弯头较有利（图 7-100a），在欧洲实际上是 88°弯头，以便敷设时自然形成坡度。

（2）在 4 层至 8 层的建筑物，或立管高度在 10～22m 时：在立管较大角度的转折处或 90°的角度过渡到埋地管和干管时，使用 2 个 45°弯头加一个中间节连接（图 7-100b），使该转折的曲率半径$\geqslant 4d_e$。

如果较大的转折不可避免的话，在立管的正压区和负压区不可以连接支管（图 7-101a）。卫生设备可以用带环形通气管的支干管（图 7-102a）代替若干个单个支管的

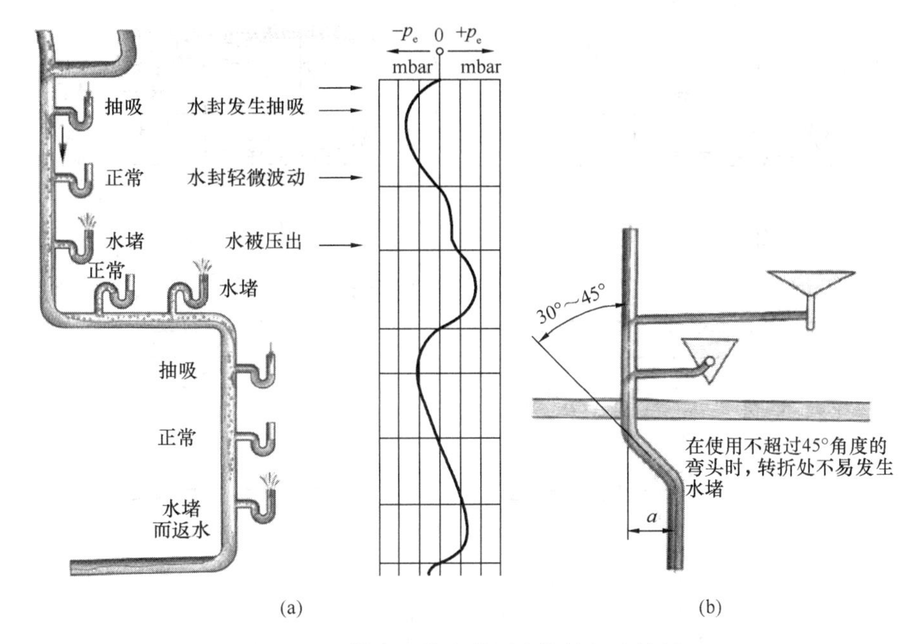

图 7-99　排水立管中的压力特性与小转折

(a) 在排水立管中的压力特性；(b) 立管中的小转折

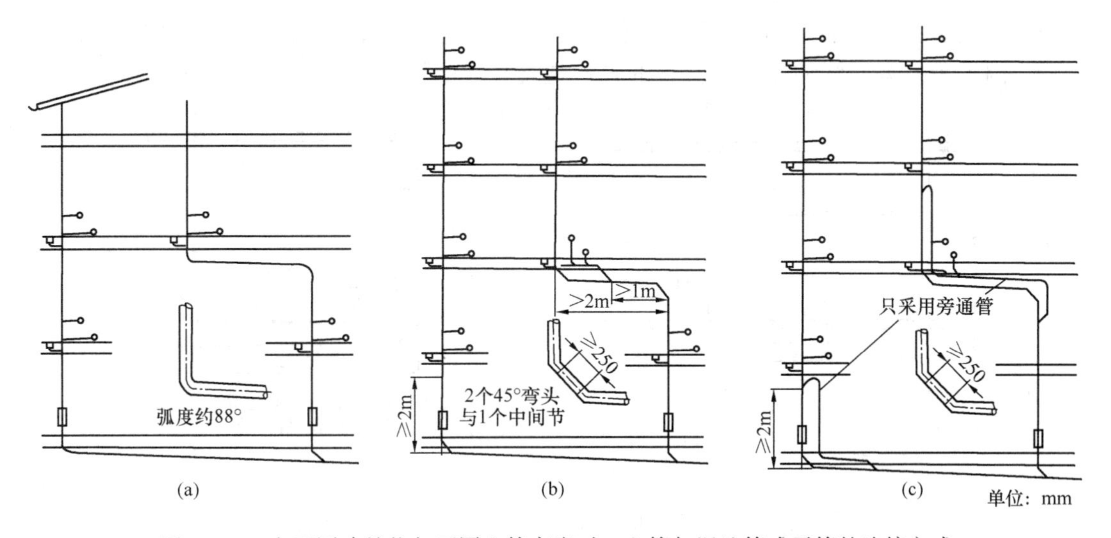

图 7-100　在不同建筑物与不同立管高度时，立管与埋地管或干管的连接方式

(a) 在 1 至 3 层或 h<10m 的建筑物；(b) 在 4 至 8 层或 h=10～20m 的建筑物；

(c) 在 8 层以上或 h>22m 的建筑物

连接（图 7-101b）。

在立管转折<2m 的位置，支管必须连接在旁通管上（图 7-101b），因为在转折前 1m 和转折后 1m 内不允许连接。

（3）在大于 8 层和立管高度>22m 时：在转折处、立管过渡到干管或埋地管位置总是要安装一根旁通管（图 7-100c、图 7-102b）。

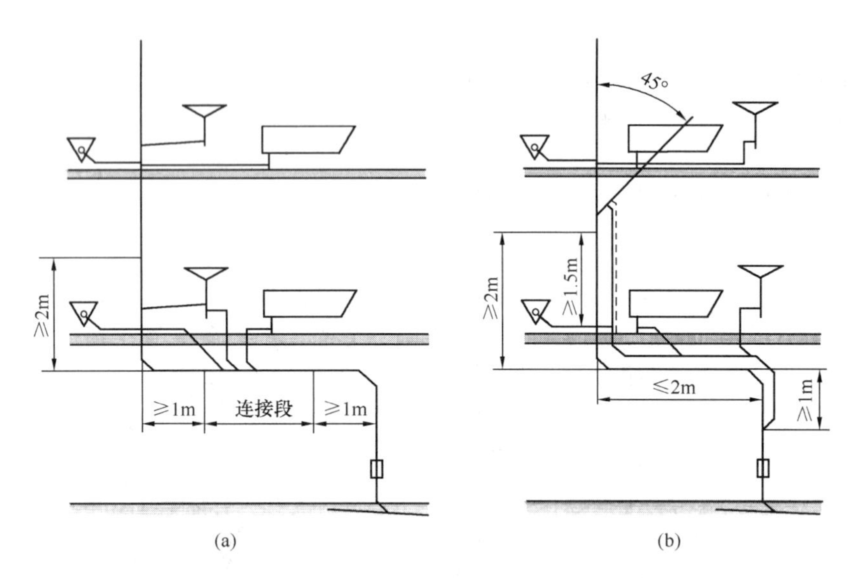

图 7-101　在 4 至 8 层建筑物的立管转折

(a) 转折处＞2m；(b) 转折处＜2m，只允许使用旁通管

在敷设旁通管时要注意：所有在它范围里的连接点都要连接在旁通管上。在具有较大冲洗水量的卫生设备，例如坐便器、浴盆等，必须排到旁通管的垂直管段上（图 7-102b）或环形通气管上（图 7-102a）；这样，来自其他排水点反冲来的污物可以被冲走，而不会在管道内累积。旁通管和环形通气管的管径与立管管径相同，但是最大为 *DN*100。

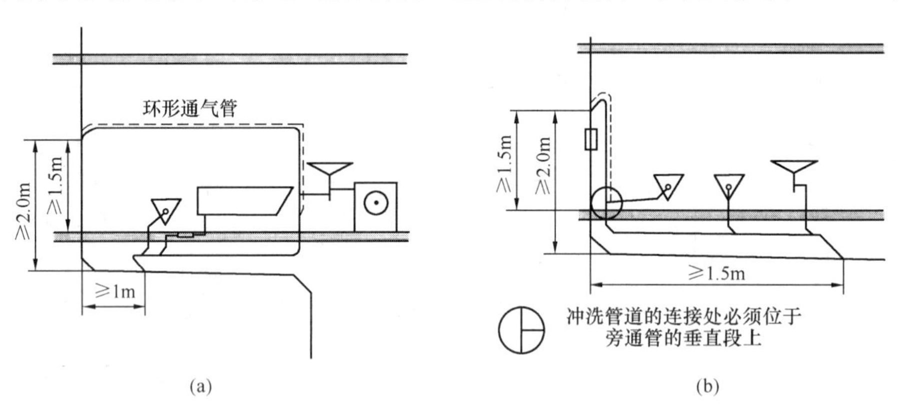

图 7-102　在有辅助通气情况下的立管急剧转折敷设

(a) 与带通气的支干管连接；(b) 在 8 层以上建筑物、立管＞22m 时的立管旁通管

4. 立管的位置

(1) 排水立管应布置在排水量最大、最脏、杂质最多的排水点附近。

(2) 排水立管应布置在墙边（角）或立柱附近，但应避免靠近与卧室相邻的内墙。

5. 排水立管应避免偏置，若必须偏置时宜用乙字管或 2 个 45°弯头（图 7-103)。

6. 塑料排水管应避免布置在热源附近，如不可避免、并导致管道表面受热温度大于 60℃时，应采取隔热措施。塑料排水立管与灶具的净距不得小于 0.4m。

7. 住宅厨房间的废水不得与卫生间的污水合用一根立管。

8. 立管与横管连接采用三通管件时应注意：

(1) 应采用顺水三通或87～88.5°的三通（俗称90°三通），因为后者能与连接管道自动形成允许的1%～5%坡度，有利于连接支管的通气，能防止产生负压而引起抽吸，在靠近楼板时，占空间小（图7-104）。我国生产的90°排水三通有变径的、同径的和顺水三通。

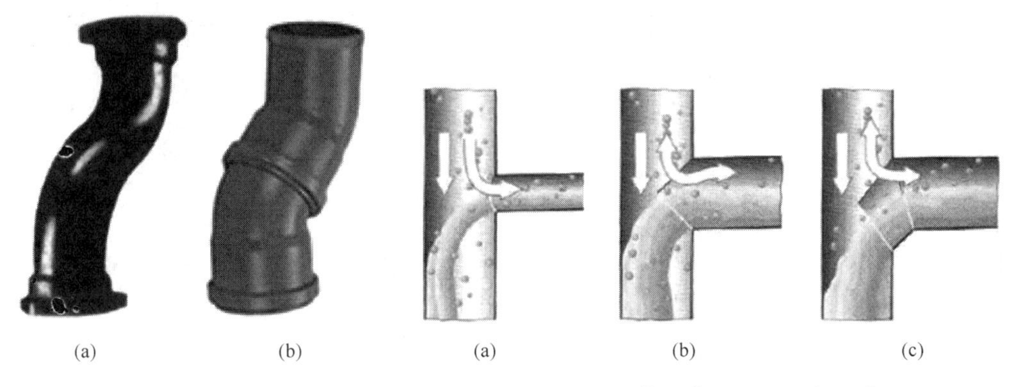

图7-103 排水管的偏置管件
(a) 乙字管；(b) 由2个45°弯头组成

图7-104 立管上使用的约87°～88°三通
(a) 变径；(b) 同径；(c) 顺水三通

(2) 同径的斜三通 $DN100$ 连接单个大便器不会发生什么问题，但占空间较大，若采用变径的斜三通（例如 $DN50$ / $DN100$、$DN80$ / 100 或 $DN90$ / 100)，支管容易出现满流，阻隔空气流入横支管，使连接的卫生器具存水弯中的水封产生抽吸，斜三通支管流入立管的水流速度较快，产生的水舌容易隔断立管中的气流（图7-105）。

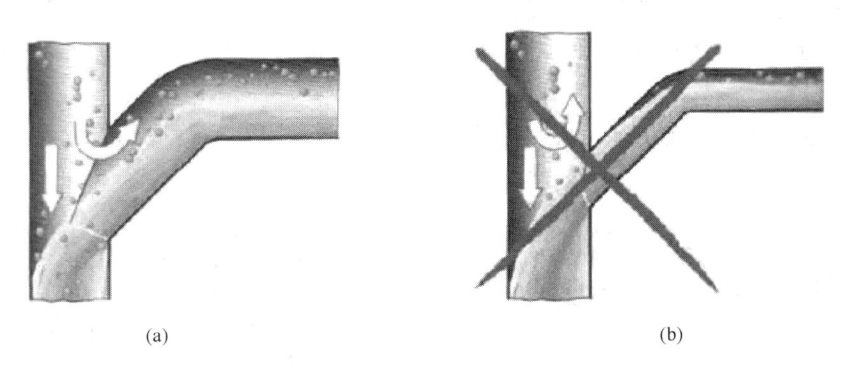

图7-105 立管上使用不同斜三通的比较
(a) 同径斜三通；(b) 异径斜三通

(3) 邻近的横支管连接采用普通三通或角形三通时应避免从对方的支管冲入或淹没。大便器下方的横支管至少应保持200mm间距（图7-106a），坡降 $h \geqslant 100$mm，流入立管时成直角连接（图7-106b），另外，处于下方的横支管坡降应 $h \geqslant DN$，尺寸 h 也可以为存水弯液面和立管三通底部的高差（图7-106a），相对位置的大便器可以用四通连接，每个大便器横支管的坡降 $h \geqslant 100$mm（图7-106c）。背靠背相邻的住宅，只有在可靠提供防火和隔声要求时，才可以连接在公共的立管上。

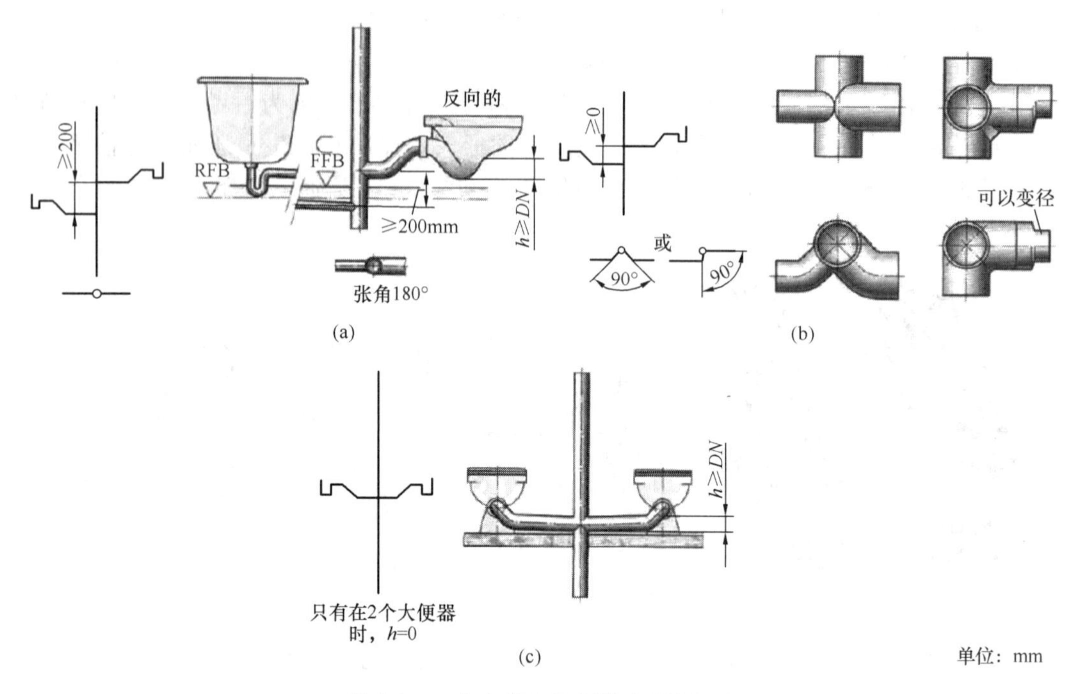

图 7-106　在立管上相邻横支管的汇入

（a）流入张角成 180°（在现浇楼板时难以实施）；（b）流入的张角成 90°；

（c）相对的坐便器用四通连接时的坡降

（4）当同一楼层有若干个连接点时，可以采用球形管件（图 7-107a），尤其是苏维托管件（图 7-107b）。因为它们的横截面扩大了，除了排水能力增大，空气流动也改善了，相对于普通三通，使立管的负荷也增大了。

（5）靠近生活排水立管底部的排水支管与立管连接处距排水立管管底的垂直距离应按表 7-10 的规定。

9. 排水立管在穿越楼层设套管且立管底部架空时，应在立管底部设支墩或其他固定

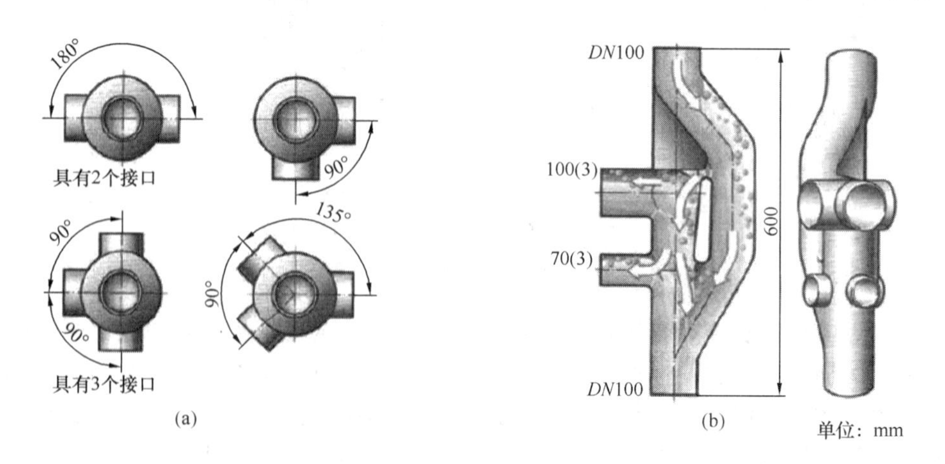

图 7-107　立管上具有 2～3 个接口的球形管件与具有从侧面流入的带 6 个接口的苏维托管件

（a）球形管件；（b）苏维托管件

措施，地下室立管与排水横管转弯处也应设置支墩或固定措施。

10. 金属排水管道穿楼板和防火墙的洞口间隙、套管间隙应采用防火材料封堵。塑料排水管应设置阻火装置，阻火装置有阻火圈和防火套管（图 7-108）。

最低横支管与立管连接处至立管管底的最小垂直距离（m）　　　**表 7-10**

立管连接卫生器具的层数	最小垂直距离	
	仅设伸顶通气	设通气立管
≤4	0.45	按配件最小尺寸确定
5～6	0.75	
7～12	1.20	
13～19	底层单独排出	0.75
≥20		1.20

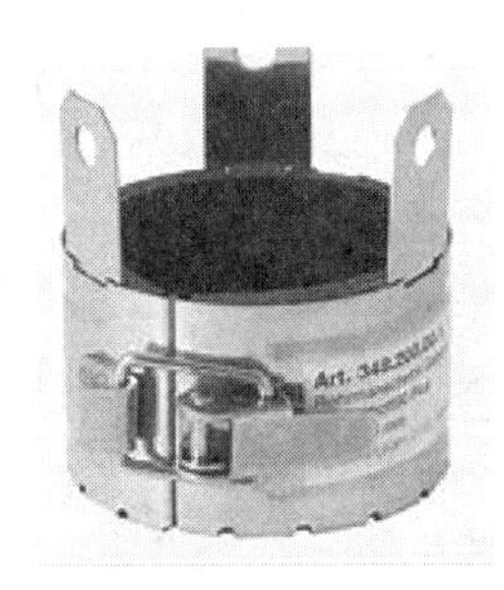

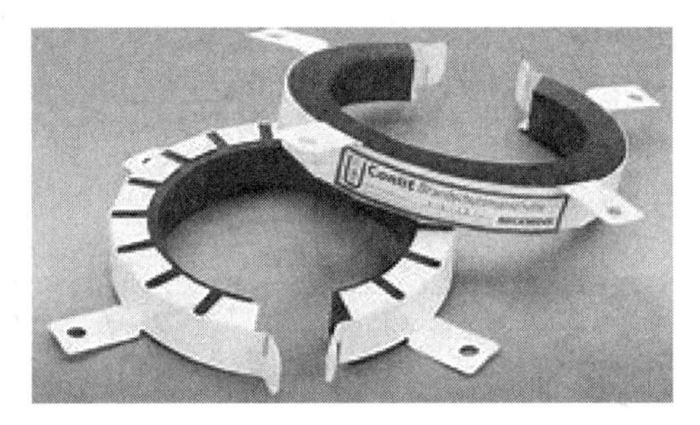

(a)

(b)

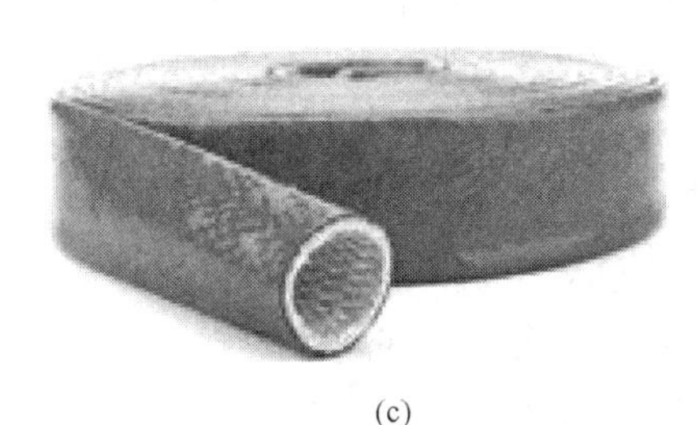

(c)

图 7-108　塑料管的阻火圈与防火套管
(a) 不同形式的阻火圈；
(b) 阻火圈的应用；(c) 防火套管

阻火圈的外壳由金属材料制作，内填充阻燃膨胀芯材，套在塑料管道外壁，固定在楼板或墙体部位，火灾发生时芯材受热迅速膨胀，挤压塑料管道，在较短时间内封堵管道穿洞口，阻止火势沿洞口蔓延。防火套管具有耐高温、保温隔热与阻燃性能。

(1) 高层建筑和有防火分隔要求的立管，管径 d_e≥110mm 的明设塑料立管穿越楼层处下方应设防火灾的阻火圈；横管与立管相连接处，穿越防火墙或管道井壁的两侧应设防火套管（图 7-109a）。

(2) 管径 d_e≥110mm 的明设横支管，当接入管道井、管窿内的立管时，在管道井外壁或窿壁处也应设阻火圈与防火套管（图 7-109b）。

11. 在立管或排水干管垂直段流入埋地管前应安装一个清扫管件。

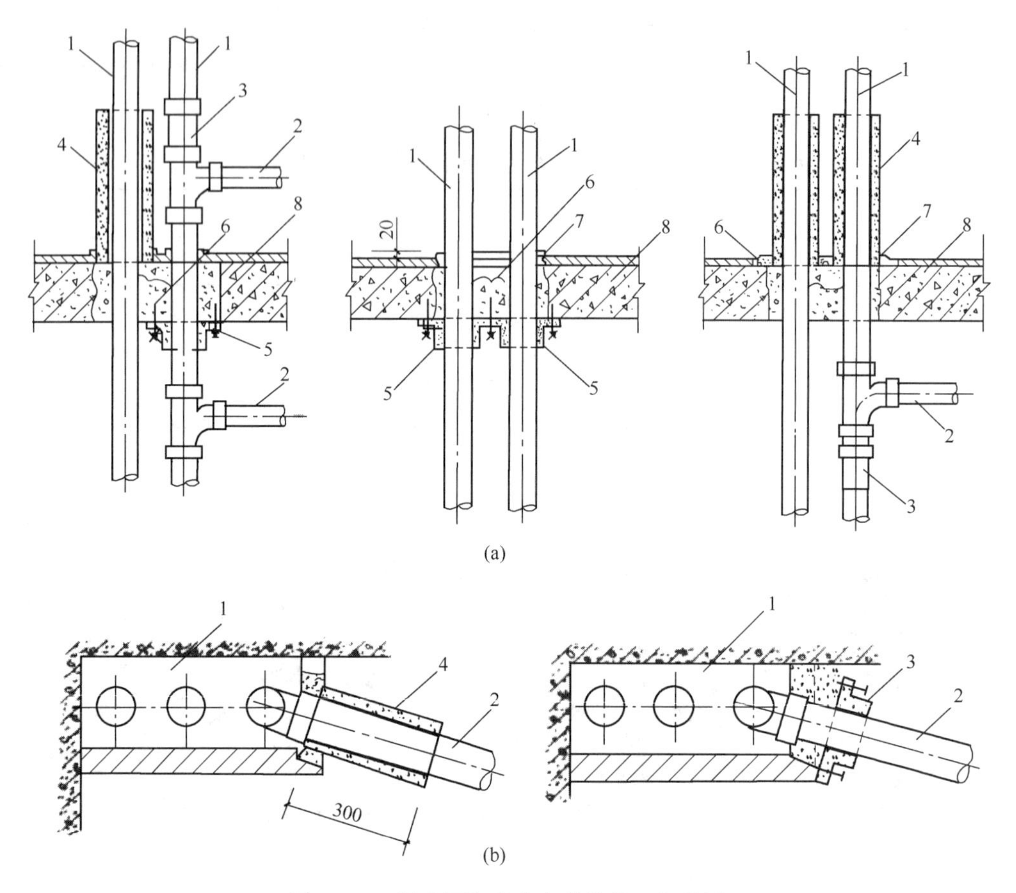

图 7-109　阻火圈与防火套管的位置与敷设

（a）立管穿越楼板的阻火圈与防火套管的敷设；

1—塑料立管；2—塑料横支管；3—立管伸缩节；4—防火套管；

5—阻火圈；6—细石混凝土二次嵌缝；7—阻水圈；8—混凝土楼板

（b）管道井中立管与横支管连接时在井壁处设置的阻火圈与防火套管

1—管道井；2—塑料横支管；3—阻火圈；4—防火套管

12. 多层住宅厨房间的立管 $DN \geqslant 80$。

13. 管道支承件应固定在承重结构上，其间距为：

（1）金属排水立管管径为 50mm 的，不得大于 1.5m；管径≥75mm 的，不得大于 3m；塑料排水立管管径为 50mm 的，不得大于 1.2m；管径≥75mm 的，不得大于 2m。

（2）塑料管直线管段支承件的最大间距宜符合表 7-11 的规定。

排水塑料管直线管段支承件的最大间距　　　　**表 7-11**

管径 *de*（mm）		50	75	110	125	160
间距（m）	横管	0.50	0.75	1.10	1.30	1.60
	立管	1.2	1.5	2.0	2.0	2.0

14. 伸缩节的设置

（1）由于现在的室内排水管大都采用 PVC 管，而 PVC 材料的膨胀系数约是钢的 5～

7 倍，所以当层高≤4m 时，在立管上应每层设置一个伸缩节，当层高>4m 时，应根据管道伸缩量的计算和伸缩节的允许伸缩量（表 7-12）确定。

PVC 管伸缩节的允许伸缩量 **表 7-12**

管径 De（mm）	50	75	90	110	125	160	200
最大伸缩量（mm）	12	15	20	20	20	25	25

（2）污水横支管、横干管、器具通气管、环形通气管和汇合通气管无汇合管件时，管段长度≤4m 时，应设一个伸缩节。

（3）伸缩节位置应靠近水流汇合管件，并应符合下列规定：

1）立管穿越楼层处为固定支承且排水支管在楼板之下接入时，伸缩节应设置于水流汇合管件之下（图 7-110f）。

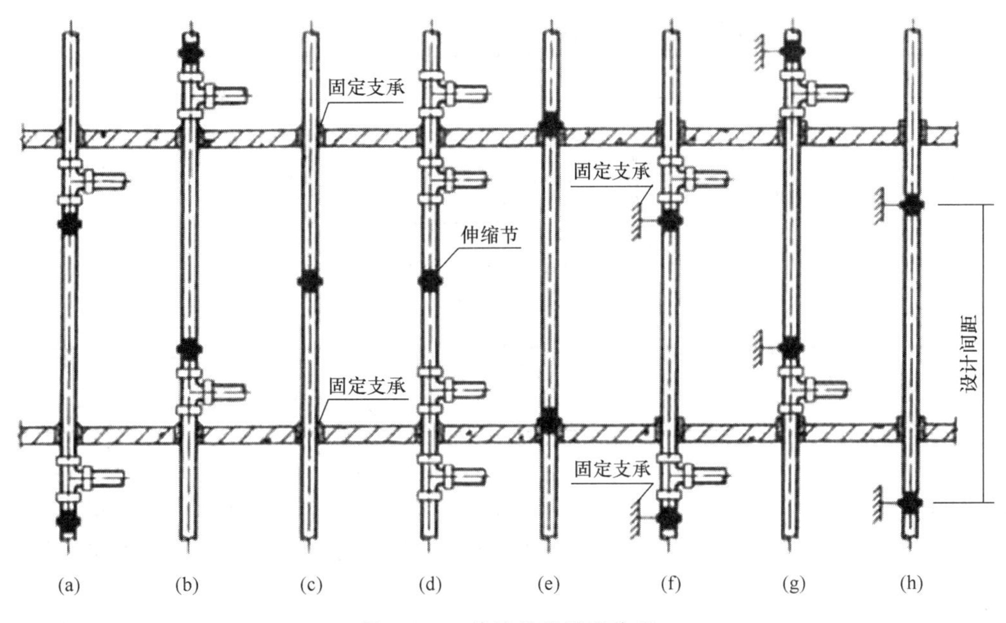

图 7-110 伸缩节的设置位置

2）立管穿越楼层处为固定支承且排水支管在楼板之上接入时，伸缩节应设置于水流汇合管件之上（图 7-110g）。立管穿越楼层处为不固定支承时，伸缩节可设置于水流汇合管件之上或之下（图 7-110a、b）。

3）在楼板上、下方同时都有横支管时，宜将伸缩节设于楼层中间部位（图 7-110d）。

4）立管上无排水支管接入时，伸缩节可按伸缩节设计间距置于楼层任何部位（图 7-110c、e、h）。

5）横管上设置伸缩节应设于水流汇合管件上游端。

6）立管穿越楼层处为固定支承时，伸缩节不得固定，伸缩节固定支承时，立管穿越楼层处不得固定。

7）伸缩节插口应顺水流方向。

8）埋地管道，埋设于墙体、混凝土构件内的管道，不宜设置伸缩节。

7.4.2.4　通气管

1. 通气管的重要性

（1）在下水道、污水管、污水池，例如污水提升设备、油脂分离池中，人类的排泄物、食物残渣等会发酵，产生有气味的、部分有毒的甚至易爆的气体以及热量。这些热量会使气体上升，从管道逸出。所以排水管需要排气，以防这些有害的气体富集、将它们排到室外。

（2）从立管迅速落下的污水会产生负压（抽吸），这个抽吸可以通过流入的空气抵消。所以排水管需要送气，以阻止负压的产生，防止存水弯中的水封被抽空、引起气味的烦恼和排水的噪声。

通气的空气流量需要惊人，它们可达到排出水体积的 35 倍，即排出 1L 污水需要 35L 空气（表 7-13）。所以，在排水系统中的通气管是非常重要的。所有的立管都必须伸顶通气。如果埋地管和干管没有与立管相连，则必须设置单独的伸顶通气管。

不同管径的通气管中污水与空气体积流量的比例　　　表 7-13

管径 *DN*（mm）	Q_{ws}（L/min）	Q_{kq}（L/min）	Q_{ws}/Q_{kq}
70	60	610	10.2
	100	630	6.3
100	50	1750	35
	100	2340	23.4
	200	2580	12.9
	300	2700	9.0
125	50	1730	34.6
	100	2960	29.6
	200	3850	19.2
	300	4500	15.0

2. 为了保证整个排水系统通气不受阻碍和可靠性，为了减少通气管排除的有毒的、带异味的气体与人接触：

（1）伸顶通气管应大于当地最大积雪厚度，且高出屋面（含隔热层）不小于 0.3m，在经常有人活动的屋面，通气管伸出屋面不小于 2m（屋顶有隔热层的，应从隔热层板面算起），并根据防雷要求设置避雷装置。通气管顶端应设通气帽或网罩，以防杂物落入，但是通气帽会减少通气管入口的横截面，欧洲规范要求不宜安装（图 7-111）。所以在考

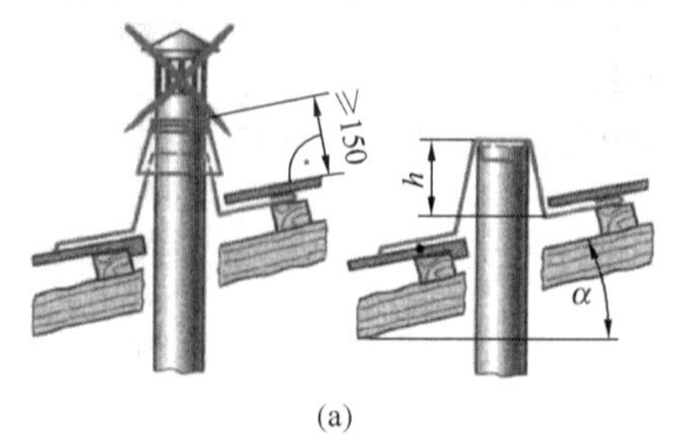

(a)

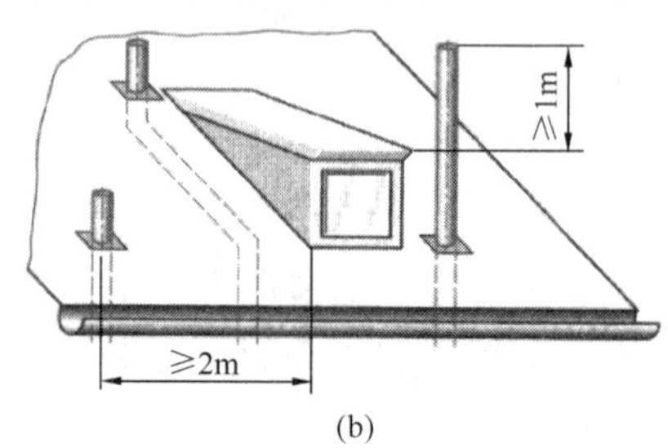

(b)

图 7-111　坡式屋顶的伸顶通气管

（a）伸顶通气管的出口不宜设通气帽；（b）通气管出口距逗留房间窗口的最小尺寸

虑设置通气帽时，通气管的口径选择不宜选下限，应尽量选择大些。

（2）排水通气管不得与风道或烟道相连。通气立管不得接纳器具污水、废水和雨水。

（3）在通气管出口 4m 以内有门窗时，通气管应高出窗顶 0.6m，若通气管出口 2m 以内有门窗时，通气管应高出窗顶 1m，或引向无门窗一侧，通气管出口不宜设在建筑物挑出部分（如屋檐口、阳台和鱼棚）下面。

（4）通气管的出口不能位于空调系统的进风口吸力范围。

3. 通气管必须连接在垂直管段上；横向的环形通气管和辅助通气管应有 0.02 的坡度，在与排水立管相连时采用 45°弯头，防止污水中的污物沉积在通气管内（图 7-112）。

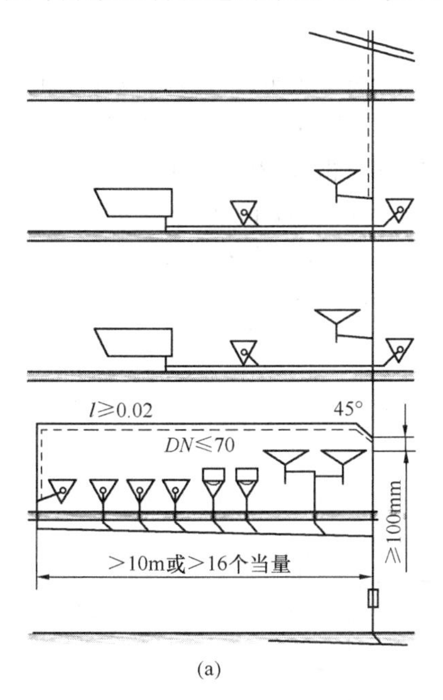

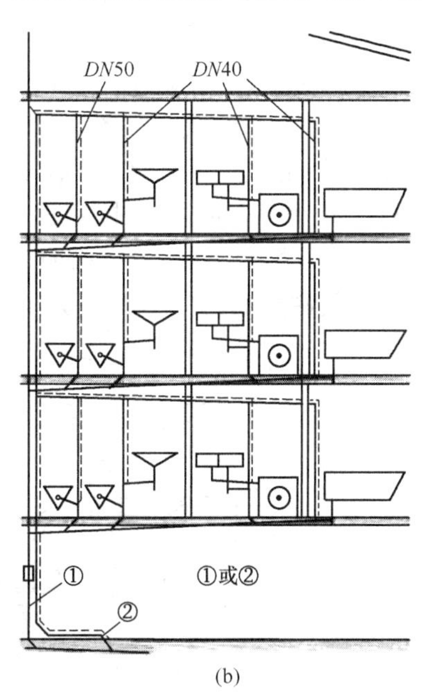

图 7-112 环形通气管与器具通气管的敷设
（a）环形通气管的敷设；（b）器具通气管的敷设

4. 通气管管径一般与立管管径相同，不宜小于排水管管径的 1/2。通气管应根据排水能力和长度确定，最小管径见表 7-14。

通气管最小管径 **表 7-14**

通气管名称	排水管 DN（mm）							
	32	40	50	80	90	100	125	150
器具通气管	32	32	32	—	—	50	50	—
环形通气管		—	32	40	40	50	50	—
通气立管[1]		—	40	50	—	80	90	100

注 1：通气立管指专用通气立管、主通气立管、副通气立管。

5. 通气立管长度＞50m 时，其管径应与排水立管管径相同；通气立管≤50m 时且两根及两根以上污水立管同时与一根通气立管相接时，应以最大一根污水立管按表 7-13 确定通气立管管径，且其管径不宜小于其余任何一根污水立管管径。

6. 结合通气管管径不宜小于通气立管管径。结合通气管当采用 H 管时可隔两层设置，H管与通气立管的连接点应高出卫生器具上边缘0.15m。

7. 在最冷月平均气温低于－13℃的地区，应在室内平顶或吊顶以下0.3m处管径放大一级。

当两根或两根以上污水立管的通气管汇合连接时，汇合通气管的断面积应为最大一根通气管的断面积加其余通气管断面积之和的0.25倍。

8. 当立管过长或横支管连接卫生器具过多时，同时放水的机会较多，部分管内的压力出现负压，产生抽吸现象，破坏水封，部分管路被水充满，排水管中气柱受到压缩，出现正压，发生漫溢。应按不同情况设置专用通气立管、主通气立管、副通气立管、环形通气管、器具通气管或通气阀。

（1）连接4个或4个以上卫生器具且距立管＞12m、同一污水支管连接6个及6个以上大便器时，应设环形通气管（图7-112a），逐层与主通气立管或副通气立管连接起来，或在各层设吸气阀。但注意，住宅和要求较高的民用建筑物内不得设置吸气阀来替代通气管。

（2）对卫生、安静要求较高的建筑物内，生活污水管应设置器具通气管（图7-112b）。在多层的错层建筑物立管时，例如坡地住宅，通气管应平行于立管敷设。这种辅助通气管必须按图7-113这样连接，不可以将污水冲入其中。

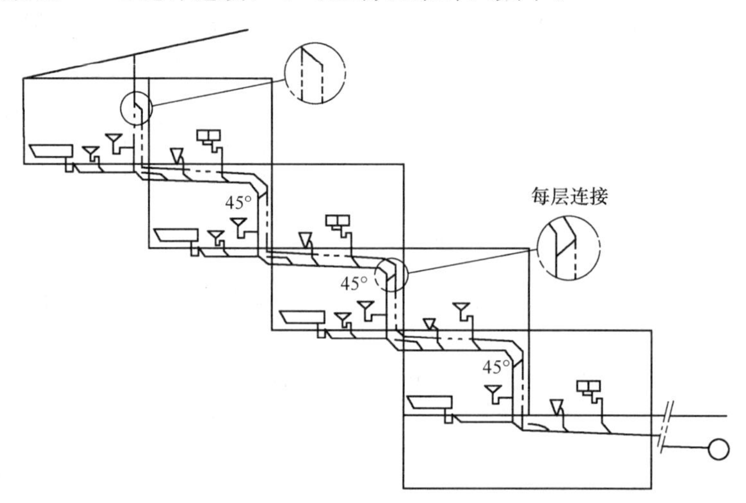

图7-113 建于坡地的多层错层住宅内立管上的直接辅助通气管

（3）器具通气管设在存水弯出口端，环形通气管在横支管最始端卫生器具下游端的横支管上接出，并应在排水支管中心线以上与排水支管呈垂直或45°连接。器具通气管与环形通气管应在卫生器具上边缘以上不少于0.15m处，按大于0.01的坡度与通气立管相连接。

（4）通气立管的上端可在最高层卫生器具上边缘或检查口以上与污水立管通气部分以斜三通连接，下端在最低污水横支管以下与污水立管以斜三通连接，或者下端应在排水立管底部距排水立管底部下游侧10倍立管直径长度距离范围内与横干管或排出管以斜三通连接。专用通气立管每隔2层、主通气立管每隔8层与污水立管设结合通气管连接。

（5）结合通气管宜每层或隔层与专用通气立管、排水立管连接，与主通气立管连接；结合通气管下端宜在排水横支管以下与排水立管以斜三通连接，上端可在卫生器具上边缘0.15m处与通气立管以斜三通连接。

9. 通气管在穿越屋面的交界处必须防止降水的渗漏，现在一般采用带阻水圈的通气管出入口集成件（图 7-114），阻水圈预埋在屋面结构内，在屋面工程完成后，用一根柔性接管将它下部和排水立管顶端连接起来，以弥补其管中心的偏差。

(a)

(b)

图 7-114　带阻水圈的通气管穿越屋顶的通气口集成件
(a) 带阻水圈的穿越屋顶通气口；(b) 下部用柔性管与通气管或排水立管连接

10. 餐饮店设在底层的厕所，可以设通气管，也可以不设通气管（图 7-115）敷设。但无通气管的出口应远离有人通过的地方。

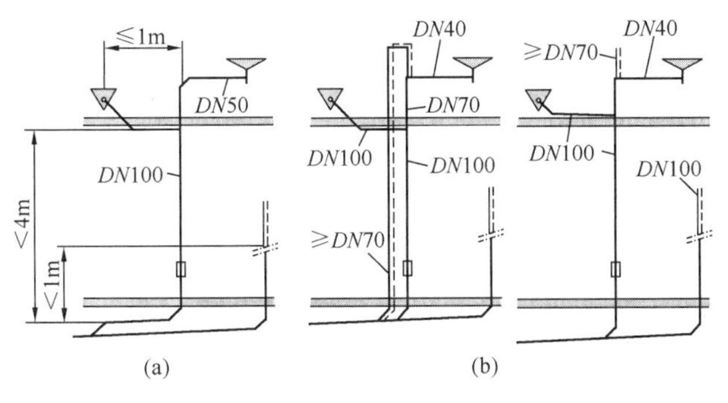

(a)　　(b)

图 7-115　餐饮店在地下室的厕所的通气管不同敷设方式
(a) 不设通气管；(b) 设 DN70 通气管，也可以设 DN70 辅助通气管

11. 当底层生活排水管道单独排出且符合下列条件时，可不设通气管：

(1) 住宅排水管以户排出时；

(2) 公共建筑无通气的底层生活排水支管单独排出的最大卫生器具数量符合表 7-15 规定时；

(3) 排水横管的长度不大于 12m。

公共建筑无通气的底层生活排水支管单独排出的最大卫生器具数量　　表 7-15

排水横支管管径(mm)	卫生器具分类	卫生器具数量
50	排水管径≤50mm	1
75	排水管径≤75mm	1
	排水管径≤50mm	3
100	大便器	5

注：1. 排水横支管连接地漏时，地漏可不计数量。
2. DN100 管道除连接大便器外，还可连接该卫生间配置的小便器及洗涤设备。

7.4.2.5　苏维托系统与速倍通系统

1. 苏维托单立管排水系统

(1) 苏维托管件作用原理（图 7-116）：当上面立管来的污水流经乙字管时，由于受到阻碍而流速减小，动能部分转化成压能，改善了立管内经常处于负压的状态，水流在这里形成紊流，使水团碎裂成无数小水滴，加速与周围空气混合，同时在继续下降过程中，通过隔板

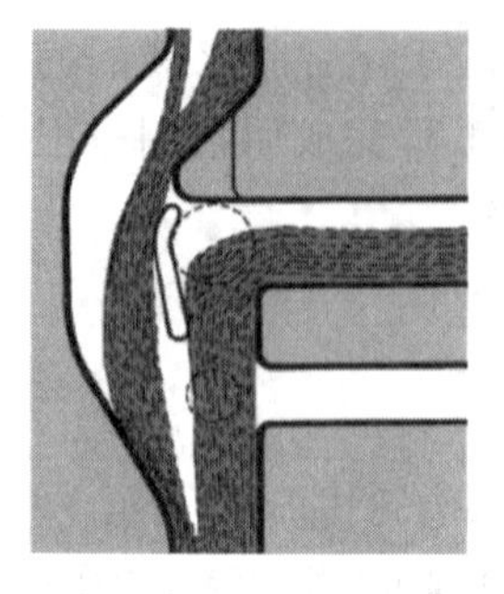
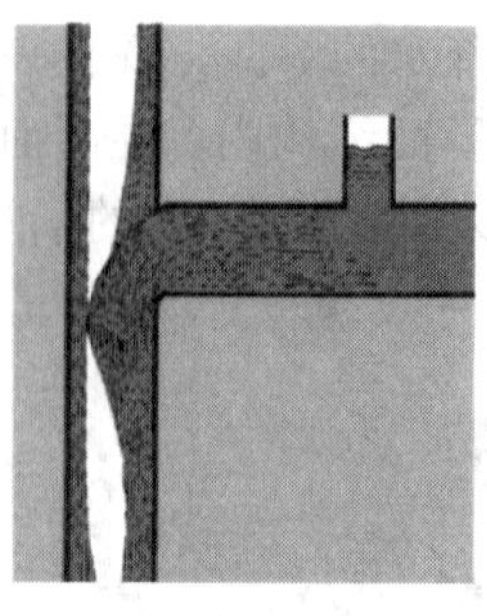

图 7-116　苏维托管件与普通管件排水的比较

上部 10～15mm 的孔隙抽吸排水横管和混合器内的空气，变成密度小、类似于水沫一样的气水混合物（气水比 3：1～10：1），使下降的速度进一步减慢，避免过大的抽吸力产生。来自排水横管的污水，在混合器中受到隔板阻挡而呈竖直方向后进入立管，防止了污水跨越立管横断面，因此不致隔断立管气流而造成负压，同时由于有隔板的存在，即使形成水塞也只限于混合器的右半部，该水塞通过隔板上部 10～15mm 的孔隙由立管及时补气，在下降一个挡板高度（约 200mm）后水塞就被破坏，水流沿管壁呈膜状向下流动。

苏维托管件有 6 个接口可选择（但不能上下斜对角同时连接），排水流量达 9.5L/s，适用于 8 层以上建筑的污废水合流或分流系统，一般每层设 1 个苏维托管件。

（2）苏维托系统的组成：苏维托、泄压管、排水管与普通管件（图 7-117）。

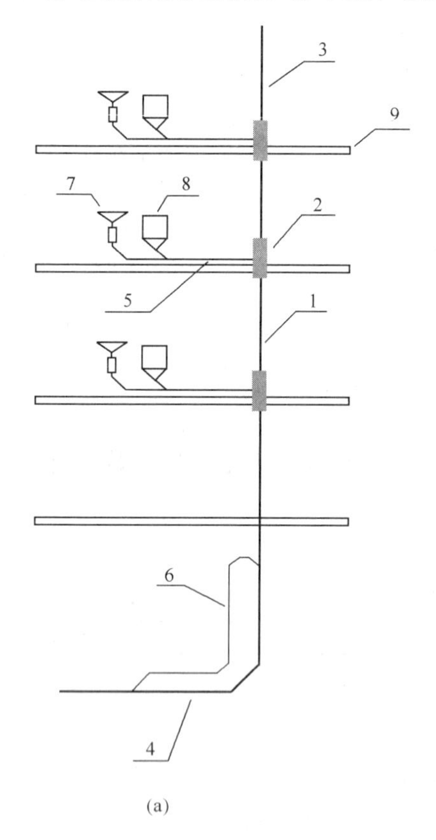

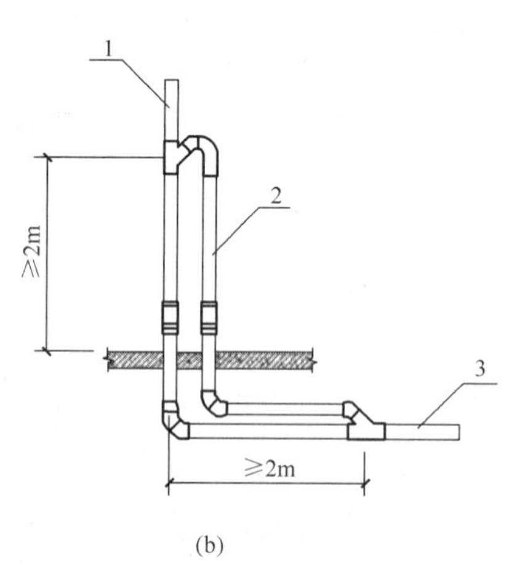

图 7-117　苏维托单立管排水系统组成与泄压管的连接

（a）苏维托单立管排水系统组成；

1—排水立管；2—苏维托；3—伸顶通气管；4—排水横干管；5—排水横支管；

6—泄压管；7—洗脸盆；8—大便器；9—楼板

（b）泄压管的连接

1—排水立管；2—泄压管；3—排水横干管

1）苏维托管件大都由PE-HD制成，也有用金属（如铸铁）或其他塑料制成。内部设有水流阻隔器，改善了垂直管内的空气流通，能保证每根支管的水流都能沿一定的方向畅流无阻，同时还能减缓水流速度，保证气压在管道中始终处于平稳状态，从而取代通气管的作用。实现了单立管排水，取消了传统的专用通气系统。

苏维托管件使得立管的排水负荷增加。有效地降低因排水而形成的水流噪声，创造了住宅的安静环境。有连接6个不同方位支管的接口，从而既减少了排水立管的数量，又取消了专用通气立管，节省了垂直管道井的空间（图7-118）。

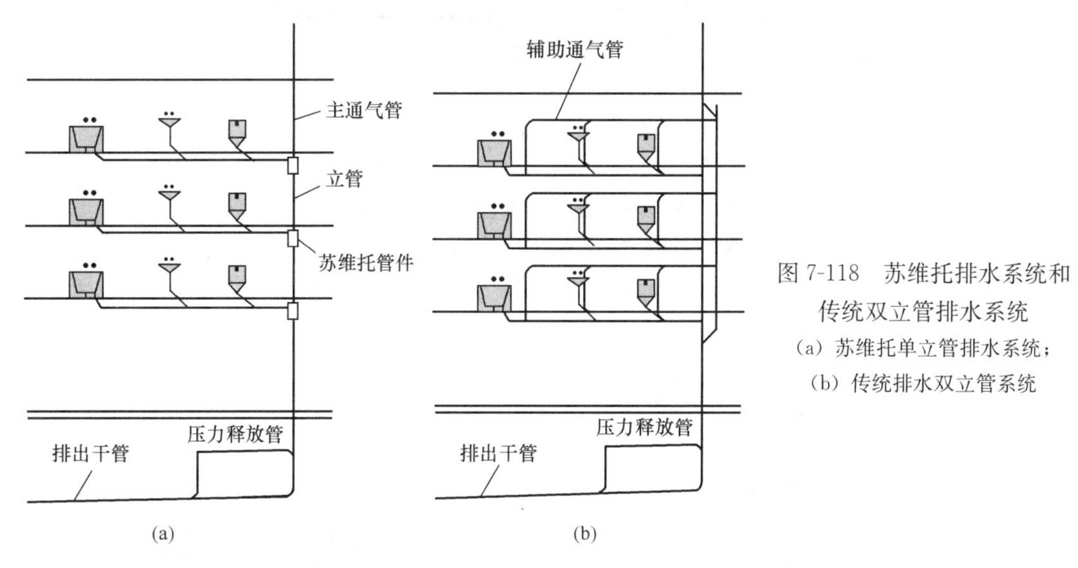

图7-118 苏维托排水系统和传统双立管排水系统
(a) 苏维托单立管排水系统；
(b) 传统排水双立管系统

2）泄压管安装在排水立管底部，用于通气、泄压，同时可兼作底层卫生器具排水的管道。

（3）苏维托单立管排水系统的安装注意事项

1）苏维托系统可以用于同层安装，也可以用于异层安装。苏维托材质与连接的管道材质应相同，当材质不同时应确保连接的可靠性和接口的密封性。苏维托与排水立管和横支管的连接均应采用无承口柔性连接或卡箍式柔性连接。高层建筑采用塑料管时，*De*110立管上的苏维托排水能力为9.5L/s；采用铸铁管时，*DN*100铸铁立管上的苏维托排水能力为6.5L/s。

2）泄压管有竖向管段和横向管段，它们应以45°管件分别与排水立管和排水横管连接（图7-119b）。泄压管的管径应与排水立管管径相同，当底层卫生器具排水管单独排出、不接入泄压管时，泄压管管径可以比排水立管管径小1号。底层卫生器具排水管不单独排出时，可接入泄压管（图7-119）。

3）泄压管连接点距排水立管底部≥2m，在长度小于2m的排水横管时，泄压管末端可不与排水横干管连接，而应与排水立管连接（图7-120）。泄压管横向管段坡度应与排水横干管坡度相同。

4）当同一楼层不同高度的污、废水横支管接入苏维托时，污水横支管应从其上排横支管接口接入，较立管管径小于1～2级的排水横支管应从其下排横支管接口接入(图7-121)。

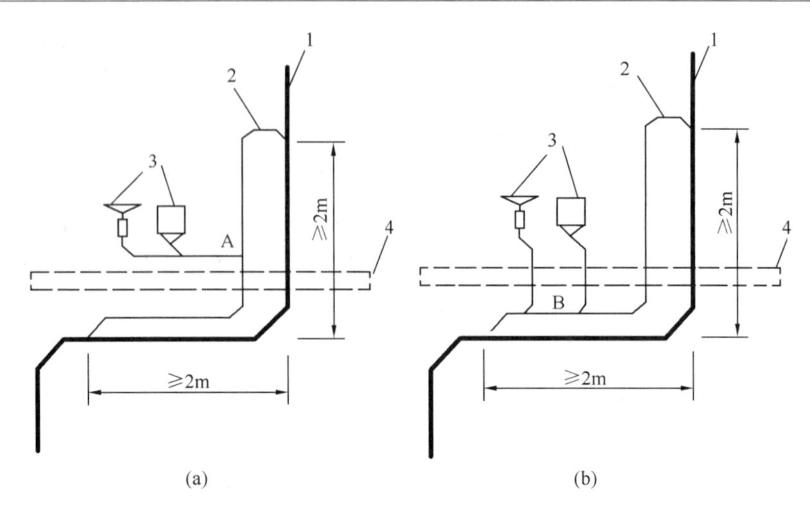

图 7-119　底层卫生器具排水管接入泄压管的方式

（a）接入泄压管的竖向管段；（b）接入泄压管的横向管段

1—排水立管；2—泄压管；3—卫生器具；4—楼板

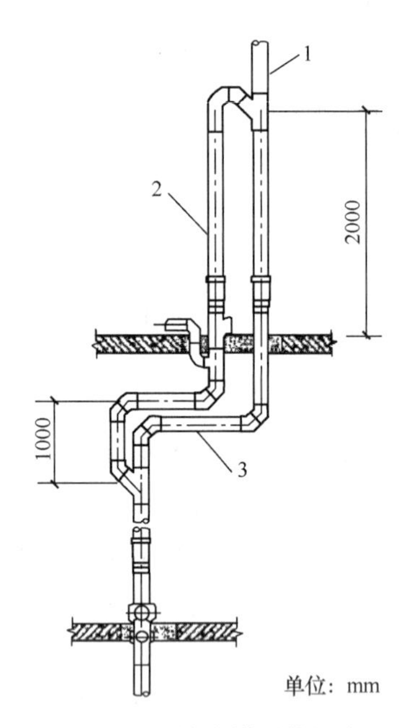

图 7-120　排水横干管长度小于 2m 时泄压管的连接

1—排水立管；2—泄压管；3—排水横管

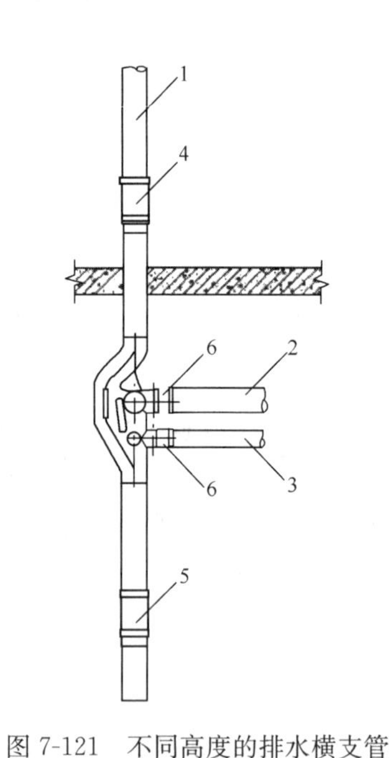

图 7-121　不同高度的排水横支管与苏维托的连接

1—排水立管；2—污水横支管；3—废水横支管；4、5—膨胀伸缩节；6—环形密封圈接头

2. 速倍通系统

采用传统的通气管道时，管道井与顶棚内的情况显得很拥挤（图 7-122），采用苏维托系统的管道井与顶棚内的情况明显改善，但是水平管道仍然需要一定的坡度，占顶棚空间仍较大（图 7-123）。传统排水系统需要 $d110$ 排水立管和 $d110$ 通气立管，每层结合通气管连接，才能达到 8.0L/s。

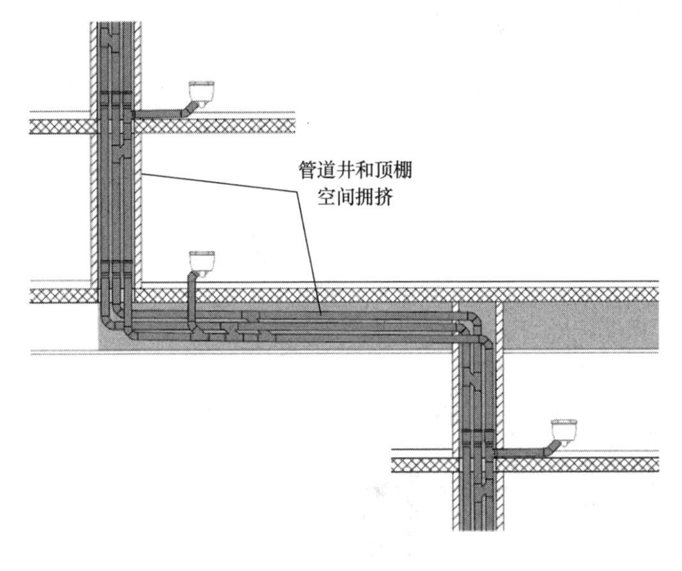

图 7-122　传统通气管时管道井与顶棚内的情况

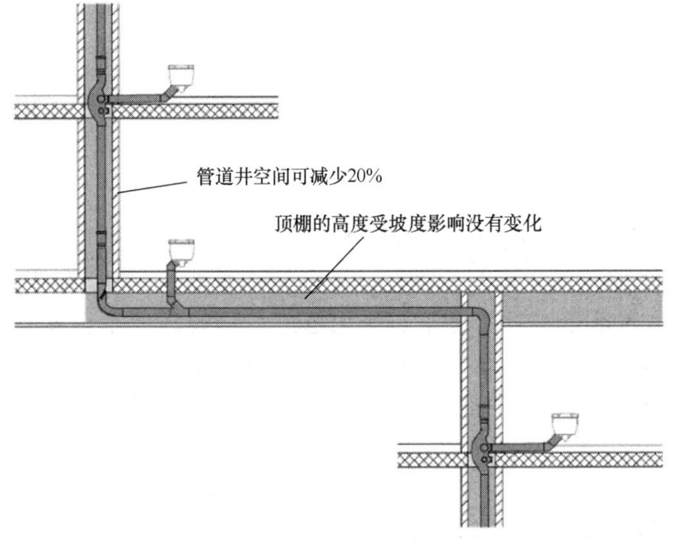

图 7-123　苏维托排水系统所占空间的情况

速倍通系统是在苏维托系统的基础上发展起来的，解决了排水立管从垂直方向转到水平方向时的通气问题。

（1）速倍通系统具有以下优点：

1）减少空间：由于取消了传统的通气管道，节省了横向和垂直管道井 20％的空间，速倍通系统让水平排水管可以在 6m 长度内实现 0°坡度同管径敷设，减少了吊顶 30％空间，有效提升层高（图 7-124）。

2）降低成本：由于取消了传统的通气管道，解决了单立管有效排水和排水立管从垂直方向转到水平方向的通气问题，从而节省了管材，节省了横向和垂直管道井的空间，降低了成本。

（2）工作原理：由于苏维托配件、沛通弯头与沛利弯头内部的专利特殊构造，使排水的水流在苏维托配件里形成贴管壁旋转流动的附壁流，附壁流在沛通弯头处被转变成平流层，平流层水流在沛利弯头处再次被转变成附壁流。在速倍通系统里，管道内始终能形成连续的空气柱，排水往下流动时，空气能一直往上流动（图 7-124）。

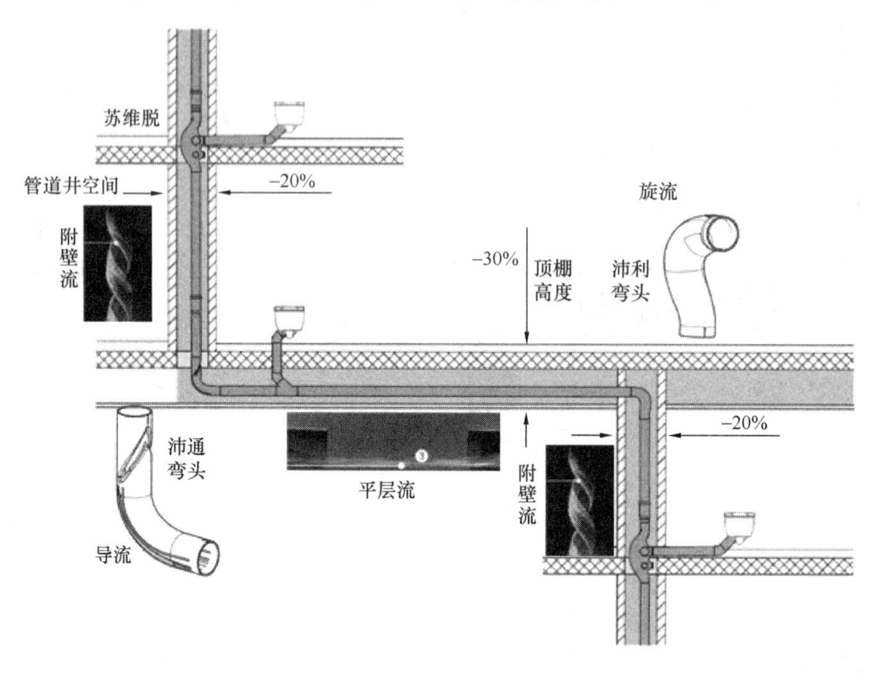

图 7-124　速倍通系统工作原理

7.4.2.6　排出管

1. 排出管可以连接一根立管单独排出，也可以连接几根立管后排出。为避免阻塞，立管与排出管的连接应如图 7-100 所示。

2. 排出管通常埋地敷设或悬吊在地下室的天棚下。排出管应尽可能短地排至室外，以减少排出管的堵塞、便于清通检修，避免坡降大而造成室外管网埋深过大。

3. 排出管穿越地下室外墙时，应预埋刚性套管，套管比排出管大 2 号，排出管与套管之间采取防渗漏措施。

4. 排出管出外墙后距检查井不宜小于 3.0m，排出管的最大长度见表 7-16。若排出管的长度大于表中数值时，应在排出管上设检查口或清扫口。

排出管的最大长度　　　　**表 7-16**

DN(mm)	50	75	100	＞100
排出管的最大长度(m)	10	12	15	20

5. 为防止被冻坏，排出管埋地敷设的深度应大于当地冻土层深度；为避免被重物压坏或被设备振裂，一般厂房内排水管的最小覆土深度见表 7-17。排出管不得穿越设备基础，若遇特殊情况必须穿越时应加钢套管。

埋地排水管的最小覆土深度　　　　**表 7-17**

管材	管顶至地面的距离(m)	
	素土夯实、碎石、砾石、大理石、缸砖、木砖地面	水泥、混凝土、沥青混凝土、菱苦土地面
排水铸铁管	0.7	0.4

续表

管材	管顶至地面的距离(m)	
	素土夯实、碎石、砾石、大理石、缸砖、木砖地面	水泥、混凝土、沥青混凝土、菱苦土地面
混凝土管	0.7	0.5
塑料管、带釉陶土管	1.0	0.6

6. 排出管与给水引入管平行敷设时，管壁间距≥1.0m。

7. 排出管与室外管道通过检查井进行连接时，排出管管顶标高不得低于室外排水管管顶标高，其连接处的水流方向回转角度≥90°。若跌落差>0.3m 时，可不受角度的限制。

8. 靠近排水立管底部的排水支管应按下列要求连接：

(1) 为防止立管底部所产生的正压值破坏连接在最底层横支管上的卫生器具的水封功能产生溢水、冒泡等现象，排水立管仅设置伸顶通气管时，最低排水横支管与立管连接处距排水立管管底垂直距离见表 7-10。

(2) 排水支管连接在排出管或排水横干管上时，连接点距立管底部下游水平距离不宜小于 3.0m，且不得小于 1.5m。

(3) 横支管接入横干管竖直转向管段时，连接点应距转向处以下不得小于 0.6m。

(4) 当靠近排水立管底部的排水支管的连接不能满足本条要求时，排水支管应单独排至室外检查井或采取有效的反压措施。底层大便器排水管采用单独排出方式。

9. 排出管转折只允许采用 15°、30°、45°弯头，国产管件中缺乏小角度弯头，外资企业有供应。也可以由管道工自己制作（熔焊）。当排出管转折角度>45°时，宜用 2 个小角度的弯头，可能的话加中间节。在埋地管转折角度>45°的弯头附近设置检查口或检查井。

10. 排出管在过渡到不同管材时，只要管径偏差不大，连接一般没有问题，宜用相应的复合连接管件，当两种管材管径略有偏差时，可以用相应管径的橡胶圈套上、外加卡圈即可。

11. 为了使小型可行驶摄像机或迷你清通机器人在埋地管里能通行无阻，便于进行验收、渗漏、堵塞等检查（图 7-125）和疏通工作，变径件连接时下部平齐敷设（注意：只有埋地管的变径件允许）。

12. 埋地管需要注意：

(1) 埋地管要考虑管材和连接方式的强度，在覆土和重物的负荷时，其横截面不变形、连接位置能承受荷载。特别是塑料管，由于变形而使其密封圈失去密封性。

(2) 埋管的沟底要平整和有坡度，管材连接位置要留有工作坑。

(3) 为了使敷设管道的下面不出现空洞而在将来造成沉降不同和呈拱形受力，为了使垫层具有一定的弹性和受力均衡，尤其是塑料管不被顶伤，在沟底先铺上细颗粒的砂土，而不能用含粗颗粒的材料，例如砾石、建筑垃圾等做垫层。

1) 在普通土壤时的沟底时，垫层厚度≥100mm；

2) 在岩石或含砾石的沟底时，垫层厚度≥150mm。

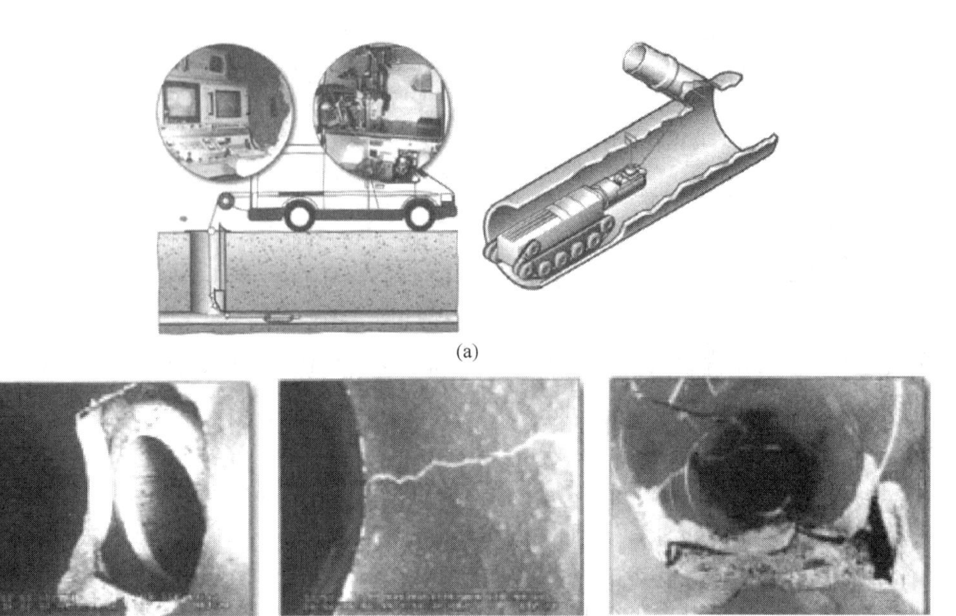

(a)

管道未连接好　　管壁出现裂纹　　管壁出现破洞

(b)

图 7-125　埋地管的检查与变径连接

（a）可行驶摄像机在埋地管进行检查，地面上工作人员进行分析判断；

（b）可行驶摄像机在埋地管里拍摄的照片

（4）在管道连接好、进行密封性试验后，管道上方覆盖 300mm 以上的细砂土，不能选用含粗颗粒的、含五花八门材质的覆土。覆土时不能造成管道移位。

（5）在管顶 300mm 以上的覆土，用手动的或轻型夯实机将填料分层夯实。

7.4.2.7　清通设备与间接排水设施

1. 检查口与清扫口

（1）立管上检查口之间的距离≤10m，但在建筑物底层和设有卫生器具的二层以上坡式屋顶建筑物的最高层，必须设置检查口，平顶建筑可用通气管顶口代替检查口。如采用机械清扫时，立管检查口的间距≤15m。当排水立管设有 H 管时，检查口应设在 H 管件的上边。

（2）当立管上水平转折或有乙字管时，应在该层立管转折处和乙字管的上部设检查口。当在地下室立管上设置检查口时，检查口应布置在立管底部之上。

（3）为便于拆、装和疏通，检查口的中心高度宜 1.0m，为防溢水，检查口应高于该层卫生器具上边缘 0.15m，检查口的盖板应面向便于检查清扫的方位。

（4）在连接 2 个及以上大便器或 3 个及以上卫生器具的铸铁排水横管上，宜设置清扫口，在连接 4 个及以上大便器的水力排水横管上，宜设置清扫口。

（5）在水流转角小于 135°的污水横管上，应设检查口或清扫口。

（6）污水横管的直线管段上，检查口与清扫口的最大距离见表 7-18，检查口应垂直向上。当排水立管底部或排出管上的清扫口至室外检查井中心的长度对于表 7-19 时，应在排出口上设清扫口。

污水横管的直线管段上检查口与清扫口的最大距离 **表 7-18**

DN (mm)	清扫设备种类	距离(m)		
		生产废水	生活废水	生活污水
50～75	检查口	15	15	12
	清扫口	10	10	8
100～150	检查口	20	20	15
	清扫口	15	15	10
200	检查口	25	25	20

排水立管底部或排出管上的清扫口至室外检查井中心的最大长度 **表 7-19**

管径 *DN*(mm)	50	75	100	>100
最大长度(m)	10	12	15	20

(7) 在污水横管上的清扫口应设置在楼板或地坪上与地面相平。污水管起点的清扫口与污水横管相垂直的墙面距离≥200mm。楼板下排水横管起点的清扫口与其端部相垂直的墙面的距离≥400mm，异层安装的污水管起点用堵头代替清扫口时，堵头与墙面距离应≥400mm。

(8) 管径<*DN*100mm 的排水管道上设置清扫口，其尺寸应与管道同径，管径≥*DN*100mm 的排水管道上设置清扫口，其尺寸应采用 *DN*100mm 管径。

(9) 排水横管连接清扫口的连接管管件应与清扫口同径，并采用 45°斜三通和 45°弯头或由 2 个 45°弯头组合的管件。

(10) 不散发有害气体或大量蒸汽的工业废水排水管道，可在下列情况时在建筑物内设置检查井：

1) 在管道转弯和连接支管处；

2) 在管道的管径、坡度改变处。

(11) 当排除生产废水时，直线管段上的检查井距离≤30m，排除生产污水时，检查井距离≤20m。生活污水管道不宜在建筑物内设检查井，若必须设置时，应采取密闭措施。

(12) 污水盆、洗涤盆、小便器、洗脸盆的水封应设清扫装置（如丝堵、活盖、拆卸接口等）。

(13) 在埋地管或底层地板下的排水管的检查口，应设在检查井内，井底表面标高与检查口的法兰相平，井底表面的坡度为 5%，坡向检查口。

(14) 通向室外的排水管在穿过墙壁或基础必须下返时，应采用 45°斜三通和 45°弯头连接，并应在垂直管段顶部设置清扫口。

(15) 当排水横管悬吊在转换层或地下室设置清扫口有困难时，可用检查口代替清扫口。

2. 间接排水设施

(1) 不允许与生活排水管道系统直接相连，而必须采取间接排水的一些构筑物和设备的排水管：

1) 间接排水的构筑物与设备；

2) 生活饮用水贮水箱（池）的泄水管和溢流管；

3）开水器、热水器排水；

4）医疗灭菌消毒设备的排水；

5）蒸发式冷却器、空调设备冷凝水的排水；

6）贮存食品或饮料的冷藏库房的地面排水和冷风机融霜水盘的排水。

（2）间接排水的途径有邻近的洗涤盆、地漏，排水明沟、排水漏斗或容器等。要求是：

1）间接排水的漏斗或容器不得产生溅水、溢流，并应布置在容易检查、清洁的位置。

2）间接排水口最小空气间隙见表 7-20。

间接排水口最小空气间隙　　表 7-20

间接排水管管径(mm)	≤25	32～50	＞50	饮料用贮水箱排水口
排水口最小空气间隙(mm)	50	100	150	≥150

（3）在下列情况时的生活废水宜采用有盖的排水沟排出：

1）废水中含有大量悬浮物或沉淀物需经常冲洗；

2）设备排水支管很多，用管道连接有困难；

3）设备排水点的位置不固定；

4）地面需要经常冲洗。

当废水中严重夹带纤维或有大块物体时，应在排水沟与排水管道连接处设置格栅或带网筐地漏。

室内生活废水排水沟与室外生活污水管道连接处，应设水封装置。

3. 地漏

（1）地漏的作用：既作为间接排水的接收装置，也可以作为清通装置。

（2）地漏应设置在有设备和地面排水的下列场所：

1）在盥洗室、卫生间、浴室、开水间、食堂和餐饮业厨房间、厕所等湿式房间的地面；

2）在洗衣机、直饮水设备、开水器、燃气壁挂炉、前置过滤器等设备与附件的附近；

3）在固定的室外设施，例如阳台、露台、院子、过道、平屋顶等地面。

（3）地漏的材质：必须是耐腐蚀的，如塑料、不锈钢、铸铁等。铸铁材质的地漏外表有沥青、树脂等涂层。在医院、肉类和食品类加工的企业（例如大型厨房、屠宰场、乳制品厂、啤酒厂等），必须使用不锈钢材质的，因为这种地漏可以耐高压蒸汽消毒。在庭院或路面的地漏还要考虑应力等级（表 7-21）。我国要求地漏箅子或地漏盖板承重(0.75±0.005)kN 的载荷(30±2)s 后应无变形、裂纹等现象。

建筑物中地漏的应力等级（根据《建筑物排水管（沟）》EN 1253-1）　　表 7-21

等级	可承受应力	使用范围
H1.5	≤1.5kN	不能用于平屋顶，例如砂砾屋顶、砂砾挤压屋顶
K3	≤3kN	没有车辆交通的地面，例如卫生间、游泳馆、盥洗设备、淋浴、露台、阳台、内阳台
L15	≤15kN	轻型车辆的地面，在不用叉车的企业平常房间地面
M125	≤125kN	在车间、工厂停车场等有车辆交通的地面

（4）地漏种类繁多，应符合《地漏》CJ/T 186 行业标准，类型有：

1）网筐式地漏（图 7-126a）：地漏内带有活动网框可拆洗，滤网孔径或孔宽 5～6mm。一般用于食堂、厨房、公共浴室等含有大量杂物的排水场所。

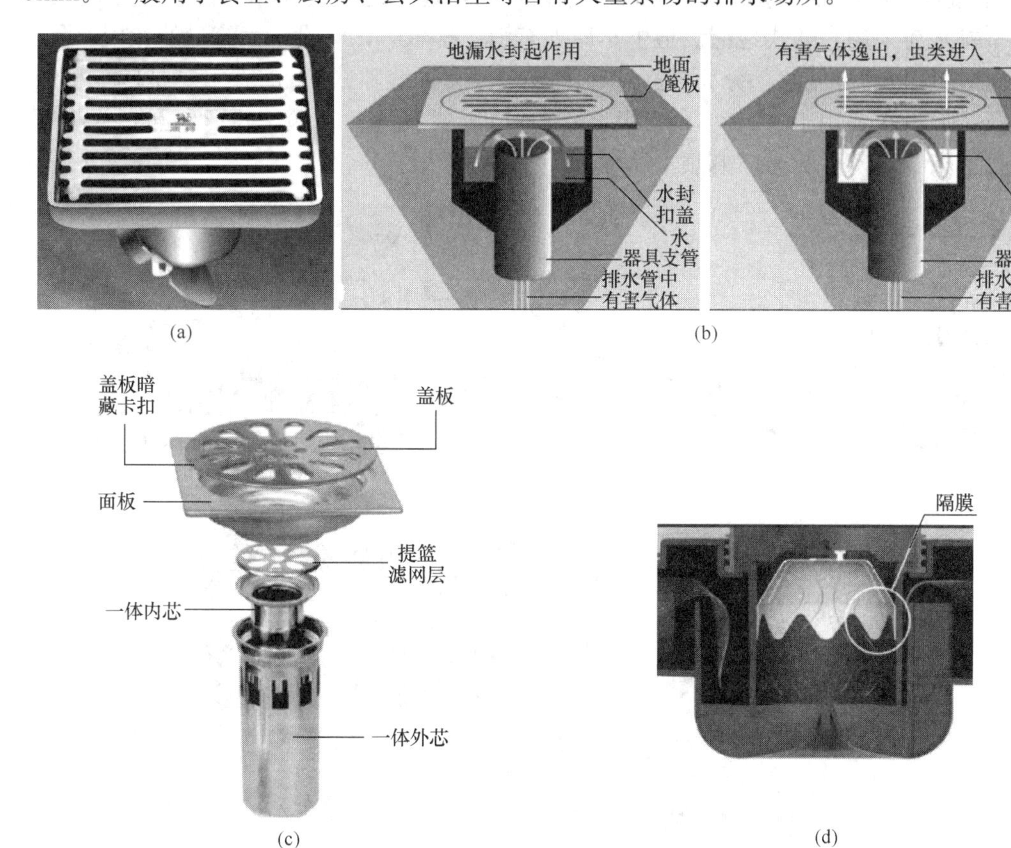

图 7-126　网筐式地漏与自带水封的地漏

（a）网筐式地漏；（b）自带浅水封的地漏工作原理示意图；

（c）自带深水封地漏的结构安装示意图；（d）排水隔气的水母地漏结构

2）根据水封结构：有自带水封和不带水封的。

① 自带水封的地漏：又分为浅水封的（图 7-126b）和深水封的（图 7-126c）。

浅水封的构造为钟罩式，像一个扣碗结构扣在下水管口上，形成一个“U”形存水弯，利用存水弯中的“水封”达到密封的效果，它易干涸，所以实际上还需要另外配置存水弯。

深水封地漏下水不是很畅快，易积聚沉淀物或毛发而产生堵塞，安装高度必须大于 12cm。

当一些用户，例如度假村的卫生间因旅游淡季、学校的厕所与卫生间因放假无人使用时，或者房间温度比较高、空气比较干燥，例如供暖的房间、夏季高温等时间段与干燥区域的用户地漏，即使地漏配置另外的存水弯或采用密闭式地漏，存水弯中的水因蒸发仍然会干涸，或者排水系统设计与安装不合理，导致水封被抽吸而水封深度不够，使排水系统中的有害气体沿地漏的敞口逸出，虫类会沿地漏口爬出。有一种“水母地漏”，平时利用水母式的橡胶膜弹性张开，隔膜与芯子内壁形成密封，阻挡臭气的同时延缓水分蒸发，当排水时，依靠水的重力将隔膜压下，废水流入水封，水封中的水可以保持4～6个月以上不干涸（图7-126d）。

② 不带水封的地漏：事故排水地漏不宜设水封，连接地漏的排水管道应采用间接排水，设备排水应采用直通式地漏。地下车库如有消防排水时，宜设置大流量的专用地漏。

3）根据篦板的可见性：分为显露式和隐蔽式（又称缝隙式）。前者主要是传统型的，用途广泛，后者主要用于淋浴间，有侧墙式和地砖缝式（图7-127）。隐形地漏布置美观，但被毛发等杂物堵塞后清通较麻烦。

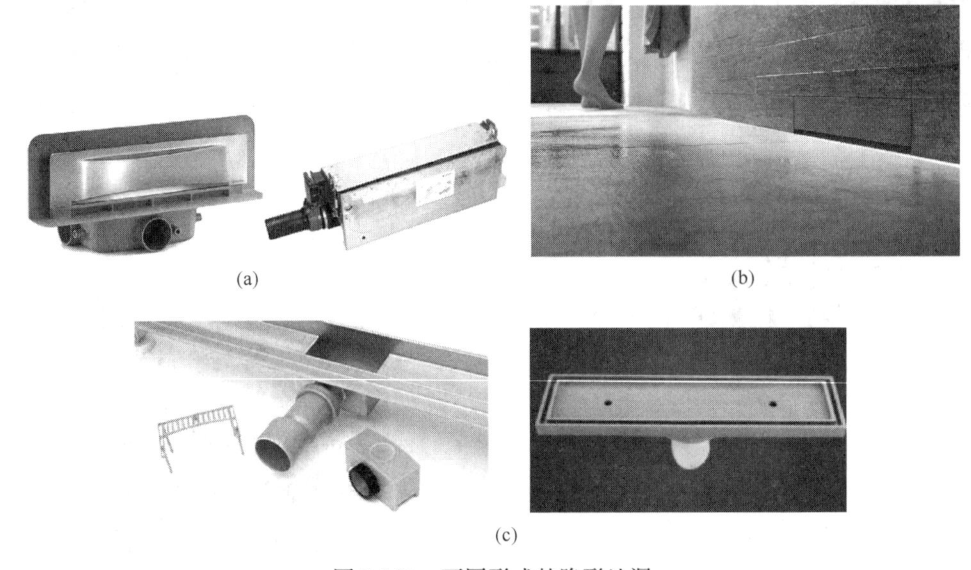

(a)　(b)　(c)

图7-127　不同形式的隐形地漏

（a）不同接管位置的侧墙式地漏；（b）完工后的侧墙式地漏；（c）不同形式的地砖式地漏

4）组合式地漏：通常与防纤水装置组合，安装在底层或地下室的湿式房间。

（5）地漏的公称直径选择：由排水量（表7-22、表7-23）及集水半径来确定。*DN*50和*DN*100的地漏集水半径分别为6m和12m。户外地漏还要与应力等级相匹配(表7-21)。

我国地漏排水流量　　表7-22

地漏承口内径尺寸φ (mm)	用于卫生器具排水 (L/s)	用于地面排水 (L/s)	说明
φ<40	≥0.5	≥0.16	有多个承口的地漏（如多通道式地漏），按其相应功能的最大尺寸的一个承口来计算
40≤φ<50		≥0.3	
50≤φ<75	—	≥0.4	
75≤φ<100	—	≥0.5	

欧洲进口地漏的最小排水流量（根据《建筑物排水管（沟）》EN 1253-1）　　表7-23

地漏规格	雨水		污水	
	最小排水量(L/s)	积水深度(mm)	最小排水量(L/s)	蓄水深度(mm)
*DN*50	0.7	15	0.8	15
*DN*70	1.7	25	0.8	15
*DN*100	4.5	35	1.6	15
*DN*125	7.0	45	2.8	15
*DN*150	8.1	45	4.0	15

淋浴室内的地漏，可按表 7-24 确定，当用排水沟排水时，8 个淋浴器可设置 1 个 *DN*100 的地漏。

淋浴室地漏管径的确定 **表 7-24**

淋浴器数量(个)	1～2	3	4～5
地漏管径 *DN*(mm)	50	75	100

(6) 普通地漏的结构与维护：

1) 入口篦板：用于过滤毛发和粗颗粒物，不让其进入地漏，以防堵塞。

2) 地漏本体：

① 集污桶：收集沉积物，不让其冲入管道、而让污水排出。

② 存水弯：自带水封的形式多种多样，有可取出的钟形式水封（图 7-128a）、不用工具更换的浸入隔板式或浸入管式水封（图 7-128b）、与防�水装置组合(图 7-128c)等。

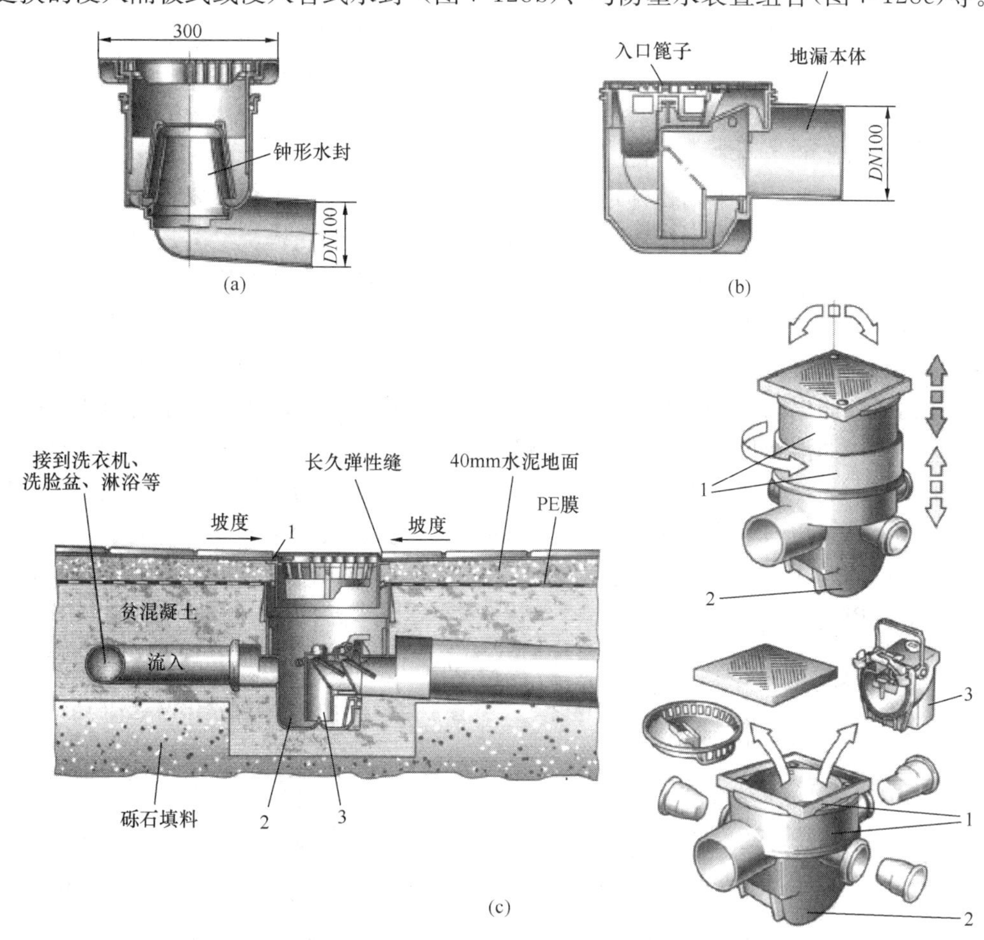

图 7-128 地漏的结构

(a) 钟形式存水弯；(b) 可用防壅水装置代替浸入隔板式存水弯；

(c) 具有侧面接管和防壅水装置的地下室地漏

1—带可以取出、旋转和倾斜的入口篦子和集污桶的套装附件；2—带侧面接管地漏本体；

3—带集成水封的防壅水装置，可以被简单的存水弯替换

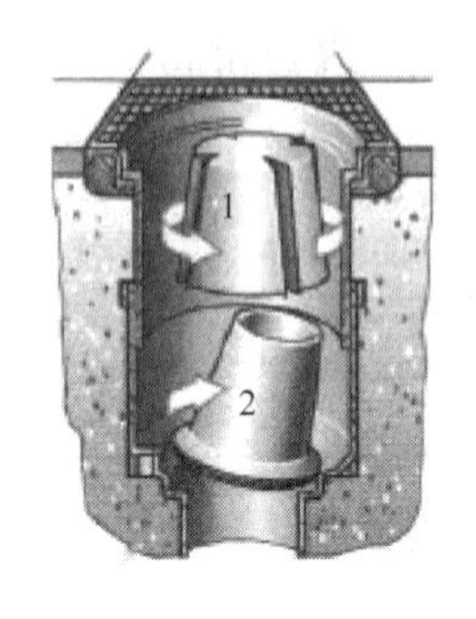

(a)

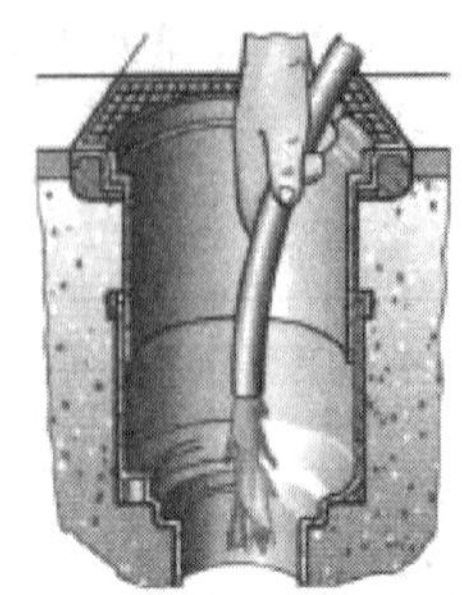

(b)

图 7-129　地漏存水弯的拆解与冲洗管子
(a) 存水弯的结构；(b) 冲洗管道
1—存水弯的上部向左旋转取出；
2—将存水弯的内部件倾倒松开并取出

熟悉地漏存水弯的结构后，在排水系统维护时可以轻松地冲洗管道（图 7-129），特别是在中大型厨房、肉类加工厂、乳制品加工厂、啤酒厂等处的地漏，需要经常冲洗维护。

(7) 为有利于排水，地漏安装在易溅水的卫生器具附近，位于不透水的最低处，地漏篦板顶面应低于设置地面 5～10mm（一些地漏的篦板高度可以调节）。周围地坪的坡度≥0.01，坡向地漏。

7.4.2.8　卫生设备的固定与密封缝

卫生设备的固定一般都安装在墙体上、立柱上、台面上、地面上或支架上。

1. 陶瓷件的卫生设备

(1) 固定元件与使用

首先了解墙体的承重能力，检查墙面或地面的平整度，使之能耐久、牢固地安装在结实的墙体上或地面上。由于陶瓷件不经撞击，必须细心安装。事先还要检查卫生陶瓷是否完好；安装前，卫生设备上的纸质保护条不要撕掉，在安装完毕交给客户时去除。

采用塑料、尼龙或金属的胀管与木螺钉、螺杆或双头螺钉锚栓固定。若墙体是空心砖或空心砌块时，则应使用特殊的胀管（图 4-150、图 4-151）。

在固定前，安装工需要测量陶瓷件壁厚、垫片的厚度或护套环的厚度，以确定木螺钉、螺钉或螺杆伸出墙面的长度（图 7-130）。一般用紧固螺母固定，采用锁紧螺母时，双头螺钉或螺杆伸出螺母至少两扣以上的螺纹。

立在地面上的住宅内的坐便器、坐洗盆和柱式洗脸盆，通常用 2 个带六角头和盖罩的黄铜木螺钉 6×75 与塑料或尼龙胀管固定（图 7-131）。也有少量的立式坐便器用张紧弹簧旋入弯成钩形的插入式螺丝杆上。大型厨房里的洗涤盆和医院的专用卫生设备固定在地面上，需要根据说明安装。

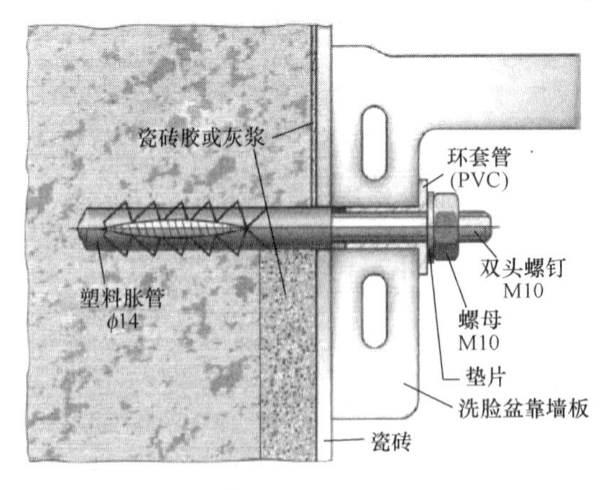

图 7-130　陶瓷洗脸盆固定在实心墙体上

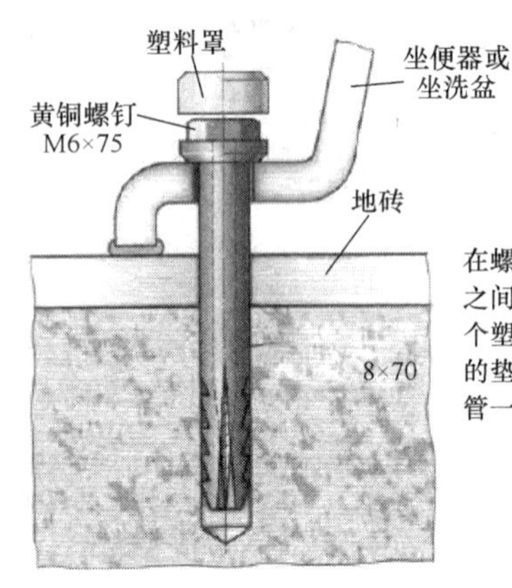

图 7-131　在地面上固定卫生陶瓷件

所有的卫生设备在固定时，决不允许将金属垫片与螺母或金属螺钉直接压紧在陶瓷件上，一定要通过塑料垫片接合。

在卫生陶瓷上安装配水附件时，塑料的护套环从釉面的预制孔穿过，下面要放置软的、厚海绵橡胶垫片。

（2）找平材料

安装必须保证无应力。因为地面和砌筑的墙面不会总是那么平整和水平，自然在敷设时就会起拱、弯曲或者放在高高直立的瓷砖边缘上，在旋入螺栓时，就会产生应力，有可能导致卫生陶瓷断裂。所以在坚硬的、不平整的陶瓷件与瓷砖面之间，要用找平材料或隔声材料填补。

1）填缝水泥浆：在壁挂式卫生陶瓷件靠墙的一面，要抹上黏稠的、约 0.5cm 厚水泥浆。在螺母旋紧后，用干净的抹布将挤出的水泥浆擦净（图 7-132a～c）。

类似于立式坐便器和坐洗盆，在抹水泥浆前，应该用凡士林油脂薄薄地涂抹在卫生陶瓷无釉的面，以便以后拆卸容易。同时，水泥浆起到密封作用，阻止水或小便落到卫生设备下面，如果不密封，常常是说不清楚的气味引起的原因。

浴盆的密封缝可以如图 7-132d 完成。

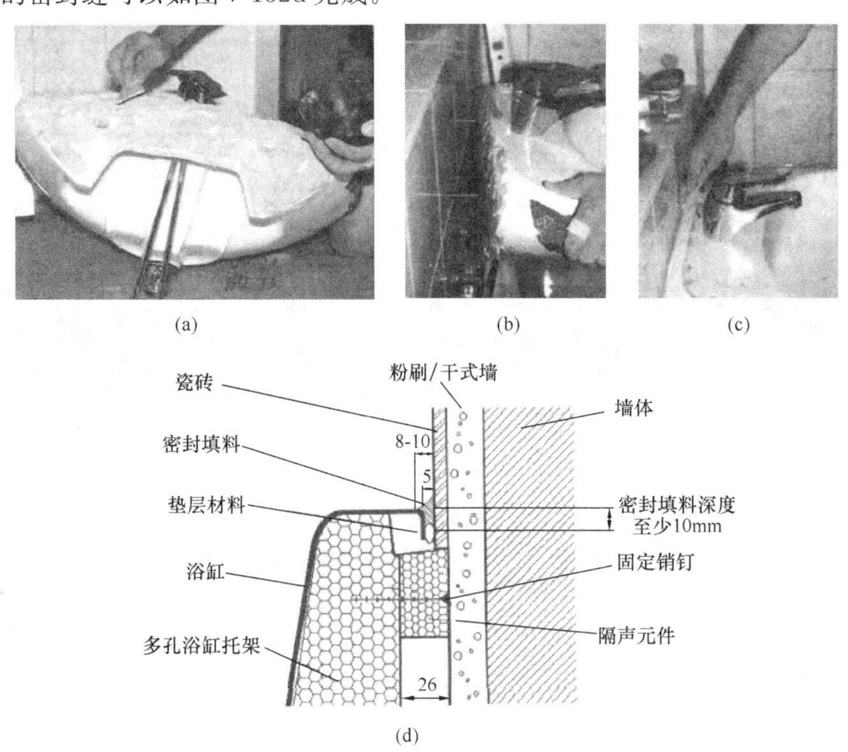

图 7-132　用水泥浆找平

（a）在洗脸盆靠墙面涂抹填缝水泥浆；（b）洗脸盆平推上去准备固定；（c）擦净和抹平水泥浆；（d）浴盆边缘的密封与隔声处理

2）带自粘胶的、有弹性的安装条：可以用来代替水泥浆（图 7-133），并起到隔声作用。在浴盆安放好之前，在浴盆和墙体接触的位置粘贴隔声条（图 7-134）。

在壁挂式坐便器时，用隔声垫来取代水泥浆（图 7-135），在最低点它可以不打硅胶密封。

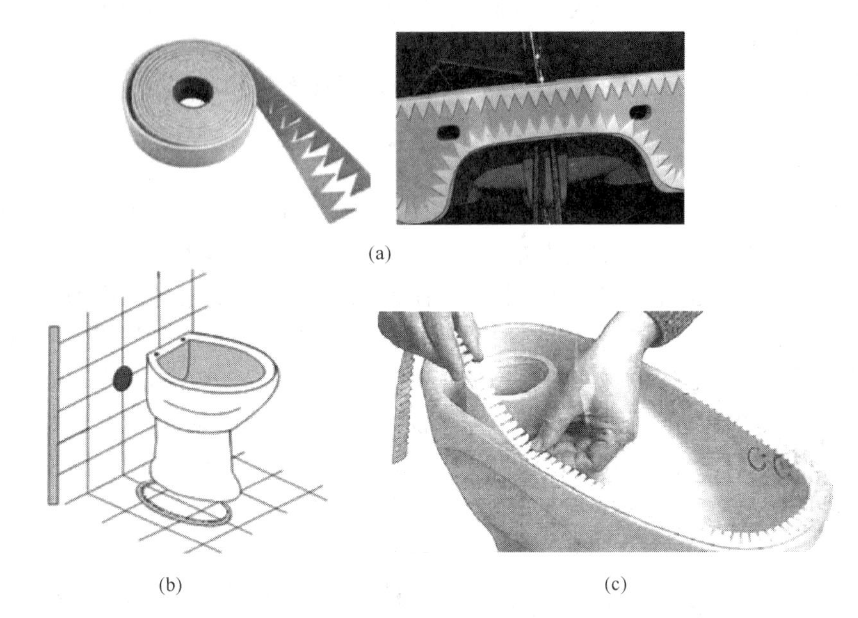

图 7-133　带自粘胶的安装条
（a）在洗脸盆无釉面的安装条；（b）安装条放置在立式坐便器下方；
（c）将安装条粘贴在坐便器无釉面

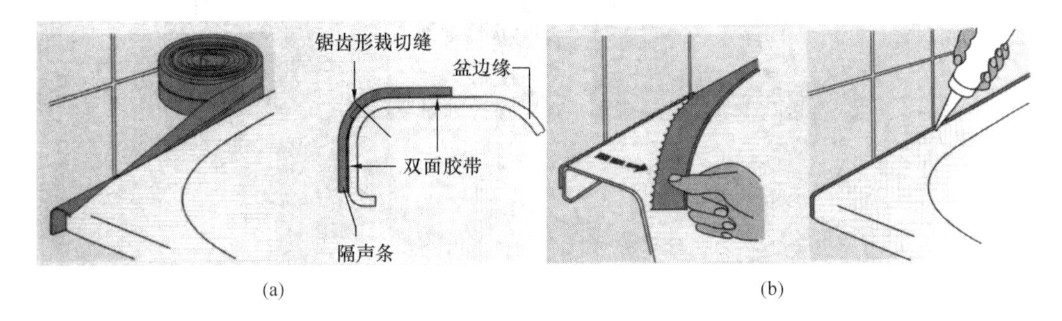

图 7-134　洗涤盆与浴盆的隔声及与墙面之间的密封
（a）粘贴隔声条；（b）裁切剩余部分和打硅胶密封缝

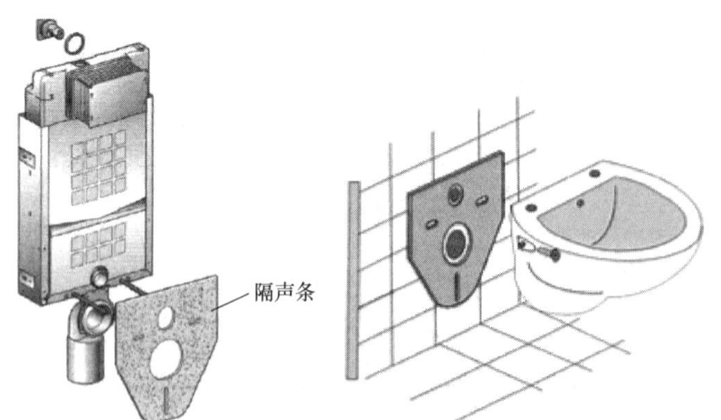

图 7-135　壁挂式坐便器上使用的隔声垫

2. 卫生设备固定在台面内

如果洗脸盆或洗涤盆固定在台面的面板下，而面板由木材、多层板、石材（大理石的、花岗岩的或类似厚度≥25mm 的材料）制成，首先用模板画出正确的开孔位置。尤其是在石材上开孔，应由相应的专业人员进行。然后将盆放入开孔内，或从开孔下方装配。

在嵌入洗涤盆、洗脸盆之前，在面板支承边缘均匀地抹上厚厚的硅胶（图 7-136a），借助于带钩螺钉与螺母从下方固定洗脸盆（图 7-136b）。压出的硅胶必须清除。

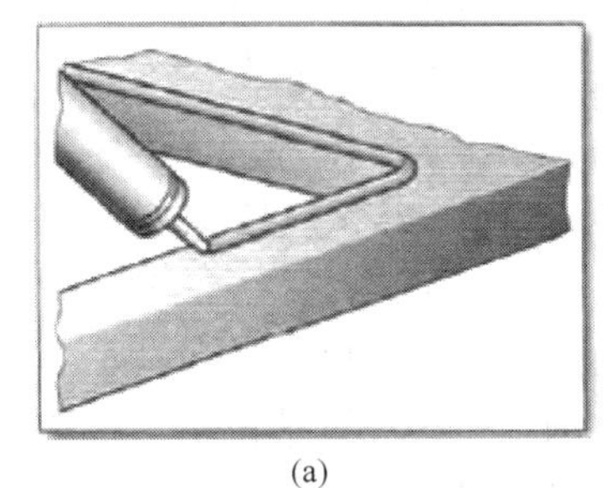

(a)

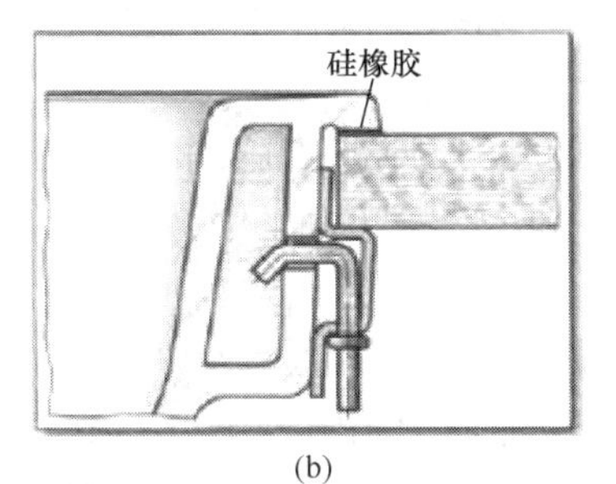

(b)

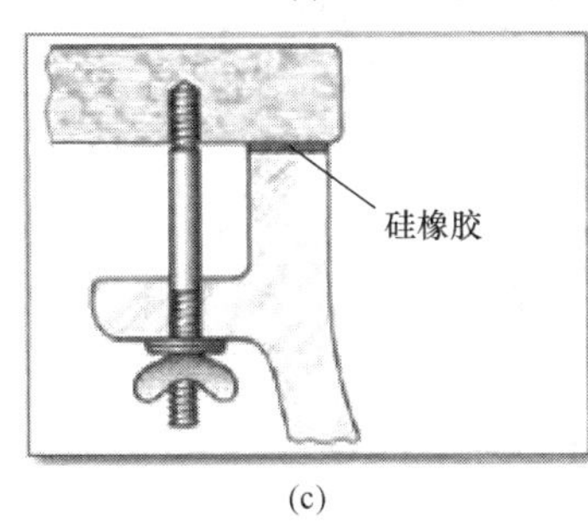

(c)

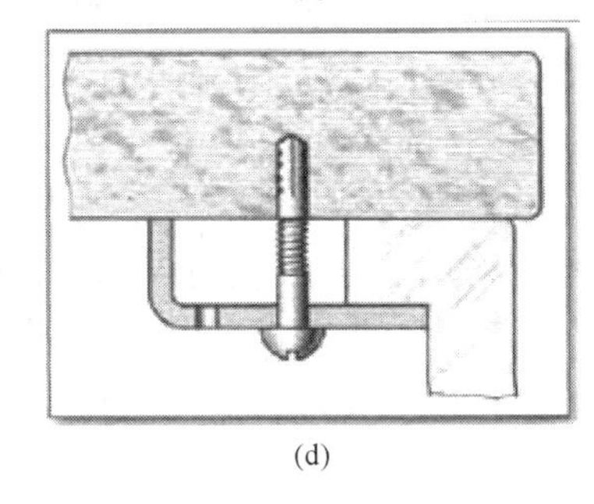

(d)

图 7-136　台下盆的固定
(a) 打硅胶条；(b) 盆的带钩子固定夹；(c) 钻孔、旋入双头螺钉；(d) 插入胀管、旋入木螺钉

在台下盆时，面板应该从各方面伸出约 5mm。木质板的表面要用耐水的油漆涂刷多次。在石材板上不能用冲击电钻钻孔，孔的直径和深度根据生产厂家的说明，电钻宜使用深度限位器。

在打磨过的台下盆的边缘均匀地涂抹厚厚的硅胶，然后将盆放到面板上，校正和可靠地压紧。拧紧附带的夹子（图 7-136c）。仔细地清除压出的硅胶。

在使用双头螺钉时，插入专用胀管，在使用木螺钉时，使用塑料胀管（图 7-136d）。

对于卫生陶瓷件，螺栓或螺母不能拧得太紧，否则会使陶瓷件破碎。

3. 卫生设备（如坐便器、洗脸盆等）安装在预制支架上

预安装主要用于壁挂式卫生设备。在欧洲，现在预安装的几乎所有安装附件都有生产与销售，例如管道井的支撑件、残疾人的扶手系统固定件等。

在安装前，先检查预安装支架在运输与存放过程中是否有变形，安装用的石膏面板是否平整、损坏。然后用各个厂家专门配置的螺栓与附件固定。

7.4.2.9　污水泵房与集水池

1. 污水泵房应有良好的通风，并应靠近集水池。生活污水泵应设在单独的房间内，对卫生环境有特殊要求的生产厂房内不得设置污水泵。

2. 污水泵应优先采用潜水泵和液下污水泵。采用卧式污水泵时，应设计成自灌式，每台污水泵应有单独的吸水管，吸水管上设阀门。

3. 污水泵不得设置在有安静要求的房间下面和比邻的房间内，污水泵房内应有隔振防噪装置。

4. 在地下室的污水泵房应设集水坑和提升级。

5. 两台或两台以上污水泵共用一条出水管时，应在每台泵出水管上装设阀门和止回阀；单台泵排水产生倒灌时，也应设止回阀。

6. 污水泵应设一台备用机组，当集水池不能设事故排出管时，水泵应有不间断动力供应。

7. 宜采用自动控制装置启闭污水泵。集水池的容积不得小于最大一台水泵 5min 的出水量，水泵 1h 启动次数不大于 6 次（水泵启动时电流较大，启动频繁容易烧坏）。

人工控制污水泵时，集水池的容积应根据流入的污水量和水泵工作情况确定。生活污水集水池的容积不得大于 6h 的平均小时污水量；生产废水集水池的容积，按工艺要求确定。

8. 生活污水集水池不得渗漏，池内壁应采取防腐措施，池底应设坡向吸水坑的坡度，其坡度≥0.05，池底宜设冲洗管，但不得用生活饮用水管直接冲洗，应设置水位指示装置和直通室外的通气管，污水中含有较大固体物时，在集水池入口处应设格栅。

9. 污水泵、阀门、管道等应选择耐腐蚀、大流通量、不易堵塞的设备和器材。

7.4.3 建筑排水管道系统与卫生设备的验收

1. 排水管道系统的灌水试验

建筑排水管道系统安装完毕后，用灌水法进行试验，检查管道和接头的严密性，管内灌水高度为 $5mH_2O$。灌水前，先将放空的气囊由三通或立管送入试验的管段底部，然后打气、灌水，15min 后，检查泄露，再等 5min 后，液面不下降、管道及接口无渗漏为合格。做好灌水试验记录。

2. 检查其他项目

检查管道的平面位置、标高、坡度、坡向、管径、管材是否正确。

3. 放水试验

按给水系统的 1/3 配水点同时开放，检查各排水点是否畅通、接口处是否有渗漏。

4. 卫生设备的验收

（1）验收条件

卫生设备的安装一般在土建内粉刷工作基本完工，室内给水排水管道敷设完毕后进行。卫生设备安装结束，各种精装修工作结束，即可进行验收。

（2）验收内容

1）检查卫生设备的型号、数量是否符合设计要求。

2）检查卫生设备的安装位置与高度是否正确，安装是否牢固、平正、美观，卫生设备不得有破损和裂纹。

3）检查卫生设备的功能是否正常。

4）验收记录，存档。

7.5 建筑排水系统的计算

（见扩展阅读资源包）

8　建筑雨水排水系统

8.1　屋面雨水排除方式、设计流态和组成

8.1.1　屋面雨水的排除方式

为了保证建筑物结构安全，屋面雨水排水系统应迅速、及时地将屋面雨水排至室外地面或雨水控制利用设施和管道系统。降落在建筑物屋面上的雨水的排除方式，常按其排水管的设置位置、管内的压力、水流状态和屋面排水条件等分类。

1. 根据雨水管道的位置：屋面设雨水斗，将雨水导入室内不同的管道中

（1）内排水系统：建筑内部设雨水管道。

1）架空管内排水系统：雨水通过架空管道直接排至室外。由于不设埋地管，避免了室内冒水，排水安全性较高，当使用金属管材时，易产生凝结水。

2）埋地管内排水系统：雨水通过室内埋地管道排至室外。由于不设架空管道，不占用室内空间，较美观，但存在室内地面冒水问题。

（2）外排水系统：屋面设雨水斗，将雨水导入建筑外部的管道中。

2. 根据雨水在管道内的流态

（1）重力流雨水排水系统（也称堰流斗系统）：雨水通过自由堰流入管道，在重力作用下，附壁流动，管内压力正常。

（2）重力半有压流雨水排水系统（也称87雨水斗系统）：雨水在重力和负压抽吸双重作用下流动。

（3）满管压力流雨水排水系统：雨水充满管内，主要在负压抽吸作用下流动。

3. 根据屋面的排水条件

（1）檐沟排水：在较小面积的建筑屋面屋檐下设置汇集屋面雨水的沟槽。

（2）天沟排水：在较大面积的或曲折的建筑屋面设置汇集屋面雨水的沟槽，向建筑物两侧排除雨水。

（3）无沟排水：屋面的雨水沿略有坡度的屋面径流，直接流入雨水管道系统。

4. 根据出户埋地干管是否有自由水面

（1）敞开式排水系统：是非满流的重力排水，管内有自由水面，埋地干管连接的检查井是普通检查井，也可接纳生产废水；虽然生产废水省去了埋地管，但在暴雨时会出现检查井冒水而漫水至室内地面的问题。

（2）密闭式排水系统：是满流压力排水，因此管内没有自由水面，检查井内用密闭三通与埋地干管连接，室内不会出现冒水现象；但生产废水必须另行敷设其排水系统。

5. 根据雨水斗数量

单斗系统：一根立管连接一个雨水斗。

多斗系统：一根立管连接多个雨水斗。在重力无压流和重力半有压流状态时，由于多斗雨水相互的干扰，每个雨水斗的泄流量比单斗系统的泄流量要小。

8.1.2　雨水设计流态

从水力学的观点来看，建筑屋面雨水排水系统可分为重力流屋面排水系统和满管压力流屋面排水系统两类。建筑屋面雨水管道设计流态宜符合下列状态：

1. 檐沟外排水宜按重力流系统设计。
2. 长天沟外排水宜按满管压力流设计。
3. 高层建筑屋面雨水排水宜按重力流系统设计。
4. 工业厂房、库房、公共建筑的大型屋面雨水排水宜按满管压力流设计。
5. 在风沙大、粉尘大、降雨量小的地区不宜采用满管压力流排水系统。

8.2　屋面雨水排水系统的组成

屋面雨水排水系统主要由两大部分组成，一部分是屋面雨水汇集系统，即由有一定坡度的屋面、檐沟或天沟、雨水斗（雨水收集器，又称为雨水排水地漏）组成，一部分是管道系统，即由室外管道（一般是立管，也可能有较短的水平接管）或室内管（悬吊管、立管、埋地管）、检查口、检查井等组成。

8.2.1　檐沟与天沟

1. 檐沟与天沟的类型

（1）根据材料与装配否：有与屋面一起成型的钢筋混凝土檐沟或天沟（其表面需作防水处理）；也有用白铁皮、铝板、钛锌板、铜板等加工成型或 PVC 挤塑成型并事后安装的檐沟。

（2）根据横截面形状：有半圆形、箱形和楔形（图 8-1），檐沟可配置护网或护板。

（3）根据安装的方式：有悬挂式、立式、水平式和嵌入式（见扩展阅读资源包）。嵌

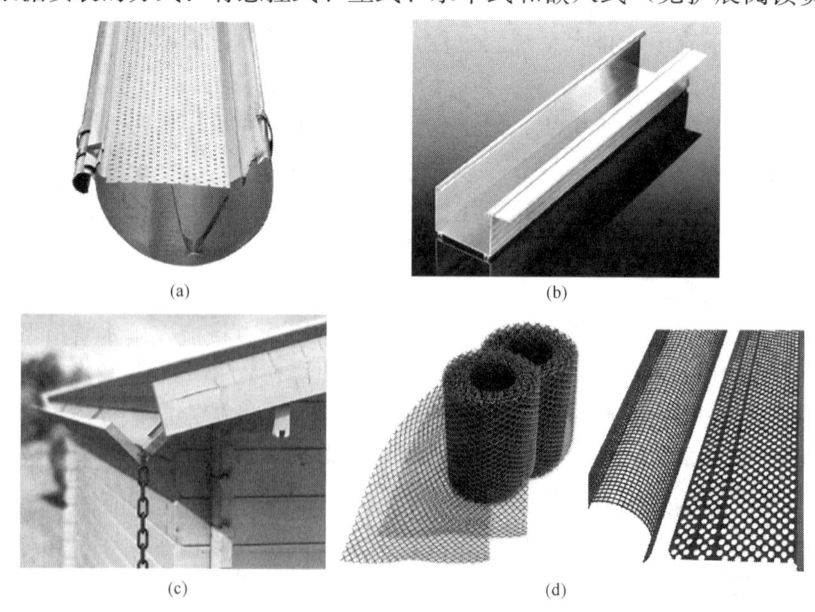

(a)　(b)　(c)　(d)

图 8-1　不同的檐沟与檐沟护板和护网

（a）带护板的半圆形檐沟；（b）箱形檐沟；（c）V 形檐沟；（d）檐沟上的合成材料护网

入式用于天沟。

2. 檐沟的部件（见扩展阅读资源包）

3. 装配式檐沟的安装注意事项（见扩展阅读资源包）

8.2.2 雨水斗

雨水斗是檐沟、天沟或有一定坡度的屋面与雨水管系统的过渡件，接受来自屋面的雨水，拦截较粗大的杂物，迅速排除屋面的雨水、雪水。

1. 根据敷设方式分类的雨水斗

（1）悬挂式的重力流雨水斗：含滤除较大杂物的篦子，一般呈漏斗形；圆柱接管形的只有通常雨水宣泄量的一半（图 8-2）。这种雨水斗采用白铁皮、钛锌板、不锈钢、PE、PP 等制成。

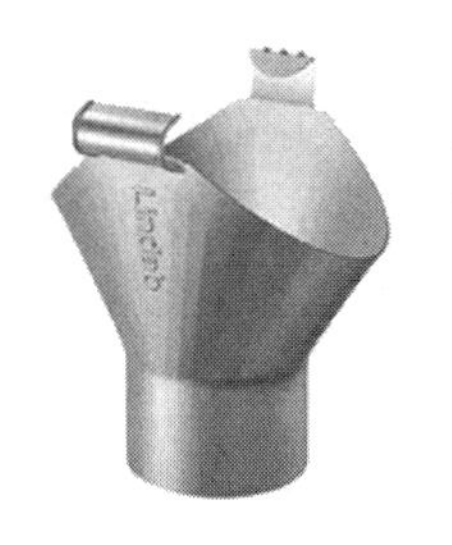

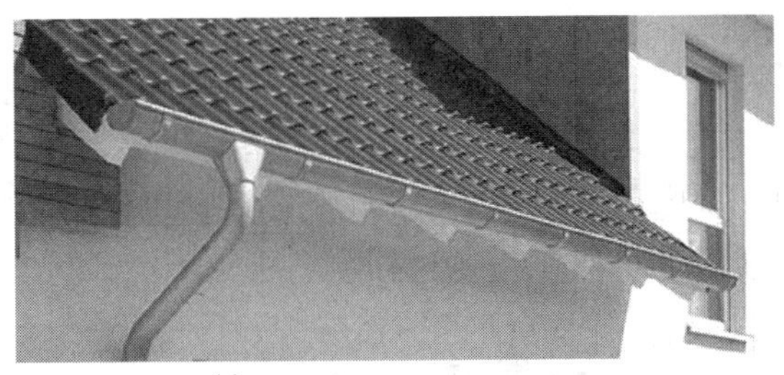

(a)

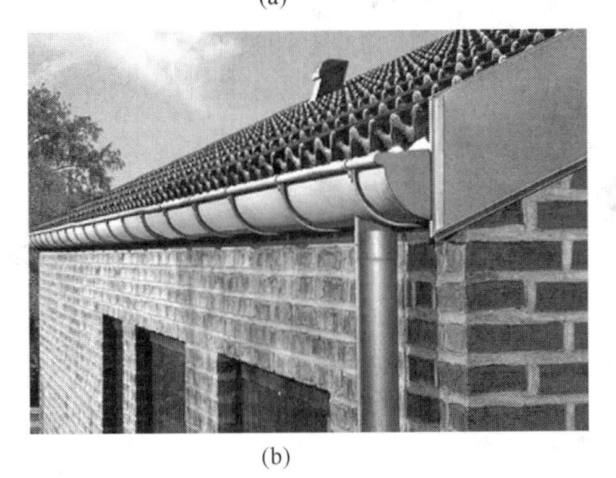

(b)

图 8-2 檐沟悬挂式雨水斗
（a）漏斗形雨水斗；
（b）圆柱形雨水斗实例

（2）用于穿过屋顶的重力流排水雨水斗（87 型雨水斗）和压力流排水雨水斗（图 8-3）如果是重力流雨水斗（87 型雨水斗）主要靠旁边的格栅片拦截较粗大的杂物；其整流格栅装置具有整流作用，避免形成过大的旋涡，稳定斗前水位，减少掺气，迅速排

(a) (b)

图 8-3 用于平顶和天沟的雨水斗
（a）重力流排水雨水斗；（b）压力流排水雨水斗

除屋面雨水、雪水，如果是压力流雨水斗，它还有强制破坏旋涡片（位于雨水斗中部），雨水水平高度淹没了雨水斗上的强制破坏旋涡片时，阻止空气进入。

雨水斗实际上是由地漏与水斗组成，两者可以分开，也可以组合在一起。主要由铸铁、碳钢、不锈钢、PE、PP、PUR或PUR/不锈钢组合制成。

雨水斗与屋面接合时，必须做到不透水。雨水斗本身应具有一个阻水圈，和屋面防水层的最上面（例如沥青毡或高聚物膜）夹紧或粘贴好。为防止冷凝水的形成，工厂方面也可提供有隔热的雨水斗。雨水斗外边缘距天沟或集水槽装饰面净距≥50mm。

设置雨水斗的屋面需要排水口和紧急溢水口或紧急排水口。紧急溢水口必须通过计算确定。只有阳台或类似的雨水斗，净直径≥40mm就足够了。

2. 根据屋顶结构分类的雨水斗

(1) 热屋顶结构雨水斗

热屋顶是单层屋顶，其最上面的楼板同时也是整个屋顶构造（包括绝热层）的下部结构（图8-4）。潮气不允许侵入绝热层，否则其绝热作用会失去。所以绝热层要防止潮气从上面穿过屋面和防止潮气从屋顶里面穿过聚合物膜。屋顶里面的潮气是由室内空气所含有的水蒸气产生的。热屋顶雨水斗含有两个阻水圈（图8-5）。

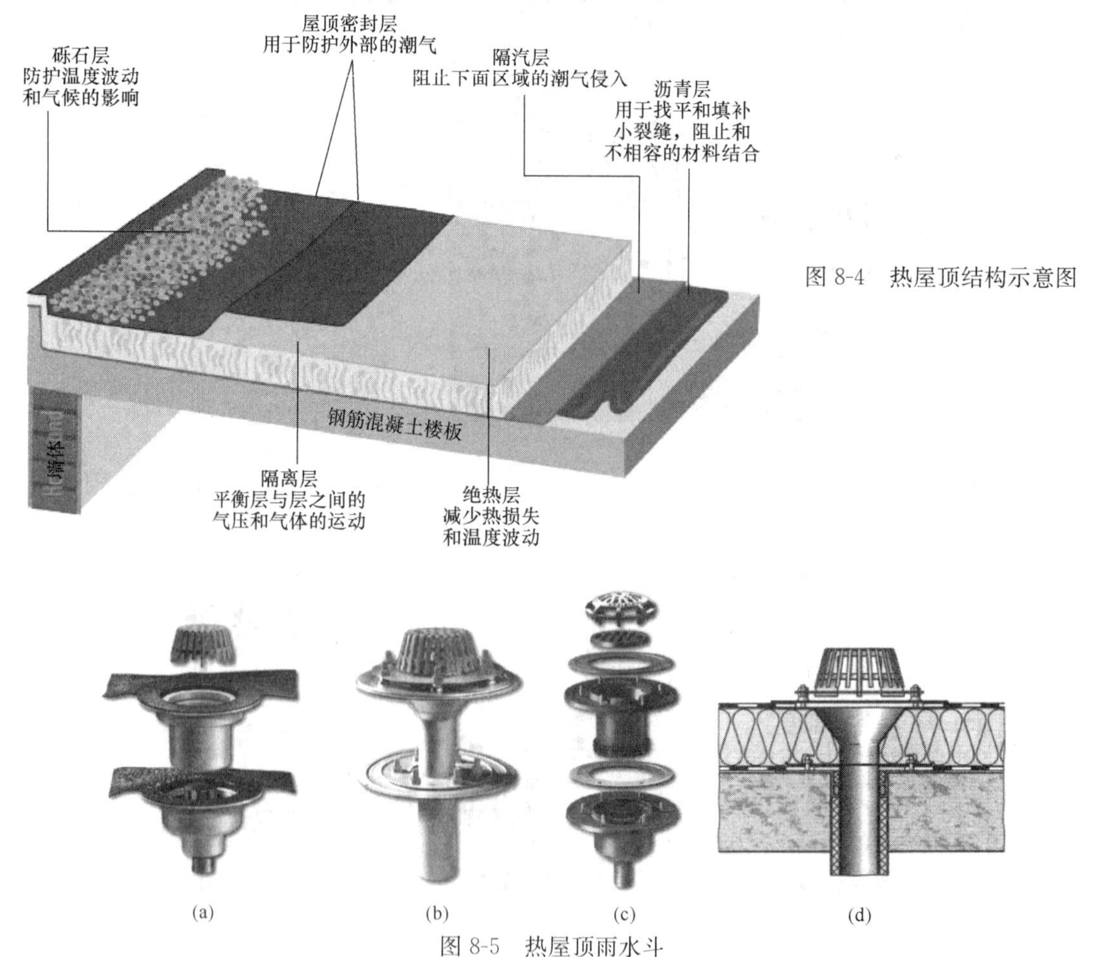

图8-4 热屋顶结构示意图

图8-5 热屋顶雨水斗

(a) 带粘接阻水圈的PUR雨水斗；(b) 带夹紧阻水圈的不锈钢雨水斗；(c) 带夹紧阻水圈的铸铁雨水斗；(d) 带夹紧阻水圈的雨水斗敷设详图

（2）冷屋顶结构雨水斗

冷屋顶由两层组成：一层是屋面的下部结构，作为屋面的支架，一层是在其屋面最上面的下面有一个隔热层。在这两层之间有一个通气的屋面空间（图 8-6）。在冷屋顶时，雨水斗只需要一个阻水圈与屋面连接（图 8-7）。

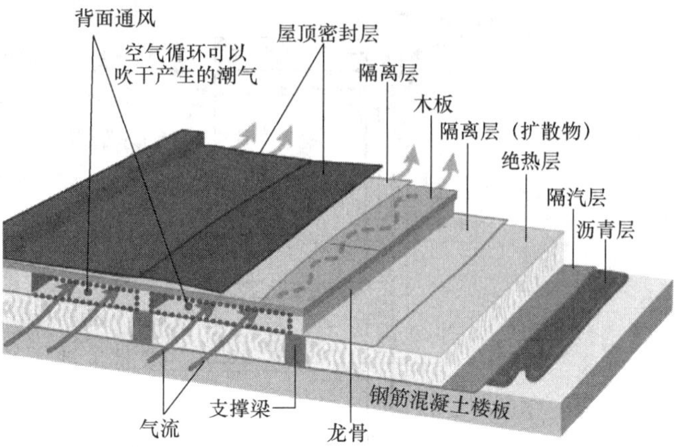

图 8-6 冷屋顶结构示意图

3. 根据雨水排放系统分类的雨水斗

（1）传统屋顶雨水斗（图 8-8a）：雨水携带空气一起排入雨落管。

（2）压力流的负压雨水斗（图 8-8b）：含有一个上部封闭的入水口篦子，在达到计算雨水量时就禁止空气进入，形成负压。

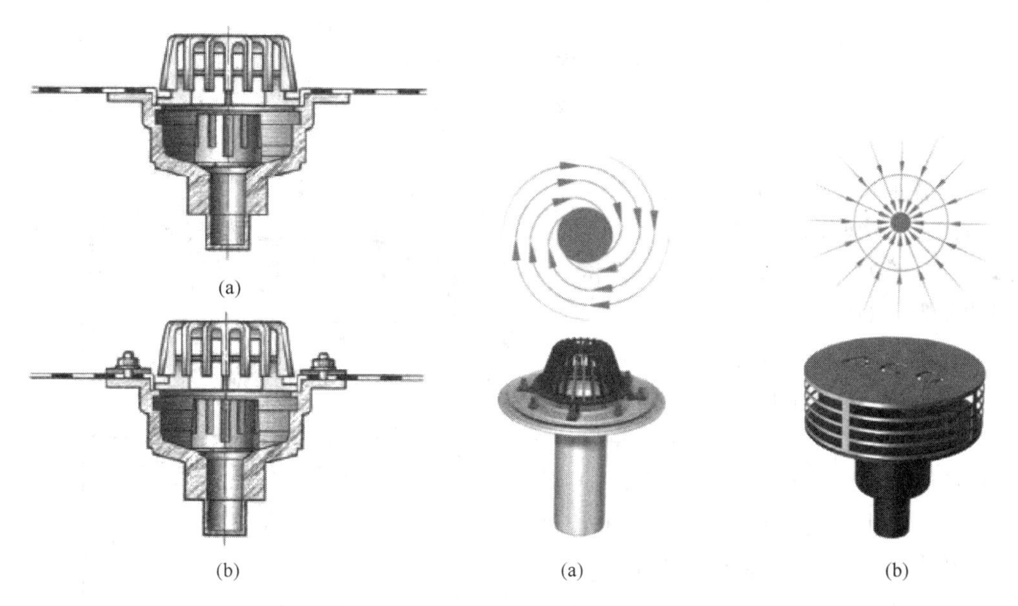

图 8-7 用于冷屋顶的雨水斗

（a）带粘接阻水圈、用于屋面或隔汽层的详图；（b）带夹紧阻水圈、用于屋面或隔汽层的详图

图 8-8 传统雨水斗与压力流雨水斗汇集雨水的比较

（a）传统雨水斗；（b）压力流雨水斗

8.2.3 雨水管

1. 管材

雨水管与配套管件一般采用 PE-HD 管、铸铁管、钢管、不锈钢管、涂塑复合钢管和 PVC-U 管。但是 PVC-U 管不耐紫外线，不适合用作室外雨水管，除非生产厂家声明含有防紫外线的添加剂（这种 PVC-U 管一定不是白色的或浅色的）。

低层的别墅等建筑，用来与檐沟雨水斗连接的雨落管可以采用镀锌铁皮、玻璃钢等材

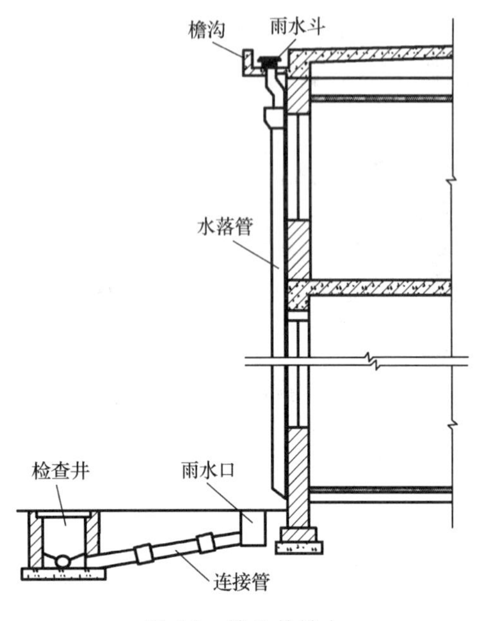

图 8-9　檐沟外排水

料的管材。

2. 重力流雨水管系统的举例

（1）雨水管是由垂直的雨落管、检查口和雨水窨井组成的系统。

1）檐沟外排水（图 8-9）：又称普通外排水，适用于一般居住建筑、屋面面积较小的公共建筑和单跨工业建筑，雨水经屋面檐沟汇集，然后流入隔一定间距沿墙外设置的雨落管排泄至地下管沟或地面。

2）天沟外排水：是利用屋面构造上所形成的天沟本身容量和坡度，使雨水向建筑物两端（山墙、女儿墙方向）泄放，并经墙外立管排至地面或雨水管道。

天沟外排水适用于大型屋面的雨水排除，具有节约投资，施工简便，不占用厂房空间和地面，利于厂区采用明渠排水等优点，但若设计不善或施工质量不良，会出现天沟翻水、漏水等问题。

为了防止天沟通过伸缩缝、沉降缝或变形缝漏水，应以伸缩缝、沉降缝或变形缝为分水线。天沟宽度不宜小于 300mm。

天沟流水长度根据降雨强度、天沟汇水面积、天沟断面尺寸等进行水力计算确定，一般以 40～50m 为宜，天沟最小坡度为 0.003。

（2）内排水系统：由连接管、悬吊管、立管、埋地横管等组成（图 8-10）。

当屋面面积较大的工业厂房，特别是屋面有天窗、多跨度、锯齿形屋面或壳形屋面等工业厂房，用檐沟或天沟外排水有较大困难，因此必须在建筑物内部设置雨水排水系统。对建筑立面处理要求较高的建筑物，在建筑物内部设置雨水管系统。高层大面积平屋顶民用建筑，特别是寒冷地带的此类建筑物，均应采用内排水方式。

3. 雨水管的作业条件

（1）地下雨水管道：必须在基础墙达到或接近±0 标高，房心土回填到管底或稍高的高度；房心内沿管线位置无堆积物且管道穿过建筑基础处，已按设

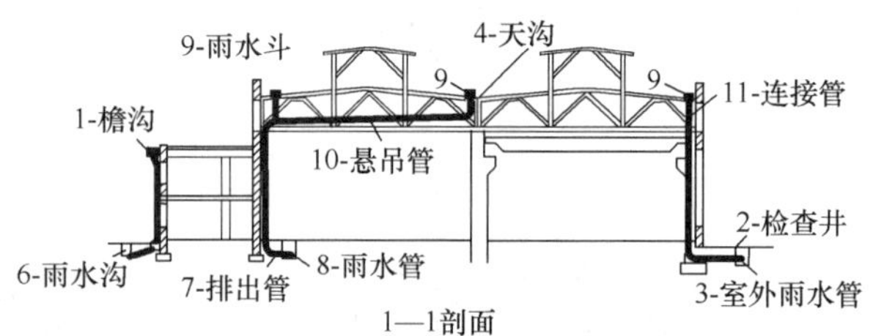

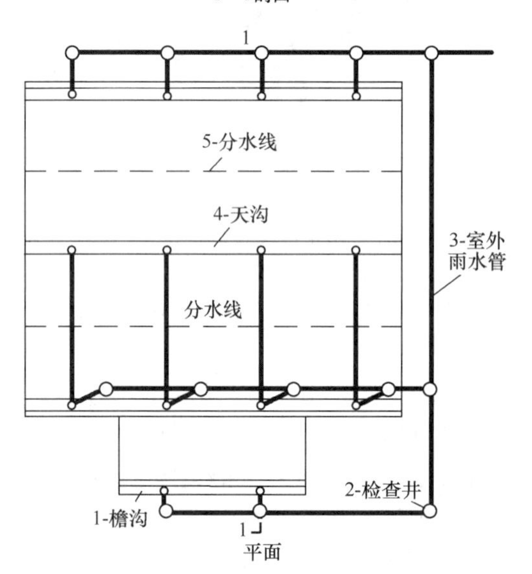

图 8-10　内排水系统

计要求预留好管道。

（2）楼层内雨水管：应与结构施工隔开1～2层，管道穿越结构部位的孔洞均已预留完毕，室内模板或杂物清除后，室内弹出房间尺寸线及准确的水平线。

（3）雨水斗：应在屋面结构层施工验收完毕后，在平坡屋面的雨水斗应与屋面结构施工同时进行，事先双方必须充分地交底与协商。

4. 工艺流程

施工准备→管道预制→雨水干管安装→雨水立管安装→雨水支管安装→灌水试验。

5. 雨水管设计与施工的注意事项

（1）雨水管不得与生活污水管道相连接。在生产工艺或卫生有特殊要求的生产厂房、车间，在贮存食品、贵重商品的库房，在通风小室、电气机房、电梯机房等设备间不允许布置雨水管。

（2）设计要求必须考虑内排水管道的承压能力。

（3）雨水管的坡度：

1）悬吊式雨水管的敷设最小坡度：铸铁管、钢管为0.01，塑料管为0.005。

2）地下埋设雨水排水管道的最小坡度见表8-1。

地下埋设雨水排水管道的最小坡度（%） **表8-1**

管径 DN(mm)	50	75	100	125	150	200～400
最小坡度 i(‰)	20	15	8	6	5	4

（4）检查口的设置：

1）当管径≤DN150mm时，悬吊管的检查口或带法兰堵口的三通的间距≤15m；

当管径≥DN200mm时，悬吊管的检查口或带法兰堵口的三通的间距≤20m。

2）由于雨水斗上都设有过滤杂物的篦子，重力流外排水的雨落管一般可以不设检查口。而一些厂房、库房等建筑物的内排水系统需要密闭，在有埋地排出管的垂直管需要设置检查口，检查口的高度距室内地面约1m高。

（5）采用塑料管时，其伸缩节应符合要求。塑料雨水管在穿越防火墙和楼板时，应设置阻火装置，当管道布置在楼梯间休息平台上时可不设阻火装置。

（6）雨水管在穿越楼板时应设套管，立管底部架空时，应在其底部设支墩或其他固定措施，地下室横管转弯处也应设置支墩或其他固定措施，穿越地下室外墙时应采取防水措施。

（7）排水系统有坡度的檐沟、天沟分水线处最小的有效水深≤100mm。

（8）居住建筑设置雨水内排水系统时，除敞开式阳台外，应设在公共部位的管道井内。裙房屋面的雨水应单独排放，不得汇入高层建筑屋面排水管道系统。

（9）阳台与露台雨水系统应符合下列规定：

1）多层建筑阳台、露台雨水系统宜单独设置，高层建筑阳台、露台雨水系统应单独设置。

2）阳台雨水的立管可以设置在阳台内部。

3）当住宅阳台、露台雨水排入室外地面或雨水控制利用设施时，雨落水管应采取断接方式，当住宅阳台、露台雨水排入小区污水管道时，应设水封井。

4）当屋面雨落水管间接排水且阳台排水有防溢的技术措施时，阳台雨水可接入屋面雨落水管，可不另设阳台雨水排水地漏。

5）当生活阳台设有生活排水设备及地漏时，应设专用排水立管接入污水排水系统。

（10）寒冷地区的雨水斗和天沟宜采用融冰措施，雨水立管宜布置在室内。融冰可采用功率为18～36W/m的电加热带（发热电缆，图8-11），沿水流方向敷设，其一端应远离雨落管，另一端挂在屋檐下。可以通过指示灯手动控制，也可以通过温控装置或湿度传感器控制。若檐沟与天沟比较宽，发热电缆加倍。

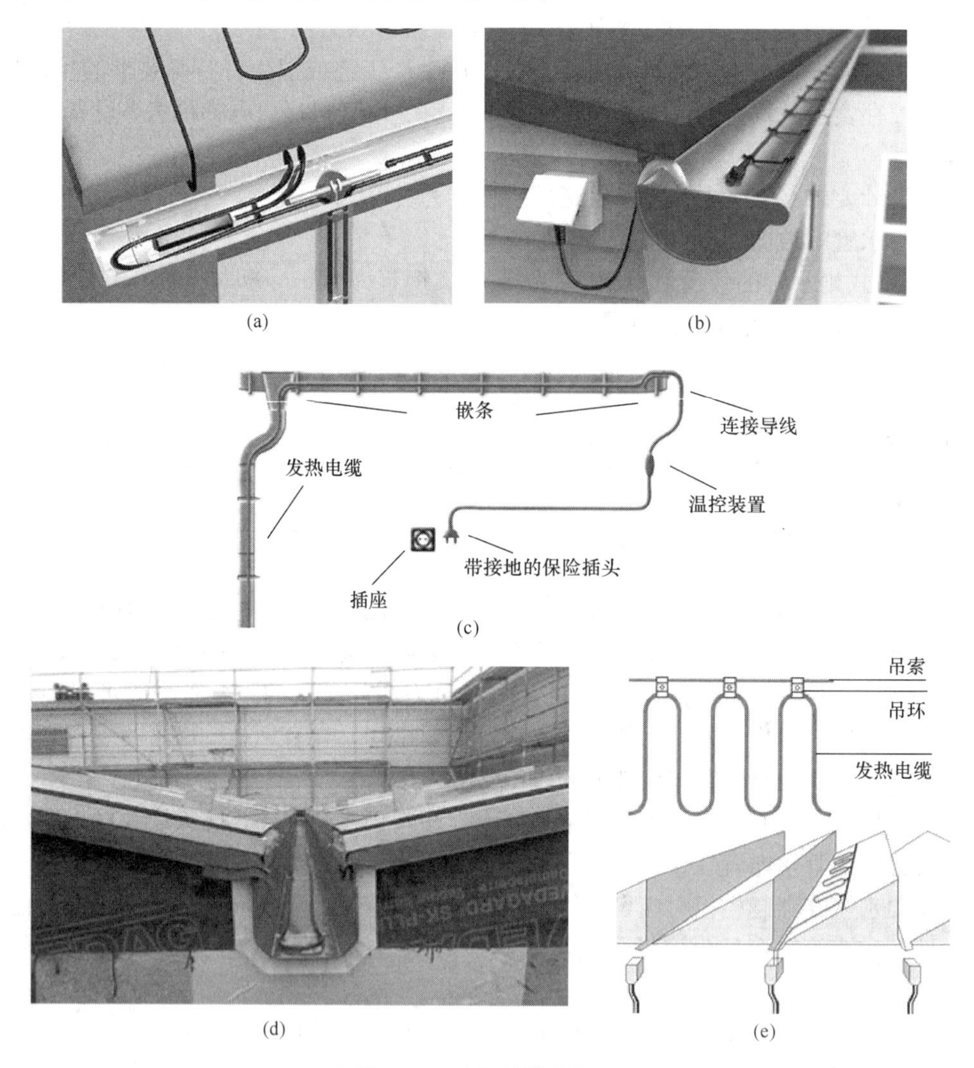

图8-11　电加热带的使用

（a）发热电缆一端远离雨落管；（b）发热电缆另一端悬挂在屋檐下；（c）电加热的组成；（d）敷设在较宽的天沟加倍的发热电缆；（e）敷设在锯齿形屋面和天沟里

（11）如果墙体的外墙外保温层厚度较大时，在墙体上固定雨落管时，应使用绝热锚栓，避免产生热桥（图8-12）。

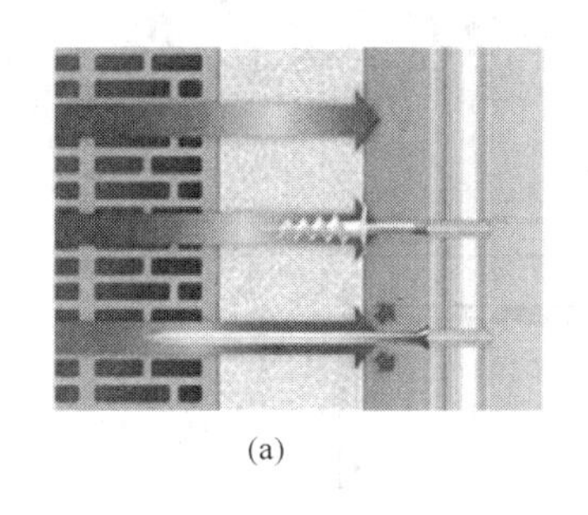
(a)

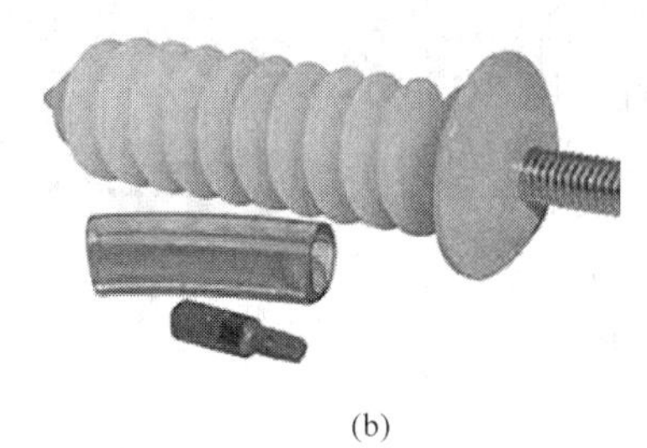
(b)

图 8-12 绝热锚栓
(a) 绝热锚栓避免热桥的形成；
(b) 绝热锚栓

(12) 雨水管道安装完毕后，应做灌水试验：

1) 立管高度≤250m 时，灌水高度必须到每根立管上部的雨水斗，灌水试验持续 1h，管道和雨水斗周围屋面不渗不漏为合格。

2) 立管高度>250m 时，对立管 250m 以下管段进行灌水试验，其余部分进行通水试验。

8.3 满管压力流雨水排水系统

8.3.1 满管压力流雨水排水系统的原理

1. 满管压力流雨水排水系统（图 8-13）

当屋面雨水斗完全被淹没时，掺气比减少、接近零，管内出现水塞、负压抽吸形成满流，此时管内的重力流转为满管压力流。在不需要任何坡度的情况下，该管道系统可以以惊人的速度彻底排清屋面积水，广泛适用于任何材质和形状的屋面。

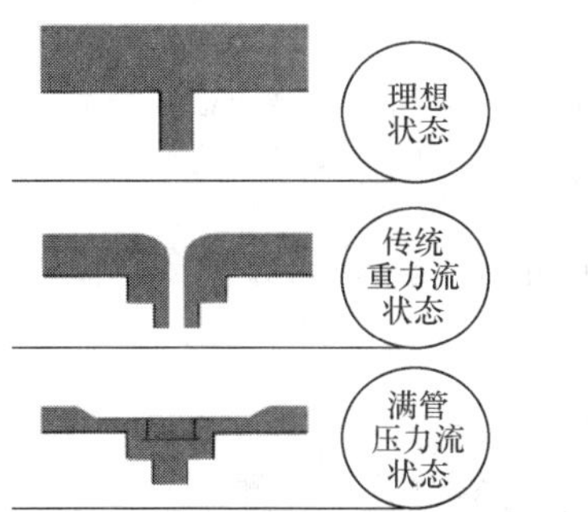

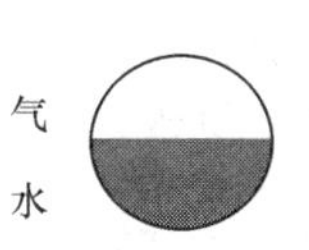

图 8-13 在雨水斗中传统重力流与满管压力流状态的比较（来自吉博力公司）

满管压力流雨水排水系统与传统的重力流屋面雨水排水系统是不同的。重力流屋面雨水排水系统是利用屋面结构上的坡度，水自然流入屋面上的雨水斗，然后雨水以气水混合的状态依靠重力作用顺着立管而下。而满管压力流雨水排水系统在最初的一段时间里，该系统与重力流屋面雨水排水系统差不多，都是利用重力进行排水，然而由于空气会同时进入雨水斗内，导致雨水斗的排水能力有限。但当屋面上的水位达到一定高度时，雨水斗会自动隔断空气进入斗内，管道内形成局部真空，产生负压，系统也转变为高效的满管压力流雨水排水系统，排水量大大增加。

在满管压力流雨水排水系统中，*DN*50 的雨水斗，泄流量≤12L/s，*DN*100 的雨水斗，泄流量≤45L/s（*DN*100 的传统雨水斗，泄流量≤8L/s）。所以满管压力流雨水排水系统能大大地提高屋面雨水排水的能力，对于大面积工业厂房及公共建筑屋面排水系统则更显突出。例如管理大楼、体育馆、运动场的看台、火车站、机场、机库、货物仓库等。选择小口径的雨水斗与管道容易形成满流虹吸，效果反而好，若管径选择太大，通常只能起到重力流雨水的排放作用。

满管压力流雨水排水系统既能适用于热屋顶结构，也适用于冷屋顶结构。

2. 满管压力流形成的过程（图 8-14）

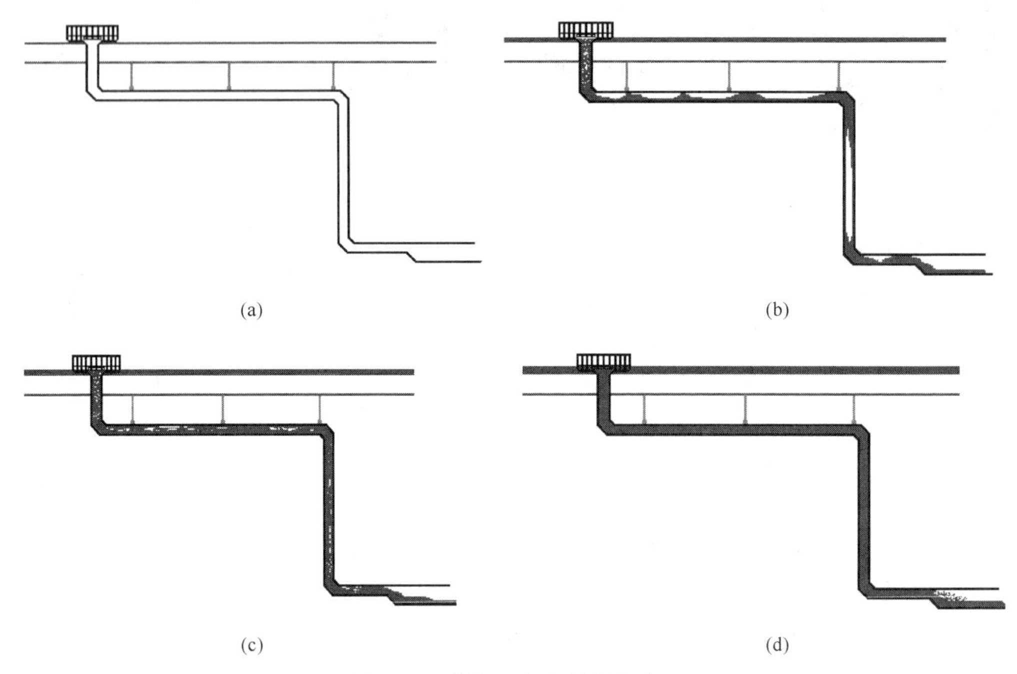

图 8-14 满管压力流形成的过程

（a）未下雨状态；（b）重力流状态；（c）将要形成满管压力流状态；（d）满管压力流状态

3. 满管压力流雨水排水系统的优点

传统的重力式雨水系统，其横管要求有一定的坡度，雨水斗和立管的数量多，横管转折不能多，需要大范围的地面开挖工作（图 8-15a）。

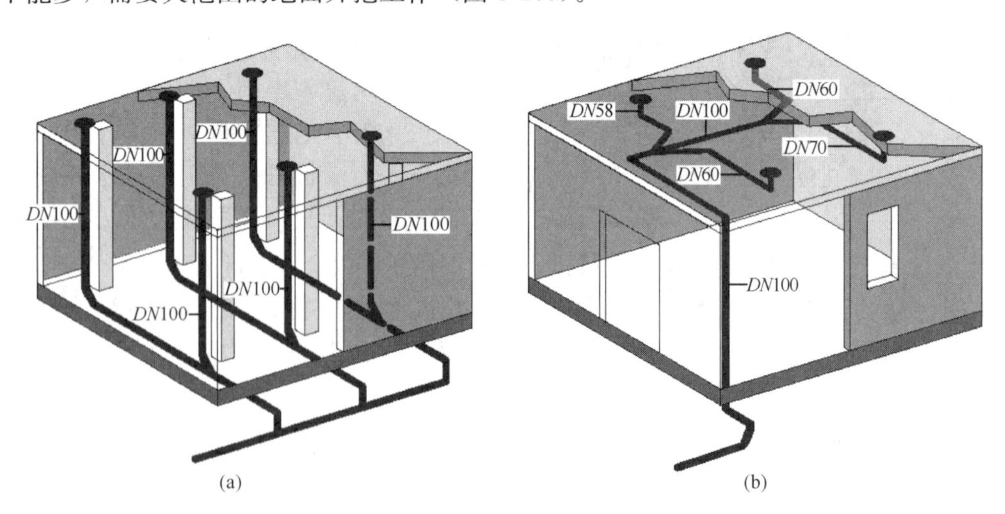

图 8-15 满管压力流雨水排水系统的优点

（a）传统重力式雨水系统；（b）满管压力流雨水系统

和重力式雨水系统相比，满管压力流雨水排水系统的优点有：

（1）管道无需坡度，使得室内的高度一致，到处的通行高度相同，且具有自洁能力（流速高于重力流，不受横管转折的影响，2～8m/s）。

（2）较小的雨水斗、管径的减小（管道横截面要小 1/4）、更少的管材，使得造价降低。

（3）立管与埋地管的减少、节省了安装空间（图 8-15b），取消了众多管沟的开挖和窨井的砌筑，大大减少了现场施工量。

（4）由于悬挂的管道（含雨水）管径减小使其总质量降低和屋面积水的减少，降低了屋顶结构的负荷。

（5）设计到施工简单快捷，广泛适用于各种用途的建筑物。

8.3.2 满管压力流雨水排水系统的组成

满管压力流雨水排水系统一般由雨水斗、管道、管配件、管道固定装置系统、溢流设施等组成。检查口的设置无特别要求，考虑到满管压力流系统的自净功能，原则上不需要设置检查口，但根据国内给排水习惯做法，在立管上离底楼地坪 1m 处设置检查口。

1. 雨水斗

雨水斗是整个满管压力流系统的关键。满管压力流雨水斗是经特殊设计的，能实现气水分离的雨水斗，避免空气进入管道系统。如果空气直接进入管道系统，那么它会在管道内形成气团，气团会大大阻碍排水效果，结果就会和传统的重力式排放系统一样。该斗的最大优点在于可以用于不同功能及材料的屋顶系统，具有广泛的适应性，换句话说，一种雨水斗通过相应的配件组合就能适合不同的屋面，例如：混凝土屋顶、金属屋顶、木屋顶、考虑人行走道或绿化的屋顶、屋面不平呈梯形结构的屋顶等。

（1）满管压力流雨水斗的结构

它是由斗体、格栅罩、出水短管、连接压板（或防水翼环）和反涡流装置等配件组成。斗体的材质宜采用铸铁、碳钢、不锈钢、铝合金、铜合金、高密度聚乙烯和聚丙烯等材料。雨水斗的出水短管可采用焊接、法兰、卡箍等方式与连接管连接。

（2）满管压力流雨水斗设计与安装注意事项

1）雨水斗的布置应尽量均匀，安装离墙 1.0m，为了减少雨水从天沟流至雨水斗所需的自由水头，让雨水尽快汇集，雨水斗之间的距离不宜大于 20m。

2）在雨水斗处宜走一段横管，如图 8-15b 所示，这样可以增加管道的扰性，减小对建筑的影响，方便紧固安装系统的使用，使整个系统的安装系统连为整体。不同屋顶结构的雨水斗安装，应参照相应产品指南中要求去做。

3）一个满管压力流多斗系统服务汇水面积≤2500m²。

4）同一系统的雨水斗宜在同一水平面上。

2. 压力流雨水排水系统的管材与管件

（1）压力流雨水排水系统的管材种类：可以采用高密度聚乙烯管、不锈钢管、涂塑钢管、镀锌钢管、承压铸铁管等材料。用于同一系统的管材（包括雨水斗下方的出水短管）及管件，宜采用相同的材质。因为如果采用不同材质的材料进行焊接，其质量很难得到保证。

（2）管材的选择

1）管道的水力因素

必须根据系统计算中阻力因素的方面进行考虑。如果选择错误，计算结果就会错误，导致排水出现问题。

2）管材的性能

高密度聚乙烯与其他材质相比，无论是在化学稳定性，可加工性，抗氧化性，还是在50年的使用寿命，吸收振动特性等一系列的项目上，具有比较大的优势。

铸铁管与钢管虽然是不可燃的材料，但是从热传导的效果来看，铸铁管与钢管的传热速度是PE-HD的100倍左右，因此如果发生火灾，铸铁管和钢管由于传热速度快，更容易使火灾蔓延，必将波及周围的其他材料。同时，由于金属管的良好导热性，可能会产生冷凝水，在欧洲规定需要使用带绝热层的复合铸铁管。而PE-HD管虽然可燃，但阻火圈安装在防火分区的墙上与楼板上，这样就防止了火势从一个区蔓延到另一个区，可以避免火势的蔓延，同时，也不需要绝热层来应付冷凝水的形成。

3）管道的连接

金属管的连接比较复杂，费工费时。例如不锈钢管采用焊接连接、沟槽式连接、挤压式连接、局部法兰连接，镀锌钢管与涂覆式钢管采用螺纹连接，局部法兰连接，铸铁管采用机械式接口或卡箍式连接，随着人工费用的不断升高，越来越不经济。

PE-HD管应用简单、快捷。可以采用预先特制的方式，而铸铁管和钢管若采用焊接方式，既不方便，又有用火的危险。铸铁管和钢管若采用承插方式的连接又不满足系统对于密封性的要求。PVC-U管不可用于满管压力流雨水排放系统，因为其壁厚不可承受系统中的负压。而且使用胶水粘结会给系统的气密性带来很大的风险。由于这些原因，金属管和PVC管基本上在满管压力流雨水排放系统中很少使用。

PE-HD管是目前最适合用在满管压力流雨水排放系统中的管材，但是其管道与管件的生产制作必须在降低热胀冷缩的条件下进行，以保证其收缩率最小。为了避免系统中出现的很大的张力，这种张力会破坏整个管道系统，因此根据欧洲标准的规定，收缩率仅能为正常的PE-HD压力管的1/3。

由于压力流雨水排水系统需要精确的计算，对排水管的规格提出了更多的要求；在欧洲（根据《建筑物和户外排水系统》DIN EN—12056）对PE-HD管材与管件的规格进行了修正（表8-2）。

PE-HD管的管径 **表8-2**

DN	30	40	50	56	70	90	100	125	150	200	250	300
φ(mm)	32	40	50	56	75	90	110	125	160	200	250	315

（3）压力流雨水排水系统中的阻火圈：应根据建筑物防火规范设计，按照相应的墙体、楼板、屋顶的厚度、材料及防火要求，阻火圈可分为不同的产品等级。

3. 压力流雨水排水管道的固定装置系统

在压力流雨水排水系统运行时，水流速度快，冲击力大，当接近形成真空时，管道会产生剧烈的振动。因此，良好的管道固定装置系统是压力流雨水排水系统中的重要组成部分，可以确保排水系统的正常工作。该系统能将机械外力转换到与横向悬吊管平行的方钢导轨上去，从而能够吸收因热胀冷缩引起的管道变形，保护建筑结构。

固定装置：包括与管道平行的方钢导轨，管道与方钢导轨间的锚固管卡和导向管卡，用于固定方钢导轨的吊架及镀锌角钢（图 8-16）。

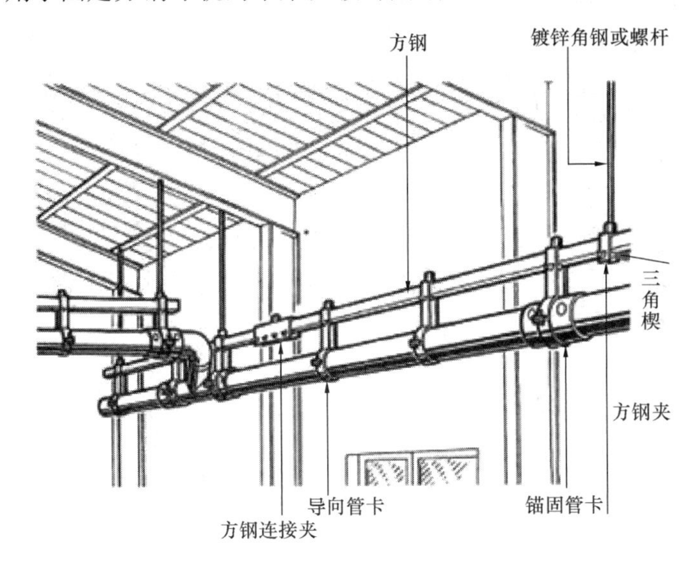

图 8-16 满管压力流系统固定装置

4. 溢流设施

（1）压力流雨水排水系统必需设置溢流装置，以确保系统的安全性（图 8-17），溢流装置的设置应充分考虑高效安全的原则。溢流系统应独立设置，当采用溢流管系统溢流时，溢流水应排至室外地面，溢流管道系统不应直接排至室外管网，不应危及行人和地面设施。

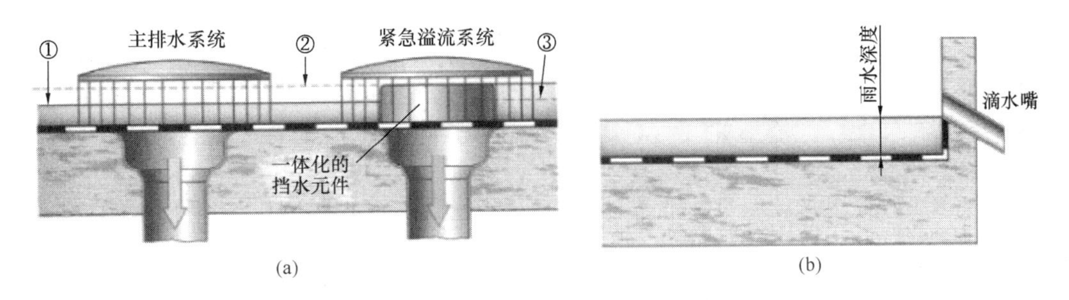

图 8-17 雨水溢流设施

（a）主排水雨水斗与溢流雨水斗；（b）滴水嘴

①—最大降水量；②—屋面允许的最大雨水深度；③—被挡水元件蓄积的水深

我国给水排水规范规定：雨水排水管道工程和溢流设施的排水能力应根据建筑物的重要程度、屋面特征来确定，重要公共建筑和高层建筑的总排水能力不应小于重现期为 50 年的暴雨量。

即：溢流量＝ 50 年的暴雨强度雨水量－压力流雨水系统的设计排水量

溢流口数量＝溢流量/单个溢流口排水量

（2）一般情况下，天沟的溢流口设在天沟两端，如计算的溢流口数量大于 2，需考虑用溢流管来实现溢流；在设置溢流口出现困难时，也可考虑溢流管来代替溢流口，甚至考虑另设一套满管压力流雨水溢流装置来保证系统的安全性。

（3）溢流口应设在溢流时雨水能通畅流达的位置。溢流口的设置高度应根据建筑屋面

（或天沟）允许的最高溢流水位等因素来确定。最高溢流水位应低于建筑屋面（或）天沟允许的最大积水深度。

8.3.3 地下埋管的布置

满管压力流系统地下埋管的布置要遵守以下原则：

尽可能布置得短一些，管径不宜过大。一方面可降低成本，另一方面如管径过大，会演变成重力系统，需要一定的管坡度。

出口流速不宜大于1.8m/s，当出口流速大于1.8m/s时，应采取消能措施。

过渡的窨井应用钢筋混凝土井或消能井，连接的重力系统需按传统给排水系统设计，以确定可以排放压力流系统的排雨量。

8.4 建筑屋面雨水排水系统的计算

（见扩展阅读资源包）

9　建筑热水供应系统

9.1　热水供应系统的分类

在热水供应系统中，按水量、水质和水温的要求，将冷水加热直接供应用户或贮存于热水贮水器中，供应热水用户。

1. 根据热水供应的范围分类

（1）局部热水供应系统：采用电热水器、燃气热水器、小型燃气壁挂炉、热泵机组、太阳能热水器等热源或组合热源，供应一个或一组，或几组取水点的热水供应系统。例如供应单个厨房、卫生间、一至两户人家、一层用户的热水。随着人们生活水平的提高，或办公楼被多家不同业务的单位更替租用（如小诊所、理发美容馆、健身房、美食店等），局部热水供应系统的利用越来越普及。

其优点是设备和系统简单，布置灵活，造价低，热水管线短，热损失小，维护费用低且方便，改建和扩建也容易。其缺点是由于热水供应量较小，舒适性不够，不能满足突然增加的热水消耗，甚至每个用水场所都得设置热源，造价高、维修管理困难，且应有可靠的安全措施。

（2）全日或定时集中热水供应系统：采用锅炉房、热泵机组、热交换站等为热源，供应用水量较大的整个建筑物或较集中的若干幢建筑物的建筑热水供应系统。例如医院、疗养院、体育馆、游泳馆，标准较高的旅馆、住宅小区、公共浴室、工业企业建筑群等。

其优点是加热效率高，热水制备成本低，加热和其附属设备设置集中，便于集中维护管理，加热装置占用总建筑面积较少，舒适性高。其缺点是设备系统较复杂，投资费用较高，维护管理的人员数量和技术要求及维护费用也较高，输送热水的管网比较长，热损失较大，因为热水管网面积大，死水区较多，军团细菌容易繁殖，改建或扩建较困难。

（3）区域热水供应系统：利用电站、区域供热锅炉房或某些工业厂矿的余热，经热力管网输送到某些居民区、建筑群、需要热水的工业企业等，在热力入口通过换热站换热后，产生所需的热水进行二次输配的系统。

其优点是供水范围大，热源远离使用者，安全性高，有利于环境保护，综合利用热能，设备占用面积较小，设备的热效率和自动化程度较高，热水的成本较低，舒适性较高。其缺点是因为热水管网面积大，热损失大，军团细菌容易繁殖，管网与设备系统建设投资较高，维护管理的水平要求也较高，输送热力的管网与热水使用的系统不属于同一个部门或单位，易产生相互扯皮的问题；改建或扩建困难。

2. 根据热水循环的方式分类（图 9-1）

（1）全循环热水供应系统：所有支管、立管和干管都设有循环管道（回水管道），全循环系统用于对水温要求严格的建筑物（如全日供应热水的建筑物或定时供应热水的高层建筑）。由于热水在管网内循环，在各配水点都不使用时，也能保证管网内热水的温度不

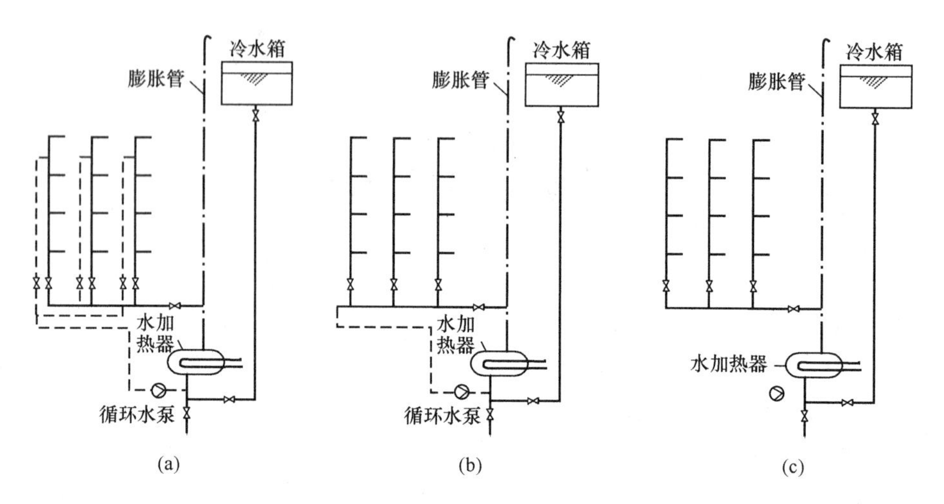

图 9-1 根据热水循环方式的分类

(a) 全循环热水供应方式；(b) 半循环热水供应方式；(c) 不循环热水供应方式

低于设计要求。在水资源缺乏的地区，全循环热水供应系统对于节水有着重要作用。当系统在支管较短或对水温要求不太严格时，可以不设支管循环管。

(2) 半循环热水供应系统：有干管设循环管或立管设循环管，用于对水温要求不太严格的建筑物（如定时供应热水的建筑物），只保证干管中的水温达到要求。

(3) 不循环热水供应系统：不设循环管，用于连续用水或定时集中用水的场合，如公共浴室等。不循环系统在使用时需要放掉管道系统内的冷水，甚为可惜。

3. 根据供应系统内的压力分类（图 9-2）

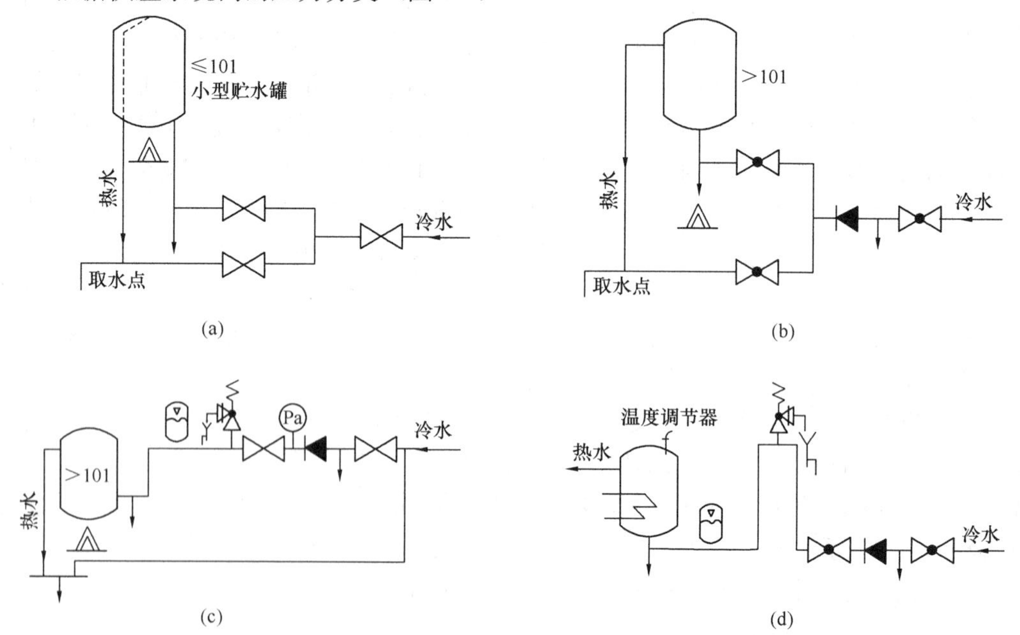

图 9-2 不同开式与闭式的热水供应方式（一）

(a) 小型直接加热开式热水供应方式；(b) 直接加热开式热水供应方式；

(c) 直接加热闭式热水供应方式；(d) 间接加热闭式热水供应方式

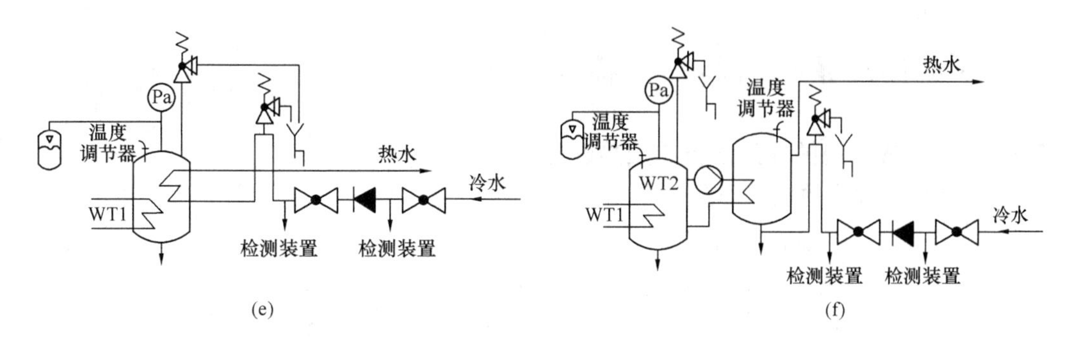

图 9-2 不同开式与闭式的热水供应方式（二）

（e）用热媒间接加热的即热闭式热水供应方式；（f）用热媒间接加热容积闭式热水供应方式

（1）开式热水供应系统：通过高位水箱、膨胀水箱或一根敞开的管道（膨胀管），一直与大气相通。即当冷水注满容器时，受热膨胀的水会始终从敞开的管道出口溢出。因而不需要设置安全阀。它的压力不会高于冷水管的压力，热水供应的压力比较稳定，过去称之为无压热水供应系统。但是因为与大气相通，水质容易受到污染，空气容易进入系统，导致金属管道、设备与附件腐蚀。

（2）闭式热水供应系统：热水管网不与大气相通，在所有配水点关闭后整个相通形成密闭系统，过去称为定压水加热器。为了在加热时膨胀的水不引起压力上升，而必须通过一个安全阀排出膨胀的水或通过隔膜式压力膨胀罐定压。闭式供应系统的水质不易受外界污染。

4. 根据热水管网的布置方式分类

（1）上行下给式：供水干管在系统的上方，通过连接的立管向下供给（图 9-3a）。

（2）下行上给式：供水干管在系统的下方，通过连接的立管向上供给（图 9-1）。

（3）分区式：设置不同的区域分开供应热水（图 9-3b）。

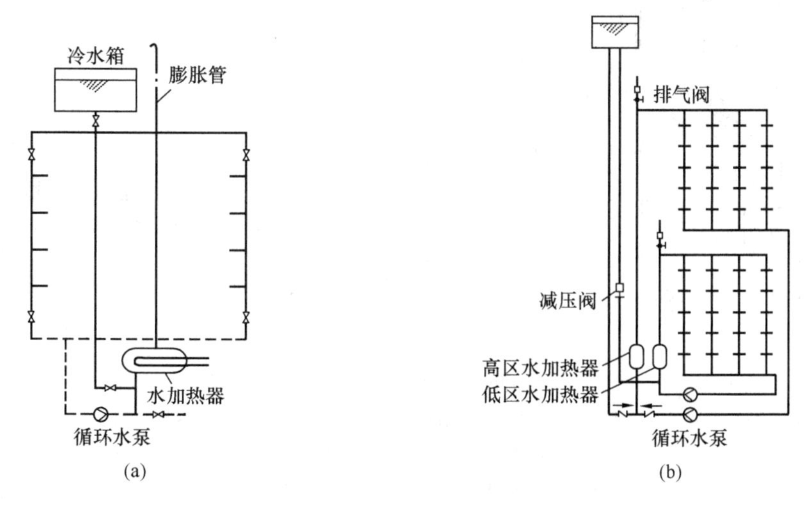

图 9-3 不同热水路径的供应方式

（a）上行下给式；（b）分区式

9.2 热水供应系统的加热设备和贮热设备

9.2.1 热水供应系统的加热设备和贮热设备

1. 根据加热方式的加热设备（图 9-4）

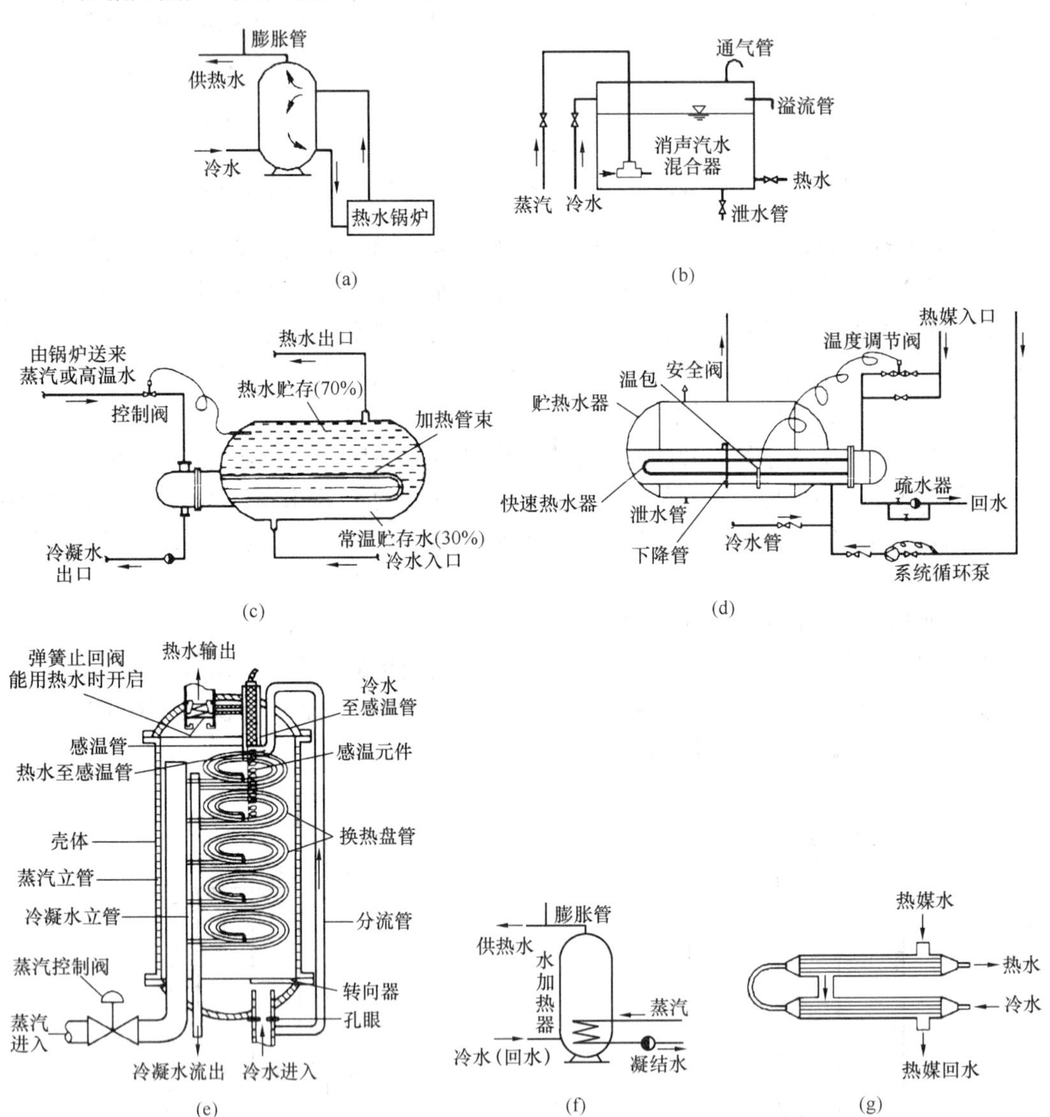

图 9-4 不同加热方式的水加热器示意图

（a）热水锅炉直接加热；（b）汽-水直接混合加热；（c）卧式容积式水加热器工作原理；（d）HRV 型半容积式水加热器工作原理示意图；（e）半即热式水加热器；（f）汽-水间接加热；（g）水-水间接加热

（1）直接加热方式：在燃烧室用固体、液体或气体燃料，或电流产生的热量通过容器壁将水加热。

1）即热式（快速）水加热器：水不停留地经过热源被加热的设备。一般用于一个或一组取水点的热水供应，例如洗脸盆、洗菜盆、洗衣机、淋浴器旁的即热式电热水器、燃气热水器、小型燃油或燃气热水锅炉等，出水温度不稳定。

2）容积式水加热器：热水器含有一定的贮水容积和热媒导管的间接加热设备。根据容积的大小，分别用于局部热水供应和集中热水供应，如电热水器、容积式燃气热水器、容积式燃油燃气锅炉等。由于其较大的容积，出水温度较稳定，具有较大的调节能力，但其传热系数较小，热交换效率低，因体积较大而占空间较大。在容器的热媒导管中心线以下约30%的贮存水温度低于规定值，容积利用率较低，可以在容器中增设导流、阻流装置，采用多流程换热管束等措施，提高其利用率和传热系数。

3）半容积式水加热器：是具有适量贮存与调节容积的热水贮罐和快速热水器的组合。当管网中的热水消耗低于设计用水量时，热水系统循环泵启动，将管内冷却的水送回快速热水器加热，当管网中的热水消耗达到设计用水量时，循环泵不启动，被加热水仅为冷水。半容积式水加热器的体积约为容积式水加热器的1/3，加热较快，换热较充分。

4）半即热式水加热器：带有超前控制，具有少量贮存容积的快速式热水器。感温元件读出瞬时冷、热水平均温度，即向调节控制器发出信号，根据原设定来调节控制阀，使输出热水保持所需温度，只要一有热水需求，感温元件就能在热水出口处的水温尚未下降时发出开启控制阀的信号，所以具有预测性。换热管为浮动盘管，盘管内的热媒由于不断转向而发生颤动，使被加热的水形成扰动（即紊流加热），故传热系数大、换热速度快。热水贮存量约为半容积式水加热器的1/5。同时，由于盘管内外温差的作用，盘管不断收缩、膨胀，可使传热面上的水垢自动脱落。

（2）间接加热方式：用固体、液体或气体燃料及电流或太阳能产生的热量生成的热媒（高温水、蒸汽等）或余热锅炉等，再通过换热器循环加热待热的水。高温水系统又称为第一循环水系统或一次侧系统，换热器的另一侧的热水系统又称为生活热水系统，或二次侧系统，或第二循环水系统。

2. 常用的换热器

（1）用于快速热水器的换热器

1）板式换热器：由薄金属板压制成一系列具有一定波纹形状的换热板片，然后叠装、用夹板、螺栓紧固而成的一种换热器。各种板片之间形成窄小而曲折的通道，冷、热流体中间有一隔层板片将流体分开，它们依次通过流道（通常是交叉流），并通过隔板片进行换热（图9-5a）。它与常规的管壳式换热器相比，在流动阻力和泵功率消耗相同的情况下，其传热系数要高些，在适用的范围内可取代管壳式换热器。板式换热器具有结构紧凑、占地面积小、传热效率较高、操作灵活性大、应用范围广、热损失小、安装和清洗方便等特点。两种介质的平均温差可以小至1℃，热回收效率可达99%以上。在相同压力损失时，其传热是列管式换热器的3～5倍，占地面积为其1/3，金属耗量是其2/3。

2）管式快速水加热器：通过热媒与被加热的水相互流动快速换热。

① 套管式换热器是用两种尺寸不同的标准管连接而成同心圆套管，外面的叫壳程，内部的叫管程。两种不同介质在壳程和管程内逆向或同向流动进行换热（图9-5b）。

② 螺旋管（盘管）式换热器是由一组或多组缠绕成螺旋状的管子置于壳体之中制成的。它的特点是结构紧凑、传热面积比直管大，温差应力小，但管内的清洗较困难。

制作螺旋管的管材有光滑的钢管、铜管、不锈钢管，波纹管、螺纹管、波节管等(图9-6)，

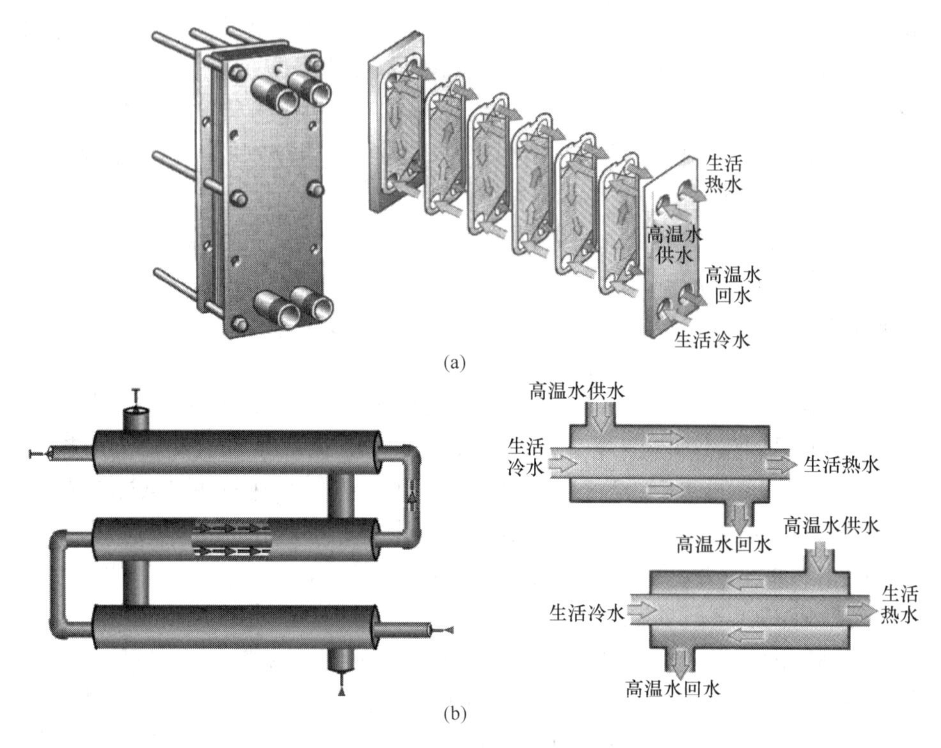

图 9-5　板式换热器与套管式换热器

（a）板式换热器结构示意图；（b）套管式换热器，冷、热流体分别走内管与套管，按同向或逆向流动换热

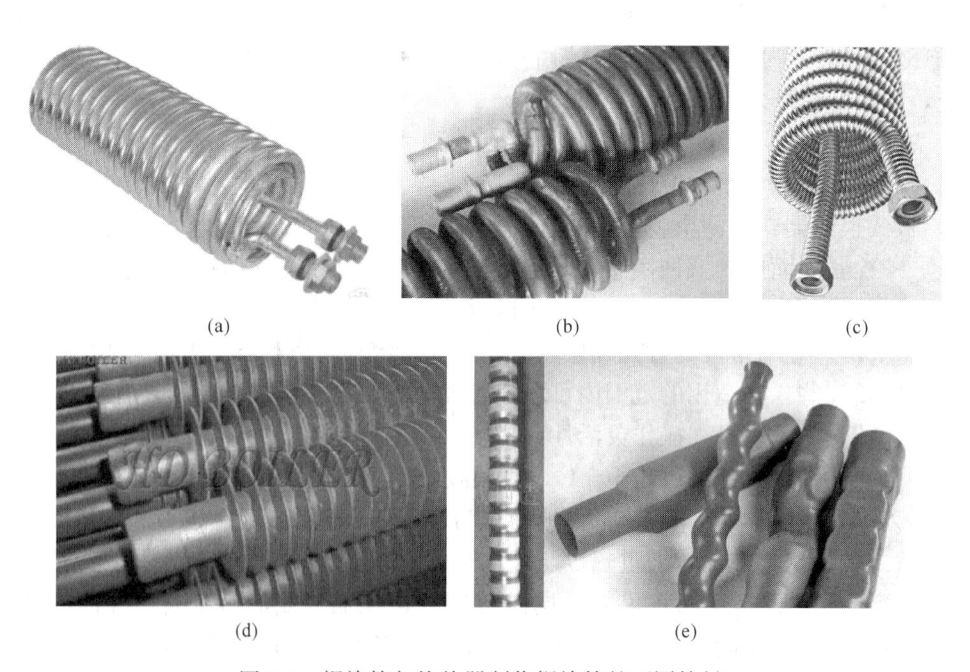

图 9-6　螺旋管与换热器制作螺旋管的不同管材

（a）光滑不锈钢管螺旋管；（b）光滑铜管螺旋管；（c）不锈钢波纹管螺旋管；（d）螺纹管；（e）不同形式的波节管

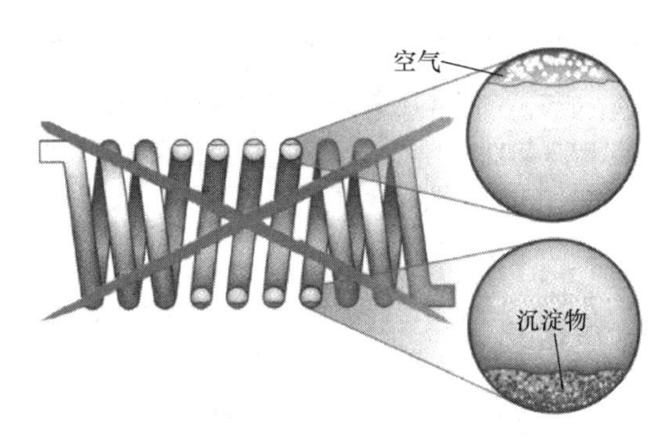

图 9-7　不允许螺旋管的轴向呈水平设置，以防气囊和污垢沉淀的形成

波节管是一种带横向波纹的圆柱形薄壁弹性管，储能与传热效果好，不易结垢。螺旋管的轴向不能成水平设置，否则端部易形成气堵和底部易发生沉淀（图 9-7）。

（2）容积式换热器：具有一定贮热容积，内部设有换热管束的换热器。

1）沉浸式螺旋管换热器（图 9-8a）：将金属管弯绕成各种与容器相适应的形状（也称蛇形管、盘管），并沉浸在容器内的液体中。螺旋管换热器的优点是结构简单，能承受高压，可用耐腐蚀材料制造，其缺点是容器内液体湍动程度低，难以清洗。

2）管壳式换热器：主要由壳体、管束、管板和封头等部分组成，壳体多呈圆形。

① 列管式换热器（图 9-8b）：内部装有平行管束或者螺旋管，管束两端固定于管板上。在管壳换热器内进行换热的两种流体，一种在管内流动，其行程称为管程，另一种在管外流动，其行程称为壳程。管束的壁面即为传热面。管子的直径有 8mm、16mm、20mm、25mm 等，管壁厚度有 0.6mm、1mm、1.5mm、2mm、2.5mm。管壳式换热器内螺旋管束设计，可以最大限度地增加湍流效果，加大换热效率。内部壳层和管层的不对称设计，最大可以达到 4.6 倍，在汽-水换热领域的最大换热效率可以达到 14000W/(m^2·K)。

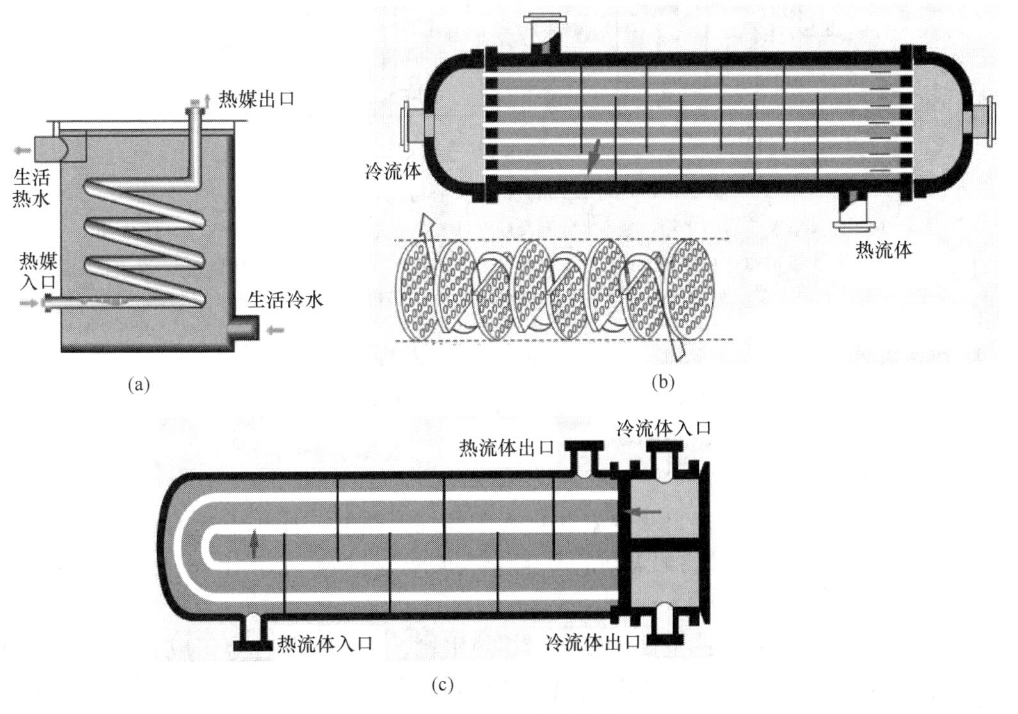

图 9-8　容积式换热器

（a）沉浸式螺旋管换热器；（b）列管式换热器，冷流体走管内、热流体在管外经折流板，通过间壁相互换热；（c）U 形管换热器

② U形管换热器（图 9-8c）：只有一块管板，管束由多根U形管组成，管的两端固定在同一块管板上，换热管可以自由伸缩。其优点因U形管尾部的自由浮动解决了温差应力的问题，结构简单，价格便宜，承压能力强。缺点是由于受管弯曲半径的限制，布管较少，壳程流体易形成短路，坏一根U形管相当于坏两根管，报废率较高。

3. 加热水箱（图 9-9）

加热水箱适用于公共浴室等用水量大且均匀的定时热水供应系统，主要有两类：

（1）直接加热的水箱：在水箱中设有蒸汽多孔管或蒸汽喷射器的一种简单换热设备。

（2）间接加热的水箱：在水箱中安装排管或盘管的一种简单的换热设备。

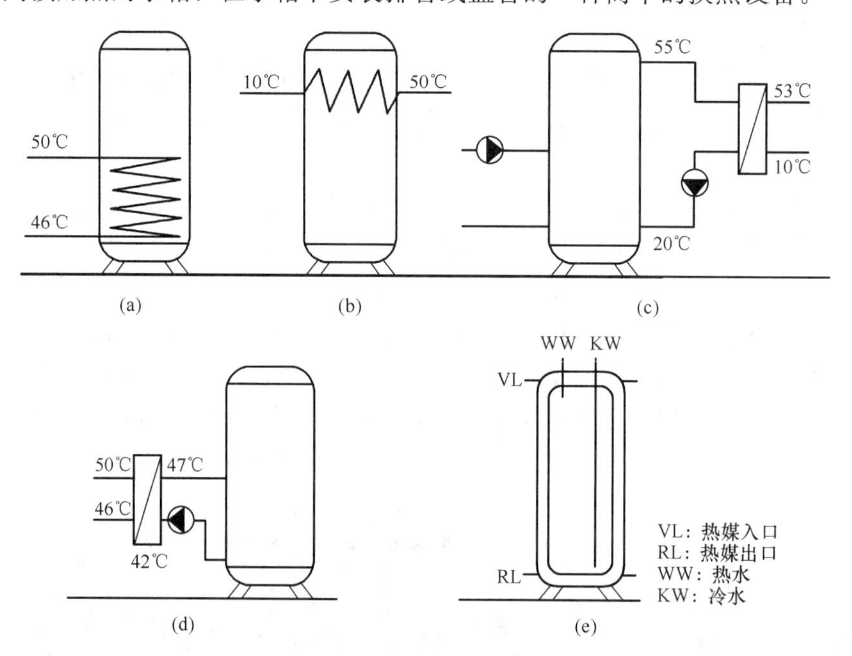

图 9-9　不同形式的加热水箱与热水贮水箱

（a）内置螺旋管换热器的水箱，冷热水分层良好；（b）高温水经过水箱内置波纹管盘管，快速加热水箱上部的水，从水箱上部取水；（c）热水贮水箱，在取水侧外部换热；（d）热水贮水箱，外部换热器设在补充热水一侧；（e）双壁加热的贮水箱

4. 热水贮水箱

容器中贮存一定量的热水，在用水不均匀的热水供应系统中起着调节水量、稳定温度的作用。

5. 其他加热设备

（1）太阳能热水系统：通过集热器收集太阳的辐射热能，加热生活用水，或给住宅和游泳池等供暖。用于日照时数＞1400h/a，且年太阳辐射量＞1200MJ/m^2 及年极端最低气温≥－45℃的地区。

太阳能热水系统的组成：主要由集热器、热水箱、管路和附件等组成。其最重要的部件就是集热器，它有真空管式太阳能集热器和板式太阳能集热器。

1）真空管式集热器（图 9-10a、b）：真空管有两层玻璃，当阳光穿过第一层玻璃照到第二层玻璃的黑色吸热层上，将太阳光能的热量吸收，由于两层玻璃之间是真空隔热的，热量不能向外传，只能传给玻璃管里面的水，使玻璃管内的水加热，水被加热后因密

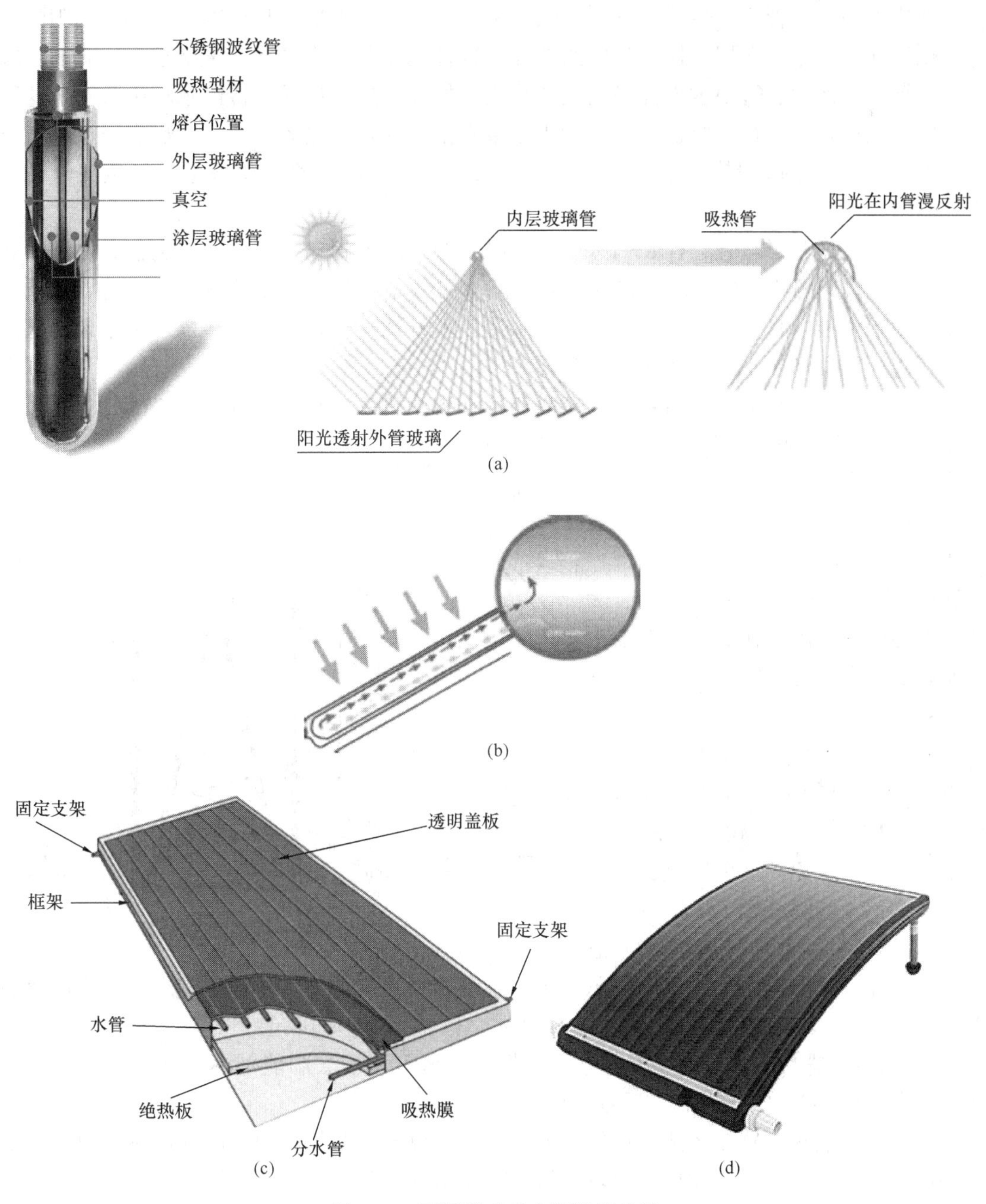

图 9-10 不同形式的太阳能集热器

（a）真空管结构与真空管工作原理示意图；（b）真空管加热器中水加热的原理示意图；（c）平板式集热器结构示意图；（d）曲面板式集热器

度减小沿着倾斜敷设的玻璃管受热面往上升到顶部的保温储水箱，箱内温度相对较低的水沿着玻璃管背光面进入玻璃管补充，如此不断循环，使保温储水桶内的水不断加热，从而达到加热水的目的。这种集热器效率较高，但是在北方较寒冷的冬天时容易冻结，玻璃管易碎、容易被冰雹打坏，体积比较庞大、管中容易集结水垢、不能承压运行，主要用于家庭开式热水系统中。

带热管的真空管式集热器，是依靠热管里注有的少量酒精或其他冷媒，受到太阳的辐射汽化压到冷凝器，在那里把热量转给热媒，这种集热器结构复杂、价格较高。有的厂家在真空管集热器的芯管中敷设铜条，铜条将吸收的辐射热通过导热传给水箱中的水，这种集热器的优点是即使在严寒地区的冬天也不会发生冻结，但热效率不高。也有通过风机将芯管中的热空气输送到热交换器，把热量传给水，这种集热器的设备也较复杂、价格较高、使用较少。

2）板式太阳能集热器（图 9-10c、d）：有管板式、翼管式、蛇管式、扁盒式、圆管式和热管式。集热器中平行排列了若干根金属管，上、下各有一根集热管和分水管，金属管吸收太阳辐射能，将热量传给管中的水，水受热上升到集热管，作为热媒，由水泵送入沉浸式蛇管换热器加热水箱内的水。

板式太阳能集热器由于盖板内为非真空，保温性能差，热效率低于真空管式集热器。但其整体性好、较耐冲击、寿命长、故障少、安全隐患低、安全可靠，吸热体面积大、其热性能也很稳定、耐无水空晒性强，承压较高（0.3～0.5bar），布置灵活、安装方便。为防止水的汽化，需要在板式集热器上端安装安全阀，可以安装在闭式热水供应系统中。

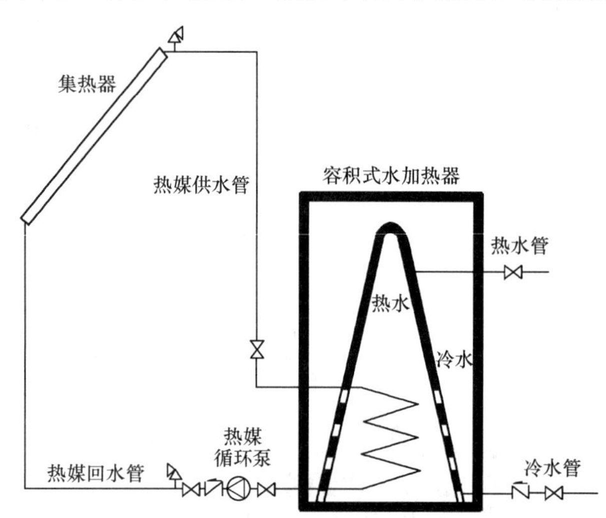

图 9-11　升温较快的太阳能水加热器

太阳能热水系统由于温升慢，往往在上午需要热水时水温较低。图 9-11为国外一家公司生产的容积式水加热器，避免了这个缺点。储水箱内设置了一副圆锥形罩，罩的上部是密闭的，冷水从罩下部的孔内进入，盘管在圆锥形罩内加热水的容积量小，温度升高的热水聚集在容积较小的圆锥形罩的上部，上午 2h 后水温就能升高约 20℃，热水从圆锥形罩上部取走。

3）沉浸式螺旋管加热水箱与热水贮水箱：前者可用于太阳能加热生活热水或与多种能源组合进行供热（图 9-12），后者只用来贮存热水。

虽然太阳能热水器较经济、环保，但是受到气象与季节的影响，屋顶面积的限制，不能保证随时进行水加热，加热也比较缓慢，需要防冻、防超压。常与锅炉、热泵等热源组合成多能源热水系统或供热系统，但多能源机组投资成本高，占地面积大。

（2）热泵热水供应系统：以电能为动力，采用绿色无污染的冷媒，吸取低温热源（如空气、地下水、余热等）中的热量气化，通过压缩机做功，向高温热源（生活热水）供应热量，冷媒被液化，再送至低温热源加热，如此反复循环工作，低温热源中的热能被不断“泵”送到水中，使保温水箱里的水温逐渐升高，热泵热水器可以生产出 50℃以上的生活热水（图 9-13），全年热泵热水器的能效 *COP* 值可达 3.0 以上。缺点是机组占地面积较大，较笨重，若前期建筑物未考虑热泵机组的承重与空间，后期可能无法布置与安装，生产的热水温度不会高于 55℃，军团细菌等菌类与病毒在这个温度范围中繁殖最快，受极

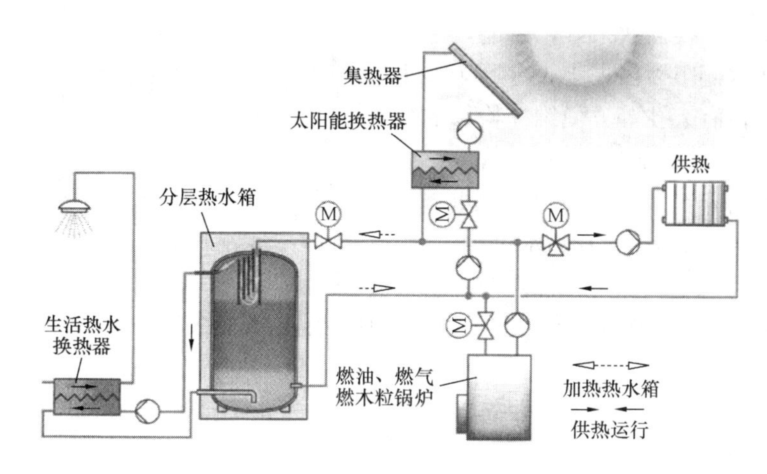

图 9-12　多能源（锅炉与太阳能）供应热水与供热系统示意图

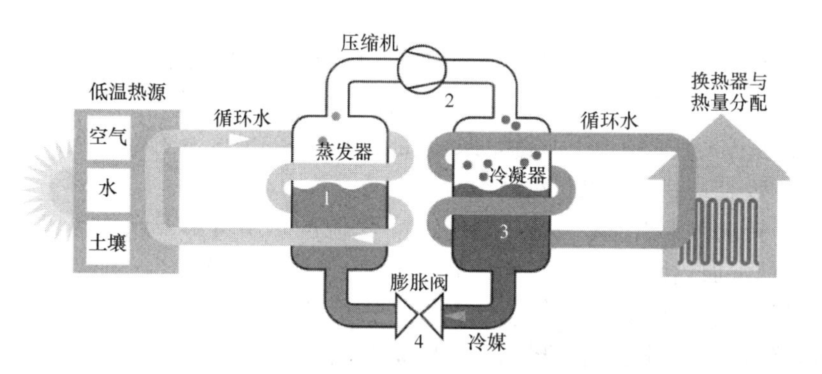

图 9-13　热泵热水机组工作原理示意图

端天气影响，适宜工作温度在－5～45℃，温差依赖性大，在夏热冬暖或夏热冬冷地区，适用于空气源热泵，在地下水源充沛、水文地质条件适宜，并能保证回灌的地区，适用于地下水源热泵。热泵宜与其他能源组合使用，热泵机组体积大，安装较复杂。

1）热泵热水机组的分类：

根据低温热源分为水源热泵机组和空气源热泵机组。前者用于中型和大型的机组，为分体机型，例如用于宾馆、住宅小区的热水供应，后者用于小型机组，有分体机与整体机，整体机结构较紧凑，例如用于家庭的热水供应。

空气源热泵机组不得布置在通风条件差、环境噪声控制严及人员密集的场所，机组进风面距遮挡物宜大于1.5m，控制面距墙宜大于1.2m，顶部出风的机组，其上部净空宜大于4.5m，机组进风面相对布置时，其间距宜大于3.0m。

2）热泵热水机组的组成：主要分为两部分，热泵系统和水加热系统。热泵由压缩机、冷凝器、膨胀阀和蒸发器组成，水加热部分主要为沉浸式螺旋管水加热器或板换器，可作为热泵的冷凝器。

9.2.2　热水加热设备和贮热设备的选择

1. 选择原则

(1) 应根据生产厂家加热设备的使用特点、耗热量、热源、维护管理及卫生防腐及综合考虑建筑物的功能、热水用水规律等因素选择，须注意的规定有：

1）热效率高，换热效果好，节能，节省设备用房；

2）生活热水侧阻力损失小，有利于整个系统冷、热水压力的平衡；

3）设备应留有人孔等方便维护检修的装置，配置控温、泄压等安全附件。

（2）从热源应考虑的选择原则：

1）客户有自备热源时，应根据冷水水质总硬度大小、供水温度等采用直接供应热水或间接供应热水的燃油（气）热水机组。

2）若采用蒸汽、高温水为热媒时，应结合用水的均匀性、水质要求、热媒的供应能力、系统对冷热水压力平衡稳定的要求及设备所带温控安全装置的灵敏度、可靠性等，综合比较技术性能后选择间接水加热设备。

3）若客户位置电源充沛、容量富裕，采用电能作为热源时，其水加热设备应采取保护电热元件的措施。

4）若采用太阳能热水设备时，太阳能集热系统的循环水泵应分别按强制循环闭式和开式集热系统的要求设计。

5）若采用热泵作为热源的水加热设备时，应分别按水源热泵和空气源热泵的要求设计。在夏暖冬暖、夏热冬冷地区采用空气源热泵，在地下水源充沛、水文地质条件适宜，并能保证回灌的地区，采用地下水源热泵，在余热富裕的地区（例如发电厂、钢铁厂等企业），可以采用吸收式制冷热泵机组。

6）在客户要求热水供应不得发生中断时，医院的热源机组及水加热设备不得少于 2 台，其他建筑的水加热设备不宜少于 2 台，当一台设备检修时，其余加热设备的总供热能力不得小于设计小时供热量的 60%。

（3）医院建筑应采用无冷温滞水区的水加热设备。

（4）水加热设备机房的设置宜靠近给水加压泵房、靠近耗热量最大或设有集中热水供应的最高建筑，宜位于系统的中部，当集中热水供应系统设有专用热源站时，水加热设备机房宜与热源站相邻设置。

2. 选用局部热水供应设备应注意的规定

（1）应综合热源条件、建筑物性质、安装位置、安全要求及设备性能特点等因素。

（2）当供给两个及两个以上同时使用的用水器具时，宜采用带有贮热调节容积的热水器。

（3）若当地太阳能资源充足时，宜优先选用太阳能作为热源，同时应设辅助热源。

（4）热水器不得设置在易燃物堆放处，不得设置在有安全隐患的燃气管、表或电气设备附件，不得设置在有腐蚀性气体和灰尘污染处。

（5）生活热水尽量采用新鲜水：

1）为了预防军团细菌的感染，不宜直接使用水箱中的热水，而是将水箱中的高温水经分开的外部板式换热器加热来自管网的水（图 9-12），即采用“新鲜水技术”。图 9-14a 为传统的连接形式，现在欧洲已经不再使用了。

2）为了防止结垢，外部换热器不允许放置在高温水区域（图 9-14b）。当无人使用热水时，即换热器处于停机时间，换热器的温度如同放置在热水箱中同样高度的高温区域一样，而且往往是数小时至数日之久。这会导致换热器中钙沉积。正确的布置是将换热器紧贴近地面（图 9-15a），在那里将所有附件安装在一个盒子里，位置处于变凉的回水区域高

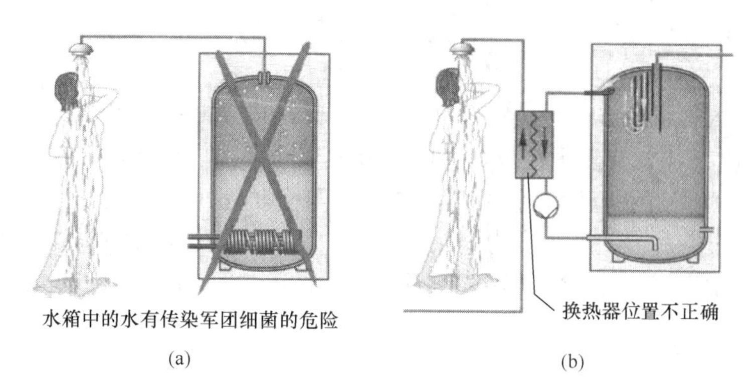

(a)

(b)

图 9-14 错误的生活热水加热方式

(a) 传统的生活热水加热方式；(b) 采用外部换热器防止军团细菌，但位置错误易结垢

度，可以防止结垢。

新鲜水同样需要精准地调节，输入换热器的热量必须符合所需要的热量。这就得通过传感器掌握流过换热器的高温水流或新鲜水流的温度与体积流量，然后设法相适应地调节。这个任务由一个受专利保护的热水盒（其实是一个即热式热水器）来实现，盒子里面含有一个用于生活热水的板式换热器，带传感器的调节电子线路板，一个调节负荷的增压泵（图 9-15b）。这个热水器通过电动阀进行调节和控制。其参数见表 9-1。

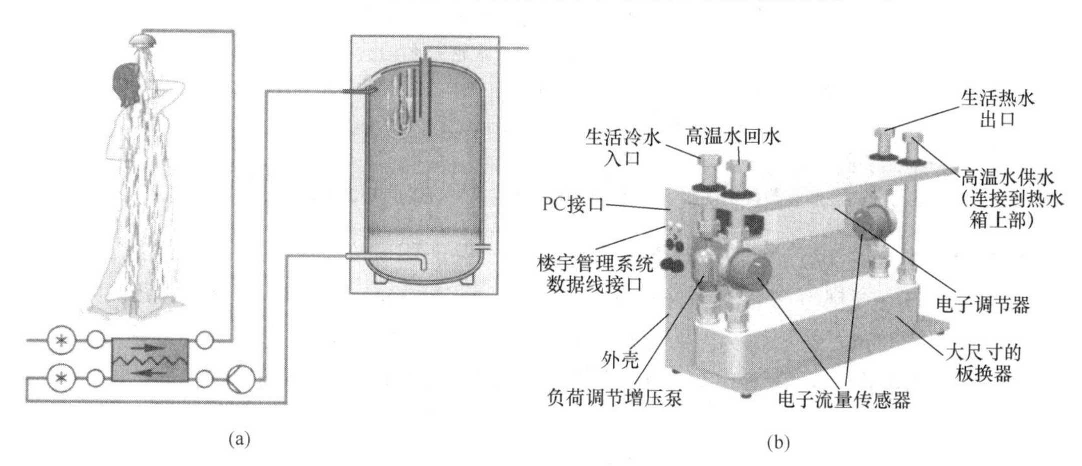

(a)

(b)

图 9-15 防军团细菌与结垢的热水盒（即热式热水器）

(a) 为了防止结垢，换热器应靠近地面安装；(b) 带电子单元调节热量的即热式热水器

热水盒（即热式热水器）主要参数 **表 9-1**

传输功率(kW)	58	88	117
50℃生活热水的流量(L/min)	21	31	40
电气额定功率(kW)	120	175	175

（6）在水的硬度较高的地区，板式换热器会严重结垢、产生麻烦，不适合使用。应采用螺旋管式换热器，内置不锈钢波纹管，水温频繁地变化使其内部不易结垢。

3. 燃气热水器的要求见第 11 章内容。应强调所有燃气热水器不建议安装在卫生间内。

4. 电热水器

（1）分类：

根据加热水的容量：有快热式（又称为即热式）和贮热快热式电热水器。快热式电热水器的水箱容量<15L，有多个档位，可以调节加热功率。贮热式电热水器的水箱容量在40～200L，其给水管道上应设置止回阀。电热水器有防超压（水压）保护、泄压阀自动泄水，也可以通过一种专门的混合水龙头泄水（图 9-16a）。虽然快热式电热水器的水箱容量不大，但功率很大（4～7kW），需要有足够截面的电缆（4mm^2 铜芯线电缆）。

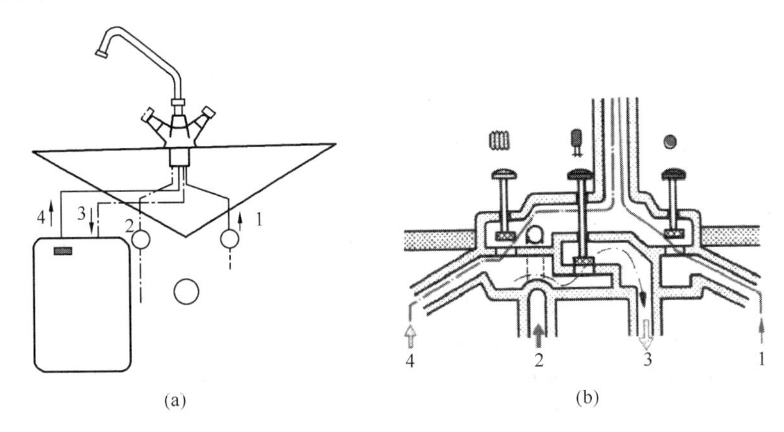

图 9-16　与即热式电热水器连接的溢水-有压混合水龙头

（a）即热式电热水器与混合水龙头的连接；

1—冷水角阀；2—其他热源热水箱的热水管；3—通向热水器的冷水管或来自其他热源的热水管；4—热水器的溢水管

（b）混合水龙头冬天运行示意图

注：在夏天运行时：左侧阀关，中间阀开，冷水或来自其他预热的热水在电热水器中加热，右侧是冷水阀。

（2）在卫生间，电热水器与电气的安装：必须保证用电安全，以防触电事故。

1）在欧洲电气规范中，将卫生间分为 4 个区域（图 9-17）：B0～B3。在 B0 区和 B1 区，不允许设置与敷设任何强电及弱电设施与电缆，在 B2 区可以设置弱电设施（例如电话等）、敷设弱电电缆，在 B3 区可以设置与敷设弱电及强电的设施与电缆。

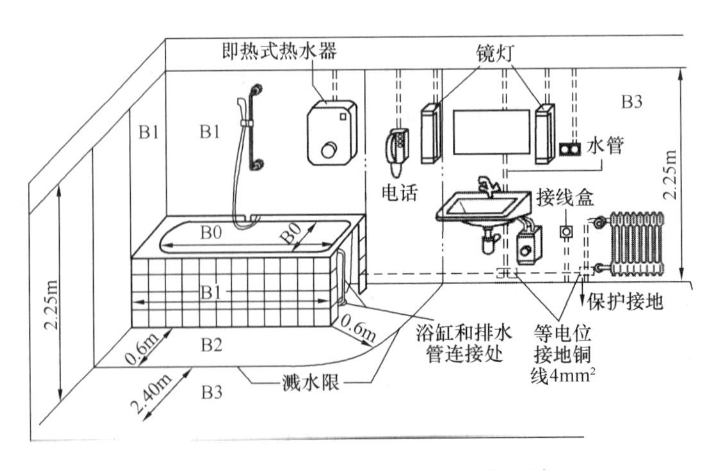

图 9-17　卫生间的电气安全防范区域

2）在卫生间水平敷设电缆时，必须在距完工地面 2.25m 以上穿管敷设。

3）浴盆（或淋浴盆）的排水栓或淋浴器的地漏必须设置接地，并连接牢靠。

4）住户家庭的电气开关箱内所配置的漏电保护开关，要求动作电流不超过 30mA，动作时间不超过 0.1s。

9.3 热水供应系统的安装

9.3.1 热水供应系统的管材和管件

1. 热水管材的要求

（1）耐腐蚀、耐热和连接方便、可靠，管件和连接的管道材质宜相同。

（2）管道的工作压力应按相应温度下允许的工作压力，生产厂家必须提供相应的温度—工作压力曲线。所有管道上标注的公称压力为 20℃水温时的工作压力。

（3）管内壁光滑，摩擦阻力较小，不易结垢。

2. 常用热水管材

有薄壁铜管、不锈钢管、塑料热水管（PB 管、PE-X 管、PP 管等）、塑料和金属复合热水管等。但设备机房内的管道和定时供应热水不宜采用塑料热水管。

普通的 PE 管和 PVC 管不能用于热水管。

9.3.2 热水系统的附件与设备

1. 自动排气阀

（1）作用：热水系统在运行过程中，系统中存在可能未排净的空气，水在热源中加热时原来溶解的空气以及释放的气体如氢气、氧气、水蒸气等气体。这些气体如不能及时排掉会带来众多不良影响，例如会产生腐蚀、损坏系统及降低热效应，管道系统里气囊的形成，使热水循环不畅，管道带气运行时会产生噪声、循环泵产生涡空现象。所以系统中的气体必须及时排出。

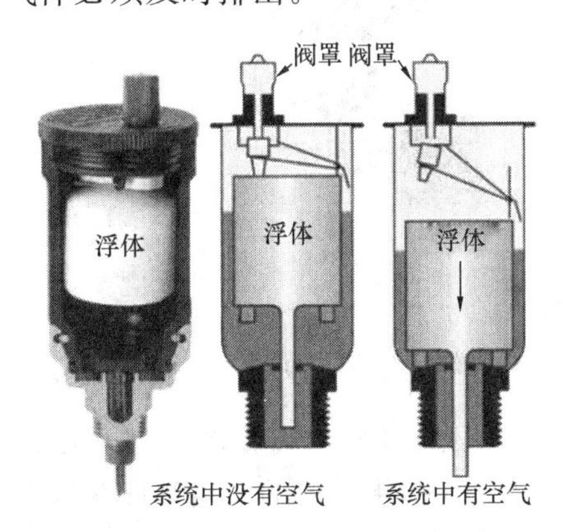

图 9-18 自动排气阀的剖面图与结构原理图

（2）结构与工作原理：自动排气阀由阀体、阀杆、浮筒和阀罩组成。当系统充满水的时候，水中的气体因为温度和压力变化不断逸出、沿管道上升至系统最高点，越来越多的气体聚集在排气阀的上部，当气体压力大于系统压力的时候，排气阀中的浮筒便会下落、带动阀杆向下运动，阀口打开，气体不断排出。当气体压力低于系统压力时，浮筒上升带动阀杆向上运动，阀口关闭（图 9-18）。通常，阀罩处于开启状态。

（3）安装位置

1）自动排气阀一般安装在系统容易集气的管道部位，如系统的最高点、一段管路的最高点。热水系统为上供下给式的顶棚横干管在坡度的最高处应安装自动排气阀。

2）自动排气阀必须垂直安装，即必须保证其内部的浮筒处于垂直状态，以免影响排气，自动排气阀在安装时，最好跟隔断阀一起安装，这样当需要拆下排气阀进行检修时，能保证系统的密闭，水不致外流。

2. 膨胀水箱

膨胀水箱有闭式膨胀水箱（膨胀罐）和开式膨胀水箱。其作用是容纳热水系统中因水加热膨胀所增加的体积，也可以向系统补水。闭式膨胀水箱在 5.5.3 节中已作介绍。

闭式膨胀水箱用在闭式系统中，一般安装在供水管路中，位置不受限制。开式膨胀水箱（图 9-19）用在开式系统中，必须安装在系统最高点，还可以起到排气与定压的作用，但是对建筑结构要求较高。

3. 热水管道的补偿器

横干管管线较长时，或高层建筑的热水立管上，应设置补偿器。在设有补偿器的管线上，应由设计单位确定固定支架的位置。补偿器在 4.7.5 节中已有介绍。

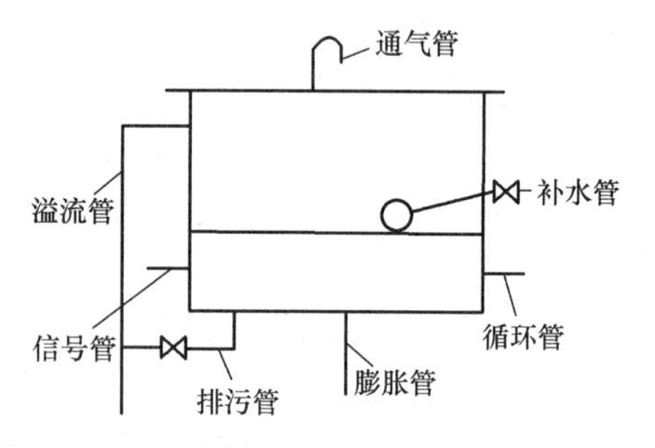

图 9-19　开式膨胀水箱配管示意图

4. 温度控制阀、温度计等附件

这类附件应该安装在便于观察和维护的地方。专为老人与幼儿使用的热水设施应有防烫伤措施，如热水管道按规范绝热、使用恒温混水龙头等。

5. 安全阀（溢流阀）

安全阀（溢流阀）处于常闭状态，当设备或管道内的热水压力升高超过规定值时，通过向系统外排放热水来防止管道或设备内介质压力超过规定数值（图 9-20a、b）。也有与排气阀组合的阀组（图 9-20c）。

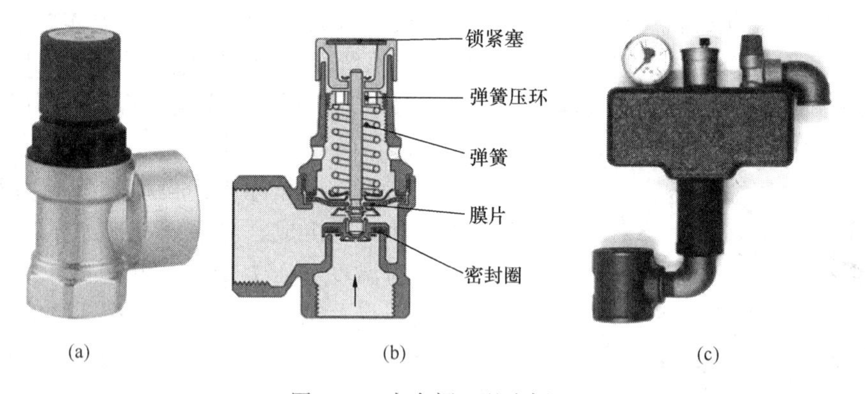

图 9-20　安全阀（溢流阀）

(a) 安全阀（溢流阀）；(b) 安全阀结构示意图；(c) 含排气阀与安全阀的阀组

安全阀（溢流阀）的主要参数是排量，这个排量由阀座的口径和阀瓣的开启高度决定。根据开启高度不同，又分为微启式和全启式两种。微启式是指阀瓣的开启高度为阀座喉径的 1/40～1/20。全启式是指阀瓣的开启高度为阀座喉径的 1/4。

为了保证安全阀的正常工作及延长安全阀的使用寿命，在使用中应做到定期检查运行中的安全阀是否泄漏，卡阻及弹簧锈蚀等不正常现象，并注意观察调节螺套及调节圈紧定螺钉的锁紧螺母是否有松动，若发现问题及时采取适当的维护措施。还应定期将安全阀拆下进行全面清洗、检查并重新研磨、整定后方可重新使用。

6. 增压泵和循环泵

当热水系统的总阻力大于供水压力时，需要增压泵，循环热水系统需要循环泵作动力。生活热水供应系统应选用热水泵。驱动水泵的电机有直流电机、交流电机和变频电机。

直流泵可以采用36～42V的安全电压，采用无刷直流技术，安全性高、低噪音、功耗较低。但直流泵扬程与流量较小，一般用于局部热水供应系统。

交流泵用工频电机，频率50Hz，不可调速、噪声较高，但价格便宜。交流泵用于集中热水供应系统，调节流量需要通过阀门节流来实现，不节能。

变频泵的电机有直流变频（采用直流电机）和交流变频（采用交流电机），可以调节频率进而调节转速来调节流量，达到节能的目的，变频泵电机的启动电流小，维护工作量也小。虽然这类水泵价格较高，但是在局部热水供应系统与集中热水供应系统中使用越来越普及。

全日集中热水供应系统的循环水泵在泵前回水总管上应设温度传感器，由温度控制启闭。定时热水供应系统的循环水泵宜手动控制或定时自动控制。

9.3.3 热水温度的保持

1. 热水温度的保持要求

当热水系统的供水管路较长时，导致取水点不能及时用上适宜温度的热水，同时还要将管路中的凉水放掉，既缺乏舒适性，又造成浪费。集中热水供应系统要保证取水点的出水温度不低于45℃的时间是：居住建筑不应大于15s，公共建筑不应大于10s。热水供应系统保温的方式采用热水循环管或热水管自调控电伴热来达到。小型热水供应系统的热水保温可根据客户的要求设计。不管采取何种方式，都应考虑节能。

2. 热水循环系统

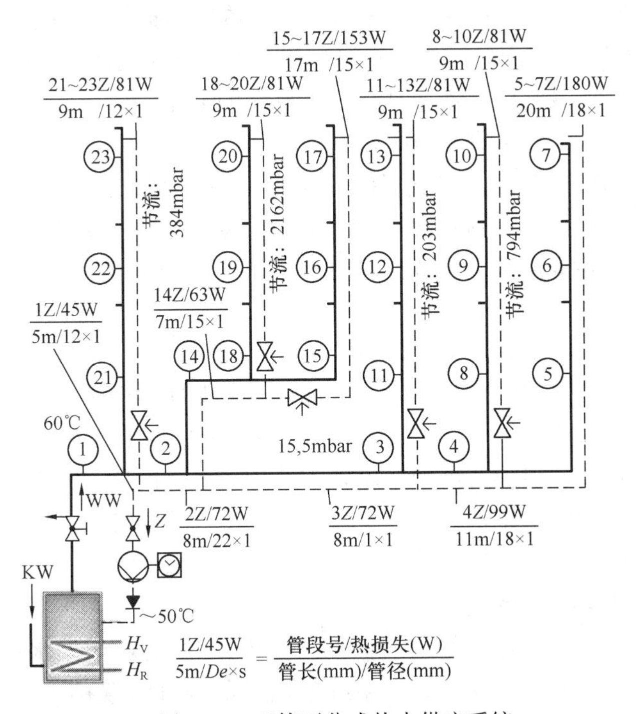

图9-21 双管下分式热水供应系统

热水循环系统包括供水管和回水管，循环的动力可采用机械循环（设循环泵强制循环）或自然循环（依靠管道中不同温度热水的密度差形成重力循环）。随着水泵节能性能的提高和管道的绝热技术，采用自然循环已经比较少了。

对使用水温要求不高且不多于3个的非沐浴用水点，当热水供水管长度大于15m时，可以不设热水回水管。

(1) 双管下分式（下行上给式）

这是最常用的一种热水供应方式，热水配水干管和回水干管位于配水管网的下部，主要布置在地下室，通过连接在干管的立管或Z形分干管向上给水和回水（图9-21）。

循环泵设在循环干管的末端，将

水引回加热器，保证系统的正常循环。而且因为循环泵安装在加热器的入口附近，该处的水温比供水温度低些，不容易结垢，水泵的叶轮摩擦较少，运行的寿命较长。循环泵安装应高于加热器中热水面（图 9-22）的上方。

该系统利用最高配水龙头放气，不需再另设放气装置。为防止回水立管顶端形成气塞而妨碍循环，回水立管应从最高配水龙头以下约 0.5m 处的配水立管引出。

回水管径宜选小些，准确地与循环泵的口径相匹配。回水管上需要安装如下附件：

1）手动启闭阀：在加热器的出口与供水管之间设置一个启闭阀，在回水管的循环泵前方设置一个启闭阀，使得可能更换水泵或加热器以及管网维修时变得简单些，水加热器不用排空。

2）止回阀：可以自动关闭水的回流，减轻循环泵的压力。在循环热水系统中，尽量选择阻力小的止回阀，为了维护与检修的方便，选择带检测接口与排放接口的止回阀(图 9-23)。

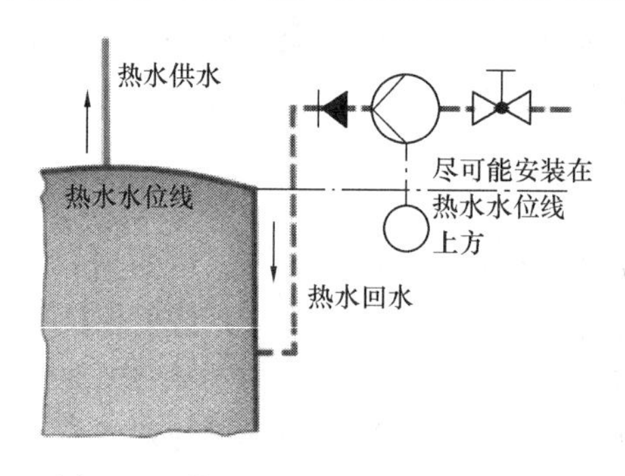

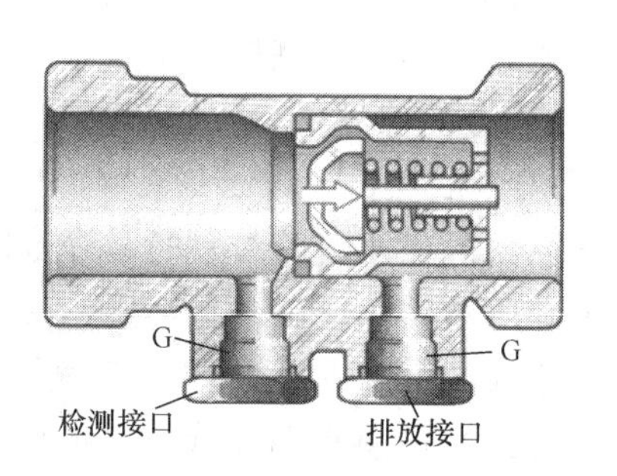

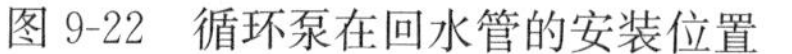
图 9-22　循环泵在回水管的安装位置　　图 9-23　阻力小的止回阀

3）调节阀：由于热水系统的热水流动不均，一些管段热水过剩、造成热损失，一些管段要等较长时间才有热水。为此，要用各个管段上的调节阀来逐个调节流动压力。但是，用简单的调节阀来达到均衡是困难的，系统中一些小变化，如阀门的节流，也会产生扰乱。所以安装带温控装置的、能自动均衡的调节阀是重要的。

在压力损失最大的管段是水力最不利循环管段，调节阀是无意义的，因为那里没有什么可以调节的。通常，最长流动路径的管段是最不利管段，例如图 9-21 中的 5～7 管段就未设调节阀。在安装热水循环系统前，需要根据设计规范计算热水管和循环管的管径、循环泵所需的功率和所需的绝热材料。

为了保证系统的压力稳定和正常运行，在开式系统顶部设一给水水箱，系统的透气管可直接接到水箱上，在闭式系统循环泵旁设置膨胀罐。该系统的优点是可保证各配水点的设计水温，不需另设排气装置，管网安装检修较方便，其缺点是系统循环水流阻力较大，需设置循环水泵，管材用量比上行下给式大，因此造价和维修管理费用较高。这种系统适用于在顶棚内或顶棚下不允许设置配水干管及检修不方便，对水温要求严格并有条件设置循环水泵的建筑。

（2）双管或单管上分式（上行下给式全循环系统）

这种热水系统的配水干管设在系统的上部（在有绝热屋面的顶层下或顶棚内），回水干管在系统的下部（一般设在地下室）。管网内的空气通过系统最高处的排气装置排出，为便于排气，配水干管的水流方向应与排气方向一致，否则干管内水流速度＜0.8m/s。

当无法利用最低配水龙头泄水时，在系统最低点设置泄水阀。为使各环路水流阻力均衡，离加热器较远的立管可适当加大管径。该系统的优点是有利于热水的自然循环，可以保证各配水点的设计水温，适用于对水温要求严格的建筑，其缺点是因配水干管设在顶层，安装维修不便，若暗装漏水会影响美观，甚至损坏顶棚。

根据循环立管的布置，这种系统又分为三种形式（图 9-24）：

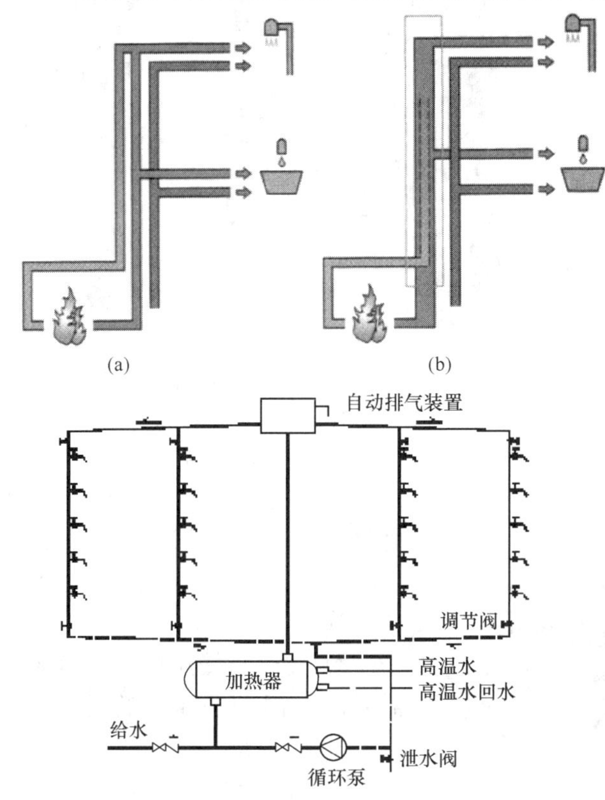

图 9-24 上行下给式热水供应系统的类型
（a）传统的双立管式；（b）内置管双立管式；（c）单立管式

1）传统双立管式：热水系统设有供水干立管，每个分系统设有配水立管与回水立管。这种系统调试比较容易，但管材消耗量大，管道占空间较大。

2）内置管双立管式：设有配水立管与回水立管，配水立管内置在供水干立管中。这种系统较前者占空间较少。

3）传统单立管式：设有供水干立管与配水立管，配水立管也作为回水立管。这种系统节省管材，占空间小，但水力平衡与热力平衡调试较困难。

（3）内置循环管单立管下分式

这是国外新采用的一种热水供应方式（图 9-25），回水立管设在配水立管中（图 9-26），几乎看不见，配水支管不设循环管。

1）这种管道系统的适用范围：适于多层建筑的热水供应系统，立管管径 $d_a \geqslant 28$mm，工作温度 $t=70$℃，$t_{max}=90$℃，工作压力 $p=10$bar，$p_{max}=16$bar。生产厂家有设计软件。

2）适用于这种管道系统的管材：

① 外管：管材有根据 EN 1057 的铜管，$d_a=28$mm 和 $d_a=35$mm，根据 DBGW GW 541 的不锈钢管；铝塑复合管 PE-X-Al-PE（-x）。

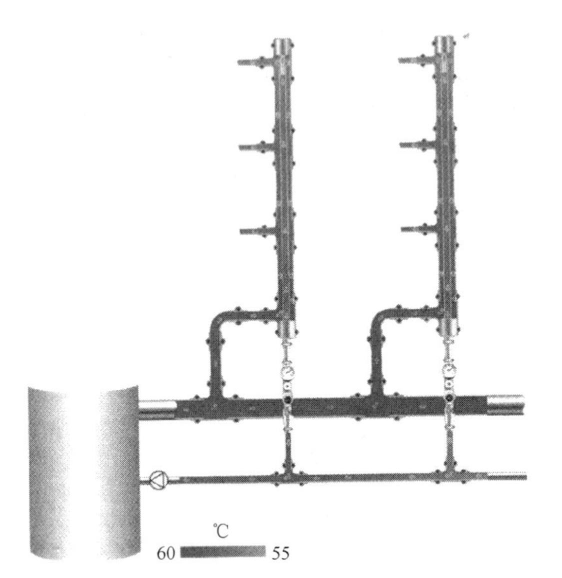

图 9-25　内置管双立管下分式

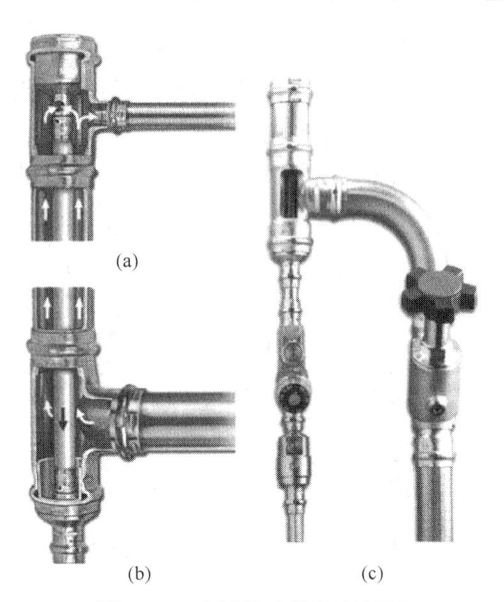

图 9-26　内置管连接管件详图

（a）立管上的三通；（b）配水管中回水管接到回水干管去；（c）温控回水调节阀

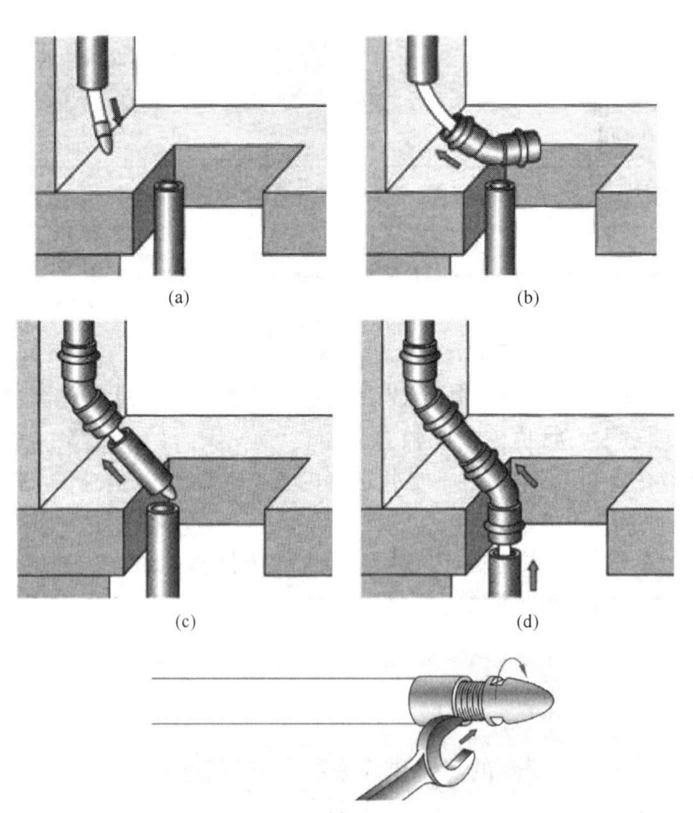

图 9-27　在乙字弯的管道安装

（a）用灵巧的穿管器将内管拉至错位处；（b）按照安装顺序，将穿管器穿入挤压式接头和管段；（c）将管段插入挤压式接头并挤压牢；（d）错位乙字弯完成；（e）在管端安装穿管器牵引头

②内置循环管：管径 12×1。管材有复合管 PE-X-Al-PE(-x)，交联聚乙烯(PE-Xc)管，聚丁烯(PB)管。

3）立管与楼层的支管连接需要用专门的挤压式管件（图 9-26a、图 9-28）。

4）在内置循环管系统中，底层或地下室的供水干管（分配管）采用专门的 T-三通与各个配水立管连接。循环泵通过乙字弯将立管中回水送入到热水加热装置(图 9-25)。借助于温控调节阀调节循环管的流量(图 9-26c)。图 9-29 为这种热水供应系统的示意图。

根据 DVGW W 551 的双管循环的规定同样适用于内置管循环系统。在根据 DVGW W 551 的大型热水加热设备的入口和出口间，温差不能大于 5K，循环的水流量应通过热功率损失计算，应确定所需的压力降，要进行水力平衡检查。

5）当各楼层的墙体错位时，立管可以通过乙字弯倾斜安装，在错位较大时，也可以水平移位（图 9-27a-d）为了将内置管穿入热水管中，应在内置管上旋入一个穿管器牵引头（图 9-27e）。

6）内置循环管系统的优点。

节省管材和固定件，敷设省时，因为敷设的是一根管子而不是两根管子，所以也减少了安装费用，节省空间，所以布置与安装的空间只需要较小的管道井，节省管道绝热材料和固定件材料，防火耗材较少，垂直循环管的热损失很小，不需要专门的工具。

从热水加热装置的出口经循环管又回到其入口的水温下降相当均匀。在内置管系统中，立管末端的最低温度大约是系统最高点（内置循环管的入口）的温度（图 9-26b）。因为回水又被供水管的“热水”加热，所以这种系统促使热效率提高和节能。

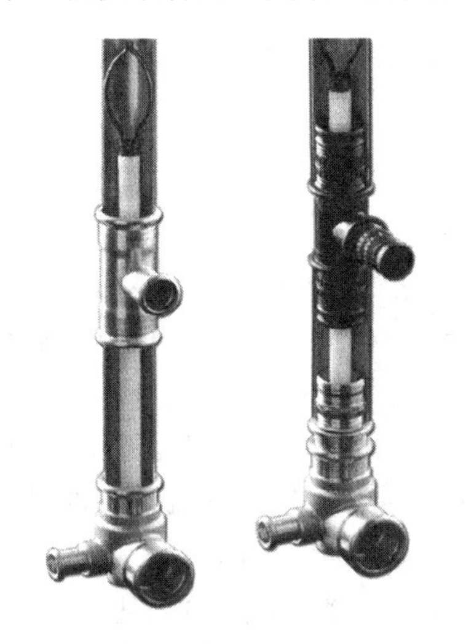

图 9-28 用不锈钢管或 PE-X-Al-PE-x 管的立管与循环管水平连接

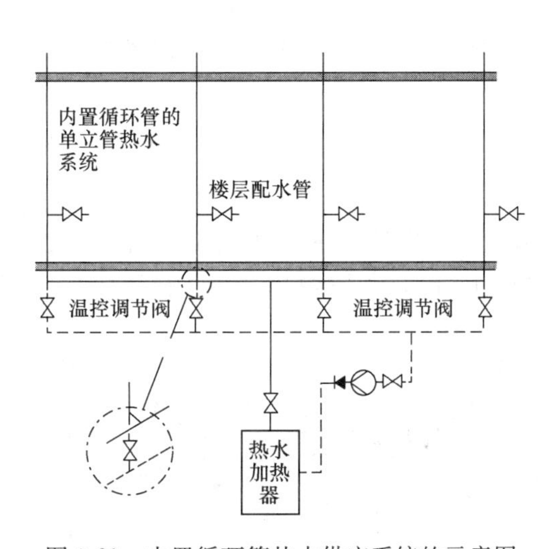

图 9-29 内置循环管热水供应系统的示意图

3. 热水管自调控电伴热

现在，不少建筑物采用电伴热代替了循环管，它通过伴热来实现保温和调节温度。这种伴热带的热功率≥7W/m，属于加热带，但不同于防冻带。这种加热带也可以用于屋面檐沟、雨落管、冷水管、燃油的防冻，以及如楼梯、大门入口的室外场地的防冻。

各种加热带可以通过不同的颜色与标记识别。所有的加热带必须符合电气标准。

表 9-2 为自调式电伴热带“管子温度与能耗关系”的举例。

自调式电伴热带管子温度与能耗的关系 **表 9-2**

建筑物类型	一个家庭的住宅	若干家庭的住宅	旅馆、医院、养老院
保温要求与能耗	在 45℃时，7W/m	在 55℃时，9W/m	在 70℃时，12W/m
热水的存储温度	最大值为 65℃	最大值为 65℃	最大值为 80℃

（1）自调式电加热带的组件

由 2 根铜导线嵌入带相应绝缘包皮的自调式加热元件（图 9-30a）组成。加热元件由交联塑料分子构成，里面掺入导电的碳微粒，根据周围的温度在两根铜导线之间形成电流路径（图 9-30b）。

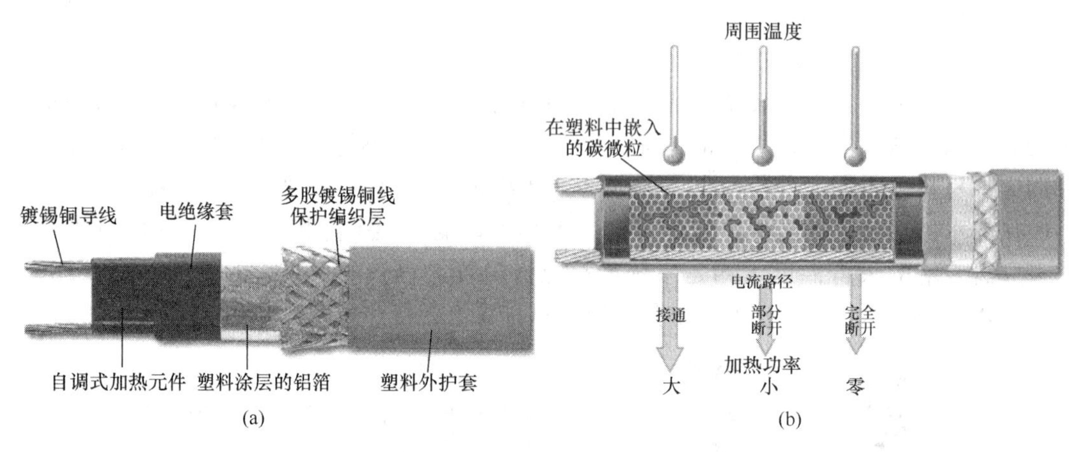

图 9-30　自调式伴热带的组成与功能示意图
（a）组成结构；（b）作用

自调的意思是，在管道的温度逐渐变化时，输入的电功率也随之变化，但变化是相反的。当温度下降时，塑料的内部组织收缩，碳微粒产生电流路径，开始加热（图 9-30b 中的 A），当温度上升时，塑料的内部组织膨胀，碳微粒逐渐分开，电流路径断开（图 9-30b 中的 B 和 C），加热带的电阻增加，输入的电流和热功率下降，过热或烧坏被排除在外。

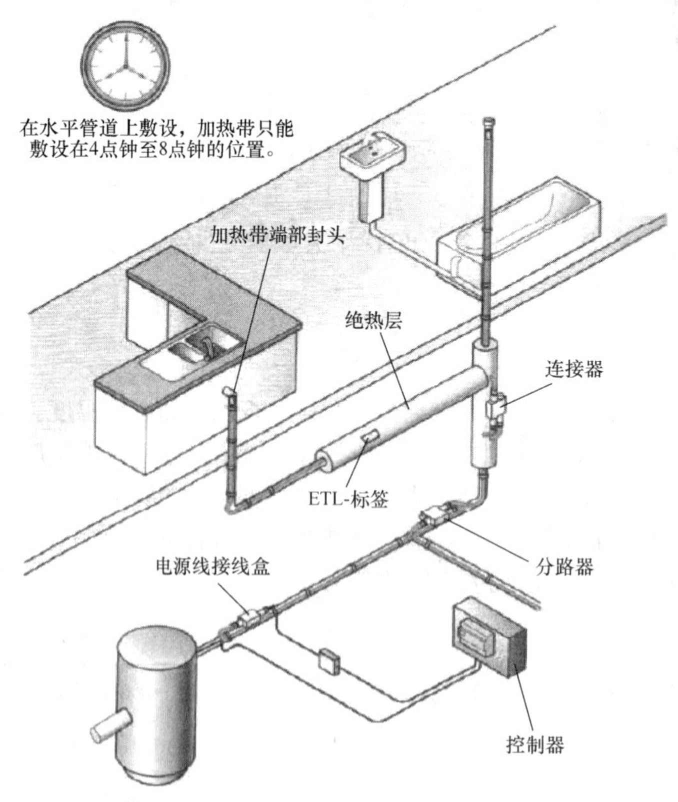

图 9-31　自调式电伴热带敷设举例示意图

电伴热带就是传感器、调节器和执行机构的集成。伴热带适于有热水温差的管道每个点。哪个位置需要，就在那里产生热量。热损失用电能补偿。

电加热带不能敷设在水平管道的上部，必须敷设在其下部 1/3 圆周的位置，即 4 点钟～8 点钟的位置（图 9-31）。

例如：在 18 点前，开始取用热水，热水从加热装置流出，经过管子，流动的热水加热管子和伴热带，伴热带的电阻增加，热输出功率下降。

约 18：08 时，热水阀关闭，热水“停留”在管道里，管道和热水缓慢冷却，19：00 时，$t\approx54$℃，伴热带上的温度下降，伴热带的电阻减小，伴热带的热功率增加(图 9-32)。

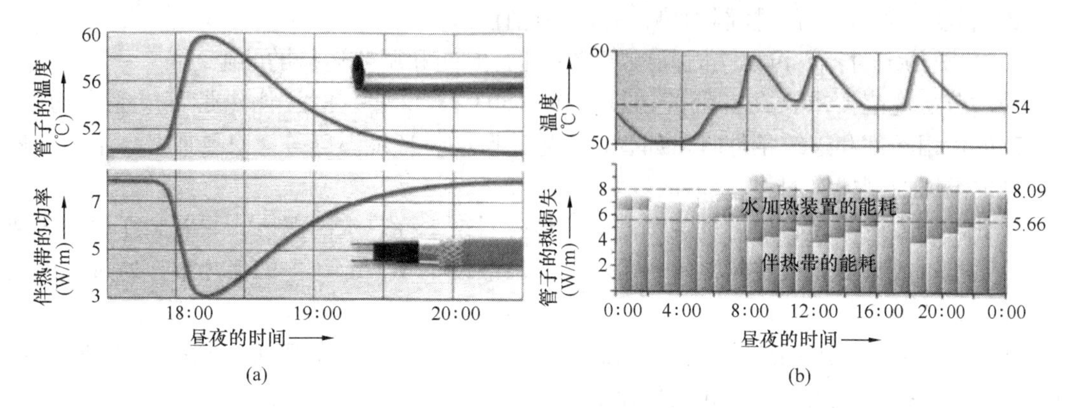

图 9-32 在热水管道理想绝热时，伴热带的能耗与管子的温度等互动关系

(a) 管子的温度与能耗的互动关系；(b) 管子温度与能量需求的互动关系

在每次取用热水时，重复这个过程。热水使用的频率越多，耗电量就越少，因为流过的热水将管子加热了。

(2) 连接配件

通过连接配件，可以向加热带送电。电源线也可以集成在连接配件中。加热带可以通过连接配件（短的连接器），如直接连接器、变径、分支 T-三通和 X-四通以及端部封闭头(图 9-33)。加热带在下料后，端部的铜导线裸露出来，为了电气安全，在端部必须用充满凝胶的封头封闭。如果以后因扩建，封头拔除后就不能再使用了。

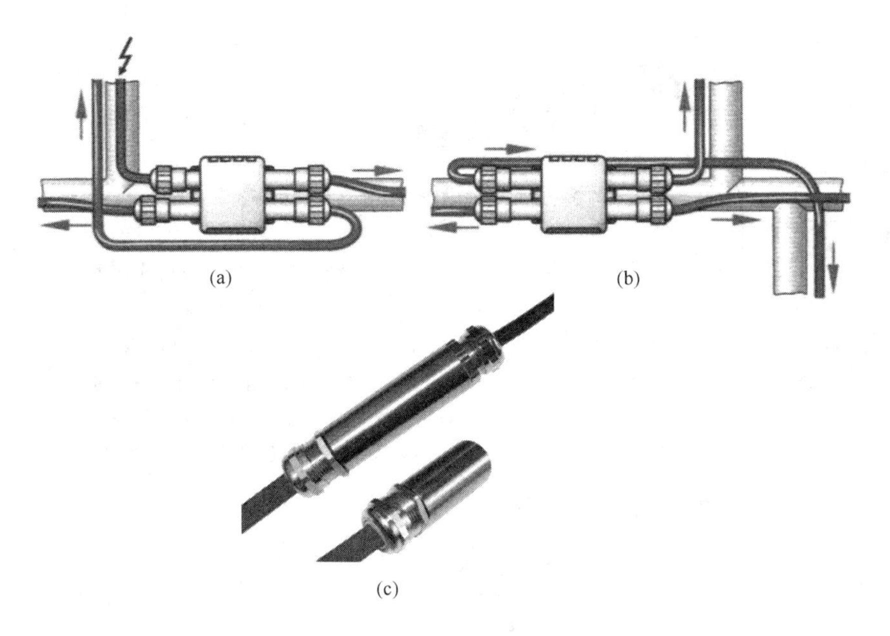

图 9-33 电加热带连接端子

(a) 伴热带连接端子三通；(b) 伴热带连接端子四通；(c) 电加热带变径连接器与端部封头

连接配件在管子上敷设时，绝热层要高于管道的绝热要求。

（3）在开关盒里设有的附件

1）温度调节器：可以控制加热带的功率适宜度；

2）集成的定时器：可以按时间顺序控制运行时间和调节运行的间隙。

德国节能规范要求，在有限的温度范围（50℃至60℃）时，伴热带不应完全切断。在特殊的使用条件和建筑条件时，如管径、绝热厚度、环境温度等，只要通过一个微处理器控制的温度控制器作用。

对此，温度调节器必须通过现场安装的传感器来掌握热水的温度，它安装在水加热装置的热水出口或太阳能系统的混水阀后面。如果敷设12W/m/70℃的伴热带，通过温度调节器可以方便地进行热消毒。

通过定时器和温度调节器，在较大热水需求时，绝热很好的管道在保持“供热运行”时可以定时关掉电加热带。例如居住建筑在8～14点和19～22点时。

热水系统要保持热损失尽可能低的最重要的条件是良好的绝热。正是在伴热的情况下，较大的绝缘层厚度并不昂贵，相反，它们会有所回报，这对于环境保护、业主和承租人在经济上是明智的。良好的绝热只支付一次费用，而高昂的运行费用是长久的。

（4）电加热带的敷设要求

1）在施工现场从滚轮卷上拉出加热带，就地下料，应留出30cm余量用于连接。

2）加热带应插入绝缘良好的、安全的端子连接器内（图9-34a）。在插入端子时，保护编织网应翻卷起来，铝箔应去除（图9-34b）。

3）插入连接器的电源线应用螺丝拧紧（图9-34c）。

4）连接器上电缆的锁紧螺母应旋紧，以保证加热带受到拉伸压力的安全（图9-34d）。

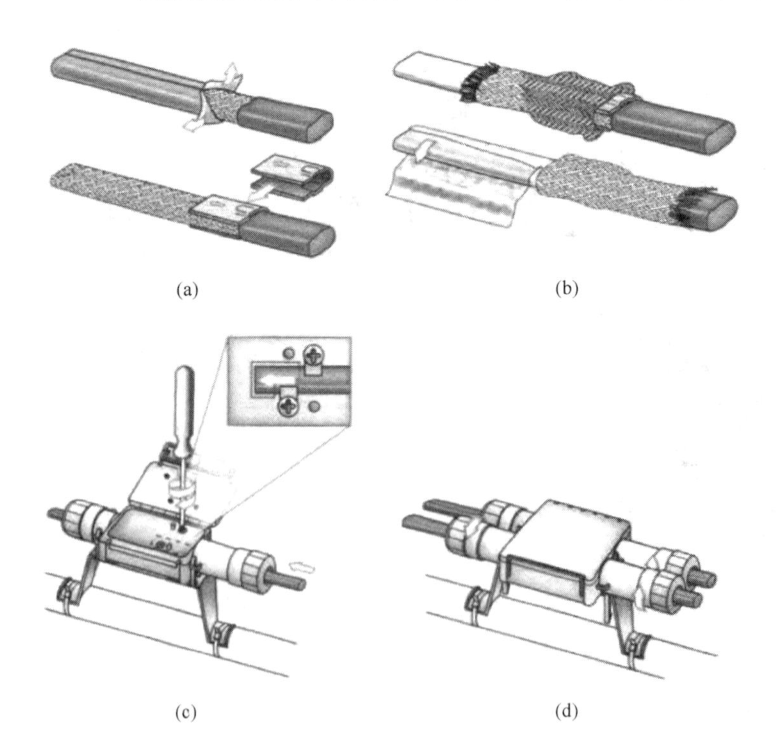

图9-34　加热带与连接器和电源连接线
（a）去除绝缘，插上端子；
（b）把编织网翻过来，去除铝箔；
（c）将加热带插入，旋紧螺钉；
（d）将电缆螺纹套管的螺母旋紧

5）在裸露的加热带应用端部封头封闭。

6）因为加热带总是伸展在管子上，所以在水平管道上，加热带应位于管子下部约 4 点钟至 8 点钟的位置。

7）加热带的固定：

① 在金属管上，用扎带或胶带固定（图 9-35a）；

② 在金属复合管上和塑料管上，为了良好的热传导，沿长度方向，用铝胶带将加热带覆盖上（图 9-35b）；

③ 加热带不能夹在管卡的卡圈与管子之间（图 9-35b 中详图）。

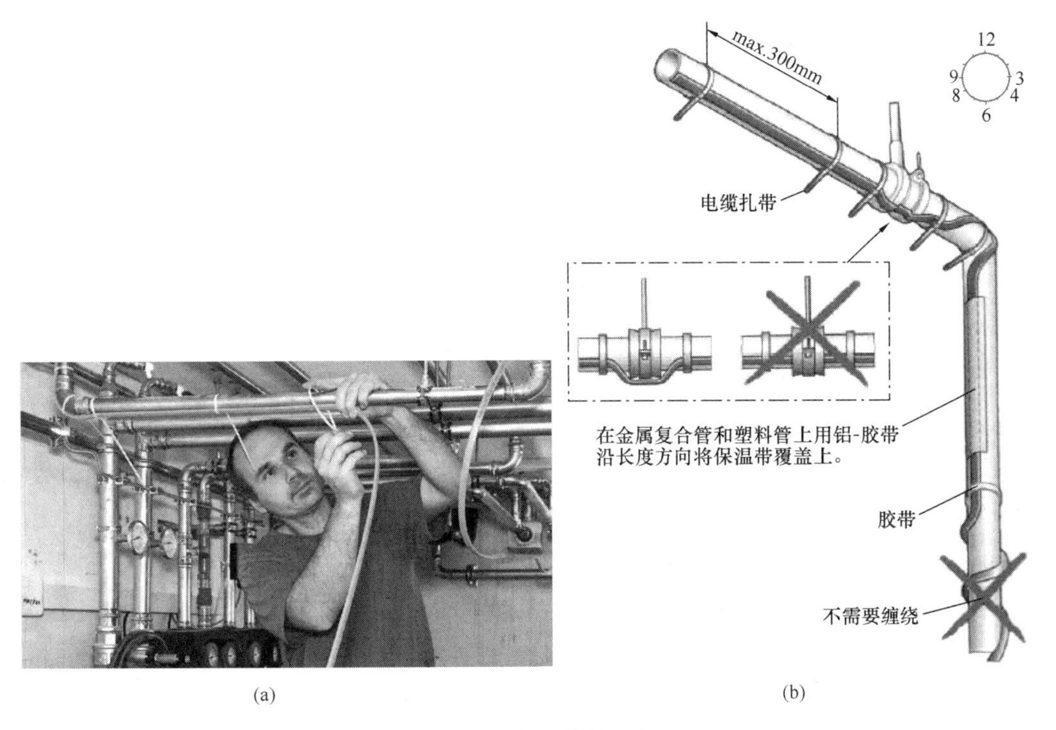

图 9-35 电加热带的固定

（a）用扎带将加热带固定在金属管上；（b）电加热带在管子上的固定

（5）自调式电伴热的优点

1）自调式电伴热几乎不占地方，加热带很容易用扎带或胶带固定在管子上。只占一根管子的空间。

2）不需要保养，因为它没有动作的元件。

3）节能，因为没有热水循环管，没有循环泵，就减少了热损失。

4）因为省去了循环管，就省去了管材、连接件、固定材料和绝热材料。

5）省去了管道敷设和绝热的计算，省去了管道穿墙的墙洞和防火的计算。

6）省去了关闭阀和调节阀。

7）省去了热水循环管的费时的水力平衡。

（6）自调式电伴热的缺点

为了管道的保温，有时需要耗电。

由于它省去了循环管和附件的投资、省去了循环泵及其耗电的费用、省去了循环管的热损失费用，这个缺点是能弥补的。平均下来，电伴热的耗电不会多于一台新式冰箱，一套住宅每天的耗电量约相当于1.2kWh。

9.4 建筑热水供应系统的计算

（见扩展阅读资源包）

10 居住区给水排水

居住区：是城市中住宅建筑相对集中布局地区的简称。《城市居住区规划设计标准》GB 50190—2018 是如下划分不同居住区的：

1. 15min 生活圈居住区：以居民步行 15min 可满足其物质与生活文化需求为原则划分的居住区范围，一般由城市干路或用地边界线所围合，居住人口规模为 50000～100000 人（约 17000 套～32000 套住宅），配套设施完善的地区。

2. 10min 生活圈居住区：以居民步行 10min 可满足其基本物质与生活文化需求为原则划分的居住区范围，一般由城市干路、支路或用地边界线所围合，居住人口规模为 15000～25000 人（约 5000 套～8000 套住宅），配套设施齐全的地区。

3. 5min 生活圈居住区：以居民步行 5min 可满足其基本生活需求为原则划分的居住区范围，一般由支路及以上级城市道路或用地边界线所围合，居住人口规模为 5000～12000 人（约 1500 套～4000 套住宅），配建社区服务设施的地区。

4. 居住街坊：由支路等城市道路或用地边界线围合的住宅用地，是住宅建筑组合形成的居住基本单元，居住人口规模为 1000～3000 人（约 300 套～1000 套住宅，用地面积 $2hm^2$～$4hm^2$），并配建有便民服务设施。

居住区给水排水工程是指城镇中 15min 生活圈居住区、10min 生活圈居住区居住组团、5min 生活圈居住区、居民街坊和庭院范围内的建筑外部给水排水工程。居住区给水排水管道是建筑给水排水管道和市政给水排水管道的过渡管段，其给水与排水的设计流量和建筑内部及市政工程的计算方法不同，二是与水质特征及其变化规律及服务范围、地域特征有关。必须按照《室外给水设计规范》GB 50013—2018 和《室外排水设计规范》GB 50014—2006（2016 年版）的要求。

一些公共建筑小区（简称公建区），如中央商务区、会展区、大学城、高新科技开发区等的室内给水排水设计应按《建筑给水排水设计规范》GB 50015—2019 进行，室外部分按照《室外给水设计规范》GB 50013—2018 和《室外排水设计规范》GB 50014—2006（2016 年版）的要求。

居住区的给水工程内容有给水水源与净化、给水管网、居住区的消防给水、其他公共给水等，居住区的排水工程内容有生活污水管道、雨水管道、居住区污水处理与循环利用；在一些居住区还有热水供应系统、居住区直饮水供应系统等内容。

由于现代的居住区在工程建设和管理上，大都归属于房屋开发部门及物业管理部门，其给排水设施与房屋建筑的开发建设是捆绑在一起的。

10.1 居住区给水系统

10.1.1 居住区给水系统的组成

居住区给水系统主要由水源、管道系统、二次加压泵房和贮水池组成。

1. 居住区给水水源

位于市区或厂矿区供水范围的居住区，首选现有的供水管网作为其给水水源，远离市区的居住区，可以铺设专门的输水管线供水，根据当地地形、供水规范、水质、水压及安全供水等要求，也可适当自备水源，但严禁自备水源与城市管网直接连接。

若将城市给水管网作为自备水源或补充水时，只能将城市管网的给水先送入自备水源的贮水（或调节）池，然后经自备系统加压后使用。

若居住区远离市区或厂矿区，且难以铺设供水管线，在技术经济合理的条件下，可建立自备水源，在严重缺水的地区，应考虑在居住区建设中水系统，用以冲洗厕所、清洗道路和浇灌绿地。

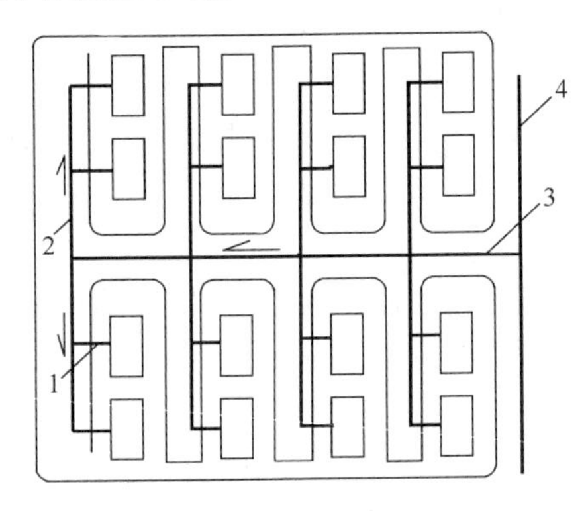

图 10-1　小区给水管道示意图
1—接户管；2—给水支管；3—给水干管；
4—市政给水管引入管

2. 管道系统（图 10-1）

（1）引入管：从市政管网接入到居住区的给水干管的管道，与城市管网的连接管不宜少于 2 根。

（2）给水干管：布置在小区道路或城市道路下与小区支管相接的管道，干管宜沿用水量大的地段布置，使供水大户离干管距离尽可能短。

（3）给水支管：布置在居住小区内道路下与接户管相接的给水管道，一般为枝状敷设。

（4）接户管：布置在建筑物周围，直接与建筑物引入管相接的给水管道。

3. 贮水、调节、增压设备：指贮水池、水箱、水泵、气压罐、水塔等。

4. 室外消火栓：布置在小区道路两侧用来灭火的消防设备。可以采用生活与消防合用给水系统，也可以生活给水和消防给水各自独立系统。

5. 给水附件：保证给水系统正常工作所设置的各种阀门。

（1）启闭阀设置在如下位置：

1）市政管网接入到居住区的给水干管的引入管上；

2）根据隔离或分段要求，在居住区室外环状管网的节点处或过长的环状管段上；

3）从居住区给水干管接出支管始端或接户管始端。

（2）倒流防止器设置在如下位置：

1）从城镇给水管网的不同管段接出两路及两路以上至居住区或建筑物，且与城镇给水管形成连通管网的引入管上；

2）从城镇生活给水管网直接抽水的生活给水加压设备进水管上；

3）利用城镇给水管网直接连接且居住区引入管无防回流设施时，向气压水罐、热水锅炉、热水机组、水加热器等有压容器注水的进水管上；

4）从生活用水与消防用水合用贮水池中抽水的消防水泵出水管上。

（3）止回阀设置在如下位置：

1）居住区加压泵的压出管上；

2）高位贮水池（或水塔）的进水管和出水管合用一根管道的出水管始端上。

(4) 真空破坏器应接在从居住区生活用水管道上接出的下列管道上：

1) 若游泳池、水上游乐池、按摩池、水景池、循环冷却水集水池等的注水管或补水管高于溢水口不足于出口管径的2.5倍，在注水（补水）管上；

2) 采用地下式或自动升降式喷头的不含化学药剂的绿地喷灌系统的管道始端；

3) 消防（软管）卷盘、轻便消防水龙头；

4) 接冲洗水嘴、补水水嘴软管与给水支管连接处。

(5) 减压阀应安装在供水压力不能高于设计值的建筑物引入管、加热器、配水附件前。

10.1.2 居住区供水方式的分类

居住区供水方式的选择应保证供水安全可靠、技术先进合理、投资与运行费用较低、管理方便，根据本区建筑物的类型、建筑高度、市政供水管网可以利用的水头和水量等因素综合考虑。居住区供水方式如下：

统一给水系统：居住区供水采用一个供水系统，它又分为多种供水方式。

(1) 直接低压供水系统：从市政管网接入直接供给建筑内部（建筑内部可采用不同给水方式来满足其对压力的需求）。

(2) 加压供水系统：从市政管网接入进行统一加压再供给建筑用水，这样可以节省建筑内部加压和贮水设备。

(3) 分压供水系统：在高层建筑和多层建筑混合居住区内，高层建筑和多层建筑显然所需压力差别较大，为了节能和多层建筑供水系统的压力过高，混合区内宜采用分压给水系统。

(4) 调蓄增压供水方式：若市政给水管网的水压和水量不能满足居住区内大多数建筑的供水要求，则应集中设置贮水调节设施和加压装置，向用户供水。

(5) 分质供水方式：居住区给水系统设计应综合利用各种水资源，充分利用再生水、雨水等非传统水源，优先采用循环和重复利用给水系统。要求较高的居住区将直接饮用水和一般生活用水分开进行分质供水，在严重缺水的地区，将冲洗、绿化、浇洒道路等用水（来源于中水系统或雨水系统等）与生活用水分开进行分质供水。

10.1.3 居住区管道的布置和敷设

居住区给水管道分期建设时，预留位置应确保远期实施过程中不影响已建管道的正常运行。给水管道一般敷设在道路或绿地下，只有特殊情况下才考虑架空敷设（如过桥时）。为了保证居住区供水可靠，给水管网应布置成环状或与城市管网连接成环状，若管网还兼消防供水时，应符合消防规定。

居住区给水管道布置一般按干管、支管和接户管的顺序进行，敷设时应考虑以下几个方面：

1. 室外给水管道应沿区内道路且平行于建筑物敷设，敷设在人行道、慢车道或草地下，为了便于检修和少影响道路交通及住户的使用，不宜在底层住户的庭院内敷设。管道的外壁与建筑物外墙的净距≥1m，且不得影响建筑物的基础。

2. 居住区室外埋地给水管道选用耐腐蚀和能承受相应地面荷载能力的管材，如有衬里的铸铁给水管道，经可靠防腐处理的钢管、PE-HD、PP塑料管等。

3. 在土壤耐压力较高和地下水位较低处，水管可直接埋在管沟中未扰动的天然地基上。在岩基上，应铺设砂垫层。对淤泥和其他承载能力达不到设计要求的地基，必须进行基础处理。

4. 埋地管道的管顶覆土厚度，应根据土壤冰冻深度、车辆荷载、管道材质强度、土壤地基情况、管道交叉等因素确定。管顶最小覆土厚度不得小于土壤冰冻线以下 0.15m，行车道下的管线覆土厚度≥0.70m。

5. 居住区给水管道与建筑物、铁路和其他管道水平净距，应跟建筑物基础的结构、路面种类、卫生安全、管道埋深、管径、管材、施工条件、管内工作压力、管道上附属构筑物的大小及有关规定等决定，可参见表 10-1。

地下管线（构筑物）间最小净距　　表 10-1

种类＼净距(m)＼种类	给水管		污水管		雨水管	
	水平	垂直	水平	垂直	水平	垂直
给水管	0.5～1.0	0.1～0.15	0.8～1.5	0.1～0.15	0.8～1.5	0.1～0.15
污水管	0.8～1.0	0.1～0.15	0.8～1.5	0.1～0.15	0.8～1.5	0.1～0.15
雨水管	0.8～1.5	0.1～0.15	0.8～1.5	0.1～0.15	0.8～1.5	0.1～0.15
低压煤气管	0.5～1.0	0.1～0.15	1.0	0.1～0.15	1.0	0.1～0.15
直埋式热水管	1.0	0.1～0.15	1.0	0.1～0.15	1.0	0.1～0.15
热力管沟	0.5～1.0		1.0	0.1～0.15	1.0	
乔木中心	1.0		1.5		0.5	
电力电缆	1.0	直埋 0.5 穿管 0.25	1.0	直埋 0.5 穿管 0.25	1.0	直埋 0.5 穿管 0.25
通信电缆	1.0	直埋 0.5 穿管 0.15	1.0	直埋 0.5 穿管 0.15	1.0	直埋 0.5 穿管 0.15
通信及照明电杆	0.5		1.0		1.0	

注：1. 净距指管外壁距离，管道交叉设套管时指套管外壁距离，直埋式热力管指保温管壳外壁距离。
2. 电力电缆在道路的东侧（南北方向的路）或南侧（东西方向的路），通信电缆在道路的西侧或北侧，一般均应在人行道下。

6. 室外给水管道与其他管线相互交叉时，其净距不应小于 0.15m。与污水管相平行时，间距宜取 1.5m。生活饮用水给水管道与污水管道或输送有毒液体管道交叉时，给水管道应敷设在上面，且不应有接口重叠，当给水管道敷设在下面时，应采用钢管或钢套管，钢套管每端伸出交叉管的长度≥3m，钢套管的两端应采用防水材料封闭。

7. 架空管道不得影响运输、人行、交通，不得影响建筑物用户的采光。

8. 敷设在室外综合管廊（沟）内的给水管道，宜在热力管道下方，冷冻管和排水管的上方。给水管道与各种管道的净距应满足安装操作的需要，且不宜小于 0.3m。生活给水管道不应与输送易燃、可燃或有害的液体或气体的管道同管廊（沟）敷设。

9. 调节与检修处的阀门应设在阀门井或阀门套筒（图 10-2）内。用于绿地和道路的洒水栓间距≤80m。

图 10-2　施工中的阀门井（左图）与阀门套管（右图）

10.1.4　居住区给水系统的水力计算（见扩展阅读资源包）

10.1.5　贮水设施和加压设施

当城镇给水管网的水压、水量不足时应设置贮水调节和加压装置。居住区的加压给水系统应根据其规模、建筑高度、建筑物的分布和物业管理等因素确定加油站的数量、规模和水压。二次供水加压设施服务半径应符合当地供水主管部门的要求，不宜大于 500m，且不宜穿越市政道路。

1. 居住区生活用水贮水池的有效容积应根据生活用水调节量和安全贮水量等确定，并应符合下列规定：

（1）生活用水调节量应按流入量和供出量的变化曲线经计算确定。资料不足时可按居住区加压供水系统的最高日生活用水量的 15%～20%确定。

（2）安全贮水量应根据城镇供水制度、供水可靠程度及居住区供水的保证要求确定。若贮水池>$50m^3$，宜分成容积基本相等的两格。

（3）若居住区的生活贮水量大于消防贮水量，居住区的生活用水贮水池与消防用贮水池可合并设置，合并贮水池有效容积的贮水设计更新周期不得大于 48h。当生活用水贮水池贮存消防用水时，消防贮水量应符合《消防给水及消火栓系统技术规范》GB 50974 的规定。

2. 居住区采用水塔作为生活用水的调节构筑物时，水塔的有效容积应经计算确定，资料不足时可按表 10-2 确定。有冻结危险的水塔应有保温防冻措施。

水塔和高位水箱（池）生活用水的调蓄贮水量　　表 10-2

居住区最高日用水量（m^3）	≤100	101～300	301～500	501～1000	1001～2000	2001～4000
调蓄贮水量占最高日用水量的百分数	20%～30%	15%～20%	12%～15%	8%～15%	6%～8%	4%～6%

3. 居住区的加压设施应符合下列规定：

（1）独立设置的水泵房宜靠近用水大户，水泵的扬程应满足最不利配水点所需水压。

（2）水泵的选择、水泵机组的布置及水泵房的设计要求，应符合《室外给水设计规范》GB 50013 的规定。水泵机组的运行噪声应符合《声环境质量标准》GB 3096 的规定。

（3）居住区给水系统有水塔或高位水箱时，水泵出水量应按最大时流量确定，若居住区给水系统无调节设施时，宜采用调速泵组或额定转速泵编组运行给水，泵组的最大出水量不应小于居住区生活给水设计流量。

10.2 居住区排水系统

10.2.1 排水体制与组成

1. 排水体制

居住区生活污水、工业废水和雨水是可以采用一个管道系统来排除，也可以采用两个及以上各自独立的管渠系统来排除，污水的这种不同的排除方式称为排水体制。居住区排水系统的体制主要分为分流制和合流制两种类型。

（1）分流制

居住区分流制排水系统是指将生活污水和雨水分别在两套或两套以上各自独立的管渠内排除，这种系统称为分流制排水系统（图 10-3）。其中排除生活污水和生活废水的系统称为污水排水系统，排除雨、雪水的系统，称为雨水排水系统。

（2）合流制

居住区合流制排水系统是指将生活污水和雨水混合在同一管渠内排除的排水系统（图 10-4）。

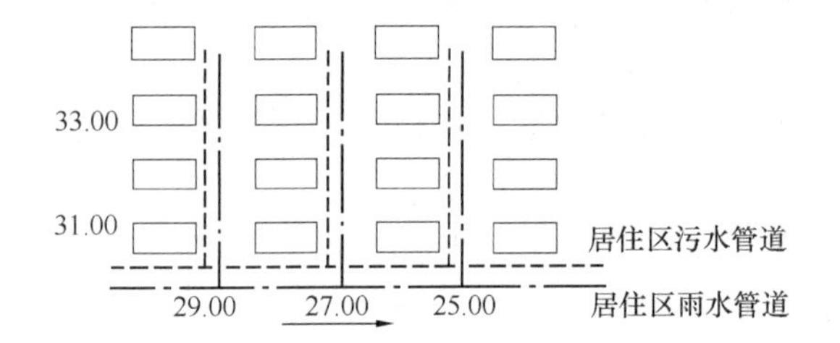

图 10-3 居住区分流制排水系统举例示意图

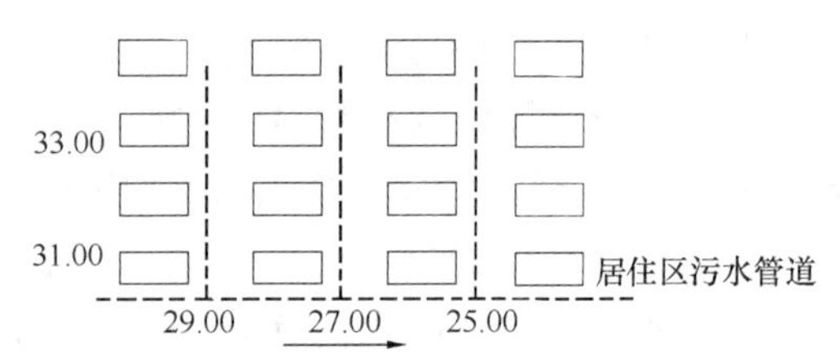

图 10-4 居住区合流制排水系统举例示意图

对于新建居住区，应采用分流制排水系统。根据我国目前加快城市污水集中处理工程建设的城建方针，居住区的污水一般应排入城市排水管道系统，故居住区排水体制一般与市政排水体制相同。老居住区大都采用合流制排水系统，在可能的条件下应逐步改造成分流制。

当居住区的污水需要进行回用时，应设置分质、分流的排水体制。

若居住区设有化粪池，为减小化粪池容积也应将生活污水和生活废水分流，生活污水排入化粪池，生活废水直接排入城市排水管网。若城市排水管网系统健全，居住区污水能够顺利汇入污水处理厂的地区，则宜取消化粪池。

消防排水、生活水池（箱）排水、游泳池放空排水、空调冷凝排水、室内水景排水、无洗车的车库和无机修的机房地面排水等宜与生活废水分流，单独设置废水管道排入室外雨水管道。

2. 排水系统的组成

(1) 居住区污水排水系统主要由以下部分组成：

① 建筑内部排水系统末端的窨井。

② 居住区室外排水管道：由接户管、区内排水支管和小区排水干管组成（图 10-5）。

③ 检查井：设在管道转弯、变径处、连接处、坡度变化处。

④ 居住区污水泵站及压力管道。

⑤ 居住区污水处理站。

(2) 居住区雨水排水系统的组成：

① 房屋雨水管道系统的雨水口。

② 居住区雨水管道与检查井（跌水井）。

③ 城镇雨水管道接入管。

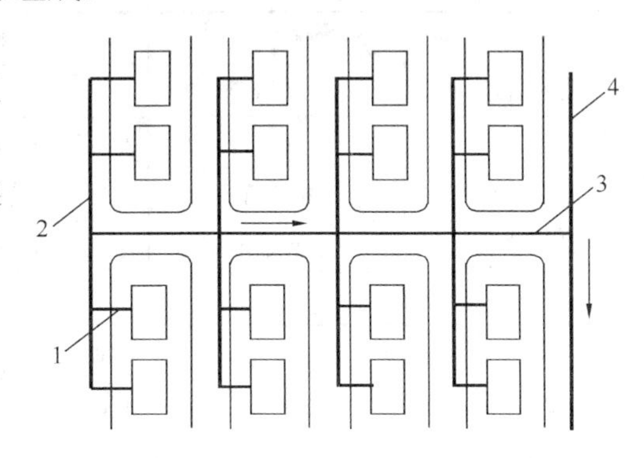

图 10-5　居住区污水系统示意图

1—排出管；2—接户管；3—排水支管；4—排水干管

10.2.2　居住区排水管道的布置与敷设

排水管道的布置就是在小区平面图上确定排水管道的位置和走向，也称排水管道的定线。

居住区排水管道的定线应在小区总体规划、道路和建筑分布的基础上协调进行，并根据小区地形标高以及污水和雨水的流向等情况，按管线短、埋深小、尽量自流排出的原则确定。定线顺序一般按小区干管、支管、接户管进行。

若排水管道不能以重力自流排入市政排水管道时，应设置排水泵站。在特殊情况下，且技术经济比较合理时，可采用真空排水系统。

1. 排水管道宜沿道路和建筑物的周边呈平行布置，管线宜尽可能短、少转弯，少与其他管线、河流及交通线交叉。尽量远离生活饮用水给水管道。排水管道与其他管线的间距应符合表 10-1 的规定，与建筑物和构筑物的间距应符合表 10-3 的规定，或者当管道埋深浅于基础时，排水管道与建筑物基础的水平净距应≥1.5m，当管道埋深深于基础时，该净距应≥2.5m。

排水管道与其他建筑物和构筑物间的水平距离（m）　　表 10-3

建筑物、构筑物名称	水平净距	建筑物、构筑物名称	水平净距
建筑物	3.0	围墙	1.5
铁路中心线	4.0	照明及通信电杆	1.0
城市型道路名称	1.0	高压电线杆支座	3.0
郊区型道路名称	1.0	—	—

2. 干管应靠近主要排水建筑物，并布置在连接支管较多的一侧。排水管道转弯和交接处，水流转角应≥90°，当管径小于 300mm 且跌水水头大于 0.3m 时可不受此限制。

3. 居住区排水管最小管径和最小坡度的规定见表 10-4。排水接户管管径不应小于建筑物排出管管径，下游管径不应小于上游管段的直径。

居住区排水管最小管径和最小设计坡度 **表 10-4**

管别		位置	最小管径（mm）	最小设计坡度
污水管道	接户管	建筑物周围	150	0.007
	支管	组团内管道下	200	0.004
	干管	小区道路、市政道路下	300	0.003
雨水管和合流管道	接户管	建筑物周围	200	0.004
	支管及干管	小区道路、市政道路下	300	0.003
雨水连接管			200	0.01

注：1. 污水管道接户管最小管径为150mm，服务人口不宜超过250人（70户），否则宜用200mm。

2. 进化粪池前污水管最小设计坡度，在*DN*150mm时为0.010～0.012，在*DN*200mm时为0.010。

4. 管道应尽量布置在道路外侧的人行道或草地下面，不允许布置在铁路和乔木的下面。

5. 检查井间的管段应为直线段。当室外生活排水管管径≤*De*160mm时，检查井间距≤30m，当管径≥*De*200mm时，检查井间距≤40m。生活排水管的检查井底应有导流槽，优先采用塑料制排水检查井。

6. 居住区排水管的覆土厚度应根据道路的行车等级、管材受压强度、地基承载力等因素确定。居住区干道和居住区群间道路下的管道覆土厚度≥0.7m。生活污水接户管埋设深度不得高于土壤冰冻线以上0.15m，且覆土厚度≥0.30m。当采用塑料管作为埋地管时，排出管埋设深度可不高于土壤冰冻线以上0.5m。

10.2.3 居住区排水系统的水力计算（见扩展阅读资源包）

10.3 居住区给水排水管网的安装技术

10.3.1 居住区给水管道的安装

1. 作业条件

（1）所有安装项目的设计图纸已具备，且已经过图纸会审和设计交底。

（2）包括对环境因素和危险源的识别评价及控制措施的施工方案已编制完成并获得批准。

（3）施工技术人员已向班组做了设计和施工技术、安全及环境的交底。

（4）管沟开挖好，其平直度、深度、宽度均符合要求，阀门井、表井垫层、沟底标高与管沟中心坐标已经验收合格，消火栓底座施工完毕。

（5）管沟沟底夯实、沟内无障碍物，且应有防塌方措施，管沟两侧不得堆放施工材料和其他物品。

（6）各种主材、辅材、工具与机具到位。

2. 工艺流程

检查管材、阀件→处理管口、阀件、填料→检验下料机具→管道阀件定位→下管→断管→对口→阀门等配件安装→管道试压→管道冲洗与消毒→管道防腐→管道保温→管沟回填。

3. 安装前的准备

（1）检查管材确无裂纹方可使用，若在管端发现裂纹应截去，检查闸阀、排气阀的开关是否严密、吻合、灵活，DN200以上的闸阀必须更换填料。

（2）钢管焊接的端部已经按规定进行坡口处理，铸铁管承口内和插口外的防腐沥青层已处理干净、飞刺等杂质已凿掉、管腔内杂物已被清除。

（3）下管的机具和绳索进行安全检查。≤DN125mm的管子，可用人力传递下管，管径≥DN150mm的管子可用撬压绳阀下管，直径大的管子可酌情用起重设备。

（4）在三通、阀门、消火栓等部位先定出具体位置，再按承口朝向水流方向逐段定位，使管中心对准定位中心，做好各种辅助装备。

（5）若无特殊要求，给水系统各种井室的外壁距法兰或承口，在管径≤DN450mm时，不得小于250mm，在管径>DN450mm时，不得小于350mm。

4. 下管

下管是把管道从地面下入沟槽的过程。铸铁管的下管方法一般有人工下管和机械下管两种。由于居住区给水管径一般较小（管径<DN400mm以下），多采用人工撬压绳法和三脚架法（图10-6）。

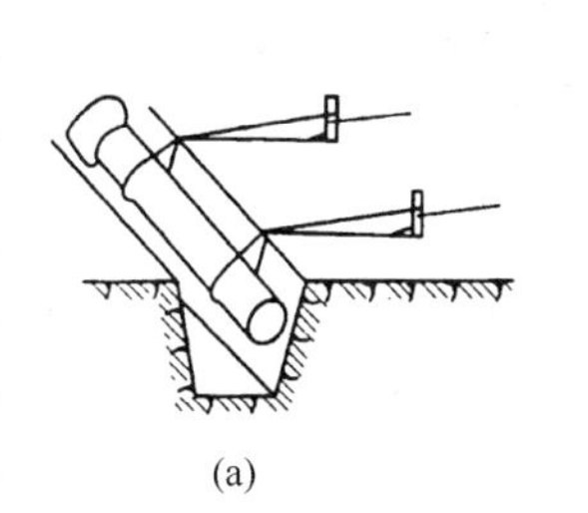
(a)

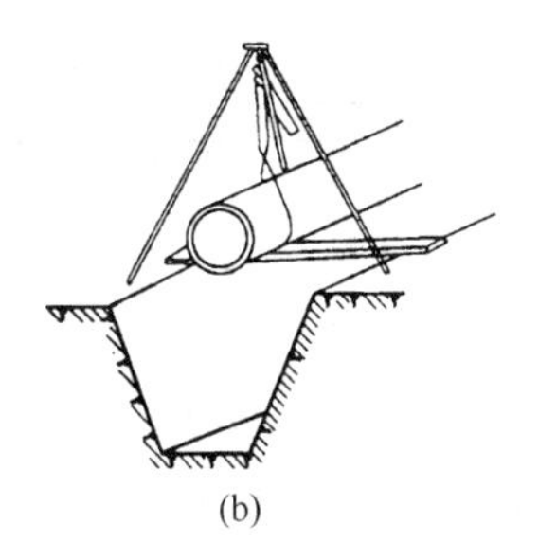
(b)

图10-6　人工下管方法
（a）撬压绳法；（b）三脚架法

（1）下管前，先在上面将阀门两端的短管接好，待牢固后再下沟。

（2）给水管在下管后铺设时，宜由低向高进行，承口朝向施工方向。这样施工一是有利于管道稳定，二是一旦管道进水可将水通过管道向下排放，三是采用热灌材料接口时不致外流。

（3）稳管：是将管道按设计的高程与平面位置稳定在地基或基础上。管道应放在管沟中心，其允许偏差不得大于100mm。管道应稳贴地安放在管基上，管下不得有悬空现象，以防管道承受附加应力。连续下管铺设时，必须保证管与管之间的对口间隙≥3mm，最大间隙不大于表10-5的规定，接口的环形间隙符合表10-6的规定。

铸铁管承插接口的对口最大间隙　　表10-5

管径DN（mm）	沿直线敷设（mm）	沿曲线敷设（mm）
75	4	5
100～200	5	7～13
250～500	6	14～22

铸铁管承插接口的环形间隙　　表10-6

管径DN（mm）	沿直线敷设（mm）	沿曲线敷设（mm）
75	10	（－2，＋3）
100～200	11	（－2，＋4）
250～500	12	（－2，＋4）

（4）有套环的管道，稳管前先将套环套在管道上，对好口后，再把套环移至接口中间位置。

（5）稳管时应注意在高程、轴线位置及接口处应符合管道安装的质量标准。管道在稳定在基础上后，应采取措施防止管道再次移动。在靠近管道两端处填土覆盖，两侧夯实，并用干净麻绳将接口塞严，以防泥土及杂物进入。

（6）稳管工作完成后应及时进行接口，以免管道位置移动。

5. 管道的接口

（1）铸铁管：接口形式有刚性和柔性两种形式，一般由设计要求、地基情况和管材特性所决定。

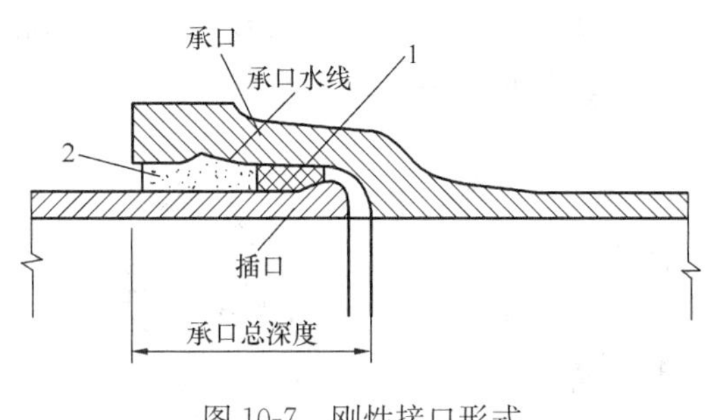

图 10-7　刚性接口形式

1—内层填料；2—外层填料

1）刚性接口：主要用于砂型离心和连续浇筑的铸铁管。其接口填料由内侧填料（内层填料）与外侧填料（外层填料）组成（图 10-7）。

内侧填料放置于管口里侧，主要起密封作用，同时也具扩圆和防止水泥等漏入管内的作用。因此，材料应柔软、有弹性和挡水性。常用的材料有油麻、橡胶圈等。外侧填料要保证接口有一定强度，并能承受冲击和少量弯曲，可采用石棉水泥、膨胀水泥、铅和铅绒等材料。

刚性接口抗变形性能差，受外力作用时填料易碎而渗水。

2）柔性接口：在承插管壁之间填上柔性密封橡胶圈，接口简便，密封性和抗变形性都较好，所以目前柔性接口得到普遍采用。柔性接口采用的密封橡胶圈随铸铁管材的种类不同而形式各异，有圆形、楔形、梯唇形和 T 形等（部分表 10-7）。

承插式铸铁管采用柔性接口时，稳管与接口是同步完成。铸铁管、球墨铸铁管的安装允许偏差见表 10-8，管道沿曲线安装时，接口的允许转角不得大于表 10-9 中的规定。

铸铁管的接口形式　　**表 10-7**

名称	标准编号	接口形式	橡胶圈形状
连续铸铁管	GB/T 3422		圆形
灰口铸铁管件	GB/T 3420	—	—

铸铁管、球墨铸铁管的安装允许偏差　　**表 10-8**

项目	允许偏差（mm）	
	无压力管道	压力管道
轴线位置	15	30
高程	±10	⊥20

刚性和柔性接口沿曲线安装的允许转角　　表 10-9

接口种类	管径（mm）	允许转角（°）
刚性接口	75～450	2
	500～1200	1
滑入式T形、梯唇形橡胶圈接口及柔性机械式接口	75～600	3
	700～800	2
	≥900	1

（2）法兰连接、塑料管的熔焊连接与粘接、复合管的挤压式连接等在第4章已做介绍。

6. 管道的坐标、标高、坡度应符合要求，管道安装的允许偏差应符合表10-10的规定

室外给水管道安装的允许偏差和检验方法　　表 10-10

项次	项目名称			允许偏差	检验方法
1	坐标	铸铁管	埋地	100	拉线和尺量检查
			敷设在地沟内	50	
		钢管、塑料管、复合管	埋地	100	
			敷设在地沟内	40	
2	标高	铸铁管	埋地	±50	拉线和尺量检查
			敷设在地沟内	±30	
		钢管、塑料管、复合管	埋地	±50	
			敷设在地沟内	±30	
3	水平管线横向弯曲	铸铁管	25m以上直管段启动-终点	40	拉线和尺量检查
		钢管、塑料管、复合管	25m以上直管段启动-终点	30	

7. 阀门与水表等设施的安装

（1）阀门与水表的位置应安装正确，阀杆要垂直向上，管道接口法兰、卡扣、卡箍等应安装在检查井或地沟内，不应埋在土壤中。

（2）若在塑料给水管道上安装阀门、水表等设施时，应避免其重量或启闭装置的扭矩作用于管道上，当管径≥DN50mm时，必须在这些附件下设置独立的支墩，要及时砌筑，以防附件下沉导致接口漏水。

（3）安装水表前应严格检查其型号、规格是否符合设计要求，同时检查所配置的附件是否齐全，检查阀门的灵活、严密、吻合、耐压强度等。阀门安装前应更换盘根。先将阀门或水表安装在混凝土支墩或砖砌支墩上，注意水表的进出方向。

10.3.2 居住区给水管道的试压与验收

居住区给水管道工程安装以后，要经过施工单位、检查监督单位和建设单位的质量检查验收后，工程才能交付使用。给水管道质量检查工作主要是由施工单位配合施工监理人

员进行，主要内容包括外观检查、断面检查和渗漏检查。外观检查主要是对管道基础、管道、阀门井及其他构筑物的外观质量进行检查，断面检查是对管道断面尺寸、中心位置及高程进行检查，看是否符合设计要求，对给水管道进行压力试验来检查渗漏。

管道压力试验是压力管道安装质量检查的主要项目，它包括强度试验及严密性试验。《给水排水管道工程施工及验收规范》GB 50268—2008 规定，当管道工作压力≥0.1MPa时，应进行压力试验。

管道的压力试验是在管道部分回填之后和全部回填土前进行的。管道压力试验一般采用水进行试验，但缺水地区可采用空气进行压力试验。水压试验的管段长度≤1.5km。

1. 试验压力前的准备工作

（1）编制水压试验方案，内容包括：

1）后背及堵板的设计。

2）进行管路、排气孔及排水孔的设计。

3）加压设备、压力计的选择及安装。

4）水源的引接、排水的疏导措施。

5）升压分段的划分及观测制度的规定。

6）试验管段的稳定措施。

7）安全措施。

（2）试验前的现场检查

1）管道基础及支墩应合格，管身两侧及其上部回填土厚度不小于0.5m。接口部分不回填，以供检查。

2）管道转弯、三通等管件处设置的支墩必须做好，并达到设计强度。后背土一定要填实，并仔细检查管端堵板支撑及管线上的防横向位移支撑是否牢固。

3）试验管段所有敞口应堵严，不得有渗水现象，试验管段不得采用闸阀作为堵板，不得有消火栓、水锤消除器、安全阀等附件，它们不参与水压试验，而是待试压合格后再进行组装。

4）试验管路、设备的检查。水压试验前应清除管段内的杂物。

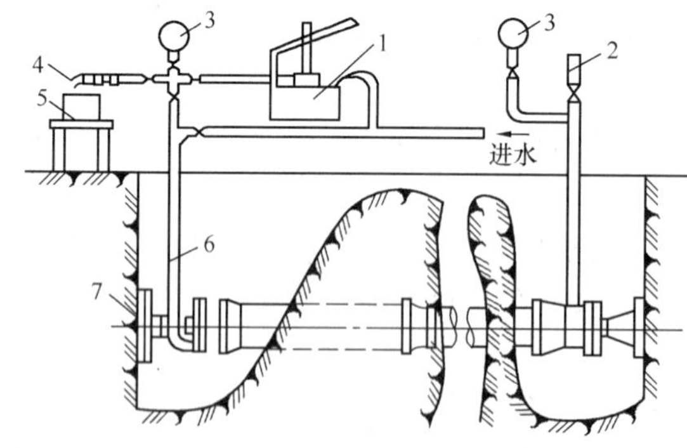

图 10-8 压力试验装置图

1—摇泵；2—排气管；3—压力表；4—防水口；5—水桶；6—进水管；7—后背

2. 水压试验设备（图 10-8）

（1）弹簧压力表

压力表表壳直径≥150mm，最大量程宜为试验压力的1.3～1.5倍，表的精度不低于1.5级。使用前应校正并具有符合规定的检定证书，数量不少于两块。靠近压力表处的阀门应严密，关闭后表针不随管段水压波动，连接管件与表把的丝扣应该一致，装表时，应把接表支管内空气排干净后再装。

（2）试压泵

试压泵的扬程和流量应满足试验管段压力和渗水量的需要，小口径管道可采用手压泵。试压泵宜放在试压段管道高程较低一端，且应放在盖堵侧面，不放在正前方，并应提前进行启动检查。

（3）排气阀

排气阀应启闭灵活，严密性好。

排气阀应装在管道纵断面起伏的各个最高点，长距离的水平管道上也应考虑设置，在试压管段中，如有不能自由排气的高点，应设置排气孔。

（4）注水管路

注水管路必须安装止回阀，防止供水管压力低于注水压力时水倒灌污染水质。管路所有接头应严密而不漏水。

3. 预试验阶段

预试验对于保证主试验成功是完全必不可少的。其主要目的是在试验压力下检查管道接口、配件等处有无漏水、损坏现象，发现漏水、损坏现象应停止试压，并查明原因采取相应措施后重新试压。

（1）注水与排气

水压试验前的各项工作完成后，焊接管道的焊点结束1h后，即可向试验管段内注水。

管道注水时，应将置于管段内最高点的排气阀或排气孔全部打开，认真进行排气。如排气不良则加压时常出现压力表表针摆动不稳，升压较慢的现象，应重新进行排气。当排出的水流不含气泡，水流连续，速度均匀时，表明气已排净。

（2）浸泡

管道注满水后，宜在不大于工作压力（0.2～0.3MPa）条件下浸泡一定时间（表10-11）后再进行水压试验。

压力管道水压试验前的浸泡时间　　表10-11

管材种类	管道内径 D_i（mm）	浸泡时间（h）
球墨铸铁管（有水泥砂浆衬里）	D_i	≥24
钢管（有水泥砂浆衬里）	D_i	≥24
化学建材管	D_i	≥24
现浇钢筋混凝土管渠	$D_i \leqslant 1000$	≥48
	$D_i > 1000$	≥72

（3）升压及试验

管道升压时，管道的气体应排除。升压过程中，当发现弹簧压力表表针摆动不稳，且升压较慢时，应重新排气后再升压。

（4）试验压力的确定

水压试验的试验压力如无设计具体要求时，应按表10-12的规定执行。

管道水压试验的试验压力表（MPa）　　表10-12

管材种类	工作压力 P	试验压力
钢管	P	$P+0.5$，且不应小于0.9
球墨铸铁管	≤0.5	$2P$
	>0.5	$P+0.5$
化学建材管	P	不超过$1.5P$，且不小于0.8

开始水压试验时，应逐步升压，每次升压以 0.2MPa 为宜，每次升压后，对后背、支墩、管身、两端盖堵及接口进行检查，没有问题再继续升压。

升压接近试验压力时，稳定一段时间，进行检查，排气彻底干净后升至试验压力，并保持恒压 30min，对接口、管身进行检查，如无破损及漏水现象，则认为管道强度试验合格。

水压试验时应注意：后背支撑、管道两端严禁站人，严禁对管身、接口进行敲打和修补缺陷，遇有缺陷时，应做出标记，卸压后修补，冬季水压试验时，应采取防冻措施。如对接口、注水设备、试压管线进行保温，则不用时要及时放空。

4. 主试验阶段

在管道停止注水补压、稳定 15min 后，压力降不超过表 10-13 中规定的值时，将试验压力降至工作压力并保持恒压 30min，若外观检查无漏水现象，则水压试验合格。

压力管道水压试验的允许压力降（MPa）　　表 10-13

管材种类	试验压力	允许压力降
钢管	P+0.5，且不小于 0.9	0
球墨铸铁管	2P	0.03
	P+0.5	
化学建材管	不超过 1.5P，且不小于 0.8	0.02

5. 允许渗水量

（1）压力管道采用允许渗水量进行最终合格判定依据时，实测渗水量应小于或等于表 10-14 中规定的值。

压力管道水压试验的允许渗水量　　表 10-14

管道内径 D_i（mm）	允许渗水量［L/（min·km）］	
	焊接接口钢管	球墨铸铁管
100	0.28	0.70
125	0.35	0.90
150	0.42	1.05
200	0.56	1.40
250	0.70	1.50
300	0.85	1.70
350	0.70	2.55
400	1.00	1.95

（2）渗水量的测定方法有放水法和注水法。一般采用放水法，试验装置如图 10-8 所示。

将水压升至试验压力，关闭水泵进水阀门，记录降压 0.1MPa 所需的时间 T_1。打开水泵进水阀门，再将管道压力升至试验压力后关闭水泵进水阀门。

打开连通管道的放水阀门，记录降压 0.1MPa 所需的时间 T_2，并测量 T_2 时间内，从管道放出的水量 W。

实测渗水量直接按下式计算：

$$q=\frac{W}{(T_1-T_2)\cdot L} \tag{10-1}$$

式中 q——实测渗水量，L/（min·m）；

T_1——从试验压力降压 0.1MPa 所经过的时间，min；

T_2——放水时，从试验压力降压 0.1MPa 所经过的时间，min；

W——T_2 时间内放出的水量，L；

L——试验管段的长度，m。

6. 聚乙烯管、聚丙烯管和复合管的水压试验还要注意下料要求：

（1）预试验阶段：在停止注水补压并稳定 30min 后，压力降不超过试验压力的 70%，则预试验结束，否则重新注水补压并稳定 30min 后再进行观测，当压力降不超过试验压力的 70%为合格。

（2）主试验阶段应符合下列规定：

1）在预试验阶段结束后，迅速将管道泄水降压，降压量为试验压力的 10%～15%；同时准确计量降压所泄出的水量 ΔV，并按下式计算允许泄出的最大水量 ΔV_{max}：

$$\Delta V_{max}=1.2V\Delta P\left(\frac{1}{E_w}+\frac{D_i}{e_n E_p}\right) \tag{10-2}$$

式中 V——试压管段总容积，L；

ΔP——降压量，MPa；

E_w——水的体积模量，MPa，与水温有关（表 10-15）；

E_p——管材弹性模量，MPa，与水温及试压时间有关；

D_i——管材内径，m；

e_n——管材公称壁厚，m。

温度与体积模量的关系 **表 10-15**

温度（℃）	体积模量（MPa）	温度（℃）	体积模量（MPa）
5	2080	20	2170
10	2110	25	2210
15	2140	30	2230

当 $\Delta V \leqslant \Delta V_{max}$时，则正常进行作业；$\Delta V > \Delta V_{max}$时，应停止试压，排除管内的空气再从预试验阶段开始重新试验。

2）每隔 3min 记录一次管道剩余压力，应记录 30min；30min 内管道剩余压力有上升趋势时，则水压试验结果合格。

3）30min内管道剩余压力无上升趋势时，则应持续观察60min；整个90min内压力下降不超过0.02MPa，则水压试验结果合格。

4）主试验阶段上述两条均不能满足时，则水压试验结果不合格，应查明原因并采取相应措施后再重新组织试压。

7. 给水管道的冲洗与消毒

（1）编制给水管道冲洗与消毒的实施方案，施工单位在建设单位、管理单位的配合下进行冲洗与消毒。

（2）冲洗时严禁取用污染水源进行水压试验和冲洗，严格控制附近不净的污染水进入管道。

（3）做好准备工作：

1）清洁的水源已经准备到位，消毒方法和用品已经确定，并准备就绪，照明和维护等措施已经落实。

2）冲洗管段末端已设置方便、安全的取样口，排水管道已安装完毕，并保证畅通安全。

（4）管道的冲洗与消毒应按下列规定执行：

1）冲洗时应避开用水高峰，冲洗流速 $v \geqslant 1.0$m/s，且连续冲洗。

2）冲浊：管道第一次用清洁水冲洗至出水口水样浊度<3NTU（1NTU相当于1L的水中含有1mg的SiO_2时，所产生的浊度）。

3）冲洗消毒：管道在第一次冲洗后，用有效氯离子含量不低于20mg/L的清洁水浸泡24h，再用清洁水进行第二次冲洗管道，直至水质检测、管理部门取样化验合格为止。

10.3.3 居住区排水管道的安装

排水管道直埋的施工程序与给水管道相似，一般为：沟槽开挖与验收→管道安装→闭水（气）试验→回填。在沟槽开挖与验收合格后，进行管道安装。在居住区的室外排水管，通常采用建材化学管（例如PE-HD、PVC-U、PP-R等）、灰口铸铁管、球墨铸铁管和钢筋混凝土管，建材化学管连接前面已有介绍。

1. 混凝土管道安装

（1）管道基础的类型

管道基础对管道工程质量影响很大，如做得不好，会导致管道产生不均匀沉陷，造成管道错口、断裂、渗漏等现象。正确选择和做好管道基础是很重要的。目前常用的管道基础有三种：

1）砂土基础：包括弧形素土基础和砂垫层基础两种（图10-9）。

① 弧形素土基础是在原土上挖一弧形管槽（通常采用90°弧形）。这种基础适用于无

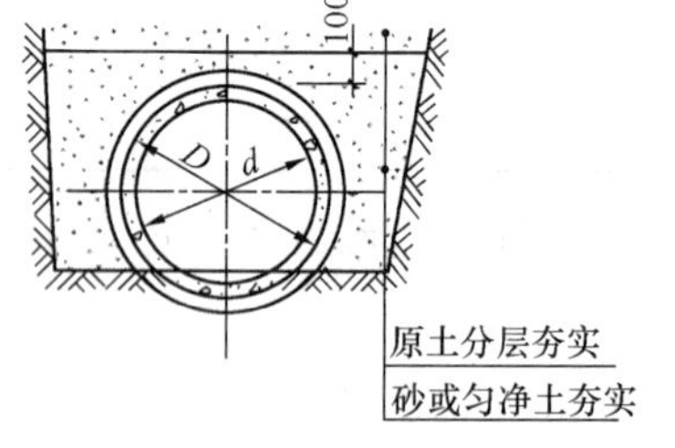

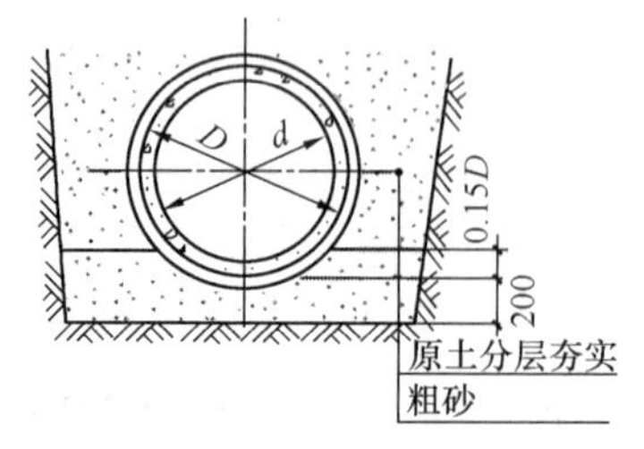

图10-9 砂土基础

（a）弧形素土基础；（b）砂垫层基础

地下水的干燥土壤，管材可以是铸铁管、塑料管、管径 $D_i \leqslant 600$mm 的混凝土管、管径 $D_i \leqslant 450$mm 的陶土管。

② 砂垫层基础是在挖好的弧形管槽上，用带棱角的粗砂填 150～200mm 厚的砂垫层。这种基础适用于无地下水、岩石或多石土壤，铸铁管、塑料管、管径 $D_i \leqslant 600$mm 的混凝土管、管径 $D_i \leqslant 450$mm 的陶土管。

2）混凝土枕基：是只在管道接口处才设置的管道局部基础（图 10-10）。通常在管道接口下采用 C15 的低塌落度混凝土做成枕状垫块。使用条件同砂土基础，一般与素土基础或砂填层基础同时使用。

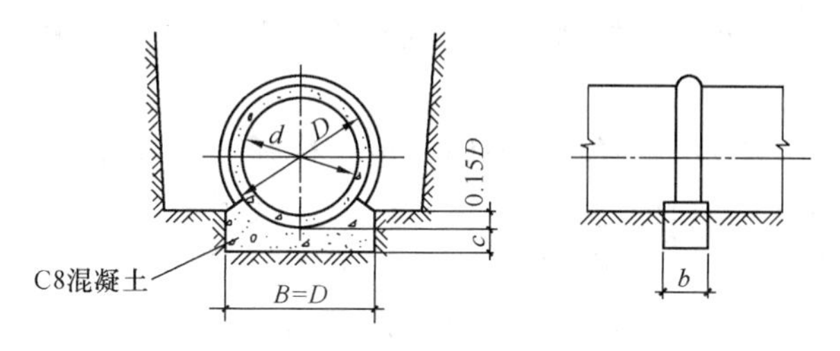

图 10-10　混凝土枕基

3）混凝土带形基础：是沿管道全长铺设的基础，无设计要求时，采用强度等级不低于 C15 的低塌落度混凝土。管道基础应按设计要求留变形缝。按管座的形式有三种，可分为 90°、135°、180°管座基础，图 10-11 为 90°与 135°两种带形基础。这种基础适用于各种潮湿土壤，以及地基软硬不均匀的排水管道，管径为 200～2000mm。

管道基础的选定应根据施工图的要求确定。在管道基础施工时，同一直线管段上的各基础中心应在一条直线上，并根据设计标高找好坡度。采用预制枕基时，其上表面中心的标高应低于管底皮 10mm。

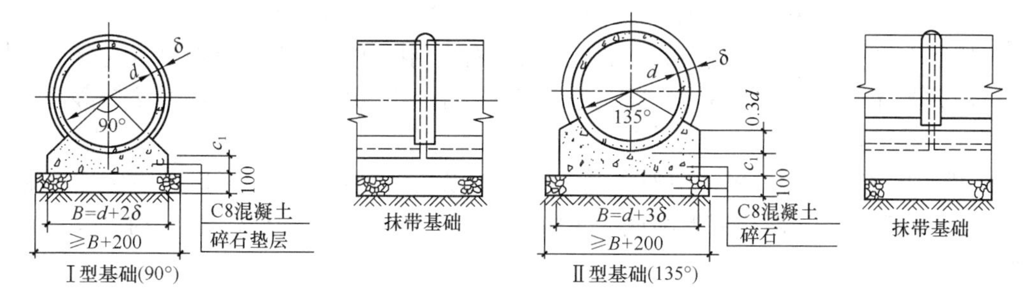

图 10-11　混凝土带形基础

（2）下管

下管前应检查管道基础标高和中心线位置是否符合设计要求，基础混凝土强度达到设计强度的 50%，且不小于 5MPa 时方可下管。

下管由两个检查井间的一端开始，管道应慢慢下落到基础上，防止下管绳索崩断或突然冲击砸坏管基。管道进入沟槽内后，马上进行校正找直。校正时，管道接口间一般保留一定间隙：管径 $D_i < 600$mm 时，应留有不小于 3mm 的对口间隙。待两检查井间的管道全部下完，管道的设置位置、标高进行检查，确定无误后，才能进行管道接口处理。

（3）接口

排水管道的接口形式有承插口、平口或企口管子接口及套环接口三种。

1）承插接口

带有承插接头的排水管道连接时，可采用沥青油膏或水泥砂浆填塞承口。沥青油膏的配合比（质量比）为：6号石油沥青100，重松节油11.1，废机油44.5，石棉灰77.5，滑石粉119。调制时，先把沥青加热至120℃，加入其他材料搅拌均匀，然后加热至140℃即可使用。

施工时，先将管道承口内壁及插口外壁刷净，涂冷底子油一道，再填沥青油膏。采用水泥砂浆作为接口填塞材料时，一般用1：2水泥砂浆，施工时应将插口外壁及承口内壁刷净，然后将拌制好的水泥砂浆由下往上分层填入捣实，表面抹光后覆盖湿土或湿草袋养护。

敷设小口径承插管时，可在稳好第一节管段后，在下部承口上垫满灰浆，再将第二节管插入承口内稳好。挤入管内的灰浆用于抹平里口，多余的要清除干净。接口余下的部分应填灰打严或用砂浆抹严。按上述程序将其余管段敷设完。

2）平口和企口管子接口

① 平口和企口管子均采用1：2.5钢丝网水泥砂浆抹带接口。选用粒径0.5～1.5mm、含泥量不大于3%的洁净砂，网格10mm×10mm、丝径为20号的钢丝网，水泥砂浆配比满足设计要求。

② 钢丝网端头应在浇铸混凝土管座时插入混凝土内。抹带工作必须在八字枕基或包接头混凝土浇筑完成后进行。抹带部分的管口凿毛刷净，管道基础与抹带相接处混凝土表面也应凿毛刷净，使之粘接牢固。水泥砂浆填缝及抹带接口作业时落入管道内的接口材料应清除。管径D_i<700mm时，填缝后应立即拖平，管径$D_i \geqslant$700mm时，应采用水泥砂浆将管道内接口部位抹平、压光。

③ 抹带时，应使接口部位保持湿润状态，先在接口部位抹上一层薄薄的素灰浆，并分两次抹压，第一层为全厚的1/3，抹完后在上面割划线槽使其表面粗糙，待初凝后再抹第二层，并赶光压实。抹好后，立即覆盖湿草袋，3～4h后洒水养护，保持接口湿润，以防龟裂。

④ 排水管道抹带接口操作中遇管端不平，应以最大缝隙为准，接口时不应往管缝内填塞碎石、碎砖，必要时应塞麻绳或在管内加垫托，待抹完后再取出。抹带时，禁止在管上站人、行走或坐在管上操作。

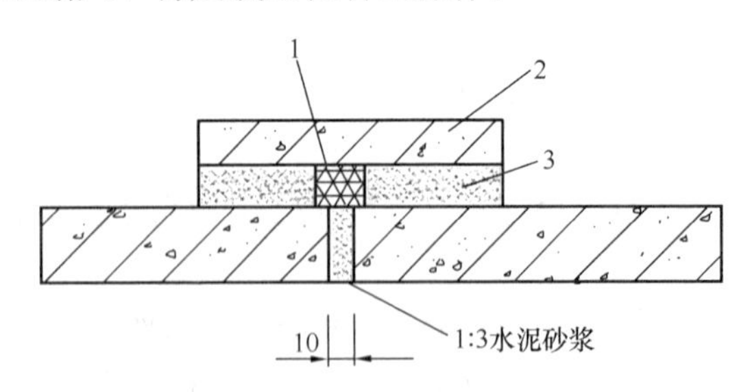

图10-12　排水管预制套环接口
1—油麻；2—预制钢筋混凝土套环；3—石棉水泥

3）套环柔性接口

采用套环接口的排水管道下管时，稳好一根管子，立即套上一个预制钢筋混凝土套环。接口一般采用石棉水泥作填充材料，接口缝隙处填充一圈油麻（图10-12）。

① 采用套环接口的排水管道应先作接口，后作接口处混凝土基础。接口时，先检查管子的安装标高和中心位置是否符合设计要求，管道是否稳定，然后调节套环，使管子接口处于套环正中，套环与管壁间的环形间隙应均匀，套环和管子的接合面用水冲刷干净，将油麻填入套环中心，把和好的石棉灰用灰钎子自下而上填入套环缝内。

② 石棉灰的配合比（质量比）为：水：石棉：水泥＝1：3：7。水泥强度应不低于32.5号，且不采用膨胀水泥，以防套环胀裂。打灰口时，应使每次灰钎子重叠一半。打

好的灰口与套环边口齐平。打完的灰口应立即用潮湿草袋盖好，并定期洒水养护2～3天。

敷设在地下水位以下且地基较差，可能产生不均匀沉陷地段的排水管，在用预制套环接口时，接口材料应采用沥青砂。沥青砂的配制及接口操作方法应按施工图纸要求。

排水管道接口完毕，填料强度达到要求后，即可进行闭水试验及回填。在安装过程中，一定要作好管道安装标高和位置检查及闭水试验记录，以便交工验收及存档。

2. 化学建材排水管道安装

（1）塑料管道基础必须采用砂粒垫层基础。对一般的土质地段，基底可铺一层厚度为100mm的粗砂基础，对软土地基，且槽底在地下水位以下时，宜铺垫厚度不小于200mm的砂粒基础。

（2）管道接头，除另有规定外，应采用弹性密封圈柔性接口。公称直径小于DN200mm的平壁管亦可采用插入式粘接接口。

（3）雨季施工应采取防止管材漂浮的措施。可先回填到管顶以上大于一倍管径的高度。当管道安装完毕尚未还土而遭到水泡时，应进行管中心线和管底高程复测和外观检查，如出现位移、漂浮、拔口现象，应返工处理。

（4）冬季施工应采取防冻措施，不得使用冻硬的橡胶圈。

3. 管沟回填

排水管道为无压管道，必须在闭水试验结束并办理“隐蔽工程验收记录”后，才可进行回填土。回填步骤与居住区给水管道施工部分相同。

10.3.4 井室与雨水口的安装

1. 井室的尺寸应符合设计要求，允许偏差为±20mm（圆形井时指其直径，矩形井时指其内边长）。阀门井的井底距承口或法兰盘下缘以及井壁与承口或法兰盘外缘应留足安装作业空间。

2. 井室的混凝土基础应与管道基础同时浇筑。

3. 砖砌井室，地下水位较低，内壁可用水泥砂浆勾缝，水位较高，井室的外壁应用防水砂浆抹面，其高度应高出最高水位200～300mm。含酸性污水检查井，内壁应用耐酸水泥砂浆抹面。

4. 排水检查井内需作流槽，宜与井壁同时进行制作，应用混凝土浇筑或用砖砌筑，并用水泥砂浆抹光。

（1）流槽的高度等于接入管中的最大管径，允许偏差为±10mm。流槽下部断面为半圆形，其直径同接入管管径相等。流槽上部应作垂直墙，其顶面应有0.05的坡度。

（2）排出管同接入管直径不相等，流槽应按两个不同直径作成渐扩形。弯曲流槽同管口连接处应有0.5倍直径的直线部分，弯曲部分为圆弧形，管端应同井壁内表面齐平。管径大于500mm，弯曲流槽同管口的连接形式应由设计确定。

5. 排水管道接入检查井时，管口外缘与井壁平齐，接入管径大于300mm时，对于砌筑结构井室应砌砖圈加固。

6. 混凝土类、金属类无压管的外壁与砌筑井壁洞圈之间为刚性连接时，水泥砂浆应坐浆饱满、密实。金属类压力管道的井壁与套管的间隙四周均应一致，其间隙宜采用柔性或半柔性材料填嵌密实。化学建材管道宜采用中介层法与井壁洞圈连接。

7. 在高级和一般路面上，井盖上表面应同路面相平，允许偏差为±5mm。无路面时，井盖应高出室外设计标高 50mm，并应在井口周围以 0.02 的坡度向外作护坡。如采用混凝土井盖，标高应以井口计算。

（1）井盖的型号与材质应符合设计要求，设计未有要求时，宜采用符合材料井盖，行业标志明显。

（2）道路上的井盖须采用重型井盖，装配稳固。

8. 安装在室外的地下消火栓、给水水表井和排水检查井等用的铸铁井盖，应有明显区别，重型与轻型井盖不得混用。

9. 管道穿越井壁处，应严密、不漏水。

10. 采用预制装配式结构的井室，预制构件及其配件的装配位置和尺寸正确，安装牢固，采用水泥砂浆接缝时，企口坐浆与竖缝灌浆应饱满，事后加强养护，不得受外力碰撞或振动。安装混凝土预制井圈，应将井圈端部洗干净并用水泥砂浆将接缝抹光。

11. 雨水口的位置和深度应符合设计要求：

（1）雨水口位置和深度应符合设计要求，一般设在下列位置：

1）道路交会处和路面最低处；

2）建筑物单元出入口与道路交界处；

3）建筑雨水落水管附近；

4）居住区空地、绿地的低洼处；

5）地下坡度入口处等（结合带格栅的排水沟一并处理）。

（2）雨水口的泄流量（表 10-16）

雨水口的泄流量 **表 10-16**

雨水口形式（箅子尺寸为 750mm×450mm）	泄流量（L/s）	雨水口形式（箅子尺寸为 750mm×450mm）	泄流量（L/s）
平箅式雨水口单箅	15～20	边沟式雨水口双箅	35
平箅式雨水口双箅	35	联合式雨水口单箅	30
平箅式雨水口三箅	50	联合式雨水口双箅	50
边沟式雨水口单箅	20	—	—

（3）雨水口基础施工应符合下列规定：

① 雨水口连接管的长度不宜超过 25m，连接管上串联的雨水口不宜超过 3 个；

② 单箅雨水口连接管最小管径为 200mm，坡度为 0.01。管顶覆土厚度不宜小于 0.7m；

③ 开挖雨水口槽及雨水管支管槽，每侧宜留出 300～500mm 的施工宽度；

④ 槽底应夯实并及时浇筑混凝土基础，采用预制雨水口的基础顶面宜铺设 20～30mm 厚的砂垫层。

12. 雨水口砌筑时，管端在雨水口内的露出长度≤20mm，管端面应完整无破损，灰浆应饱满，随砌、随勾缝，抹面应压实，雨水口底部应用水泥砂浆抹出雨水口泛水坡，砌筑完成后应保持清洁，及时加盖，保证安全。

13. 雨水口与检查井的连接管的坡度应符合设计要求。预制雨水口安装应牢固、位置平正。井框、井箅应完整无损，安装平稳、牢固。

14. 位于道路下的雨水口、雨水支管、连管应根据要求浇筑混凝土基础。坐落于道路基层内的雨水支、连管应作 C25 级混凝土全包封，且包封混凝土达到 75%设计强度前，不得放行交通。

15. 雨水系统的检查井：

（1）雨水系统的检查井一般敷设在管道（包括接户管）的交接处、转弯处、管径或坡度改变处、跌水处、一定距离的直线管段中（表 10-17）。但尽量避免布置在主入口处。

检查井的最大间距　　　　**表 10-17**

管径或暗渠净高（mm）	检查井最大间距（m）		管径或暗渠净高（mm）	检查井最大间距（m）	
	污水管道	雨水（合流）管		污水管道	雨水（合流）管
150	40	40	500～700	60	70
200～400	40	50	800～1000	80	90

（2）检查井内同高度上接入管道的数量不宜多于 3 根。检查井内宜管顶平接，出水管管径不宜小于进水管。

（3）不得接入雨水检查井的设施有：室外地下或半地下式供水水池的排水口、溢流口、游泳池的排水口，内庭院、下沉式绿地或地面。建筑物门口的雨水口，当标高低于雨水检查井处标高的地面。

（4）检查井的形状、构造和尺寸可在国家标准图集中选用，排水接户管埋深小于 1.0m 时，可采用小井径检查井。车行道上的检查井应采用重型铸铁井盖。

10.3.5　居住区的污水处理构筑物与污水泵站

生活污水处理设施的工艺流程应根据污水性质、回用或排放要求确定。居住区生活污水处理站应建成单独构筑物，并应有卫生防护隔离带，宜靠近接入市政管道的排放点，设置在常年最小频率的上风向，宜用绿化带与建筑物隔开。

10.3.6　居住区排水管道的闭水试验

规范规定，污水、雨污水合流及湿陷土、膨胀土地区的雨水管道，回填土前应采用闭水法进行严密性试验。试验管段应按井距分隔，抽样选取，带井试验。试验不合格时，抽样井段数量应在原抽样基础上加倍进行试验。

1. 试验前的检查

在排水管道做闭水试验前，应对管道及沟槽等进行检查，结果应符合下列规定：

（1）管道及检查井外观质量等已检查验收合格。

（2）管道未填土且沟槽无积水。

（3）全部预留孔洞应封堵，不得漏水。

（4）管道两端堵板承载力经核算应大于水压力的合力，除预留进出水管外，应封堵坚固，不得渗水。

2. 闭水试验方法

排水管道做闭水试验，应尽量从上游往下游分段进行，上游段试验完毕，可往下游段充水，逐段试验以节约用水。闭水试验的方法可分为带井闭水试验和不带井闭水试验两种。居住区排水管道一般采用带井闭水试验，其试验装置如图 10-13 所示。

管道及沟槽等具备了闭水条件，即可进行管道带井闭水试验，试验管段应按井距分

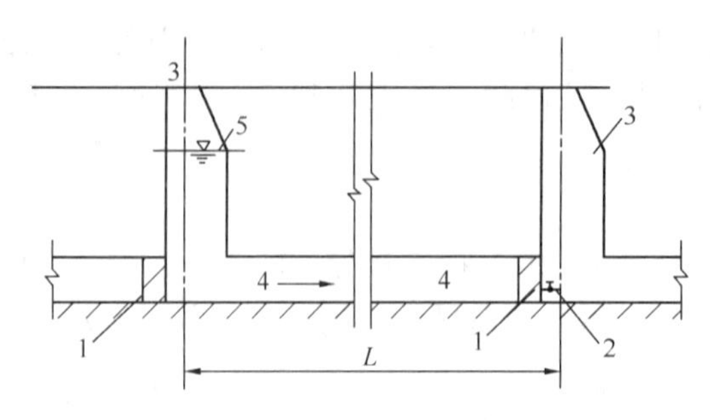

图 10-13　带井闭水试验示意图

1—闭水堵头；2—放水管和阀门；3—检查井；4—闭水管段；5—规定闭水水位

隔，长度不宜大于 1km。

试验前，管道两侧管堵如用砖砌，必须养护 3～4d，达到一定强度后，再向闭水管段的检查井内注水。闭水试验的水位，应为试验段上游管内顶以上 2m，如井高不足 2m，将水灌至近上游井口高度。注水过程中，应检查管堵、管道、井身，若无渗漏，再浸泡试验管段时间不应小于 24h，然后进行闭水试验。

3. 闭水试验

当试验水头达到规定水头时，开始计时观测管道的渗水量，直至观测结束时，应不断地向试验管段内补水，保持试验水头恒定在 2m。渗水量的测定时间为 30min（规范规定不得小于 30min）则渗水量计算公式为

$$q = 48000W/L \tag{10-3}$$

式中　q——每公里管道每天渗水量，$m^3/(km \cdot d)$；

W——闭水管段 30min 的渗水量，m^3；

L——闭水管段长度，m。

当 $q \leqslant$ 规定允许的渗水量时，即为合格。允许渗水量见表 10-18 和表 10-19。

无压管道（混凝土管道、钢筋混凝土管道、陶土管道）闭水试验允许渗水量　表 10-18

管道内径 D_i	200	300	400	500	600	700
允许渗水量 [$m^3/(km \cdot d)$]	17.6	21.62	25.00	27.95	30.60	33.00

PVC-U 排水管道闭水试验允许渗水量　表 10-19

公称外径（mm）	双壁波纹管		直壁管	
	内径 D_i（mm）	允许渗水量 [$m^3/(km \cdot d)$]	内径 D_i（mm）	允许渗水量 [$m^3/(km \cdot d)$]
110	97	0.45	103.6	0.48
125	107	0.49	117.6	0.54
160	135	0.62	150.6	0.69
200	172	0.79	188.2	0.87
250	216	0.99	235.4	1.08
315	270	1.24	296.6	1.36
400	340	1.56	376.6	1.73
450	383	1.76	—	—
500	432	1.99	470.8	2.17
600	540	2.48	593.2	2.73

污水、雨污水合流管道及湿陷土、膨胀土、流沙地区的雨水管道，在严密性试验合格后方可回填、投入运行。

当管道采用两种（或两种以上）管材时，且每种管材的管段长度具备单独试验条件时，可分别按其管材所规定的试验压力、允许压力降和（或）允许渗水量分别进行试验。若管道不具备分别试验的条件必须组合试验且设计无具体要求时，应遵守从严的原则，选用不同管材中长度最长的管道、试验控制最严的标准进行试验。

10.4 污水排放

从污染源排出的污（废）水，因含污染物总量或浓度较高，达不到排放标准要求或不适应环境容量要求，从而降低水环境质量和功能目标时，必需经过人工强化处理，由集中污水处理厂（站）或局部污水设施处理。

10.4.1 城镇集中污水处理

1. 城镇污水

（1）城镇污水：是指城镇居民生活污水，机关、学校、医院、商业服务机构及各种公共设施排水，以及允许排入城镇污水收集系统的工业废水和初期雨水等。

（2）城镇下水道：是指城镇输送污水及雨水的管道和沟道。

居住区的污水一般通过市政管网引至城市污水处理厂集中处理，在一些距离城市污水处理厂较远而且较大的居住区，在有足够的厂区面积（特别是用于堆放污水处理厂产生的污泥）时，可以规划建立独立的污水处理厂（站）。

2. 集中污水处理：主要分为一级处理、二级处理和再生处理（图 10-14）。

（1）一级处理：在格栅、沉沙等预处理基础上，通过沉淀等去除污水中悬浮物的过程，包括投加混凝剂或生物污泥以提高处理效果的一级强化处理。

1）格栅是由一组平行的金属栅条制成的框架，斜置在污水流经的渠道、管道，用以截阻大块的呈悬浮或漂浮状态的污物。在污水处理流程中，它是最初始、最简单的处理，它对后续处理构筑物或水泵机组具有保护作用。格栅截留污物的数量，与栅条间距和污水类型有关。

① 粗格栅条间距：机械清除时宜为 16～25mm，人工清除时宜为 25～40mm，特殊情况下的最大间隙可为 100mm。细格栅宜为 1.5～10mm。

② 污水过栅流速宜采用 0.6m/s～1.0m/s。

③ 除转鼓式格栅除污机外，机械清除格栅的安装角度宜为 60°～90°；人工清除格栅的安装角度宜为 30°～60°。

2）根据污水中可沉物质的性质、凝聚性能的强弱及其浓度的高低，沉淀可分为四个过程。

① 首先是在沉淀池（沉砂池）中自由沉淀，污水中的悬浮固体浓度不高，不具有凝聚的性能，固体颗粒不改变形状、尺寸，也不互相黏合。在重力作用下，污水中较大颗粒的固体（相对密度 2.65、粒径 0.2mm 以上的可沉固体）在沉淀池中自然下沉与水分离。

② 第二个过程是在混凝池中絮凝沉淀。污水中剩余的悬浮固体在加入混凝剂后使其具有凝聚性，固体颗粒互相黏合，结合成较大的絮凝体而开始下沉。

③ 然后成层沉淀，在混凝池中当污水中悬浮颗粒的浓度聚集到一定程度后，每个颗粒的沉淀将受到其周围颗粒的干扰，沉速大的颗粒也不能超过沉速小的颗粒，在聚合力的作用下，颗粒群结合成为一个整体，水体与颗粒群之间形成清晰的界面层。这个沉淀过程实质上就是其界面层共同下沉的过程。

④ 最后是压缩沉淀，此时悬浮固体聚集的浓度很高，固体颗粒互相接触，互相支承，在上层颗粒的重力作用下，下层颗粒间隙中的水体被挤出界面，固体颗粒群被浓缩缓慢下沉。

（2）二级处理：在一级处理基础上，用生物等方法进一步去除污水中胶体和溶解性有机物的过程，包括增加除磷脱氮功能的二级强化处理，除此之外，还可以去除有毒污染物和生物污染物。

存在于水中的微生物，能直接或间接地把进入水体的有机污染物作为营养，对有机污染物进行吸附、吸收、分解。有些微生物甚至以有毒污染物和比自己小的微生物为食料，这样，既满足了微生物本身繁殖和其生命活动的需要，又使污水得到净化，这就是污水的生物处理。常用的生物处理有活性污泥法、生物膜法等。

活性污泥法是由活性微生物和其他杂质组成的土褐色絮凝体，由大量细菌、真菌、原生动物和后生动物组成，以细菌为主。活性污泥也正是得名于其含有大量充满活性的微生物。

活性污泥法处理污水，就是利用活性污泥中的微生物以污水中的有机物为营养，将有机物分解，使污水得到净化。

进入生化处理池的水温宜为 10℃～37℃，pH 值宜为 6.5～9.5，营养组合比（五日生化需氧量：氮：磷）可为 100：5：1。有工业废水进入时，应考虑有害物质的影响。

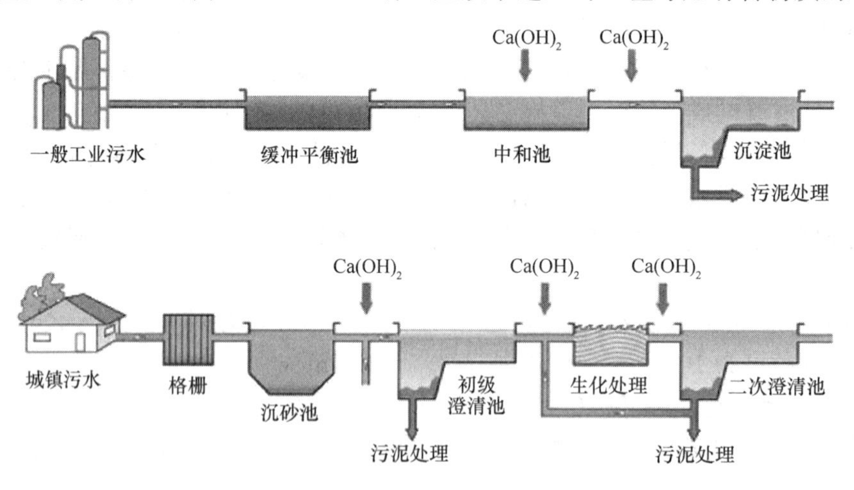

图 10-14　集中污水处理流程

（3）再生处理：以污水为再生水源，使水质达到利用要求的深度处理过程。

3. 污水排入城镇下水道的水质标准（见扩展阅读资源包）

10.4.2　污水局部处理

由于污水源的地域、污水本身的水质情况和处理污水的经济成本等原因，使得有些污水不宜集中处理，或必须先进行初级处理才能排放，而必须采用局部处理。

1. 化粪池

来自建筑物的便污水中含有粪便、手纸、病原菌，悬浮物固体浓度 100～350mg/L，有机物浓度 BOD 约 100～400mg/L。污水进入化粪池 12～24h 后，可去除 50%～60%的悬浮物，粪便沉淀并利用厌氧菌发酵腐化，去除污水中悬浮性有机物。污水停留后，从化粪池上部排除流入市政管网，而沉淀在池底的粪便定期掏清运走，供农业作肥料使用。

化粪池结构简单、便于管理、不消耗动力、造价低。尽管化粪池处理污水的程度很不完善，有机物去除率仅为 20%左右，沉淀和厌氧消化在一个池内进行，污水与污泥接触，使化粪池出水呈酸性、具有恶臭，化粪池清掏时臭气扩散至附近的建筑物，但是在目前还没有污水处理厂的居住区，化粪池应按当地有关规定作为分散或过渡性处理设施。远离城镇或其他原因，无法将污水排入城镇污水管道的新建居住区，污水应处理达标后才能排入水体。

为防止化粪池的污水污染水源，化粪池与地下取水构筑物的净距≥30m。化粪池宜设置在接户管的下游端、便于机动车清掏的位置，一般位于建筑物背向大街一侧、靠近卫生间的地方，应尽量隐蔽，不宜设置在人们经常活动之处。化粪池池外壁距建筑物外墙≥5m，并不得影响建筑物基础。

化粪池可采钢筋混凝土浇捣而成，内壁涂有防水层，也可采用 HDPE 成型产品。化粪池应设通气管，通气管的排出口位置应满足环保要求。

化粪池的有效容积计算公式（见扩展阅读资源包）：

化粪池有圆形和矩形两种，通常多采用矩形化粪池。为了改善处理条件，圆形化粪池内分两格，矩形的化粪池往往用带孔的隔墙分为 2～3 个隔间（图 10-15）。第一隔间供粪便污泥沉淀和发酵熟化，第二和第三隔间供粪便污泥继续沉淀和澄清污水。化粪池格与格、池与连接井之间顶部设有通气孔洞，用以排除池内粪便发酵过程中产生的有害气体。化粪池进水管口应设导流装置，出水口处及格与格之间设拦截污泥浮渣的设施。设在隔墙中部偏下的过水孔或琵琶弯——化粪池内专用管，供清液由前室流到后室，而底部的粪便污泥和顶部的漂浮物被阻止进入后室。

化粪池的进水管和出水管均为丁字管，进水管的下口伸至水面以下 0.5m，既可防止扰动水面浮渣层，又不致冲起底层的粪便污泥。化粪池进水口、出水口应设置连接井与进水管、出水管相连。

化粪池的规格较多，容积从 2～100m^3，可按设计人数选用化粪池。

化粪池的长度与深度比应按污水物中悬浮物的沉降条件和积存数量，经水力计算确定，矩形化粪池深度（水面至池底）≥1.3m，宽度≥0.75m，长度≥1.00m，圆形化粪池直径≥1.00m。

当每日通过化粪池的污水量≤10m^3时，应采用双格化粪池，其第一格容积应占总容量的 75%，当每日通过化粪池的污水量>10m^3时，应采用三格化粪池，其第一格容积应占总容量的 60%，第二、三格应各占总容量的 20%。

化粪池池壁和池底应防止渗漏，化粪池顶板上应设有人孔和盖板。

2. 生活污水调节池

生活污水处理设施前应设置调节池，调节池的有效容积不得大于 6h 的平均小时污水流量。设置生活污水处理设施的房间或地下室应有良好的通风系统，当处理构筑物为敞开式，每小时换气次数不宜小于 15 次，当处理构筑物为封闭式，每小时换气次数不宜小于

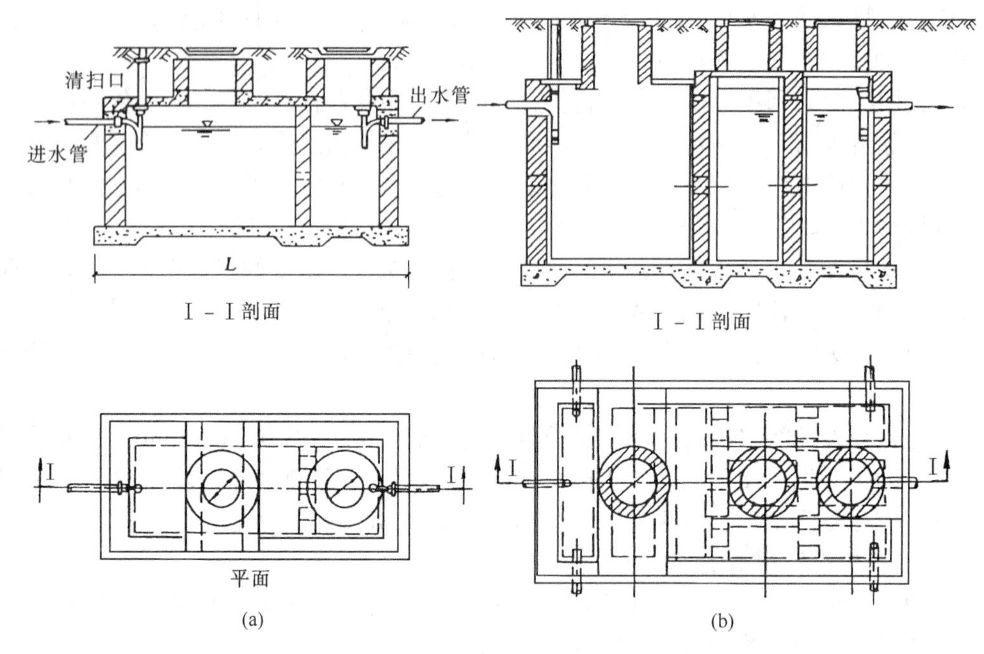

图 10-15　化粪池结构示意图

（a）双格化粪池；（b）三格化粪池

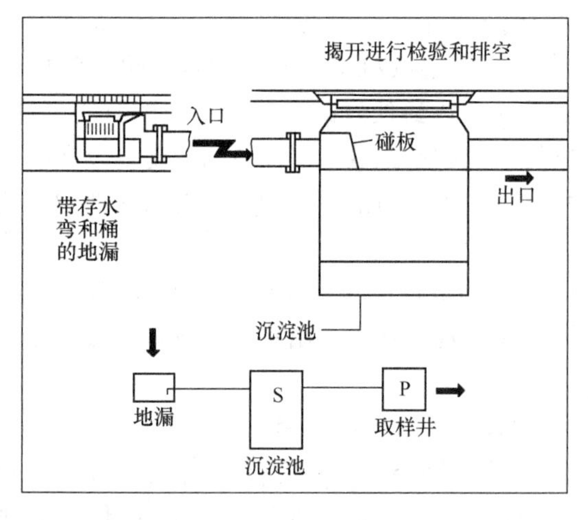

图 10-16　普通沉淀池结构示意图

5 次。生活污水处理设施应设置除臭系统。生活污水处理设施应考虑构筑物机械运行产生的噪声必须符合国家标准，或在建筑物内设置独立隔间。

3. 沉淀池

因为污水和雨水中含有泥沙等固体颗粒，容易沉积在管道中，引起堵塞，需要设置沉淀池，将污水与固体颗粒分离开来。所以在住宅、企业等许多排水系统的排出口，在居住区的雨水口要设置沉淀池，一般可以用窨井取代。沉淀池的进水管和出水管位于沉淀池的上部，污水在这里停留一段时间后，受重力作用，固体颗粒沉积在底部，由专人定期清理。图 10-16 为 PEHD 成品沉淀池结构与安装示意图。钢筋混凝土沉淀池相关参数见表 10-20。

在一些食品厂进行含淀粉类的加工时，例如薯片、玉米淀粉、豌豆淀粉、粉条等，在生产过程时产生的废水中含有大量淀粉，淀粉具有黏性，沉积在管道中会结成很硬的壳，难以清除。必须设置专门的淀粉沉淀池（图 10-17），含淀粉的废水不能排入普通的沉淀池或窨井内，也不能排入隔油池。淀粉沉淀池必须设置在防冻的室内，不能设在室外。

钢筋混凝土沉淀池相关参数　　　　**表 10-20**

检查孔；分离挡板；格栅；DN；DN		NS	DN	t (min)	A_0 (m^2)	V (m^3)	m (t)
		1.5	100			0.06	0.3
		3	100			0.25	0.5
		6	125			0.43	0.7
		8	125	3.0	1.6	2.20	6.5
		10	150	3.0	2	3.30	9.0
		15	200	3.0	3	4.40	11.5
t：停留时间，min		20	200	3.0	4	5.30	14.5
A_0：最小表面积，m^2		30	250	4.0	6	12.20	25.0
m：沉淀池质量，t		40	250	5.0	8	12.80	30.0
标称尺寸	液体密度	50	300	6.0	10	27.40	45.0
1 格-NS	$\rho \leqslant 0.85 g/cm^3$	65	300	6.3	13	36.20	55.0
2 格-NS	$\rho \leqslant 0.90 g/cm^3$	80	300	6.6	16	36.20	55.5
3 格-NS	$\rho \leqslant 0.95 g/cm^3$	100	400	7.0	26	36.20	55.4

4. 轻质燃油隔离池

在石油化工企业、交通运输部门的停车场、机动车修理厂、加油站、洗车店、燃油锅炉房、机加工车间等处，都可能会有汽油、柴油、燃油、煤油、润滑油等溢出并流至地面。如果在清洗地面时，这类轻质液体与废水进入市政管网，一方面会污染表面水（一滴油就会毁坏 1 升水），另一方面管网中因聚集这些易燃物，会发生燃烧爆炸的危险，炸裂路面，严重的会损坏邻近的建筑物。所以在这些场所都应该设置轻质燃油隔离池。

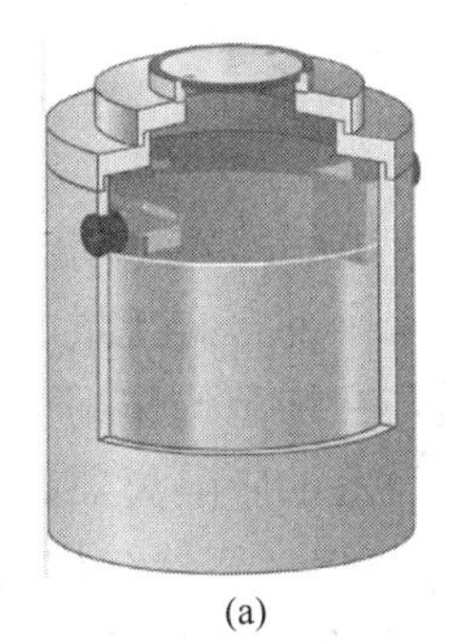
(a)

(b)

图 10-17　沉淀池

(a) 淀粉沉淀池结构示意图；(b) 安装在淀粉加工设备排水口的沉淀池

轻质燃油隔离池是用自然上浮法分离、定期去除含油污水中可浮油的处理构筑物。污水从池的一端流入池内，从另一端流出。在流经除油池的过程中，由于流速降低，密度小于水的油污上浮，密度大于水的杂质下沉。在出水一侧的水面上设置集油管，当水面上的浮油达到一定厚度时会溢入管内，并导流到池外排出。图 10-18 为德国轻质燃油隔离池，用 PEHD 塑料制成，前室用来沉淀泥沙，中室收集燃油，后室为清水，尾部设有一个防壅水倒灌装置。中室设有一个带阀盘的浮球，浮球在水中能浮起，在轻质燃油中下沉，其下部有一个排水口。当燃油隔离池中燃油较多时，浮球下沉，自动关闭下部的排水口。这种燃油隔离池应至少每 2 周清理一次燃油，这种燃油可以作为工业用油。

由于燃油蒸汽具有爆炸性，所以燃油隔离池的排出口不准设存水弯，燃油隔离池一般设在室外，要考虑防冻。

由于这类废水中含有的燃油呈现两种形式：自由漂浮在水中和细小颗粒油滴（例如特别在高压清洗时）形成不易分离的乳浊液。吸附法凝聚式轻质燃油隔离池（图 10-19），其中心有一个可取出的凝聚部件，它有一个大的、有效的表面，可以截获水中乳浊液的小油滴，使排放污水中含油量可以达到标准规定小于 5ppm 的要求。轻质燃油隔离池的相关参数见扩展阅读资源包。

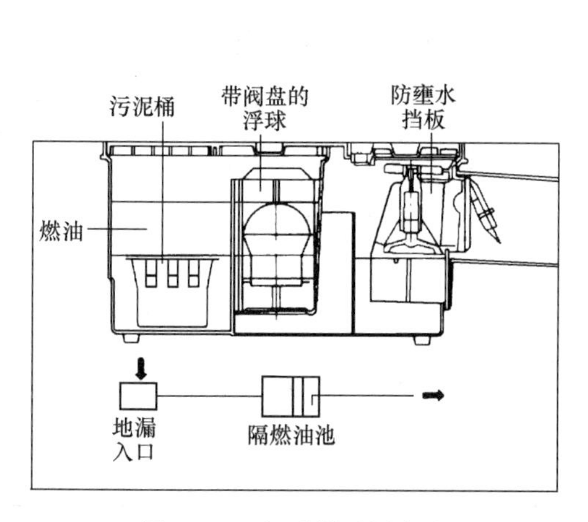

图 10-18　轻质燃油隔离池

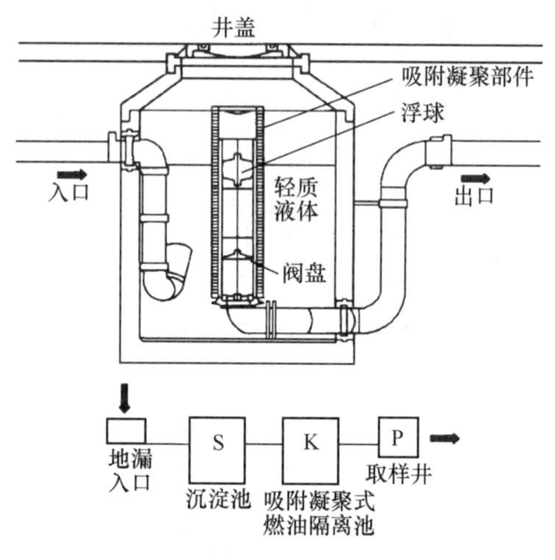

图 10-19　吸附凝聚式燃油隔离池

5. 油脂隔离器

餐馆与饭店及食堂的大、中型厨房，牲畜屠宰场，各种肉类加工厂，肥皂厂，骨胶厂，油脂加工厂等企业的生产污水中都含有大量的油脂。油脂在排水管道中会凝固成固态(特别是在冬季)，堵塞排水管道，在细菌的作用下，会产生有害而且很臭的气体。所以在这些场所的排水系统尾部都应该设置油脂隔离器。

图 10-20a 为一种德国埋地式油脂隔离器结构与安装示意图，它可以设在室外，也可以设在室内（但必须设在隔绝臭味的、可通气和排气的房间里），其前面应设置沉淀池。为避免冷却的油脂沉积在管道中，通向油脂隔离池的进水管要短，进水口伸至油脂层的下

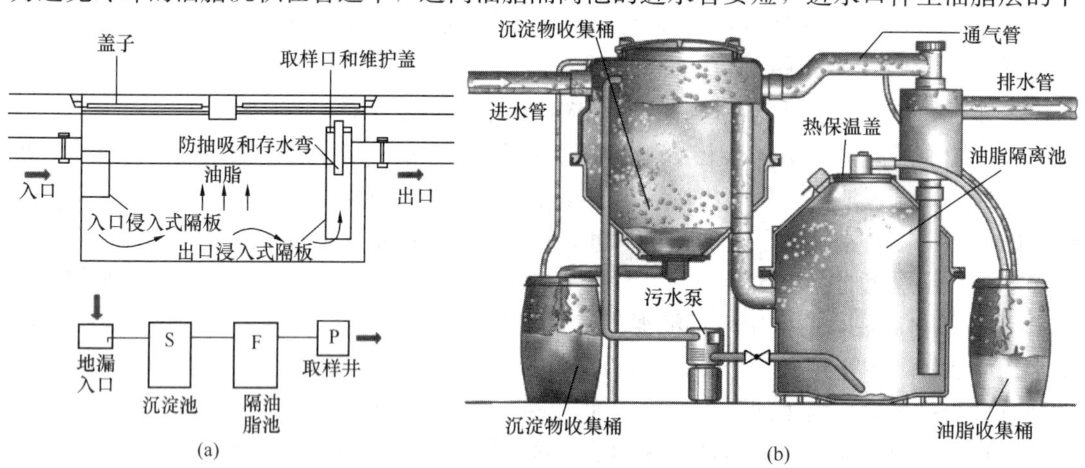

图 10-20　油脂隔离器

(a) 埋地式隔油器结构与安装示意图；(b) 自助式隔油器

部。油脂隔离池应设一个排气管，通到屋面室外。油脂浮在上面，清水从后部流出。

图 10-20b 为自助式油脂隔离器，图 10-21 为用声呐波测量油脂层的厚度示意图。

油脂隔离器应至少每月清理一次，最好是每 2 周一次，排空并用新鲜水清洗和注满。清洗的间隔时间必须根据隔油器沉淀物的容量，以免逸出。相关参数见扩展阅读资源包。

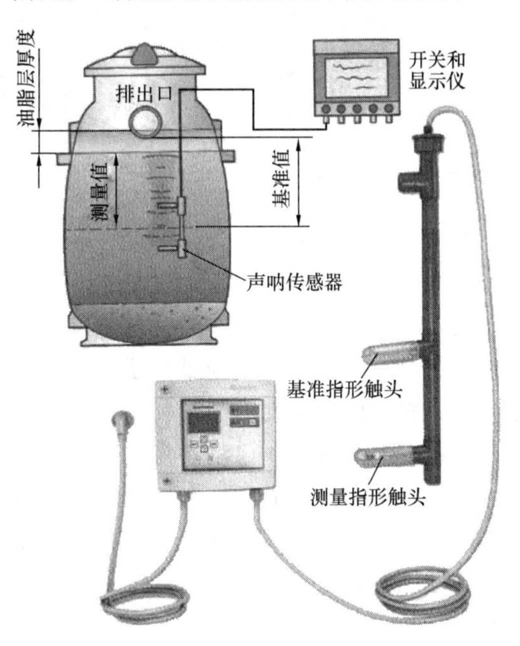

图 10-21 用声呐波测量油脂层厚度

6. 冷却降温池

温度较高的生产废水不能直接排入天然水源，否则会烫死鱼虾等生物，破坏生态平衡。一般情况，高温废水的水质情况较好，不需要对水质进行处理，只要经过冷却池将水温降低至 35℃，就可以直接排入城镇下水道。

降温池降温的方法有水面散热、二次蒸发和加冷却水降温。

水面散热主要用于水温不太高的热水降温；为了加大散热面，需要较大的区域放置降温池。

二次蒸发：在温度较高的污（废）水时，应考虑将其所含热量回收利用，然后再采用冷却水降温的方法，当污（废）水中余热不能回收利用时，可采用常压下先二次蒸发，然后再冷却降温。

降温池一般设于室外。如设于室内，水池应密闭，并应设置人孔和通向室外的通气管。

11　室内燃气系统

11.1　城镇燃气

11.1.1　城镇燃气的种类、成分与特性

城镇燃气：符合规范的燃气质量要求，供给居民生活、商业（公共建筑）和工业企业生产作燃料用的公用性质的燃气。

1. 城镇燃气分类

按燃气的来源，通常把燃气分为天然气、人工燃气、液化石油气和生物质气等。现在天然气被广泛应用，人工煤气由于在生产中成分变化大、能耗高、污染大，逐渐被淘汰。通常我们所说的城镇燃气是按照燃气类别及其燃烧特性指标（华白数和燃烧势）分类（表 11-1）。

城镇燃气的类别及特性指标（15℃，101.325kPa）　　表 11-1

类别		高华白数 *W*（MJ/m^2）		燃烧势 *CP*	
		标准	范围	标准	范围
人工煤气	5R	21.57	19.81～23.17	93.9	54.4～95.6
	6R	25.69	23.85～27.95	108.3	63.1～111.4
	7R	31.00	28.57～33.12	120.9	71.5～129.0
天然气	4T	17.13	15.75～18.54	24.9	24.0～57.3
	6T	23.35	21.76～25.01	18.5	17.3～42.7
	10T	41.52	39.06～44.84	33.0	31.0～34.3
	12T	50.73	45.67～54.78	40.3	36.3～69.3
液化石油气	19Y	76.84	72.86～76.84	48.2	48.2～49.4
	22Y	87.53	81.83～87.53	41.6	41.6～44.9
	20Y	79.64	72.86～87.53	46.3	41.6～49.4

注：1. 4T 为矿井气，6T 为沼气，其燃烧性能接近天然气。

2. 22Y 高华白数 W 的下限值 81.83MJ/m^2和 *CP* 的上限值 44.9，为体积分数（%）；C_3H_8=55，C_4H_{10}=45 的计算值。

（1）天然气

天然气主要是由低分子的碳氢化合物组成的混合物。根据天然气来源一般可分为五种：气田气（或称纯天然气）、石油伴生气、凝析气田气、煤层气和页岩气。

1）气田气：是从气井直接开采出来的燃气。气田气的成分以甲烷为主，甲烷含量在90%以上，还含有少量的二氧化碳、硫化氢、氮和微量的氦、氖、氩等气体，其低热值约

为 36MJ/m^3。

2）石油伴生气：为伴随石油一起开采出来的低烃类气体。石油伴生气的甲烷含量约为 80%，乙烷、丙烷和丁烷等含量约为 15%，低热值约为 45MJ/m^3。

3）凝析气田气：是含石油轻质馏分的燃气，除含有大量甲烷外，还含有 2%～5%的戊烷及其他碳氢化合物，低热值约为 48MJ/m^3。

4）煤层气（俗称瓦斯）：是在成煤过程中生成、以吸附和游离状态赋存于煤层及周围岩石上的一种可燃气体。其主要成分是甲烷（通常占 90%以上），还有少量的二氧化碳、氮、氢以及烃类化合物，其低热值约为 35MJ/m^3。

在煤层开采过程中，井巷中的煤层气与空气混合形成的气体称为矿井气。矿井气主要成分为甲烷（30%～55%），氮气（30%～55%），氧气及二氧化碳等，低热值约为 18MJ/m^3。

5）页岩气：是指附存于富有机质泥页岩及其夹层中，以吸附和游离状态为主要存在方式的非常规天然气的多组分混合气态化石燃料，成分以甲烷为主，另有少量乙烷、丙烷和丁烷等，成分相对复杂，比空气轻，无色、无味、无毒，是一种清洁、高效的能源资源和化工原料，主要用于居民燃气、城市供热、发电、汽车燃料和化工生产等，用途广泛。热值为 33.5～41.9MJ/ m^3。我国页岩气资源潜力大，初步估计可采资源量在 36.1×10^{12} m^3，与常规天然气相当，略少于浅煤层气地质资源量（约 $36.8\times10^{12}m^3$）。

（2）液化气

液化石油气是开采和炼制石油过程中，作为副产品而获得的一部分碳氢化合物。其主要成分是丙烷、丙烯、丁烷和丁烯，习惯上又称 C3、C4，即只用烃的碳原子数来表示。这些碳氢化合物在常温常压下呈气态，当压力升高或温度降低时，很容易转变为液态。从气态转变为液态，其体积约缩小 250 倍。气态液化石油气的低热值约为 100MJ/m^3。液态液化石油气的低热值约为 46MJ/kg。

（3）二甲醚（CH_3OCH_3）

二甲醚的分子式，由于石油资源短缺 、煤炭资源丰富及人们环保意识的增强，二甲醚作为从煤转化成的清洁燃料而日益受到重视，成为国内外竞相开发的性能优越的产品。

作为 LPG 和石油类的替代燃料，二甲醚是具有与 LPG 的物理性质相类似的化学品，在燃烧时不会产生破坏环境的气体，能便宜而大量地生产。与甲烷一样，被期望成为 21 世纪的能源之一。目前在我国贵州等省的应用相对比较多。

（4）人工煤气

由煤、焦炭等固体燃料或重油等液体燃料经干馏、汽化或裂解等过程所制得的气体，统称为人工煤气。

按照生产方法，一般可分为干馏煤气和汽化煤气（发生炉煤气、水煤气、半水煤气等）。人工煤气的主要成分为烷烃、烯烃、芳烃、一氧化碳和氢气等可燃气体，并含有少量的二氧化碳和氮等不可燃气体，热值为 16～24MJ/m^3。

（5）城镇燃气的试验气：0—基准气，1—黄焰和不完全燃烧界限气，2—回火界限气，3—脱火界限气，见扩展阅读资源包。

2. 常用燃气的性质

（1）燃气的外观

天然气几乎不含 H_2S，无色、无味、无毒，人工煤气无色、有特殊臭味，液化石油气在常温下无色、有毒、微溶于水。

由于燃气是易燃易爆的气体，为了及时察觉燃气的泄露，通常在燃气中添加有特殊气味的恶臭剂。添加量应达到：

1）有毒燃气在达到允许的有害浓度之前，应能察觉。

2）无毒燃气在相当于爆炸下限 20%的浓度时，应能察觉。

（2）燃气的密度

1）燃气的密度：气体在不同状态时，单位质量的气体参数差异非常大，所以一般以标准状态（0℃=273K、1013.25mbar）时的参数进行测量与比较。

标准状态时，1mol 气体的体积为 22.4L，天然气的摩尔质量为 16g/mol，这时的天然气密度为：$\rho = 0.714g/L = 0.714kg/m^3$。

2）气体的相对密度：在相同状态下，其他气体的密度与干燥空气密度的比值，也可以简化为两者的摩尔质量之比（干燥空气的平均摩尔质量约 29g）。标准状态时，干燥空气的密度为 $1.29g/L = 1.29kg/m^3$。空气的相对密度为 1。

天然气的相对密度 $d = 0.714/1.29 = 16/29 \approx 0.55$

由于供给的天然气含有杂质，其与空气的相对密度约 0.58～0.64，仍比空气轻，人工煤气相对空气密度约 0.4～0.7，比空气轻，液化石油气在液态时相对密度为 0.5，在气态时相对密度约 1.5～2，泄漏时易聚集在低洼处。

（3）燃气的着火点

着火点是燃料能连续燃烧的最低温度，在常温常压下，天然气的着火点为 270～540℃，人工煤气的着火点为 270～605℃，液化石油气的着火点为 365～460℃。

（4）爆炸极限

爆炸极限是可燃气体和空气混合物遇明火而引起爆炸时的可燃气体浓度范围。当这种混合物中可燃气体的含量下降到不能形成爆炸混合物的含量，称为可燃气体的爆炸下限；当这种混合物中可燃气体的含量增加到不能形成爆炸混合物的含量，称为可燃气体的爆炸上限。

天然气的爆炸极限为 5%～15%，人工煤气的爆炸极限为 4.5%～40%，最易引起的燃烧浓度为 21%；液化石油气的爆炸极限为 1.5%～10%，由于组成和含量不同，爆炸上限有时达到 33%。

（5）腐蚀性

天然气无腐蚀性；人工煤气对钢材有腐蚀性，液化石油气对容器、管道、橡胶管、阀门、密封物料等都有腐蚀性。

（6）燃气热值

1）根据气体燃料的单位分类：

① 摩尔发热量：1mol 气体燃料完全燃烧所放出的热量（kJ/mol 或 MJ/mol）。理想气体摩尔发热量与真实气体摩尔发热量虽然存在很小的修正值，但是在数值上近似相等。

② 体积发热量：$1m^3$ 气体燃料完全燃烧所放出的热量（kJ/m^3 或 MJ/m^3）。这是供气公司提供的最常见的热值参数。

③ 质量发热量：1kg 气体燃料完全燃烧所放出的热量（MJ/kg），真实气体与相应的理想气体的发热量近似相等。

2）根据燃烧产物中水的状态

① 高位发热量（高热值 H_S）：标准状态时的 $1m^3$ 气体燃料完全燃烧、产物中的水蒸气冷凝成 25℃液态时所放出的热量，即包括水的冷凝热（MJ/m^3）。

② 低位发热量（低热值 H_i）：标准状态时的 $1m^3$ 气体燃料完全燃烧、产物中的水以气态形式存在时所放出的热量（MJ/m^3）。低热值由燃气供气公司估算，调试燃气器具时很重要。

气体燃料的高热值与低热值相差约 10%：$H_i=H_S-10\%$

在冷凝水锅炉中，就是利用了烟气中的水蒸气的潜热，使其效率提高了约 10%。

（7）华白数：是影响燃具热负荷的指数。当燃具喷嘴前压力不变时，热负荷与燃气热值 H 成正比，与燃气相对密度的平方根成反比，华白数（或称热负荷指数）即：

$$W=\frac{H}{\sqrt{d}} \tag{11-1}$$

式中 W——华白数（分高华白数 W_S 和低华白数 W_i），MJ/m^3；

H——燃气热值（分高位热值 H_S 和低位热值 H_i），MJ/m^3；

d——燃气相对密度。

华白数是代表燃烧特性的一个参数。若有两种热值和密度均不同的燃气，只要它们的华白数相等，那么在同一燃气压力和同一燃具上可获得相同的热负荷。

我国城市燃气分类中，把燃气的华白数 W 的变化范围控制在±5%。

（8）燃烧势 C_P：燃烧速度指数（见扩展阅读资源包）。

3. 二甲醚物理化学性质见扩展阅读资源包。

11.1.2 燃气的输送与储存

1. 燃气的输送方式

（1）管网输送：管道输气（PNG）是输送天然气的主要方式，经济、有效、规模大。远程输气管道的管径可达 1600mm，翻山越岭或穿过河道，压力可达 100bar。

天然气在进入管网之前尽管经过脱水等净化处理，但是在输送过程中，随着压力的下降，总有一部分的液体凝析并积存，影响燃气质量和腐蚀管道；在寒冷的冬天，可能会结冰冻住管道，影响正常的燃气输送。在长期运行中会有铁锈泥沙积垢，管道必须作定期的清洁处理。

（2）液化输送：液化天然气（LNG）的输送主要是船运。

作为一种清洁、高效的能源，LNG 已成为 21 世纪初缓解能源供需矛盾，优化能源结构的开发利用重点。LNG 运输船需能保证在－163℃低温下，把天然气“压”成液态，使其体积缩小到 1/600。

（3）压缩输送 CNG：将天然气压缩输送储存在高压钢瓶内进行输送。主要是通过车载高压钢瓶输送。

用 LNG 与 CNG 公路罐车运输天然气已经遍及全国管道供气尚未覆盖的城镇。

2. 各种主要天然气运输方式的比较

PNG 是天然气输送最稳定、有效的方式，但管道投资巨大，当输气规模小而运输距离长时，单位体积天然气输气成本较高。

CNG 罐车运输是城镇燃气供应的有效方式，尤其适于小规模市场，但由于 CNG 罐车单车运气量小，受规模和运输距离的限制较大。

与 CNG 罐车相比，LNG 罐车运输单车运气量增大，但液化流程复杂，LNG 工厂建设投资大，液化费用高。

3. 燃气的储存

目前天然气的储存方式主要有气态储存和液态储存。

（1）气态储存：包括地面储罐储存、管道储存和地下储气罐储存。

1）地面储存：一般采用金属储气罐，储气罐可有高压和低压之分。

2）管道储存：有输气干线末端储气和利用管束储气两种方法。

3）地下储气库储存：地面的储气罐和管道储气只能作为消除昼夜用气不均衡性的措施，要解决季节用气不均衡性的根本办法为地下储气库储存。

（2）液态储存：是将天然气冷冻液化后进行储存。

1）天然气液化后储存便于运输，可满足生产和消费相距较远的地区需求，比管道输送更为经济。

2）液态储存更适合于季节性调峰，是调节冬季高峰负荷最经济的方法；同时，在液化过程中可以经济地生产出氦气等稀有气体。

11.1.3 城镇燃气管网

1. 城镇燃气输配系统的组成

城镇燃气输配系统一般由门站、燃气管网、储气设施、调压设施、管理设施、监控系统组成。

城镇燃气干管的布置，应根据用户用量及其分布全面规划，并宜逐步形成环状管网供气进行设计。

2. 城镇燃气管道的压力：分为 7 级（表 11-2）。

城镇燃气管道的压力分级 **表 11-2**

名称	高压燃气管道		次高压燃气管道		中压燃气管道		低压燃气管道
压力	A	B	A	B	A	B	
MPa	$2.5<P\leqslant4.0$	$1.6<P\leqslant2.5$	$0.8<P\leqslant1.6$	$0.4<P\leqslant0.8$	$0.2<P\leqslant0.4$	$0.01\leqslant P\leqslant0.2$	$P<0.01$

11.2 室内燃气系统

11.2.1 室内燃气管道

1. 用户室内燃气管道的最高压力宜采用表 11-3 规定。

用户室内燃气管道的最高压力的规定（MPa） **表 11-3**

燃气用户		最高压力
工业用户	独立、单层建筑	0.8
	其　他	0.4
商业用户		0.4
居民用户（中压进户）		0.2
居民用户（低压用户）		<0.01

注：1. 液化石油气管道的最高压力不应大于 0.14MPa。
2. 管道井内的燃气管道的最高压力不应大于 0.2MPa。
3. 室内燃气管道压力大于 0.8MPa 的特殊用户设计应按有关专业规范执行。

2. 民用低压燃气设备的燃烧器压力宜采用表 11-4 规定。

民用低压用气设备的燃烧器的额定压力（kPa） 表 11-4

燃气	人工煤气	天然气		液化石油气
		矿井气	天然气、油田伴生气、液化石油气混空气	
民用燃气具	1.0	1.0	2.0	2.8

3. 室内燃气管材的选用

（1）低压燃气管道宜选用热镀锌钢管（热浸镀锌），其质量应符合《低压流体输送用焊接钢管》GB/T 3091 的规定。中压和次高压燃气管道宜选用无缝钢管，其质量应符合《输送流体用无缝钢管》GB/T 8163 的规定。选用符合 GB/T 3091 标准的焊接管时，低压管道的壁厚可采用普通管，中压应采用加厚管。选用无缝钢管时，其壁厚不得小于 3mm，用于引入管时不得小于 3.5mm。室内低压燃气管道（地下室、半地下室等部位除外）可采用螺纹连接。密封填料，宜采用聚四氟乙烯生料带、尼龙密封绳等性能良好的填料。

（2）室内燃气管道选用铜管时，铜管质量应符合《无缝铜水管和铜气管》GB/T 18033，铜管道不得采用对焊、螺纹和软钎焊（熔点小于 500℃）连接。燃气中硫化氢含量大于 7mg/m^{3}而小于 207mg/m^{3}时，中压燃气管道应选用带耐腐蚀内衬的铜管，无耐腐蚀内衬的铜管只允许在室内的低压燃气管道中采用。

（3）室内燃气管道选用不锈钢管时应符合相应的规定，其外壁必须有防损的保护措施（如绝缘铜管）：

1）薄壁不锈钢管的壁厚不得小于 0.6mm（*DN*15 及以上），其质量应符合现行国家标准《流体输送用不锈钢焊接钢管》GB/T 12771 的规定。应采用承插氩弧焊式管件连接或卡套式管件机械连接，并优先采用承插氩弧焊式管件连接。

2）不锈钢波纹管的壁厚不得小于 0.2mm，其质量应符合《燃气用具连接用不锈钢波纹软管》CJ/T 197 的规定。连接方式应采用卡套式机械连接。

3）室内燃气管道选用铝塑复合管时应符合《铝塑复合管 第一部分：铝管搭接焊式铝塑管》GB/T 18997.1 和《铝塑复合管 第二部分：铝管对接焊式铝塑管》GB/T 18997.2 的要求。铝塑复合管应采用卡套式管件或承插式管件机械连接。卡套式管件应符合《卡套式接头》CJ/T 111 和《铝塑复合管用卡压式管件》CJ/T 190 的规定；承插式管件应符合《承插式接头》CJ/T 110 的规定。

4. 建筑物中的燃气管道由户外管道、引入管、分配管、立管和器具支管等组成。在燃气系统中的不同位置设置所需的附件。

5. 户外管道的敷设要求

（1）建筑物外的管道可以安装在土壤中，也可以露天安装。

（2）埋地管道采用钢管时，其工作压力为 16bar；采用 PE 80、PE 100、PE-Xa 管的工作压力为 10bar。

（3）埋地管道的覆土深度在 0.5～1.0m，但是不能大于 2.0m。在管子四周填埋至少 10cm 厚的沙子，PE-X 管子不需要。

（4）在德国，要求在埋地管线走向的上方约 20cm 处敷设不会腐蚀的、黄色的、印有“注意！燃气管”的 PE 警示带；在 PE 管时，在管道带表面的下方约 10cm 再附加一条警示带（图 11-1a）。含金属填料的警示带，使得用金属探测仪再要寻找 PE 管时变得容易。

（5）埋地管必须位于容易接近、测量和登记入册的地方。在随时移去管线上方的覆土时，不可以损害建筑物的稳定性，也不需要砍伐树木（图 11-1b）。

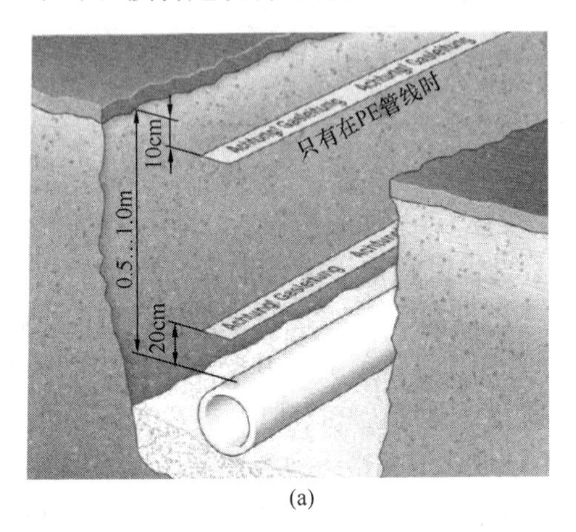

(a)

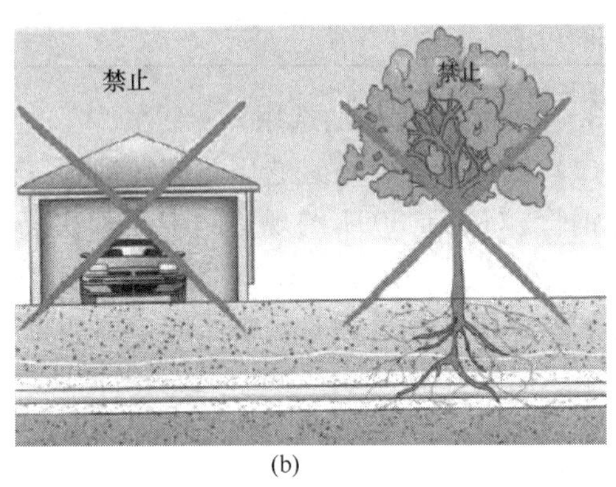

(b)

图 11-1　德国埋地管的注意事项

（a）埋地燃气管埋置保护的警示带；（b）燃气管上方不允许建盖构筑物和植树

（6）在露天中敷设的管道要考虑天气的变化，如雨雪的腐蚀（特别是融雪盐）、狂风暴雨中固定的牢靠性、强烈的阳光辐射导致管内压力急剧上升。要考虑防止一些意外的伤害，如车辆的碰擦，调皮孩子或莽汉的摇晃、敲打等。对此，燃气管应敷设在相应的高度，或用一些钢制型材保护起来（图 11-2）。

图 11-2　室外靠近地面敷设的燃气管防撞护栏

6. 引入管的敷设安装要求

（1）住宅的燃气引入管宜敷设在厨房、外走廊、与厨房相连的阳台内（寒冷地区输送湿燃气时阳台应封闭）等便于检修的非居住房间内。当确有困难，可从楼梯间引入（高层建筑除外），但应采用金属管道且引入管阀门宜设在室外。

（2）商业和工业企业的燃气引入管宜敷设在使用燃气的房间或燃气表间内。

（3）燃气引入管宜沿外墙地面上穿墙引入，室外露明管段上弯曲处应加不小于 $DN15$ 清扫三通和丝堵，并做防腐处理。寒冷地区输送湿气时应保温。

（4）在德国，引入管应配置的附件比我国要求多些，附件种类与顺序如图 11-3 所示。

1）第一流量监视器：位于土壤中（图 11-3a 中 1），当引入管突然中断，例如被挖掘机挖断时，它关闭。如果它难于安装，在低压（≤25mbar）时可以取消。

2）户外关闭阀：在有燃气气味时或火灾时，必须在户外快速关闭。

阀的关闭有三种方式：一种是通过阀杆关闭埋地的阀（图 11-3a 中 2）；一种是关闭没有地下室的建筑物外钢板柜中的阀（图 11-3b），一种是远程控制的球阀、电磁阀或用绳

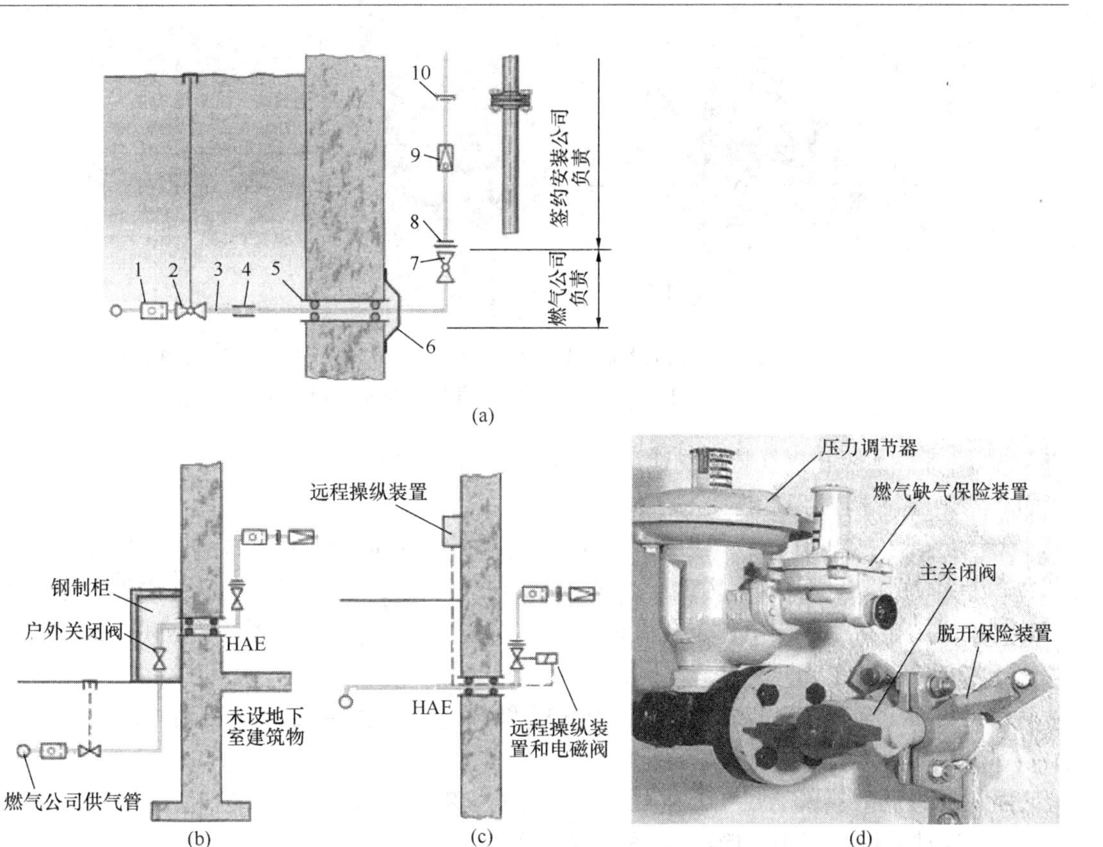

图 11-3 引入管的附件设置

(a) 引入管附件的设置顺序;

1—燃气流量监视器;2—户外关闭阀;3—引入管;4—限力器;5—外墙套管;6—脱开保险装置;7—主关闭阀;8—绝缘件(与7合为一体);9—压力调节器(燃气流量监视器合为一体);10—可拆卸连接接头

(b) 在独立安装的建筑物室外设置;(c) 在建筑物外的远程控制;(d) 建筑物入口引入管附件实例

拉操作(图 11-3c)。当工作压力≤1bar 时,建筑物高度较低(≤10m)时,可以不设置。

3)引入管:连接公共燃气管网与建筑物燃气系统或小区燃气系统的管段(图 11-3a 中 3)。

4)限力器:作为规定的断开点(图 11-3a 中 4)。如果燃气管被挖掘机拉断时,它可以断开,以免建筑物的燃气管受到破坏。限力器只可以和脱开保险装置一起使用。

5)埋地燃气管的穿墙:埋地燃气管道在穿过建筑物外墙、非地下室建筑的基础板、井或渠道时的套管必须密封,防止水和气体的渗入(图 11-3a 中的 6 和图 11-4)。套管必须是耐腐蚀的、完整的一根,两端伸出建筑物构件,铝塑复合管在土壤中不必防腐。在穿过建筑物受力构件时,套管采用钢管或铸铁管,在穿过建筑物非受力构件时,套管采用塑料管。PE-HD 管或 PE-X 管采用炮铜挤压件时,应采用防腐带或收紧式软管防护。

6)脱开保险装置:支撑在建筑物的外墙上,夹住燃气管和左右在土壤中水平限力器的力(图 11-3a 中 6)。它可以阻止挖掘机抓斗将燃气管从建筑物中拉出。

7)主关闭阀(HAE,图 11-3a 中 7):在引入管的末端,用它可以关闭燃气对建筑物或小区的输送(图 11-3d)。

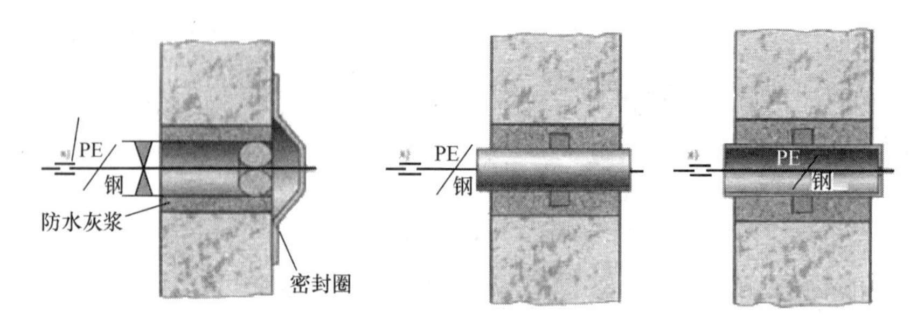

图 11-4 引入管的限力器敷设示意图（在钢制的或 $d>63$mm 的 PE 引入管时，需要设置限力器，以便引入管在穿过地下室时能够承受 max 30kN 的力）

8）绝缘件：阻止供气管道的泄漏电流传递到建筑物中的管道或相反（图 11-3a 中 8）。当引入管是塑料管时，它是多余的。

9）流量监视器（GS）：作为保险器件，安装在室内压力调节器的前面、后面或中间（图 11-3a 中 9）。当供气压力为低压（≤25mbar）时，引入管不安装流量继电器，建筑物内的剩余压力会很小。要确保未受保护的管道至燃气表前流量继电器的所有可拆卸管道连接的安全。

10）可拆卸连接接头：如法兰、锁紧螺母等，安排在主关闭阀后面，以便它可以更换。

室内压力调节器属于燃气公司的财产，但是安装在引入管的主关闭阀后面。

7. 室内燃气管道系统的组成（图 11-5a、b）

（1）分配管：从引入管到燃气表，分流到用户的管道。燃气表安装在分配管中。

（2）用户管到分支管，到燃气器具的连接附件；器具支管与燃气器具连接，也可以采用软管连接。

（3）立管：为从楼层到楼层的垂直管道，它可以是用户管、分支管或器具支管的一部分。

8. 室内燃气管道的敷设要求

（1）燃气引入管和燃气水平干管、立管不得敷设和穿过如下房间和构筑物：

1）卧室、卫生间、易燃或易爆品的仓库、有腐蚀介质的房间、发电间、配电间、变电室、不使用燃气的空调机房、通风机房、计算机房、电缆沟、暖气沟、烟道和进风道、垃圾道等。

2）潮湿或有腐蚀性介质的房间（当确需敷设时必须采取防腐蚀措施）。

（2）燃气管道穿越水泥楼板，应设置在套管中，套管的上端应高出楼板 80～100mm，下端与楼板平齐。套管与燃气管道之间应用沥青和油麻填实。

（3）燃气支管宜明设，不宜穿过起居室（厅），敷设在起居室（厅）、走道内的燃气管道不宜有接头。当穿过卫生间、阁楼或壁橱时，宜采用焊接连接（金属软管不得有接头），并应设在钢套管内。

（4）燃气管有特殊的要求，用于给水设备的管材与管道连接方式不一定适合燃气管道。燃气系统对渗漏要求较高，运行中一些附件在使用一段时间后可能不密封，需要立即更换，所以这些附件采用可拆卸的螺纹连接或法兰连接。

（5）室内燃气管道与电气设备、相邻管道之间的净距不应小于表 11-5 中的规定。

（6）室内燃气管道与其他管道共同敷设时其净距应满足下列要求：

1）水平平行敷设管道的净距一般不小于 100mm；

2）竖向平行敷设管道的净距一般不小于 50mm；

3）交叉敷设管道的净距一般不小于 10mm。

室内燃气管道与电气设备、相邻管道之间的净距　　表 11-5

管道和设备		与燃气管道的净距（mm）	
		平行敷设	交叉敷设
电气设备	明装的绝缘电线或电缆	250	100（注）
	暗装或管内绝缘电线	50（从所做的槽或管子的边缘算起）	10
	电压小于 1000V 的裸露电线	1000	1000
	配电盘或配电箱、电表	300	不允许
	电插座、电源开关	150	不允许
相邻管道		保证燃气管道、相邻管道的安装和维修	20

注：1. 当明装电线加绝缘套管且套管的两端各伸出燃气管道 100mm 时，套管与燃气管道的交叉净距可降至 10mm。
2. 当布置确有困难在采取有效措施后可适当减小净距。

（7）铝塑复合管的环境温度要求不大于 60℃，工作压力应小于 10kPa，只允许安装在户内的计量装置（燃气表）后。安装时必须对塑料复合管材进行机械损伤、防紫外线（UV）伤害及防热保护。

（8）软管连接的要求

1）连接燃气用具、实验室用具或移动式用具等处可采用软管连接。

2）中压燃气管道上应采用符合现行国家标准《波纹金属软管通用技术条件》GB/T 14525、在 2.5MPa 及以下压力下输送液态或气态液化石油气（LPG）和天然气的橡胶软管及软管组合件规范 GB/T 10546 或同等性能以上的软管。

3）低压燃气管道上应采用符合国家现行标准《家用燃气软管》HG 2486 或国家现行标准《燃气用具连接用不锈钢波纹软管》CJ/T 197 规定的软管。

4）软管最高允许压力不应小于管道设计压力的 4 倍。

5）软管与家用燃具连接的长度不应超过 2m，并不得有接口。

6）软管与移动式的工业燃具连接时，其长度不得超过 30m，接口不应超过 2 个。

7）软管与管道、燃具的连接处应采用压紧螺帽（锁母）或管卡（喉箍）固定，在软管上游与硬管的连接处应设阀门。

8）橡胶软管不得穿墙、顶棚、地面、窗和门，现在已经很少采用了。

（9）为了提高安装质量与施工速度，欧洲一些厂家生产了引入管组合件（图 11-5c），含有护套管、引入管道段、护套管与引入管间的密封、主关闭装置等。

（10）管道的固定

1）沿墙、柱、楼板和加热设备构件上明设的燃气管道应采用管支架、管卡或吊卡固定。固定件的安装不应妨碍管道的自由膨胀和收缩。

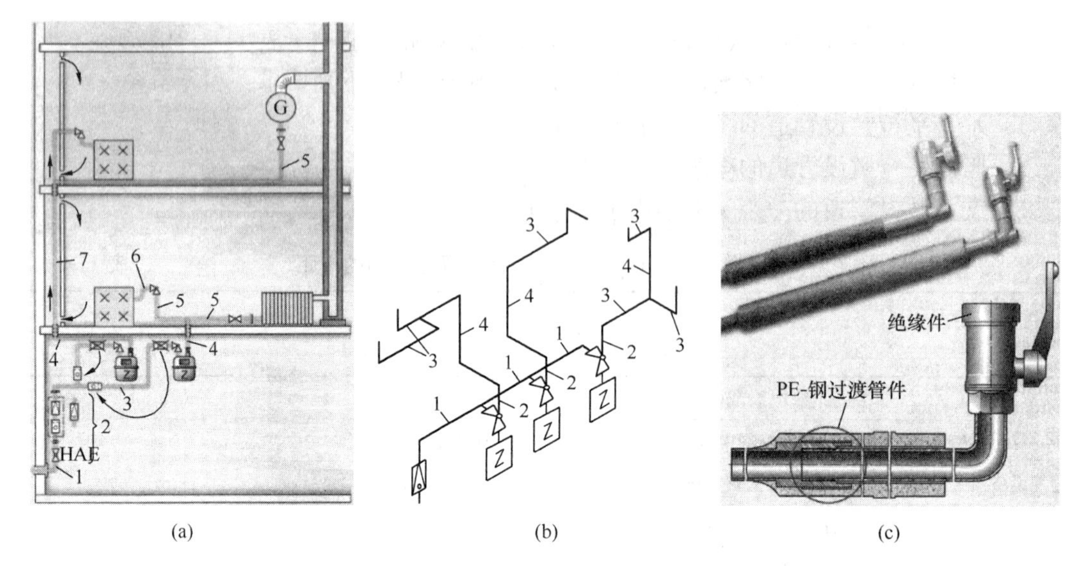

(a)　　(b)　　(c)

图 11-5　室内燃气系统

（a）从燃气流量监视器起的室内燃气管道系统；

1—引入管；2—引入管附件；3—分配管；4—用户管；5—支管；6—燃气器具支管；7—立管

（b）不包括引入管的室内燃气系统；

1—分配管；2—用户管；3—支管；4—立管

（c）带关闭阀的引入管组合件

2）如果在穿过建筑物墙基的引入管组合件上，设置一个固定点，引入管与室内管道不需要采取特别的措施。它可以阻止当引入管在一定范围内发生移动时产生的管道应力。如果不设置固定点，引入管的室内管道应允许在长度上有约 1cm 的微小移动范围。方法有：

① 在室内管道前 2m 内不固定和在这个范围内至少有一个 90°方向转折，当在火灾发生时，管道连接不抗拉的话，例如硬焊连接就不可以；

② 通过具有一定自由度的螺纹或挤压式连接件；

③ 通过按《金属气体管的可分离无螺纹管连接　第一部分》DIN 3387-1 的具有轴向补偿的 HTB 光管连接件（耐高温）；

④ 通过具有轴向补偿的波纹管式补偿器；

⑤ 当地面有可能发生沉降或滑坡危险的地区，采用不锈钢软管；

⑥ 室内管道采用塑料管。

11.2.2　室内燃气设备的附件

1. 燃气附件的防火要求

完成的燃气系统在火灾时不允许发生爆炸。这就要求：

（1）耐高温结构的燃气附件（HTB）：必须能承受 650℃30 分钟以上，同时允许一定的燃气逸出（泄漏率）。燃气不允许中断。如果达到天然气的点火温度，在温度＞650℃时，耐高温的燃气附件可以失灵，被称为自然发生的燃气“控制性烧坏”。这包括主关闭阀、绝缘件、燃气表、缺气保险装置、低压调节器。

（2）热触发的关闭装置（TAE）：在温度 100℃（±5K）时，关闭供气。同时，如果在火灾发生快速达到 650℃时（＜10min），TAE 附件必须和 HTB 一样，值得推荐耐受

925℃、60min 以上的热触发关闭装置。

TAE 附件必须直接安装在燃气器具前面。不耐高温的中压燃气调节器可通过一个 TAE 附件提供保险。

2. 燃气设备连接附件和燃气关闭附件

(1) 安装位置与作用

在每个燃气设备前都必须安装燃气设备连接附件，用于在维修和保养时关闭供气。

燃气关闭附件必须安装在建筑物引入管的入口前端，作为主关闭阀；安装在建筑物立管、楼层支管、分户支管的进口和出口；安装在穿过防火墙的套管前面与后面。在燃气表前，流量继电器和（或）热触发的关闭阀合为一体。

(2) 根据结构和用途分类

1) 闸阀：用于较大口径和（或）较高压力的燃气管道。

2) 截止阀：用于 $p \leqslant 4$bar 工作压力的天然气中压或高压管道、液化气设备，用于供热锅炉的作为快速关闭、隔膜阀或电动阀的阀门组。

3) 球形旋塞：俗称球阀，公称压力 PN 1（1bar），结构有直通形（图 11-6a）和角形（图 11-6b）。

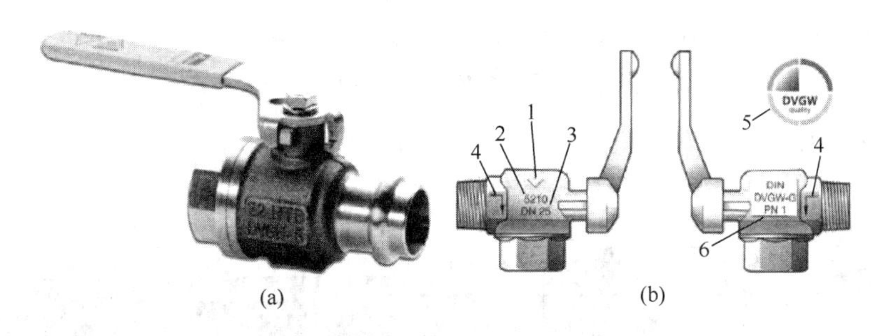

图 11-6 球阀

(a) 螺纹-挤压式连接的直通形燃气球阀；(b) 内-外螺纹连接的角形燃气球阀

1—生产厂家标记；2—型号（生产厂家专用）；3—口径数据；4—流向；

5—DIN-DVGW 认证符号；6—公称压力

燃气球形旋塞通常采用黄色手柄，用带通孔的、高抛光的不锈钢球与 NBR（丁腈橡胶）密封圈弹性密封。不可以使用给水球阀（绿色手柄），它的 EPDM（乙烯丙烯橡胶）密封圈不耐燃气。

燃气器具连接旋塞是带锁紧螺母的球阀。它配有“防儿童保险装置”，即当手柄按下并同时旋转时，它才被开启。

4) 安全燃气连接附件：通过一个带安全软管的可拆卸接头与燃气器具连接。门外汉也可以拆卸和恢复燃气接头。燃气接插式球阀又称为燃气插座（图 11-7），类似于燃气器具连接球阀，要开启球阀必须按下手柄并旋转（图 11-7a）。图 11-7b 中的带软管的连接插头在插入插座和旋转后，插座开启。插头拔出时，燃气插座自动关闭。

安全性燃气插座附加了热触发关闭阀（TAE）和燃气流量监视器（GS）。当超过一定流量时，它会自动关闭（否则安全性燃气软管会损坏）。TAE 在工厂已经装配好（图 11-8、图 11-9），安装在原来的附件前面。它由耐火 60min 的钢制外壳、闭合体、弹簧和制动装置等组成。其中一个制动装置是固定的，另一个制动装置被钎料顶住。在 100℃（±5K）

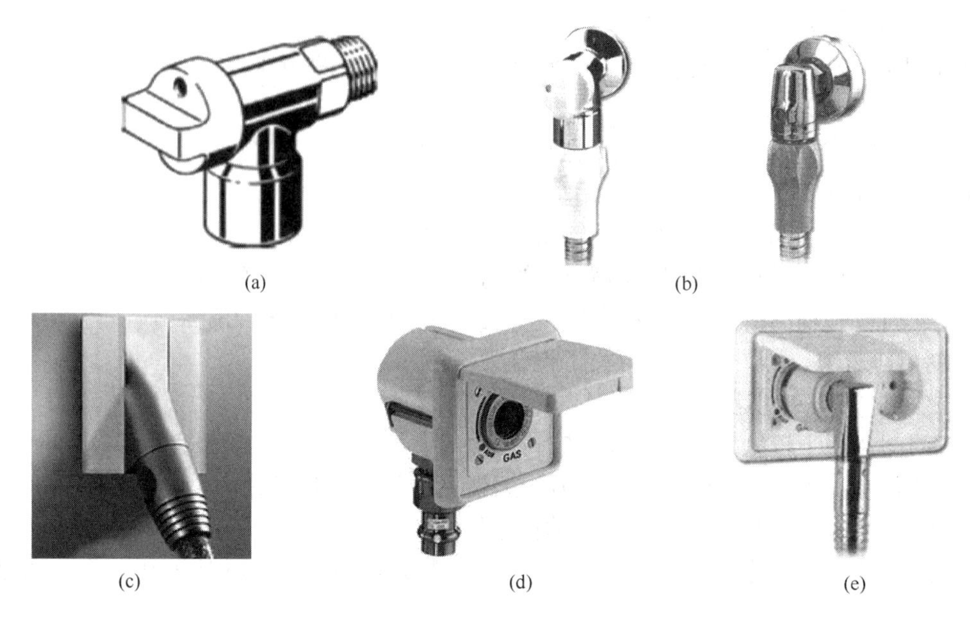

图 11-7　带燃气安全软管的安全燃气连接附件

（a）明装燃气接插式球阀；（b）明装燃气插座；（c）暗装燃气插座；（d）安全性暗装燃气插座；（e）带保护接地的保险插座

时，钎料熔化，弹簧将闭合体压到密封座上，关闭燃气通道。

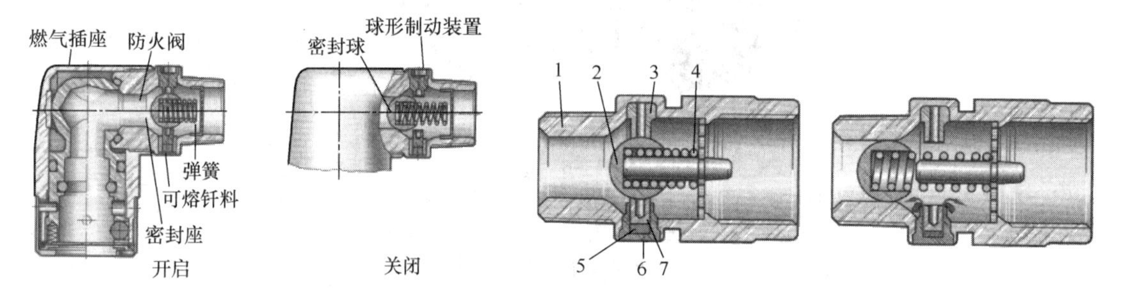

图 11-8　不含 GS、含 TAE 的燃气插座结构

图 11-9　热触发的可拆卸关闭装置结构

1—附件外壳；2—闭合体；3—固定钳口；4—闭合弹簧；5—可熔钎料；6—钎料盒；7—导套

依靠安全性燃气连接附件和安全性燃气软管，燃气器具可以在一定范围内移动，例如清扫灶台时可以将燃气灶具移开一定距离，或者可移动的带滚轮的烤肉机、阳台取暖器等。

在欧洲，连接燃气器具和燃气插座的安全软管采用的是一种双层的、具有一定挠度的金属软管（图 11-10）。它内层是不透气的不锈钢波纹软管，外层是牢固的带钩形的保护软管（相互勾住带褶皱的不锈钢型材）。这种软管的弯曲半径限定为 100mm。它可以防护机械损伤、污损和不允许的拉伸应力。这种软管的公称长度有 500～2000mm，20mm 为一个台阶。

在连接需要移动的燃气器具时，欧洲有些国家还规定了使用外表面附加 PVC 保护软管的 3 层安全性软管。这种安全燃气软管清扫容易、耐污损和耐家庭洗涤剂的腐蚀。

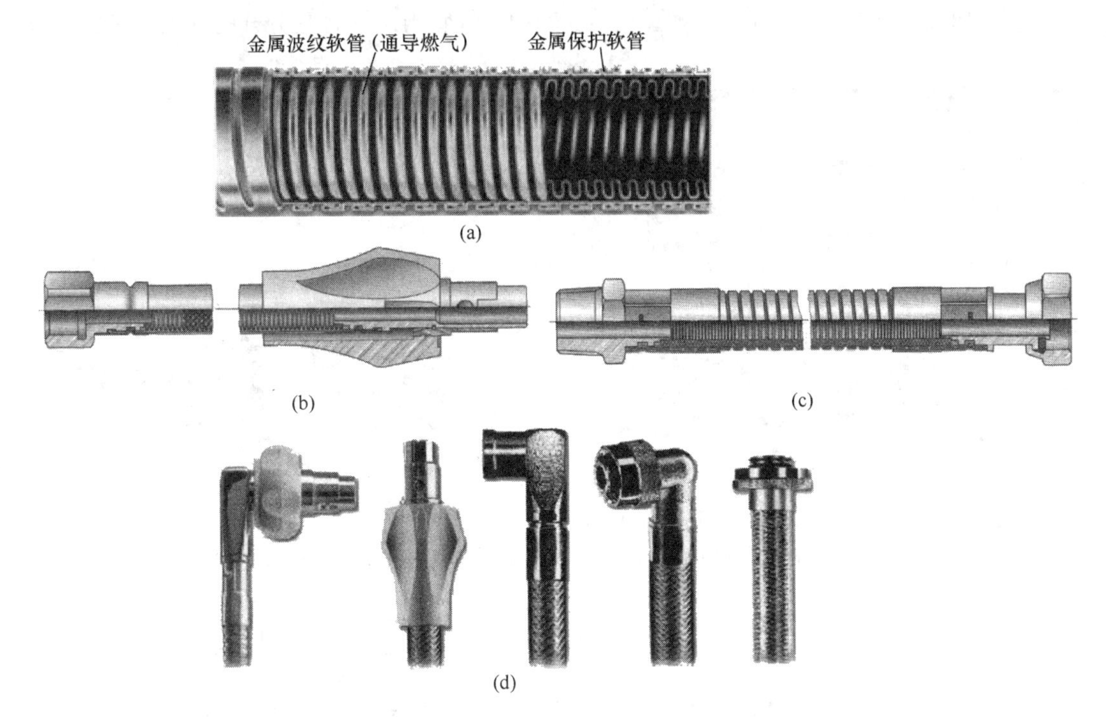

图 11-10 安全性燃气软管及其使用

(a) 根据 DIN 3383、耐压 100mbar 的安全性软管；(b) 根据 DIN EN 14800、耐压 100mbar 的安全性软管（左用螺母、右用根据 DIN 3383 的旋转插头）；(c) 根据 DIN EN 14800、耐压 100mbar 的安全性软管（左用外丝 $R_{1/2}$，右用锁紧螺母）；(d) 连接在 DN 3383（角形插头）和 DIN EN 14800 的燃气软管上的燃气插头和锁紧螺母

在连接固定的燃气器具时，也可以使用耐腐蚀的不锈钢 1.4404 制的单层管或双层管（内层为波纹不锈钢管、外层是不锈钢编织保护层）。

5）电磁式燃气紧急切断阀（CJ/T 394）：燃气紧急切断阀作为燃气输配系统中的安全装置，由手动复位电磁阀和储能关阀模块组成，主要有自力式燃气紧急切断阀和电磁式燃气紧急切断阀两种。

自力式燃气紧急切断阀利用管线内燃气的自身压力波动，驱动阀关闭，多用于无需外界控制，能够自行快速关闭的场合。

电磁式燃气紧急切断阀，通过外部控制，用电驱动阀门关闭。作为执行器，一般与燃气泄漏报警器、燃气压力传感器、温度控制器等其他报警器配合使用于安全系统中。

3. 燃气表

燃气表是用来计量用户使用了多少燃气，是燃气公司按量计费的依据。

（1）燃气表的种类

1）根据燃气表工作原理：常用的是膜式燃气表，腰轮式燃气表和涡轮式燃气表只用在特殊情况。一般民用的燃气表都采用膜式燃气表。

2）根据燃气表读数有直读式、IC 卡智能燃气表、CPU 卡智能燃气表、射频卡智能燃气表、远传燃气表（有线远传表）以及无线远传燃气表（集成）等多种类。

3）根据结构：有单管式和双管式。单管式燃气表的进气管与出气管有一个双壁的连接套管或专门的连接件（图 11-11）。双管式燃气表的进气管与出气管是分开的（图 11-12）。

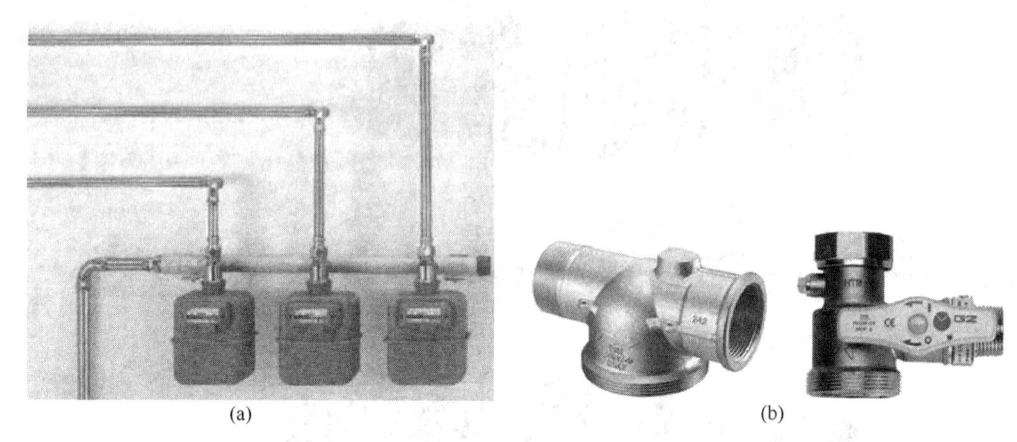

(a) (b)

图 11-11　单管式燃气表与连接件

（a）预制的并联单管式燃气表；（b）单管式燃气表用的专门连接件

图 11-12　双管式燃气表与连接固定件成品

（2）燃气表的选择

应根据燃气的工作压力、温度、流量和允许压降等条件选择。

我国的家用燃气表规格有：G1.6、G2.5、G4 系列（表 11-6）。随着人们生活水平的提高，家用灶具的功率增大、燃气器具品种的增多，燃气表的规格也逐渐增大。

家用燃气表具技术参数　　**表 11-6**

参数/型号	G1.6	G2.5	G4.0
额定流量 Q_N（m³/h）	1.6	2.5	4.0
最大流量 Q_{max}（m³/h）	2.5	4.0	6.0
最小流量 Q_{min}（m³/h）	0.016	0.025	0.04
连接功率 P_{max}（kW）	21～23	36～38	55～57
连接口径 DN	20	20	25
总压力损失（Pa）	≤50	≤110	≤170
工作压力（kPa）/工作温度（℃）	0.5～30 / －20～＋50	0.5～30 / －20～＋50	0.5～30 / －20～＋50
最大读数（m³）/最小读数（m³）	9999.9999 / 0.0001		
表接头螺纹	M30×2		
表接头中心距（mm）	130		
回转体积（dm³）	0.9～1.2		
重量（kg）	1.7～2.0		

我国商用与工业用燃气表具有：G6、G10、G16、G25、G40、G65、G100 系列。

（3）燃气表具的安装和要求

1）燃气表具宜安装在不燃或难燃结构的室内，通风良好、便于检查、检修的地方。

同时考虑观察、抄表、清洁、无湿气、无振动、远离电气设备和明火的区域，尽量靠近用户开闭阀门安装。

2）住宅内燃气表可安放在厨房内，有条件也可以设置在户门外。住宅内高位安装燃气表时，表底距地面≥1.4m，当燃气表安装在燃气灶上方时，燃气表与燃气灶的水平净距≥300mm，低位安装时，表底距地面≥100mm。

3）若燃气表安装在柜子里时，柜子的深度至少300mm，柜子的上方与下方至少有 $5cm^2$ 大小的孔，或500mm宽的门留有1mm的缝隙（图11-13）。

4）燃气表不能与墙体接触（防止应力与潮湿危害），燃气表的后背与墙体至少应保留20mm的间距。

5）双管燃气表连接弯头时应注意无应力影响。如果采用厂家生产的表具附件与固定支架单元组（图11-14），可以大大减少工时和无应力连接。

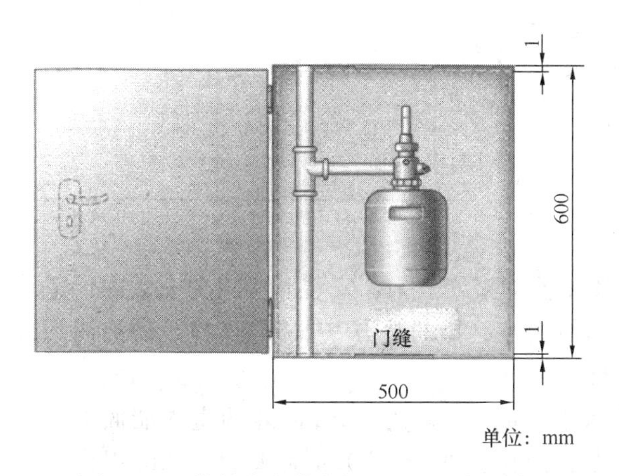

图11-13 燃气表安装在柜子里的通气要求

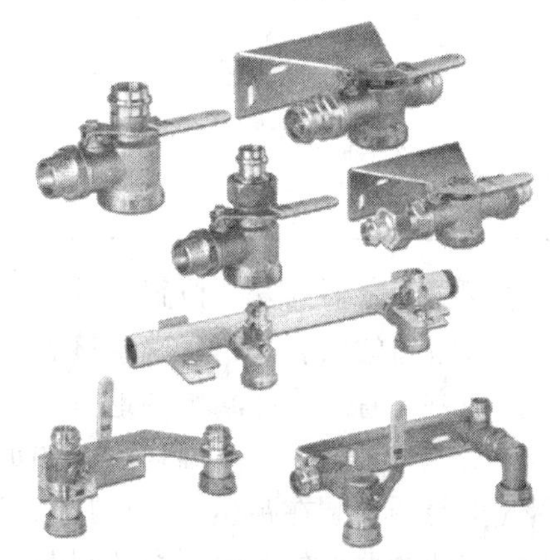

图11-14 燃气表的单管和双管燃气表附件与支架

6）燃气表严禁安装在以下场所：

① 卧室、卫生间及更衣室；

② 有电源、电器开关、变电或配电电器及其他电器设备的地方，如管道井内，或有可能滞留泄漏燃气的隐蔽场所；

③ 环境温度高于45℃的地方和经常潮湿的地方；

④ 堆放易燃易爆、易腐蚀或有放射性物质等的地方；

⑤ 有明显振动的地方或开门易撞击的地方；

⑥ 高层建筑中避难层、逃生通道及安全疏散楼梯间内。

4. 家用燃气报警器及传感器

（1）作用：通过传感器检测到气体浓度达到设置的爆炸或中毒临界点时，燃气报警器就会发出报警信号。

（2）燃气报警器的技术要求

根据报警器种类，报警器在电压允许的波动范围条件下，在低浓度范围之内，不应发出报警信息；在规定的低浓度至高浓度范围内和响应时间内，应发出报警信号（表11-7）。

燃气报警器种类及浓度试验要求 **表 11-7**

<table>
<tr><th colspan="2">报警器种类</th><th>试验气体</th><th colspan="2">试验气体浓度（%）</th><th>响应时间</th><th>电压允许波动范围</th></tr>
<tr><td rowspan="3">人工煤气</td><td>一氧化碳含量≤10%</td><td rowspan="3">人工煤气</td><td rowspan="7">高浓度</td><td>0.5</td><td rowspan="5">≤30s（一氧化碳敏感性人工煤气报警器及复合型报警器≤60s）</td><td rowspan="13">220V±15%</td></tr>
<tr><td>10%<一氧化碳含量≤20%</td><td>0.25</td></tr>
<tr><td>20%<一氧化碳含量≤35%</td><td>0.15</td></tr>
<tr><td colspan="2">天然气</td><td>甲烷</td><td>1.25</td></tr>
<tr><td colspan="2">液化石油气</td><td>丙烷</td><td>0.525</td></tr>
<tr><td colspan="2" rowspan="2">不完全燃烧</td><td rowspan="2">一氧化碳</td><td>0.055</td><td>≤5min</td></tr>
<tr><td>0.03</td><td>≤10min</td></tr>
<tr><td rowspan="3">人工煤气</td><td>一氧化碳含量≤10%</td><td rowspan="3">人工煤气</td><td rowspan="6">低浓度</td><td>0.04</td><td rowspan="6">不发出报警信号</td></tr>
<tr><td>10%<一氧化碳含量≤20%</td><td>0.04</td></tr>
<tr><td>20%<一氧化碳含量≤35%</td><td>0.025</td></tr>
<tr><td colspan="2">天然气</td><td>甲烷</td><td>0.05</td></tr>
<tr><td colspan="2">液化石油气</td><td>丙烷</td><td>0.021</td></tr>
<tr><td colspan="2">不完全燃烧</td><td>一氧化碳</td><td>0.0025</td></tr>
</table>

（3）燃气报警器的安装位置

燃气报警器的安装是否正确直接影响探测器的报警效果，安装时应避免安装在通道等风速大的地方、有水雾或滴水的地方、被其他物体遮挡的地方（如橱柜内）、易被油烟或蒸气等污染的炉具附近或高温环境（如炉具正上方）。

燃气报警器安装在距燃气具或燃气源水平距离 4m 以内、2m 以外的室内墙面上；燃气报警器安装的上下位置根据探测燃气类型：液化石油气（P）时距地面 0.3m 以内。人工煤气（C）、天然气（N）时距天花板 0.3m 以内（图 11-15）。

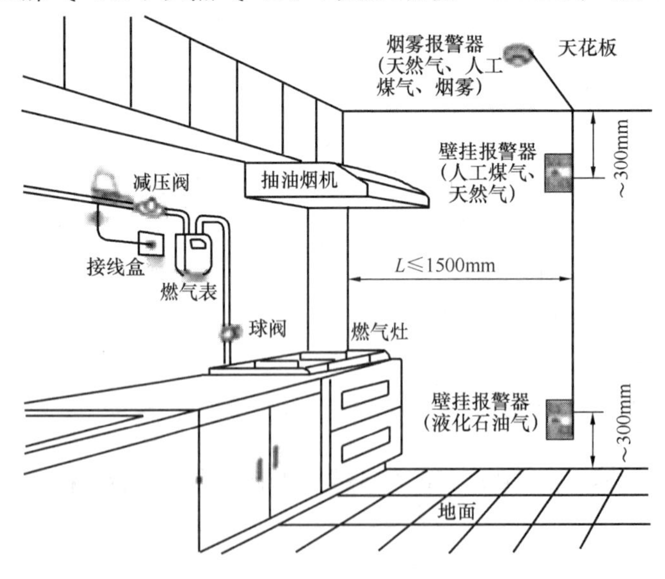

图 11-15 燃气报警器安装示意图

5. 燃气压力调节器（又称稳压阀或减压阀）

（1）作用：保证燃气在使用的时候具有稳定的压力或流量，使得燃气具不受外界燃气压力的波动，而不致燃气器具的负荷波动太大，能够稳定、正常工作。

当管网的燃气压力大于工作压力时，稳压阀安装在建筑物的主关闭阀或每户燃气表的前面。一些燃气器具和燃烧器生产厂家将稳压阀与燃气附件组装在一起。

（2）工作原理：当进气口供气压力升高，作用在调压器膜片上的压力增大，调压器的调压弹簧受压，带动顶杆往上移动，阀门开启度变小，从而减少出气口燃气的流量，达到平衡点。当管道中燃气压力下降时，作用在膜上的力减小，调压器的调压弹簧拉伸，弹簧将膜片与调节阀一起往下压，使得更多的燃气流过较大的开启度，借此，膜的流动阻力增加，使得调节阀又提升，这样持续来回，直至燃气流量恒定为止（图 11-16）。

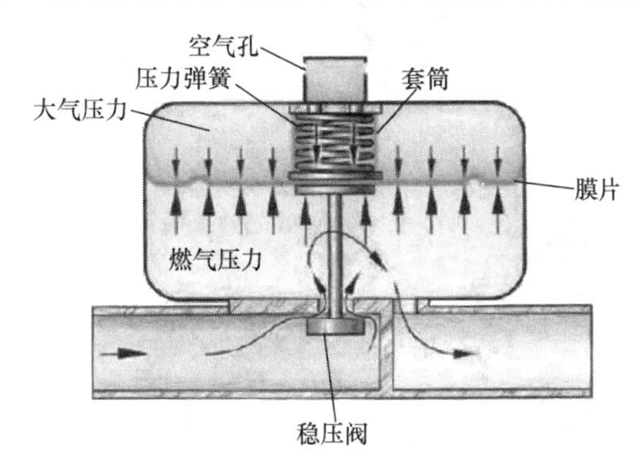

图 11-16　燃气压力调节器工作原理示意图与实物照片

为了使膜片能胜任工作，只需要它上面保持一定的弹簧应力。一个空气孔负责应力的平衡。一种安全膜片使得在裂缝或有孔的膜片上逸出的燃气不会超过 30L/h。在较大的调节器时需要设置一根放空管，将逸出的燃气排放到露天。它必须在交通要道上方至少 2.5m 处排出。为了防止雨水与污物进入管中，管端要弯曲向下。

6. 燃气过滤器

由于燃气管网中的腐蚀会产生铁锈，铁锈剥落下来，与其他污物可能损害燃气附件和燃烧器的功效，天然气中掺杂的微小液滴会引起燃烧不稳定，损坏设备。尤其在燃气流速较高时，部分的燃气 $v>6$m/s 时会夹带这些颗粒。燃气过滤器可以将这些污物挡住，使得燃气设备无故障地正常运行。天然气中的大固体颗粒将直接引起燃烧器喷嘴堵塞(图 11-17)。

图 11-17　燃烧器喷嘴的脏堵

在建造年代较早的、由于潮湿燃气引起腐蚀的燃气管道和燃气 $v>3$m/s 的燃气管道中必须安装过滤器。过滤器安装在燃气设备连接附件的后面和生产厂家出厂前安装在燃气设备连接附件（例如减压阀、泄压阀、定位阀）的入口。

燃气过滤器（图 11-18）可以安装在水平和垂直的管道上，燃气过滤器应注意按箭头方向安装。不要把过滤器安装在不稳固的基础上，燃气过滤器是由可洗的合成材料制成，安装过滤器要注意盖子能够方便地打开，便于以后的清洁和检查。

所有燃气过滤器，在燃气设备保养时必须清洗。在检修之前，请务必确认燃气过滤器内没有燃气之后，将过滤网卸下，用肥皂水清洗，然后自然风干，再重新安装。

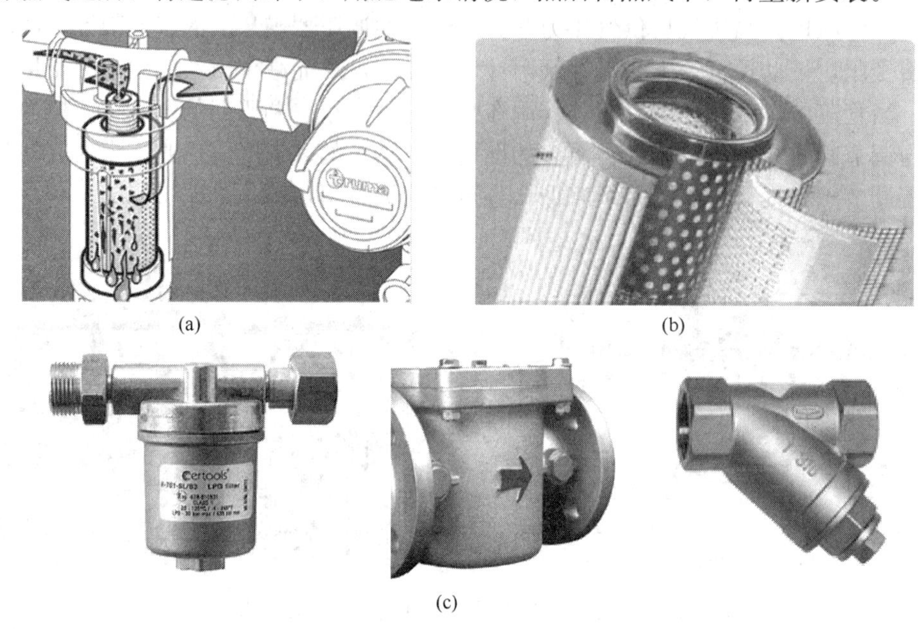

图 11-18 燃气过滤器

(a) 燃气过滤器工作原理示意图；(b) 燃气过滤器滤芯；(c) 不同连接形式的燃气过滤器实物照片

11.3 燃气火焰与燃烧器的种类

11.3.1 燃气的火焰

与固体燃料和液体燃料比较，燃气为可燃的气体状态，所以燃气火焰很易调节。

火焰的种类分为两大类，即明亮火焰和非明亮火焰（无光高温火焰）。

1. 明亮火焰（图 11-19a）

空气在燃烧器的表面才渗入燃气中，即称为扩散。只有蓝色火焰边缘才发生完全燃烧。火焰边缘的炙热使燃气裂解成其主要成分碳和氢。在火焰内部，炙热使碳成分发出黄光。在发暗的焰心，碳颗粒还是冷的。如用一块冷板放在那里会看到一圈炭黑，火柴头在那里不会点燃，用一根铁丝穿过火焰时，仅在火焰的边缘才看到炽热发光。

所以明亮的火焰很容易点着燃气，不会发生回火，运行安全可靠。但是明亮火焰接触的部分会有炭黑生成，因此明亮的火焰不适合用于烹饪燃烧器，也不适合燃气用具的燃烧器。在发明白炽灯之前，它作为照明，后来也作为点火燃烧器。

2. 非明亮火焰（无光高温火焰）

由喷嘴以高速流出的燃气，抽吸附近的空气，在燃烧器的文丘里混合管进行混合。在燃气中携带的氧气可以在火焰内部与碳微粒燃烧。所以这种火焰就没有了发暗的焰心和明亮的部分。这种简洁的火焰可以集中地发出热量，形成较高的温度。无光高温火焰又分为两类：

（1）带火焰锥的无光高温火焰（图 11-19b）：这种火焰的温度可达到约 1700℃的温度，它使用的是部分预混合燃烧器。

（2）带火焰幕的无光高温火焰（图 11-19c）：这种火焰的温度可达到约 1000～1200℃的温度，它使用的是全预混合燃烧器。全预混合燃烧器不会产生烟炱，也适合于火焰会接触到的目标，例如锅底、热交换器等。

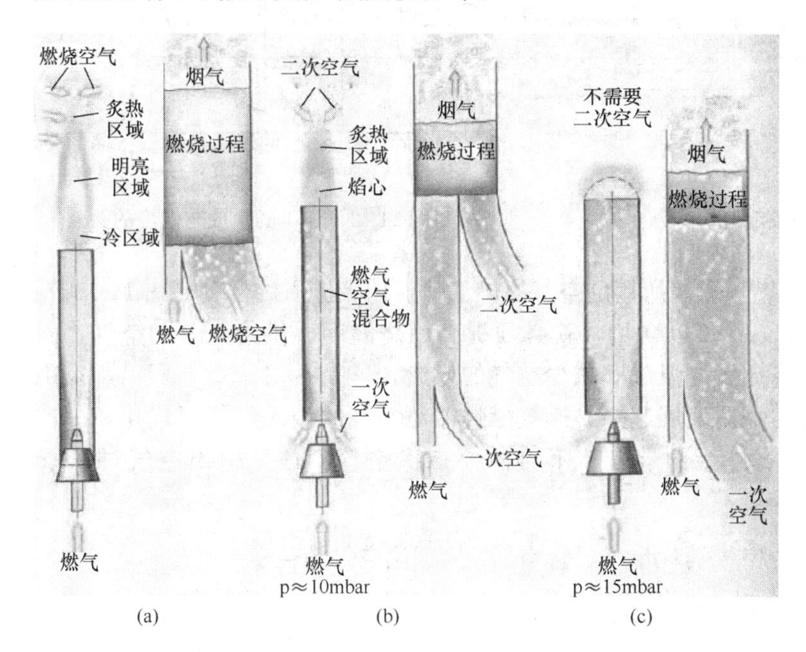

图 11-19　根据空气输入和燃烧过程的不同，燃气燃烧器的火焰分类示意图

（a）光亮火焰；（b）带火焰锥的无光高温火焰；（c）带火焰幕的无光高温火焰

注：1mbar=0.1kPa

这种通过喷嘴将燃气喷射进混合管，与抽吸的燃烧空气相互混合的燃烧器被称为无光高温火焰的预混合燃烧器。

11.3.2　燃气燃烧器

1. 燃气燃烧器的作用与分类

燃气燃烧器的作用：确定空气-燃气的正确比例和无危险后点火，将燃料的化学能尽可能完全地转变成热量，燃气无害地燃烧，尽可能少地产生 CO 和 NO_x的含量。

现在的燃气燃烧器都是进行空气和燃气预混合的，预混合燃气燃烧器分为两大类：无风机燃气燃烧器和有风机燃气燃烧器。

2. 无风机燃气燃烧器（大气式燃气燃烧器）

在燃烧室里产生负压，周围的大气压促使空气与燃气混合。其优点是运行无噪声，运行安全性较高，购置成本低。根据结构，无风机燃气燃烧器又分为部分预混合完全预混燃烧器。

（1）部分预混燃烧器（图 11-19b、图 11-20）：在喷嘴抽吸了燃烧所需要的约 60%的空气（一次风），其余燃烧所需的氧气是来自焰锥周围的空气扩散（二次风）。火焰很热，约 1600℃，使得氮氧化物 NO_x产生。它的比例在大于 1200℃后逐渐增加（图 11-21）。此外，在燃烧室里空气缺乏时会形成一氧化碳 CO。

各国一直在下调烟气中 NO_x与 CO 的最大值指标，部分预混燃烧器不可能再更多地下降 NO_x与 CO 的临界值，所以在欧洲已经采用完全预混燃烧器取代部分预混燃烧器。

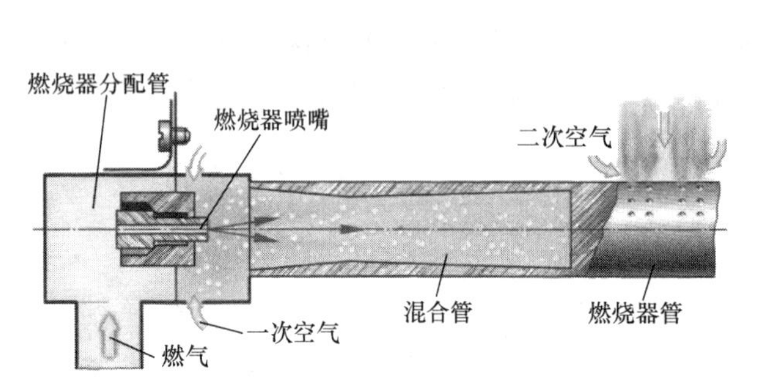

图 11-20　部分预混合燃烧器

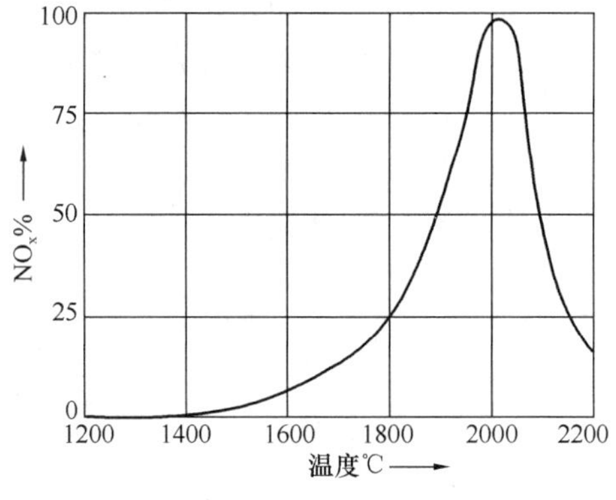

图 11-21　NO_x的生成与温度的关系

（2）完全预混燃烧器：燃气燃烧所用的空气由燃气喷射抽吸进入混合管（图 11-19c）。

要使碳成分完全燃烧、减少 CO 含量，就必须提高燃烧温度、供给充分的空气，而要降低 NO_x含量，就必须降低燃烧温度和减少空气的供给，这是一对矛盾。所以，采用低 NO_x燃烧技术的全预混燃烧器发展起来。燃气燃烧器对空气的输入进行了优化，一次空气过量 20%～30%与燃气进行预混合，不再需要二次空气。这里引出空气过量系数 λ：

$$\lambda = （理论空气消耗量+过量空气）/ 理论空气消耗量$$

$$= （1+20\%\sim30\%）/1 = 1.2\sim1.3$$

完全预混合燃烧器的优点是使用了大量的辐射热量、几乎无有害物排放、可以部分催化燃烧；但是与有风机燃烧器比较，不能精确调节空气的供给。

完全预混合燃烧器的混合管需要特别大的孔（图 11-22）和比部分预混合燃烧器高一些的喷嘴压力。具有许多出气孔的一个大燃烧面降低了燃气-空气混合物的流出速度，稳定了火焰。这就形成了很短的蘑菇形的火焰（图 11-23），通常只显示成火焰幕。火焰温度降至约 1000℃，使得 NO_x几乎不产生。

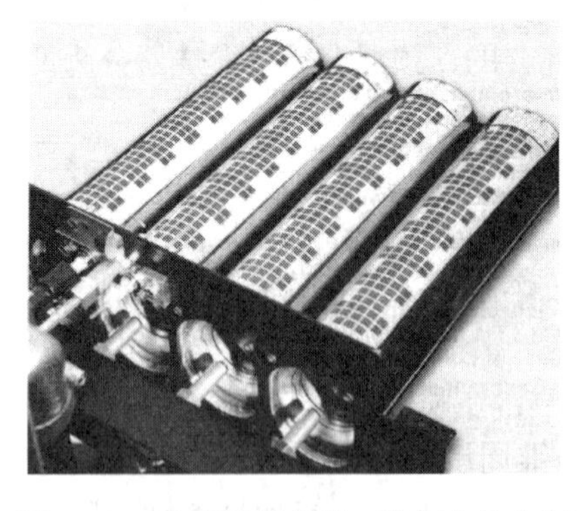

图 11-22　全预混燃烧器（特别大的空气抽吸孔和大的燃烧面）

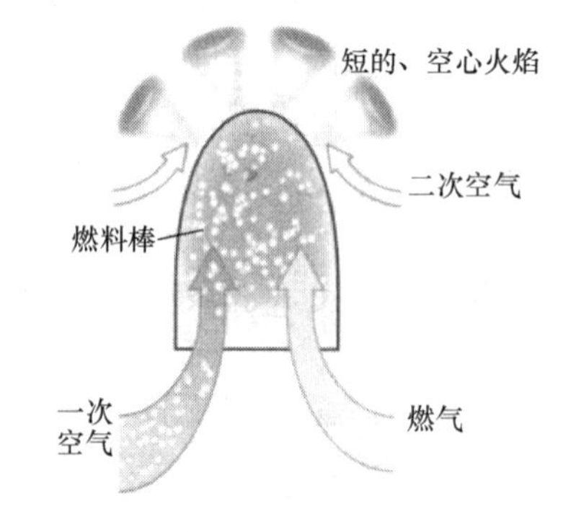

图 11-23　全预混燃烧器上的空气混合

全预混燃烧器运行的声音很低。为了进一步减少 NO_x 与 CO 的生成，火焰的温度应保持在 1000℃以下。对此，可以使用不同的方法：

1）热耦合输出：通过辐射，燃烧器将它的一部分热量放出。

2）通过催化燃烧：如果在燃烧器表面通过铂或钯涂层的织物发生所谓的无焰的、受催化支持的燃烧，有害物将减少得还要多（类似于图 11-26，但是没有风机）。作为催化剂的铂和钯是很贵的金属，类似于汽车尾气净化装置。

3）水冷却燃烧器：在使用水冷却燃烧器的单供热或生活热水与供热共用热水炉时，采用循环水冷却燃烧器（图 11-24），使得燃气-空气混合物与火焰温度下降，使燃烧进一步降低有害物排放。此外，在天然气时启动部分负荷时，效率不会掉下来。

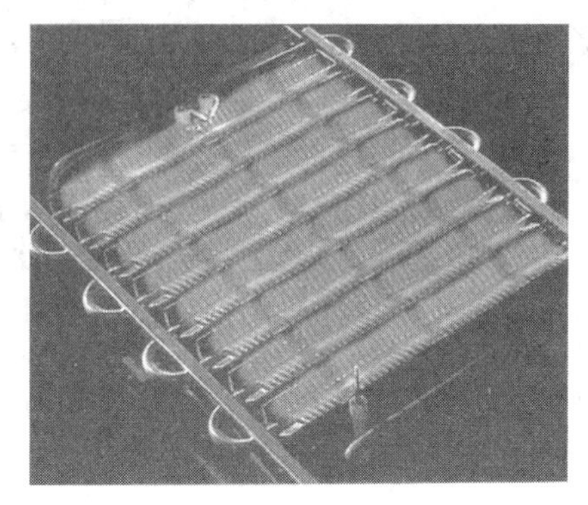

图 11-24　用于单供热或生活热水与供热共用燃气炉的水冷散热片燃烧器

4）二级燃烧器调节：在二级（调制式）燃气燃烧器时（也适合有风机燃烧器），燃烧器启动会降低到约 30%，因为在低耗热量时，燃烧器仅在部分负荷级工作，但是燃烧时间较长。燃烧器较少地启动，引起的有害物也较少（类似于汽车每次冷启动产生较多的有害物）。燃烧器较长的运行时间，意味着较少的静止时间和较少的热损失。

全预混燃烧器分为无风机式的和有风机式的。无风机支持的全预混燃烧器，燃烧必须通过排烟气设备来形成负压。

3. 有风机的燃气燃烧器

有风机的燃气燃烧器不依赖于排烟气设备的抽力，而是通过一个送风机输入燃烧用空气，它可以精确地定量供给（图 11-25）。

有风机的燃气燃烧器在其下游的燃烧室里产生正压，减少了燃气设备内在烟气通道范围的部件，通过烟气系统的热气体的浮力排除烟气。

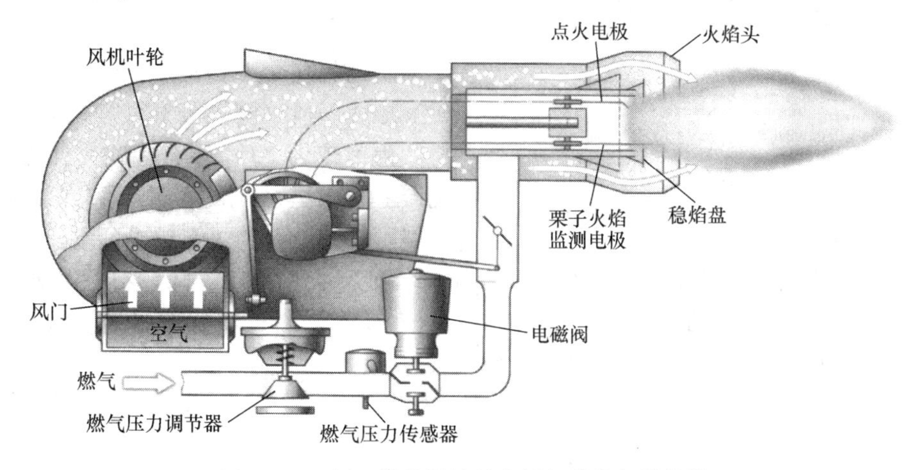

图 11-25　用于供热锅炉的有风机的燃气燃烧器

有风机的燃气燃烧器可安放在各种锅炉，而与燃烧室排烟侧面阻力无关，可代替供热锅炉的燃油燃烧器，可以使用较高的燃气流量，来达到较高的热功率输出，特别适合于大功率的锅炉，通过精确地调节过量空气和调制式调节，在广泛的负荷范围里实现较高的燃烧效率。

有风机的燃气燃烧器又分为两类：

1）表面燃烧器：溢出的燃气-空气混合物被分配到一个较大的表面。火焰的高度很小，火焰通常只是贴边燃烧（图 11-26）。

2）燃烧管燃烧器：燃气和空气在燃烧管里的稳焰盘进行混合并燃烧（图 11-27）。实际上，火焰在燃烧管中被导向。

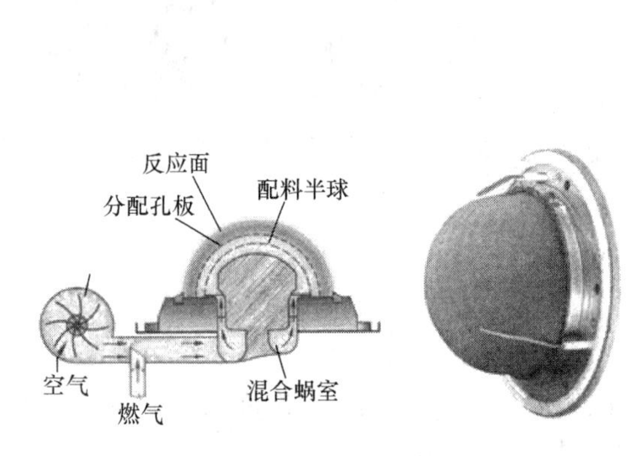

图 11-26　表面燃烧器（右图显示点火电极和离子火焰监测电极）

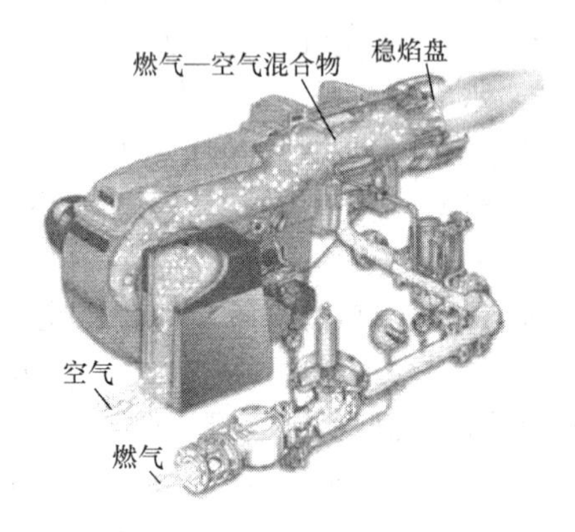

图 11-27　带风机和组合附件的燃烧管燃气燃烧器

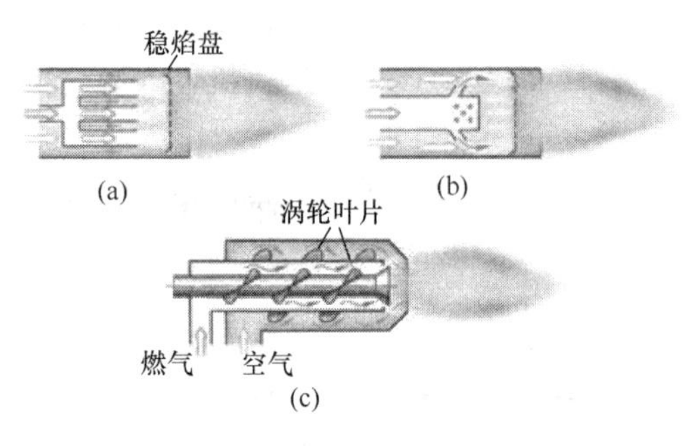

图 11-28　燃气与空气在带风机的燃烧器中混合的方式

（a）平行流；（b）交叉流；（c）涡流

根据燃气和空气的混合方式，燃烧管燃烧器又分为 3 类：

1）平行流：燃气和空气流平行流动，在稳焰盘处混合形成火焰（图 11-28a）。

2）交叉流：燃气和空气流交叉流动形成火焰（图 11-28b）。

3）涡流：燃气和空气流在涡轮叶片处相互形成涡流（图 11-28c）。

为了减少 NO_x 和有害物，在燃烧管燃烧器上采取了烟气的再循环和二级燃烧器。烟气再循环就是将来自锅炉的烟气输送给流入的燃气-空气混合物，因此火焰中的含氧量下降，使得火焰温度下降，在二级燃烧器上，火焰温度明显下降，产生的有害物也就少了（图 11-29），而且燃烧器启动次数减少到约 30%，为了便于满足热负荷的需要必须工作更长时间。

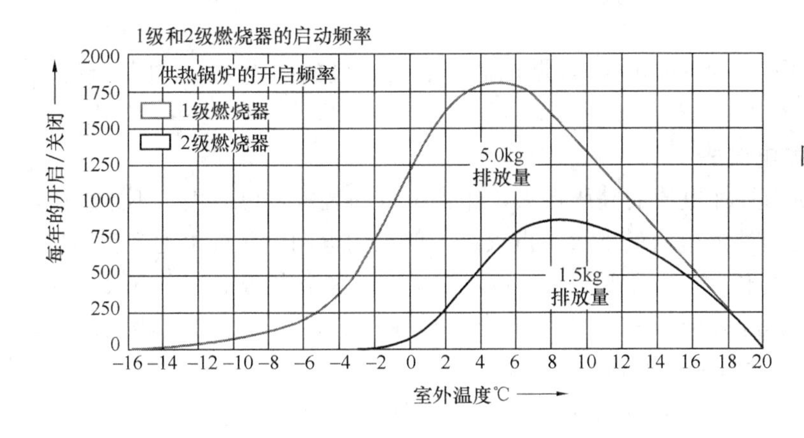

图 11-29 燃烧器开启频率和有害物排放量的关系

11.4 点火装置

点火装置可以通过按钮或自动控制对燃气-空气混合物进行点火。现代的燃气设备一般都有自动点火装置。它一般使用压电点火和火花点火。

11.4.1 压电点火装置-不用外加电流

压电点火装置只可以用手点火（即所谓的“半自动化”），用在连续燃烧的燃烧器，如燃气灶烹饪位置的燃烧器上。

1. 压电点火的原理

当某些晶体（例如石英）的接触面，受到外部施加的沿一定方向上的力（如压力），晶体的晶格变形，会在接触面产生电荷；因为晶格中的负电荷相对于正电荷容易移动，使晶体极化，导致晶体两端表面内出现异性的束缚电荷。晶体形变越大，产生的电荷越多（图 11-30）。

通常，人们使用烧结的陶瓷物质（铅-锆酸盐-钛酸盐）来代替天然的晶体制得相应的形状。为了极化和接受电流，敷上金属电极。为了不用消耗太多的力来产生较高的电压，将若干个元件串联连接。在燃气设备安装的压电点火装置产生约 20000V 放电电压，搭接的火花间隙可至 6mm。因为只有微不足道的电流流过，这个高压对于人体是没有危险的。

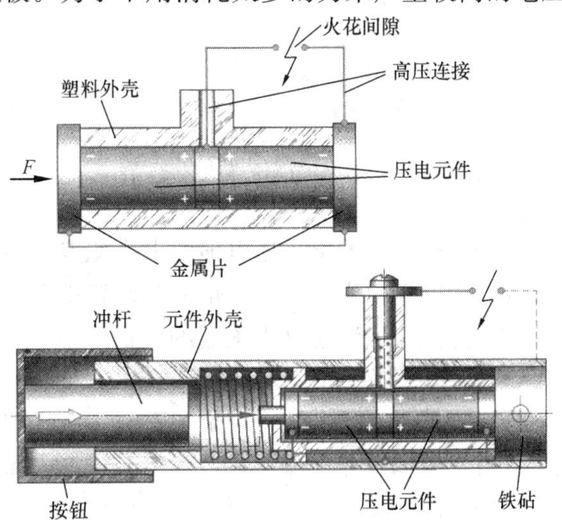

图 11-30 压电点火装置示意图（冲杆的断开机构没有画出）

2. 压电点火装置的优缺点

在操作按钮或旋钮时，张紧弹簧，冲杆被撞击到压电元件上，晶体变形，精确释放出一定的电压。压电晶体几乎没有损耗。

但是压电点火装置在启动之前，必须先开启燃气，若反复点火失败，燃气释放出来较多，会产生危险。

如果点火装置失效，可能存在下列

故障：

张紧弹簧断了或脱钩了（没有撞击声），燃烧器的点火电极的间距太大，压电点火装置电极的接线断了。

11.4.2 电火花点火-外加电流式

与压电点火比较，使用外加电流的高压点火，作为全自动装置，可以用于不连续燃烧的燃烧器（图 11-31）。使用外加电流的电火花点火，一般采用电网电压或电池产生高压。

为了用微小的电流产生电火花，需要约 10000V 的高压。这个电压由一个点火变压器产生。电火花或火花间隙是在安装于燃气-空气混合物出气孔上方 4～6mm 间距的两个点火电极（2 个绝缘良好的金属针）之间形成。

例如烹饪位置的燃烧器，在作为接地电极的燃烧器与点火电极之间。

为了使电火花逐个地越过，而不是形成火花带，在使用电网连接时的点火装置时，减小交流电的频率，或者在点火变压器前安装一个充气二极管，阻止交流电用于一个方向。

点火电极不可以相互接触，或碰着接地的燃气燃烧器，否则会由于短路而不产生火花。在检查点火故障时，还要检查点火变压器是否有问题，或者错误地调整点火电极。图 11-32 为检查和排除双点火电极的排列错误。

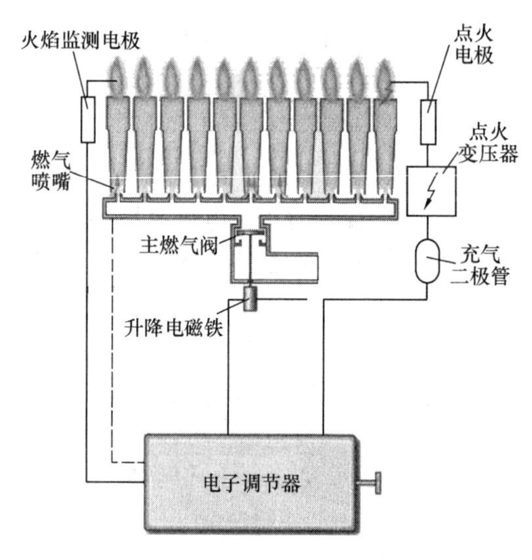

图 11-31　用电网的高压点火装置

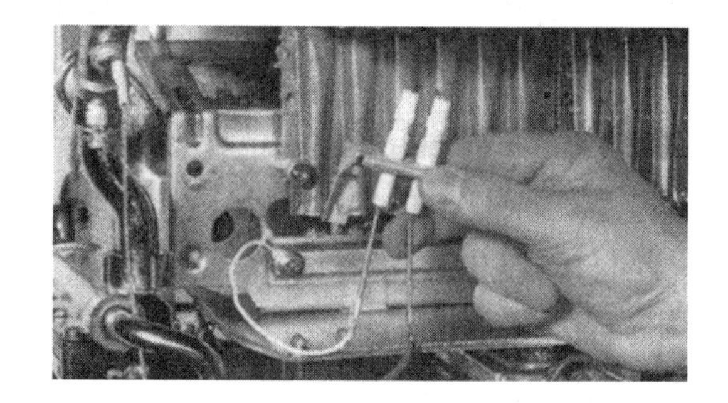

图 11-32　检查双点火电极

在即热式热水器上采用电池的电火花点火装置，首先点着点火火焰，然后才点着燃气燃烧器。电池也负责对离子火焰监测装置供电。

11.4.3 点火保险装置（火焰监测装置）

1. 点火保险装置的作用

当燃烧器不产生火焰或火焰熄灭时，燃气阀关闭，提高了燃气设备的安全性。点火保险装置有热电偶式点火保险装置、离子式点火保险装置和火焰监视器。

2. 热电偶式点火保险装置

（1）工作原理

当按旋钮，小火点燃时，热电偶受其火焰加热，产生热电势。热电势通过导线导入电磁线圈，产生磁场使电磁阀吸合，燃气阀开启，燃烧通路打开，维持其正常燃烧，一旦遇到大风或汤水等溢出，扑灭火焰，热电偶的热电势很快下降到零，线圈失电，电磁阀失效，在弹簧作用下迅速复位，阀门关闭燃气通路，终止供气，保证安全。

它只可以用在手操作的燃烧器，例如烹饪燃烧器（图 11-33），半自动的燃气设备，如温控调节的储存式热水器、压差控制的即热式热水器（当点火火焰连续燃烧的话，图 11-34）。

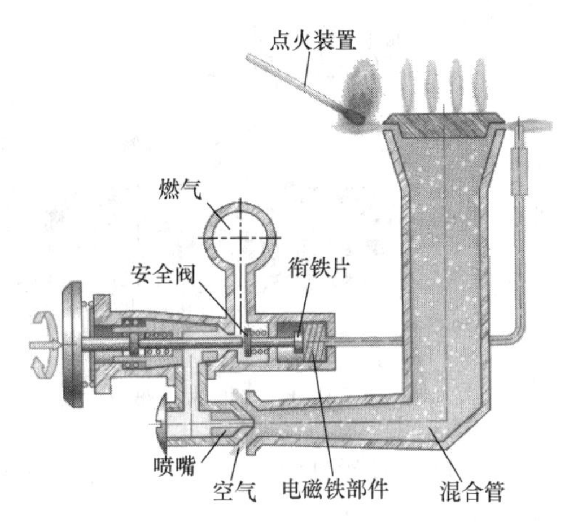

图 11-33　热电偶点火保险装置安装在没有点火燃气管的燃气灶上示意图（显示的是点火位置）

热电偶点火保险装置关闭缓慢，它的闭合时间可至 30s。因为在火焰熄灭时由于较长的闭合时间，会有较多的、未燃烧的燃气流逸出，所以热电偶点火保险装置不适合作大型燃气燃烧器的保险装置。

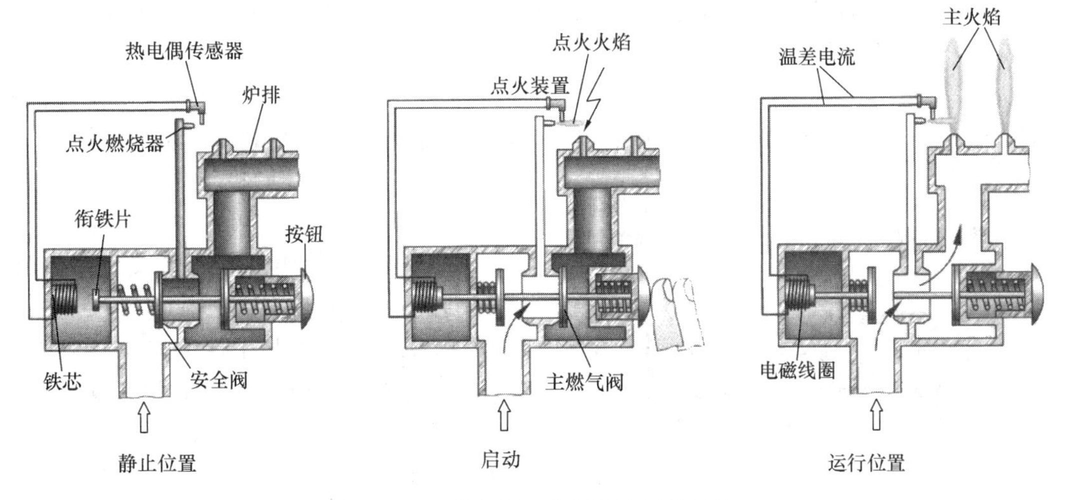

图 11-34　热电偶点火保险装置的运行

（2）热电偶的结构

热电偶点火保险装置由热电偶元件和带电磁铁的保险连锁开关组成。

热电偶元件是由两种不同的金属合金组成，例如铬-镍和铁-康铜，将它们的一端相互焊接起来。因为在运行时这个焊点被加热，称为热电偶热端。自由端与铁芯的线圈接线焊接起来。因为在运行时它们处于冷态，所以这个焊接位置被称为热电偶冷端(图 11-35)。

如果热电偶元件受热，约 10s 后有弱电流（温差电流）流过。在电路中的铁芯产生磁场，所以这个带铁芯的线圈被称为电磁铁部件。产生的磁场使电磁阀吸合，燃气阀开启，燃烧通路打开，维持其正常燃烧，一旦遇到大风或汤水等溢出，扑灭火焰，热电偶的热电势很快下降到零，线圈失电，电磁阀失效，在弹簧作用下复位，阀门关闭燃气通路，终止供气，保证安全。所以它是一个点火保险装置。其闭合时间最高可以约 30s。

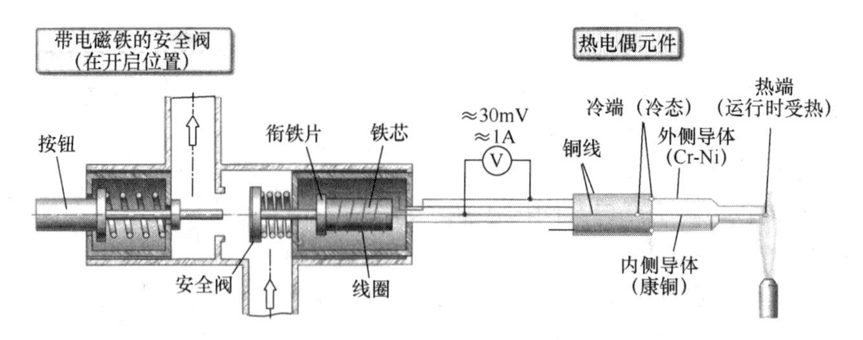

图 11-35　热电偶点火保险装置的热电偶元件和保险连锁开关

由于热电偶元件稳定地位于点火火焰内，它是一个易损元件，所以在每次保养时，最迟每 2 年更换一次。

（3）燃气安全阀的常见故障

1）在点火约 10s 后，燃气阀还没有打开。必须检查热电偶元件是否处于火焰尖端被充分加热。有时候是它蒙上烟炱，或者触头退火，或者因为螺丝松了而导致热电偶导线与电磁铁部件接触不好。

2）在点火火焰熄灭后，燃气安全阀不闭合，可能是安全阀被卡住了。

3. 离子火焰监测装置

大功率的燃气设备不允许火焰熄灭后有大量的未燃烧的燃气逸出，在这类燃烧设备里需要火焰在熄灭后很短时间内关闭燃气。离子火焰监测装置就可以迅速地关闭燃气的输入。

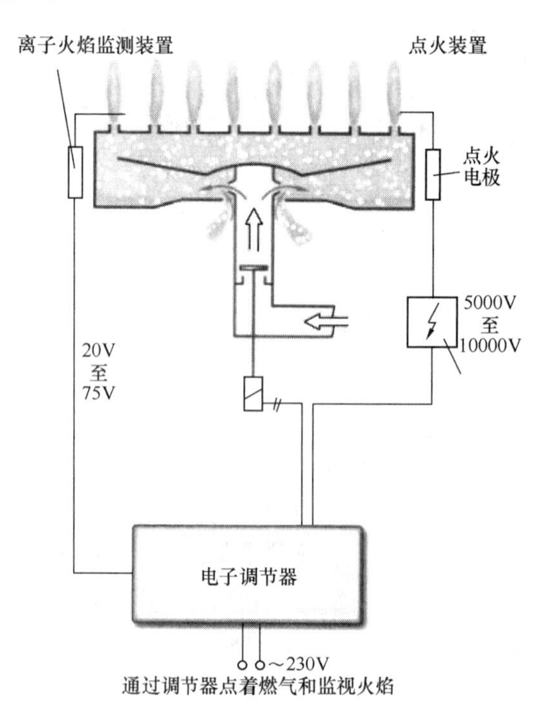

图 11-36　带外接电源的离子火焰监测装置与用于全自动启动的点火装置

（1）工作原理

燃气本身不导电，但是在受到热辐射、可见光辐射或紫外线辐射时，燃气发生电离而导电。电离就是中性的原子或分子失去一个或若干个电子，除了产生带负电荷的电子外，还产生了带正电荷的阳离子。在电场中，带正电荷的阳离子被负极吸引，带负电荷的阴离子与电子被正极吸引，形成了电流。

（2）离子火焰监测装置的结构（图 11-36）

1）两个电极：接地的燃烧器作为一个电极，一个棒形的离子监测电极作为另一个电极。

2）一个电子调节器（口语称为“控制器”）：当监测到有直流电流过时，就打开燃气阀；当没有电流或交流电流过时，就立即关闭燃气阀。

当燃气-空气混合物被点着后，在两个

电极之间连接的是交流电(≤20V)，因此两个电极一直在改变极性，在 50Hz 频率时，每秒变化 100 次。由于电子质量很小，无论是燃烧器作为正极还是棒形电极作为正极，电子都能越过这个间隙；而由于带压力燃气的吹气作用，质量相对大得多的、带正电荷的燃气阳离子总是流向棒形电极，即使它这时候是正极（图 11-37)。在这个时间点就不可能有电流流过。因此火焰就产生了只有几个微安（μA）的脉冲式直流电。人们把这称为火焰的整流器效应。

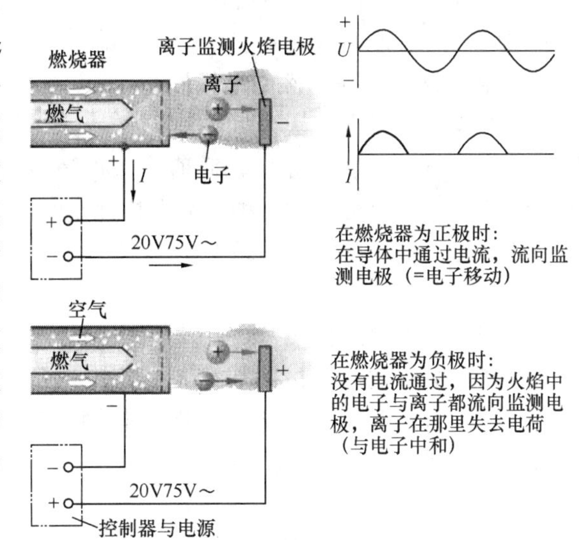

图 11-37 离子火焰监测装置工作原理示意图

(由于火焰的吹气效应，火焰起着整流器的作用)

火焰的这个征兆被调节器注意到。如果火焰熄灭，就没有直流电流过，燃气阀被立即关闭。这个火焰整流器效应对于安全性特别重要，当棒形电极和燃烧器接触时，流过的是交流电而不是直流电，对于调节器来说，这个迹象说明存在故障。

如果火焰熄灭，在 1s 内重新试验点火。如果没有火焰状态，燃气阀最迟 10s 后关闭，被视为故障。离子火焰监测装置不需要连续燃烧的点火火焰，因此节能。

4. 火焰监视器

火焰监视器类似于燃油燃烧器的光电管，是对可见光的反应。它不适于监控燃气火焰，因为燃气火焰的可见光太少，光电管反应慢，会有太多的未燃气体流出，所以不用于燃气设备。

11.5 燃气设备

11.5.1 燃气设备的分类

1. 燃气设备的分类

所有耗用燃气、放出热量的设备统称为燃气设备。根据燃气设备提供燃气的方式与烟气排放的方式，我国分为直排式、强排式与平衡式，欧洲分类也类似：

A 型燃气设备：燃烧使用的空气来自设备放置的房间，没有排放烟气的设备，烟气流入设备放置的房间，例如烹饪用的燃气设备。但是，现在的燃气灶正上方或后上方都设有排油烟机，起到一定的排烟作用。

B 型燃气设备：燃烧使用的空气来自设备放置的房间，但是有排放烟气的设备，通过烟管或烟囱将烟气排至室外，例如强排式燃气热水器，由风机通过烟道强制排出室外。

C 型燃气设备：燃烧使用的空气来自室外，不需要室内的空气，烟气通过机器内的风机通过烟道强制排出室外。例如平衡式热水器和燃气壁挂炉，空气通过同轴烟管的外管吸入，烟气通过同轴烟管的内管排出。

根据风机的位置，有的安装在燃烧器前，有的安装在烟道内，又有许多细分。

2. 包装与铭牌上强制性的燃气设备标识

（1）安全认证和质量认证标志：例如“CCC”是中国强制性产品认证（China Compulsory Certification）。它是中国政府为保护消费者人身安全和国家安全、加强产品质量管理、依照法律法规实施的一种产品合格评定制度。“CE”是欧洲安全合格认证标志而非质量合格标志，是产品安全的基本要求。

（2）产品标准编号。

（3）产品名称和产品型号。

（4）产品主要技术指标：如设备的额定热负荷（额定输入、输出功率），供气压力，电源类型、电压、电功率，能耗等级，排放物指标（自愿性的标识 NO_x 等）。

（5）包装外形尺寸、产品毛重、色别。

（6）生产厂家：名称、产地、国别等。

（7）燃气的类别：天然气、管道煤气等。

（8）制造年份等。

11.5.2 燃气烹饪设备（燃气灶具）

11.5.2.1 家用燃气烹饪设备

1. 分类

家用燃气烹饪设备是指用于做饭、做菜、烧热水、烘烤食物的“家用燃气灶”。

（1）按灶眼数：单眼灶、双眼灶、多眼灶（图 11-38a～c）。

（2）按功能：灶、烤箱灶、烘烤灶（图 11-38d）、烤箱、烘烤器、饭锅、气电两用灶（图 11-38e）。

（3）按结构：台式灶、嵌入式（灶面有玻璃和不锈钢材料两种）、落地式、组合式。

（4）按加热方式：直接式、半直接式、间接式。

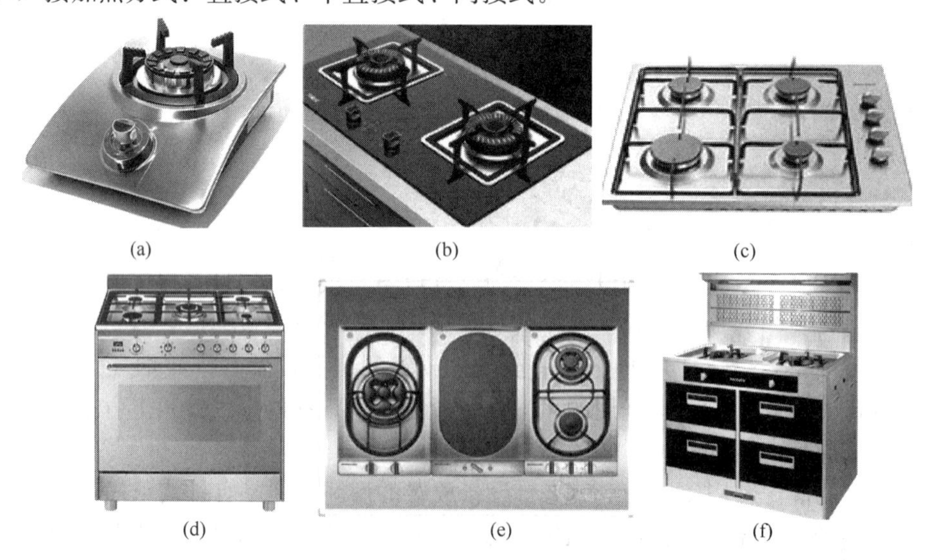

(a) (b) (c) (d) (e) (f)

图 11-38 不同形式的家用灶具

（a）单眼灶；（b）双眼灶；（c）四眼灶；（d）烤箱＋五眼灶；（e）气电两用灶；（f）集成灶

（5）按燃烧方式：大气式、红外式（表面燃烧器）等。

（6）集成灶（根据标准《集成灶》CJ/T 386—2012）：是一种将吸油烟机、燃气灶、消毒柜、储藏柜等多种功能集于一体的厨房电器。

11.5.2.2 商用燃气燃烧器具（《商用燃气燃烧器具》GB 35848—2018）

1. 热负荷要求

商用燃气燃烧器具以符合 GB/T 13611 规定的燃气为能源，燃烧用空气取自室内、燃烧产物直接或间接排向室外的燃具，包括：

（1）蒸汽发生器类燃具的额定热负荷≤80kW、蒸汽压力≤80kPa，且设计正常水位水容积<30L。

（2）蒸箱类燃具的额定热负荷≤80kW、蒸腔蒸汽压力≤500Pa。

（3）炸炉类燃具的额定热负荷≤50kW、腔体内压力≤80kPa。

（4）煮食炉类燃具的额定热负荷≤50kW。

（5）大锅灶类燃具的额定热负荷≤80kW、锅口有效直径≥600mm。

（6）矮汤炉等平头炉类燃具的额定热负荷≤10kW 的煲仔炉，额定热负荷≥50kW。

（7）常压固定式沸水器类燃具的额定热负荷≤100kW。

（8）饭锅类燃具的焖饭量≥6L。

（9）洗碗机类燃具的额定热负荷≤50kW。

（10）炒灶类燃具的额定热负荷≤60kW。

（11）烧烤炉类燃具的额定热负荷≤50kW。

（12）热板炉类燃具的额定热负荷≤35kW。

（13）烤箱类燃具的额定热负荷≤80kW。

2. 分类

（1）按使用气源分类：人工煤气燃具，代号 R，天然气燃具，代号 T，液化石油气燃具，代号 Y。

（2）按排烟方式分类：间接排烟式，代号 A（可省略），直接排烟式，代号 B。

（3）按燃烧方式分类：鼓风预混式燃具，鼓风扩散式燃具，大气式燃具。

（4）按烟气中水蒸气利用分类：冷凝式燃具和非冷凝式燃具。

（5）按使用功能分类：蒸汽发生器类 ZQ，蒸箱类 ZX，炸炉类 ZL，煮食炉类 ZS，大锅灶类 DG，平头炉类 PT，沸水器类 FS，饭锅类 FG，洗碗机类 XW，炒灶类 ZC，烧烤炉类 SK，热板炉类 RB，烤箱类 KX。

11.5.2.3 家用燃气灶具的效率

效率是考核燃气产品性能的重要指标，决定了产品的能效等级（表 11-8）。

效率的计算公式见扩展阅读资源包。

11.5.2.4 燃气灶的结构

燃气灶具通常由底板、面板、点火器、燃气阀、熄火保护装置（热电偶火焰监测电极）、炉头、炉（火）盖、锅（炉）架等组成。

燃气通常在燃气灶的燃烧器喷嘴处与一次空气混合，二次空气在燃烧器上与火焰相遇。一次空气孔在灶台外壳内，大约与操作旋钮同一高度（图 11-39a）。新式结构已经将燃烧器喷嘴和一次空气吸入口移至燃烧器内（图 11-39b）。由此，一次空气的调节就为多余，而且火焰不再受设备内的大气压波动影响（例如在快速开启烤箱门时产生的波动）。

不同燃气灶具的能效等级　　　　表 11-8

类型		热效率　η（%）			灶具能效标识
		1 级	2 级	3 级	
大气式	台式	66	62	58	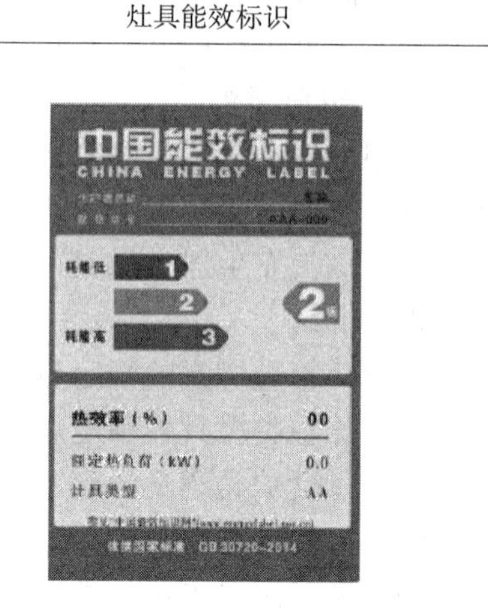
	嵌入式	63	59	55	
	集成灶	59	56	53	
红外式	台式	68	64	60	
	嵌入式	65	61	57	
	集成灶	61	58	55	

注：1. 多眼灶具的能效等级根据最低热效率值的能效等级确定。
2. 大气-红外复合型燃烧器按红外线灶的能效等级确定。

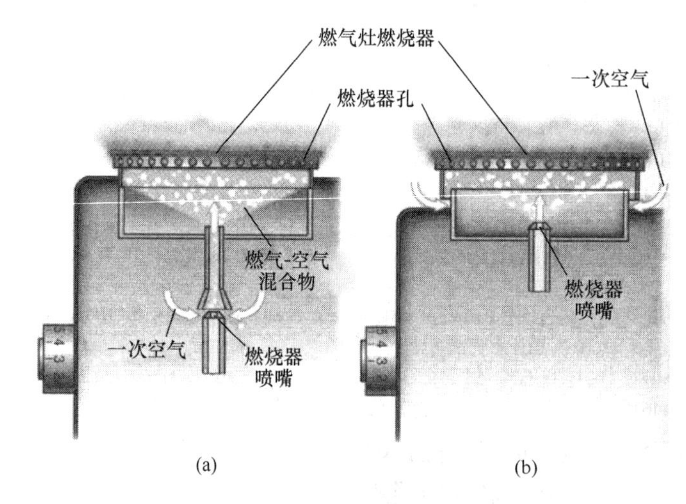

图 11-39　燃气灶的空气与燃气的混合
(a) 在燃气设备内；(b) 在工作台板上方

器具支管直至燃烧器旋塞的燃气安全阀都充满燃气，推压旋钮将燃气安全阀打开并通过一个微动开关打开电火花点火装置（在简单的燃气灶上使用的是压电点火装置）。旋转旋钮可以调节火焰的大小。在火焰产生的短时间后，旋钮还必须按着，直至热电偶点火保险装置产生温差电流，以便使燃气安全阀保持开启（图 11-40）。

在工厂时，燃气灶已经在额定燃气压力下调节好（石油液化气工作压力 50mbar，天然气工作压力 20mbar）。在与电网连接的燃气设备调节修正前或维修工作前，必须拔掉插头。

在拔出旋钮和取下旋塞挡板后，可以接近用于燃气灶全火、小火和一次空气的调节螺丝（图 11-41，零件 A）。烤箱温控阀的调节螺丝和烘烤燃烧器的小火调节螺丝也在那里。只有烘烤燃烧器的全火喷嘴和空气调节位于烤箱下方。

现在的燃气灶具燃烧器的附件经常配置用于大火和小火的组合式喷嘴（图 11-42）。在更换其他燃气类型时，必须根据生产厂家的说明。

当火焰产生强烈噪声（一次空气太多）和火焰显示黄色的尖部或灰暗（一次空气太少），就需要调节一次空气量。当一次空气吸入位置在设备罩板外面的灶具燃烧器（图 11-39b）时，不需要调节一次空气。

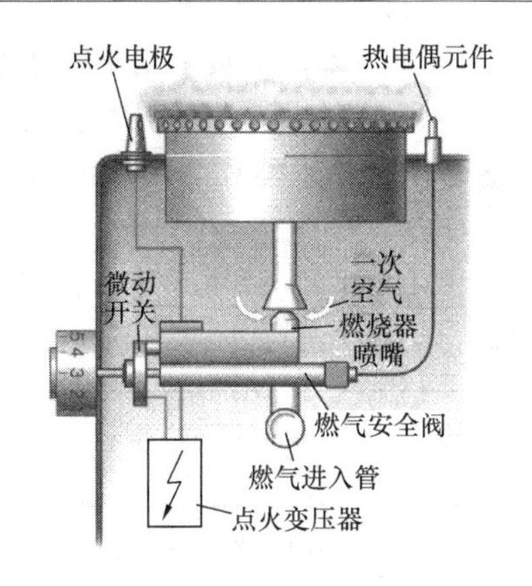

图 11-40 采用热电偶点火保险装置的燃气灶燃烧器

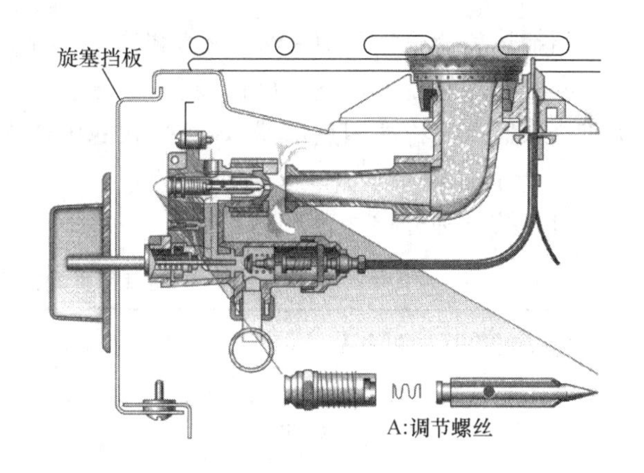

图 11-41 采用大火和小火独立喷嘴的燃气灶燃烧器

由于我国的烹饪方式繁多，有煎炒、油炸、蒸煮、煨、焐等，对火焰的要求也比较复杂，为了更加适合国人的烹饪需求，现在一些生产厂家出品了“三引三控三环火”的燃气灶，即采用三腔阀体，三条引射管炉头，三环火盖技术（分成三圈火焰：大火、中火和小火），最大火焰的功率为 5.2kW，最小火焰的功率只有 0.7kW。热效率可高达 50%～53%（图 11-43）。

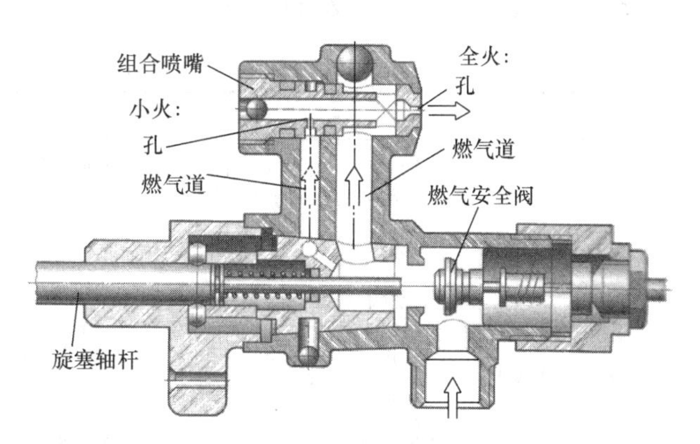

图 11-42 用于大火和小火的组合喷嘴的灶具燃烧器旋钮

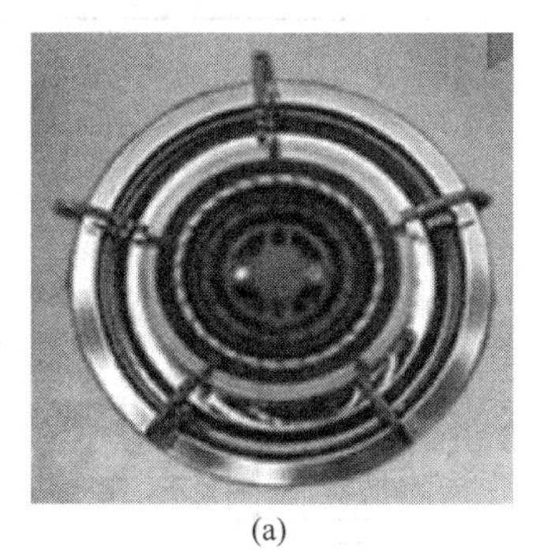

(a)

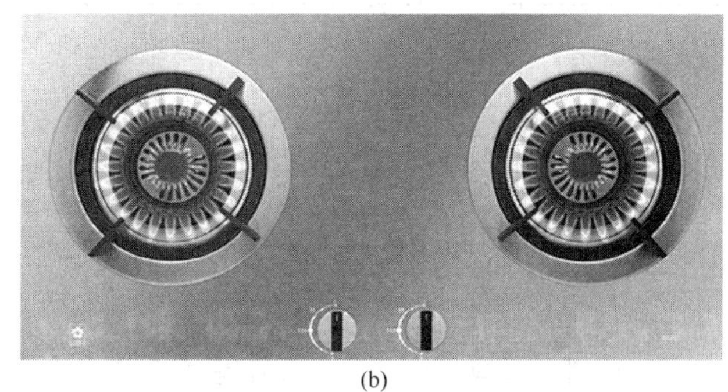

(b)

图 11-43 “三引三控三环火”燃气灶具

(a) 三环火灶具燃烧器；(b)“三引三控三环火”燃烧器燃烧状况

11.5.3 燃气快速热水器（《家用燃气快速热水器》GB 6932）

燃气快速热水器是用于生产生活热水和洗浴热水的即热式燃气设备。

1. 热负荷要求

额定热负荷不大于 70kW 的家用供热水燃气快速热水器（简称热水器）；

额定热负荷不大于70kW，最大供暖工作水压不大于0.3 MPa、供暖水温不大于95℃的室内型强制给排气、室外型供暖燃气快速热水器（简称供暖热水器）和家用两用型燃气快速热水器（简称两用热水器），冷凝式的供热水热水器、供暖热水器和两用热水器。

2. 产品分类

（1）按气种分类（表11-9）

按燃气种类的热水器分类　　表11-9

燃气种类	代号	额定燃气压力（Pa）	燃气种类	代号	额定燃气压力（Pa）
人工煤气	3R、4R、5R、6R、7R	1000	天然气	3T、4T、6T	1000
液化石油气	19Y、20Y、22Y	2800		10T、12T	2000

（2）按安装方式分类（表11-10）

按安装方式的热水器分类　　表11-10

名称		分类内容	简称	代号	示意图
室内型	自然排气式	燃烧时所需空气取自室内，通过排烟管在自然抽力下将烟气排至室外	烟道式	D	图11-44a
	强制排气式（冷凝式）	燃烧时所需空气取自室内，在风机作用下通过排烟管强制将烟气排至室外	强排式	Q	图11-44b1/b2
	自然给排气式	将给排气管接至室外，利用自然抽力进行室外空气供给和将烟气排至室外	平衡式	P	图11-44c1
	强制给排气式（冷凝式）	将给排气管接至室外，利用风机强制进行室外空气供给和将烟气排至室外	强制给排气式	G	图11-44c2
室外型（冷凝式）		只可以安装在室外的热水器	室外型	W	图11-44d

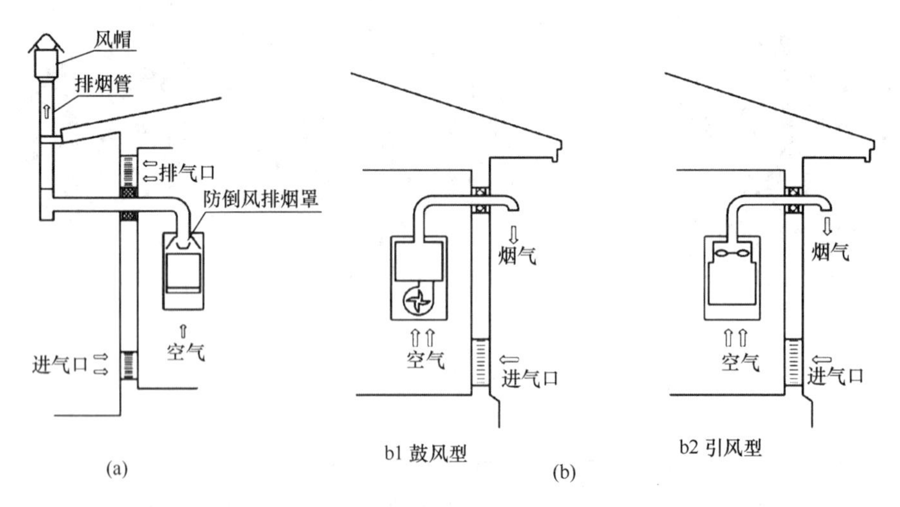

图11-44　按安装方式的燃气热水器分类示意图（一）

（a）室内型自然排气式；（b）室内型强制排气式

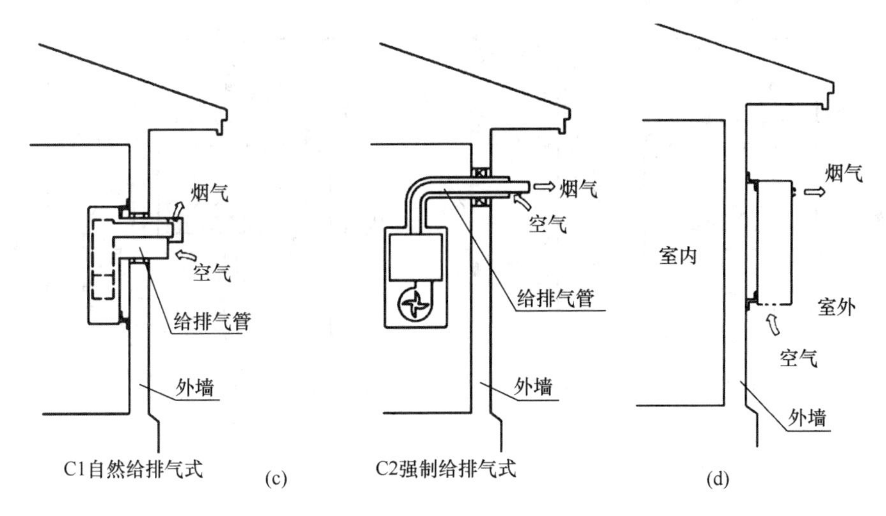

图 11-44 按安装方式的燃气热水器分类示意图（二）

（c）室内型自然给排气式、强制给排气式；（d）室外型

（3）按用途分类（表 11-11）

按用途的热水器分类 **表 11-11**

类别	使用用途	代号		示意图
		非冷凝式	冷凝式	
供热水型	仅用于供热水	JS	JSL	
供暖型	仅用于供暖	JN	JNL	图 11-45a、b
两用型	供热水和供暖两用	JL	JLL	图 11-45c、d

3. B 型燃气设备的放置

虽然 B 型燃气设备有排放烟气的设备，但是燃烧使用的空气来自设备放置的房间，特别是冬天，门窗紧闭，为了保障热水器燃烧所用空气的充分供给，对放置设备及关联房间的尺寸（容积）宜如下考虑。

（1）B 型燃气设备放置房间的大小：

1）放置房间既没有通向室外的门窗、与相邻房间相连的门上也没有相应的孔洞时：$V \geqslant 1m^3/1kW$（图 11-46a）。

2）放置房间没有通向室外的门窗，但与相邻房间的门上有 $1 \times 150cm^2$ 面积的孔，或者放置房间有通向室外的门窗时：$V < 1m^3/1kW$（图 11-46b、c）。

（2）与 B 型燃气设备放置相邻且与燃烧空气有关联的房间大小：$V \geqslant 4m^3/1kW$（图 11-47）。

4. 燃气热水器的基本结构与主要部件（图 11-48）

（1）燃烧器：是使燃料和空气预混合燃烧产生大量热量的装置。燃烧器含燃气分配管、文丘里管、点火电极、点火保险装置等。根据燃气与燃烧所需空气的预混合有部分预混合和完全预混合式。

（2）热交换器：用于热量交换的部件，高温的烟气流经换热器外表面，其翅片或水管吸收烟气的热量，传递给流经换热器管道内的水，使之升温。它有大气式、冷凝炉式等区分。

（3）风机：一般在普通热水器上使用，不需变速运行。有风机安装在集气罩上，使燃

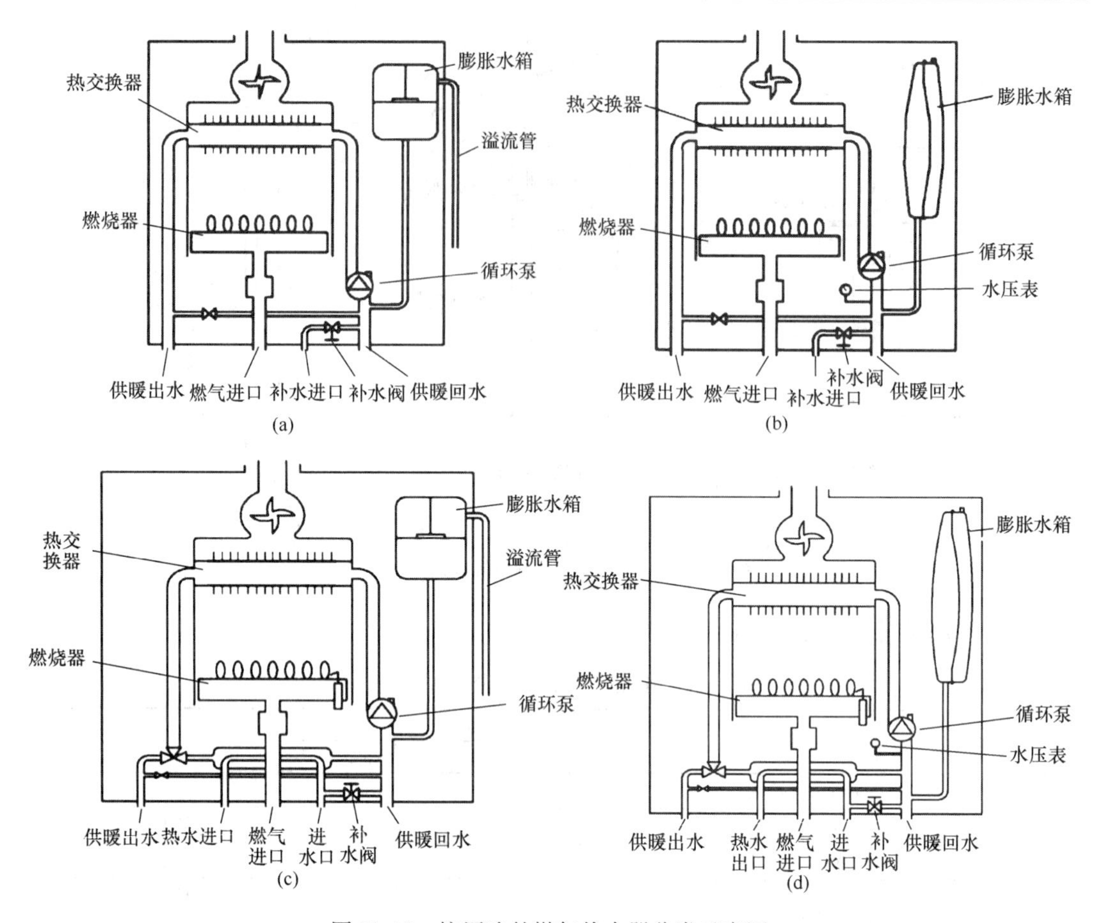

图 11-45　按用途的燃气热水器分类示意图

(a) 供暖型开放式；(b) 供暖型封闭式；(c) 两用型开放式；(d) 两用型封闭式

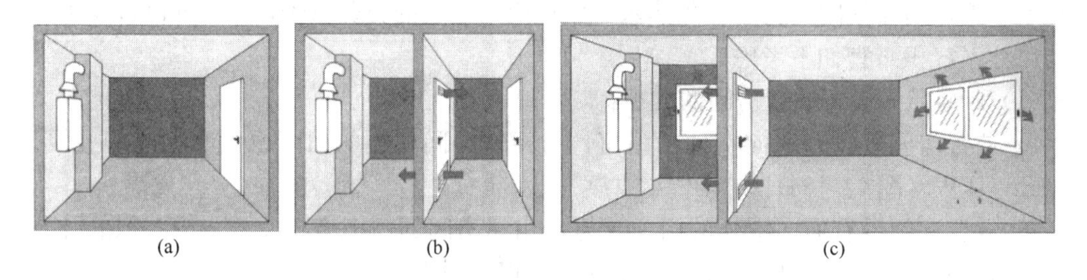

图 11-46　B 型燃气设备放置房间的尺寸要求

(a) $V \geqslant 1m^3/1kW$；(b) $V < 1m^3/1kW$；(c) $V < 1m^3/1kW$

烧室处于负压状态，将燃烧后产生的烟气通过风机抽到排烟管排出室外，也有风机安装在燃烧器下端，采取鼓风式燃烧，使燃烧室处于正压状态下，燃烧后产生的烟气在正压条件下，通过烟道排放。

(4) 主控板：是热水器的控制中心，控制着机器的正常运行，检测机器在运行过程中的各种状态，以及判断各个部件的运行状况，及时满足用户的使用要求和安全的保障。

(5) 燃气阀：通常有两种，常见的是只有通断作用的燃气阀。另一种是可以根据需求自动比例调节的阀。该阀由两个电磁阀、一个比例阀和阀体组成，作用是控制气路的开通

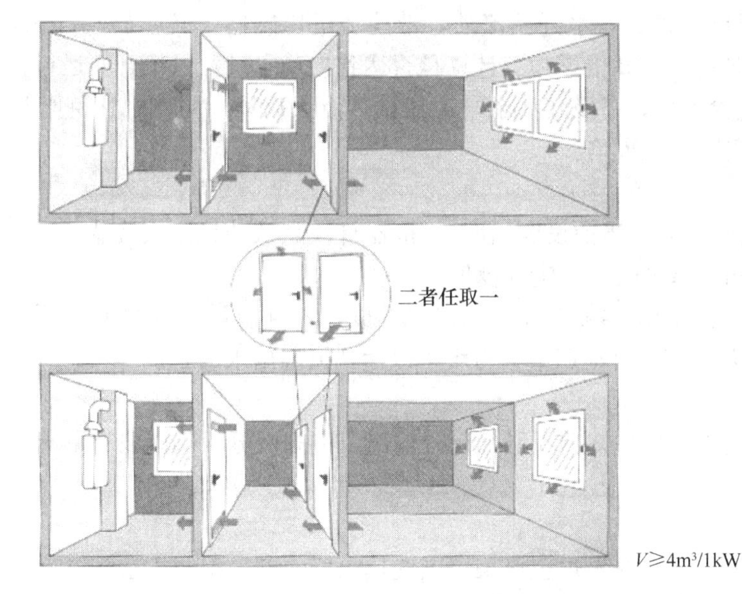

图 11-47 放置 B 型燃气设备的相邻房间的尺寸要求

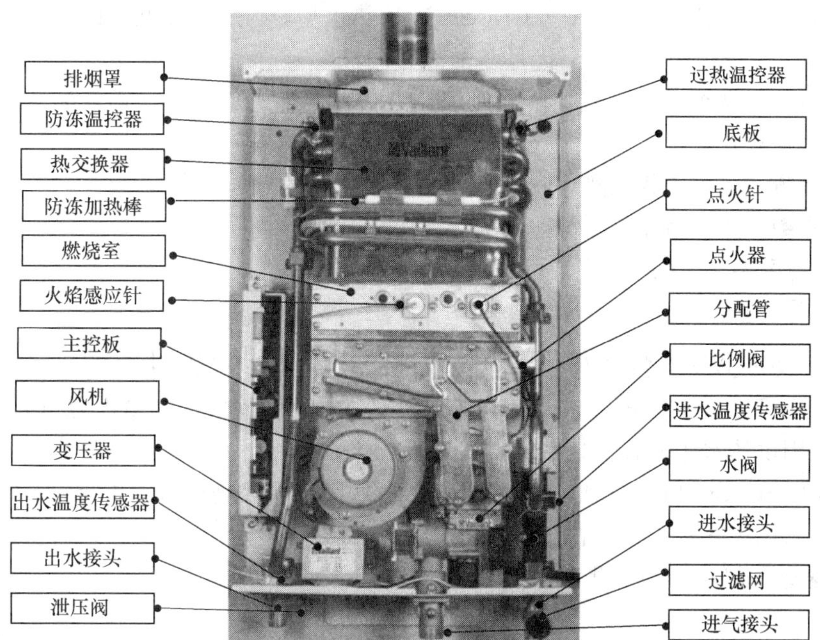

图 11-48 燃气热水器结构示意图（来自威能公司）

和关闭，起安全保护作用，通过主控板的控制，自动调节气量的大小，达到改变火焰的大小，从而实现升温、降温的目的。

5. 燃气热水器的工作原理

（1）启动

1）确认电源接通，进出水管路，燃气连接正常。

2）面板上按键 Power，按键一次开启机器，电源 LED 背光点亮显示 42℃（再按按键一次关闭机器）。

3）机器开启状态下打开热水龙头，水开始流动，带动水量传感器中转子转动起来，水量检知器输出相应频率的方波。PCB 根据频率计算是否达到启动水量，风机开始运行。

4）风机运行后，PCB 自检外部设备及传感器，高压脉冲点火启动，主阀、比例阀和分段阀打开，着火后火焰感应针检知火焰。

（2）出水温度调节

1）机器正常着火后，面板上显示当前设定温度，（机器首次默认的设定温度为 42℃）如要改变设定温度可按上升和下降键改变设定温度值。

2）火力切换：当水量变化及设定温度变化，当出水温度达不到所设定的温度值的时候，PCB 自动计算，进行火力切换，自动调整火力大小以达到恒温出水的目的。

（3）熄火

关闭热水龙头，水流停止，水量检知器无脉冲信号输出，主阀及分段阀以及比例阀关闭，机器自动熄火。

6. 产品型号编制方式

（1）型号的意义：在我国，燃气热水炉也可采用燃气热水器的型号编制方法。

1）代号：JS、JN、JL（J—家用，S—生活热水型，N—供暖型，L—两用型）；LJS、LJN、LJL（L—冷凝式，后两个代号与前面相同）。

2）安装位置及给排气方式：D（烟道式）、Q（强排式）、P（平衡式）、G（强制给排气式）、W（户外式）。

3）循环方式：K（供暖型开放式），B（供暖型密闭式）。

4）主参数：采用额定热输入（kW）。

5）特征序号：由生产企业自行编制。

（2）代号的排列顺序

代号　安装位置及排气方式　循环方式　主参数——特征序号

例如：JS G 40—AIRFIT 003 表示 AIRFIT 公司第 3 款额定热输入为 40kW 的强制给排气式、家用供热水用燃气快速热水器。

LJS G 60—AIRFIT 005 表示 AIRFIT 企业第 5 款额定热输入为 60kW 的冷凝、强制给排气式、家用供热水用燃气快速热水器。

7. 快速燃气热水器的一些参数（表 11-12）

快速燃气热水器的部分参数　　表 11-12

名　称	参　数				
最小热输入功率—最大热输入功率（kW）	5.9～11.8	7.7～19.2	7.7～19.2	9.8～22.4	9.8～22.4
最小热输出功率—最大热输出功率（kW）	5.2	9.3	9.3	12.2	12.2
“热水”体积流量（L/min）	额定 3	2.2～5.5	2.2～5.5	2.8～7.0	2.8～7.0
“温水”体积流量（L/min）	6	4～11	4～11	5.9～14	5.9～14
冷水最大压力（MPa）	1.3	1.3	1.3	1.3	1.3
冷水最小压力（hPa）	15	15	40	17	40
最大热输入功率时的烟气温度（℃）	150	160	160	165	165
最小热输入功率时的烟气温度（℃）	100	110	110	110	110

续表

名称	参数				
G2.0燃气表时的天然气最大体积流量（m^3/h）	1.25	2.3	2.3	3.0	3.0
设备前的燃气连接压力（hPa）	20	20	20	20	20
燃烧器喷嘴（mm）	1.04	1.18	1.18	1.3	1.3
最大热输入功率时的燃烧器压力（hPa）	17.3	10.9	10.9	8.8	8.8
G2.5燃气表时的液化气最大体积流量（m^3/h）	1.45	2.7	2.7	3.5	3.5
设备前的燃气连接压力（hPa）	20	20	20	20	20
燃烧器喷嘴（mm）	1.18	1.35	1.35	1.5	1.5
最大热输入功率时的燃烧器压力（hPa）	15.3	9.2	9.2	7.1	7.1
烟管直径ϕ（mm）	90	110		130	
最小热水温度—最大热水温度（℃）	25—50	根据热水器的类型与厂家产品			

11.5.4 燃气热水炉

燃气供暖热水炉有非冷凝式执行标准《燃气采暖热水炉》GB 25034与冷凝式执行标准《冷凝式燃气暖浴两用炉》CJ/T 395，适用于额定热输入小于100kW，最大采暖工作水压不大于0.6MPa，工作时水温不大于95℃，采用大气式燃烧器、风机辅助式燃烧器、全预混燃烧器的采暖热水两用的器具，也适用于单采暖器具。

1. 产品分类和代号

（1）按气种分类（表11-13）

按气种的燃气热水炉分类 **表11-13**

燃气种类	人工煤气	天然气		液化石油气
代号	3R、4R、5R、6R、7R	3T、4T、6T	10T、12T	19Y、20Y、22Y
额定燃气压力（Pa）	1000	1000	2000	2800

（2）按用途分类（表11-14）

按用途的燃气热水炉分类 **表11-14**

类别	使用用途	非冷凝（GB 25034）代号	冷凝式（CJ/T 395）代号
供暖型	仅用于供暖	N	LN
两用型	供暖和热水两用	L	LL

（3）按排气方式分类（表11-15）

按给排气方式的燃气热水炉分类 **表11-15**

类型	自然给排气Z	强制给排气		说明
		强制排气P	强制给气G	
1型	1Z	1P	1G	器具通过给排气管与水平安装在墙上或屋顶的终端连接。给排气管可以是同轴管，也可以是分离的双管

续表

类型	自然给排气 Z	强制给排气		说明
		强制排气 P	强制给气 G	
2 型	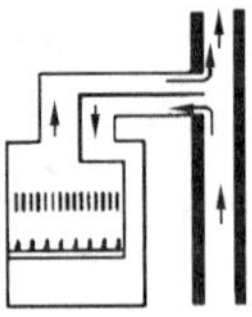 2Z	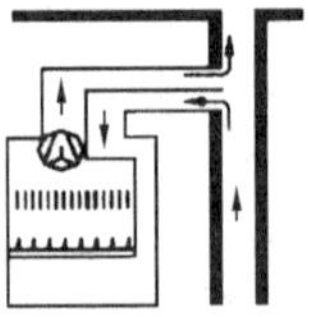 2P	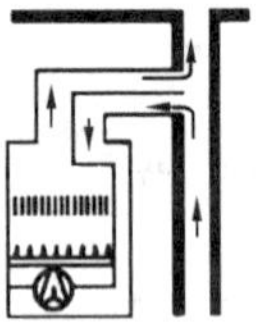 2G	器具通过给排气管与公用烟道相连接。公用烟道既是提供燃烧所需空气，也是排放燃烧产物的通道
3 型	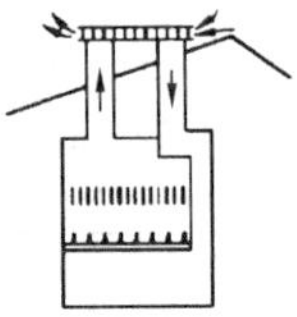 3Z	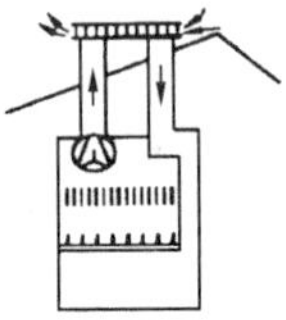 3P	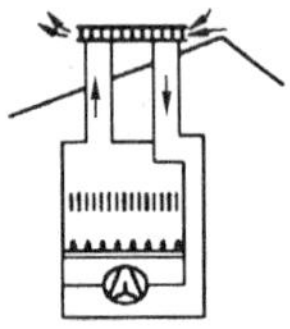 3G	器具通过给排气管与垂直安装的终端相连接。给排气管可以是同轴管，也可以是分离的双管
4 型	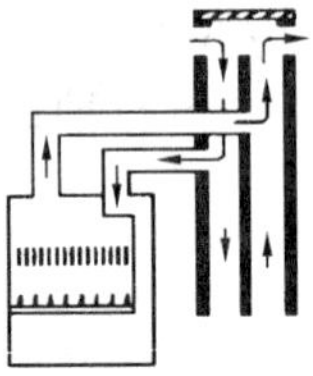 4Z	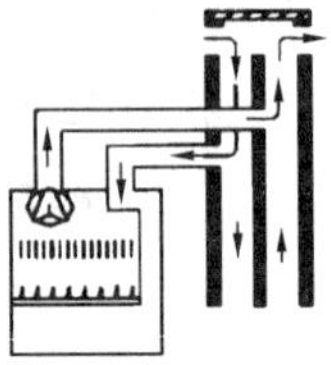 4P	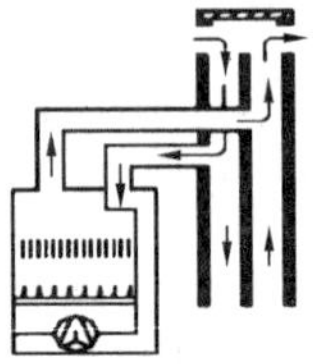 4G	器具通过给排气管分别进入公用烟道的给、排气管。给气管提供燃烧所需空气，排气管排放燃烧产物
5 型	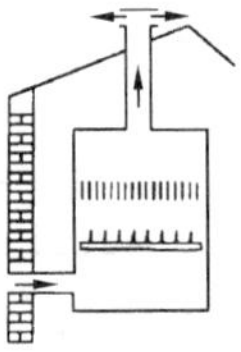 5Z	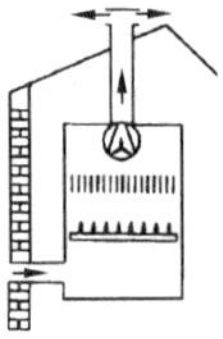 5P	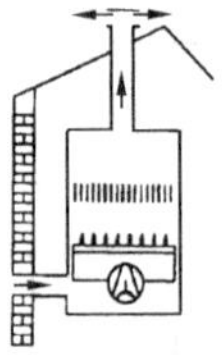 5G	器具通过独立的给排气管与其处于不同压力区域的终端相连接
6 型	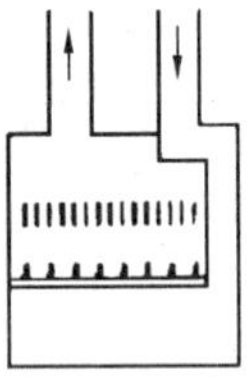 6Z	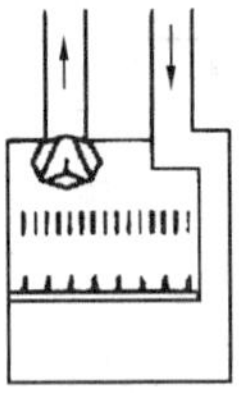 6P	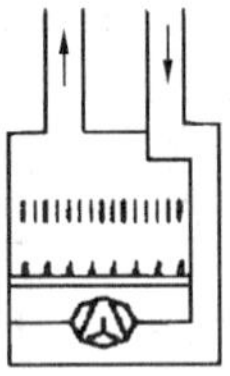 6G	器具与经认证的第三方提供的给排气系统相连接
7 型	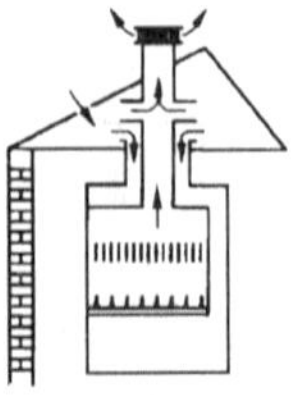 7Z	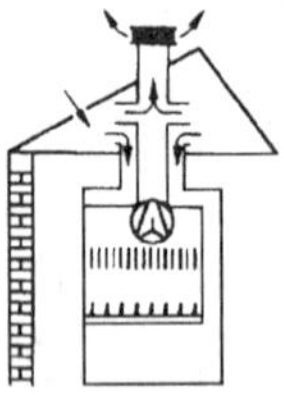 7P	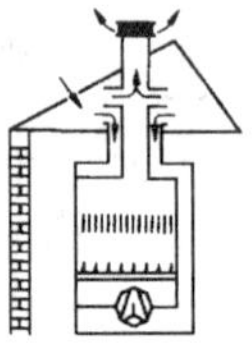 7G	器具通过垂直给排气管和位于屋顶空间的换向器，与次级烟道相连接，燃烧所需空气取自屋顶空间

续表

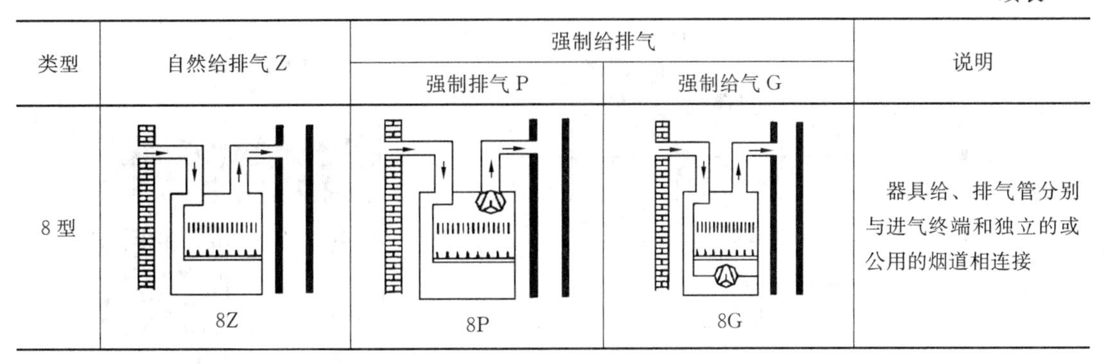

类型	自然给排气 Z	强制给排气		说明
		强制排气 P	强制给气 G	
8 型	8Z	8P	8G	器具给、排气管分别与进气终端和独立的或公用的烟道相连接

(4) 按供暖系统结构分类(表 11-16)

按供暖系统结构的燃气热水炉分类　　表 11-16

循环方式	分类	代号
封闭式	器具供暖系统未设置永久性通往大气的孔	B
敞开式	器具供暖系统设有永久性通往大气的孔	K

(5) 按照燃烧方式分类(表 11-17)

按燃烧方式的燃气热水炉分类　　表 11-17

燃烧方式	结构说明	代号
全预混燃烧	采用全预混式燃烧系统	Q
大气式燃烧	采用大气式燃烧系统	D

2. 产品型号的编制方式

(1) 适用于《燃气采暖热水炉》GB 25034 的产品型号编制方式

1) 用途代号:N、L;

2) 给排气安装方式:Z、P、G;

3) 供暖系统结构代号:B、K;

4) 燃烧方式:Q、D;

5) 主参数:采用额定热输入(kW);

特征序号:由生产企业自行编制。

(2) 代号的排列顺序

用途代号 给排气安装方式 采暖系统结构代号 主参数——特征序号

如:L　1P　B　26　AIRFIT24M

(3) 适用于《冷凝式燃气暖浴两用炉》CJ/T 395 型号编制方式

用途代号 给排气安装方式 采暖系统结构代号 燃烧方式 主参数——特征序号

如:LL　1G　B　Q　34　AIRFIT36C

3. 产品的重要技术参数

(1) 能效等级

产品执行《家用燃气快速热水器和燃气采暖热水炉能效限定值及能效等级》GB 20665(表 11-18)。现在,国内外生产的壁挂炉基本上都能达到 2 级或者 1 级能效。

热水器和采暖炉能效等级 **表 11-18**

类型			热效率 η（%）			采暖炉能效标识
			能效等级			
			1 级	2 级	3 级	
热水器		η_1^1	98	89	86	
		η_2^1	94	85	82	
采暖炉	热水	η_1^1	96	89	86	
		η_2^1	92	85	82	
	采暖	η_1^2	99	89	86	
		η_2^2	95	85	82	

注：1. 热水器能效实测与供暖炉热水能效实测时，分别按 100% 和 50%热负荷测定 η_1、η_2；当两个能效都达到某级别时才算合格。
2. 供暖炉能效实测时，分别按 100%和 30%热负荷测定 η_1、η_2；当两个能效都达到某级别时才算合格。

例如某热水器产品实测效率 $\eta_1=98\%$，$\eta_2=94\%$，η_1 和 η_2 同时满足 1 级要求，判为 1 级产品，某热水器产品实测效率 $\eta_1=88\%$，$\eta_2=81\%$，虽然 η_1 满足 3 级要求，但 η_2 不满足 3 级能效要求，故该热水器判为不合格产品。

例如某供暖炉产品热水实测效率 $\eta_1=98\%$，$\eta_2=94\%$，满足热水 1 级要求，供暖状态实测 $\eta_1=100\%$，$\eta_2=82\%$，供暖状态为 3 级产品，故该热水炉判为 3 级产品。

（2）热效率等相关计算（见扩展阅读资源包）。

（3）NO_x 排放等级（表 11-19）。

NO_x 排放等级指标 **表 11-19**

NO_x 排放等级	1	2	3	4	5
NO_x 浓度上限（mg/kWh）	260	200	150	100	70

4. 产品基本结构、部件和功能

（1）供暖炉基本结构

1）板换机 M（Monothermic）基本结构（图 11-49）。

2）组合式双管路换热器机型—B（Bithermic）结构—套管机基本结构（图 11-50）。

3）单采暖炉（系统炉）机型—S（Storage Cylinder）结构（图 11-51）。

4）冷凝炉—C（Condensing）基本结构（图 11-52）。

（2）主要基本部件与功能

1）燃烧器（图 11-53a、b）：有大气式和全预混式区分，是燃气燃烧、由化学能转变成热能的部件。大气燃烧方式的火焰在燃烧器上方，全预混表面燃烧器的火焰在燃烧器四周呈 360°。

2）主换热器（图 11-53c～e）：板换机炉、套管机炉与冷凝炉的主换热器结构有所不同，但是功能均相同，都是用高温烟气对系统水进行加温。系统中流动的水吸收热量后水温升高，然后送往散热器系统、地暖系统或二次换热器（板换器）散发热量，同时降低温度。

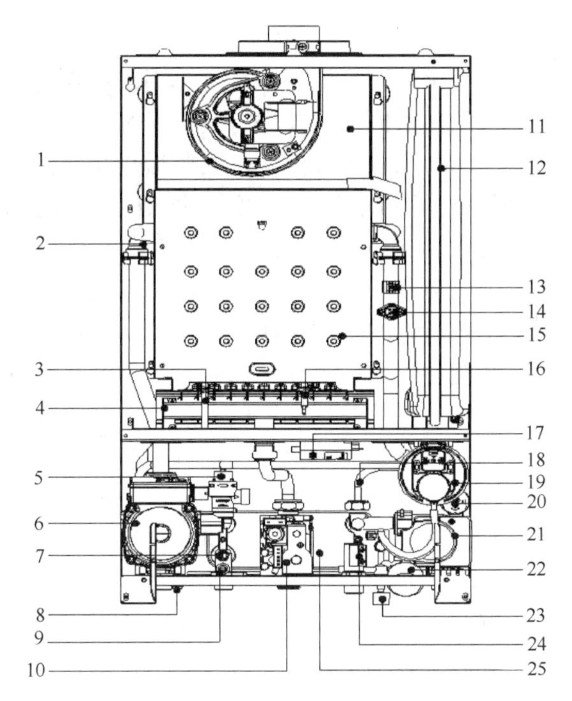

图 11-49 板换机结构示意图

1—风机；2—主换热器；3—点火针；4—燃烧器；5—泄压阀；6—水泵；7—生活热水传感器；8—系统排水阀；9—生活热水限流器；10—燃气阀；11—集气罩；12—膨胀水箱；13—供暖遥控器；14—极限温控器；15—燃烧室；16—火焰监测感应针；17—高压发生器；18—旁通；19—风压开关；20—水压开关；21—三通驱动阀；22—水压计；23—补水阀；24—水流开关；25—二次热板换器

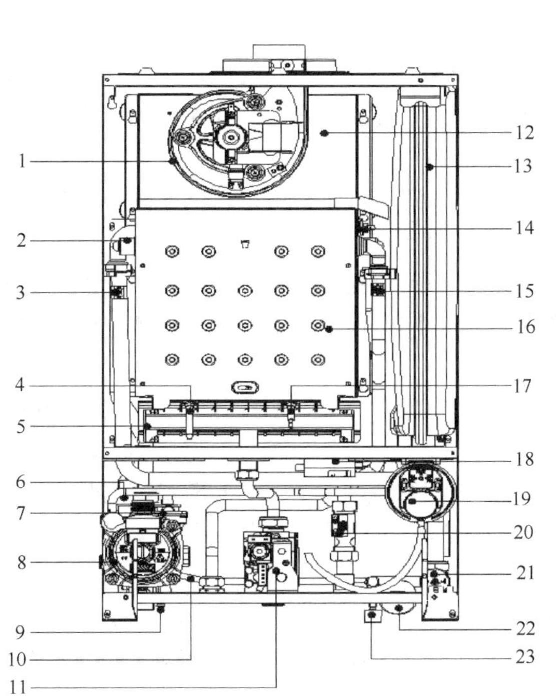

图 11-50 组合式双管路换热器机型结构—套管机基本结构

1—风机；2—主换热器；3—供暖温控器；4—点火针；5—燃烧器；6—泄压阀；7—排气阀；8—水泵；9—系统排水阀；10—旁通；11—燃气阀；12—集气罩；13—膨胀水箱；14—极限温控器；15—生活水温控器；16—燃烧室；17—火焰监测感应针；18—高压发生器；19—风压开关；20—水流开关；21—水压开关；22—水压计；23—补水阀

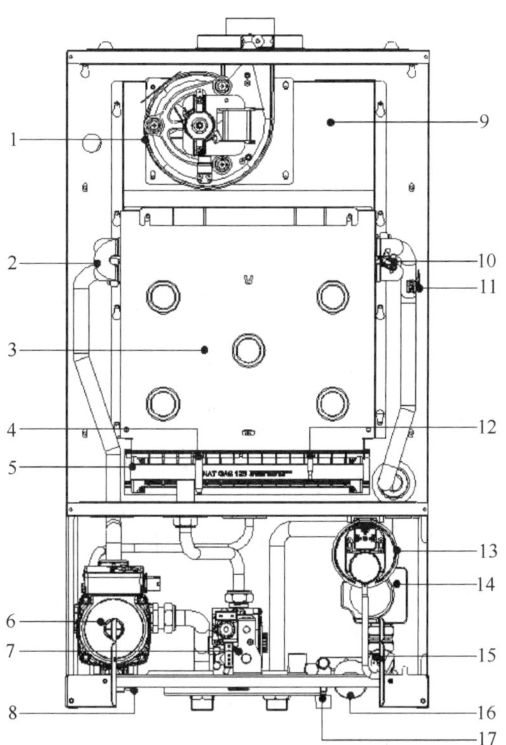

图 11-51 系统炉单采暖炉结构示意图

1—风机；2—主换热器；3—燃烧室；4—点火针；5—燃烧器；6—水泵；7—燃气阀；8—放水阀；9—集气罩；10—极限温控器；11—供暖温控器；12—火焰监测感应针；13—风压开关；14—三通阀；15—水压开关；16—水压表；17—补水阀

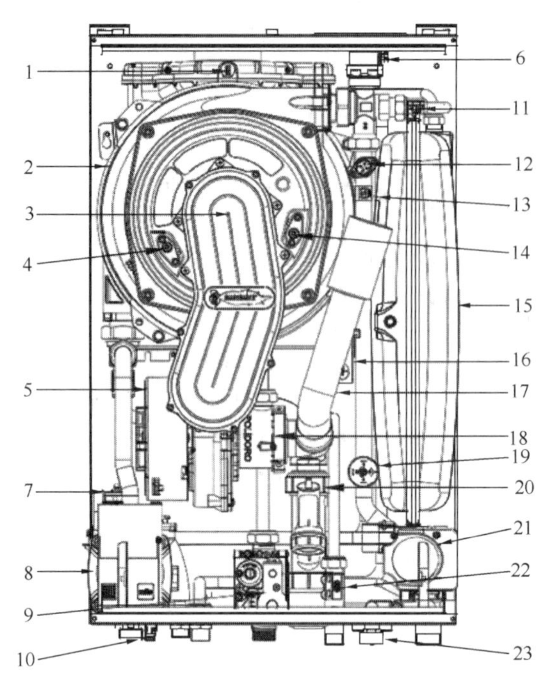

图 11-52　冷凝炉结构示意图（来自雅克菲公司）

1—烟气温度传感器；2—换热器；3—燃烧器；4—感应针；5—风机；6—排气阀；7—泄压阀；8—水泵；9—气阀；10—放水阀；11—生活水分路；12—极限温控阀；13—采暖温控阀；14—点火针；15—膨胀水箱；16—高压发生器；17—空气进气管；18—文丘里；19—水压开关；20—冷凝管；21—三通阀；22—水流开关；23—补水阀

3）二次换热器（板换器，图 11-53f）：适用于板换机炉型，主要是用来吸收一次侧的热水的热量，进行换热，对二次侧的生活冷水进行加温，达到生活热水使用的要求。不同功率的板换器具有不同的尺寸。

4）燃气阀（图 11-53g）：实际上是一个阀组，它使用了两个电磁阀，由比例阀和阀体组成。其作用有两个，一个是控制燃气气路的开通和关闭，起到安全保护作用；一个是通过主控板的调节与控制，自动调节燃气量的大小，达到改变火焰的大小，从而实现升温、降温的目的。

5）水泵（图 11-53h）：使供暖水强制循环的动力装置。在套管机上，生产生活水时水泵不工作。在板换机上，生产生活水时水泵仍然工作。

6）三通电动阀（图 11-53i）：根据生活热水和供暖不同的使用要求，改变一次侧水路的水流方向。在生活水需求时，被加热的水流向板换器的一次侧，当不需要生活热水而要满足采暖需求时，流向板换器的水路被关闭，被加热的水流向供暖回路。

7）风机（图 11-53j、k）：将燃烧的空气吸入或送入燃烧室内，继而把燃烧后产生的烟气排到室外。风机除了要满足燃烧所需的风量外，同时还要具有一定的压头，以克服排烟系统的阻力。

在普通燃气供暖炉上使用的是定速风机，安装在集气罩上，使燃烧室处于负压状态，将燃烧后产生的烟气通过排烟管排出室外。

在全预混的冷凝炉上使用的是变速风机（有交流和直流式），根据燃烧的需要可以变速运行，将以一定比例完全预混合的燃气和空气，送入燃烧室内燃烧，使燃烧室处于正压状态，烟气通过烟道排出。

8）烟管（图 11-53l）：燃气炉一般采用平衡式烟管（即同轴烟管），烟气从内管排出，燃烧所需的空气从外管吸入，同时，烟气与吸入的空气在烟管中进行热交换，可降低烟气温度，提高燃烧所需空气的温度。

对于非冷凝式的燃气炉，由于排出的烟气温度较高（约 120℃），通常采用金属材料制作的冷凝式的排气烟管，由于考虑到冷凝水的腐蚀性作用和冷凝炉排出烟气的温度较低（约 40℃），通常采用 PP 或其他塑料材料制的烟管。注意，两者的烟管不能替换。

9）膨胀水箱（图 11-53m）：具有缓冲系统压力波动、消除水锤起到稳压卸荷的作用，在系统内水压轻微变化时，膨胀水箱气囊的自动膨胀收缩有一定缓冲作用，能保证系统的水压稳定。有的厂家生产的燃气炉需要单独另配膨胀水箱。

10）电子调节控制板 PCB（图 11-53n）：是燃气炉的调节控制中心，根据各种用途的传感器检测到机器在运行过程中的各种状态来判断各个部件的运行状况，为满足用户的使用要求和安全的保障，及时调节和控制机器的正常运行。

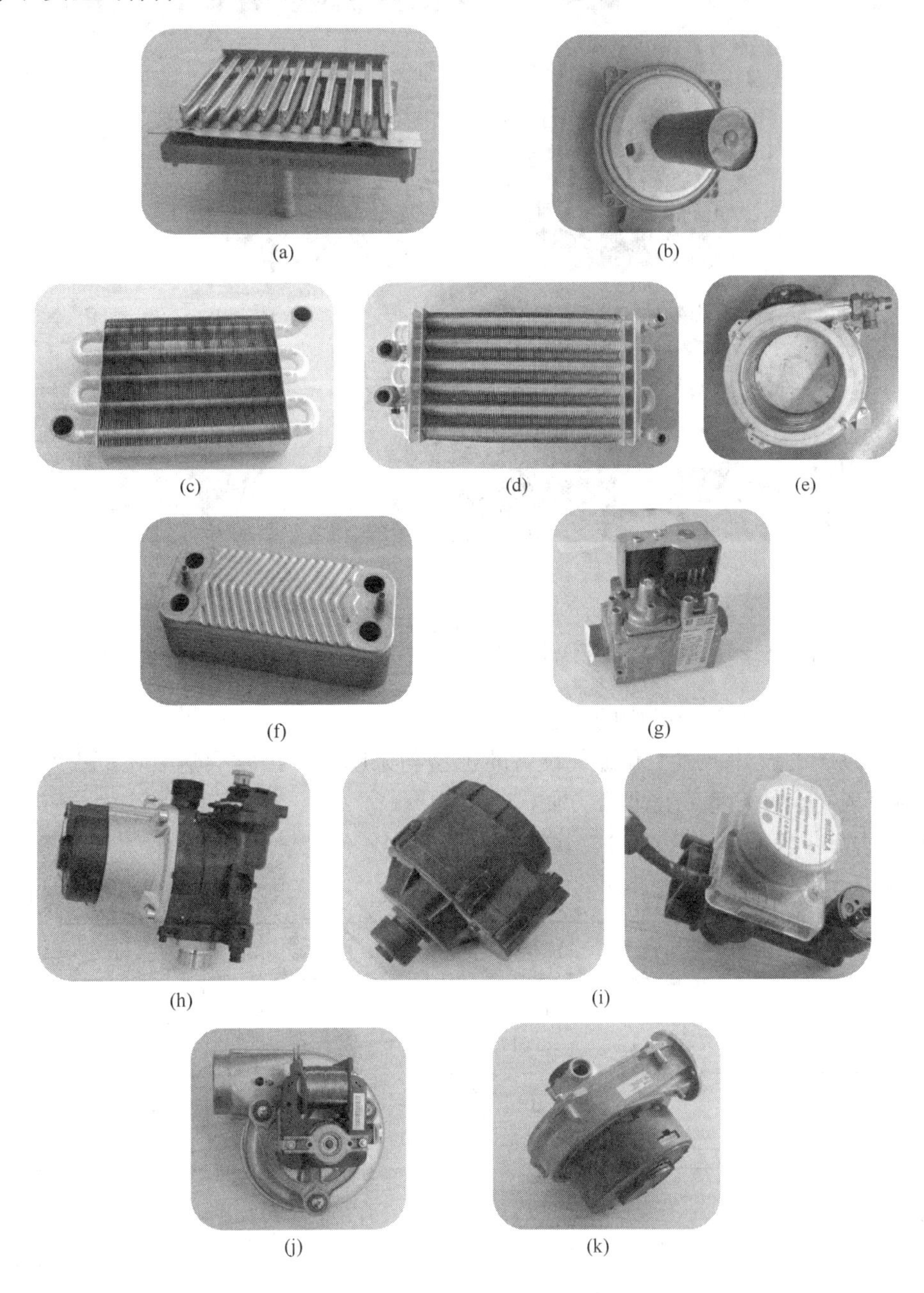

图 11-53　燃气壁挂炉的主要部件（一）

（a）大气式部分预混燃烧器；（b）全预混式表面燃烧器；（c）板换机炉主换热器；（d）套管机炉主换热器；（e）冷凝炉主换热器；（f）板换器；（g）燃气阀；（h）水泵；（i）三通电动阀；（j）非变频风机；（k）变频风机

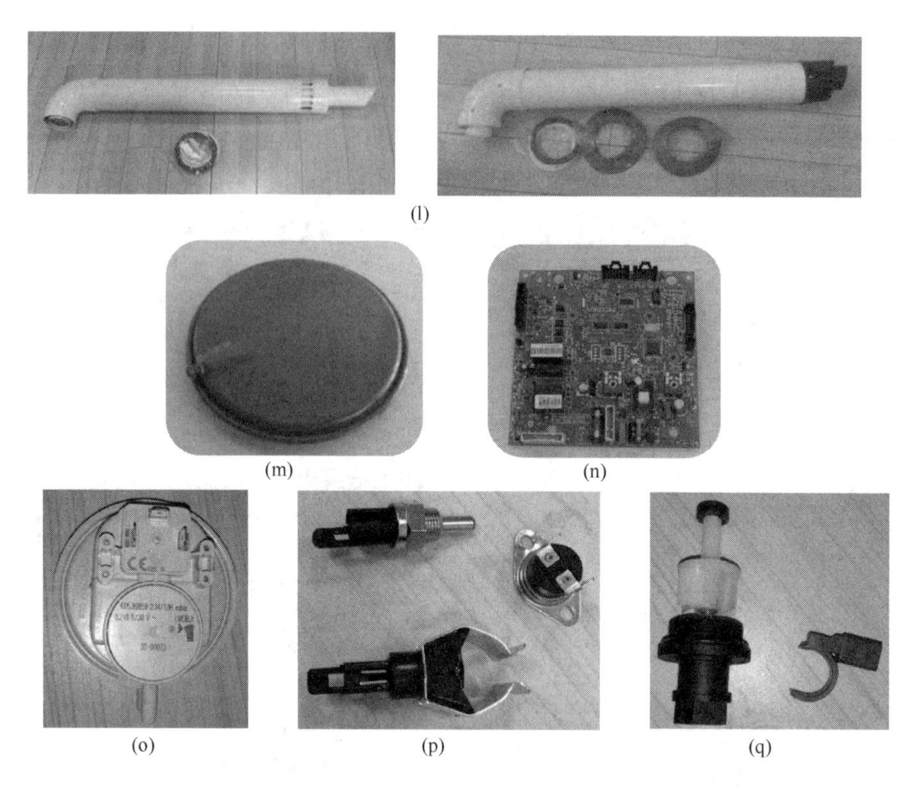

图 11-53　燃气壁挂炉的主要部件（二）

（l）烟管；（m）膨胀水箱；（n）电子调节控制板；（o）风压开关；（p）温度传感器；（q）水流传感器

（3）燃气系统与燃气设备中的单位换算

在燃气系统的设计、施工和燃气设备的选型与采购时，经常会遇到不同单位的换算，若使用换算表将会使计算变得非常方便。

1）压力单位换算（表 11-20）

压力单位的核算表　　**表 11-20**

压力	$N/m^2=Pa$	bar	mbar=hPa	mmWS	$kp/cm^2=at$	Torr	atm
$1N/m^2$ =1Pa=	1	10^{-5} 0.00001	10^{-2} 0.01	0.102	1.02×10^{-5} 0.0000102	7.5×10^{-3} 0.0075	9.87×10^{-5} 0.00000987
1bar=	10^5 100000	1	10^3 1000	1.02×10^4 10200	1.020	7.5×10^2 750	0.987
1mbar= 1hPa=	10^2 100	10^{-3} 0.001	1	10.20	1.02×10^{-3} 0.00102	0.750	9.87×10^{-4} 0.000987
1mmWS=	9.81	9.81×10^{-5} 0.0000981	9.81×10^{-2} 0.0981	1	10^{-4} 0.0001	7.355×10^{-2} 0.07355	9.68×10^{-5} 0.0000968
$1kp/cm^2$ =1at=	9.81×10^4 98100	0.981	9.81×10^2 981	10^4 10000	1	7.355×10^2 735.5	0.968

续表

压力	$N/m^2=Pa$	bar	mbar=hPa	mmWS	$kp/cm^2=at$	Torr	atm
1Torr=	1.333×10^{2} 133.3	1.333×10^{-3} 0.001333	1.333	13.6	1.36×10^{-3} 0.00136	1	1.32×10^{-3} 0.00132
1atm=	1.013×10^{5} 101300	1.013	1.013×10^{3} 1013	1.033×10^{4} 10330	1.033	7.6×10^{2} 760	1

注：近似计算时，1mbar≈10mm WS的精度足够了。

2）热量单位的换算（表11-21）

热量单位的换算 **表11-21**

热量	kWh	MJ	J=Ws	cal	kcal	Mcal
1kWh=	1	3.6	3.6×10^{6} 3600000	8.6×10^{5} 860000	8.6×10^{2} 860	0.860
1MJ=	0.2778	1	10^{6} 1000000	2.388×10^{5} 238800	2.388×10^{2} 238.8	0.2388
1J =1Ws=	2.778×10^{-7} 0.0000002778	10^{-6} 0.000001	1	0.2388	2.388×10^{-4} 0.0002388	2.388×10^{-7} 0.0000002388
1cal=	1.163×10^{-6} 0.000001163	4.1868×10^{-3} 0.0041868	4.1868	1	10^{-3} 0.001	10^{-6} 0.000001
1kcal=	1.163×10^{-3} 0.001163	4.1868×10^{-6} 0.0000041868	4.1868×10^{3} 4186.8	10^{3} 1000	1	10^{-3} 0.001
1Mcal=	1.163	4.1868	4.1868×10^{6} 4186800	10^{6} 1000000	10^{3} 1000	1

注：热量的单位就是功、能的单位。

3）热功率单位的换算（表11-22）

热功率单位的核算表 **表11-22**

热功率	kW	J/s=W	MJ/h	kcal/min	kcal/h
1kW=	1	10^{3} 1000	3.6	14.33	8.6×10^{2} 860
1J/s =1W=	10^{-3} 0.001	1	3.6×10^{-3} 0.0036	1.433×10^{-2} 0.01433	0.860
1MJ/h=	0.2778	2.778×10^{2} 277.8	1	3.98	2.388×10^{2} 238.8
1kcal/min=	6.9768×10^{-2} 0.069768	69.768	0.2512	1	60
1kcal/h=	1.163×10^{-3} 0.001163	1.163	4.1868×10^{-3} 0.0041868	1.667×10^{-2} 0.01667	1

注：热功率的单位与热流单位相同。

5. 工作原理

（1）供暖工作（图 11-54）

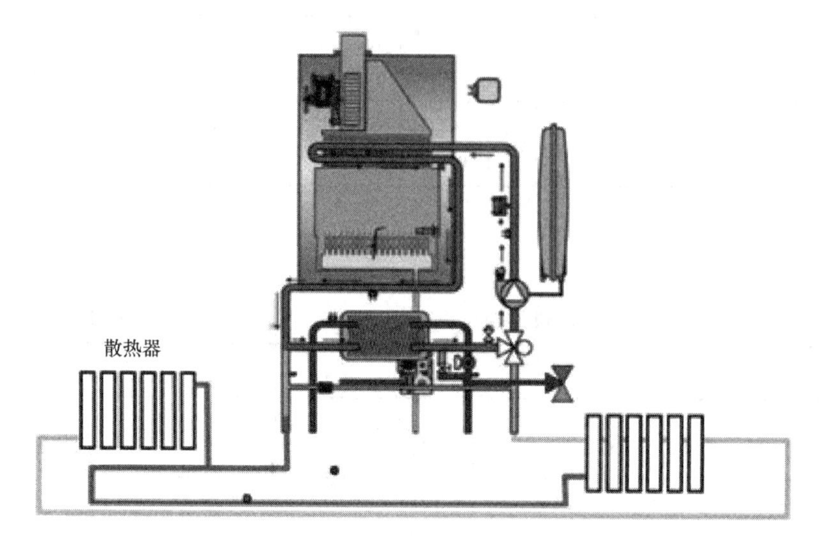

图 11-54　燃气壁挂炉供暖工作示意图

1）当有供暖需求时，启动电源开关，风机开始工作，水泵旋转，点火，燃气阀打开，燃烧器工作，水温升高。

2）三通处在供暖位置上，水流经主换热器被烟气加热后流出，经管道流向散热器或地暖回路，散热器或地暖管道向房间散热。

3）热水经散热器或地暖管道散热后，温度下降，变成低温水，回到炉体中，在水泵的作用下，经水泵又流回采暖炉主换热器重新进行加热。

4）再次加热的水，又流回散热器或地暖管道进行散热，如此不断循环加热—冷却—加热，直至达到房间的热平衡。

（2）生产生活热水工作（图 11-55）

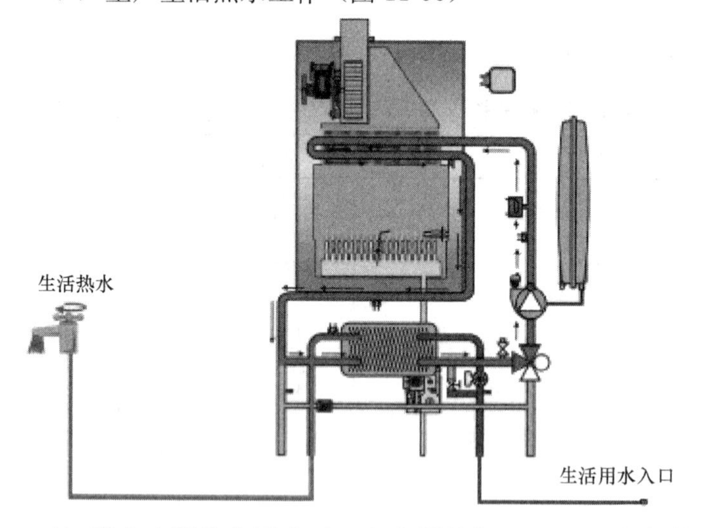

图 11-55　燃气壁挂炉的生活热水工作示意图

1）当有生活热水需求时，配水附件打开，生活热水管道系统的水开始流动，生活冷水流入壁挂炉中水流传感器，风机开始工作，水泵旋转，点火，燃气阀打开，燃烧器工作，水温升高。

2）春、夏、秋季时三通阀自动处于生活热水位置上，若冬季供暖期间，三通阀自动切断采暖回路、打开生活热水回路。炉体中的水流经主换热器被加热后，由三通阀流出，经管道流向二次换热器（板换器），与板换器进行换热。再从二次换热器流出，温度下降，变成低温水，在水泵的作用下，经水泵，又流回采暖炉主换热器重新进行加热，形成闭式循环。

3）同时，生活冷水流经二次换热器，与二次换热器进行换热，流出即为我们所需要的生活热水，被人们使用。

4）如此，内部循环水不断循环加热-冷却-加热，外部生活冷水不断流经二次换热器，进行换热，流出热水，直至生活热水使用结束为止。

（3）燃气壁挂炉的主要组成系统

1）水路系统：主要由冷水进水、水流检测元件、热水出水、补水阀、水路三通、采暖供回水管、水泵、板换器（或套管）、主换热器（水路部分）等组成。

2）燃烧系统：主要由进气阀、燃气阀、主燃烧器、燃烧室、主换热器（换热部分）等组成。

3）进排气系统：主要由进气管道、燃烧室、风机、烟管等组成。

4）调节与保护系统：主要由电控板、传感器与执行机构组成，含有风压保护、超高温过热保护、超压泄压保护、防冻保护、水泵防抱死保护、系统缺水保护、熄火保护、自动排气、自动旁通保护等，遇到故障时自动报警并切断气路或电路。

11.5.5 室内燃气系统的敷设与安装

11.5.5.1 燃气用具的安装位置和要求

1. 燃气用具放置位置

（1）燃气用具不应设置在卧室内，应安装在通风良好、有给排气条件的厨房或非居住的房间内。

（2）使用液化石油气的燃气具不应设置在地下室和半地下室。使用人工煤气、天然气的燃气具不应设置在地下室，当燃气具设置在半地下室或地上密闭房间时，应设置机械通风、烟气/燃气（一氧化碳）浓度检测报警装置等安全措施。

（3）燃气用具放置要根据厂家要求，留有安装、保养和维护的操作空间。

2. 燃气灶具的放置

（1）设置灶具的厨房应设门并与卧室、起居室等隔开。设置灶具的房间净高不应低于2.2m；灶具与墙面的净距不应小于10cm。

（2）灶具与灶面边缘和烤箱的侧壁距木质门、窗、家具的水平净距不得小于20cm，与高位安装的煤气表的水平净距不得小于30cm。

（3）灶具的灶面边缘和烤箱侧壁距金属燃气管道的水平距离不应小于30cm，距不锈钢波纹管（含其他覆塑的金属管）和铝塑复合管的水平净距不应小于50cm。

（4）放置灶具的灶台应采用不燃材料，当为可燃或难燃材料时，应设防火隔热板。燃气灶台的结构尺寸应便于操作，台式燃气灶的灶台高度宜为70cm。

（5）嵌入式燃气灶的灶台面高度宜为80cm。嵌入式灶面与台面平稳贴合，其连接处应有良好的防水密封，灶台下面橱柜应开设通气孔，通气孔的总面积根据灶具的热负荷确定，按$10cm^2/kW$计算，且不得小于$80cm^2$。

（6）当多台灶具并列安装时，各灶之间的水平距离至少应有50cm。

3. 热水器的放置

（1）安装热水器的房间净高不得低于2.2m。设置在室外或未封闭的阳台时，应选用户外型热水器，其烟管不得穿过内墙进入其他房间，有外墙的卫生间，可安装密闭式热水器。

（2）热水器应安装在方便操作、检修、观察火焰且不易碰撞的地方。热水器安装的墙面或地面应能承受所安装热水器的荷重。

（3）设置容积式热水器的地面应做好防水层，近处设置地漏，地漏与连接的排水管道应能承受90℃的热水。

（4）热水器与相邻灶具的水平距离不得小于30cm。与其他部位的防火间距见表11-23。热水器的上部不应有明敷的电线、电器设备和易燃物品，下部不应设置灶具等燃气用具。

（5）安装热水器的地面和墙面应为不燃材料，当地面和墙面为可燃或难燃材料时，应设防火隔热板。

常用燃具与可燃材料、难燃材料装修的建筑部位的最小距离（mm）　　表11-23

燃具种类		间隔距离			
		上方	侧方	后方	前方
敞开式	双眼灶、单眼灶	1000（800）	200（0）	200（0）	200（0）
	内藏燃烧器（间接烤箱）	500（300）	45	45	45
半密闭式	热负荷12kW以下的热水器/燃气供暖热水炉	—	45	45	45
	热负荷12～70kW的热水器/燃气供暖热水炉	—	150	150	150
密闭式	热水器/燃气供暖热水炉	45	45	45	45
室外式	无烟罩自然排气式热水器/燃气供暖热水炉	600（300）	150（45）	150（45）	150
	有烟罩自然排气式热水器/燃气供暖热水炉	150（100）	150（45）	150（45）	150
	强制给排气热水器/燃气供暖热水炉	150（45）	150（45）	150（45）	150（45）

4. 燃气供暖热水炉的放置要求

燃气供暖热水炉的放置要求除与热水器的安装要求基本一致，另外还需要注意：

（1）燃气供暖炉泄压口、溢水口等部位下方应有排水设施，排水管上不得设置阀门。

（2）冷凝炉所产生的冷凝水，不得对排放管道和场地造成腐蚀。

5. 燃气用具和燃气管的连接应符合下列要求：

（1）为了便于保养、维护、拆卸和更换，燃气用具前的供气管道末端应设有专用手动快速切断阀，切断阀供气支管应采用管卡固定在墙上。在燃气炉的供暖供回水管道、给水管道和燃气管道都应设置阀门。

（2）切断阀及灶具连接用软管的位置应低于灶具灶面 3cm 以上。

（3）软管宜采用螺纹连接。当金属软管采用插入式连接时，应有可靠的防脱落措施。

（4）当橡胶软管采用插入式连接时，插入式橡胶软管的内径尺寸应与防脱落的类型和尺寸相匹配，并有可靠的防脱落措施。橡胶软管的长度不得超过 2m，中间不得有接头，不得穿墙，不得使用三通。

6. 燃气用具的报废时限

（1）国家对燃气用具的报废时限有明确的规定：

快速热水器、容积式热水器和采暖热水炉，使用人工煤气的判废年限为 6 年，使用液化石油气和天然气的判废年限为 8 年。

（2）燃气灶具的判废年限为 8 年。

（3）若企业有明示的应以企业的明示为主，但不得低于国家规定的年限。

（4）燃具在检修之后，仍然发生下列故障之一的，即使没有达到报废年限，也应判定报废：

1）燃烧工况严重恶化，检修后烟气中一氧化碳含量仍然达不到相关标准的；

2）燃烧室、热交换器严重烧损或火焰外溢；

3）检修之后仍然漏水、漏气或绝缘击穿漏电的。

11.5.5.2 烟气系统的敷设与安装

1. 烟气系统敷设的材料

燃气用排气管和给排气管的质量应符合现行行业标准《燃烧器具用不锈钢给排气管》CJ/T 199 等标准的规定，连接方式应符合下列要求：

（1）不锈钢给排气管的材料应采用 GB/T 3280 标准中规定的厚度不小于 0.3mm、防腐性能不低于 06Cr19Ni10 不锈钢制作。

（2）铝排气管的材料应采用厚度不小于 1mm 的铝及铝合金，铝给气管的材料应采用厚度不小于 0.8mm 的铝及铝合金。

（3）给排气管壁厚不应小于制造商标称的最小厚度。

2. 烟气用排气管和给排气管的敷设安装

（1）排气管和给排气管的吸气口、排烟口应直接与大气相通。

（2）强制排气的排气管和给排气管的同轴管水平穿过外墙排放时，应坡向外墙，坡度应大于 0.3%，其外部管段的有效长度不应少于 50mm，给排气管的分体管应安装在边长为 500mm 正方形的区域内。自然排气的排气管水平穿过外墙时，应有 1%坡向燃具的坡度，并应有防倒风装置。

（3）冷凝式燃具的同轴给排气管应在室内部分坡向燃具，室外部分坡向室外。同轴管的内管（排气管）坡向燃具，使冷凝水流向燃具；同轴管的外管（给气管）坡向外墙，可防止雨水进入。

（4）燃具与排气管和给排气管连接时，应保证良好的气密性，搭接长度≥30mm。

（5）穿墙的排气管和给排气管与墙的间隙处应采用耐热保温材料填充，并用密封件做密封防水处理。

（6）穿外墙的烟道终端排气出口要求

穿外墙的烟道终端排气出口，应设在烟气容易扩散的部位。距地面的垂直净距离不得小于0.3m。烟道终端排气出口距门窗洞口的最小净距应符合表11-24的规定。

烟道终端排气出口距门洞的最小净距（m） **表11-24**

门窗洞口位置	密闭式燃具		半密闭式燃具	
	自然排气	强制排气	自然排气	强制排气
非居住房间	0.6	0.3	不允许	0.3
居住房间	1.5	1.2	不允许	1.2
下部机械进风口	1.2	0.9	不允许	0.9

注：下部机械进风口与上部燃具排气口水平净距大于或等于3m时，其垂直距离不限。

按照DVGW-TRGI规定，穿外墙的烟道终端排气出口布置、烟管敷设伸出屋顶要求见扩展阅读资源包。

3. 室内燃具自然换气装置要求（见扩展阅读资源包）。

11.6 燃气管道计算

（见扩展阅读资源包）

根据新燃气壁挂炉标准，壁挂炉的额定热负荷由小于等于70kW调整到小于100kW，最大供暖工作水压小于等于0.3MPa调整到最大供暖工作水压不大于0.6MPa，同时增加了强制排气式分类、室外型分类采暖炉和模块式供暖炉的规格和技术要求。在中、小型锅炉房里，并联的模块式燃气壁挂炉已经得到应用，可以取代中型落地管式燃气炉。

参 考 文 献

［1］ 华东建筑集团股份有限公司. GB 50015—2019 建筑给水排水设计标准［S］. 北京：中国计划出版社，2019.

［2］ 中国城市规划设计研究院. GB 50180—2018 城市居住区规划设计标准［S］. 北京：中国建筑工业出版社，2018.

［3］ 上海市政工程设计研究总院（集团）有限公司. GB 50013—2018 室外给水设计标准［S］. 北京：中国计划出版社，2018.

［4］ 上海市政工程设计研究总院（集团）有限公司. GB 50014—2006（2016 年版）室外排水设计规范［S］. 北京：中国计划出版社，2016.

［5］ 中国建筑第八工程局有限公司. ZJQ08-SGJB242—2017 建筑给水排水及供暖工程施工技术标准［S］. 北京：中国建筑工业出版社，2017.

［6］ 公安部天津消防研究所. GB 50084—2017 自动喷水灭火系统设计规范［S］. 北京：中国计划出版社，2017.

［7］ 公安部天津消防研究所. GB 50016—2018 建筑设计防火规范［S］. 北京：中国计划出版社，2018.

［8］ 公安部四川消防研究所. GB 50261—2017 自动喷水灭火系统施工及验收规范［S］. 北京：中国计划出版社，2017.

［9］ 宁波埃美柯铜阀门有限公司，上海华通阀门有限公司，上海正丰阀门有限责任公司，上海开维喜阀门集团有限公司. GB/T 21386—2008 比例式减压阀［S］. 北京：中国标准出版社，2008.

［10］ 北京市市政工程管理处. CJ 343—2010 污水排入城镇下水道水质标准［S］. 北京：中国建筑工业出版社，2010.

［11］ 北京市环境保护科学研究院，中国环境保护科学研究院. GB 18918—2002 城镇污水处理厂污染物排放标准［S］. 北京：中国环境出版社，2002.

［12］ 中国市政工程华北设计研究总院有限公司等. GB/T 13611—2018 城镇燃气分类和基本特性［S］. 北京：中国标准出版社，2018.

［13］ 宁波市圣字管业股份有限公司，中国市政工程华北设计研究总院有限公司等. CJ/T 197—2010 燃气用具连接用不锈钢波纹软管［S］. 北京：中国建筑工业出版社，2010.

［14］ 中国城市燃气协会等. CJ/T 394—2018 电磁式燃气紧急切断阀［S］. 北京：中国建筑工业出版社，2018.

［15］ 中国市政工程华北设计研究总院有限公司等. CJ/T 347—2010 家用燃气报警器及传感器［S］. 北京：中国建筑工业出版社，2010.

［16］ 中华人民共和国工业和信息化部. GB 16410—2020 家用燃气灶具［S］. 北京：中国标准出版社，2020.

［17］ 中国市政工程华北设计研究总院有限公司. GB 35848—2018 商用燃气燃烧器具［S］. 北京：中国标准出版社，2019.

［18］ 中国标准化研究院、国家燃气用具质量监督检验中心等. GB 30720—2014 家用燃气灶具能效限定值及能效等级［S］. 北京：中国标准出版社，2014.

［19］ 广东万家乐燃气具有限公司、国家燃气用具质量监督检验中心等. GB 6932—2015 家用燃气快速热水器［S］. 北京：中国标准出版社，2017.

[20] 广东万家乐燃气具有限公司等. CJ/T 336—2010 冷凝式家用燃气快速热水器 [S]. 北京：中国建筑工业出版社，2010.

[21] 中华人民共和国住房和城乡建设部. GB 25034—2020 燃气采暖热水炉 [S]. 北京：中国标准出版社，2020.

[22] 中国标准化研究院、国家燃气用具质量监督检验中心等. GB 20665—2015 家用燃气快速热水器和燃气采暖热水炉能效限定值及能效等级 [S]. 北京：中国标准出版社，2015.

[23] 中国市政工程华北设计研究总院有限公司等. GB 17905—2008 家用燃气燃烧器具安全管理规则 [S]. 北京：中国标准出版社，2009.

[24] 王增长. 建筑给水排水工程（第七版）[M]. 北京：中国建筑工业出版社，2012.

[25] 程文义. 建筑给排水工程 [M]. 北京：中国电力出版社，2009.

[26] 谢兵. 建筑给排水工程 [M]. 北京：中国建筑工业出版社，2016.

[27] 杜渐. 建筑给水与排水系统安装 [M]. 北京：高等教育出版社，2006.

[28] Alfon Gassner，Uwe Wellmann，Der Sanitaerinstallateur，11.，ueberarbeitete Auflage. Handwerk und Technik · Hamburg，2014.

[29] Claus Ihle / Rolf Bader / Manfred Golla，Tabellenbuch Anlagenmechanik SHK（Sanitaer/Heizung/Klima/Luefutung）. Ausbildung und Praxis [M]. Koeln：Bildungsverlag Eins GmbH，2016.

[30] Blickele Siegfried，Haerterich Manfred，Jungmann Friedrich，usw. Fachkunde Sanitaertechnik (Fachstufen)，Koeln，Verlag Europa-Lehrmittel，Nourney. Vollmer GmbH & Co. Duesselberger [M]. 2001.

[31] DVGW DeutscheVerrein des Gas-und Wasserfaches e. V. Technische Vereinigung. Technische Regeln fuer Gas-Installationrn（DVGW-TRGI）[M]. Bonn：Wirtschafts-und Verlagsgeselschaft Gas und Wasser mbH，1996.

[32] Georg Baur，Rudolf Mayer，Peter Wawra. Technologie fuer Gas-und Wasserinstallateure [M]. Konkordia. Hermann Schroeder Verlag KG，1981.

[33] Alfons Gassner，Hans Appold. Fachkenntnisse Sanitaerinstallateure [M]. Hamburg：Verlag Handwerk und Technik GmbH，1981.